숫자는
살아있다

숫자는 살아있다

유기정 지음

로또를 통해 살펴보는 숫자의 원리
&
숫자를 통해 살펴보는 로또의 원리

생각나눔

로또와 숫자의 원리를 알아가기 위해 끊임없이 부딪히면서…

이 책은 한마디로 '로또를 통해 숫자의 원리에 대해 알아보는 책'이라 할 수 있다. 동시에 이 책은 '숫자를 통해 로또의 원리에 대해 알아보는 책'이기도 하다. 사실상 로또처럼 수많은 수의 조합이 등장할 수 있는 장(場)도 없다. 또한, 그 숫자들이 주 1회 같은 요일, 같은 시각에 규칙적으로 등장하게끔 시스템화한 경우 역시 찾아보기 드물다. 그만큼 로또는 숫자의 원리를 알려주기에 최적화된 장이 아닐까 생각한다. 동시에 그 숫자들 속에서 또다시 로또의 원리를 알아갈 수 있다는 것 역시 신비한 일이 아닐까 생각한다.

이제 지난 오랫동안 내가 캐내고 정리했던 원리들을 이 책에 담고자 한다. 780회 이상의 로또 당첨번호들을 보면서 분석하고 발견했던 원리들, 그리고 그 원리를 통해 알게 된 '숫자가 살아있고 숫자에는 짝이 있다.'는 사실을 이 한 권을 통해 조심스럽게 풀어내고자 하는 것이다.

사실 이 작업을 위해 지난 10여 년을 다 걸었다고 해도 과언이 아닐 것이다. 솔직히 그런 나를 보고 걱정하는 사람들, 비웃는 사람들도 없지 않아 있었다. 그런데도 나는 그 시간과 그 시간 속에 흘린 나의 땀과 노력에 대해 조금도 후회가 없다. 누가 알아주든, 알아주지 않든, 내가 알아낸 숫자의 원리와 로또의 원리는 그 자체만으로도 가치가 있으니 말이다. 그러기에 이렇게 책으로 그간의 노력을 담아낼 수 있었던 것이 아닐까.

끝으로 오랜 기간 이 일에 집중하는 동안, 나를 위해 말할 수 없는 도움을 주신 분도 계신다. 이 지면을 빌어 그분들께 감사의 인사를 드리고 싶다. 먼저 과거에 집중했던 본업을 접고 오랜 기간 이 원리를 찾아내는 데 힘을 쏟았기에 경제적인 부분이 부담될 수 있었다. 그런데 그 부담을 덜고 이 일을 끝까지 할 수 있었던 것은 고인이 되신 아버지(柳承春) 덕분이었다. 그러기에 나는 아버지께 다시금 감사의 말씀을 드리고 싶고 노심초사 항상 염려와 걱정이 앞서신 아버지의 영전에 이 책을 바치고 싶다. 또한, 끝까지 믿고 물심양면으로 지원해 주신 모친 權金先 여사님께도 깊은 감사의 마음을 전하고 싶다. 더불어 이 일을 위해 여러모로 응원해주고 실질적인 도움을 준 사랑하는 아들 제우, 사랑하는 딸 제원에게도 고마움을 표하고 싶다.

이 책이 숫자와 로또에 관심이 있는 분들에게 조금이나마 도움이 되어주기를 기대해 본다.

2018년 2월 28일

유기정

/ 프롤로그 /

Part 1 로또를 통해 찾아보는 숫자의 원리

Chapter 1. 숫자가 없이는 아무것도 없다

Chapter 2. 숫자에는 짝이 있다

Chapter 3. 로또와 숫자의 원리를 찾기까지

Chapter 4. 로또에 등장하는 기본 원리들

Part 2 숫자를 통해 찾아보는 로또의 원리

Part 1

로또를 통해 찾아보는 숫자의 원리

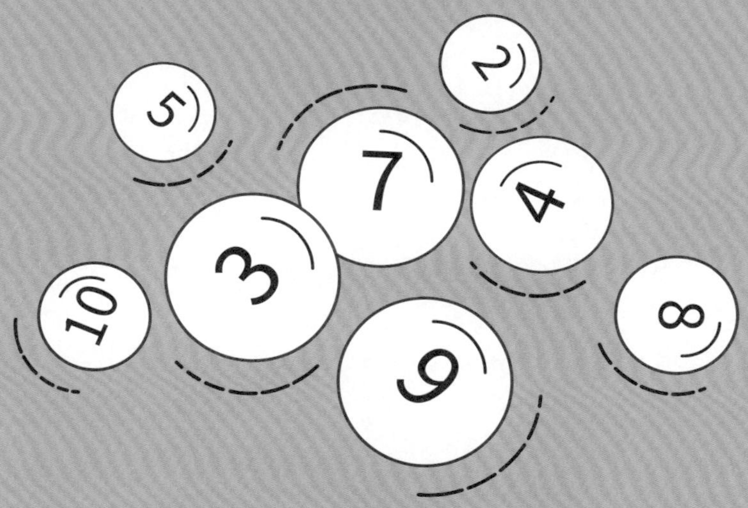

01

숫자가 없이는 아무것도 없다

1. 숫자가 없다면 초기화되는 세상
2. 숫자와 함께 발전하고 있는 세상
3. 숫자의 시작, 그리고 살아 움직이는 숫자

들어가기 전에

너무나 당연한 나머지 중요하게 다가오지 않는 것들이 있다. 가장 대표적인 것이 산소다. 산소가 없으면 숨을 쉴 수 없고, 숨을 쉴 수 없으면 살 수가 없다. 그만큼 생명을 지속하게 해 주는 기본이 되는 것이 산소인데, 정작 사람들은 산소를 소중하게 생각하지 않는다. 늘 우리 주변에 있기 때문에 중요하다는 것은 인정하지만 그 소중함은 모르는 것이다. 아니, 중요함조차 일상 속에서는 인식하지 못할 때가 많다. 산소통을 의지한 채 우주나 심해에 간 사람이 아니고서는….

그런데 산소처럼 중요하고 소중함에도 불구하고 그 가치를 인정받지 못하고 있는 것이 있다. 바로 숫자다. 그나마 산소는 그 중요성이라도 인정받고 있지만, 숫자는 그런 인식조차 없다.

이제 숫자의 가치를 먼저 살펴보도록 할 것이다. 너무나 익숙한 나머지, 대수롭지 않게 여겨지는 그 숫자를 파고 들어가 보자. 숫자가 얼마나 중요한 존재인지, 그리고 우리 삶에 얼마나 지대한 영향을 미치고 있는지를 생각해 보자.

1

숫자가 없다면 초기화되는 세상

숫자가 없는 세상을 상상해 보자. 숫자가 없다면 우리 인간 사회의 모습은 어떨까? 물론 숫자가 없다고 해도 숨은 쉴 수 있다. 걸어 다닐 수도 있고 잠을 잘 수도 있다. 음식도 입에 넣고 먹을 수 있고 배설도 할 수 있다. 그러나 여기까지다. 그 이상은 없다. 숫자가 없는 인간 세계는 숨 쉬고 먹고 자고 걷고 뛰며 지내는 동물의 세계와 별다를 바 없다.

조금 더 구체적으로 설명해 보자. 숫자가 없다면 지금 내 앞에 있는 음식을 먹거나 다른 누군가의 음식을 뺏어 먹을 수는 있다. 하지만 거기까지만 가능하다. 음식을 새롭게 생산하는 것부터는 벽에 부딪히기 시작한다. 어떻게 땅을 분배하여 식물을 재배해야 하는지, 하루에 어느 정도 양의 음식을 먹어야 생산과 소비가 균형을 이루게 되는지, 식량을 어떻게 분배해야 하는지 등은 알 수가 없다. 숫자가 있어야 땅의 넓이를 계산하여 사람 수에 맞게 나눌 수 있고 소비하는 음식의 양과 생산하는 음식의 양을 조절할 수 있는데, 숫자가 없다면 이 모든 것이 불가능해지는 것이다. 결국, 싸움이 시작될 뿐이다. 이 세상이 원시적인 행동만이 난무한 무법지대로 변해간다고나 할까?

잠을 자는 것도 마찬가지다. 숫자가 없어도 졸리면 잠을 잘 수 있다. 하지만 '잘' 잘 수 있는 것은 보장할 수 없다. 추우면 따뜻한 곳에서, 더우면 시원한 곳에서 자야 하는데 숫자가 없이는 이것이 불가능하다. 안전한 곳에서 자는 것도 불가능하다. 예를 들어 숫자가 있어야 집을 세울 땅의 면적을 파악할 수 있고, 숫자가 있어야 집의 가로, 세로, 높이의 길이 및 건설에 들어가는 벽돌 개수와 시멘트 양 등을 알 수 있다. 즉, 숫자가 있어야 거주할 공간을 설계·건축하여 그 안에서 안락하고 안전하게 잘 수 있는 것이다. 그야말로 숫자가 없이는 환경의 제약을 극복하지 못한 채 자야만 한다.

마지막으로 의복과 관련하여 생각해 보자. 숫자가 없다면 추울 때 자연에 있는 무엇인가를 가지고 몸을 덮거나 두를 수는 있다. 하지만 지금처럼 의복다운 의복을 입는 것은 불가능하다. 숫자가 있어야 몸의 길이와 둘레 등을 알 수 있고 그 치수에 맞게 천을 재단하여 옷을 만들어 입을 수 있는데 숫자가 없이는 이 모든 과정이 불가능하다.

이처럼 숫자가 없다면, 기본 중의 기본이라 할 수 있는 의식주도 원활하게 누릴 수 없다. 하물며 그 외의 것들은 오죽하겠는가? 아플 때마다 우리가 활용하고 있는 의료 기술 역시 숫자가 없이는 활용할 수가 없다. 숫자가 없다면 기본이 되는 약물이나 주사액의 용량도 정해질 수 없으니 말이다. 아니, 의학이라는 것 자체가 만들어지지 못했을 것이다. 그 밖의 다양한 것들 역시 숫자 없이는 만들어질 수 없고 활용될 수 없다. 더 나아가 존재 자체가 어려울 수도 있다. 한마디로 숫자가 없다면 인간의 진화는 불가능하다. 살긴 살아도 동물, 그 이상도 그 이하도 아닌 삶만이 반복될 뿐이다.

2

숫자와 함께 발전하고 있는 세상

태어난 이후, 가장 먼저 배우는 것은 무엇인가? 자연스럽게 터득되는 언어(아기가 아빠, 엄마를 부르는 호칭 등)를 제외하고, 일종의 '학습'이라는 과정을 거쳐 익히게 되는 것 중 최초가 되는 것은 아무래도 숫자가 아닐까 생각한다. 물론 때에 따라 다른 것을 먼저 가르칠 수도 있을지 모르나 대부분은 숫자부터 가르치게 된다. 세 살 아이의 지능을 가졌다고 하는 침팬지 역시 교육을 할 때는 숫자부터 가르친다고 하니, 이런 것만을 보아도 숫자가 학습의 기본임을 짐작할 수 있다.

그 밖에도 오늘날 문명의 눈부신 성장은 모두 숫자와 함께 진행되고 있다. 앞서 의식주를 비롯한 기본적인 것들만이 아니라, 모든 발전이 숫자가 없이는 이루어질 수가 없다. 지금 우리가 사용하는 첨단 기기들 모두가 숫자가 아니고서는 만들어질 수 없다.

심지어 오늘날은 전쟁도 숫자를 통해 일으킬 수 있다. 우리가 지금 있는 이 자리가 숫자로 된 좌표로서 존재하는데 인공위성에서는 입력된 좌표에 따라 정확한 위치를 인식할 수 있다. 그렇게 되면 안 보고도 전쟁하는 것이 가능해진다. 좌표만 정확하게 입력하면, 정확한 그 위치를 공격할 수 있기 때문이다.

이뿐 아니라, 종교도 마찬가지다. 사주도 생년월일이라는 기본 숫자를 통해 풀이된다. 기독교에서 말하는 갖가지 숫자 역시(666 등) 숫자로 표현된다. 그 밖에도 모든 종교가 숫자를 통해 설명을 시도하고 있다.

이런 사실들을 종합해 본다면, 숫자의 위력이 얼마나 큰지를 짐작할 수 있다. 숫자 없이 세상이 돌아갈 수 없는 것은 물론, 숫자 없이 세상의 발전도 없음을 새삼 느끼게 되는 것이다.

3

숫자의 시작, 그리고 살아 움직이는 숫자

숫자는 어떻게 시작되었을까? 고대 이집트에서는 단위마다 새로운 기호를 만들어 그 단위가 몇 개 있는지를 늘어놓았고 비슷한 표시 방법으로 바빌로니아는 십진법을 사용하기도 했다. 이러한 과정을 보면, 숫자의 도입이 인류 역사에 절실했음을 알 수 있다. 숫자가 필요한데, 숫자라는 개념이 없으니 벽이나 판자 같은 것에 필요한 수만큼 줄을 그었고, 그러다가 십진법이 도입되면서 기호가 활용되기 시작한 것이다.

이후 인도에서 우리가 지금 사용하고 있는 아라비아 숫자(0, 1, 2, 3, 4, 5, 6, 7, 8, 9)를 발견했는데 이것이 유럽에 알려지면서 수를 기록하는 것인 편해졌고 수학 및 관련 분야 역시 급속하게 발달할 수 있었다. 이처럼 원하는 개수만큼 일일이 늘어놓지 않아도 숫자라는 특별한 기호를 활용하게 된 것은 인류의 발전에 획을 그은 일이라 할 수 있다. **(참고로 숫자를 아라비아 숫자라고 부르게 된 것은 아라비아 상인들이 유럽에 전해주었기 때문이다.)**

그러나 정작 숫자의 개념을 처음으로 알게 된 사람이 누구인지, 언제 그것을 알게 되었는지는 아직 아무도 모른다. 하지만 정확한 사실은, 숫자의 개념을 알고 있고 그것을 활용하는 존재는 인간뿐이라는 것이다. 그러기에 나는 이러한 상상도 해본다. 인류 역사 초기에 제3의 누군가가 선택받은 한 무리에게 숫자를 교육하지 않았을까? 물론 그 유인원은 지금의 인간일 것이다. 왜냐하면, 침팬지는 현재 지구상에 존재하는 인류와 유전인자가 90% 이상 같기 때문이다.

그만큼 숫자는 인간이 만들어낼 수 없는 초월적인 것, 그 자체로 살아 움직이는 능동적인 것이라고 생각한다. 물론 숫자를 교육받은 특별한 집단이 존재했으리라는 가정은 나만의 전제일지 모르나, 숫자가 살아있다는 것만큼은 분명한 사실이다.

모기처럼 작은 생명체 하나만을 보아도 그렇다. 그 작은 생명체가 섬세하게 만들어졌다. 인간으로서는 도무지 시도할 수 없는 알이다. 그만큼 각 생명체가 진화되었다고 해도, 인간이 그 시작을 만들 수는 없다.

숫자도 마찬가지다. 인간의 사고와 능력에 의해 지금까지 많은 발전을 거쳐 왔지만, 그 시작은 인간이 아닌 다른 초월적인 존재로부터 비롯되지 않았을까? 그만큼 숫자는 단순히 크기, 무게 등을 표현하는 도구에 그치는 것이 아니라, 그 자체로 살아 움직이는 것이 아닐까? 이 사실은 어쩌면 이 책의 전제가 될지도 모른다.

물론 숫자가 어떻게 살아 움직이느냐 하는 것은 인간의 능력으로 설명이 불가하다. 전화기를 통해 소리가 이동되는 현상을 표현하기 어렵듯, 카메라를 통해 누군가의 형상이 찍히는 것을 표현하기 어렵듯, 그리고 지구 저 끝의 모습이 영상을 통해 지구 반대편에서 볼 수 있는 현상을 표현하기 어렵듯, 숫자의 움직임 역시 설명하기는 어렵다. 하지만 움직이는 것만큼은 확실하다고 말하고 싶다. 이것이 로또의 여러 가지 비밀을 설명하기 전에 전제되는 중요한 하나의 사실이다.

특히 숫자는 사물이든, 사람이든, 어떤 형태든, 무엇인가에 부여할 때 그 대상을 살아 움직이게 한다. 아무것도 아닌 것이 숫자가 부여되면서 '시작', '출발'이라는 개념을 갖게 되고 동시에 그 자체로서도 의미를 갖게 되기 때문이다. 대표적으로 기원전(B.C.), 기원후(A.D.)나 단기(檀紀) 등을 살펴보자. 똑같이 반복되는 평범한 날에 숫자가 부여되면서부터 '역사'로서의 가치를 갖게 되지 않는가?

또 다른 예로, 연인이 된 커플에게는 1일이라는 숫자가 연인으로서의 출발을 의미한다. 비슷하게 어떤 직책을 맡은 사람의 임기 역시 마찬가지다. 1일이라는 숫자가 주어져야 임기가 시작되고, 그 숫자가 1일, 2일, 3일, 이런 식으로 변화하면서 그의 임기가 구체적으로 실현된다.

02

숫자에는 짝이 있다

1. 숫자로 이루어진 존재
2. 잘 맞는 숫자, 잘 맞지 않는 숫자
3. 숫자와의 만남이 가져오는 파급효과는 크다

들어가기 전에

숫자의 활약은 이루 말할 수 없다. 그런데 숫자의 가치는 여기서 그치지 않는다. 숫자는 앞 챕터 말미에서 잠시 언급한 대로 그 자체로 살아 움직인다. 아마 이 개념은 꽤 생소할 지도 모른다. 아니, 더 나아가 인정하기도 쉽지 않을 수 있다.

하지만 나는 로또를 통해 숫자가 살아 움직인다는 것을 알 수 있었다. 로또처럼 엄청난 숫자의 조합이 등장하는 것이 없기 때문에, 로또의 당첨번호처럼 숫자가 축적된 자료는 나에게 수의 비밀을 알게 할 기반이 되어준 것이다. 그렇게 이를 통해 이 세상에 존재하는 많은 현상 속에서 숫자가 어떻게 살아 움직이는지를 파악할 수 있었다. 심지어 인간과 인간의 만남 속에서도 숫자가 개입할 수 있음을 알 수 있었다. 이제 그 이야기들을 다루어보도록 하겠다.

1

숫자로 이루어진 존재

앞에서 지속적으로 강조한 대로 숫자가 없이는 그 어떤 것도 설명할 수가 없다. 사람도 마찬가지다. 사람도 결국은 숫자로 이루어져 있다. 갈비뼈도 12쌍(복장뼈 제외)으로 정해져 있고 치아 개수 역시 성인 기준으로 28개로 정해져 있다(사랑니 제외). 부자라고 해서 갈비뼈나 치아 개수가 더 많은 것이 아니다. 사람마다 그 개수를 동일하게 가지고 있다.

더 근본적으로 접근하여, 몸의 기본 구조와 사지의 개수 역시 동일하다. 특수한 경우를 제외하고는 머리 하나에 눈 두 개, 코 하나, 입 하나, 귀 두 개, 팔 두 개, 다리 두 개, 몸통 하나를 기본적으로 가지고 있다. 사람들이 공통적으로 가지고 있는 이런 것들이 우리에게는 너무나 당연한 생김새로 보이지만, '공통된다'는 것 역시 숫자가 있었기 때문에 알 수 있는 사실이 아닐까? 1, 2, 12, 28 등과 같은 숫자에 대한 개념조차 없다면 사람들이 가지고 있는 육체의 공통성 역시 파악하기 어려웠을 것이다.

그 밖에도 누구에게나 태어난 해, 월, 일이 있다. 그 누구도 생년월일이 없는 사람은 없다. 그런 차원에서 생년월일 역시 사람마다 다르게 보유하고 있는 숫자라 할 수 있다. 뿐만 아니라, 대한민국의 경우, 모든 국민에게는 주민등록번호가 주어진다. 이 세상에 주민등록번호가 같은 사람은 없다. 그만큼 이러한 번호 역시 개개인이 가지고 있는 고유한 것이라 할 수 있다.

그런데 사람이 숫자로 이루어져 있다는 것은 이 밖에 또 다른 차원에서 설명될 수 있다. 바로 위에서 언급한 대로 사람은 숫자로 형성되어 있지만 동시에 사람 자체가 숫자이기도 하다. 즉, 사람에게는 고유 번호가 있다. 결국, 사람과 사람의 만남은 숫자와 숫자의 만남이기도 하다.

2

잘 맞는 숫자, 잘 맞지 않는 숫자

이 세상에는 다양한 만남이 존재한다. 가족으로서 만나게 된 사람들이 있고 직장 동료나 학교 동료로서 만나게 된 사람들이 있다. 그 밖에도 친구나 이웃으로 만나게 된 사람들이 있다. 그런데 누구를 만나고 누구와 함께하느냐에 따라 인생은 완전히 달라질 수 있다. 그만큼 사람을 잘 만나야 한다.

실제로 같은 사람인데도 어떤 사람과는 잘 맞고 어떤 사람과는 잘 맞지 않는다. 분명, 친구라는 관계로 만나고 있는데 자꾸만 부딪히는 일이 생기고 틀어지고 상처를 받는다. 심지어 가족이라는 이름으로 관계가 형성되었는데도 그 안에서 누군가와 트러블이 생긴다. 물론 이에 대한 이유가 무궁무진할 것이다. 성격이 다르고 가치관이 다르다는 등, 여러 가지 이유가 존재할 것이다. 혹은 이와 같은 '맞고 맞지 않음'에 대해 '궁합'이라는 표현을 쓰기도 한다.

그런데 개인적으로는 숫자와 연관하여 풀이하고 싶다. 바로 앞에서 언급했듯, 사람에게는 고유 번호가 있다. 즉, 사람은 곧 하나의 숫자다. 그런데 누군가와의 관계에 문제가 있다는 것은 숫자 간에 조합이 맞지 않기 때문이라는 것이다.

이 사실을 설명하기 위해, 먼저 중요한 전제를 말하고 싶다. 바로 '숫자에는 짝이 있다'는 것이다. 특히 이 전제는 이 책에서 제시하는 또 다른 중요한 내용이기도 하다. 이 전제를 사람과의 관계와 연결하여 다시 말하자면, 숫자에는 짝이 있어 잘 맞는 숫자와 그렇지 못한 숫자가 있듯, 사람과의 관계에서도 잘 맞는 관계가 있고 그렇지 못한 관계가 있을 수 있다는 사실이다. 그만큼 사람들 간의 만남은 결국 숫자와의 만남이며, 그 숫자가 짝을 이루는 숫자이면 잘 돌아가고 그렇지 못하면 일이 틀어진다. 이렇게 나는 만남에서 나타나는 현상을 숫자로 설명하고 싶다. 물론 어떤 숫자가 나와 맞는지는 당장 알 수가 없다.

3

숫자와의 만남이 가져오는 파급효과는 크다

가끔 쌍둥이인데도 살아가는 모습은 다른 경우가 많다. 이 점을 두고 누군가는 의문을 제기할 수도 있다. '쌍둥이면 똑같은 날, 똑같은 시간에 태어나서 사주도 똑같을 텐데 왜 살아가는 모습이 다르지?' 특히 부모 아래 있을 때는 비슷한 인생을 경험하는데, 결혼이나 자립 등 독립적인 삶을 이루면서부터 그 인생이 완전히 달라지곤 한다.

이 부분에 관해 나는 이렇게 생각한다. 처음 출발은 같을지 모르나, 결혼 등으로 인해 만나는 숫자가 달라지기 때문이라고…. 즉, 배우자, 자녀 및 주위의 여러 사람과의 숫자와 만나면서 삶의 모습은 확연히 달라질 수 있는 것이다. 잘 맞는 숫자와 만나면 잘 풀리는 것이고 잘 맞지 않는 숫자와 만나면 막히는 인생이 될 수도 있는 것이다.

정리하자면, 나는 어떤 숫자를 부여받음으로써 삶이 정해지는 것이 아니라, 만나는 숫자가 무엇이냐에 의해 삶이 결정되고 변화한다고 생각한다. 다시 말해, 사주는 정해진 것이 아니다(**물론 이것은 내 생각이다**). 한편, 이 말은 숫자가 상대성을 가진다는 것으로도 풀이될 수 있다. 어떤 수는 좋은 수, 어떤 수는 나쁜 수로 정해져 있는 등, 절대적 기준을 가지고 있지 않다는 것이다. 충분히 변할 수 있으며 더 나아질 수 있다. 특히, 어떤 숫자를 만나느냐에 따라 달라질 수 있다(**일반적으로 사람을 잘 만나야 출세한다고들 했다**). 그러기에 모든 수는 동등한 위치에서 출발한다고 생각한다.

실제로 나라마다 선호하는 수, 꺼리는 수가 다 다르다. 가령, 우리나라는 4를 싫어하고 서양권에서는 13을 싫어한다. 그리고 중국은 8을 좋아한다. 좋은 숫자, 나쁜 숫자가 절대적으로 존재한다면 이런 현상이 나타나지 않을 것이다. 한국이든 중국이든 서양이든 다 같은 인류이자 사람인데 왜 좋아하는 수와 싫어하는 수가 다르단 말인가? 이것은 그만큼 그 나라 및 지역과 어울리는 숫자가 상대적으로 존재하기에 나타나는 현상이다.

숫자가 변하는 것에 대해 다른 예를 들어보도록 하겠다. 실제로 같은 물이라도 밀가루를 넣어서 반죽을 하면 국수가 되기도 하고 수제비가 되기도 한다**(여기에 이스트를 더 넣으면 화학적인 반응이 생겨 빵이 된다)**. 그런데 같은 물이라도 모래나 석회가루를 섞으면 시멘트가 되고, 같은 물이라도 첨가물의 종류에 따라 각기 다른 음료가 만들어지게 된다. 같은 물 분자인데 무엇을 만나느냐에 따라 존재가 완전히 뒤바뀌는 것이다.

나는 숫자도 같다고 생각한다. 숫자의 선택이 중요하다는 것, 어떤 숫자와 어울리느냐에 따라 완전히 다른 존재가 될 수 있다는 것, 바로 이것이 이 책에서 던지고 싶은 중요한 대전제다. 그리고 이것은 로또의 비밀과도 중요하게 연결될 것이다.

03

로또와 숫자의 원리를 찾기까지

1. 꿈, 그리고 로또에의 입문
2. 이 길로 완전히 들어서다

들어가기 전에

나는 본래 평범한 가장이자 조그마한 사업을 하는 사람이었다. 남들과 별다를 바 없는 분주한 하루를 보내는 그런 소시민이었다. 당시 나는 조그마한 자영업을 운영하고 있었는데, 나름대로 원칙과 규칙을 가지고 매장을 이끌어 나갔다.

그런데 어느 순간부터 사업하는 과정에서 알 수 없는 적신호가 비추는 듯했다. 원인도 알 수 없었다. 특정한 실수를 했다거나 방심을 했던 것도 아닌데 알 수 없는 이유로 이리저리 부딪히기 시작했다. 그때는 왜 그런지 몰랐고 답답하기만 했다. 하지만 그 모든 꼬임이 지금 로또의 원리를 캐내는 일을 시작하게 된 동기가 되었다. 물론 당시에는 몰랐다. 한참 지나고 난 후에야 '그 어긋남이 이 길을 위한 시작점'이었음을 알게 되었다.

1

꿈, 그리고 로또에의 입문

평범하게 하루하루를 보내던 어느 날, 꿈을 꾸었다. 특이하게도 꿈속에서 숫자가 나타났다. 그 숫자에만 스포트라이트가 비춰진 채로 환하게 시야에 들어왔다. 그 숫자는 30, 31, 3ㅁ이었다. 마지막 3 뒤에 있는 숫자는 잘 보이지 않았다. 분명 30번대 수인데 끝수가 보이지 않았다. 그런데 홀수였던 것은 기억이 났다. 이상한 노릇이었다. 홀수인 것은 알겠는데 수가 기억이 나지 않는다니.

이틀 후, 다시 꿈을 꾸고 났는데 4와 16이 눈앞에 나타났다. 표현이 이상하긴 하지만, 본 것은 아닌데 본 것 같은 그런 느낌이었다. 생각이 난 것도 아니고 그냥 나타난 것도 아닌데, 그 수가 나에게로 왔다(**'나에게로 왔다'는 표현이 가장 적절하지 않을까 싶다**).

문제는 하나를 더 본 것 같은데 도무지 기억이 나지 않는다는 사실이었다. 아무래도 전날 술을 많이 마신 것이 영향을 미쳤던 것 같다.

그리고는 그 주 토요일, 일산 한 오피스텔에 잠시 머물고 있었던 후배의 집에 가게 되었다. 그냥 아무렇지 않게 엘리베이터 안으로 들어가서 층수를 누르려는데 그 꿈들이 생각나, 후배에게 꿈 이야기를 했다. 후배는 로또를 사 보라고 권했고 반신반의하다가 나중에 한 장을 구매한 후, 4, 16, 30, 31, 이렇게 확실히 나온 네 숫자를 넣었다. 그리고 나머지는 33, 35를 넣었다. 나름 홀수였던 것 같아 홀수로 기재한 것이다. 그리고 나머지 한 수는 임의로 정했다.

솔직히 아무런 기대도 없었다. 기대가 없어서였는지 발표시간이 되어가는 데도 볼 생각을 하지 않았다. 마침 그 이야기를 들었던 친구가 이야기해 줘서 번호 당첨번호 확인을 해 보았는데, 나는 번호를 보고 놀라지 않을 수 없었다. 그때가 로또 15회 차였는데 당첨번호가 이러했다.

'3, 4, 16, 30, 31, 37, ⑬'

결국, 한 장 구매에 4개를 맞추어 4등이 5개 되었다. 사실 내가 꾼 두 가지 꿈은 이미 답을 알려 준 상태였다. 두 가지 꿈을 순서대로 보면, 30, 31, 3ㅁ, 4, 16이었으니 말이다. 단지 그때는 그 사실을 몰랐던 것이다.

참고로 당시 1등 당첨자는 세 명이었고 170억을 그 세 명이 나눠 가졌다고 했다. 솔직히 그 일이 있고 난 후, 후유증이 한두 달 갔던 것 같다. 하지만 오히려 다행스럽기도 했다. 번호가 하나라도 더 맞았다면 어떠했을까? 만약 37, 39까지 해서 5개(3등)를 맞추었으면 견디기 힘들 만큼 괴로웠을 것이다.

한편, 나는 남 이야기인 줄로만 알았던 예지몽을 꾸고 난 후 무척이나 놀라웠다. 이 일을 겪고 난 후 로또가 무엇인지, 조합이 무엇인지, 꿈이 무엇인지를 생각했다. 그리고 그 생각에 자꾸만 빠져들어 갔다. 나름대로 수는 0~9의 반복이란 생각에 끝수를 중심으로 표를 만들어보기 시작했다.

그 당시만 해도 로또 초창기였기 때문에 나름 로또 열풍이 일고 있었고 대박 사건도 있었다. 그런 상황에서 많은 사람이 확률을 비롯한 여러 방식으로 번호를 유추하기도 했고, 나 역시 여러 방법을 시도해 보기도 했다. 그러나 쉽지는 않았다. 그렇게 결국 생업에 충실해야 하는 현실 때문에 다시 일상으로 돌아왔다. 그렇게 1~2년 정도 시도하다 포기하게 되었다.

2

이 길로 완전히 들어서다

그 일이 있고 난 후, 다시 일상으로 돌아온 나. 사실 그 당시는 그리 좋은 상황이 아니었지만 나름 잘 꾸려나갔다. 그런데 2006년도에 또다시 꿈을 꾸었다.

내가 꿈속에서 어딘가에 서 있는데 스포트라이트가 비치는 것처럼 저 멀리에 환하게 비치는 공간이 있었다. 그런데 바로 그때, 카메라가 줌인 되는 것마냥 내가 날아가는 것이 아닌가? 그러면서 가까이 다가가는데, 갈수록 동그란 원이 보였고 그 안에 숫자가 하나씩 보였다. 첫 번째는 원 안의 수는 19였고 두 번째 원 안의 수는 21이었으며, 세 번째 원은 새카맣게 어두워 어떤 수인지 알 수가 없었다. 아무것도 보이지 않았다. 마치 컴컴한 밤하늘 아래서 우물 속을 보는 듯한 느낌이었다. 그리고는 '이게 뭐지?' 하면서 그 원에 얼굴을 들이밀었는데, 바로 그 순간 그 안으로 빨려 들어갔다. 마치 수술 전, 전신 마취할 때의 느낌이었다. 맹장 수술을 할 때 전신마취를 한 적이 있었는데 바로 그때와 비슷한 느낌이었다. 세 번째 원 다음으로도 원들이 더 있었는데 이렇게 깨버리는 바람에 그 수들은 보지 못했다.

그렇게 꿈에서 깼는데 그땐 그냥 무시하고 지나갔다. '이게 뭐지? 개꿈인가?' 그런 생각만 들었다. 하지만 그다음 주에 동일한 꿈을 또 꾸게 되었다. 처음부터 끝까지 똑같았다. 이미 전에 비슷한 경험이 있어서였을까? 그 꿈을 또 꾸자 예사롭지가 않았다. 어떻게 똑같은 꿈을 꿀 수 있단 말인가.

그 일이 있고 난 후, 집사람에게 이야기해서 19, 21을 놓고 반자동으로 1장 구매했다**(결과는 좋지 않았음)**. 그리고 그 주에 우연히 추첨결과를 보게 되었는데 당시 첫수가 19, 21, 4였고 4가 제일 낮은 수였다. 즉, 그 꿈에 나타난 번호의 순서는 추첨 번호 순서였던 것이다. 이때가 2006년 봄, 혹은 가을이었던 것 같다.

이 일은 내 인생의 중대한 변환점이 되었다. 그렇게 나는 2006년 말, 가게를 접고 이듬해부터 이 일에 올인했다. 어떤 결과가 나올지도 모르는, 이 일에 나도 모르게 들어오게 된 것이다. 그러면서 나는 로또의 비밀만이 아닌, 숫자의 원리를 알아가게 되었다.

04

로또에 등장하는 기본 원리

1. 로또에 나타나는 조합
2. 반복되어 나타나는 숫자의 원칙
3. 보조수의 원칙
4. 숫자에 대한 나의 가정

들어가기 전

처음부터 규칙이나, 원리를 생각조차 할 수 없었다. 분명 무엇인가 있을 것이라는 확신만 가진 채 무작정 덤빈 것이었으니 말이다. 그만큼 무모했다.

표를 만들어 놓고 그저 종일 바라만 보면서 되뇌었다.

"분명 무엇인가가 있는데…."

그때 내린 결론은 이것이었다.

"쉽게 생각하자."

수는 0~9까지의 반복이며 두 수의 조합이 기본이다. 두 수 조합의 표를 만들면서 두 수 조합의 주변수부터 찾아 들어가기 시작했다. 이 과정에서 겪은 시행착오는 일일이 거론할 수 없지만 참으로 많은 과정을 겪어야 했던 것만은 사실이다.

또한, 이 과정에서 주변 여러 사람에게 예상 번호를 제공해 준 적도 있었고 그 결과 반지하 월세방에 전전하게 된 사람이 좋은 결과를 맞게 된 적도 있었다. 물론 감사의 표시를 받기보다는 오히려 매도당하긴 했지만…. 그래도 지나고 보니 그런 과정 하나하나가 여기까지 오게 한 하나의 동력이 되지 않았나 싶다.

사실 여기까지 오면서 여간 힘든 게 아니었다. 포기하고 싶은 순간이 수없이 많았다. 그도 그럴 수밖에 없는 것이 10년 넘게 모든 일을 제쳐 둔 채 이것 하나에만 매달렸으니 말이다. 하지만 특유의 집요한 성격 덕분인지 여기까지 올 수 있었다. 아무래도 돌이켜 보면 시간 싸움이 아니었나 싶다. 입증을 하기 위한 시간 싸움….

이제 내가 발견한 그 원리들에 대해 살펴보도록 할 것이다. 참고로 이 내용들은 Part 2에서 다루게 될 내용의 기초가 될 것이다.

1

로또에 나타나는 조합

로또는 1부터 45까지의 수 중에서 6개의 서로 다른 수를 고르는 것이므로, 총 경우의 수는 45개에서 6개를 뽑는 조합의 수와 같다. 참고로 수의 조합이란 '서로 다른 수들 사이에서 순서에 상관없이 수를 뽑을 때 선택되는 것'을 의미한다. 즉, 45개의 수를 대상으로 순서에 상관없이 2개를 뽑는다고 할 때, 이것을 '45개에서 2개를 택하는 조합'이라고 부른다(45C2). 이것을 일명 두수 조합이라고 한다(만약 3개를 택할 시는 세 수 조합이라고 한다). 그리고 이것을 계산하려면 고등학교 2학년 〈수학 I〉 과목의 순열과 조합 단원에서 배운 다음과 같은 조합 계산식을 이용해야 한다.

로또에 다시 적용해 보면, 1부터 45까지의 숫자 중 두 수의 조합으로 나올 수 있는 조합의 개수는 45C2=990개다.

1, 2
1, 3
1, 4
…
43, 44
43, 45
44, 45
…
총 990개

한편 같은 방식을 취했을 때, 세 수의 조합은 14,190개가 나오며 네 수의 조합은 148,995개, 다섯 수의 조합은 1,221,759개, 여섯 수의 조합은 8,145,060개가 나온다.

그리고 한 회차를 중심으로 보면 다음과 같다. 마지막 보너스 수를 포함해서 총 7개의 숫자가 한 회차에 등장하는데 이 7가지 숫자를 기준으로 보면 두 수 조합이 21개이며 세 수 조합이 35개로 형성된다.

2

반복되어 나타나는 숫자의 원칙

원칙 1_ 같은 간격으로 반복해서 나타나는 원칙

옆 페이지에 등장하는 표에서 554회차부터 582회차까지의 당첨번호를 살펴보자. 여기에는 A, B, C, D, E 위치에 14가 등장하는데 A에서 B와 B에서 C는 10주 간격이며, C에서 D, D에서 E는 4주 간격이다. 즉, C를 기준으로 볼 때, A, B, C에 위치한 14가 공통된 간격(**10주**)으로 반복해서 나타나고 있으며, C, D, E에 위치한 14 역시 공통된 간격(**4주**)으로 반복해서 나타나고 있다.

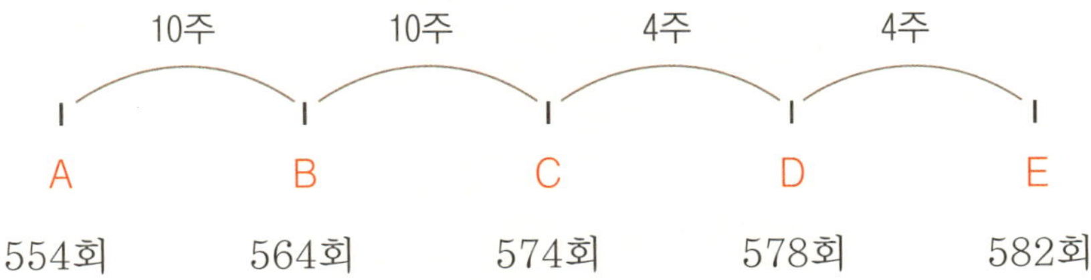

이 현상을 살펴보면 숫자가 규칙성에 따라 반복하여 등장함을 알 수 있다(**한 점을 중심으로 이전에 나타난 점과 이후에 나타난 점이 같은 간격을 유지한다**). 단 숫자는 0~9까지만 있으므로 10주 간격 안에서 반복현상을 찾아야 한다.

특히, 반복되어 나타나는 수는 결국 하나라고 볼 수 있다. 이것은 로또에 숨어있는 원리들을 찾기 위해 가장 처음으로 전제되어야 하는 사실이기도 하다. 이 내용을 도식화하면 다음과 같다.

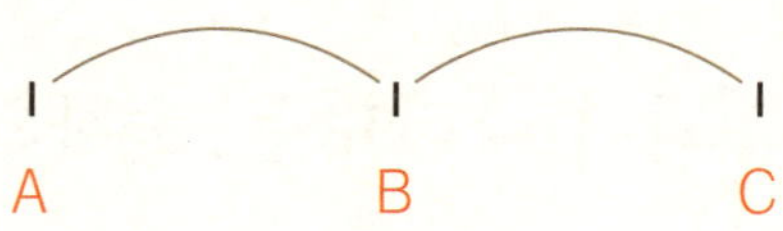

위의 A, B, C라는 세 점을 포갠다고 가정할 경우, 그 점은 서로 동일한 위치에 오기 때문에 동일하다고 볼 수 있다. 물론 여기서 동일하다는 것은 똑같은 것을 말하는 것이 아니다(**동일하다는 것과 똑같다는 것은 다르다**).

421	6	11	26	27	28	44	30	481	3	4	23	29	40	41	20
422	8	15	19	21	34	44	12	482	1	10	16	24	25	35	43
423	1	17	27	28	29	40	5	483	12	15	19	22	28	34	5
424	10	11	26	31	34	44	30	484	1	3	27	28	32	45	11
425	8	10	14	27	33	38	3	485	17	22	26	27	36	39	20
426	4	17	18	27	39	43	19	486	1	2	23	25	38	40	43
427	6	7	15	24	28	30	21	487	4	8	25	27	37	41	21
428	12	16	19	22	37	40	8	488	2	8	17	30	31	38	25
429	3	23	28	34	39	42	16	489	2	4	8	15	20	27	11
430	1	3	16	18	30	34	44	490	2	7	26	29	40	43	42
431	18	22	25	31	38	45	6	491	8	17	35	36	39	42	4
432	2	3	5	11	27	39	33	492	22	27	31	35	37	40	42
433	19	23	29	33	35	43	27	493	20	22	26	33	36	37	25
434	3	13	20	24	33	37	35	494	5	7	8	15	30	43	22
435	8	16	26	30	38	45	42	495	4	13	22	27	34	44	6
436	9	14	20	22	33	34	28	496	4	13	20	29	36	41	39
437	11	16	29	38	41	44	21	497	19	20	23	24	43	44	13
438	6	12	20	26	29	38	45	498	13	14	24	32	39	41	3
439	17	20	30	31	37	40	25	499	5	20	23	27	35	40	43
440	10	22	28	34	36	44	2	500	3	4	12	20	24	34	41
441	1	23	28	30	34	35	9	501	1	4	10	17	31	42	2
442	25	27	29	36	38	40	41	502	6	22	28	32	34	40	26
443	4	6	10	19	20	44	14	503	1	5	27	30	34	36	40
444	11	13	23	35	43	45	17	504	6	14	22	26	43	44	31
445	13	20	21	30	39	45	32	505	7	20	22	25	38	40	44
446	1	11	12	14	26	35	6	506	6	9	11	22	24	30	31
447	2	7	8	9	17	33	34	507	12	13	32	33	40	41	4
448	3	7	13	27	40	41	36	508	5	27	31	34	35	43	37
449	3	10	20	26	35	43	36	509	12	25	29	35	42	43	24
450	6	14	19	21	23	31	13	510	12	29	32	33	39	40	42
451	12	15	20	24	30	38	29	511	3	7	14	23	26	42	24
452	8	10	18	30	32	34	27	512	4	5	9	13	26	27	1
453	12	24	33	38	40	42	30	513	5	8	21	23	27	33	12
454	13	25	27	34	38	41	10	514	1	15	20	26	35	42	9
455	4	19	20	26	30	35	24	515	2	11	12	15	23	37	8
456	1	7	12	18	23	27	44	516	2	8	23	41	43	44	30
457	8	10	18	23	27	40	33	517	1	9	12	28	36	41	10
458	4	9	10	32	36	40	18	518	14	23	30	32	34	38	6
459	4	6	10	14	25	40	12	519	6	8	13	16	30	43	3
460	8	11	28	30	43	45	41	520	4	22	27	28	38	40	1
461	11	18	26	31	37	40	43	521	3	7	18	29	32	36	19
462	3	20	24	32	37	45	4	522	4	5	13	14	37	41	11
463	23	29	31	33	34	44	40	523	1	4	37	38	40	45	7
464	6	12	15	34	42	44	4	524	10	11	29	38	41	45	21
465	1	8	11	13	22	38	31	525	11	23	26	29	39	44	22
466	4	10	13	23	32	44	20	526	7	14	17	20	35	39	31
467	2	12	14	17	24	40	39	527	1	12	22	32	33	42	38
468	8	13	15	28	37	43	17	528	5	17	25	31	39	40	10
469	4	21	22	34	37	38	33	529	18	20	24	27	31	42	39
470	10	16	20	39	41	42	27	530	16	23	27	29	33	41	22
471	6	13	29	37	39	41	43	531	1	5	9	21	27	35	45
472	16	25	26	31	36	43	44	532	16	17	23	24	29	44	3
473	8	13	20	22	23	36	34	533	9	14	15	17	31	33	23
474	4	13	18	31	33	45	43	534	10	24	26	29	37	38	32
475	1	9	14	16	21	29	3	535	11	12	14	15	18	39	34
476	9	12	13	15	37	38	27	536	7	8	18	32	37	43	12

541	8	13	26	28	32	34	43	601	2	16	19	31	34	35	37
542	5	6	19	26	41	45	34	602	13	14	22	27	30	38	2
543	13	18	26	31	34	44	12	603	2	19	25	26	27	43	28
544	5	17	21	25	36	44	10	604	2	6	18	21	33	34	30
545	4	24	25	27	34	35	2	605	1	2	7	9	10	38	42
546	8	17	20	27	37	43	6	606	1	5	6	14	20	39	22
547	6	7	15	22	34	39	28	607	8	14	23	36	38	39	13
548	1	12	13	21	32	45	14	608	4	8	18	19	39	44	41
549	29	31	35	38	40	44	17	609	4	8	27	34	39	40	13
550	1	7	14	20	34	37	41	610	14	18	20	23	28	36	33
551	3	6	20	24	27	44	25	611	2	22	27	33	36	37	14
552	1	10	20	32	35	40	43	612	6	9	18	19	25	33	40
553	2	7	17	28	29	39	37	613	7	8	11	16	41	44	35
554	13	14	17	32	41	42	6	614	8	21	25	39	40	44	18
555	11	17	21	24	26	36	12	615	10	17	18	19	23	27	35
556	12	20	23	28	30	44	43	616	5	13	18	23	40	45	3
557	4	20	26	28	35	40	31	617	4	5	11	12	24	27	28
558	12	15	19	26	40	43	29	618	8	16	25	30	42	43	15
559	11	12	25	32	44	45	23	619	6	8	13	30	35	40	21
560	1	4	20	23	29	45	28	620	2	16	17	32	39	45	40
561	5	7	18	37	42	45	20	621	1	2	6	16	19	42	9
562	4	11	13	17	20	31	33	622	9	15	16	21	28	34	24
563	5	10	16	17	31	32	21	623	7	13	30	39	41	45	25
564	14	19	25	26	27	34	2	624	1	7	19	26	27	35	16
565	4	10	18	27	40	45	38	625	3	6	7	20	21	39	13
566	4	5	6	25	26	43	41	626	13	14	26	33	40	43	15
567	1	10	15	16	32	41	28	627	2	9	22	25	31	45	12
568	1	3	17	20	31	44	40	628	1	7	12	15	23	42	11
569	3	6	13	23	24	35	1	629	19	28	31	38	43	44	1
570	1	12	26	27	29	33	42	630	8	17	21	24	27	31	15
571	11	18	21	26	38	43	29	631	1	2	4	23	31	34	8
572	3	13	18	33	37	45	1	632	15	18	21	32	35	44	6
573	2	4	20	34	35	43	14	633	9	12	19	20	39	41	13
574	14	15	16	19	25	43	2	634	4	10	11	12	20	27	38
575	2	8	20	30	33	34	6	635	11	13	25	26	29	33	32
576	10	11	15	25	35	41	13	636	6	7	15	16	20	31	26
577	16	17	22	31	34	37	33	637	3	16	22	37	38	44	23
578	5	12	14	32	34	42	16	638	7	18	22	24	31	34	6
579	5	7	20	22	37	42	39	639	6	15	22	23	25	32	40
580	5	7	9	11	32	35	33	640	14	15	18	21	26	35	23
581	3	5	14	20	42	44	33	641	11	18	21	36	37	43	12
582	2	12	14	33	40	41	25	642	8	17	18	24	39	45	32
583	8	17	27	33	40	44	24	643	15	24	31	32	33	40	13
584	7	18	30	39	40	41	36	644	5	13	17	23	28	36	8
585	6	7	10	16	38	41	4	645	1	4	16	26	40	41	31
586	2	7	12	15	21	34	5	646	2	9	24	41	43	45	30
587	14	21	29	31	32	37	17	647	5	16	21	23	24	30	29
588	2	8	15	22	25	41	30	648	13	19	28	37	38	43	4
589	6	8	28	33	38	39	22	649	3	21	22	33	41	42	20
590	20	30	36	38	41	45	23	650	3	4	7	11	31	41	35
591	8	13	14	30	38	39	5	651	11	12	16	26	29	44	18
592	2	5	6	13	28	44	43	652	3	13	15	40	41	44	20
593	9	10	13	24	33	38	28	653	5	6	26	27	38	39	1
594	2	8	13	25	28	37	3	654	16	21	26	31	36	43	6
595	8	24	28	35	38	40	5	655	7	37	38	39	40	44	18
596	3	4	12	14	25	43	17	656	3	7	14	16	31	40	39

661	2	3	12	20	27	38	40	721	1	28	35	41	43	44	31
662	5	6	9	11	15	37	26	722	12	14	21	30	39	43	45
663	3	5	8	19	38	42	20	723	20	30	33	35	36	44	22
664	10	20	33	36	41	44	5	724	2	8	33	35	37	41	14
665	5	6	11	17	38	44	13	725	6	7	19	21	41	43	38
666	2	4	6	11	17	28	16	726	1	11	21	23	34	44	24
667	15	17	25	37	42	43	13	727	7	8	10	19	21	31	20
668	12	14	15	24	27	32	3	728	3	6	10	30	34	37	36
669	7	8	20	29	33	38	9	729	11	17	21	26	36	45	16
670	11	18	26	27	40	41	25	730	4	10	14	15	18	22	39
671	7	9	10	13	31	35	24	731	2	7	13	25	42	45	39
672	8	21	28	31	36	45	43	732	2	4	5	17	27	32	43
673	7	10	17	29	33	44	5	733	11	24	32	33	35	40	13
674	9	10	14	25	27	31	11	734	6	16	37	38	41	45	18
675	1	8	11	15	18	45	7	735	5	10	13	27	37	41	44
676	1	8	17	34	39	45	27	736	2	11	17	18	21	27	6
677	12	15	24	36	41	44	42	737	13	15	18	24	27	41	11
678	4	5	6	12	25	37	45	738	23	27	28	38	42	43	36
679	3	5	7	14	26	34	35	739	7	22	29	33	34	35	30
680	4	10	19	29	32	42	30	740	4	8	9	16	17	19	31
681	21	24	27	29	43	44	7	741	5	21	27	34	44	45	16
682	17	23	27	35	38	43	2	742	8	10	13	36	37	40	6
683	6	13	20	27	28	40	15	743	15	19	21	34	41	44	10
684	1	11	15	17	25	39	40	744	10	15	18	21	34	41	43
685	6	7	12	28	38	40	18	745	1	2	3	9	12	23	10
686	7	12	15	24	25	43	13	746	3	12	33	36	42	45	25
687	1	8	10	13	28	42	45	747	7	9	12	14	23	28	17
688	5	15	22	23	34	35	2	748	3	10	13	22	31	32	29
689	7	17	19	30	36	38	34	749	12	14	24	26	34	45	41
690	24	25	33	34	38	39	43	750	1	2	15	19	24	36	12
691	15	27	33	35	43	45	16	751	3	4	16	20	28	44	17
692	3	11	14	15	32	36	44	752	4	16	20	33	40	43	7
693	1	6	11	28	34	42	30	753	2	17	19	24	37	41	3
694	7	15	20	25	33	43	12	754	2	8	17	24	29	31	32
695	4	18	26	33	34	38	14	755	13	14	26	28	30	36	37
696	1	7	16	18	34	38	21	756	10	14	16	18	27	28	4
697	2	5	8	11	33	39	31	757	6	7	11	17	33	44	1
698	3	11	13	21	33	37	18	758	5	9	12	30	39	43	24
699	4	5	8	16	21	29	3	759	9	33	36	40	42	43	32
700	11	23	28	29	30	44	13	760	10	22	27	31	42	43	12
701	3	10	14	16	36	38	35	761	4	7	11	24	42	45	30
702	3	13	16	24	26	29	9	762	1	3	12	21	26	41	16
703	10	28	31	33	41	44	21	763	3	8	16	32	34	43	10
704	1	4	8	23	33	42	45	764	7	22	24	31	34	36	15
705	1	6	17	22	28	45	23	765	1	3	8	12	42	43	33
706	3	4	6	10	28	30	37	766	9	30	34	35	39	41	21
707	2	12	19	24	39	44	35	767	5	15	20	31	34	42	22
708	2	10	16	19	34	45	1	768	7	27	29	30	38	44	4
709	10	18	30	36	39	44	32	769	5	7	11	16	41	45	4
710	3	4	6	24	25	33	10	770	1	9	12	23	39	43	34
711	11	15	24	35	37	45	42	771	6	10	17	18	21	29	30
712	17	20	30	31	33	45	19	772	5	6	11	14	21	41	32
713	2	5	15	18	19	23	44	773	8	12	19	21	31	35	44
714	1	7	22	33	37	40	20	774	12	15	18	28	34	42	9
715	2	7	27	33	41	44	10	775	11	12	29	33	38	42	17
716	2	6	13	16	29	30	21	776	8	9	18	21	28	40	20

시간의 개념을 통해 살펴보면 조금 더 쉽게 이해될 수 있다. 지금 이 순간을 한 점이라고 생각할 때, 시간이 지나면 이 점은 과거가 된다. 한편 지금 이 순간은 과거의 입장에서 보면 미래였다. 즉, 과거, 현재, 미래는 간격을 두고 일직선상에 있는 듯하지만, 결국에는 시공간을 초월한 하나이자, 한 점이다.

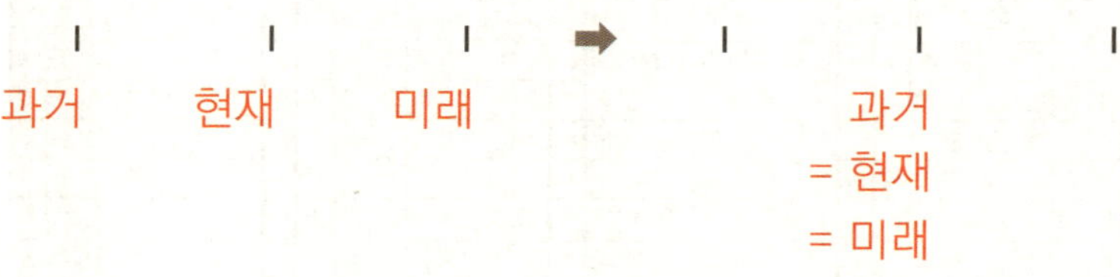

그런데 숫자만 이렇게 반복해서 등장하는 것일까? 첫 부분에서 언급했던 것처럼 인간 개개인 역시 숫자라고 볼 때 내 숫자도 다시 뜰 수 있다. 또한, 내가 보낸 하루도 다시 반복될 수 있다. 한마디로, 우리는 '잘 살아야' 한다고 생각한다. 오늘이 지난다고 끝이 아니다. 오늘은 다시 반복될 수 있기에 최선을 다해야 한다. 어쩌면 숫자의 비밀스러운 원리는 이런 메시지를 우리에게 주고 있는지도 모르겠다.

원칙 2_ 1주 2주 안에 나타나는 반복성의 이해

규칙적인 간격으로 반복되어 나타나는 원칙과 달리, 불규칙해 보이는 현상이 나타날 수 있다. 이때, 우리는 다음과 같은 해석을 해야 한다.

'위아래로 두 칸 이하에 나타나는 같은 수는 동일한 점으로 간주한다.'

다소 어려운 설명일 수 있는데, 우선 위아래 두 칸은 규칙성과 별개로 살펴보아야 한다. 2주를 넘어설 때는 규칙성을 따져야 하지만, 1주나 2주 안에서는 동일 점으로 간주해야 하는 것이다. 가령, 다음의 표에서 A의 14와 B의 14는 연속으로 나타나고 있는데 이 둘은 동일한 점으로 간주해야 한다. 마찬가지로 C, D, E

의 27 역시 한 주 간격으로 나타남으로 세 점을 동일한 것으로 바라보아야 한다.

그리고 F와 G, G와 H, H와 I 역시 2주 간격이므로 여기에 등장한 16은 서로 동일한 것으로 해석해야 한다. 그리할 때 로또의 원칙들을 파악해나갈 수 있다.

1	10	23	29	33	37	40	16	61	14	15	19	30	38	43	8	121	12	28	30	34	38	43	9	181	14	21	23	32	40	45	44	241	2	16	24	27	28	35	21	301	7	11	13	33	37	43	26
2	9	13	21	25	32	42	2	62	3	8	15	27	29	35	21	122	1	11	16	17	36	40	8	182	13	15	27	29	34	40	35	242	4	19	20	21	32	34	43	302	13	19	20	32	38	42	4
3	11	16	19	21	27	31	30	63	3	20	23	36	38	40	5	123	7	17	18	28	30	45	27	183	2	18	24	34	40	42	5	243	2	12	17	19	28	42	34	303	2	14	17	30	38	45	43
4	14	27	30	31	40	42	2	64	14	15	18	21	26	36	39	124	4	16	23	25	29	42	1	184	1	2	6	16	20	33	41	244	13	16	25	36	37	38	19	304	4	10	16	26	33	41	38
5	16	24	29	40	41	42	3	65	4	25	33	36	40	43	39	125	2	8	32	33	35	36	18	185	1	2	4	8	19	38	14	245	9	11	27	31	32	38	22	305	7	8	18	21	23	39	9
6	14	15	26	27	40	42	34	66	2	3	7	17	22	24	45	126	7	20	22	27	40	43	1	186	4	10	14	19	21	45	9	246	13	18	21	23	26	39	15	306	4	18	23	30	34	41	19
7	2	9	16	25	26	40	42	67	3	7	10	15	36	38	33	127	3	5	10	29	32	43	35	187	1	2	8	18	29	38	42	247	12	15	28	36	39	40	13	307	5	15	21	23	25	45	12
8	8	19	25	34	37	39	9	68	10	12	15	16	26	39	38	128	12	30	34	36	37	45	39	188	19	24	27	30	31	34	36	248	3	8	17	23	38	45	13	308	14	15	17	19	37	45	40
9	2	4	16	17	36	39	14	69	5	8	14	15	19	39	35	129	19	23	25	28	38	42	17	189	8	14	32	35	37	45	28	249	3	8	27	31	41	44	11	309	1	2	5	11	18	36	22
10	9	25	30	33	41	44	6	70	5	19	22	25	28	43	26	130	7	19	24	27	42	45	31	190	8	14	18	30	31	44	15	250	19	23	30	37	43	45	38	310	1	5	19	28	34	41	16
11	1	7	36	37	41	42	14	71	5	9	12	16	29	41	21	131	8	10	11	14	15	21	37	191	5	6	24	25	32	37	8	251	6	7	19	25	28	38	45	311	4	12	24	27	28	32	10
12	2	11	21	25	39	45	44	72	2	4	11	17	26	27	1	132	3	17	23	34	41	45	43	192	4	8	11	18	37	45	33	252	14	23	26	31	39	45	28	312	2	3	5	6	12	20	25
13	22	23	25	37	38	42	26	73	3	12	18	32	40	43	38	133	4	7	15	18	23	26	13	193	6	14	18	26	36	39	13	253	8	19	25	31	34	36	33	313	9	17	34	35	43	45	2
14	2	6	12	31	33	40	15	74	6	15	17	18	35	40	23	134	3	12	20	23	31	35	43	194	15	20	23	26	39	44	28	254	1	5	19	20	24	30	27	314	15	17	19	34	38	41	2
15	3	4	16	30	31	37	13	75	2	5	24	32	34	44	28	135	6	14	22	28	35	39	16	195	7	10	19	22	35	40	31	255	1	5	6	24	27	42	32	315	1	13	33	35	43	45	23
16	6	7	24	37	38	40	33	76	1	3	15	22	25	37	43	136	2	16	30	36	41	42	11	196	35	36	37	41	44	45	30	256	4	11	14	21	23	43	32	316	10	11	21	27	31	39	43
17	3	4	9	17	32	37	1	77	2	18	29	32	43	44	37	137	7	9	20	25	36	39	15	197	7	12	16	34	42	45	4	257	6	13	27	31	32	37	4	317	3	10	11	22	36	39	8
18	3	12	13	19	32	35	29	78	10	13	25	29	33	35	38	138	10	11	27	28	37	39	19	198	12	19	20	25	41	45	2	258	14	27	30	31	38	40	17	318	2	17	19	20	34	45	21
19	6	30	38	39	40	43	26	79	3	12	24	27	30	32	14	139	9	11	15	20	28	43	13	199	14	21	22	25	30	36	43	259	4	5	14	35	42	45	34	319	5	8	22	28	33	42	37
20	10	14	18	20	23	30	41	80	17	18	24	25	26	30	1	140	3	13	17	18	19	28	8	200	5	6	13	14	17	20	7	260	7	12	15	24	37	40	43	320	16	19	23	25	41	45	3
21	6	12	17	18	31	32	21	81	5	7	11	13	20	33	6	141	8	12	29	31	42	43	2	201	3	11	24	38	39	44	26	261	6	11	16	18	31	43	2	321	12	18	20	21	25	34	42
22	4	5	6	8	17	39	25	82	1	2	3	14	27	42	39	142	12	16	30	34	40	44	19	202	12	24	27	33	39	44	17	262	9	12	24	25	29	31	36	322	9	18	29	32	38	43	20
23	5	13	17	18	33	42	44	83	6	10	15	17	19	34	14	143	26	27	28	42	43	45	8	203	1	3	11	24	30	32	7	263	1	27	28	32	37	40	18	323	10	14	15	32	36	42	3
24	7	8	27	29	36	43	6	84	16	23	27	34	42	45	11	144	4	15	17	26	36	37	43	204	3	12	14	35	40	45	5	264	9	16	27	36	41	44	5	324	2	4	21	25	33	36	17
25	2	4	21	26	43	44	16	85	6	8	13	23	31	36	21	145	2	3	13	20	27	44	9	205	1	3	21	29	35	37	30	265	5	9	34	37	38	39	12	325	7	17	20	32	44	45	33
26	4	5	7	18	20	25	31	86	2	12	37	39	41	45	33	146	2	19	27	35	41	42	25	206	1	2	3	15	20	25	43	266	3	4	9	11	22	42	37	326	16	23	25	33	36	39	40
27	1	20	26	28	37	43	27	87	4	12	16	23	34	43	26	147	4	6	13	21	40	42	36	207	3	11	14	31	32	37	38	267	7	8	24	34	36	41	1	327	6	12	13	17	32	44	24
28	9	18	23	25	35	37	1	88	1	17	20	24	30	41	27	148	21	25	33	34	35	36	17	208	14	25	31	34	40	44	24	268	3	10	19	24	32	45	12	328	1	6	9	16	17	28	24
29	1	5	13	34	39	40	11	89	4	26	28	29	33	40	37	149	2	11	21	34	41	42	27	209	2	7	18	20	24	33	37	269	5	18	20	36	42	43	32	329	9	17	19	30	35	42	4
30	8	17	20	35	36	44	4	90	17	20	29	35	38	44	10	150	2	18	25	28	37	39	16	210	10	19	22	23	25	37	39	270	5	9	12	20	21	26	27	330	3	4	16	17	19	20	23
31	7	9	18	23	28	35	32	91	1	21	24	26	29	42	27	151	1	2	10	13	18	19	15	211	12	13	17	20	33	41	8	271	3	8	9	27	29	40	36	331	4	9	14	26	31	44	39
32	6	14	19	25	34	44	11	92	3	14	24	33	35	36	17	152	1	5	13	26	29	34	43	212	11	12	18	21	31	38	8	272	7	9	12	27	39	43	28	332	16	17	34	36	42	45	3
33	4	7	32	33	40	41	9	93	6	22	24	36	38	44	19	153	3	8	11	12	13	36	33	213	2	3	4	5	20	24	42	273	1	8	24	31	34	44	6	333	5	14	27	30	39	43	35
34	9	26	35	37	40	42	2	94	5	32	34	40	41	45	6	154	6	19	21	35	40	45	20	214	5	7	20	25	28	37	32	274	13	14	15	26	35	39	25	334	13	15	21	29	39	43	33
35	2	3	11	26	37	43	39	95	8	17	27	31	34	43	14	155	16	19	20	32	33	41	4	215	2	3	7	15	43	44	4	275	14	19	20	35	38	40	26	335	5	9	16	23	26	45	21
36	1	10	23	26	28	40	31	96	1	3	8	21	22	31	20	156	5	18	28	30	42	45	2	216	7	16	17	33	36	40	1	276	4	15	21	33	39	41	25	336	3	5	20	34	35	44	16
37	7	27	30	33	35	37	42	97	6	7	14	15	20	36	3	157	19	26	30	33	35	39	37	217	16	20	27	33	35	39	38	277	10	12	13	15	25	29	20	337	1	5	14	18	32	37	4
38	16	17	22	30	37	43	36	98	6	9	16	23	24	32	43	158	4	9	13	18	21	34	7	218	1	8	14	18	29	44	20	278	3	11	37	39	41	43	13	338	2	13	34	38	42	45	16
39	6	7	13	15	21	43	8	99	1	3	10	27	29	37	11	159	1	18	30	41	42	43	32	219	4	11	20	26	35	37	16	279	7	16	31	36	37	38	11	339	6	8	14	21	30	37	45
40	7	13	18	19	25	26	6	100	1	7	11	23	37	42	6	160	3	7	8	34	39	41	1	220	5	11	19	21	34	43	31	280	10	11	23	24	36	37	35	340	18	24	26	29	34	38	32
41	13	20	23	35	38	43	34	101	1	3	17	32	35	45	8	161	22	34	36	40	42	45	44	221	2	20	33	35	37	40	10	281	1	3	4	6	14	41	12	341	1	8	19	34	39	43	41
42	17	18	19	21	23	32	1	102	17	22	24	26	35	40	42	162	1	5	21	25	38	41	24	222	5	7	28	29	39	43	44	282	2	5	10	18	31	32	30	342	1	13	14	33	34	43	25
43	6	31	35	38	39	44	1	103	5	14	15	27	30	45	10	163	7	11	26	28	29	44	16	223	1	3	18	20	26	27	38	283	6	8	18	31	38	45	42	343	1	10	17	29	31	43	15
44	3	11	21	30	38	45	39	104	17	32	33	34	42	44	35	164	6	9	10	11	39	41	27	224	4	19	26	27	30	42	7	284	2	7	15	24	30	45	28	344	1	2	15	28	34	45	38
45	1	10	20	27	33	35	17	105	8	10	20	34	41	45	28	165	5	13	18	19	22	42	31	225	5	11	13	19	31	36	7	285	13	33	37	40	41	45	2	345	15	20	23	29	39	42	2
46	8	13	15	23	31	38	39	106	4	10	12	22	24	33	29	166	9	12	27	36	39	45	14	226	2	6	8	14	21	22	34	286	1	15	19	40	42	44	17	346	5	13	14	22	44	45	33
47	14	17	26	31	36	45	27	107	1	4	5	6	9	31	17	167	24	27	28	30	36	39	4	227	4	5	15	16	22	42	2	287	6	12	24	27	35	37	41	347	3	8	13	27	32	42	10
48	6	10	18	26	37	38	3	108	7	18	22	23	29	44	12	168	3	10	31	40	42	43	30	228	17	25	35	36	39	44	23	288	1	12	17	28	35	41	10	348	3	14	17	20	24	31	34
49	4	7	16	19	33	40	30	109	1	5	34	36	42	44	33	169	16	27	35	37	43	45	19	229	4	5	9	11	23	38	35	289	3	14	33	37	38	42	10	349	5	13	14	20	24	25	36
50	2	10	12	15	22	44	1	110	7	20	22	23	29	43	1	170	2	11	13	15	31	42	10	230	5	11	14	29	32	33	12	290	8	13	18	32	39	45	7	350	1	8	18	24	29	33	35
51	2	3	11	16	26	44	35	111	7	18	31	33	36	40	27	171	4	16	25	29	34	35	1	231	5	10	19	31	44	45	27	291	3	7	8	18	20	42	45	351	5	25	27	29	34	36	33
52	2	4	15	16	20	29	1	112	26	29	30	33	41	42	43	172	4	19	21	24	26	41	35	232	8	9	10	12	24	44	35	292	17	18	31	32	33	34	10	352	5	16	17	20	26	41	24
53	7	8	14	32	33	39	42	113	4	9	28	33	36	45	26	173	3	9	24	30	33	34	18	233	4	6	13	17	28	40	39	293	1	9	17	21	29	33	24	353	11	16	19	22	29	36	26
54	1	8	21	27	36	39	37	114	11	14	19	26	28	41	2	174	13	14	18	22	35	39	16	234	13	21	22	24	26	37	4	294	6	10	17	30	37	38	40	354	14	19	36	43	44	45	1
55	17	21	31	37	40	44	7	115	1	2	6	9	25	28	31	175	19	26	28	31	33	36	17	235	21	22	26	27	31	37	8	295	1	4	12	16	18	38	8	355	5	8	29	30	35	44	38
56	10	14	30	31	33	37	19	116	2	4	25	31	34	37	17	176	4	17	30	32	33	34	15	236	1	4	8	13	37	39	7	296	3	8	15	27	30	45	44	356	2	8	14	25	29	45	24

3

보조수의 원칙

앞에서 제시한 바에 따라 동일한 것으로 파악되는 숫자들을 살펴보면, 또 다른 원칙을 발견할 수 있다. 바로 보조수의 규칙이다. 이것은 숫자에 짝이 있다는 것과도 깊은 연관을 맺는다.

처음에 내가 찾았던 것은 두 수 조합이다. 그런데 두 수 조합을 찾다 보니, 세 수 조합도 알아가게 되었는데, 이때 특정 두 수 조합에 유난히 많이 따라붙는 수가 있음을 알게 되었다. 그리고 그것으로 세 수 조합이 만들어짐을 알게 되었다. (**물론 열에 열 번 다 붙는 것이 아니었고 한두 번 정도는 붙지 않을 때도 있었다.**) 그럼에도 그 안에서 규칙이 나타났고, 그렇게 특정하게 붙는 수가 보조수임을 알게 되었다. 이제 이에 대한 구체적인 설명을 해 보도록 하겠다.

우선 조합의 기본인 두 수의 조합에 대해 살펴보자. 원 조합(A, B)에는 보조수 C가 있는데 보조수가 형성됨으로써 세 수 조합 (A, B, C)로 변화된다. 이때, 분할 규칙이 성립되는데, 분할될 때는 각 수 1개는 성립되지 않고 각 수 2개 AB, BC, AC로 움직여야 성립된다.

가령, 조합(25, 28)에 19라는 보조수가 붙게 된다. 그런데 두 수의 조합에서 하나의 보조수가 붙으면 세 수의 조합이 되는데, 이 안에서 다시 분할이 일어날 수 있다. 즉, 조합(25, 28, 19)에서 조합(25, 19)나 조합(28, 19)이 다시 나타날 수 있는 것이다.

참고로 여기서 원 조합은 보조수가 붙기 전의 조합을 말하는데, 원 조합은 기본을 두 가지 수로 하고 있지만, 이 이상이 될 수도 있다. 세 수 조합에도 보조수가 있을 것이고 네 수 조합에도, 그 이상의 조합에도 보조수가 있을 수 있다. 두 수 조합이 존재한다는 것은 그 이상의 조합도 가능하다는 이야기일 테니 말이다. 그리고 이것이 사실이라면 10개의 숫자가 모인 조합도 만들어질 수 있다. 그리고 여기에 또다시 보조수가 붙게 될 수 있다. 이렇게 본다면 결국 모든 조합은 퍼즐 관계로 연결이 된다.

정리하자면 두 수 조합이 기본이고 여기에 보조수가 붙게 된다. 그렇게 보조수가 붙어 세 수 조합이 나타나고 여기에 보조수가 다시 붙어 네 수 조합이 나타난다. 물론 나는 세 수의 조합까지만 연구를 했기 때문에 내가 지금까지 찾은 것은 극히 일부라고 할 수 있다. 산수로 치자면 더하기, 빼기 수준밖에 안 되는 것이다. 그러나 곱하기, 나누기에 이어 미적분 형태까지 적용하여 연구한다면 그 이상의 조합에 담긴 원리도 찾아낼 수 있지 않을까?

4

숫자에 대한 나의 가정

여기서는 숫자와 관련된 나의 몇 가지 이야기를 해보도록 하겠다. 이것은 나만의 가정이기 때문에 조금은 조심스럽기도 하다. 그럼에도 이 책에서 설명하고자 하는 부분의 전제가 될 수 있기에 서술해 보도록 하겠다.

모든 수는 연결되어 있다

중력이라는 원리에 따라 끌어당기는 힘이 있듯, 숫자들도 서로 끌어당긴다. 그리고 그 과정에서 조합을 이룬다. 앞에서도 언급했듯, 나는 두 수의 조합과 세 수의 조합을 찾기 위해 연구해 왔지만, 그 이상은 시도할 수가 없었다. 시도한다고 해도, 조합에서 나올 수 있는 경우의 수가 너무 방대하기에 역부족이다.

특히 조합의 원리 외에도 무수한 원리가 있을 수 있는데, 첫머리에 오는 두 수를 찾는다면 끝에 등장하는 두 수도 찾을 수 있을 것이다. 이런 원리에 따라 정확하게 첫 번째에 오는 수를 찾는다면 두 번째에 오는 수도, 세 번째에 오는 수도, 네 번째, 다섯 번째, 여섯 번째에 오는 수도 찾을 수 있다고 생각한다.

로또 추첨 방식이 갖는 규칙성을 통해 숫자의 살아있음을 확인할 수 있다

사람들이 간과하는 부분이 있는데, 로또 추첨은 '정확하게 1주일 간격'으로 '기계에 의해' 추첨된다는 사실이다. 그것도 '정해진 시간'에 맞추어 진행된다. 이처럼 인간의 의도가 개입되지 않고 기계에 의해 규칙적인 시간에 맞추어 추첨된다는 것은 숫자의 특별한 규칙을 찾는 기반이 되어준다. 분명 인간의 개입 없이 공이 튀어나왔는데 그 안에서 규칙이 나타난다는 것은 결코 쉽게 지나쳐서는 안 되는 일인 것이다. 그런 차원에서 로또 회차에 따른 당첨번호들은 살아 움직인다는 사실 역시 알 수 있다.

이제 파트 2에서 계속해서 다루겠지만 놀랄 만한 규칙들이 지속적으로 등장한다. 규칙적인 시간에 맞추어 이런 규칙적인 현상이 나타난다는 것은 그야말로 숫자 누군가의 손이나 기계의 힘에 빌어 수동적으로 움직이는 것이 아니라, 능동적으로 움직이고 있음을 알게 해 준다. 즉, 숫자는 물론, 숫자가 적힌 표 자체가 살아있다고 볼 수 있는 것이다.

나라마다 수의 조합이 다를지도 모른다

나라마다 수의 조합이 같을까? 나는 여기에 반론을 제기하고 싶다. 우선 각 나라가 위치한 좌표 자체가 다르기 때문에 그에 따른 수의 조합 역시 다르리라고 보는 것이다. 가령 우리나라의 좌표와 일본의 좌표, 미국의 좌표가 다 다르기 때문에 우리나라의 경우에는 조합(25, 28)이 19와 짝을 이루지만, 일본의 경우에는 다른 형태의 수 조합이 등장할 수 있다.

반복된 수의 등장, 반복된 사람의 등장은 같은 원리가 아닐까

살다 보면 가끔 익숙한 느낌을 주는 사람을 만날 때가 있다. 분명 다른 사람인데 같은 사람인 것만 같은 착각을 불러일으킨다. 그렇다고 외양이나 목소리가 비슷한 것도 아닌데 누군가와 비슷한 느낌을 주는 것이다.

나는 한 개개인이 숫자로 표현될 수 있기에 숫자가 규칙에 따라 반복적으로 나타나듯, 사람도 규칙에 따라 반복적으로 나타날 수 있다고 본다.

특히 이 사실은 인간관계에서 우리가 가져야 할 자세에 대한 많은 생각을 갖게 한다. 간혹 우리는 '다시는 안 볼 사람'이라고 생각하면서 무시하거나 막 대할 수 있다. 혹은 내가 실수나 잘못을 했음에도 용서를 제대로 구하지 않은 채 넘어가는 경우도 있다. 그러나 수가 반복적으로 등장하듯이 사람도 반복적으로 등장할 수 있다면 조금 더 바르고 예의 있게, 인격적으로 다가갈 수 있지 않을까?

나 역시 그런 마음으로 사람을 대하고자 한다. 누군가가 다시는 안 볼 사람이 아니라, 앞으로 내 인생에 반복적으로 나타날 사람이기에 더 최선을 다하려고 노력한다.

Part 2

숫자를 통해 찾아보는 로또의 원리

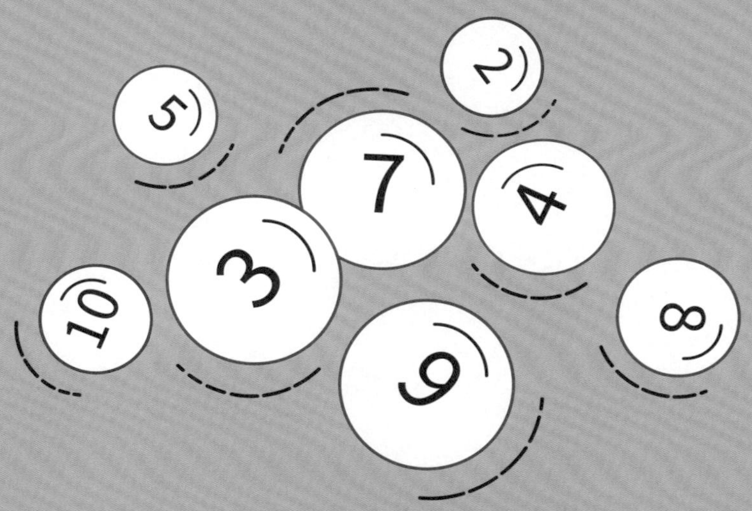

Chapter 1. 두 수 조합에서 보조수 동행의 규칙성

Chapter 2. 서로 다른 두 수 조합 간의 동행 규칙성

Chapter 3. 세 수 조합의 동행 규칙성

Chapter 4. 여러 형태의 규칙성

01

두 수 조합에서 보조수 동행의 규칙성

1. 조합(15, 22)와 34

2. 조합(29, 39)와 43

3. 조합(14, 16)과 36

4. 조합(15, 45)과 17

5. 조합(15, 33)와 40

6. 조합(25, 28)과 19

로또는 매주, 정해진 시간에, 기계에 의해 결정된다.
이 사실을 간과해서는 안 된다.
인간의 개입 없이 기계에서 튀어나오는 숫자들의 조합 안에서
우리는 신비로운 규칙들을 발견하게 된다.

1

조합(15, 22)와 34

1.1. 역대 로또 당첨번호(61~420회차)에 나타나는 조합(15, 22)와 보조수 34의 규칙

★ 원 조합(15, 22)와 보조수 34가 동시에 나타나는 곳을 찾으라

우선적으로 밝혀둘 것은 원 조합(15, 22)에 따라오는 보조수가 34라는 사실이다. 이제 이것을 증명하게 될 텐데, 〈표 1-1-1〉에서 15, 22, 34가 동시에 나오는 곳을 먼저 주목해 보자. 참고로 여기서는 원 조합 15와 22를 적색으로 표시하였고 나머지(**보조수 34 및 15와 22가 개별적으로 등장할 때**)는 녹색으로 표시하였다. 특히, 여기서 15와 22는 조합이므로 하나의 수로 인정해야 한다. 그러기에 하나의 색깔로 표시하였다는 것도 미리 알려둔다.

한편 〈표 1-1-1〉에서 보았을 때, 세 수가 동시에 등장하는 곳은 D이다. **(참고로 여기서는 한 군데밖에 나타나지 않지만, 바로 뒤에서 다룰 421회차 이후의 당첨번호들을 보면 이런 현상이 더 많이 나타남을 확인할 수 있을 것이다.)**

★ 추적을 통해 15, 22, 34의 관계를 증명해 보자

과연 15, 22, 34가 동시에 나타나야만 원 조합(15, 22)와 보조수 34의 관계를 증명할 수 있는 것일까? 그렇지 않다. 앞에서 다룬 규칙성에 따른 반복 원리를 통해서도 세 수의 관계를 확인할 수 있다.

먼저 원 조합(15, 22)가 나타나는 B를 기준점으로 가정해 보자. 여기서는 15와 22는 있지만 34는 없다. 하지만 여기서 끝이 아니며 34가 나타나는 곳을 예측할 수 있다. 곧 과거(**이전 당첨번호들**)와 미래(**이후 당첨번호들**)에 주목하면서 규칙적인 반복현상이 나타나는지를 살필 수 있다.

여기서는 B의 15가 6주 전에도 등장(A 지점)하고 6주 후에도 등장(B 지점)함을 알 수 있다. 즉, A의 15와 B의 15, C의 15는 동일한 것이다. 그런데 바로 C에서 보조수 34가 등장한다. 즉, 34가 B에서는 나타나지 않았지만 B의 15와 동일하다고 할 수 있는 C의 15와 함께 등장함으로써, 34가 원 조합(15, 22)의 보조수임을 증명해 주고 있는 것이다.

〈표 1-1-1〉

61	14	15	19	30	38	43	8
62	3	8	15	27	29	35	21
63	3	20	23	36	38	40	5
64	14	15	18	21	26	36	39
65	4	25	33	36	40	43	39
66	2	3	7	17	22	24	45
67	3	7	10	15	36	38	33
68	10	12	15	16	26	39	38
69	5	8	14	15	19	39	35
70	5	19	22	25	28	43	26
71	5	9	12	16	29	41	21
72	2	4	11	17	26	27	1
73	3	12	18	32	40	43	38
74	6	15	17	18	35	40	23
75	2	5	24	32	34	44	28
76	1	3	15	22	25	37	43
77	2	18	29	32	43	44	37
78	10	13	25	29	33	35	38
79	3	12	24	27	30	32	14
80	17	18	24	25	26	30	1
81	5	7	11	13	20	33	6
82	1	2	3	14	27	42	39
83	6	10	15	17	19	34	14
84	16	23	27	34	42	45	11
85	6	8	13	23	31	36	21
86	2	12	37	39	41	45	33
87	4	12	16	23	34	43	26
88	1	17	20	24	30	41	27
89	4	26	28	29	33	40	37
90	17	20	29	35	38	44	10
91	1	21	24	26	29	42	27
92	3	14	24	33	35	36	17
93	6	22	24	36	38	44	19
94	5	32	34	40	41	45	6
95	8	17	27	31	34	43	14
96	1	3	8	21	22	31	20
97	6	7	14	15	20	36	3
98	6	9	16	23	24	32	43
99	1	3	10	27	29	37	11
100	1	7	11	23	37	42	6
101	1	3	17	32	35	45	8
102	17	22	24	26	35	40	42
103	5	14	15	27	30	45	10
104	17	32	33	34	42	44	35
105	8	10	20	34	41	45	28
106	4	10	12	22	24	33	29
107	1	4	5	6	9	31	17
108	7	18	22	23	29	44	12
109	1	5	34	36	42	44	33
110	7	20	22	23	29	43	1
111	7	18	31	33	36	40	27
112	26	29	30	33	41	42	43
113	4	9	28	33	36	45	26
114	11	14	19	26	28	41	2
115	1	2	6	9	25	28	31
116	2	4	25	31	34	37	17
117	5	10	22	34	36	44	35
118	3	4	10	17	19	22	38
119	3	11	13	14	17	21	38
120	4	6	10	11	32	37	30

121	12	28	30	34	38	43	9
122	1	11	16	17	36	40	8
123	7	17	18	28	30	45	27
124	4	16	23	25	29	42	1
125	2	8	32	33	35	36	18
126	7	20	22	27	40	43	1
127	3	5	10	29	32	43	35
128	12	30	34	36	37	45	39
129	19	23	25	28	38	42	17
130	7	19	24	27	42	45	31
131	8	10	11	14	15	21	37
132	3	17	23	34	41	45	43
133	4	7	15	18	23	26	13
134	3	12	20	23	31	35	43
135	6	14	22	28	35	39	16
136	2	16	30	36	41	42	11
137	7	9	20	25	36	39	15
138	10	11	27	28	37	39	19
139	9	11	15	20	28	43	13
140	3	13	17	18	19	28	8
141	8	12	29	31	42	43	2
142	12	16	30	34	40	44	19
143	26	27	28	42	43	45	8
144	4	15	17	26	36	37	43
145	2	3	13	20	27	44	9
146	2	19	27	35	41	42	25
147	4	6	13	21	40	42	36
148	21	25	33	34	35	36	17
149	2	11	21	34	41	42	27
150	2	18	25	28	37	39	16
151	1	2	10	13	18	19	15
152	1	5	13	26	29	34	43
153	3	8	11	12	13	36	33
154	6	19	21	35	40	45	20
155	16	19	20	32	33	41	4
156	5	18	28	30	42	45	2
157	19	26	30	33	35	39	37
158	4	9	13	18	21	34	7
159	1	18	30	41	42	43	32
160	3	7	8	34	39	41	1
161	22	34	36	40	42	45	44
162	1	5	21	25	38	41	24
163	7	11	26	28	29	44	16
164	6	9	10	11	39	41	27
165	5	13	18	19	22	42	31
166	9	12	27	36	39	45	14
167	24	27	28	30	36	39	4
168	3	10	31	40	42	43	30
169	16	27	35	37	43	45	19
170	2	11	13	15	31	42	10
171	4	16	25	29	34	35	1
172	4	19	21	24	26	41	35
173	3	9	24	30	33	34	18
174	13	14	18	22	35	39	16
175	19	26	28	31	33	36	17
176	4	17	30	32	33	34	15
177	1	10	13	16	37	43	6
178	1	5	11	12	18	23	9
179	5	9	17	25	39	43	32
180	2	15	20	21	29	34	22

181	14	21	23	32	40	45	44
182	13	15	27	29	34	40	35
183	2	18	24	34	40	42	5
184	1	2	6	16	20	33	41
185	1	2	4	8	19	38	14
186	4	10	14	19	21	45	9
187	1	2	8	18	29	38	42
188	19	24	27	30	31	34	36
189	8	14	32	35	37	45	28
190	8	14	18	30	31	44	15
191	5	6	24	25	32	37	8
192	4	8	11	18	37	45	33
193	6	14	18	26	36	39	13
194	15	20	23	26	39	44	28
195	7	10	19	22	35	40	31
196	35	36	37	41	44	45	30
197	7	12	16	34	42	45	4
198	12	19	20	25	41	45	2
199	14	21	22	25	30	36	43
200	5	6	13	14	17	20	7
201	3	11	24	38	39	44	26
202	12	24	27	33	39	44	17
203	1	3	11	24	30	32	7
204	3	12	14	35	40	45	5
205	1	3	21	29	35	37	30
206	1	2	3	15	20	25	43
207	3	11	14	31	32	37	38
208	14	25	31	34	40	44	24
209	2	7	18	20	24	33	37
210	10	19	22	23	25	37	39
211	12	13	17	20	33	41	8
212	11	12	18	21	31	38	8
213	2	3	4	5	20	24	42
214	5	7	20	25	28	37	32
215	2	3	7	15	43	44	4
216	7	16	17	33	36	40	1
217	16	20	27	33	35	39	38
218	1	8	14	18	29	44	20
219	4	11	20	26	35	37	16
220	5	11	19	21	34	43	31
221	2	20	33	35	37	40	10
222	5	7	28	29	39	43	44
223	1	3	18	20	26	27	38
224	4	19	26	27	30	42	7
225	5	11	13	19	31	36	7
226	2	6	8	14	21	22	34
227	4	5	15	16	22	42	2
228	17	25	35	36	39	44	23
229	4	5	9	11	23	38	35
230	5	11	14	29	32	33	12
231	5	10	19	31	44	45	27
232	8	9	10	12	24	44	35
233	4	6	13	17	28	40	39
234	13	21	22	24	26	37	4
235	21	22	26	27	31	37	8
236	1	4	8	13	37	39	7
237	1	11	17	21	24	44	33
238	2	4	15	28	31	34	35
239	11	15	24	39	41	44	7
240	6	10	16	40	41	43	21

241	2	16	24	27	28	35	21
242	4	19	20	21	32	34	43
243	2	12	17	19	28	42	34
244	13	16	25	36	37	38	19
245	9	11	27	31	32	38	22
246	13	18	21	23	26	39	15
247	12	15	28	36	39	40	13
248	3	8	17	23	38	45	13
249	3	8	27	31	41	44	11
250	19	23	30	37	43	45	38
251	6	7	19	25	28	38	45
252	14	23	26	31	39	45	28
253	8	19	25	31	34	36	33
254	1	5	19	20	24	30	27
255	1	5	6	24	27	42	32
256	4	11	14	21	23	43	32
257	6	13	27	31	32	37	4
258	14	27	30	31	38	40	17
259	4	5	14	35	42	45	34
260	7	12	15	24	37	40	43
261	6	11	16	18	31	43	2
262	9	12	24	25	29	31	36
263	1	27	28	32	37	40	18
264	9	16	27	36	41	44	5
265	5	9	34	37	38	39	12
266	3	4	9	11	22	42	37
267	7	8	24	34	36	41	1
268	3	10	19	24	32	45	12
269	5	18	20	36	42	43	32
270	5	9	12	20	21	26	27
271	3	8	9	27	29	40	36
272	7	9	12	27	39	43	28
273	1	8	24	31	34	44	6
274	13	14	15	26	35	39	25
275	14	19	20	35	38	40	26
276	4	15	21	33	39	41	25
277	10	12	13	15	25	29	20
278	3	11	37	39	41	43	13
279	7	16	31	36	37	38	11
280	10	11	23	24	36	37	35
281	1	3	4	6	14	41	12
282	2	5	10	18	31	32	30
283	6	8	18	31	38	45	42
284	2	7	15	24	30	45	28
285	13	33	37	40	41	45	2
286	1	15	19	40	42	44	17
287	6	12	24	27	35	37	41
288	1	12	17	28	35	41	10
289	3	14	33	37	38	42	10
290	8	13	18	32	39	45	7
291	3	7	8	18	20	42	45
292	17	18	31	32	33	34	10
293	1	9	17	21	29	33	24
294	6	10	17	30	37	38	40
295	1	4	12	16	18	38	8
296	3	8	15	27	30	45	44
297	6	11	19	20	28	32	34
298	5	9	27	29	37	40	19
299	1	3	20	25	36	45	24
300	7	9	10	12	26	38	39

301	7	11	13	33	37	43	26
302	13	19	20	32	38	42	4
303	2	14	17	30	38	45	43
304	4	10	16	26	33	41	38
305	7	8	18	21	23	39	9
306	4	18	23	30	34	41	19
307	5	15	21	23	25	45	12
308	14	15	17	19	37	45	40
309	1	2	5	11	18	36	22
310	1	5	19	28	34	41	16
311	4	12	24	27	28	32	10
312	2	3	5	6	12	20	25
313	9	17	34	35	43	45	2
314	15	17	19	34	38	41	2
315	1	13	33	35	43	45	23
316	10	11	21	27	31	39	43
317	3	10	11	22	36	39	8
318	2	17	19	20	34	45	21
319	5	8	22	28	33	42	37
320	16	19	23	25	41	45	3
321	12	18	20	21	25	34	42
322	9	18	29	32	38	43	20
323	10	14	15	32	36	42	3
324	2	4	21	25	33	36	17
325	7	17	20	32	44	45	33
326	16	23	25	33	36	39	40
327	6	12	13	17	32	44	24
328	1	6	9	16	17	28	24
329	9	17	19	30	35	42	4
330	3	4	16	17	19	20	23
331	4	9	14	26	31	44	39
332	16	17	34	36	42	45	3
333	5	14	27	30	39	43	35
334	13	15	21	29	39	43	33
335	5	9	16	23	26	45	21
336	3	5	20	34	35	44	16
337	1	5	14	18	32	37	4
338	2	13	34	38	42	45	16
339	6	8	14	21	30	37	45
340	18	24	26	29	34	38	32
341	1	8	19	34	39	43	41
342	1	13	14	33	34	43	25
343	1	10	17	29	31	43	15
344	1	2	15	28	34	45	38
345	15	20	23	29	39	42	2
346	5	13	14	22	44	45	33
347	3	8	13	27	32	42	10
348	3	14	17	20	24	31	34
349	5	13	14	20	24	25	36
350	1	8	18	24	29	33	35
351	5	25	27	29	34	36	33
352	5	16	17	20	26	41	24
353	11	16	19	22	29	36	26
354	14	19	36	43	44	45	1
355	5	8	29	30	35	44	38
356	2	8	14	25	29	45	24
357	10	14	18	21	36	37	5
358	1	9	10	12	21	40	37
359	1	10	19	20	24	40	23
360	4	16	23	25	35	40	27

361	5	10	16	24	27	35	33
362	2	3	22	27	30	40	29
363	11	12	14	21	32	38	6
364	2	5	7	14	16	40	4
365	5	15	21	25	26	30	31
366	5	12	19	26	27	44	38
367	3	22	25	29	32	44	19
368	11	21	24	30	39	45	26
369	17	20	35	36	41	43	21
370	16	18	24	42	44	45	17
371	7	9	15	26	27	42	18
372	8	11	14	16	18	21	13
373	15	26	37	42	43	45	9
374	11	13	15	17	25	34	26
375	4	8	19	25	27	45	7
376	1	11	13	24	28	40	7
377	6	22	29	37	43	45	23
378	5	22	29	31	34	39	43
379	6	10	22	31	35	40	19
380	1	2	8	17	26	37	27
381	1	5	10	12	16	20	11
382	10	15	22	24	27	42	19
383	4	15	28	33	37	40	25
384	11	22	24	32	36	38	7
385	7	12	19	21	29	32	9
386	4	7	10	19	31	40	26
387	1	26	31	34	40	43	20
388	1	8	9	17	29	32	45
389	7	16	18	20	23	26	3
390	16	17	28	37	39	40	15
391	10	11	18	22	28	39	30
392	1	3	7	8	24	42	43
393	9	16	28	40	41	43	21
394	1	13	20	22	25	28	15
395	11	15	20	26	31	35	7
396	18	20	31	34	40	45	30
397	12	13	17	22	25	33	8
398	10	15	20	23	42	44	7
399	1	2	9	17	19	42	20
400	9	21	27	34	41	43	2
401	6	12	18	31	38	43	9
402	5	9	15	19	22	36	32
403	10	14	22	24	28	37	26
404	5	20	21	24	33	40	36
405	1	2	10	25	26	44	4
406	7	12	21	24	27	36	45
407	6	7	13	16	24	25	1
408	9	20	21	22	30	37	16
409	6	9	21	31	32	40	38
410	1	3	18	32	40	41	16
411	11	14	22	35	37	39	5
412	4	7	39	41	42	45	40
413	2	9	15	23	34	40	3
414	2	14	15	22	23	44	43
415	7	17	20	26	30	40	24
416	5	6	8	11	22	26	44
417	4	5	14	20	22	43	44
418	11	13	15	26	28	34	31
419	2	11	13	14	28	30	7
420	4	9	10	29	31	34	27

1.2. 역대 로또 당첨번호(421~780회차)에 나타나는 조합(15, 22)와 보조수 34의 규칙

★ 원 조합(15, 22)와 보조수 34가 동시에 나타나는 곳을 찾으라

여기서도 앞에서처럼 원 조합(15, 22)와 보조수 34가 동시에 나타나는 곳을 찾아보자. 특히 421회차 이후부터는 세 수가 동시에 등장하는 곳이 많이 나타난다. A, B, C, G, H를 확인해 보면 잘 알 수 있을 것이다.

이처럼 〈표 1-1-2〉에서도 원 조합(15, 22)의 보조수가 34임을 확인할 수 있고 이 세 수가 서로 끌어당겨 주고 있음을 알 수 있다.

★ 추적을 통해 15, 22, 34의 관계를 증명해 보자

그렇다면 규칙성에 따른 반복 원리를 통해서도 세 수의 관계를 다시금 확인해 보자. 먼저 D를 보면 원 조합(15, 22)가 등장한다. 물론 여기에는 34가 없다. 그런데 비록 34가 동시에 등장하지는 않지만 분할된 수를 추적해나가다 보면 보조수 34가 함께하고 있었음을 확인할 수 있다.

D에 나타나는 15와 22 중, 추적해야 할 수는 22이다. 이후의 당첨번호들을 보면 22가 규칙적으로 등장하고 있기 때문이다. 즉, 8주 후에 E에서 한번 나타나고 또다시 8주 후에 F에서 한 번 더 등장한다. 결국, D의 22와 E의 22와 F의 22는 동일한 것으로 보아야 한다.

그런데 D의 22와 동일하다고 볼 수 있는 E의 22가 34와 함께 등장하고 있다. 다시 말해서 E에서 나타나는 34는 D의 22와 함께 나타나고 있다고 볼 수 있는 것이다. 즉, 조합(15, 22)에 보조수 34가 붙는다는 것을 다시금 확인할 수 있다.

〈표 1-1-2〉

421	6	11	26	27	28	44	30
422	8	15	19	21	34	44	12
423	1	17	27	28	29	40	5
424	10	11	26	31	34	44	30
425	8	10	14	27	33	38	3
426	4	17	18	27	39	43	19
427	6	7	15	24	28	30	21
428	12	16	19	22	37	40	8
429	3	23	28	34	39	42	16
430	1	3	16	18	30	34	44
431	18	22	25	31	38	45	6
432	2	3	5	11	27	39	33
433	19	23	29	33	35	43	27
434	3	13	20	24	33	37	35
435	8	16	26	30	38	45	42
436	9	14	20	22	33	34	28
437	11	16	29	38	41	44	21
438	6	12	20	26	29	38	45
439	17	20	30	31	37	40	25
440	10	22	28	34	36	44	2
441	1	23	28	30	34	35	9
442	25	27	29	36	38	40	41
443	4	6	10	19	20	44	14
444	11	13	23	35	43	45	17
445	13	20	21	30	39	45	32
446	1	11	12	14	26	35	6
447	2	7	8	9	17	33	34
448	3	7	13	27	40	41	36
449	3	10	20	26	35	43	36
450	6	14	19	21	23	31	13
451	12	15	20	24	30	38	29
452	8	10	18	30	32	34	27
453	12	24	33	38	40	42	30
454	13	25	27	34	38	41	10
455	4	19	20	26	30	35	24
456	1	7	12	18	23	27	44
457	8	10	18	23	27	40	33
458	4	9	10	32	36	40	18
459	4	6	10	14	25	40	12
460	8	11	28	30	43	45	41
461	11	18	26	31	37	40	43
462	3	20	24	32	37	45	4
463	23	29	31	33	34	44	40
464	6	12	15	34	42	44	4
465	1	8	11	13	22	38	31
466	4	10	13	23	32	44	20
467	2	12	14	17	24	40	39
468	8	13	15	28	37	43	17
469	4	21	22	34	37	38	33
470	10	16	20	39	41	42	27
471	6	13	29	37	39	41	43
472	16	25	26	31	36	43	44
473	8	13	20	22	23	36	34
474	4	13	18	31	33	45	43
475	1	9	14	16	21	29	3
476	9	12	13	15	37	38	27
477	14	25	29	32	33	45	37
478	18	29	30	37	39	43	8
479	8	23	25	27	35	44	24
480	3	5	10	17	30	31	16

481	3	4	23	29	40	41	20
482	1	10	16	24	25	35	43
483	A 2	15	19	22	28	34	5
484	1	3	27	28	32	45	11
485	17	22	26	27	36	39	20
486	1	2	23	25	38	40	43
487	4	8	25	27	37	41	21
488	2	8	17	30	31	38	25
489	2	4	8	15	20	27	11
490	2	7	26	29	40	43	42
491	8	17	35	36	39	42	4
492	22	27	31	35	37	40	42
493	20	22	26	33	36	37	25
494	5	7	8	15	30	43	22
495	4	13	22	27	34	44	6
496	4	13	20	29	36	41	39
497	19	20	23	24	43	44	13
498	13	14	24	32	39	41	3
499	5	20	23	27	35	40	43
500	3	4	12	20	24	34	41
501	1	4	10	17	31	42	2
502	6	22	28	32	34	40	26
503	1	5	27	30	34	36	40
504	6	14	22	26	43	44	31
505	7	20	22	25	38	40	44
506	6	9	11	22	24	30	31
507	12	13	32	33	40	41	4
508	5	27	31	34	35	43	37
509	12	25	29	35	42	43	24
510	12	29	32	33	39	40	42
511	3	7	14	23	26	42	24
512	4	5	9	13	26	27	1
513	5	8	21	23	27	33	12
514	1	15	20	26	35	42	9
515	2	11	12	15	23	37	8
516	2	8	23	41	43	44	30
517	1	9	12	28	36	41	10
518	14	23	30	32	34	38	6
519	6	8	13	16	30	43	3
520	4	22	27	28	38	40	1
521	3	7	18	29	32	36	19
522	4	5	13	14	37	41	11
523	1	4	37	38	40	45	7
524	10	11	29	38	41	45	21
525	11	23	26	29	39	44	22
526	7	14	17	20	35	39	31
527	1	12	22	32	33	42	38
528	5	17	25	31	39	40	10
529	18	20	24	27	31	42	39
530	16	23	27	29	33	41	22
531	1	5	9	21	27	35	45
532	16	17	23	24	29	44	3
533	9	14	15	17	31	33	23
534	10	24	26	29	37	38	32
535	11	12	14	15	18	39	34
536	7	8	18	32	37	43	12
537	12	23	26	30	36	43	11
538	6	10	18	31	32	34	11
539	3	19	22	31	42	43	26
540	3	12	13	15	34	36	14

541	8	13	26	28	32	34	43
542	5	6	19	26	41	45	34
543	13	18	26	31	34	44	12
544	5	17	21	25	36	44	10
545	4	24	25	27	34	35	2
546	8	17	20	27	37	43	6
547	6	B 7	15	22	34	39	28
548	1	12	13	21	32	45	14
549	29	31	35	38	40	44	17
550	1	7	14	20	34	37	41
551	3	6	20	24	27	44	25
552	1	10	20	32	35	40	43
553	2	7	17	28	29	39	37
554	13	14	17	32	41	42	6
555	11	17	21	24	26	36	12
556	12	20	23	28	30	44	43
557	4	20	26	28	35	40	31
558	12	15	19	26	40	43	29
559	11	12	25	32	44	45	23
560	1	4	20	23	29	45	28
561	5	7	18	37	42	45	20
562	4	11	13	17	20	31	33
563	5	10	16	17	31	32	21
564	14	19	25	26	27	34	2
565	4	10	18	27	40	45	38
566	4	5	6	25	26	43	41
567	1	10	15	16	32	41	28
568	1	3	17	20	31	44	40
569	3	6	13	23	24	35	1
570	1	12	26	27	29	33	42
571	11	18	21	26	38	43	29
572	3	13	18	33	37	45	1
573	2	4	20	34	35	43	14
574	14	15	16	19	25	43	2
575	2	8	20	30	33	34	6
576	10	11	15	25	35	41	13
577	16	17	22	31	34	37	33
578	5	12	14	32	34	42	16
579	5	7	20	22	37	42	39
580	5	7	9	11	32	35	33
581	3	5	14	20	42	44	33
582	2	12	14	33	40	41	25
583	8	17	27	33	40	44	24
584	7	18	30	39	40	41	36
585	6	7	10	16	38	41	4
586	2	7	12	15	21	34	5
587	14	21	29	31	32	37	17
588	2	8	15	22	25	41	30
589	6	8	28	33	38	39	22
590	20	30	36	38	41	45	23
591	8	13	14	30	38	39	5
592	2	5	6	13	28	44	43
593	9	10	13	24	33	38	28
594	2	8	13	25	28	37	3
595	8	24	28	35	38	40	5
596	3	4	12	14	25	43	17
597	8	10	23	24	35	43	37
598	4	12	24	33	38	45	22
599	5	12	17	29	34	35	27
600	5	11	14	27	29	36	44

601	2	16	19	31	34	35	37
602	13	14	22	27	30	38	2
603	2	19	25	26	27	43	28
604	2	6	18	21	33	34	30
605	1	2	7	9	10	38	42
606	1	5	6	14	20	39	22
607	8	14	23	36	38	39	13
608	4	8	18	19	39	44	41
609	4	8	27	34	39	40	13
610	14	18	20	23	28	36	33
611	2	22	27	33	36	37	14
612	6	9	18	19	25	33	40
613	7	8	11	16	41	44	35
614	8	21	25	39	40	44	18
615	10	17	18	19	23	27	35
616	5	13	18	23	40	45	3
617	4	5	11	12	24	27	28
618	8	16	25	30	42	43	15
619	6	8	13	30	35	40	21
620	2	16	17	32	39	45	40
621	1	2	6	16	19	42	9
622	9	15	16	21	28	34	24
623	7	13	30	39	41	45	25
624	1	7	19	26	27	35	16
625	3	6	7	20	21	39	13
626	13	14	26	33	40	43	15
627	2	9	22	25	31	45	12
628	1	7	12	15	23	42	11
629	19	28	31	38	43	44	1
630	8	17	21	24	27	31	15
631	1	2	4	23	31	34	8
632	15	18	21	32	35	44	6
633	9	12	19	20	39	41	13
634	4	10	11	12	20	27	38
635	11	13	25	26	29	33	32
636	6	7	15	16	20	31	26
637	3	16	22	37	38	44	23
638	7	18	22	24	31	34	6
639	6	15	22	23	25	32	40
640	14	15	18	21	26	35	23
641	11	18	21	36	37	43	12
642	8	17	18	24	39	45	32
643	15	24	31	32	33	40	13
644	5	13	17	23	28	36	8
645	1	4	16	26	40	41	31
646	2	9	24	41	43	45	30
647	5	16	21	23	24	30	29
648	13	19	28	37	38	43	4
649	3	21	22	33	41	42	20
650	3	4	7	11	31	41	35
651	11	12	16	26	29	44	18
652	3	13	15	40	41	44	20
653	5	6	26	27	38	39	1
654	16	21	26	31	36	43	6
655	7	37	38	39	40	44	18
656	3	7	14	16	31	40	39
657	10	14	19	39	40	43	23
658	8	19	25	28	32	36	37
659	7	18	19	27	29	42	45
660	4	9	23	33	39	44	14

661	2	3	12	20	27	38	40
662	5	6	9	11	15	37	26
663	3	5	8	19	38	42	20
664	10	20	33	36	41	44	5
665	5	6	11	17	38	44	13
666	2	4	6	11	17	28	16
667	15	17	25	37	42	43	13
668	12	14	15	24	27	32	3
669	7	8	20	29	33	38	9
670	11	18	26	27	40	41	25
671	7	9	10	13	31	35	24
672	8	21	28	31	36	45	43
673	7	10	17	29	33	44	5
674	9	10	14	25	27	31	11
675	1	8	11	15	18	45	7
676	1	8	17	34	39	45	27
677	12	15	24	36	41	44	42
678	4	5	6	12	25	37	45
679	3	5	7	14	26	34	35
680	4	10	19	29	32	42	30
681	21	24	27	29	43	44	7
682	17	23	27	35	38	43	2
683	6	13	20	27	28	40	15
684	1	11	15	17	25	39	40
685	6	7	12	28	38	40	18
686	7	12	15	24	25	43	13
687	1	8	10	13	28	42	45
C 688	5	15	22	23	34	35	2
689	7	17	19	30	36	38	34
690	24	25	33	34	38	39	43
691	15	27	33	35	43	45	16
692	3	11	14	15	32	36	44
693	1	6	11	28	34	42	30
694	7	15	20	25	33	43	12
695	4	18	26	33	34	38	14
696	1	7	16	18	34	38	21
697	2	5	8	11	33	39	31
698	3	11	13	21	33	37	18
699	4	5	8	16	21	29	3
700	11	23	28	29	30	44	13
701	3	10	14	16	36	38	35
702	3	13	16	24	26	29	9
703	10	28	31	33	41	44	21
704	1	4	8	23	33	42	45
705	1	6	17	22	28	45	23
706	3	4	6	10	28	30	37
707	2	12	19	24	39	44	35
708	2	10	16	19	34	45	1
709	10	18	30	36	39	44	32
710	3	4	6	24	25	33	10
711	11	15	24	35	37	45	42
712	17	20	30	31	33	45	19
713	2	5	15	18	19	23	44
714	1	7	22	33	37	40	20
715	2	7	27	33	41	44	10
716	2	6	13	16	29	30	21
717	2	11	19	25	28	32	44
718	4	11	20	23	32	39	40
719	4	8	13	19	20	43	26
720	1	12	29	34	36	37	41

721	1	28	35	41	43	44	31
722	12	14	21	30	39	43	45
723	20	30	33	35	36	44	22
724	2	8	33	35	37	41	14
725	6	7	19	21	41	43	38
726	1	11	21	23	34	44	24
727	7	8	10	19	21	31	20
728	3	6	10	30	34	37	36
729	11	17	21	26	36	45	16
730	4	10	D 14	15	18	22	39
731	2	7	13	25	42	45	39
732	2	4	5	17	27	32	43
733	11	24	32	33	35	40	13
734	6	16	37	38	41	45	18
735	5	10	13	27	37	41	44
736	2	11	17	18	21	27	6
737	13	15	18	24	27	41	11
738	23	27	28	38	42	43	36
739	E 7	22	29	33	34	35	30
740	4	8	9	16	17	19	31
741	5	21	27	34	44	45	16
742	8	10	13	36	37	40	6
743	15	19	21	34	41	44	10
744	10	15	18	21	34	41	43
745	1	2	3	9	12	23	10
746	3	12	33	36	42	45	25
747	7	9	12	14	23	28	17
748	3	10	F 13	22	31	32	29
749	12	14	24	26	34	45	41
750	1	2	15	19	24	36	12
751	3	4	16	20	28	44	17
752	4	16	20	33	40	43	7
753	2	17	19	24	37	41	3
754	2	8	17	24	29	31	32
755	13	14	26	28	30	36	37
756	10	14	16	18	27	28	4
757	6	7	11	17	33	44	1
758	5	9	12	30	39	43	24
759	9	33	36	40	42	43	32
760	10	22	27	31	42	43	12
761	4	7	11	24	42	45	30
762	1	3	12	21	26	41	16
763	3	8	16	32	34	43	10
764	G 7	22	24	31	34	36	15
765	1	3	8	12	42	43	33
766	9	30	34	35	39	41	21
767	H 3	15	20	31	34	42	22
768	7	27	29	30	38	44	4
769	5	7	11	16	41	45	4
770	1	9	12	23	39	43	34
771	6	10	17	18	21	29	30
772	5	6	11	14	21	41	32
773	8	12	19	21	31	35	44
774	12	15	18	28	34	42	9
775	11	12	29	33	38	42	17
776	8	9	18	21	28	40	20
777	6	12	17	21	34	37	18
778	6	21	35	36	37	41	11
779	6	12	19	24	34	41	4
780	15	17	19	21	27	45	16

1.3. 역대 로또 당첨번호(61~420회차)에 나타나는 조합(15, 22)와 보조수 34의 불규칙 현상

★ A와 B(혹은 M과 N)에 나타나는 불규칙 현상과 그 안에서 발견되는 조합(15, 22)와 보조수 34

앞에서 '위아래로 두 칸 이하에 나타나는 같은 수는 동일한 것으로 간주한다.'는 원칙에 대해 다루었다. 즉, 2주를 넘어설 때는 규칙성을 따져야 하지만, 1주나 2주 안에서는 동일점으로 간주해야 하는 것이다.

이 사실을 기억하면서 〈표 1-1-3〉의 A, B를 살펴보자. 먼저 B를 보면 조합(15, 22)가 나타난다. 하지만 보조수 34는 없다. 그러나 여기서 끝이 아니다. 바로 위(한 주 전)의 A에 22가 등장하기 때문이다.

바로 여기서 위의 원칙에 따라 A의 22와 B의 22는 동일한 것으로 간주할 수 있고 A의 22 옆에 있는 34는 결국 B의 22 옆에 있다고 설명할 수 있다. 그렇게 되면, B의 조합(22, 15)와 보조수 34가 함께 등장했음을 알 수 있다. 참고로 이 현상은 M과 N에서도 나타난다.

★ C에서 L에 나타나는 불규칙 현상과 그 안에서 발견되는 조합(15, 22)와 보조수 34

먼저 E에 조합(15, 22)가 등장한다. 그리고 2주 후에 22가 다시 등장하는데(F) 위의 원칙에 따라 E의 22와 F의 22는 동일하다고 볼 수 있다. 그런 차원에서 F의 22를 기준으로 보면, 6주 전(C)과 6주 후(G)에 22가 다시 등장함으로써 C, E, F, G의 22가 동일한 것임을 알 수 있다. 그런데 C의 22는 바로 한 주 후에 나타나는 D의 22와 동일한데, 바로 D의 22와 함께 34가 등장한다. 결국, D의 34가 E에서의 조합(15, 22)에 붙는 것임을 알 수 있다.

(참고로 이후로도 22가 계속 반복되는데 H에서의 조합(15, 22)를 기준으로 2주 전(앞에서 다룬 G)과 2주 후(I)에도 22가 등장한다. 그리고 한 주 차이인 J와 K의 22를 동일한 것으로 볼 때, 이 둘을 기준으로 4주 전(I)과 4주 후(L)에도 22가 등장한다. 결국, C, D, E, F, G, H, I, J, K, L에 등장하는 22는 서로 동일한 것이다. 이것은 바로 뒤에서 다루게 될 불가 현상에 속한다. 불가(不可) 현상에 대해서는 다음 장에서 자세하게 설명할 것이다.)

〈표 1-1-3〉

61	14	15	19	30	38	43	8
62	3	8	15	27	29	35	21
63	3	20	23	36	38	40	5
64	14	15	18	21	26	36	39
65	4	25	33	36	40	43	39
66	2	3	7	17	22	24	45
67	3	7	10	15	36	38	33
68	10	12	15	16	26	39	38
69	5	8	14	15	19	39	35
70	5	19	22	25	28	43	26
71	5	9	12	16	29	41	21
72	2	4	11	17	26	27	1
73	3	12	18	32	40	43	38
74	6	15	17	18	35	40	23
75	2	5	24	32	34	44	28
76	1	3	15	22	25	37	43
77	2	18	29	32	43	44	37
78	10	13	25	29	33	35	38
79	3	12	24	27	30	32	14
80	17	18	24	25	26	30	1
81	5	7	11	13	20	33	6
82	1	2	3	14	27	42	39
83	6	10	15	17	19	34	14
84	16	23	27	34	42	45	11
85	6	8	13	23	31	36	21
86	2	12	37	39	41	45	33
87	4	12	16	23	34	43	26
88	1	17	20	24	30	41	27
89	4	26	28	29	33	40	37
90	17	20	29	35	38	44	10
91	1	21	24	26	29	42	27
92	3	14	24	33	35	36	17
93	6	22	24	36	38	44	19
94	5	32	34	40	41	45	6
95	8	17	27	31	34	43	14
96	1	3	8	21	22	31	20
97	6	7	14	15	20	36	3
98	6	9	16	23	24	32	43
99	1	3	10	27	29	37	11
100	1	7	11	23	37	42	6
101	1	3	17	32	35	45	8
102	17	22	24	26	35	40	42
103	5	14	15	27	30	45	10
104	17	32	33	34	42	44	35
105	8	10	20	34	41	45	28
106	4	10	12	22	24	33	29
107	1	4	5	6	9	31	17
108	7	18	22	23	29	44	12
109	1	5	34	36	42	44	33
110	7	20	22	23	29	43	1
111	7	18	31	33	36	40	27
112	26	29	30	33	41	42	43
113	4	9	28	33	36	45	26
114	11	14	19	26	28	41	2
115	1	2	6	9	25	28	31
116	2	4	25	31	34	37	17
117	5	10	22	34	36	44	35
118	3	4	10	17	19	22	38
119	3	11	13	14	17	21	38
120	4	6	10	11	32	37	30

121	12	28	30	34	38	43	9
122	1	11	16	17	36	40	8
123	7	17	18	28	30	45	27
124	4	16	23	25	29	42	1
125	2	8	32	33	35	36	18
126	7	20	22	27	40	43	1
127	3	5	10	29	32	43	35
128	12	30	34	36	37	45	39
129	19	23	25	28	38	42	17
130	7	19	24	27	42	45	31
131	8	10	11	14	15	21	37
132	3	17	23	34	41	45	43
133	4	7	15	18	23	26	13
134	3	12	20	23	31	35	43
135	6	14	22	28	35	39	16
136	2	16	30	36	41	42	11
137	7	9	20	25	36	39	15
138	10	11	27	28	37	39	19
139	9	11	15	20	28	43	13
140	3	13	17	18	19	28	8
141	8	12	29	31	42	43	2
142	12	16	30	34	40	44	19
143	26	27	28	42	43	45	8
144	4	15	17	26	36	37	43
145	2	3	13	20	27	44	9
146	2	19	27	35	41	42	25
147	4	6	13	21	40	42	36
148	21	25	33	34	35	36	17
149	2	11	21	34	41	42	27
150	2	18	25	28	37	39	16
151	1	2	10	13	18	19	15
152	1	5	13	26	29	34	43
153	3	8	11	12	13	36	33
154	6	19	21	35	40	45	20
155	16	19	20	32	33	41	4
156	5	18	28	30	42	45	2
157	19	26	30	33	35	39	37
158	4	9	13	18	21	34	7
159	1	18	30	41	42	43	32
160	3	7	8	34	39	41	1
161	22	34	36	40	42	45	44
162	1	5	21	25	38	41	24
163	7	11	26	28	29	44	16
164	6	9	10	11	39	41	27
165	5	13	18	19	22	42	31
166	9	12	27	36	39	45	14
167	24	27	28	30	36	39	4
168	3	10	31	40	42	43	30
169	16	27	35	37	43	45	19
170	2	11	13	15	31	42	10
171	4	16	25	29	34	35	1
172	4	19	21	24	26	41	35
173	3	9	24	30	33	34	18
174	13	14	18	22	35	39	16
175	19	26	28	31	33	36	17
176	4	17	30	32	33	34	15
177	1	10	13	16	37	43	6
178	1	5	11	12	18	23	9
179	5	9	17	25	39	43	32
180	2	15	20	21	29	34	22

181	14	21	23	32	40	45	44
182	13	15	27	29	34	40	35
183	2	18	24	34	40	42	5
184	1	2	6	16	20	33	41
185	1	2	4	8	19	38	14
186	4	10	14	19	21	45	9
187	1	2	8	18	29	38	42
188	19	24	27	30	31	34	36
189	8	14	32	35	37	45	28
190	8	14	18	30	31	44	15
191	5	6	24	25	32	37	8
192	4	8	11	18	37	45	33
193	6	14	18	26	36	39	13
194	15	20	23	26	39	44	28
195	7	10	19	22	35	40	31
196	35	36	37	41	44	45	30
197	7	12	16	34	42	45	4
198	12	19	20	25	41	45	2
199	14	21	22	25	30	36	43
200	5	6	13	14	17	20	7
201	3	1	24	38	39	44	26
202	12	24	27	33	39	44	17
203	1	3	11	24	30	32	7
204	3	12	14	35	40	45	5
205	1	3	21	29	35	37	30
206	1	2	3	15	20	25	43
207	3	1	14	31	32	37	38
208	14	25	31	34	40	44	24
209	2	7	18	20	24	33	37
210	10	19	22	23	25	37	39
211	12	13	17	20	33	41	8
212	11	12	18	21	31	38	8
213	2	3	4	5	20	24	42
214	5	7	20	25	28	37	32
215	2	3	7	15	43	44	4
216	7	16	17	33	36	40	1
217	16	20	27	33	35	39	38
218	1	8	14	18	29	44	20
219	4	1	20	26	35	37	16
220	5	1	19	21	34	43	31
221	2	20	33	35	37	40	10
222	5	7	28	29	39	43	44
223	1	3	18	20	26	27	38
224	4	19	26	27	30	42	7
225	5	1	13	19	31	36	7
226	2	6	8	14	A 21	22	34
227	4	B [illegible]	15	16	22	42	2
228	17	25	35	36	39	44	23
229	4	5	9	11	23	38	35
230	5	1	14	29	32	33	12
231	5	10	19	31	44	45	27
232	8	9	10	12	24	44	35
233	4	6	13	17	28	40	39
234	13	21	22	24	26	37	4
235	21	2	26	27	31	37	8
236	1	4	8	13	37	39	7
237	1	1	17	21	24	44	33
238	2	4	15	28	31	34	35
239	11	15	24	39	41	44	7
240	6	10	16	40	41	43	21

241	2	16	24	27	28	35	21
242	4	19	20	21	32	34	43
243	2	12	17	19	28	42	34
244	13	16	25	36	37	38	19
245	9	11	27	31	32	38	22
246	13	18	21	23	26	39	15
247	12	15	28	36	39	40	13
248	3	8	17	23	38	45	13
249	3	8	27	31	41	44	11
250	19	23	30	37	43	45	38
251	6	7	19	25	28	38	45
252	14	23	26	31	39	45	28
253	8	19	25	31	34	36	33
254	1	5	19	20	24	30	27
255	1	5	6	24	27	42	32
256	4	11	14	21	23	43	32
257	6	13	27	31	32	37	4
258	14	27	30	31	38	40	17
259	4	5	14	35	42	45	34
260	7	12	15	24	37	40	43
261	6	11	16	18	31	43	2
262	9	12	24	25	29	31	36
263	1	27	28	32	37	40	18
264	9	16	27	36	41	44	5
265	5	9	34	37	38	39	12
266	3	4	9	11	22	42	37
267	7	8	24	34	36	41	1
268	3	10	19	24	32	45	12
269	5	18	20	36	42	43	32
270	5	9	12	20	21	26	27
271	3	8	9	27	29	40	36
272	7	9	12	27	39	43	28
273	1	8	24	31	34	44	6
274	13	14	15	26	35	39	25
275	14	19	20	35	38	40	26
276	4	15	21	33	39	41	25
277	10	12	13	15	25	29	20
278	3	11	37	39	41	43	13
279	7	16	31	36	37	38	11
280	10	11	23	24	36	37	35
281	1	3	4	6	14	41	12
282	2	5	10	18	31	32	30
283	6	8	18	31	38	45	42
284	2	7	15	24	30	45	28
285	13	33	37	40	41	45	2
286	1	15	19	40	42	44	17
287	6	12	24	27	35	37	41
288	1	12	17	28	35	41	10
289	3	14	33	37	38	42	10
290	8	13	18	32	39	45	7
291	3	7	8	18	20	42	45
292	17	18	31	32	33	34	10
293	1	9	17	21	29	33	24
294	6	10	17	30	37	38	40
295	1	4	12	16	18	38	8
296	3	8	15	27	30	45	44
297	6	11	19	20	28	32	34
298	5	9	27	29	37	40	19
299	1	3	20	25	36	45	24
300	7	9	10	12	26	38	39

301	7	11	13	33	37	43	26
302	13	19	20	32	38	42	4
303	2	14	17	30	38	45	43
304	4	10	16	26	33	41	38
305	7	8	18	21	23	39	9
306	4	18	23	30	34	41	19
307	5	15	21	23	25	45	12
308	14	15	17	19	37	45	40
309	1	2	5	11	18	36	22
310	1	5	19	28	34	41	16
311	4	12	24	27	28	32	10
312	2	3	5	6	12	20	25
313	9	17	34	35	43	45	2
314	15	17	19	34	38	41	2
315	1	13	33	35	43	45	23
316	10	11	21	27	31	39	43
317	3	10	11	22	36	39	8
318	2	17	19	20	34	45	21
319	5	8	22	28	33	42	37
320	16	19	23	25	41	45	3
321	12	18	20	21	25	34	42
322	9	18	29	32	38	43	20
323	10	14	15	32	36	42	3
324	2	4	21	25	33	36	17
325	7	17	20	32	44	45	33
326	16	23	25	33	36	39	40
327	6	12	13	17	32	44	24
328	1	6	9	16	17	28	24
329	9	17	19	30	35	42	4
330	3	4	16	17	19	20	23
331	4	9	14	26	31	44	39
332	16	17	34	36	42	45	3
333	5	14	27	30	39	43	35
334	13	15	21	29	39	43	33
335	5	9	16	23	26	45	21
336	3	5	20	34	35	44	16
337	1	5	14	18	32	37	4
338	2	13	34	38	42	45	16
339	6	8	14	21	30	37	45
340	18	24	26	29	34	38	32
341	1	8	19	34	39	43	41
342	1	13	14	33	34	43	25
343	1	10	17	29	31	43	15
344	1	2	15	28	34	45	38
345	15	20	23	29	39	42	2
346	5	13	14	22	44	45	33
347	3	8	13	27	32	42	10
348	3	14	17	20	24	31	34
349	5	13	14	20	24	25	36
350	1	8	18	24	29	33	35
351	5	25	27	29	34	36	33
352	5	16	17	20	26	41	24
353	11	16	19	22	29	36	26
354	14	19	36	43	44	45	1
355	5	8	29	30	35	44	38
356	2	8	14	25	29	45	24
357	10	14	18	21	36	37	5
358	1	9	10	12	21	40	37
359	1	10	19	20	24	40	23
360	4	16	23	25	35	40	27

361	5	10	16	24	27	35	33
362	2	3	22	27	30	40	29
363	11	12	14	21	32	38	6
364	2	5	7	14	16	40	4
365	5	15	21	25	26	30	31
366	5	12	19	26	27	44	38
367	3	22	25	29	32	44	19
368	11	21	24	30	39	45	26
369	17	20	35	36	41	43	21
370	16	18	24	42	44	45	17
371	7	9	15	26	27	42	18
372	8	11	14	16	18	21	13
373	15	26	37	42	43	45	9
374	11	13	15	17	25	34	26
375	4	8	19	25	27	45	7
376	1	11	13	24	28	40	7
377	C 6	22	29	37	43	45	23
378	D 5	22	29	31	34	39	43
379	6	10	22	31	35	40	19
380	1	2	8	17	26	37	27
381	1	5	10	12	16	20	11
382	E 10	15	22	24	27	42	19
383	4	15	28	33	37	40	25
384	F [illegible]	22	24	32	36	38	7
385	7	12	19	21	29	32	9
386	4	7	10	19	31	40	26
387	1	26	31	34	40	43	20
388	1	8	9	17	29	32	45
389	7	16	18	20	23	26	3
390	16	17	28	37	39	40	15
391	10	11	G 18	22	28	39	30
392	1	3	7	8	24	42	43
393	9	16	28	40	41	43	21
394	1	13	H 20	22	25	28	15
395	11	15	20	26	31	35	7
396	18	20	31	34	40	45	30
397	12	13	I 17	22	25	33	8
398	10	15	20	23	42	44	7
399	1	2	9	17	19	42	20
400	9	21	27	34	41	43	2
401	6	12	18	31	38	43	9
402	5	J 9	15	19	22	36	32
403	10	K 14	22	24	28	37	26
404	5	20	21	24	33	40	36
405	1	2	10	25	26	44	4
406	7	12	21	24	27	36	45
407	6	7	13	16	24	25	1
408	9	20	L 21	22	30	37	16
409	6	9	21	31	32	40	38
410	1	3	18	32	40	41	16
411	11	14	22	35	37	39	5
412	4	7	39	41	42	45	40
413	2	M [illegible]	15	23	34	40	3
414	2	N [illegible]	15	22	23	44	43
415	7	17	20	26	30	40	24
416	5	6	8	11	22	26	44
417	4	5	14	20	22	43	44
418	11	13	15	26	28	34	31
419	2	11	13	14	28	30	7
420	4	9	10	29	31	34	27

1.4. 역대 로또 당첨번호(301~660회차)에 나타나는 조합(15, 22)와 보조수 34의 불가 현상

★ A에 나타난 조합(15, 22)의 보조수 34를 찾기

두 수의 조합은 보조수와 짝을 이루는데 동시에 나타날 수도 있고 앞서 다룬 규칙이나 불규칙에 의해서도 만날 수 있다. 그런데 보조수와 함께 뜨지 않는 경우가 간혹 있다. 이제 이 부분에 대해 다루게 될 것인데, 이런 현상들은 '가(假)현상'이나 '불가(不可) 현상'이라고 명명하게 될 것이다. 참고로, 가 현상은 원 조합 없이 보조수와의 성립관계를 말한다.

본격적으로 〈표 1-1-4〉를 살펴보면, 먼저 원 조합(15, 22)에는 보조수 34가 따라붙는다. 즉, '가'와 '나'의 경우, 복잡해 보이지만 불규칙 현상에 의해 조합(15, 22)에 보조수 34가 따라붙고 있다. 그 뒤에 부분 역시 마찬가지다.

그런데 A와 B에 나타나는 조합(15, 22)는 보조수 34가 따라붙지 않는다. 이에, 이 둘은 불가 현상이라고 할 수 있다.

한편, C에서 G를 보면 조합(15, 22)는 나타나지 않지만 34가 반복해서 나타나고 있음을 알 수 있다. 특히 규칙 현상을 나타내는데 E의 34를 기준점으로 잡았을 때, 4주 전인 C와 2주 전인 D에 34가 등장한다. 그리고 5주 후인 F와 10주 후인 G에서도 34가 등장한다. 결국, C에서 G에 나타나는 '34'들은 모두 동일한 점들이라고 볼 수 있다.

물론 이것은 조합(15, 22)를 중심으로 보조수 34가 따라온 현상은 아니며, 앞서 말한 '가 현상'에 불과하다. 그러나 앞의 A와 B에 보조수 34가 등장하지 않은 것과 어느 정도 연관이 있지는 않을까, 추측해 볼 수 있다. 물론 A와 B 중 정확하게 어떤 것과 연관되는지는 모른다. 또한, 이전 장에서도 언급했듯 그 이유는 설명할 수 없지만 수많은 조합의 형성에 의해 이런 현상이 나타날 수밖에 없다고 본다. 즉, 분명한 이유는 따로 존재할 것이라는 사실이다.

〈표 1-1-4〉

301	7	11	13	33	37	43	26
302	13	19	20	32	38	42	4
303	2	14	17	30	38	45	43
304	4	10	16	26	33	41	38
305	7	8	18	21	23	39	9
306	4	18	23	30	34	41	19
307	5	15	21	23	25	45	12
308	14	15	17	19	37	45	40
309	1	2	5	11	18	36	22
310	1	5	19	28	34	41	16
311	4	12	24	27	28	32	10
312	2	3	5	6	12	20	25
313	9	17	34	35	43	45	2
314	15	17	19	34	38	41	2
315	1	13	33	35	43	45	23
316	10	11	21	27	31	39	43
317	3	10	11	22	36	39	8
318	2	17	19	20	34	45	21
319	5	8	22	28	33	42	37
320	16	19	23	25	41	45	3
321	12	18	20	21	25	34	42
322	9	18	29	32	38	43	20
323	10	14	15	32	36	42	3
324	2	4	21	25	33	36	17
325	7	17	20	32	44	45	33
326	16	23	25	33	36	39	40
327	6	12	13	17	32	44	24
328	1	6	9	16	17	28	24
329	9	17	19	30	35	42	4
330	3	4	16	17	19	20	23
331	4	9	14	26	31	44	39
332	16	17	34	36	42	45	3
333	5	14	27	30	39	43	35
334	13	15	21	29	39	43	33
335	5	9	16	23	26	45	21
336	3	5	20	34	35	44	16
337	1	5	14	18	32	37	4
338	2	13	34	38	42	45	16
339	6	8	14	21	30	37	45
340	18	24	26	29	34	38	32
341	1	8	19	34	39	43	41
342	1	13	14	33	34	43	25
343	1	10	17	29	31	43	15
344	1	2	15	28	34	45	38
345	15	20	23	29	39	42	2
346	5	13	14	22	44	45	33
347	3	8	13	27	32	42	10
348	3	14	17	20	24	31	34
349	5	13	14	20	24	25	36
350	1	8	18	24	29	33	35
351	5	25	27	29	34	36	33
352	5	16	17	20	26	41	24
353	11	16	19	22	29	36	26
354	14	19	36	43	44	45	1
355	5	8	29	30	35	44	38
356	2	8	14	25	29	45	24
357	10	14	18	21	36	37	5
358	1	9	10	12	21	40	37
359	1	10	19	20	24	40	23
360	4	16	23	25	35	40	27

361	5	10	16	24	27	35	33
362	2	3	22	27	30	40	29
363	11	12	14	21	32	38	6
364	2	5	7	14	16	40	4
365	5	15	21	25	26	30	31
366	5	12	19	26	27	44	38
367	3	22	25	29	32	44	19
368	11	21	24	30	39	45	26
369	17	20	35	36	41	43	21
370	16	18	24	42	44	45	17
371	7	9	15	26	27	42	18
372	8	11	14	16	18	21	13
373	15	26	37	42	43	45	9
374	11	13	15	17	25	34	26
375	4	8	19	25	27	45	7
376	1	11	13	24	28	40	7
377	6	22	29	37	43	45	23
378	5	22	29	31	34	39	43
379	6	10	22	31	35	40	19
380	1	2	8	17	26	37	27
381	1	5	10	12	16	20	11
382	10	15	22	24	27	42	19
383	4	15	28	33	37	40	25
384	11	22	24	32	36	38	7
385	7	12	19	21	29	32	9
386	4	7	10	19	31	40	26
387	1	26	31	34	40	43	20
388	1	8	9	17	29	32	45
389	7	16	18	20	23	26	3
390	16	17	28	37	39	40	15
391	10	11	18	22	28	39	30
392	1	3	7	8	24	42	43
393	9	16	28	40	41	43	21
394	1	13	20	22	25	28	15
395	11	15	20	26	31	35	7
396	18	20	31	34	40	45	30
397	12	13	17	22	25	33	8
398	10	15	20	23	42	44	7
399	1	2	9	17	19	42	20
400	9	21	27	34	41	43	2
401	6	12	18	31	38	43	9
402	5	9	15	19	22	36	32
403	10	14	22	24	28	37	26
404	5	20	21	24	33	40	36
405	1	2	10	25	26	44	4
406	7	12	21	24	27	36	45
407	6	7	13	16	24	25	1
408	9	20	21	22	30	37	16
409	6	9	21	31	32	40	38
410	1	3	18	32	40	41	16
411	11	14	22	35	37	39	5
412	4	7	39	41	42	45	40
413	2	9	15	23	34	40	3
414	2	14	15	22	23	44	43
415	7	17	20	26	30	40	24
416	5	6	8	11	22	26	44
417	4	5	14	20	22	43	44
418	11	13	15	26	28	34	31
419	2	11	13	14	28	30	7
420	4	9	10	29	31	34	27

421	6	11	26	27	28	44	30
422	8	15	19	21	34	44	12
423	1	17	27	28	29	40	5
424	10	11	26	31	34	44	30
425	8	10	14	27	33	38	3
426	4	17	18	27	39	43	19
427	6	7	15	24	28	30	21
428	12	16	19	22	37	40	8
429	3	23	28	34	39	42	16
430	1	3	16	18	30	34	44
431	18	22	25	31	38	45	6
432	2	3	5	11	27	39	33
433	19	23	29	33	35	43	27
434	3	13	20	24	33	37	35
435	8	16	26	30	38	45	42
436	9	14	20	22	33	34	28
437	11	16	29	38	41	44	21
438	6	12	20	26	29	38	45
439	17	20	30	31	37	40	25
440	10	22	28	34	36	44	2
441	1	23	28	30	34	35	9
442	25	27	29	36	38	40	41
443	4	6	10	19	20	44	14
444	11	13	23	35	43	45	17
445	13	20	21	30	39	45	32
446	1	11	12	14	26	35	6
447	2	7	8	9	17	33	34
448	3	7	13	27	40	41	36
449	3	10	20	26	35	43	36
450	6	14	19	21	23	31	13
451	12	15	20	24	30	38	29
452	8	10	18	30	32	34	27
453	12	24	33	38	40	42	30
454	13	25	27	34	38	41	10
455	4	19	20	26	30	35	24
456	1	7	12	18	23	27	44
457	8	10	18	23	27	40	33
458	4	9	10	32	36	40	18
459	4	6	10	14	25	40	12
460	8	11	28	30	43	45	41
461	11	18	26	31	37	40	43
462	3	20	24	32	37	45	4
463	23	29	31	33	34	44	40
464	6	12	15	34	42	44	4
465	1	8	11	13	22	38	31
466	4	10	13	23	32	44	20
467	2	12	14	17	24	40	39
468	8	13	15	28	37	43	17
469	4	21	22	34	37	38	33
470	10	16	20	39	41	42	27
471	6	13	29	37	39	41	43
472	16	25	26	31	36	43	44
473	8	13	20	22	23	36	34
474	4	13	18	31	33	45	43
475	1	9	14	16	21	29	3
476	9	12	13	15	37	38	27
477	14	25	29	32	33	45	37
478	18	29	30	37	39	43	8
479	8	23	25	27	35	44	24
480	3	5	10	17	30	31	16

481	3	4	23	29	40	41	20
482	1	10	16	24	25	35	43
483	12	15	19	22	28	34	5
484	1	3	27	28	32	45	11
485	17	22	26	27	36	39	20
486	1	2	23	25	38	40	43
487	4	8	25	27	37	41	21
488	2	8	17	30	31	38	25
489	2	4	8	15	20	27	11
490	2	7	26	29	40	43	42
491	8	17	35	36	39	42	4
492	22	27	31	35	37	40	42
493	20	22	26	33	36	37	25
494	5	7	8	15	30	43	22
495	4	13	22	27	34	44	6
496	4	13	20	29	36	41	39
497	19	20	23	24	43	44	13
498	13	14	24	32	39	41	3
499	5	20	23	27	35	40	43
500	3	4	12	20	24	34	41
501	1	4	10	17	31	42	2
502	6	22	28	32	34	40	26
503	1	5	27	30	34	36	40
504	6	14	22	26	43	44	31
505	7	20	22	25	38	40	44
506	6	9	11	22	24	30	31
507	12	13	32	33	40	41	4
508	5	27	31	34	35	43	37
509	12	25	29	35	42	43	24
510	12	29	32	33	39	40	42
511	3	7	14	23	26	42	24
512	4	5	9	13	26	27	1
513	5	8	21	23	27	33	12
514	1	15	20	26	35	42	9
515	2	11	12	15	23	37	8
516	2	8	23	41	43	44	30
517	1	9	12	28	36	41	10
518	14	23	30	32	34	38	6
519	6	8	13	16	30	43	3
520	4	22	27	28	38	40	1
521	3	7	18	29	32	36	19
522	4	5	13	14	37	41	11
523	1	4	37	38	40	45	7
524	10	11	29	38	41	45	21
525	11	23	26	29	39	44	22
526	7	14	17	20	35	39	31
527	1	12	22	32	33	42	38
528	5	17	25	31	39	40	10
529	18	20	24	27	31	42	39
530	16	23	27	29	33	41	22
531	1	5	9	21	27	35	45
532	16	17	23	24	29	44	3
533	9	14	15	17	31	33	23
534	10	24	26	29	37	38	32
535	11	12	14	15	18	39	34
536	7	8	18	32	37	43	12
537	12	23	26	30	36	43	11
538	6	10	18	31	32	34	11
539	3	19	22	31	42	43	26
540	3	12	13	15	34	36	14

541	8	13	26	28	32	34	43
542	5	6	19	26	41	45	34
543	13	18	26	31	34	44	12
544	5	17	21	25	36	44	10
545	4	24	25	27	34	35	2
546	8	17	20	27	37	43	6
547	6	7	15	22	34	39	28
548	1	12	13	21	32	45	14
549	29	31	35	38	40	44	17
550	1	7	14	20	34	37	41
551	3	6	20	24	27	44	25
552	1	10	20	32	35	40	43
553	2	7	17	28	29	39	37
554	13	14	17	32	41	42	6
555	11	17	21	24	26	36	12
556	12	20	23	28	30	44	43
557	4	20	26	28	35	40	31
558	12	15	19	26	40	43	29
559	11	12	25	32	44	45	23
560	1	4	20	23	29	45	28
561	5	7	18	37	42	45	20
562	4	11	13	17	20	31	33
563	5	10	16	17	31	32	21
564	14	19	25	26	27	34	2
565	4	10	18	27	40	45	38
566	4	5	6	25	26	43	41
567	1	10	15	16	32	41	28
568	1	3	17	20	31	44	40
569	3	6	13	23	24	35	1
570	1	12	26	27	29	33	42
571	11	18	21	26	38	43	29
572	3	13	18	33	37	45	1
573	2	4	20	34	35	43	14
574	14	15	16	19	25	43	2
575	2	8	20	30	33	34	6
576	10	11	15	25	35	41	13
577	16	17	22	31	34	37	33
578	5	12	14	32	34	42	16
579	5	7	20	22	37	42	39
580	5	7	9	11	32	35	33
581	3	5	14	20	42	44	33
582	2	12	14	33	40	41	25
583	8	17	27	33	40	44	24
584	7	18	30	39	40	41	36
585	6	7	10	16	38	41	4
586	2	7	12	15	21	34	5
587	14	21	29	31	32	37	17
588	2	8	15	22	25	41	30
589	6	8	28	33	38	39	22
590	20	30	36	38	41	45	23
591	8	13	14	30	38	39	5
592	2	5	6	13	28	44	43
593	9	10	13	24	33	38	28
594	2	8	13	25	28	37	3
595	8	24	28	35	38	40	5
596	3	4	12	14	25	43	17
597	8	10	23	24	35	43	37
598	4	12	24	33	38	45	22
599	5	12	17	29	34	35	27
600	5	11	14	27	29	36	44

601	2	16	19	31	34	35	37
602	13	14	22	27	30	38	2
603	2	19	25	26	27	43	28
604	2	6	18	21	33	34	30
605	1	2	7	9	10	38	42
606	1	5	6	14	20	39	22
607	8	14	23	36	38	39	13
608	4	8	18	19	39	44	41
609	4	8	27	34	39	40	13
610	14	18	20	23	28	36	33
611	2	22	27	33	36	37	14
612	6	9	18	19	25	33	40
613	7	8	11	16	41	44	35
614	8	21	25	39	40	44	18
615	10	17	18	19	23	27	35
616	5	13	18	23	40	45	3
617	4	5	11	12	24	27	28
618	8	16	25	30	42	43	15
619	6	8	13	30	35	40	21
620	2	16	17	32	39	45	40
621	1	2	6	16	19	42	9
622	9	15	16	21	28	34	24
623	7	13	30	39	41	45	25
624	1	7	19	26	27	35	16
625	3	6	7	20	21	39	13
626	13	14	26	33	40	43	15
627	2	9	22	25	31	45	12
628	1	7	12	15	23	42	11
629	19	28	31	38	43	44	1
630	8	17	21	24	27	31	15
631	1	2	4	23	31	34	8
632	15	18	21	32	35	44	6
633	9	12	19	20	39	41	13
634	4	10	11	12	20	27	38
635	11	13	25	26	29	33	32
636	6	7	15	16	20	31	26
637	3	16	22	37	38	44	23
638	7	18	22	24	31	34	6
639	6	15	22	23	25	32	40
640	14	15	18	21	26	35	23
641	11	18	21	36	37	43	12
642	8	17	18	24	39	45	32
643	15	24	31	32	33	40	13
644	5	13	17	23	28	36	8
645	1	4	16	26	40	41	31
646	2	9	24	41	43	45	30
647	5	16	21	23	24	30	29
648	13	19	28	37	38	43	4
649	3	21	22	33	41	42	20
650	3	4	7	11	31	41	35
651	11	12	16	26	29	44	18
652	3	13	15	40	41	44	20
653	5	6	26	27	38	39	1
654	16	21	26	31	36	43	6
655	7	37	38	39	40	44	18
656	3	7	14	16	31	40	39
657	10	14	19	39	40	43	23
658	8	19	25	28	32	36	37
659	7	18	19	27	29	42	45
660	4	9	23	33	39	44	14

1.5. 결론- 로또에의 적용

규칙 현상과 불규칙 현상을 함께 보았을 때,

- 15와 22는 조합을 이루며
- 여기에 보조수 34가 붙음을 알 수 있다.

그리고 이에 기초하여 다음과 같은 적용을 해 볼 수 있다.

1단계- 15와 22가 함께 찍게 되었을 때

15와 22가 함께 등장하면 보조수 34가 등장할 수 있다.
그러므로 15와 22를 찍게 될 때는 34를 함께 찍는 것이 유리하다.

2단계- 그렇다면 보조수 34가 나오는 시기를 어떻게 알 수 있을까?

원 조합(15, 22)가 나타났는데 보조수 34가 없는 경우가 있다. 이때, 과거(이전 당첨번호들)와 미래(이후 당첨번호들)에 주목하면서 규칙적인 반복현상이 나타나는지를 살펴야 하는데 만약 기준점으로부터 6주 전에 15나 22 중 하나가 등장했다면, 6주 후에도 15나 22 중 하나가 등장할 수 있다. 그리고 이와 함께 보조수 34도 나타날 것으로 예측할 수 있다.

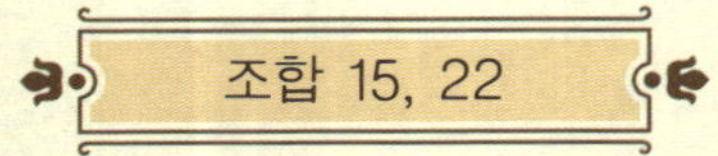

1	10	23	29	33	37	40	16
2	9	13	21	25	32	42	2
3	11	16	19	21	27	31	30
4	14	27	30	31	40	42	2
5	16	24	29	40	41	42	3
6	14	15	26	27	40	42	34
7	2	9	16	25	26	40	42
8	8	19	25	34	37	39	9
9	2	4	16	17	36	39	14
10	9	25	30	33	41	44	6
11	1	7	36	37	41	42	14
12	2	11	21	25	39	45	44
13	22	23	25	37	38	42	26
14	2	6	12	31	33	40	15
15	3	4	16	30	31	37	13
16	6	7	24	37	38	40	33
17	3	4	9	17	32	37	1
18	3	12	13	19	32	35	29
19	6	30	38	39	40	43	26
20	10	14	18	20	23	30	41
21	6	12	17	18	31	32	21
22	4	5	6	8	17	39	25
23	5	13	17	18	33	42	44
24	7	8	27	29	36	43	6
25	2	4	21	26	43	44	16
26	4	5	7	18	20	25	31
27	1	20	26	28	37	43	27
28	9	18	23	25	35	37	1
29	1	5	13	34	39	40	11
30	8	17	20	35	36	44	4
31	7	9	18	23	28	35	32
32	6	14	19	25	34	44	11
33	4	7	32	33	40	41	9
34	9	26	35	37	40	42	2
35	2	3	11	26	37	43	39
36	1	10	23	26	28	40	31
37	7	27	30	33	35	37	42
38	16	17	22	30	37	43	36
39	6	7	13	15	21	43	8
40	7	13	18	19	25	26	6
41	13	20	23	35	38	43	34
42	17	18	19	21	23	32	1
43	6	31	35	38	39	44	1
44	3	11	21	30	38	45	39
45	1	10	20	27	33	35	17
46	8	13	15	23	31	38	39
47	14	17	26	31	36	45	27
48	6	10	18	26	37	38	3
49	4	7	16	19	33	40	30
50	2	10	12	15	22	44	1
51	2	3	11	16	26	44	35
52	2	4	15	16	20	29	1
53	7	8	14	32	33	39	42
54	1	8	21	27	36	39	37
55	17	21	31	37	40	44	7
56	10	14	30	31	33	37	19
57	7	10	16	25	29	44	6
58	10	24	25	33	40	44	1
59	6	29	36	39	41	45	13
60	2	8	25	36	39	42	11

61	14	15	19	30	38	43	8
62	3	8	15	27	29	35	21
63	3	20	23	36	38	40	5
64	14	15	18	21	26	36	39
65	4	25	33	36	40	43	39
66	2	3	7	17	22	24	45
67	3	7	10	15	36	38	33
68	10	12	15	16	26	39	38
69	5	8	14	15	19	39	35
70	5	19	22	25	28	43	26
71	5	9	12	16	29	41	21
72	2	4	11	17	26	27	1
73	3	12	18	32	40	43	38
74	6	15	17	18	35	40	23
75	2	5	24	32	34	44	28
76	1	3	15	22	25	37	43
77	2	18	29	32	43	44	37
78	10	13	25	29	33	35	38
79	3	12	24	27	30	32	14
80	17	18	24	25	26	30	1
81	5	7	11	13	20	33	6
82	1	2	3	14	27	42	39
83	6	10	15	17	19	34	14
84	16	23	27	34	42	45	11
85	6	8	13	23	31	36	21
86	2	12	37	39	41	45	33
87	4	12	16	23	34	43	26
88	1	17	20	24	30	41	27
89	4	26	28	29	33	40	37
90	17	20	29	35	38	44	10
91	1	21	24	26	29	42	27
92	3	14	24	33	35	36	17
93	6	22	24	36	38	44	19
94	5	32	34	40	41	45	6
95	8	17	27	31	34	43	14
96	1	3	8	21	22	31	20
97	6	7	14	15	20	36	3
98	6	9	16	23	24	32	43
99	1	3	10	27	29	37	11
100	1	7	11	23	37	42	6
101	1	3	17	32	35	45	8
102	17	22	24	26	35	40	42
103	5	14	15	27	30	45	10
104	17	32	33	34	42	44	35
105	8	10	20	34	41	45	28
106	4	10	12	22	24	33	29
107	1	4	5	6	9	31	17
108	7	18	22	23	29	44	12
109	1	5	34	36	42	44	33
110	7	20	22	23	29	43	1
111	7	18	31	33	36	40	27
112	26	29	30	33	41	42	43
113	4	9	28	33	36	45	26
114	11	14	19	26	28	41	2
115	1	2	6	9	25	28	31
116	2	4	25	31	34	37	17
117	5	10	22	34	36	44	35
118	3	4	10	17	19	22	38
119	3	11	13	14	17	21	38
120	4	6	10	11	32	37	30

121	12	28	30	34	38	43	9
122	1	11	16	17	36	40	8
123	7	17	18	28	30	45	27
124	4	16	23	25	29	42	1
125	2	8	32	33	35	36	18
126	7	20	22	27	40	43	1
127	3	5	10	29	32	43	35
128	12	30	34	36	37	45	39
129	19	23	25	28	38	42	17
130	7	19	24	27	42	45	31
131	8	10	11	14	15	21	37
132	3	17	23	34	41	45	43
133	4	7	15	18	23	26	13
134	3	12	20	23	31	35	43
135	6	14	22	28	35	39	16
136	2	16	30	36	41	42	11
137	7	9	20	25	36	39	15
138	10	11	27	28	37	39	19
139	9	11	15	20	28	43	13
140	3	13	17	18	19	28	8
141	8	12	29	31	42	43	2
142	12	16	30	34	40	44	19
143	26	27	28	42	43	45	8
144	4	15	17	26	36	37	43
145	2	3	13	20	27	44	9
146	2	19	27	35	41	42	25
147	4	6	13	21	40	42	36
148	21	25	33	34	35	36	17
149	2	11	21	34	41	42	27
150	2	18	25	28	37	39	16
151	1	2	10	13	18	19	15
152	1	5	13	26	29	34	43
153	3	8	11	12	13	36	33
154	6	19	21	35	40	45	20
155	16	19	20	32	33	41	4
156	5	18	28	30	42	45	2
157	19	26	30	33	35	39	37
158	4	9	13	18	21	34	7
159	1	18	30	41	42	43	32
160	3	7	8	34	39	41	1
161	22	34	36	40	42	45	44
162	1	5	21	25	38	41	24
163	7	11	26	28	29	44	16
164	6	9	10	11	39	41	27
165	5	13	18	19	22	42	31
166	9	12	27	36	39	45	14
167	24	27	28	30	36	39	4
168	3	10	31	40	42	43	30
169	16	27	35	37	43	45	19
170	2	11	13	15	31	42	10
171	4	16	25	29	34	35	1
172	4	19	21	24	26	41	35
173	3	9	24	30	33	34	18
174	13	14	18	22	35	39	16
175	19	26	28	31	33	36	17
176	4	17	30	32	33	34	15
177	1	10	13	16	37	43	6
178	1	5	11	12	18	23	9
179	5	9	17	25	39	43	32
180	2	15	20	21	29	34	22

181	14	21	23	32	40	45	44
182	13	15	27	29	34	40	35
183	2	18	24	34	40	42	5
184	1	2	6	16	20	33	41
185	1	2	4	8	19	38	14
186	4	10	14	19	21	45	9
187	1	2	8	18	29	38	42
188	19	24	27	30	31	34	36
189	8	14	32	35	37	45	28
190	8	14	18	30	31	44	15
191	5	6	24	25	32	37	8
192	4	8	11	18	37	45	33
193	6	14	18	26	36	39	13
194	15	20	23	26	39	44	28
195	7	10	19	22	35	40	31
196	35	36	37	41	44	45	30
197	7	12	16	34	42	45	4
198	12	19	20	25	41	45	2
199	14	21	22	25	30	36	43
200	5	6	13	14	17	20	7
201	3	1	24	38	39	44	26
202	12	24	27	33	39	44	17
203	1	3	11	24	30	32	7
204	3	12	14	35	40	45	5
205	1	3	21	29	35	37	30
206	1	2	3	15	20	25	43
207	3	1	14	31	32	37	38
208	14	25	31	34	40	44	24
209	2	7	18	20	24	33	37
210	10	19	22	23	25	37	39
211	12	13	17	20	33	41	8
212	11	12	18	21	31	38	8
213	2	3	4	5	20	24	42
214	5	7	20	25	28	37	32
215	2	3	7	15	43	44	4
216	7	16	17	33	36	40	1
217	16	20	27	33	35	39	38
218	1	8	14	18	29	44	20
219	4	1	20	26	35	37	16
220	5	1	19	21	34	43	31
221	2	20	33	35	37	40	10
222	5	7	28	29	39	43	44
223	1	3	18	20	26	27	38
224	4	19	26	27	30	42	7
225	5	1	13	19	31	36	7
226	2	6	8	14	21	22	34
227	4	5	15	16	22	42	2
228	17	25	35	36	39	44	23
229	4	5	9	11	23	38	35
230	5	1	14	29	32	33	12
231	5	10	19	31	44	45	27
232	8	9	10	12	24	44	35
233	4	6	13	17	28	40	39
234	13	21	22	24	26	37	4
235	21	2	26	27	31	37	8
236	1	4	8	13	37	39	7
237	1	1	17	21	24	44	33
238	2	4	15	28	31	34	35
239	11	15	24	39	41	44	7
240	6	10	16	40	41	43	21

241	2	16	24	27	28	35	21
242	4	19	20	21	32	34	43
243	2	12	17	19	28	42	34
244	13	16	25	36	37	38	19
245	9	11	27	31	32	38	22
246	13	18	21	23	26	39	15
247	12	15	28	36	39	40	13
248	3	8	17	23	38	45	13
249	3	8	27	31	41	44	11
250	19	23	30	37	43	45	38
251	6	7	19	25	28	38	45
252	14	23	26	31	39	45	28
253	8	19	25	31	34	36	33
254	1	5	19	20	24	30	27
255	1	5	6	24	27	42	32
256	4	11	14	21	23	43	32
257	6	13	27	31	32	37	4
258	14	27	30	31	38	40	17
259	4	5	14	35	42	45	34
260	7	12	15	24	37	40	43
261	6	11	16	18	31	43	2
262	9	12	24	25	29	31	36
263	1	27	28	32	37	40	18
264	9	16	27	36	41	44	5
265	5	9	34	37	38	39	12
266	3	4	9	11	22	42	37
267	7	8	24	34	36	41	1
268	3	10	19	24	32	45	12
269	5	18	20	36	42	43	32
270	5	9	12	20	21	26	27
271	3	8	9	27	29	40	36
272	7	9	12	27	39	43	28
273	1	8	24	31	34	44	6
274	13	14	15	26	35	39	25
275	14	19	20	35	38	40	26
276	4	15	21	33	39	41	25
277	10	12	13	15	25	29	20
278	3	11	37	39	41	43	13
279	7	16	31	36	37	38	11
280	10	11	23	24	36	37	35
281	1	3	4	6	14	41	12
282	2	5	10	18	31	32	30
283	6	8	18	31	38	45	42
284	2	7	15	24	30	45	28
285	13	33	37	40	41	45	2
286	1	15	19	40	42	44	17
287	6	12	24	27	35	37	41
288	1	12	17	28	35	41	10
289	3	14	33	37	38	42	10
290	8	13	18	32	39	45	7
291	3	7	8	18	20	42	45
292	17	18	31	32	33	34	10
293	1	9	17	21	29	33	24
294	6	10	17	30	37	38	40
295	1	4	12	16	18	38	8
296	3	8	15	27	30	45	44
297	6	11	19	20	28	32	34
298	5	9	27	29	37	40	19
299	1	3	20	25	36	45	24
300	7	9	10	12	26	38	39

301	7	11	13	33	37	43	26
302	13	19	20	32	38	42	4
303	2	14	17	30	38	45	43
304	4	10	16	26	33	41	38
305	7	8	18	21	23	39	9
306	4	18	23	30	34	41	19
307	5	15	21	23	25	45	12
308	14	15	17	19	37	45	40
309	1	2	5	11	18	36	22
310	1	5	19	28	34	41	16
311	4	12	24	27	28	32	10
312	2	3	5	6	12	20	25
313	9	17	34	35	43	45	2
314	15	17	19	34	38	41	2
315	1	13	33	35	43	45	23
316	10	11	21	27	31	39	43
317	3	10	11	22	36	39	8
318	2	17	19	20	34	45	21
319	5	8	22	28	33	42	37
320	16	19	23	25	41	45	3
321	12	18	20	21	25	34	42
322	9	18	29	32	38	43	20
323	10	14	15	32	36	42	3
324	2	4	21	25	33	36	17
325	7	17	20	32	44	45	33
326	16	23	25	33	36	39	40
327	6	12	13	17	32	44	24
328	1	6	9	16	17	28	24
329	9	17	19	30	35	42	4
330	3	4	16	17	19	20	23
331	4	9	14	26	31	44	39
332	16	17	34	36	42	45	3
333	5	14	27	30	39	43	35
334	13	15	21	29	39	43	33
335	5	9	16	23	26	45	21
336	3	5	20	34	35	44	16
337	1	5	14	18	32	37	4
338	2	13	34	38	42	45	16
339	6	8	14	21	30	37	45
340	18	24	26	29	34	38	32
341	1	8	19	34	39	43	41
342	1	13	14	33	34	43	25
343	1	10	17	29	31	43	15
344	1	2	15	28	34	45	38
345	15	20	23	29	39	42	2
346	5	13	14	22	44	45	33
347	3	8	13	27	32	42	10
348	3	14	17	20	24	31	34
349	5	13	14	20	24	25	36
350	1	8	18	24	29	33	35
351	5	25	27	29	34	36	33
352	5	16	17	20	26	41	24
353	11	16	19	22	29	36	26
354	14	19	36	43	44	45	1
355	5	8	29	30	35	44	38
356	2	8	14	25	29	45	24
357	10	14	18	21	36	37	5
358	1	9	10	12	21	40	37
359	1	10	19	20	24	40	23
360	4	16	23	25	35	40	27

361	[illegible]
362	[illegible]
363	[illegible]
364	[illegible]
365	[illegible]
366	[illegible]
367	[illegible]
368	[illegible]
369	[illegible]
370	[illegible]
371	[illegible]
372	[illegible]
373	[illegible]
374	[illegible]
375	[illegible]
376	[illegible]
377	[illegible]
378	[illegible]
379	[illegible]
380	[illegible]
381	[illegible]
382	[illegible]
383	[illegible]
384	[illegible]
385	[illegible]
386	[illegible]
387	[illegible]
388	[illegible]
389	[illegible]
390	[illegible]
391	[illegible]
392	[illegible]
393	[illegible]
394	[illegible]
395	[illegible]
396	[illegible]
397	[illegible]
398	[illegible]
399	[illegible]
400	[illegible]
401	[illegible]
402	[illegible]
403	[illegible]
404	[illegible]
405	[illegible]
406	[illegible]
407	[illegible]
408	[illegible]
409	[illegible]
410	[illegible]
411	[illegible]
412	[illegible]
413	[illegible]
414	[illegible]
415	[illegible]
416	[illegible]
417	[illegible]
418	[illegible]
419	[illegible]
420	[illegible]

5	33	421	6	11	26	27	28	44	30	481	3	4	23	29	40	41	20	541	8	13	26	28	32	34	43	601	2	16	19	31	34	35	37	661	2	3	12	20	27	38	40	721	1	28	35	41	43	44	31
0	29	422	8	15	19	21	34	44	12	482	1	10	16	24	25	35	43	542	5	6	19	26	41	45	34	602	13	14	22	27	30	38	2	662	5	6	9	11	15	37	26	722	12	14	21	30	39	43	45
8	6	423	1	17	27	28	29	40	5	483	12	15	19	22	28	34	5	543	13	18	26	31	34	44	12	603	2	19	25	26	27	43	28	663	3	5	8	19	38	42	20	723	20	30	33	35	36	44	22
0	4	424	10	11	26	31	34	44	30	484	1	3	27	28	32	45	11	544	5	17	21	25	36	44	10	604	2	6	18	21	33	34	30	664	10	20	33	36	41	44	5	724	2	8	33	35	37	41	14
0	31	425	8	10	14	27	33	38	3	485	17	22	26	27	36	39	20	545	4	24	25	27	34	35	2	605	1	2	7	9	10	38	42	665	5	6	11	17	38	44	13	725	6	7	19	21	41	43	38
4	38	426	4	17	18	27	39	43	19	486	1	2	23	25	38	40	43	546	8	17	20	27	37	43	6	606	1	5	6	14	20	39	22	666	2	4	6	11	17	28	16	726	1	11	21	23	34	44	24
4	19	427	6	7	15	24	28	30	21	487	4	8	25	27	37	41	21	547	6	7	15	22	34	39	28	607	8	14	23	36	38	39	13	667	15	17	25	37	42	43	13	727	7	8	10	19	21	31	20
5	26	428	12	16	19	22	37	40	8	488	2	8	17	30	31	38	25	548	1	12	13	21	32	45	14	608	4	8	18	19	39	44	41	668	12	14	15	24	27	32	3	728	3	6	10	30	34	37	36
3	21	429	3	23	28	34	39	42	16	489	2	4	8	15	20	27	11	549	29	31	35	38	40	44	17	609	4	8	27	34	39	40	13	669	7	8	20	29	33	38	9	729	11	17	21	26	36	45	16
5	17	430	1	3	16	18	30	34	44	490	2	7	26	29	40	43	42	550	1	7	14	20	34	37	41	610	14	18	20	23	28	36	33	670	11	18	26	27	40	41	25	730	4	10	14	15	18	22	39
2	18	431	18	22	25	31	38	45	6	491	8	17	35	36	39	42	4	551	3	6	20	24	27	44	25	611	2	22	27	33	36	37	14	671	7	9	10	13	31	35	24	731	2	7	13	25	42	45	39
21	13	432	2	3	5	11	27	39	33	492	22	27	31	35	37	40	42	552	1	10	20	32	35	40	43	612	6	9	18	19	25	33	40	672	8	21	28	31	36	45	43	732	2	4	5	17	27	32	43
5	9	433	19	23	29	33	35	43	27	493	20	22	26	33	36	37	25	553	2	7	17	28	29	39	37	613	7	8	11	16	41	44	35	673	7	10	17	29	33	44	5	733	11	24	32	33	35	40	13
4	26	434	3	13	20	24	33	37	35	494	5	7	8	15	30	43	22	554	13	14	17	32	41	42	6	614	8	21	25	39	40	44	18	674	9	10	14	25	27	31	11	734	6	16	37	38	41	45	18
5	7	435	8	16	26	30	38	45	42	495	4	13	22	27	34	44	6	555	11	17	21	24	26	36	12	615	10	17	18	19	23	27	35	675	1	8	11	15	18	45	7	735	5	10	13	27	37	41	44
0	7	436	9	14	20	22	33	34	28	496	4	13	20	29	36	41	39	556	12	20	23	28	30	44	43	616	5	13	18	23	40	45	3	676	1	8	17	34	39	45	27	736	2	11	17	18	21	27	6
5	23	437	11	16	29	38	41	44	21	497	19	20	23	24	43	44	13	557	4	20	26	28	35	40	31	617	4	5	11	12	24	27	28	677	12	15	24	36	41	44	42	737	13	15	18	24	27	41	11
9	43	438	6	12	20	26	29	38	45	498	13	14	24	32	39	41	3	558	12	15	19	26	40	43	29	618	8	16	25	30	42	43	15	678	4	5	6	12	25	37	45	738	23	27	28	38	42	43	36
0	19	439	17	20	30	31	37	40	25	499	5	20	23	27	35	40	43	559	11	12	25	32	44	45	23	619	6	8	13	30	35	40	21	679	3	5	7	14	26	34	35	739	7	22	29	33	34	35	30
7	27	440	10	22	28	34	36	44	2	500	3	4	12	20	24	34	41	560	1	4	20	23	29	45	28	620	2	16	17	32	39	45	40	680	4	10	19	29	32	42	30	740	4	8	9	16	17	19	31
0	11	441	1	23	28	30	34	35	9	501	1	4	10	17	31	42	2	561	5	7	18	37	42	45	20	621	1	2	6	16	19	42	9	681	21	24	27	29	43	44	7	741	5	21	27	34	44	45	16
2	19	442	25	27	29	36	38	40	41	502	6	22	28	32	34	40	26	562	4	11	13	17	20	31	33	622	9	15	16	21	28	34	24	682	17	23	27	35	38	43	2	742	8	10	13	36	37	40	6
0	25	443	4	6	10	19	20	44	14	503	1	5	27	30	34	36	40	563	5	10	16	17	31	32	21	623	7	13	30	39	41	45	25	683	6	13	20	27	28	40	15	743	15	19	21	34	41	44	10
38	7	444	11	13	23	35	43	45	17	504	6	14	22	26	43	44	31	564	14	19	25	26	27	34	2	624	1	7	19	26	27	35	16	684	1	11	15	17	25	39	40	744	10	15	18	21	34	41	43
2	9	445	13	20	21	30	39	45	32	505	7	20	22	25	38	40	44	565	4	10	18	27	40	45	38	625	3	6	7	20	21	39	13	685	6	7	12	28	38	40	18	745	1	2	3	9	12	23	10
0	26	446	1	11	12	14	26	35	6	506	6	9	11	22	24	30	31	566	4	5	6	25	26	43	41	626	13	14	26	33	40	43	15	686	7	12	15	24	25	43	13	746	3	12	33	36	42	45	25
3	20	447	2	7	8	9	17	33	34	507	12	13	32	33	40	41	4	567	1	10	15	16	32	41	28	627	2	9	22	25	31	45	12	687	1	8	10	13	28	42	45	747	7	9	12	14	23	28	17
2	45	448	3	7	13	27	40	41	36	508	5	27	31	34	35	43	37	568	1	3	17	20	31	44	40	628	1	7	12	15	23	42	11	688	5	15	22	23	34	35	2	748	3	10	13	22	31	32	29
26	3	449	3	10	20	26	35	43	36	509	12	25	29	35	42	43	24	569	3	6	13	23	24	35	1	629	19	28	31	38	43	44	1	689	7	17	19	30	36	38	34	749	12	14	24	26	34	45	41
0	15	450	6	14	19	21	23	31	13	510	12	29	32	33	39	40	42	570	1	12	26	27	29	33	42	630	8	17	21	24	27	31	15	690	24	25	33	34	38	39	43	750	1	2	15	19	24	36	12
39	30	451	12	15	20	24	30	38	29	511	3	7	14	23	26	42	24	571	11	18	21	26	38	43	29	631	1	2	4	23	31	34	8	691	15	27	33	35	43	45	16	751	3	4	16	20	28	44	17
2	43	452	8	10	18	30	32	34	27	512	4	5	9	13	26	27	1	572	3	13	18	33	37	45	1	632	15	18	21	32	35	44	6	692	3	11	14	15	32	36	44	752	4	16	20	33	40	43	7
3	21	453	12	24	33	38	40	42	30	513	5	8	21	23	27	33	12	573	2	4	20	34	35	43	14	633	9	12	19	20	39	41	13	693	1	6	11	28	34	42	30	753	2	17	19	24	37	41	3
28	15	454	13	25	27	34	38	41	10	514	1	15	20	26	35	42	9	574	14	15	16	19	25	43	2	634	4	10	11	12	20	27	38	694	7	15	20	25	33	43	12	754	2	8	17	24	29	31	32
35	7	455	4	19	20	26	30	35	24	515	2	11	12	15	23	37	8	575	2	8	20	30	33	34	6	635	11	13	25	26	29	33	32	695	4	18	26	33	34	38	14	755	13	14	26	28	30	36	37
45	30	456	1	7	12	18	23	27	44	516	2	8	23	41	43	44	30	576	10	11	15	25	35	41	13	636	6	7	15	16	20	31	26	696	1	7	16	18	34	38	21	756	10	14	16	18	27	28	4
33	8	457	8	10	18	23	27	40	33	517	1	9	12	28	36	41	10	577	16	17	22	31	34	37	33	637	3	16	22	37	38	44	23	697	2	5	8	11	33	39	31	757	6	7	11	17	33	44	1
44	7	458	4	9	10	32	36	40	18	518	14	23	30	32	34	38	6	578	5	12	14	32	34	42	16	638	7	18	22	24	31	34	6	698	3	11	13	21	33	37	18	758	5	9	12	30	39	43	24
42	20	459	4	6	10	14	25	40	12	519	6	8	13	16	30	43	3	579	5	7	20	22	37	42	39	639	6	15	22	23	25	32	40	699	4	5	8	16	21	29	3	759	9	33	36	40	42	43	32
43	2	460	8	11	28	30	43	45	41	520	4	22	27	28	38	40	1	580	5	7	9	11	32	35	33	640	14	15	18	21	26	35	23	700	11	23	28	29	30	44	13	760	10	22	27	31	42	43	12
43	9	461	11	18	26	31	37	40	43	521	3	7	18	29	32	36	19	581	3	5	14	20	42	44	33	641	11	18	21	36	37	43	12	701	3	10	14	16	36	38	35	761	4	7	11	24	42	45	30
36	32	462	3	20	24	32	37	45	4	522	4	5	13	14	37	41	11	582	2	12	14	33	40	41	25	642	8	17	18	24	39	45	32	702	3	13	16	24	26	29	9	762	1	3	12	21	26	41	16
37	26	463	23	29	31	33	34	44	40	523	1	4	37	38	40	45	7	583	8	17	27	33	40	44	24	643	15	24	31	32	33	40	13	703	10	28	31	33	41	44	21	763	3	8	16	32	34	43	10
40	36	464	6	12	15	34	42	44	4	524	10	11	29	38	41	45	21	584	7	18	30	39	40	41	36	644	5	13	17	23	28	36	8	704	1	4	8	23	33	42	45	764	7	22	24	31	34	36	15
44	4	465	1	8	11	13	22	38	31	525	11	23	26	29	39	44	22	585	6	7	10	16	38	41	4	645	1	4	16	26	40	41	31	705	1	6	17	22	28	45	23	765	1	3	8	12	42	43	33
36	45	466	4	10	13	23	32	44	20	526	7	14	17	20	35	39	31	586	2	7	12	15	21	34	5	646	2	9	24	41	43	45	30	706	3	4	6	10	28	30	37	766	9	30	34	35	39	41	21
25	1	467	2	12	14	17	24	40	39	527	1	12	22	32	33	42	38	587	14	21	29	31	32	37	17	647	5	16	21	23	24	30	29	707	2	12	19	24	39	44	35	767	5	15	20	31	34	42	22
37	16	468	8	13	15	28	37	43	17	528	5	17	25	31	39	40	10	588	2	8	15	22	25	41	30	648	13	19	28	37	38	43	4	708	2	10	16	19	34	45	1	768	7	27	29	30	38	44	4
40	38	469	4	21	22	34	37	38	33	529	18	20	24	27	31	42	39	589	6	8	28	33	38	39	22	649	3	21	22	33	41	42	20	709	10	18	30	36	39	44	32	769	5	7	11	16	41	45	4
41	16	470	10	16	20	39	41	42	27	530	16	23	27	29	33	41	22	590	20	30	36	38	41	45	23	650	3	4	7	11	31	41	35	710	3	4	6	24	25	33	10	770	1	9	12	23	39	43	34
39	5	471	6	13	29	37	39	41	43	531	1	5	9	21	27	35	45	591	8	13	14	30	38	39	5	651	11	12	16	26	29	44	18	711	11	15	24	35	37	45	42	771	6	10	17	18	21	29	30
45	40	472	16	25	26	31	36	43	44	532	16	17	23	24	29	44	3	592	2	5	6	13	28	44	43	652	3	13	15	40	41	44	20	712	17	20	30	31	33	45	19	772	5	6	11	14	21	41	32
40	3	473	8	13	20	22	23	36	34	533	9	14	15	17	31	33	23	593	9	10	13	24	33	38	28	653	5	6	26	27	38	39	1	713	2	5	15	18	19	23	44	773	8	12	19	21	31	35	44
44	43	474	4	13	18	31	33	45	43	534	10	24	26	29	37	38	32	594	2	8	13	25	28	37	3	654	16	21	26	31	36	43	6	714	1	7	22	33	37	40	20	774	12	15	18	28	34	42	9
40	24	475	1	9	14	16	21	29	3	535	11	12	14	15	18	39	34	595	8	24	28	35	38	40	5	655	7	37	38	39	40	44	18	715	2	7	27	33	41	44	10	775	11	12	29	33	38	42	17
26	44	476	9	12	13	15	37	38	27	536	7	8	18	32	37	43	12	596	3	4	12	14	25	43	17	656	3	7	14	16	31	40	39	716	2	6	13	16	29	30	21	776	8	9	18	21	28	40	20
43	44	477	14	25	29	32	33	45	37	537	12	23	26	30	36	43	11	597	8	10	23	24	35	43	37	657	10	14	19	39	40	43	23	717	2	11	19	25	28	32	44	777	6	12	17	21	34	37	18
34	31	478	18	29	30	37	39	43	8	538	6	10	18	31	32	34	11	598	4	12	24	33	38	45	22	658	8	19	25	28	32	36	37	718	4	11	20	23	32	39	40	778	6	21	35	36	37	41	11
30	7	479	8	23	25	27	35	44	24	539	3	19	22	31	42	43	26	599	5	12	17	29	34	35	27	659	7	18	19	27	29	42	45	719	4	8	13	19	20	43	26	779	6	12	19	24	34	41	4
34	27	480	3	5	10	17	30	31	16	540	3	12	13	15	34	36	14	600	5	11	14	27	29	36	44	660	4	9	23	33	39	44	14	720	1	12	29	34	36	37	41	780	15	17	19	21	27	45	16

2

조합(29, 39)와 43

2.1. 역대 로또 당첨번호(61~420회차)에 나타나는 조합(29, 39)와 보조수 43의 규칙

★ 원 조합(29, 39)와 보조수 43이 동시에 나타나는 곳을 찾으라

원 조합(29, 39)에 따라오는 보조수는 43이다. 이제 역대 로또 당첨번호를 통해 이 사실에 대한 근거를 찾아보도록 할 것이다.

앞에서 했던 것처럼, 〈표 1-2-1〉에서 당첨번호 중 29, 39, 43이 한 회차에 동시에 나오는 곳을 찾아보자. 옆의 표에서 보았을 때, 29, 39, 43이 동시에 나타나는 곳은 무려 세 군데나 된다. A, B, C를 보면 이 현상을 확인할 수 있을 것이다.

참고로 〈표 1-2-1〉 이후에 등장하는 421회차 이후에도 세 수가 동시에 등장하는 곳은 두 군데 나타난다. 이 모든 것을 통해 원 조합(29, 39)의 보조수가 43임을 확인할 수 있고 이 세 수가 서로 끌어당겨 주고 있음을 알 수 있다.

★ 이 현상을 기계에 의한 추첨 방식과 관련하여 다시 한 번 생각해 보자.

파트 1에서도 설명했지만, 로또 추첨 간격은 1주일로 정확하게 정해져 있다. 그것도 사람이 의도적으로 특정 수를 뽑는 것이 아니라, 시간에 맞추어 기계가 공을 튀어 오르게 한다. 이 사실을 간과하는 사람들이 많은데 완벽하게 기계에 의한 추첨인데도 불구하고 조합과 보조수의 만남과 같은 규칙이 등장하는 것이 나타난다는 것은 기이한 일이 아닐 수 없다. 그만큼 당첨번호로 튀어 오르는 숫자들은 살아 움직이고 있다.

〈표 1-2-1〉

61	14	15	19	30	38	43	8
62	3	8	15	27	29	35	21
63	3	20	23	36	38	40	5
64	14	15	18	21	26	36	39
65	4	25	33	36	40	43	39
66	2	3	7	17	22	24	45
67	3	7	10	15	36	38	33
68	10	12	15	16	26	39	38
69	5	8	14	15	19	39	35
70	5	19	22	25	28	43	26
71	5	9	12	16	29	41	21
72	2	4	11	17	26	27	1
73	3	12	18	32	40	43	38
74	6	15	17	18	35	40	23
75	2	5	24	32	34	44	28
76	1	3	15	22	25	37	43
77	2	18	29	32	43	44	37
78	10	13	25	29	33	35	38
79	3	12	24	27	30	32	14
80	17	18	24	25	26	30	1
81	5	7	11	13	20	33	6
82	1	2	3	14	27	42	39
83	6	10	15	17	19	34	14
84	16	23	27	34	42	45	11
85	6	8	13	23	31	36	21
86	2	12	37	39	41	45	33
87	4	12	16	23	34	43	26
88	1	17	20	24	30	41	27
89	4	26	28	29	33	40	37
90	17	20	29	35	38	44	10
91	1	21	24	26	29	42	27
92	3	14	24	33	35	36	17
93	6	22	24	36	38	44	19
94	5	32	34	40	41	45	6
95	8	17	27	31	34	43	14
96	1	3	8	21	22	31	20
97	6	7	14	15	20	36	3
98	6	9	16	23	24	32	43
99	1	3	10	27	29	37	11
100	1	7	11	23	37	42	6
101	1	3	17	32	35	45	8
102	17	22	24	26	35	40	42
103	5	14	15	27	30	45	10
104	17	32	33	34	42	44	35
105	8	10	20	34	41	45	28
106	4	10	12	22	24	33	29
107	1	4	5	6	9	31	17
108	7	18	22	23	29	44	12
109	1	5	34	36	42	44	33
110	7	20	22	23	29	43	1
111	7	18	31	33	36	40	27
112	26	29	30	33	41	42	43
113	4	9	28	33	36	45	26
114	11	14	19	26	28	41	2
115	1	2	6	9	25	28	31
116	2	4	25	31	34	37	17
117	5	10	22	34	36	44	35
118	3	4	10	17	19	22	38
119	3	11	13	14	17	21	38
120	4	6	10	11	32	37	30

121	12	28	30	34	38	43	9
122	1	11	16	17	36	40	8
123	7	17	18	28	30	45	27
124	4	16	23	25	29	42	1
125	2	8	32	33	35	36	18
126	7	20	22	27	40	43	1
127	3	5	10	29	32	43	35
128	12	30	34	36	37	45	39
129	19	23	25	28	38	42	17
130	7	19	24	27	42	45	31
131	8	10	11	14	15	21	37
132	3	17	23	34	41	45	43
133	4	7	15	18	23	26	13
134	3	12	20	23	31	35	43
135	6	14	22	28	35	39	16
136	2	16	30	36	41	42	11
137	7	9	20	25	36	39	15
138	10	11	27	28	37	39	19
139	9	11	15	20	28	43	13
140	3	13	17	18	19	28	8
141	8	12	29	31	42	43	2
142	12	16	30	34	40	44	19
143	26	27	28	42	43	45	8
144	4	15	17	26	36	37	43
145	2	3	13	20	27	44	9
146	2	19	27	35	41	42	25
147	4	6	13	21	40	42	36
148	21	25	33	34	35	36	17
149	2	11	21	34	41	42	27
150	2	18	25	28	37	39	16
151	1	2	10	13	18	19	15
152	1	5	13	26	29	34	43
153	3	8	11	12	13	36	33
154	6	19	21	35	40	45	20
155	16	19	20	32	33	41	4
156	5	18	28	30	42	45	2
157	19	26	30	33	35	39	37
158	4	9	13	18	21	34	7
159	1	18	30	41	42	43	32
160	3	7	8	34	39	41	1
161	22	34	36	40	42	45	44
162	1	5	21	25	38	41	24
163	7	11	26	28	29	44	16
164	6	9	10	11	39	41	27
165	5	13	18	19	22	42	31
166	9	12	27	36	39	45	14
167	24	27	28	30	36	39	4
168	3	10	31	40	42	43	30
169	16	27	35	37	43	45	19
170	2	11	13	15	31	42	10
171	4	16	25	29	34	35	1
172	4	19	21	24	26	41	35
173	3	9	24	30	33	34	18
174	13	14	18	22	35	39	16
175	19	26	28	31	33	36	17
176	4	17	30	32	33	34	15
177	1	10	13	16	37	43	6
178	1	5	11	12	18	23	9
179	5	9	17	25	39	43	32
180	2	15	20	21	29	34	22

181	14	21	23	32	40	45	44
182	13	15	27	29	34	40	35
183	2	18	24	34	40	42	5
184	1	2	6	16	20	33	41
185	1	2	4	8	19	38	14
186	4	10	14	19	21	45	9
187	1	2	8	18	29	38	42
188	19	24	27	30	31	34	36
189	8	14	32	35	37	45	28
190	8	14	18	30	31	44	15
191	5	6	24	25	32	37	8
192	4	8	11	18	37	45	33
193	6	14	18	26	36	39	13
194	15	20	23	26	39	44	28
195	7	10	19	22	35	40	31
196	35	36	37	41	44	45	30
197	7	12	16	34	42	45	4
198	12	19	20	25	41	45	2
199	14	21	22	25	30	36	43
200	5	6	13	14	17	20	7
201	3	11	24	38	39	44	26
202	12	24	27	33	39	44	17
203	1	3	11	24	30	32	7
204	3	12	14	35	40	45	5
205	1	3	21	29	35	37	30
206	1	2	3	15	20	25	43
207	3	11	14	31	32	37	38
208	14	25	31	34	40	44	24
209	2	7	18	20	24	33	37
210	10	19	22	23	25	37	39
211	12	13	17	20	33	41	8
212	11	12	18	21	31	38	8
213	2	3	4	5	20	24	42
214	5	7	20	25	28	37	32
215	2	3	7	15	43	44	4
216	7	16	17	33	36	40	1
217	16	20	27	33	35	39	38
218	1	8	14	18	29	44	20
219	4	11	20	26	35	37	16
220	5	11	19	21	34	43	31
221	2	20	33	35	37	40	10
222	5	7 A	28	29	39	43	44
223	1	3	18	20	26	27	38
224	4	19	26	27	30	42	7
225	5	11	13	19	31	36	7
226	2	6	8	14	21	22	34
227	4	5	15	16	22	42	2
228	17	25	35	36	39	44	23
229	4	5	9	11	23	38	35
230	5	11	14	29	32	33	12
231	5	10	19	31	44	45	27
232	8	9	10	12	24	44	35
233	4	6	13	17	28	40	39
234	13	21	22	24	26	37	4
235	21	22	26	27	31	37	8
236	1	4	8	13	37	39	7
237	1	11	17	21	24	44	33
238	2	4	15	28	31	34	35
239	11	15	24	39	41	44	7
240	6	10	16	40	41	43	21

241	2	16	24	27	28	35	21
242	4	19	20	21	32	34	43
243	2	12	17	19	28	42	34
244	13	16	25	36	37	38	19
245	9	11	27	31	32	38	22
246	13	18	21	23	26	39	15
247	12	15	28	36	39	40	13
248	3	8	17	23	38	45	13
249	3	8	27	31	41	44	11
250	19	23	30	37	43	45	38
251	6	7	19	25	28	38	45
252	14	23	26	31	39	45	28
253	8	19	25	31	34	36	33
254	1	5	19	20	24	30	27
255	1	5	6	24	27	42	32
256	4	11	14	21	23	43	32
257	6	13	27	31	32	37	4
258	14	27	30	31	38	40	17
259	4	5	14	35	42	45	34
260	7	12	15	24	37	40	43
261	6	11	16	18	31	43	2
262	9	12	24	25	29	31	36
263	1	27	28	32	37	40	18
264	9	16	27	36	41	44	5
265	5	9	34	37	38	39	12
266	3	4	9	11	22	42	37
267	7	8	24	34	36	41	1
268	3	10	19	24	32	45	12
269	5	18	20	36	42	43	32
270	5	9	12	20	21	26	27
271	3	8	9	27	29	40	36
272	7	9	12	27	39	43	28
273	1	8	24	31	34	44	6
274	13	14	15	26	35	39	25
275	14	19	20	35	38	40	26
276	4	15	21	33	39	41	25
277	10	12	13	15	25	29	20
278	3	11	37	39	41	43	13
279	7	16	31	36	37	38	11
280	10	11	23	24	36	37	35
281	1	3	4	6	14	41	12
282	2	5	10	18	31	32	30
283	6	8	18	31	38	45	42
284	2	7	15	24	30	45	28
285	13	33	37	40	41	45	2
286	1	15	19	40	42	44	17
287	6	12	24	27	35	37	41
288	1	12	17	28	35	41	10
289	3	14	33	37	38	42	10
290	8	13	18	32	39	45	7
291	3	7	8	18	20	42	45
292	17	18	31	32	33	34	10
293	1	9	17	21	29	33	24
294	6	10	17	30	37	38	40
295	1	4	12	16	18	38	8
296	3	8	15	27	30	45	44
297	6	11	19	20	28	32	34
298	5	9	27	29	37	40	19
299	1	3	20	25	36	45	24
300	7	9	10	12	26	38	39

301	7	11	13	33	37	43	26
302	13	19	20	32	38	42	4
303	2	14	17	30	38	45	43
304	4	10	16	26	33	41	38
305	7	8	18	21	23	39	9
306	4	18	23	30	34	41	19
307	5	15	21	23	25	45	12
308	14	15	17	19	37	45	40
309	1	2	5	11	18	36	22
310	1	5	19	28	34	41	16
311	4	12	24	27	28	32	10
312	2	3	5	6	12	20	25
313	9	17	34	35	43	45	2
314	15	17	19	34	38	41	2
315	1	13	33	35	43	45	23
316	10	11	21	27	31	39	43
317	3	10	11	22	36	39	8
318	2	17	19	20	34	45	21
319	5	8	22	28	33	42	37
320	16	19	23	25	41	45	3
321	12	18	20	21	25	34	42
322	9	18	29	32	38	43	20
323	10	14	15	32	36	42	3
324	2	4	21	25	33	36	17
325	7	17	20	32	44	45	33
326	16	23	25	33	36	39	40
327	6	12	13	17	32	44	24
328	1	6	9	16	17	28	24
329	9	17	19	30	35	42	4
330	3	4	16	17	19	20	23
331	4	9	14	26	31	44	39
332	16	17	34	36	42	45	3
333	5	14	27	30	39	43	35
334	13	15 B	21	29	39	43	33
335	5	9	16	23	26	45	21
336	3	5	20	34	35	44	16
337	1	5	14	18	32	37	4
338	2	13	34	38	42	45	16
339	6	8	14	21	30	37	45
340	18	24	26	29	34	38	32
341	1	8	19	34	39	43	41
342	1	13	14	33	34	43	25
343	1	10	17	29	31	43	15
344	1	2	15	28	34	45	38
345	15	20	23	29	39	42	2
346	5	13	14	22	44	45	33
347	3	8	13	27	32	42	10
348	3	14	17	20	24	31	34
349	5	13	14	20	24	25	36
350	1	8	18	24	29	33	35
351	5	25	27	29	34	36	33
352	5	16	17	20	26	41	24
353	11	16	19	22	29	36	26
354	14	19	36	43	44	45	1
355	5	8	29	30	35	44	38
356	2	8	14	25	29	45	24
357	10	14	18	21	36	37	5
358	1	9	10	12	21	40	37
359	1	10	19	20	24	40	23
360	4	16	23	25	35	40	27

361	5	10	16	24	27	35	33
362	2	3	22	27	30	40	29
363	11	12	14	21	32	38	6
364	2	5	7	14	16	40	4
365	5	15	21	25	26	30	31
366	5	12	19	26	27	44	38
367	3	22	25	29	32	44	19
368	11	21	24	30	39	45	26
369	17	20	35	36	41	43	21
370	16	18	24	42	44	45	17
371	7	9	15	26	27	42	18
372	8	11	14	16	18	21	13
373	15	26	37	42	43	45	9
374	11	13	15	17	25	34	26
375	4	8	19	25	27	45	7
376	1	11	13	24	28	40	7
377	6	22	29	37	43	45	23
378	5 C	22	29	31	34	39	43
379	6	10	22	31	35	40	19
380	1	2	8	17	26	37	27
381	1	5	10	12	16	20	11
382	10	15	22	24	27	42	19
383	4	15	28	33	37	40	25
384	11	22	24	32	36	38	7
385	7	12	19	21	29	32	9
386	4	7	10	19	31	40	26
387	1	26	31	34	40	43	20
388	1	8	9	17	29	32	45
389	7	16	18	20	23	26	3
390	16	17	28	37	39	40	15
391	10	11	18	22	28	39	30
392	1	3	7	8	24	42	43
393	9	16	28	40	41	43	21
394	1	13	20	22	25	28	15
395	11	15	20	26	31	35	7
396	18	20	31	34	40	45	30
397	12	13	17	22	25	33	8
398	10	15	20	23	42	44	7
399	1	2	9	17	19	42	20
400	9	21	27	34	41	43	2
401	6	12	18	31	38	43	9
402	5	9	15	19	22	36	32
403	10	14	22	24	28	37	26
404	5	20	21	24	33	40	36
405	1	2	10	25	26	44	4
406	7	12	21	24	27	36	45
407	6	7	13	16	24	25	1
408	9	20	21	22	30	37	16
409	6	9	21	31	32	40	38
410	1	3	18	32	40	41	16
411	11	14	22	35	37	39	5
412	4	7	39	41	42	45	40
413	2	9	15	23	34	40	3
414	2	14	15	22	23	44	43
415	7	17	20	26	30	40	24
416	5	6	8	11	22	26	44
417	4	5	14	20	22	43	44
418	11	13	15	26	28	34	31
419	2	11	13	14	28	30	7
420	4	9	10	29	31	34	27

2.2. 역대 로또 당첨번호(1~360회차)에 나타나는 조합(29, 39)와 보조수 43의 (불)규칙 현상

★ A에서 F에 나타나는 (불)규칙 현상과 그 안에서 발견되는 조합(29, 39)와 보조수 43

앞에서 '위아래로 두 칸 이하에 나타나는 같은 수는 동일한 것으로 간주한다.'는 원칙에 대해 다루었다. 즉, 2주를 넘어설 때는 규칙성을 따져야 하지만, 1주나 2주 안에서는 동일점으로 간주해야 하는 것이다. 이 사실을 기억하면서 여기서도 불규칙한 현상 몇 가지를 살펴보도록 하겠다.

먼저, 〈표 1-2-2〉에서 C를 보면 원 조합(29, 39)가 나타난다. 그러나 주위에 보조수 43이 나타나지 않고 있다. 하지만 여기서 그칠 것이 아니라, 규칙 및 불규칙 현상을 감안하며 추적을 더 해 보자.

우선 C와 D에 39가 연속으로 나오는데 이것은 위의 원칙에 따라 동일한 것으로 볼 수 있다. 여기서 'C의 39=D의 39'를 전제로 둔 후에 전후를 살펴보자.

살펴보면, 4주 전에 해당하는 B에 39가 등장하고 4후 후에 해당하는 F에도 39가 등장한다. 결국, 5주 간격으로 반복되어 나타나는 것이다. 그런데 F를 보면 39와 더불어 43도 함께 등장하고 있다. 이에 따라 원 조합(29, 39)에 보조수 43이 함께 나타남을 재확인할 수 있다.

참고로 B보다 한 주 전인 A에도 39가 나타나고 F보다 한 주 전인 E에도 39가 나타나는데 한 주 차이므로 동일한 것으로 간주해야 한다.

★ G 서 H에서 나타나는 불규칙 현상과 그 안에서 발견되는 조합(29, 39)와 보조수 43

먼저 H에 조합(29, 39)가 등장한다. 그런데 보조수인 43은 따로 등장하지 않는다. 하지만 전후로 살펴보면 2주 전에 해당하는 G에 29가 이미 등장했음을 알 수 있다. 그리고 2주 안에 해당하므로 G의 29와 H의 29는 동일한 것으로 볼 수 있다.

이어서 G를 더 살펴보면 43이 함께 나오고 있음을 알 수 있다. 결국, G의 43이 H에서의 조합(29, 39)에 보조수로서 붙는 것임을 알 수 있다.

〈표 1-2-2〉

1	10	23	29	33	37	40	16	61	14	15	19	30	38	43	8	121	12	28	30	34	38	43	9	181	14	21	23	32	40	45	44	241	2	16	24	27	28	35	21	301	7	11	13	33	37	43
2	9	13	21	25	32	42	2	62	3	8	15	27	29	35	21	122	1	11	16	17	36	40	8	182	13	15	27	29	34	40	35	242	4	19	20	21	32	34	43	302	13	19	20	32	38	42
3	11	16	19	21	27	31	30	63	3	20	23	36	38	40	5	123	7	17	18	28	30	45	27	183	2	18	24	34	40	42	5	243	2	12	17	19	28	42	34	303	2	14	17	30	38	45
4	14	27	30	31	40	42	2	64	14	15	18	21	26	36	39	124	4	16	23	25	29	42	1	184	1	2	6	16	20	33	41	244	13	16	25	36	37	38	19	304	4	10	16	26	33	41
5	16	24	29	40	41	42	3	65	4	25	33	36	40	43	39	125	2	8	32	33	35	36	18	185	1	2	4	8	19	38	14	245	9	11	27	31	32	38	22	305	7	8	18	21	23	39
6	14	15	26	27	40	42	34	66	2	3	7	17	22	24	45	126	7	20	22	27	40	43	1	186	4	10	14	19	21	45	9	246	13	18	21	23	26	39	15	306	4	18	23	30	34	41
7	2	9	16	25	26	40	42	67	3	7	10	15	36	38	33	127	3	5	10	29	32	43	35	187	1	2	8	18	29	38	42	247	12	15	28	36	39	40	13	307	5	15	21	23	25	45
8	8	19	25	34	37	39	9	68	10	12	15	16	26	39	38	128	12	30	34	36	37	45	39	188	19	24	27	30	31	34	36	248	3	8	17	23	38	45	13	308	14	15	17	19	37	45
9	2	4	16	17	36	39	14	69	5	8	14	15	19	39	35	129	19	23	25	28	38	42	17	189	8	14	32	35	37	45	28	249	3	8	27	31	41	44	11	309	1	2	5	11	18	36
10	9	25	30	33	41	44	6	70	5	19	22	25	28	43	26	130	7	19	24	27	42	45	31	190	8	14	18	30	31	44	15	250	19	23	30	37	43	45	38	310	1	5	19	28	34	41
11	1	7	36	37	41	42	14	71	5	9	12	16	29	41	21	131	8	10	11	14	15	21	37	191	5	6	24	25	32	37	8	251	6	7	19	25	28	38	45	311	4	12	24	27	28	32
12	2	11	21	25	39	45	44	72	2	4	11	17	26	27	1	132	3	17	23	34	41	45	43	192	4	8	11	18	37	45	33	252	14	23	26	31	39	45	28	312	2	3	5	6	12	20
13	22	23	25	37	38	42	26	73	3	12	18	32	40	43	38	133	4	7	15	18	23	26	13	193	6	14	18	26	36	39	13	253	8	19	25	31	34	36	33	313	9	17	34	35	43	45
14	2	6	12	31	33	40	15	74	6	15	17	18	35	40	23	134	3	12	20	23	31	35	43	194	15	20	23	26	39	44	28	254	1	5	19	20	24	30	27	314	15	17	19	34	38	41
15	3	4	16	30	31	37	13	75	2	5	24	32	34	44	28	135	6	14	22	28	35	39	16	195	7	10	19	22	35	40	31	255	1	5	6	24	27	42	32	315	1	13	33	35	43	45
16	6	7	24	37	38	40	33	76	1	3	15	22	25	37	43	136	2	16	30	36	41	42	11	196	35	36	37	41	44	45	30	256	4	11	14	21	23	43	32	316	10	11	21	27	31	39
17	3	4	9	17	32	37	1	77	2	18	29	32	43	44	37	137	7	9	20	25	36	39	15	197	7	12	16	34	42	45	4	257	6	13	27	31	32	37	4	317	3	10	11	22	36	39
18	3	12	13	19	32	35	29	78	10	13	25	29	33	35	38	138	10	11	27	28	37	39	19	198	12	19	20	25	41	45	2	258	14	27	30	31	38	40	17	318	2	17	19	20	34	45
19	6	30	38	39	40	43	26	79	3	12	24	27	30	32	14	139	9	11	15	20	28	43	13	199	14	21	22	25	30	36	43	259	4	5	14	35	42	45	34	319	5	8	22	28	33	42
20	10	14	18	20	23	30	41	80	17	18	24	25	26	30	1	140	3	13	17	18	19	28	8	200	5	6	13	14	17	20	7	260	7	12	15	24	37	40	43	320	16	19	23	25	41	45
21	6	12	17	18	31	32	21	81	5	7	11	13	20	33	6	141	8	12	29	31	42	43	2	201	3	1	24	38	39	44	26	261	6	11	16	18	31	43	2	321	12	18	20	21	25	34
22	4	5	6	8	17	39	25	82	1	2	3	14	27	42	39	142	12	16	30	34	40	44	19	202	12	24	27	33	39	44	17	262	9	12	24	25	29	31	36	322	9	18	29	32	38	43
23	5	13	17	18	33	42	44	83	6	10	15	17	19	34	14	143	26	27	28	42	43	45	8	203	1	3	11	24	30	32	7	263	1	27	28	32	37	40	18	323	10	14	15	32	36	42
24	7	8	27	29	36	43	6	84	16	23	27	34	42	45	11	144	4	15	17	26	36	37	43	204	3	12	14	35	40	45	5	264	9	16	27	36	41	44	5	324	2	4	21	25	33	36
25	2	4	21	26	43	44	16	85	6	8	13	23	31	36	21	145	2	3	13	20	27	44	9	205	1	3	21	29	35	37	30	265	5	9	34	37	38	39	12	325	7	17	20	32	44	45
26	4	5	7	18	20	25	31	86	2	12	37	39	41	45	33	146	2	19	27	35	41	42	25	206	1	2	3	15	20	25	43	266	3	4	9	11	22	42	37	326	16	23	25	33	36	39
27	1	20	26	28	37	43	27	87	4	12	16	23	34	43	26	147	4	6	13	21	40	42	36	207	3	1	14	31	32	37	38	267	7	8	24	34	36	41	1	327	6	12	13	17	32	44
28	9	18	23	25	35	37	1	88	1	17	20	24	30	41	27	148	21	25	33	34	35	36	17	208	14	25	31	34	40	44	24	268	3	10	19	24	32	45	12	328	1	6	9	16	17	28
29	1	5	13	34	39	40	11	89	4	26	28	29	33	40	37	149	2	11	21	34	41	42	27	209	2	7	18	20	24	33	37	269	5	18	20	36	42	43	32	329	9	17	19	30	35	42
30	8	17	20	35	36	44	4	90	17	20	29	35	38	44	10	150	2	18	25	28	37	39	16	210	10	19	22	23	25	37	39	270	5	9	12	20	21	26	27	330	3	4	16	17	19	20
31	7	9	18	23	28	35	32	91	1	21	24	26	29	42	27	151	1	2	10	13	18	19	15	211	12	13	17	20	33	41	8	271	3	8	9	27	29	40	36	331	4	9	14	26	31	44
32	6	14	19	25	34	44	11	92	3	14	24	33	35	36	17	152	1	5	13	26	29	34	43	212	11	12	18	21	31	38	8	272	7	9	12	27	39	43	28	332	16	17	34	36	42	45
33	4	7	32	33	40	41	9	93	6	22	24	36	38	44	19	153	3	8	11	12	13	36	33	213	2	3	4	5	20	24	42	273	1	8	24	31	34	44	6	333	5	14	27	30	39	43
34	9	26	35	37	40	42	2	94	5	32	34	40	41	45	6	154	6	19	21	35	40	45	20	214	5	7	20	25	28	37	32	274	13	14	15	26	35	39	25	334	13	15	21	29	39	43
35	2	3	11	26	37	43	39	95	8	17	27	31	34	43	14	155	16	19	20	32	33	41	4	215	2	3	7	15	43	44	4	275	14	19	20	35	38	40	26	335	5	9	16	23	26	45
36	1	10	23	26	28	40	31	96	1	3	8	21	22	31	20	156	5	18	28	30	42	45	2	216	7	16	17	33	36	40	1	276	4	15	21	33	39	41	25	336	3	5	20	34	35	44
37	7	27	30	33	35	37	42	97	6	7	14	15	20	36	3	157	19	26	30	33	35	39	37	217	16	20	27	33	35	39	38	277	10	12	13	15	25	29	20	337	1	5	14	18	32	37
38	16	17	22	30	37	43	36	98	6	9	16	23	24	32	43	158	4	9	13	18	21	34	7	218	1	8	14	18	29	44	20	278	3	11	37	39	41	43	13	338	2	13	34	38	42	45
39	6	7	13	15	21	43	8	99	1	3	10	27	29	37	11	159	1	18	30	41	42	43	32	219	4	1	20	26	35	37	16	279	7	16	31	36	37	38	11	339	6	8	14	21	30	37
40	7	13	18	19	25	26	6	100	1	7	11	23	37	42	6	160	3	7	8	34	39	41	1	220	5	1	19	21	34	43	31	280	10	11	23	24	36	37	35	340	18	24	26	29	34	38
41	13	20	23	35	38	43	34	101	1	3	17	32	35	45	8	161	22	34	36	40	42	45	44	221	2	20	33	35	37	40	10	281	1	3	4	6	14	41	12	341	1	8	19	34	39	43
42	17	18	19	21	23	32	1	102	17	22	24	26	35	40	42	162	1	5	21	25	38	41	24	222	5	7	28	29	39	43	44	282	2	5	10	18	31	32	30	342	1	13	14	33	34	43
43	6	31	35	38	39	44	1	103	5	14	15	27	30	45	10	163	7	11	26	28	29	44	16	223	1	3	18	20	26	27	38	283	6	8	18	31	38	45	42	343	1	10	17	29	31	43
44	3	11	21	30	38	45	39	104	17	32	33	34	42	44	35	164	6	9	10	11	39	41	27	224	4	19	26	27	30	42	7	284	2	7	15	24	30	45	28	344	1	2	15	28	34	45
45	1	10	20	27	33	35	17	105	8	10	20	34	41	45	28	165	5	13	18	19	22	42	31	225	5	1	13	19	31	36	7	285	13	33	37	40	41	45	2	345	15	20	23	29	39	42
46	8	13	15	23	31	38	39	106	4	10	12	22	24	33	29	166	9	12	27	36	39	45	14	226	2	6	8	14	21	22	34	286	1	15	19	40	42	44	17	346	5	13	14	22	44	45
47	14	17	26	31	36	45	27	107	1	4	5	6	9	31	17	167	24	27	28	30	36	39	4	227	4	5	15	16	22	42	2	287	6	12	24	27	35	37	41	347	3	8	13	27	32	42
48	6	10	18	26	37	38	3	108	7	18	22	23	29	44	12	168	3	10	31	40	42	43	30	228	17	25	35	36	39	44	23	288	1	12	17	28	35	41	10	348	3	14	17	20	24	31
49	4	7	16	19	33	40	30	109	1	5	34	36	42	44	33	169	16	27	35	37	43	45	19	229	4	5	9	11	23	38	35	289	3	14	33	37	38	42	10	349	5	13	14	20	24	25
50	2	10	12	15	22	44	1	110	7	20	22	23	29	43	1	170	2	11	13	15	31	42	10	230	5	1	14	29	32	33	12	290	8	13	18	32	39	45	7	350	1	8	18	24	29	33
51	2	3	11	16	26	44	35	111	7	18	31	33	36	40	27	171	4	16	25	29	34	35	1	231	5	10	19	31	44	45	27	291	3	7	8	18	20	42	45	351	5	25	27	29	34	36
52	2	4	15	16	20	29	1	112	26	29	30	33	41	42	43	172	4	19	21	24	26	41	35	232	8	9	10	12	24	44	35	292	17	18	31	32	33	34	10	352	5	16	17	20	26	41
53	7	8	14	32	33	39	42	113	4	9	28	33	36	45	26	173	3	9	24	30	33	34	18	233	4	6	13	17	28	40	39	293	1	9	17	21	29	33	24	353	11	16	19	22	29	36
54	1	8	21	27	36	39	37	114	11	14	19	26	28	41	2	174	13	14	18	22	35	39	16	234	13	21	22	24	26	37	4	294	6	10	17	30	37	38	40	354	14	19	36	43	44	45
55	17	21	31	37	40	44	7	115	1	2	6	9	25	28	31	175	19	26	28	31	33	36	17	235	21	22	26	27	31	37	8	295	1	4	12	16	18	38	8	355	5	8	29	30	35	44
56	10	14	30	31	33	37	9	116	2	4	25	31	34	37	17	176	4	17	30	32	33	34	15	236	1	4	8	13	37	39	7	296	3	8	15	27	30	45	44	356	2	8	14	25	29	45
57	7	10	16	25	29	44	6	117	5	10	22	34	36	44	35	177	1	10	13	16	37	43	6	237	1	1	17	21	24	44	33	297	6	11	19	20	28	32	34	357	10	14	18	21	36	37
58	10	24	25	33	40	44	1	118	3	4	10	17	19	22	38	178	1	5	11	12	18	23	9	238	2	4	15	28	31	34	35	298	5	9	27	29	37	40	19	358	1	9	10	12	21	40
59	6	29	36	39	41	45	13	119	3	11	13	14	17	21	38	179	5	9	17	25	39	43	32	239	11	15	24	39	41	44	7	299	1	3	20	25	36	45	24	359	1	10	19	20	24	40
60	2	8	25	36	39	42	11	120	4	6	10	11	32	37	30	180	2	15	20	21	29	34	22	240	6	10	16	40	41	43	21	300	7	9	10	12	26	38	39	360	4	16	23	25	35	40

2.3. 역대 로또 당첨번호(421~780회차)에 나타나는 조합(29, 39)와 보조수 43의 불가 현상

★ D, E, F에 나타난 조합(29, 39)의 보조수 43

〈표 1-2-3〉를 통해 조합(29, 39)와 보조수 43이 함께 나타나고 있음을 확인할 수 있을 것이다(**한 회차에서 동시에 나타나는 경우도 있고 불규칙 현상에 의해 보조수가 따라오는 경우도 있다**).

우선적으로 E와 F를 살펴보면, 이 둘에는 보조수 43이 따라붙지 않는다. 그런데 E와 F는 무엇과 연관되는지는 찾을 수 없다. 하지만 이 부분 역시 분명한 이유가 있으리라고 본다.

그렇다면 여기서 D에 대해 조금 더 자세히 살펴보도록 하자. 먼저, 가에서는 43이 반복적으로(**4주 간격으로**) A와 B와 C에 나타나고 있다. 이 세 점은 결국 동일점이라고 할 수 있는데, 이것은 D의 조합(29, 39)와 연관된 새로운 불규칙 현상으로 본다.

그리고 '나'에 또다시 가 현상이 나타난다. H, I, J에 4주 간격으로 43이 나타나기 때문에 세 점이 동일하다고 볼 수 있는데 H의 43은 한 주 전인 G의 43과도 일치한다. 결국, G, H, I, J의 43이 모두 동일하다고 볼 수 있으며 G의 29와 J의 39와도 동시에 나타난다고 볼 수 있다. 물론 이것이 조합(29, 39)와 보조수 43의 만남은 아니지만, 연결되어 나타나고 있다.

〈표 1-2-3〉

421	6	11	26	27	28	44	30	481	3	4	23	29	40	41	20	541	8	13	26	28	32	34	43	601	2	16	19	31	34	35	37	661	2	3	12	20	27	38	40	721	1	28	35	41	43	44	31
422	8	15	19	21	34	44	12	482	1	10	16	24	25	35	43	542	5	6	19	26	41	45	34	602	13	14	22	27	30	38	2	662	5	6	9	11	15	37	26	722	12	14	21	30	39	43	45
423	1	17	27	28	29	40	5	483	12	15	19	22	28	34	5	543	13	18	26	31	34	44	12	603	2	19	25	26	27	43	28	663	3	5	8	19	38	42	20	723	20	30	33	35	36	44	22
424	10	11	26	31	34	44	30	484	1	3	27	28	32	45	11	544	5	17	21	25	36	44	10	604	2	6	18	21	33	34	30	664	10	20	33	36	41	44	5	724	2	8	33	35	37	41	14
425	8	10	14	27	33	38	3	485	17	22	26	27	36	39	20	545	4	24	25	27	34	35	2	605	1	2	7	9	10	38	42	665	5	6	11	17	38	44	13	725	6	7	19	21	41	43	38
426	4	17	18	27	39	43	19	486	1	2	23	25	38	40	43	546	8	17	20	27	37	43	6	606	1	5	6	14	20	39	22	666	2	4	6	11	17	28	16	726	1	11	21	23	34	44	24
427	6	7	15	24	28	30	21	487	4	8	25	27	37	41	21	547	6	7	15	22	34	39	28	607	8	14	23	36	38	39	13	667	15	17	25	37	42	43	13	727	7	8	10	19	21	31	20
428	12	16	19	22	37	40	8	488	2	8	17	30	31	38	25	548	1	12	13	21	32	45	14	608	4	8	18	19	39	44	41	668	12	14	15	24	27	32	3	728	3	6	10	30	34	37	36
429	3	23	28	34	39	42	16	489	2	4	8	15	20	27	11	549	29	31	35	38	40	44	17	609	4	8	27	34	39	40	13	669	7	8	20	29	33	38	9	729	11	17	21	26	36	45	16
430	1	3	16	18	30	34	44	490	2	7	26	29	40	43	42	550	1	7	14	20	34	37	41	610	14	18	20	23	28	36	33	670	11	18	26	27	40	41	25	730	4	10	14	15	18	22	39
431	18	22	25	31	38	45	6	491	8	17	35	36	39	42	4	551	3	6	20	24	27	44	25	611	2	22	27	33	36	37	14	671	7	9	10	13	31	35	24	731	2	7	13	25	42	45	39
432	2	3	5	11	27	39	33	492	22	27	31	35	37	40	42	552	1	10	20	32	35	40	43	612	6	9	18	19	25	33	40	672	8	21	28	31	36	45	43	732	2	4	5	17	27	32	43
433	19	23	29	33	35	43	27	493	20	22	26	33	36	37	25	553	2	7	17	28	29	39	37	613	7	8	11	16	41	44	35	673	7	10	17	29	33	44	5	733	11	24	32	33	35	40	13
434	3	13	20	24	33	37	35	494	5	7	8	16	30	43	22	554	13	14	17	32	41	42	6	614	8	21	25	39	40	44	18	674	9	10	14	25	27	31	11	734	6	16	37	38	41	45	18
435	8	16	26	30	38	45	42	495	4	13	22	27	34	44	6	555	11	17	21	24	26	36	12	615	10	17	18	19	23	27	35	675	1	8	11	15	18	45	7	735	5	10	13	27	37	41	44
436	9	14	20	22	33	34	28	496	4	13	20	29	36	41	39	556	12	20	23	28	30	44	43	616	5	13	18	23	40	45	3	676	1	8	17	34	39	45	27	736	2	11	17	18	21	27	6
437	11	16	29	38	41	44	21	497	19	20	23	24	43	44	13	557	4	20	26	28	35	40	31	617	4	5	11	12	24	27	28	677	12	15	24	36	41	44	42	737	13	15	18	24	27	41	11
438	6	12	20	26	29	38	45	498	13	14	24	32	39	41	3	558	12	15	19	26	40	43	29	618	8	16	25	30	42	43	15	678	4	5	6	12	25	37	45	738	23	27	28	38	42	43	36
439	17	20	30	31	37	40	25	499	5	20	23	27	35	40	43	559	11	12	25	32	44	45	23	619	6	8	13	30	35	40	21	679	3	5	7	14	26	34	35	739	7	22	29	33	34	35	30
440	10	22	28	34	36	44	2	500	3	4	12	20	24	34	41	560	1	4	20	23	29	45	28	620	2	16	17	32	39	45	40	680	4	10	19	29	32	42	30	740	4	8	9	16	17	19	31
441	1	23	28	30	34	35	9	501	1	4	10	17	31	42	2	561	5	7	18	37	42	45	20	621	1	2	6	16	19	42	9	681	21	24	37	29	43	44	7	741	5	21	27	34	44	45	16
442	25	27	29	36	38	40	41	502	6	22	28	32	34	40	26	562	4	11	13	17	20	31	33	622	9	15	16	21	28	34	24	682	17	23	27	35	38	43	2	742	8	10	13	36	37	40	6
443	4	6	10	19	20	44	14	503	1	5	27	30	34	36	40	563	5	10	16	17	31	32	21	623	7	13	30	39	41	45	25	683	6	13	20	27	28	40	15	743	15	19	21	34	41	44	10
444	11	13	23	35	43	45	17	504	6	14	22	26	43	44	31	564	14	19	25	26	27	34	2	624	1	7	19	26	27	35	16	684	1	11	15	17	25	39	40	744	10	15	18	21	34	41	43
445	13	20	21	30	39	45	32	505	7	20	22	25	38	40	44	565	4	10	18	27	40	45	38	625	3	6	7	20	21	39	13	685	[illegible]	7	12	28	38	40	18	745	1	2	3	9	12	23	10
446	1	11	12	14	26	35	6	506	6	9	11	22	24	30	31	566	4	5	6	25	26	43	41	626	13	14	26	33	40	43	15	686	7	12	15	24	25	43	13	746	3	12	33	36	42	45	25
447	2	7	8	9	17	33	34	507	12	13	32	33	40	41	4	567	1	10	15	16	32	41	28	627	2	9	22	25	31	45	12	687	1	8	10	13	28	42	45	747	7	9	12	14	23	28	17
448	3	7	13	27	40	41	36	508	5	27	31	34	35	43	37	568	1	3	17	20	31	44	40	628	1	7	12	15	23	42	11	688	5	15	22	23	34	35	2	748	3	10	13	22	31	32	29
449	3	10	20	26	35	43	36	509	12	25	29	35	42	43	24	569	3	6	13	23	24	35	1	629	19	28	31	38	43	44	1	689	7	17	19	30	36	38	34	749	12	14	24	26	34	45	41
450	6	14	19	21	23	31	13	510	12	29	32	33	39	40	42	570	1	12	26	27	29	33	42	630	8	17	21	24	27	31	15	690	24	25	33	34	38	39	43	750	1	2	15	19	24	36	12
451	12	15	20	24	30	38	29	511	3	7	14	23	26	42	24	571	11	18	21	26	38	43	29	631	1	2	4	23	31	34	8	691	15	27	33	35	43	45	16	751	3	4	16	20	28	44	17
452	8	10	18	30	32	34	27	512	4	5	9	13	26	27	1	572	3	13	18	33	37	45	1	632	15	18	21	32	35	44	6	692	3	11	14	15	32	36	44	752	4	16	20	33	40	43	7
453	12	24	33	38	40	42	30	513	5	8	21	23	27	33	12	573	2	4	20	34	35	43	14	633	9	12	19	20	39	41	13	693	1	6	11	28	34	42	30	753	2	17	19	24	37	41	3
454	13	25	27	34	38	41	10	514	1	15	20	26	35	42	9	574	14	15	16	19	25	43	2	634	4	10	11	12	20	27	38	694	7	15	20	25	33	43	12	754	2	8	17	24	29	31	32
455	4	19	20	26	30	35	24	515	2	11	12	15	23	37	8	575	2	8	20	30	33	34	6	635	11	13	25	26	29	33	32	695	4	18	26	33	34	38	14	755	13	14	26	28	30	36	37
456	1	7	12	18	23	27	44	516	2	8	23	41	43	44	30	576	10	11	15	25	35	41	13	636	6	7	15	16	20	31	26	696	1	7	16	18	34	38	21	756	10	14	16	18	27	28	4
457	8	10	18	23	27	40	33	517	1	9	12	28	36	41	10	577	16	17	22	31	34	37	33	637	3	16	22	37	38	44	23	697	2	5	8	11	33	39	31	757	6	7	11	17	33	44	1
458	4	9	10	32	36	40	18	518	14	23	30	32	34	38	6	578	5	12	14	32	34	42	16	638	7	18	22	24	31	34	6	698	3	11	13	21	33	37	18	758	5	9	12	30	39	43	24
459	4	6	10	14	25	40	12	519	6	8	13	16	30	43	3	579	5	7	20	22	37	42	39	639	6	15	22	23	25	32	40	699	4	5	8	16	21	29	3	759	9	33	36	40	42	43	32
460	8	11	28	30	43	45	41	520	4	22	27	28	38	40	1	580	5	7	9	11	32	35	33	640	14	15	18	21	26	35	23	700	11	23	28	29	30	44	13	760	10	22	27	31	42	43	12
461	11	18	26	31	37	40	43	521	3	7	18	29	32	36	19	581	3	5	14	20	42	44	33	641	11	18	21	36	37	43	12	701	3	10	14	16	36	38	35	761	4	7	11	24	42	45	30
462	3	20	24	32	37	45	4	522	4	5	13	14	37	41	11	582	2	12	14	33	40	41	25	642	8	17	18	24	39	45	32	702	3	13	16	24	26	29	9	762	1	3	12	21	26	41	16
463	23	29	31	33	34	44	40	523	1	4	37	38	40	45	7	583	8	17	27	33	40	44	24	643	15	24	31	32	33	40	13	703	10	28	31	33	41	44	21	763	3	8	16	32	34	43	10
464	6	12	15	34	42	44	4	524	10	11	29	38	41	45	21	584	7	18	30	39	40	41	36	644	5	13	17	23	28	36	8	704	1	4	8	23	33	42	45	764	7	22	24	31	34	36	15
465	1	8	11	13	22	38	31	525	11	23	26	29	39	44	22	585	6	7	10	16	38	41	4	645	1	4	16	26	40	41	31	705	1	6	17	22	28	45	23	765	1	3	8	12	42	43	33
466	4	10	13	23	32	44	20	526	7	14	17	20	35	39	31	586	2	7	12	15	21	34	5	646	2	9	24	41	43	45	30	706	3	4	6	10	28	30	37	766	9	30	34	35	39	41	21
467	2	12	14	17	24	40	39	527	1	12	22	32	33	42	38	587	14	21	29	31	32	37	17	647	5	16	21	23	24	30	29	707	2	12	19	24	39	44	35	767	5	15	20	31	34	42	22
468	8	13	15	28	37	43	17	528	5	17	25	31	39	40	10	588	2	8	15	22	25	41	30	648	13	19	28	37	38	43	4	708	2	10	16	19	34	45	1	768	7	27	29	30	38	44	4
469	4	21	22	34	37	38	33	529	18	20	24	27	31	42	39	589	6	8	28	33	38	39	22	649	3	21	22	33	41	42	20	709	10	18	30	36	39	44	32	769	5	7	11	16	41	45	4
470	10	16	20	39	41	42	27	530	16	23	27	29	33	41	22	590	20	30	36	38	41	45	23	650	3	4	7	11	31	41	35	710	3	4	6	24	25	33	10	770	1	9	12	23	39	43	34
471	6	13	29	37	39	41	43	531	1	5	9	21	27	35	45	591	8	13	14	30	38	39	5	651	11	12	16	26	29	44	18	711	11	15	24	35	37	45	42	771	6	10	17	18	21	29	30
472	16	25	26	31	36	43	44	532	16	17	23	24	29	44	3	592	2	5	6	13	28	44	43	652	3	13	15	40	41	44	20	712	17	20	30	31	33	45	19	772	5	6	11	14	21	41	32
473	8	13	20	22	23	36	34	533	9	14	15	17	31	33	23	593	9	10	13	24	33	38	28	653	5	6	26	27	38	39	1	713	2	5	15	18	19	23	44	773	8	12	19	21	31	35	44
474	4	13	18	31	33	45	43	534	10	24	26	29	37	38	32	594	2	8	13	25	28	37	3	654	16	21	26	31	36	43	6	714	1	7	22	33	37	40	20	774	12	15	18	28	34	42	9
475	1	9	14	16	21	29	3	535	11	12	14	15	18	39	34	595	8	24	28	35	38	40	5	655	7	37	38	39	40	44	18	715	2	7	27	33	41	44	10	775	11	12	29	33	38	42	17
476	9	12	13	15	37	38	27	536	7	8	18	32	37	43	12	596	3	4	12	14	25	43	17	656	3	7	14	16	31	40	39	716	2	6	13	16	29	30	21	776	8	9	18	21	28	40	20
477	14	25	29	32	33	45	37	537	12	23	26	30	36	43	11	597	8	10	23	24	35	43	37	657	10	14	19	39	40	43	23	717	2	11	19	25	28	32	44	777	6	12	17	21	34	37	18
478	18	29	30	37	39	43	8	538	6	10	18	31	32	34	11	598	4	12	24	33	38	45	22	658	8	19	25	28	32	36	37	718	4	11	20	23	32	39	40	778	6	21	35	36	37	41	11
479	8	23	25	27	35	44	24	539	3	19	22	31	42	43	26	599	5	12	17	29	34	35	27	659	7	18	19	27	29	42	45	719	4	8	13	19	20	43	26	779	6	12	19	24	34	41	4
480	3	5	10	17	30	31	16	540	3	12	13	15	34	36	14	600	5	11	14	27	29	36	44	660	4	9	23	33	39	44	14	720	1	12	29	34	36	37	41	780	15	17	19	21	27	45	16

2.4. 결론- 로또에의 적용

규칙 현상과 불규칙 현상을 함께 보았을 때,

- 29와 39는 조합을 이루며
- 여기에 보조수 43이 붙음을 알 수 있다.

그리고 이에 기초하여 다음과 같은 적용을 해 볼 수 있다.

1단계– 29와 39를 함께 찍게 되었을 때

29와 39가 함께 등장하면 보조수 43이 등장할 수 있다.
그러므로 29와 39를 찍게 될 때는 43을 함께 찍는 것이 유리하다.

2단계– 그렇다면 보조수 43이 나오는 시기를 어떻게 알 수 있을까?

원 조합(29, 39)가 나타났는데 보조수 43이 없는 경우가 있다. 이때, 과거(이전 당첨번호들)와 미래(이후 당첨번호들)에 주목하면서 규칙적인 반복현상이 나타나는지를 살펴야 하는데, 만약 기준점으로부터 6주 전에 29나 39 중 하나가 등장했다면 6주 후에도 29나 39 중 하나가 등장할 수 있다. 그리고 이와 함께 보조수 43도 나타날 것으로 예측할 수 있다.

조합 29, 39

1	10	23	29	33	37	40	16
2	9	13	21	25	32	42	2
3	11	16	19	21	27	31	30
4	14	27	30	31	40	42	2
5	16	24	29	40	41	42	3
6	14	15	26	27	40	42	34
7	2	9	16	25	26	40	42
8	8	19	25	34	37	39	9
9	2	4	16	17	36	39	14
10	9	25	30	33	41	44	6
11	1	7	36	37	41	42	14
12	2	11	21	25	39	45	44
13	22	23	25	37	38	42	26
14	2	6	12	31	33	40	15
15	3	4	16	30	31	37	13
16	6	7	24	37	38	40	33
17	3	4	9	17	32	37	1
18	3	12	13	19	32	35	29
19	6	30	38	39	40	43	26
20	10	14	18	20	23	30	41
21	6	12	17	18	31	32	21
22	4	5	6	8	17	39	25
23	5	13	17	18	33	42	44
24	7	8	27	29	36	43	6
25	2	4	21	26	43	44	16
26	4	5	7	18	20	25	31
27	1	20	26	28	37	43	27
28	9	18	23	25	35	37	1
29	1	5	13	34	39	40	11
30	8	17	20	35	36	44	4
31	7	9	18	23	28	35	32
32	6	14	19	25	34	44	11
33	4	7	32	33	40	41	9
34	9	26	35	37	40	42	2
35	2	3	11	26	37	43	39
36	1	10	23	26	28	40	31
37	7	27	30	33	35	37	42
38	16	17	22	30	37	43	36
39	6	7	13	15	21	43	8
40	7	13	18	19	25	26	6
41	13	20	23	35	38	43	34
42	17	18	19	21	23	32	1
43	6	31	35	38	39	44	1
44	3	11	21	30	38	45	39
45	1	10	20	27	33	35	17
46	8	13	15	23	31	38	39
47	14	17	26	31	36	45	27
48	6	10	18	26	37	38	3
49	4	7	16	19	33	40	30
50	2	10	12	15	22	44	1
51	2	3	11	16	26	44	35
52	2	4	15	16	20	29	1
53	7	8	14	32	33	39	42
54	1	8	21	27	36	39	37
55	17	21	31	37	40	44	7
56	10	14	30	31	33	37	19
57	7	10	16	25	29	44	6
58	10	24	25	33	40	44	1
59	6	29	36	39	41	45	13
60	2	8	25	36	39	42	11

61	14	15	19	30	38	43	8
62	3	8	15	27	29	35	21
63	3	20	23	36	38	40	5
64	14	15	18	21	26	36	39
65	4	25	33	36	40	43	39
66	2	3	7	17	22	24	45
67	3	7	10	15	36	38	33
68	10	12	15	16	26	39	38
69	5	8	14	15	19	39	35
70	5	19	22	25	28	43	26
71	5	9	12	16	29	41	21
72	2	4	11	17	26	27	1
73	3	12	18	32	40	43	38
74	6	15	17	18	35	40	23
75	2	5	24	32	34	44	28
76	1	3	15	22	25	37	43
77	2	18	29	32	43	44	37
78	10	13	25	29	33	35	38
79	3	12	24	27	30	32	14
80	17	18	24	25	26	30	1
81	5	7	11	13	20	33	6
82	1	2	3	14	27	42	39
83	6	10	15	17	19	34	14
84	16	23	27	34	42	45	11
85	6	8	13	23	31	36	21
86	2	12	37	39	41	45	33
87	4	12	16	23	34	43	26
88	1	17	20	24	30	41	27
89	4	26	28	29	33	40	37
90	17	20	29	35	38	44	10
91	1	21	24	26	29	42	27
92	3	14	24	33	35	36	17
93	6	22	24	36	38	44	19
94	5	32	34	40	41	45	6
95	8	17	27	31	34	43	14
96	1	3	8	21	22	31	20
97	6	7	14	15	20	36	3
98	6	9	16	23	24	32	43
99	1	3	10	27	29	37	11
100	1	7	11	23	37	42	6
101	1	3	17	32	35	45	8
102	17	22	24	26	35	40	42
103	5	14	15	27	30	45	10
104	17	32	33	34	42	44	35
105	8	10	20	34	41	45	28
106	4	10	12	22	24	33	29
107	1	4	5	6	9	31	17
108	7	18	22	23	29	44	12
109	1	5	34	36	42	44	33
110	7	20	22	23	29	43	1
111	7	18	31	33	36	40	27
112	26	29	30	33	41	42	43
113	4	9	28	33	36	45	26
114	11	14	19	26	28	41	2
115	1	2	6	9	25	28	31
116	2	4	25	31	34	37	17
117	5	10	22	34	36	44	35
118	3	4	10	17	19	22	38
119	3	11	13	14	17	21	38
120	4	6	10	11	32	37	30

121	12	28	30	34	38	43	9
122	1	11	16	17	36	40	8
123	7	17	18	28	30	45	27
124	4	16	23	25	29	42	1
125	2	8	32	33	35	36	18
126	7	20	22	27	40	43	1
127	3	5	10	29	32	43	35
128	12	30	34	36	37	45	39
129	19	23	25	28	38	42	17
130	7	19	24	27	42	45	31
131	8	10	11	14	15	21	37
132	3	17	23	34	41	45	43
133	4	7	15	18	23	26	13
134	3	12	20	23	31	35	43
135	6	14	22	28	35	39	16
136	2	16	30	36	41	42	11
137	7	9	20	25	36	39	15
138	10	11	27	28	37	39	19
139	9	11	15	20	28	43	13
140	3	13	17	18	19	28	8
141	8	12	29	31	42	43	2
142	12	16	30	34	40	44	19
143	26	27	28	42	43	45	8
144	4	15	17	26	36	37	43
145	2	3	13	20	27	44	9
146	2	19	27	35	41	42	25
147	4	6	13	21	40	42	36
148	21	25	33	34	35	36	17
149	2	11	21	34	41	42	27
150	2	18	25	28	37	39	16
151	1	2	10	13	18	19	15
152	1	5	13	26	29	34	43
153	3	8	11	12	13	36	33
154	6	19	21	35	40	45	20
155	16	19	20	32	33	41	4
156	5	18	28	30	42	45	2
157	19	26	30	33	35	39	37
158	4	9	13	18	21	34	7
159	1	18	30	41	42	43	32
160	3	7	8	34	39	41	1
161	22	34	36	40	42	45	44
162	1	5	21	25	38	41	24
163	7	11	26	28	29	44	16
164	6	9	10	11	39	41	27
165	5	13	18	19	22	42	31
166	9	12	27	36	39	45	14
167	24	27	28	30	36	39	4
168	3	10	31	40	42	43	30
169	16	27	35	37	43	45	19
170	2	11	13	15	31	42	10
171	4	16	25	29	34	35	1
172	4	19	21	24	26	41	35
173	3	9	24	30	33	34	18
174	13	14	18	22	35	39	16
175	19	26	28	31	33	36	17
176	4	17	30	32	33	34	15
177	1	10	13	16	37	43	6
178	1	5	11	12	18	23	9
179	5	9	17	25	39	43	32
180	2	15	20	21	29	34	22

181	14	21	23	32	40	45	44
182	13	15	27	29	34	40	35
183	2	18	24	34	40	42	5
184	1	2	6	16	20	33	41
185	1	2	4	8	19	38	14
186	4	10	14	19	21	45	9
187	1	2	8	18	29	38	42
188	19	24	27	30	31	34	36
189	8	14	32	35	37	45	28
190	8	14	18	30	31	44	15
191	5	6	24	25	32	37	8
192	4	8	11	18	37	45	33
193	6	14	18	26	36	39	13
194	15	20	23	26	39	44	28
195	7	10	19	22	35	40	31
196	35	36	37	41	44	45	30
197	7	12	16	34	42	45	4
198	12	19	20	25	41	45	2
199	14	21	22	25	30	36	43
200	5	6	13	14	17	20	7
201	3	1	24	38	39	44	26
202	12	24	27	33	39	44	17
203	1	3	11	24	30	32	7
204	3	12	14	35	40	45	5
205	1	3	21	29	35	37	30
206	1	2	3	15	20	25	43
207	3	1	14	31	32	37	38
208	14	25	31	34	40	44	24
209	2	7	18	20	24	33	37
210	10	19	22	23	25	37	39
211	12	13	17	20	33	41	8
212	11	12	18	21	31	38	8
213	2	3	4	5	20	24	42
214	5	7	20	25	28	37	32
215	2	3	7	15	43	44	4
216	7	16	17	33	36	40	1
217	16	20	27	33	35	39	38
218	1	8	14	18	29	44	20
219	4	1	20	26	35	37	16
220	5	1	19	21	34	43	31
221	2	20	33	35	37	40	10
222	5	7	28	29	39	43	44
223	1	3	18	20	26	27	38
224	4	19	26	27	30	42	7
225	5	1	13	19	31	36	7
226	2	6	8	14	21	22	34
227	4	5	15	16	22	42	2
228	17	25	35	36	39	44	23
229	4	5	9	11	23	38	35
230	5	1	14	29	32	33	12
231	5	10	19	31	44	45	27
232	8	9	10	12	24	44	35
233	4	6	13	17	28	40	39
234	13	21	22	24	26	37	4
235	21	2	26	27	31	37	8
236	1	4	8	13	37	39	7
237	1	1	17	21	24	44	33
238	2	4	15	28	31	34	35
239	11	15	24	39	41	44	7
240	6	10	16	40	41	43	21

241	2	16	24	27	28	35	21
242	4	19	20	21	32	34	43
243	2	12	17	19	28	42	34
244	13	16	25	36	37	38	19
245	9	11	27	31	32	38	22
246	13	18	21	23	26	39	15
247	12	15	28	36	39	40	13
248	3	8	17	23	38	45	13
249	3	8	27	31	41	44	11
250	19	23	30	37	43	45	38
251	6	7	19	25	28	38	45
252	14	23	26	31	39	45	28
253	8	19	25	31	34	36	33
254	1	5	19	20	24	30	27
255	1	5	6	24	27	42	32
256	4	11	14	21	23	43	32
257	6	13	27	31	32	37	4
258	14	27	30	31	38	40	17
259	4	5	14	35	42	45	34
260	7	12	15	24	37	40	43
261	6	11	16	18	31	43	2
262	9	12	24	25	29	31	36
263	1	27	28	32	37	40	18
264	9	16	27	36	41	44	5
265	5	9	34	37	38	39	12
266	3	4	9	11	22	42	37
267	7	8	24	34	36	41	1
268	3	10	19	24	32	45	12
269	5	18	20	36	42	43	32
270	5	9	12	20	21	26	27
271	3	8	9	27	29	40	36
272	7	9	12	27	39	43	28
273	1	8	24	31	34	44	6
274	13	14	15	26	35	39	25
275	14	19	20	35	38	40	26
276	4	15	21	33	39	41	25
277	10	12	13	15	25	29	20
278	3	11	37	39	41	43	13
279	7	16	31	36	37	38	11
280	10	11	23	24	36	37	35
281	1	3	4	6	14	41	12
282	2	5	10	18	31	32	30
283	6	8	18	31	38	45	42
284	2	7	15	24	30	45	28
285	13	33	37	40	41	45	2
286	1	15	19	40	42	44	17
287	6	12	24	27	35	37	41
288	1	12	17	28	35	41	10
289	3	14	33	37	38	42	10
290	8	13	18	32	39	45	7
291	3	7	8	18	20	42	45
292	17	18	31	32	33	34	10
293	1	9	17	21	29	33	24
294	6	10	17	30	37	38	40
295	1	4	12	16	18	38	8
296	3	8	15	27	30	45	44
297	6	11	19	20	28	32	34
298	5	9	27	29	37	40	19
299	1	3	20	25	36	45	24
300	7	9	10	12	26	38	39

301	7	11	13	33	37	43	26
302	13	19	20	32	38	42	4
303	2	14	17	30	38	45	43
304	4	10	16	26	33	41	38
305	7	8	18	21	23	39	9
306	4	18	23	30	34	41	19
307	5	15	21	23	25	45	12
308	14	15	17	19	37	45	40
309	1	2	5	11	18	36	22
310	1	5	19	28	34	41	16
311	4	12	24	27	28	32	10
312	2	3	5	6	12	20	25
313	9	17	34	35	43	45	2
314	15	17	19	34	38	41	2
315	1	13	33	35	43	45	23
316	10	11	21	27	31	39	43
317	3	10	11	22	36	39	8
318	2	17	19	20	34	45	21
319	5	8	22	28	33	42	37
320	16	19	23	25	41	45	3
321	12	18	20	21	25	34	42
322	9	18	29	32	38	43	20
323	10	14	15	32	36	42	3
324	2	4	21	25	33	36	17
325	7	17	20	32	44	45	33
326	16	23	25	33	36	39	40
327	6	12	13	17	32	44	24
328	1	6	9	16	17	28	24
329	9	17	19	30	35	42	4
330	3	4	16	17	19	20	23
331	4	9	14	26	31	44	39
332	16	17	34	36	42	45	3
333	5	14	27	30	39	43	35
334	13	15	21	29	39	43	33
335	5	9	16	23	26	45	21
336	3	5	20	34	35	44	16
337	1	5	14	18	32	37	4
338	2	13	34	38	42	45	16
339	6	8	14	21	30	37	45
340	18	24	26	29	34	38	32
341	1	8	19	34	39	43	41
342	1	13	14	33	34	43	25
343	1	10	17	29	31	43	15
344	1	2	15	28	34	45	38
345	15	20	23	29	39	42	2
346	5	13	14	22	44	45	33
347	3	8	13	27	32	42	10
348	3	14	17	20	24	31	34
349	5	13	14	20	24	25	36
350	1	8	18	24	29	33	35
351	5	25	27	29	34	36	33
352	5	16	17	20	26	41	24
353	11	16	19	22	29	36	26
354	14	19	36	43	44	45	1
355	5	8	29	30	35	44	38
356	2	8	14	25	29	45	24
357	10	14	18	21	36	37	5
358	1	9	10	12	21	40	37
359	1	10	19	20	24	40	23
360	4	16	23	25	35	40	27

35	33	421	6	11	26	27	28	44	30	481	3	4	23	29	40	41	20	541	8	13	26	28	32	34	43	601	2	16	19	31	34	35	37	661	2	3	12	20	27	38	40	721	1	28	35	41	43	44	31
40	29	422	8	15	19	21	34	44	12	482	1	10	16	24	25	35	43	542	5	6	19	26	41	45	34	602	13	14	22	27	30	38	2	662	5	6	9	11	15	37	26	722	12	14	21	30	39	43	45
38	6	423	1	17	27	28	29	40	5	483	12	15	19	22	28	34	5	543	13	18	26	31	34	44	12	603	2	19	25	26	27	43	28	663	3	5	8	19	38	42	20	723	20	30	33	35	36	44	22
40	4	424	10	11	26	31	34	44	30	484	1	3	27	28	32	45	11	544	5	17	21	25	36	44	10	604	2	6	18	21	33	34	30	664	10	20	33	36	41	44	5	724	2	8	33	35	37	41	14
30	31	425	8	10	14	27	33	38	3	485	17	22	26	27	36	39	20	545	4	24	25	27	34	35	2	605	1	2	7	9	10	38	42	665	5	6	11	17	38	44	13	725	6	7	19	21	41	43	38
44	38	426	4	17	18	27	39	43	19	486	1	2	23	25	38	40	43	546	8	17	20	27	37	43	6	606	1	5	6	14	20	39	22	666	2	4	6	11	17	28	16	726	1	11	21	23	34	44	24
44	19	427	6	7	15	24	28	30	21	487	4	8	25	27	37	41	21	547	6	7	15	22	34	39	28	607	8	14	23	36	38	39	13	667	15	17	25	37	42	43	13	727	7	8	10	19	21	31	20
45	26	428	12	16	19	22	37	40	8	488	2	8	17	30	31	38	25	548	1	12	13	21	32	45	14	608	4	8	18	19	39	44	41	668	12	14	15	24	27	32	3	728	3	6	10	30	34	37	36
43	21	429	3	23	28	34	39	42	16	489	2	4	8	15	20	27	11	549	29	31	35	38	40	44	17	609	4	8	27	34	39	40	13	669	7	8	20	29	33	38	9	729	11	17	21	26	36	45	16
45	17	430	1	3	16	18	30	34	44	490	2	7	26	29	40	43	42	550	1	7	14	20	34	37	41	610	14	18	20	23	28	36	33	670	11	18	26	27	40	41	25	730	4	10	14	15	18	22	39
42	18	431	18	22	25	31	38	45	6	491	8	17	35	36	39	42	4	551	3	6	20	24	27	44	25	611	2	22	27	33	36	37	14	671	7	9	10	13	31	35	24	731	2	7	13	25	42	45	39
21	13	432	2	3	5	11	27	39	33	492	22	27	31	35	37	40	42	552	1	10	20	32	35	40	43	612	6	9	18	19	25	33	40	672	8	21	28	31	36	45	43	732	2	4	5	17	27	32	43
45	9	433	19	23	29	33	35	43	27	493	20	22	26	33	36	37	25	553	2	7	17	28	29	39	37	613	7	8	11	16	41	44	35	673	7	10	17	29	33	44	5	733	11	24	32	33	35	40	13
34	26	434	3	13	20	24	33	37	35	494	5	7	8	15	30	43	22	554	13	14	17	32	41	42	6	614	8	21	25	39	40	44	18	674	9	10	14	25	27	31	11	734	6	16	37	38	41	45	18
45	7	435	8	16	26	30	38	45	42	495	4	13	22	27	34	44	6	555	11	17	21	24	26	36	12	615	10	17	18	19	23	27	35	675	1	8	11	15	18	45	7	735	5	10	13	27	37	41	44
40	7	436	9	14	20	22	33	34	28	496	4	13	20	29	36	41	39	556	12	20	23	28	30	44	43	616	5	13	18	23	40	45	3	676	1	8	17	34	39	45	27	736	2	11	17	18	21	27	6
45	23	437	11	16	29	38	41	44	21	497	19	20	23	24	43	44	13	557	4	20	26	28	35	40	31	617	4	5	11	12	24	27	28	677	12	15	24	36	41	44	42	737	13	15	18	24	27	41	11
39	43	438	6	12	20	26	29	38	45	498	13	14	24	32	39	41	3	558	12	15	19	26	40	43	29	618	8	16	25	30	42	43	15	678	4	5	6	12	25	37	45	738	23	27	28	38	42	43	36
40	19	439	17	20	30	31	37	40	25	499	5	20	23	27	35	40	43	559	11	12	25	32	44	45	23	619	6	8	13	30	35	40	21	679	3	5	7	14	26	34	35	739	7	22	29	33	34	35	30
37	27	440	10	22	28	34	36	44	2	500	3	4	12	20	24	34	41	560	1	4	20	23	29	45	28	620	2	16	17	32	39	45	40	680	4	10	19	29	32	42	30	740	4	8	9	16	17	19	31
20	11	441	1	23	28	30	34	35	9	501	1	4	10	17	31	42	2	561	5	7	18	37	42	45	20	621	1	2	6	16	19	42	9	681	21	24	27	29	43	44	7	741	5	21	27	34	44	45	16
42	19	442	25	27	29	36	38	40	41	502	6	22	28	32	34	40	26	562	4	11	13	17	20	31	33	622	9	15	16	21	28	34	24	682	17	23	27	35	38	43	2	742	8	10	13	36	37	40	6
40	25	443	4	6	10	19	20	44	14	503	1	5	27	30	34	36	40	563	5	10	16	17	31	32	21	623	7	13	30	39	41	45	25	683	6	13	20	27	28	40	15	743	15	19	21	34	41	44	10
38	7	444	11	13	23	35	43	45	17	504	6	14	22	26	43	44	31	564	14	19	25	26	27	34	2	624	1	7	19	26	27	35	16	684	1	11	15	17	25	39	40	744	10	15	18	21	34	41	43
32	9	445	13	20	21	30	39	45	32	505	7	20	22	25	38	40	44	565	4	10	18	27	40	45	38	625	3	6	7	20	21	39	13	685	6	7	12	28	38	40	18	745	1	2	3	9	12	23	10
40	26	446	1	11	12	14	26	35	6	506	6	9	11	22	24	30	31	566	4	5	6	25	26	43	41	626	13	14	26	33	40	43	15	686	7	12	15	24	25	43	13	746	3	12	33	36	42	45	25
43	20	447	2	7	8	9	17	33	34	507	12	13	32	33	40	41	4	567	1	10	15	16	32	41	28	627	2	9	22	25	31	45	12	687	1	8	10	13	28	42	45	747	7	9	12	14	23	28	17
32	45	448	3	7	13	27	40	41	36	508	5	27	31	34	35	43	37	568	1	3	17	20	31	44	40	628	1	7	12	15	23	42	11	688	5	15	22	23	34	35	2	748	3	10	13	22	31	32	29
26	3	449	3	10	20	26	35	43	36	509	12	25	29	35	42	43	24	569	3	6	13	23	24	35	1	629	19	28	31	38	43	44	1	689	7	17	19	30	36	38	34	749	12	14	24	26	34	45	41
40	15	450	6	14	19	21	23	31	13	510	12	29	32	33	39	40	42	570	1	12	26	27	29	33	42	630	8	17	21	24	27	31	15	690	24	25	33	34	38	39	43	750	1	2	15	19	24	36	12
39	30	451	12	15	20	24	30	38	29	511	3	7	14	23	26	42	24	571	11	18	21	26	38	43	29	631	1	2	4	23	31	34	8	691	15	27	33	35	43	45	16	751	3	4	16	20	28	44	17
42	43	452	8	10	18	30	32	34	27	512	4	5	9	13	26	27	1	572	3	13	18	33	37	45	1	632	15	18	21	32	35	44	6	692	3	11	14	15	32	36	44	752	4	16	20	33	40	43	7
43	21	453	12	24	33	38	40	42	30	513	5	8	21	23	27	33	12	573	2	4	20	34	35	43	14	633	9	12	19	20	39	41	13	693	1	6	11	28	34	42	30	753	2	17	19	24	37	41	3
28	15	454	13	25	27	34	38	41	10	514	1	15	20	26	35	42	9	574	14	15	16	19	25	43	2	634	4	10	11	12	20	27	38	694	7	15	20	25	33	43	12	754	2	8	17	24	29	31	32
35	7	455	4	19	20	26	30	35	24	515	2	11	12	15	23	37	8	575	2	8	20	30	33	34	6	635	11	13	25	26	29	33	32	695	4	18	26	33	34	38	14	755	13	14	26	28	30	36	37
45	30	456	1	7	12	18	23	27	44	516	2	8	23	41	43	44	30	576	10	11	15	25	35	41	13	636	6	7	15	16	20	31	26	696	1	7	16	18	34	38	21	756	10	14	16	18	27	28	4
33	8	457	8	10	18	23	27	40	33	517	1	9	12	28	36	41	10	577	16	17	22	31	34	37	33	637	3	16	22	37	38	44	23	697	2	5	8	11	33	39	31	757	6	7	11	17	33	44	1
44	7	458	4	9	10	32	36	40	18	518	14	23	30	32	34	38	6	578	5	12	14	32	34	42	16	638	7	18	22	24	31	34	6	698	3	11	13	21	33	37	18	758	5	9	12	30	39	43	24
42	20	459	4	6	10	14	25	40	12	519	6	8	13	16	30	43	3	579	5	7	20	22	37	42	39	639	6	15	22	23	25	32	40	699	4	5	8	16	21	29	3	759	9	33	36	40	42	43	32
43	2	460	8	11	28	30	43	45	41	520	4	22	27	28	38	40	1	580	5	7	9	11	32	35	33	640	14	15	18	21	26	35	23	700	11	23	28	29	30	44	13	760	10	22	27	31	42	43	12
43	9	461	11	18	26	31	37	40	43	521	3	7	18	29	32	36	19	581	3	5	14	20	42	44	33	641	11	18	21	36	37	43	12	701	3	10	14	16	36	38	35	761	4	7	11	24	42	45	30
36	32	462	3	20	24	32	37	45	4	522	4	5	13	14	37	41	11	582	2	12	14	33	40	41	25	642	8	17	18	24	39	45	32	702	3	13	16	24	26	29	9	762	1	3	12	21	26	41	16
37	26	463	23	29	31	33	34	44	40	523	1	4	37	38	40	45	7	583	8	17	27	33	40	44	24	643	15	24	31	32	33	40	13	703	10	28	31	33	41	44	21	763	3	8	16	32	34	43	10
40	36	464	6	12	15	34	42	44	4	524	10	11	29	38	41	45	21	584	7	18	30	39	40	41	36	644	5	13	17	23	28	36	8	704	1	4	8	23	33	42	45	764	7	22	24	31	34	36	15
44	4	465	1	8	11	13	22	38	31	525	11	23	26	29	39	44	22	585	6	7	10	16	38	41	4	645	1	4	16	26	40	41	31	705	1	6	17	22	28	45	23	765	1	3	8	12	42	43	33
36	45	466	4	10	13	23	32	44	20	526	7	14	17	20	35	39	31	586	2	7	12	15	21	34	5	646	2	9	24	41	43	45	30	706	3	4	6	10	28	30	37	766	9	30	34	35	39	41	21
25	1	467	2	12	14	17	24	40	39	527	1	12	22	32	33	42	38	587	14	21	29	31	32	37	17	647	5	16	21	23	24	30	29	707	2	12	19	24	39	44	35	767	5	15	20	31	34	42	22
37	16	468	8	13	15	28	37	43	17	528	5	17	25	31	39	40	10	588	2	8	15	22	25	41	30	648	13	19	28	37	38	43	4	708	2	10	16	19	34	45	1	768	7	27	29	30	38	44	4
40	38	469	4	21	22	34	37	38	33	529	18	20	24	27	31	42	39	589	6	8	28	33	38	39	22	649	3	21	22	33	41	42	20	709	10	18	30	36	39	44	32	769	5	7	11	16	41	45	4
41	16	470	10	16	20	39	41	42	27	530	16	23	27	29	33	41	22	590	20	30	36	38	41	45	23	650	3	4	7	11	31	41	35	710	3	4	6	24	25	33	10	770	1	9	12	23	39	43	34
39	5	471	6	13	29	37	39	41	43	531	1	5	9	21	27	35	45	591	8	13	14	30	38	39	5	651	11	12	16	26	29	44	18	711	11	15	24	35	37	45	42	771	6	10	17	18	21	29	30
45	40	472	16	25	26	31	36	43	44	532	16	17	23	24	29	44	3	592	2	5	6	13	28	44	43	652	3	13	15	40	41	44	20	712	17	20	30	31	33	45	19	772	5	6	11	14	21	41	32
40	3	473	8	13	20	22	23	36	34	533	9	14	15	17	31	33	23	593	9	10	13	24	33	38	28	653	5	6	26	27	38	39	1	713	2	5	15	18	19	23	44	773	8	12	19	21	31	35	44
44	43	474	4	13	18	31	33	45	43	534	10	24	26	29	37	38	32	594	2	8	13	25	28	37	3	654	16	21	26	31	36	43	6	714	1	7	22	33	37	40	20	774	12	15	18	28	34	42	9
40	24	475	1	9	14	16	21	29	3	535	11	12	14	15	18	39	34	595	8	24	28	35	38	40	5	655	7	37	38	39	40	44	18	715	2	7	27	33	41	44	10	775	11	12	29	33	38	42	17
26	44	476	9	12	13	15	37	38	27	536	7	8	18	32	37	43	12	596	3	4	12	14	25	43	17	656	3	7	14	16	31	40	39	716	2	6	13	16	29	30	21	776	8	9	18	21	28	40	20
43	44	477	14	25	29	32	33	45	37	537	12	23	26	30	36	43	11	597	8	10	23	24	35	43	37	657	10	14	19	39	40	43	23	717	2	11	19	25	28	32	44	777	6	12	17	21	34	37	18
34	31	478	18	29	30	37	39	43	8	538	6	10	18	31	32	34	11	598	4	12	24	33	38	45	22	658	8	19	25	28	32	36	37	718	4	11	20	23	32	39	40	778	6	21	35	36	37	41	11
30	7	479	8	23	25	27	35	44	24	539	3	19	22	31	42	43	26	599	5	12	17	29	34	35	27	659	7	18	19	27	29	42	45	719	4	8	13	19	20	43	26	779	6	12	19	24	34	41	4
34	27	480	3	5	10	17	30	31	16	540	3	12	13	15	34	36	14	600	5	11	14	27	29	36	44	660	4	9	23	33	39	44	14	720	1	12	29	34	36	37	41	780	15	17	19	21	27	45	16

3

조합(14, 16)과 36

3.1. 역대 로또 당첨번호(1~360회차)에 나타나는 조합(14, 16)과 보조수 36의 규칙

★ 원 조합(14, 16)과 보조수 36이 동시에 나타나는 곳을 찾으라(총 회 등장)

우선적으로 밝혀둘 것은 원 조합(14, 16)에 따라오는 보조수가 36이라는 사실이다. 이제 이것을 증명하게 될 텐데, 〈표 1-3-1〉에서 14, 16, 36이 동시에 나오는 곳을 먼저 주목해 보자. 참고로 〈표 1-3-1〉에서는 원 조합 14와 16을 적색으로 표시하였고 나머지(**보조수 36 및 14와 16이 개별적으로 등장할 때**)는 녹색으로 표시하였다.

본격적으로 살펴보면 옆의 표에서, 세 수가 동시에 등장하는 곳은 A이다.

★ 이 현상을 기계에 의한 추첨 방식과 관련하여 다시 한번 생각해 보자

다시금 강조하자면, 로또 추첨은 1주일 간격으로 정확하게 추첨한다. 그것도 사람의 개입이 전혀 없이, 기계가 공을 튀어 오르게 한다. 시간도 정해져 있다. 사람들은 이것을 대수롭지 않게 생각하곤 하는데, 순전히 기계에 의한 추첨인데도 불구하고 위의 현상(**조합과 보조수의 만남과 같은 규칙이 등장하는 것**)이 나타난다는 것은 신비로운 일이 아닐 수 없다. 과연 이것을 우연이라고만 표현할 수 있을까? 그만큼 당첨번호로 튀어 오르는 숫자들은 살아 움직이고 있음을 알아야 한다.

〈표 1-3-1〉

1	10	23	29	33	37	40	16
2	9	13	21	25	32	42	2
3	11	16	19	21	27	31	30
4	14	27	30	31	40	42	2
5	16	24	29	40	41	42	3
6	14	15	26	27	40	42	34
7	2	9	16	25	26	40	42
8	8	19	25	34	37	39	9
9	2	4	16	17	36	39	14
10	9	25	30	33	41	44	6
11	1	7	36	37	41	42	14
12	2	11	21	25	39	45	44
13	22	23	25	37	38	42	26
14	2	6	12	31	33	40	15
15	3	4	16	30	31	37	13
16	6	7	24	37	38	40	33
17	3	4	9	17	32	37	1
18	3	12	13	19	32	35	29
19	6	30	38	39	40	43	26
20	10	14	18	20	23	30	41
21	6	12	17	18	31	32	21
22	4	5	6	8	17	39	25
23	5	13	17	18	33	42	44
24	7	8	27	29	36	43	6
25	2	4	21	26	43	44	16
26	4	5	7	18	20	25	31
27	1	20	26	28	37	43	27
28	9	18	23	25	35	37	1
29	1	5	13	34	39	40	11
30	8	17	20	35	36	44	4
31	7	9	18	23	28	35	32
32	6	14	19	25	34	44	11
33	4	7	32	33	40	41	9
34	9	26	35	37	40	42	2
35	2	3	11	26	37	43	39
36	1	10	23	26	28	40	31
37	7	27	30	33	35	37	42
38	16	17	22	30	37	43	36
39	6	7	13	15	21	43	8
40	7	13	18	19	25	26	6
41	13	20	23	35	38	43	34
42	17	18	19	21	23	32	1
43	6	31	35	38	39	44	1
44	3	11	21	30	38	45	39
45	1	10	20	27	33	35	17
46	8	13	15	23	31	38	39
47	14	17	26	31	36	45	27
48	6	10	18	26	37	38	3
49	4	7	16	19	33	40	30
50	2	10	12	15	22	44	1
51	2	3	11	16	26	44	35
52	2	4	15	16	20	29	1
53	7	8	14	32	33	39	42
54	1	8	21	27	36	39	37
55	17	21	31	37	40	44	7
56	10	14	30	31	33	37	19
57	7	10	16	25	29	44	6
58	10	24	25	33	40	44	1
59	6	29	36	39	41	45	13
60	2	8	25	36	39	42	11

61	14	15	19	30	38	43	8
62	3	8	15	27	29	35	21
63	3	20	23	36	38	40	5
64	14	15	18	21	26	36	39
65	4	25	33	36	40	43	39
66	2	3	7	17	22	24	45
67	3	7	10	15	36	38	33
68	10	12	15	16	26	39	38
69	5	8	14	15	19	39	35
70	5	19	22	25	28	43	26
71	5	9	12	16	29	41	21
72	2	4	11	17	26	27	1
73	3	12	18	32	40	43	38
74	6	15	17	18	35	40	23
75	2	5	24	32	34	44	28
76	1	3	15	22	25	37	43
77	2	18	29	32	43	44	37
78	10	13	25	29	33	35	38
79	3	12	24	27	30	32	14
80	17	18	24	25	26	30	1
81	5	7	11	13	20	33	6
82	1	2	3	14	27	42	39
83	6	10	15	17	19	34	14
84	16	23	27	34	42	45	11
85	6	8	13	23	31	36	21
86	2	12	37	39	41	45	33
87	4	12	16	23	34	43	26
88	1	17	20	24	30	41	27
89	4	26	28	29	33	40	37
90	17	20	29	35	38	44	10
91	1	21	24	26	29	42	27
92	3	14	24	33	35	36	17
93	6	22	24	36	38	44	19
94	5	32	34	40	41	45	6
95	8	17	27	31	34	43	14
96	1	3	8	21	22	31	20
97	6	7	14	15	20	36	3
98	6	9	16	23	24	32	43
99	1	3	10	27	29	37	11
100	1	7	11	23	37	42	6
101	1	3	17	32	35	45	8
102	17	22	24	26	35	40	42
103	5	14	15	27	30	45	10
104	17	32	33	34	42	44	35
105	8	10	20	34	41	45	28
106	4	10	12	22	24	33	29
107	1	4	5	6	9	31	17
108	7	18	22	23	29	44	12
109	1	5	34	36	42	44	33
110	7	20	22	23	29	43	1
111	7	18	31	33	36	40	27
112	26	29	30	33	41	42	43
113	4	9	28	33	36	45	26
114	11	14	19	26	28	41	2
115	1	2	6	9	25	28	31
116	2	4	25	31	34	37	17
117	5	10	22	34	36	44	35
118	3	4	10	17	19	22	38
119	3	11	13	14	17	21	38
120	4	6	10	11	32	37	30

121	12	28	30	34	38	43	9
122	1	11	16	17	36	40	8
123	7	17	18	28	30	45	27
124	4	16	23	25	29	42	1
125	2	8	32	33	35	36	18
126	7	20	22	27	40	43	1
127	3	5	10	29	32	43	35
128	12	30	34	36	37	45	39
129	19	23	25	28	38	42	17
130	7	19	24	27	42	45	31
131	8	10	11	14	15	21	37
132	3	17	23	34	41	45	43
133	4	7	15	18	23	26	13
134	3	12	20	23	31	35	43
135	6	14	22	28	35	39	16
136	2	16	30	36	41	42	11
137	7	9	20	25	36	39	15
138	10	11	27	28	37	39	19
139	9	11	15	20	28	43	13
140	3	13	17	18	19	28	8
141	8	12	29	31	42	43	2
142	12	16	30	34	40	44	19
143	26	27	28	42	43	45	8
144	4	15	17	26	36	37	43
145	2	3	13	20	27	44	9
146	2	19	27	35	41	42	25
147	4	6	13	21	40	42	36
148	21	25	33	34	35	36	17
149	2	11	21	34	41	42	27
150	2	18	25	28	37	39	16
151	1	2	10	13	18	19	15
152	1	5	13	26	29	34	43
153	3	8	11	12	13	36	33
154	6	19	21	35	40	45	20
155	16	19	20	32	33	41	4
156	5	18	28	30	42	45	2
157	19	26	30	33	35	39	37
158	4	9	13	18	21	34	7
159	1	18	30	41	42	43	32
160	3	7	8	34	39	41	1
161	22	34	36	40	42	45	44
162	1	5	21	25	38	41	24
163	7	11	26	28	29	44	16
164	6	9	10	11	39	41	27
165	5	13	18	19	22	42	31
166	9	12	27	36	39	45	14
167	24	27	28	30	36	39	4
168	3	10	31	40	42	43	30
169	16	27	35	37	43	45	19
170	2	11	13	15	31	42	10
171	4	16	25	29	34	35	1
172	4	19	21	24	26	41	35
173	3	9	24	30	33	34	18
174	13	14	18	22	35	39	16
175	19	26	28	31	33	36	17
176	4	17	30	32	33	34	15
177	1	10	13	16	37	43	6
178	1	5	11	12	18	23	9
179	5	9	17	25	39	43	32
180	2	15	20	21	29	34	22

181	14	21	23	32	40	45	44
182	13	15	27	29	34	40	35
183	2	18	24	34	40	42	5
184	1	2	6	16	20	33	41
185	1	2	4	8	19	38	14
186	4	10	14	19	21	45	9
187	1	2	8	18	29	38	42
188	19	24	27	30	31	34	36
189	8	14	32	35	37	45	28
190	8	14	18	30	31	44	15
191	5	6	24	25	32	37	8
192	4	8	11	18	37	45	33
193	6	14	18	26	36	39	13
194	15	20	23	26	39	44	28
195	7	10	19	22	35	40	31
196	35	36	37	41	44	45	30
197	7	12	16	34	42	45	4
198	12	19	20	25	41	45	2
199	14	21	22	25	30	36	43
200	5	6	13	14	17	20	7
201	3	11	24	38	39	44	26
202	12	24	27	33	39	44	17
203	1	3	11	24	30	32	7
204	3	12	14	35	40	45	5
205	1	3	21	29	35	37	30
206	1	2	3	15	20	25	43
207	3	11	14	31	32	37	38
208	14	25	31	34	40	44	24
209	2	7	18	20	24	33	37
210	10	19	22	23	25	37	39
211	12	13	17	20	33	41	8
212	11	12	18	21	31	38	8
213	2	3	4	5	20	24	42
214	5	7	20	25	28	37	32
215	2	3	7	15	43	44	4
216	7	16	17	33	36	40	1
217	16	20	27	33	35	39	38
218	1	8	14	18	29	44	20
219	4	11	20	26	35	37	16
220	5	11	19	21	34	43	31
221	2	20	33	35	37	40	10
222	5	7	28	29	39	43	44
223	1	3	18	20	26	27	38
224	4	19	26	27	30	42	7
225	5	11	13	19	31	36	7
226	2	6	8	14	21	22	34
227	4	5	15	16	22	42	2
228	17	25	35	36	39	44	23
229	4	5	9	11	23	38	35
230	5	11	14	29	32	33	12
231	5	10	19	31	44	45	27
232	8	9	10	12	24	44	35
233	4	6	13	17	28	40	39
234	13	21	22	24	26	37	4
235	21	22	26	27	31	37	8
236	1	4	8	13	37	39	7
237	1	11	17	21	24	44	33
238	2	4	15	28	31	34	35
239	11	15	24	39	41	44	7
240	6	10	16	40	41	43	21

241	2	16	24	27	28	35	21
242	4	19	20	21	32	34	43
243	2	12	17	19	28	42	34
244	13	16	25	36	37	38	19
245	9	11	27	31	32	38	22
246	13	18	21	23	26	39	15
247	12	15	28	36	39	40	13
248	3	8	17	23	38	45	13
249	3	8	27	31	41	44	11
250	19	23	30	37	43	45	38
251	6	7	19	25	28	38	45
252	14	23	26	31	39	45	28
253	8	19	25	31	34	36	33
254	1	5	19	20	24	30	27
255	1	5	6	24	27	42	32
256	4	11	14	21	23	43	32
257	6	13	27	31	32	37	4
258	14	27	30	31	38	40	17
259	4	5	14	35	42	45	34
260	7	12	15	24	37	40	43
261	6	11	16	18	31	43	2
262	9	12	24	25	29	31	36
263	1	27	28	32	37	40	18
264	9	16	27	36	41	44	5
265	5	9	34	37	38	39	12
266	3	4	9	11	22	42	37
267	7	8	24	34	36	41	1
268	3	10	19	24	32	45	12
269	5	18	20	36	42	43	32
270	5	9	12	20	21	26	27
271	3	8	9	27	29	40	36
272	7	9	12	27	39	43	28
273	1	8	24	31	34	44	6
274	13	14	15	26	35	39	25
275	14	19	20	35	38	40	26
276	4	15	21	33	39	41	25
277	10	12	13	15	25	29	20
278	3	11	37	39	41	43	13
279	7	16	31	36	37	38	11
280	10	11	23	24	36	37	35
281	1	3	4	6	14	41	12
282	2	5	10	18	31	32	30
283	6	8	18	31	38	45	42
284	2	7	15	24	30	45	28
285	13	33	37	40	41	45	2
286	1	15	19	40	42	44	17
287	6	12	24	27	35	37	41
288	1	12	17	28	35	41	10
289	3	14	33	37	38	42	10
290	8	13	18	32	39	45	7
291	3	7	8	18	20	42	45
292	17	18	31	32	33	34	10
293	1	9	17	21	29	33	24
294	6	10	17	30	37	38	40
295	1	4	12	16	18	38	8
296	3	8	15	27	30	45	44
297	6	11	19	20	28	32	34
298	5	9	27	29	37	40	19
299	1	3	20	25	36	45	24
300	7	9	10	12	26	38	39

301	7	11	13	33	37	43	26
302	13	19	20	32	38	42	4
303	2	14	17	30	38	45	43
304	4	10	16	26	33	41	38
305	7	8	18	21	23	39	9
306	4	18	23	30	34	41	19
307	5	15	21	23	25	45	12
308	14	15	17	19	37	45	40
309	1	2	5	11	18	36	22
310	1	5	19	28	34	41	16
311	4	12	24	27	28	32	10
312	2	3	5	6	12	20	25
313	9	17	34	35	43	45	2
314	15	17	19	34	38	41	2
315	1	13	33	35	43	45	23
316	10	11	21	27	31	39	43
317	3	10	11	22	36	39	8
318	2	17	19	20	34	45	21
319	5	8	22	28	33	42	37
320	16	19	23	25	41	45	3
321	12	18	20	21	25	34	42
322	9	18	29	32	38	43	20
323	10	14	15	32	36	42	3
324	2	4	21	25	33	36	17
325	7	17	20	32	44	45	33
326	16	23	25	33	36	39	40
327	6	12	13	17	32	44	24
328	1	6	9	16	17	28	24
329	9	17	19	30	35	42	4
330	3	4	16	17	19	20	23
331	4	9	14	26	31	44	39
332	16	17	34	36	42	45	3
333	5	14	27	30	39	43	35
334	13	15	21	29	39	43	33
335	5	9	16	23	26	45	21
336	3	5	20	34	35	44	16
337	1	5	14	18	32	37	4
338	2	13	34	38	42	45	16
339	6	8	14	21	30	37	45
340	18	24	26	29	34	38	32
341	1	8	19	34	39	43	41
342	1	13	14	33	34	43	25
343	1	10	17	29	31	43	15
344	1	2	15	28	34	45	38
345	15	20	23	29	39	42	2
346	5	13	14	22	44	45	33
347	3	8	13	27	32	42	10
348	3	14	17	20	24	31	34
349	5	13	14	20	24	25	36
350	1	8	18	24	29	33	35
351	5	25	27	29	34	36	33
352	5	16	17	20	26	41	24
353	11	16	19	22	29	36	26
354	14	19	36	43	44	45	1
355	5	8	29	30	35	44	38
356	2	8	14	25	29	45	24
357	10	14	18	21	36	37	5
358	1	9	10	12	21	40	37
359	1	10	19	20	24	40	23
360	4	16	23	25	35	40	27

3.2. 역대 로또 당첨번호(421~780회차)에 나타나는 조합(14, 16)과 보조수 36의 규칙

★ 원 조합(14, 16)과 보조수 36이 동시에 나타나는 곳을 찾으라

여기서도 앞에서처럼 원 조합(14, 16)과 보조수 36이 동시에 나타나는 곳을 찾아보자. 먼저 〈표 1-3-2〉에서 세 수가 동시에 등장하는 곳은 I이다. 그런데 표에는 나와 있지 않지만 783회차에서 역시 14, 16, 36이 함께 나타난다. 곧 원 조합(14, 16)과 보조수 36이 동시에 나타난다.

여기서 원 조합(14, 16)의 보조수가 36임을 확인할 수 있고 이 세 수가 서로 끌어당겨 주고 있음을 알 수 있다.

★ 추적을 통해 14, 16, 36의 관계를 증명해 보자

먼저 원 조합(14, 16)이 나타나는 A, B를 기준점으로 가정해 보자. 여기서는 14와 16은 있지만 36은 없다. 하지만 여기서 끝이 아니며 36이 나타나는 곳을 예측할 수 있다. 과거(**이전 당첨번호들**)와 미래(**이후 당첨번호들**)에 주목하면서 규칙적인 반복현상이 나타나는지를 살펴야 한다.

여기서는 A, B에 나온 조합(14, 16)을 기준점으로 하여(**내가 A나 B의 지점에 있다고 가정을 할 때**) 14를 추적해 보면, 3주 후에 14가 등장한다(C의 지점). 즉, A의 14와 B의 14와 C의 14가 동일한 것이다. 그런데 여기서 끝이 아니라, 8주 후인 D에서도 14가 등장하고 또다시 8주 후인 E에서도 14가 등장한다. 그리고 앞에서 설명한 규칙과 불규칙의 원리에 따라, F, G, H의 14 역시 동일한 점이라 할 수 있다. 그리고 이에 따라 E와 H에서 등장한 36이 보조수로 붙음을 알 수 있다.

〈표 1-3-2〉

421	6	11	26	27	28	44	30
422	8	15	19	21	34	44	12
423	1	17	27	28	29	40	5
424	10	11	26	31	34	44	30
425	8	10	14	27	33	38	3
426	4	17	18	27	39	43	19
427	6	7	15	24	28	30	21
428	12	16	19	22	37	40	8
429	3	23	28	34	39	42	16
430	1	3	16	18	30	34	44
431	18	22	25	31	38	45	6
432	2	3	5	11	27	39	33
433	19	23	29	33	35	43	27
434	3	13	20	24	33	37	35
435	8	16	26	30	38	45	42
436	9	14	20	22	33	34	28
437	11	16	29	38	41	44	21
438	6	12	20	26	29	38	45
439	17	20	30	31	37	40	25
440	10	22	28	34	36	44	2
441	1	23	28	30	34	35	9
442	25	27	29	36	38	40	41
443	4	6	10	19	20	44	14
444	11	13	23	35	43	45	17
445	13	20	21	30	39	45	32
446	1	11	12	14	26	35	6
447	2	7	8	9	17	33	34
448	3	7	13	27	40	41	36
449	3	10	20	26	35	43	36
450	6	14	19	21	23	31	13
451	12	15	20	24	30	38	29
452	8	10	18	30	32	34	27
453	12	24	33	38	40	42	30
454	13	25	27	34	38	41	10
455	4	19	20	26	30	35	24
456	1	7	12	18	23	27	44
457	8	10	18	23	27	40	33
458	4	9	10	32	36	40	18
459	4	6	10	14	25	40	12
460	8	11	28	30	43	45	41
461	11	18	26	31	37	40	43
462	3	20	24	32	37	45	4
463	23	29	31	33	34	44	40
464	6	12	15	34	42	44	4
465	1	8	11	13	22	38	31
466	4	10	13	23	32	44	20
467	2	12	14	17	24	40	39
468	8	13	15	28	37	43	17
469	4	21	22	34	37	38	33
470	10	16	20	39	41	42	27
471	6	13	29	37	39	41	43
472	16	25	26	31	36	43	44
473	8	13	20	22	23	36	34
474	4	13	18	31	33	45	43
475	1	9	14	16	21	29	3
476	9	12	13	15	37	38	27
477	14	25	29	32	33	45	37
478	18	29	30	37	39	43	8
479	8	23	25	27	35	44	24
480	3	5	10	17	30	31	16

481	3	4	23	29	40	41	20
482	1	10	16	24	25	35	43
483	12	15	19	22	28	34	5
484	1	3	27	28	32	45	11
485	17	22	26	27	36	39	20
486	1	2	23	25	38	40	43
487	4	8	25	27	37	41	21
488	2	8	17	30	31	38	25
489	2	4	8	15	20	27	11
490	2	7	26	29	40	43	42
491	8	17	35	36	39	42	4
492	22	27	31	35	37	40	42
493	20	22	26	33	36	37	25
494	5	7	8	15	30	43	22
495	4	13	22	27	34	44	6
496	4	13	20	29	36	41	39
497	19	20	23	24	43	44	13
498	13	14	24	32	39	41	3
499	5	20	23	27	35	40	43
500	3	4	12	20	24	34	41
501	1	4	10	17	31	42	2
502	6	22	28	32	34	40	26
503	1	5	27	30	34	36	40
504	6	14	22	26	43	44	31
505	7	20	22	25	38	40	44
506	6	9	11	22	24	30	31
507	12	13	32	33	40	41	4
508	5	27	31	34	35	43	37
509	12	25	29	35	42	43	24
510	12	29	32	33	39	40	42
511	3	7	14	23	26	42	24
512	4	5	9	13	26	27	1
513	5	8	21	23	27	33	12
514	1	15	20	26	35	42	9
515	2	11	12	15	23	37	8
516	2	8	23	41	43	44	30
517	1	9	12	28	36	41	10
518	14	23	30	32	34	38	6
519	6	8	13	16	30	43	3
520	4	22	27	28	38	40	1
521	3	7	18	29	32	36	19
522	4	5	13	14	37	41	11
523	1	4	37	38	40	45	7
524	10	11	29	38	41	45	21
525	11	23	26	29	39	44	22
526	7	14	17	20	35	39	31
527	1	12	22	32	33	42	38
528	5	17	25	31	39	40	10
529	18	20	24	27	31	42	39
530	16	23	27	29	33	41	22
531	1	5	9	21	27	35	45
532	16	17	23	24	29	44	3
533	9	14	15	17	31	33	23
534	10	24	26	29	37	38	32
535	11	12	14	15	18	39	34
536	7	8	18	32	37	43	12
537	12	23	26	30	36	43	11
538	6	10	18	31	32	34	11
539	3	19	22	31	42	43	26
540	3	12	13	15	34	36	14

541	8	13	26	28	32	34	43
542	5	6	19	26	41	45	34
543	13	18	26	31	34	44	12
544	5	17	21	25	36	44	10
545	4	24	25	27	34	35	2
546	8	17	20	27	37	43	6
547	6	7	15	22	34	39	28
548	1	12	13	21	32	45	14
549	29	31	35	38	40	44	17
550	1	7	14	20	34	37	41
551	3	6	20	24	27	44	25
552	1	10	20	32	35	40	43
553	2	7	17	28	29	39	37
554	13	14	17	32	41	42	6
555	11	17	21	24	26	36	12
556	12	20	23	28	30	44	43
557	4	20	26	28	35	40	31
558	12	15	19	26	40	43	29
559	11	12	25	32	44	45	23
560	1	4	20	23	29	45	28
561	5	7	18	37	42	45	20
562	4	11	13	17	20	31	33
563	5	10	16	17	31	32	21
564	14	19	25	26	27	34	2
565	4	10	18	27	40	45	38
566	4	5	6	25	26	43	41
567	1	10	15	16	32	41	28
568	1	3	17	20	31	44	40
569	3	6	13	23	24	35	1
570	1	12	26	27	29	33	42
571	11	18	21	26	38	43	29
572	3	13	18	33	37	45	1
573	2	4	20	34	35	43	14
574	14	15	16	19	25	43	2
575	2	8	20	30	33	34	6
576	10	11	15	25	35	41	13
577	16	17	22	31	34	37	33
578	5	12	14	32	34	42	16
579	5	7	20	22	37	42	39
580	5	7	9	11	32	35	33
581	3	5	14	20	42	44	33
582	2	12	14	33	40	41	25
583	8	17	27	33	40	44	24
584	7	18	30	39	40	41	36
585	6	7	10	16	38	41	4
586	2	7	12	15	21	34	5
587	14	21	29	31	32	37	17
588	2	8	15	22	25	41	30
589	6	8	28	33	38	39	22
590	20	30	36	38	41	45	23
591	8	13	14	30	38	39	5
592	2	5	6	13	28	44	43
593	9	10	13	24	33	38	28
594	2	8	13	25	28	37	3
595	8	24	28	35	38	40	5
596	3	4	12	14	25	43	17
597	8	10	23	24	35	43	37
598	4	12	24	33	38	45	22
599	5	12	17	29	34	35	27
600	5	11	14	27	29	36	44

601	2	16	19	31	34	35	37
602	13	14	22	27	30	38	2
603	2	19	25	26	27	43	28
604	2	6	18	21	33	34	30
605	1	2	7	9	10	38	42
606	1	5	6	14	20	39	22
607	8	14	23	36	38	39	13
608	4	8	18	19	39	44	41
609	4	8	27	34	39	40	13
610	14	18	20	23	28	36	33
611	2	22	27	33	36	37	14
612	6	9	18	19	25	33	40
613	7	8	11	16	41	44	35
614	8	21	25	39	40	44	18
615	10	17	18	19	23	27	35
616	5	13	18	23	40	45	3
617	4	5	11	12	24	27	28
618	8	16	25	30	42	43	15
619	6	8	13	30	35	40	21
620	2	16	17	32	39	45	40
621	1	2	6	16	19	42	9
622	9	15	16	21	28	34	24
623	7	13	30	39	41	45	25
624	1	7	19	26	27	35	16
625	3	6	7	20	21	39	13
626	13	14	26	33	40	43	15
627	2	9	22	25	31	45	12
628	1	7	12	15	23	42	11
629	19	28	31	38	43	44	1
630	8	17	21	24	27	31	15
631	1	2	4	23	31	34	8
632	15	18	21	32	35	44	6
633	9	12	19	20	39	41	13
634	4	10	11	12	20	27	38
635	11	13	25	26	29	33	32
636	6	7	15	16	20	31	26
637	3	16	22	37	38	44	23
638	7	18	22	24	31	34	6
639	6	15	22	23	25	32	40
640	14	15	18	21	26	35	23
641	11	18	21	36	37	43	12
642	8	17	18	24	39	45	32
643	15	24	31	32	33	40	13
644	5	13	17	23	28	36	8
645	1	4	16	26	40	41	31
646	2	9	24	41	43	45	30
647	5	16	21	23	24	30	29
648	13	19	28	37	38	43	4
649	3	21	22	33	41	42	20
650	3	4	7	11	31	41	35
651	11	12	16	26	29	44	18
652	3	13	15	40	41	44	20
653	5	6	26	27	38	39	1
654	16	21	26	31	36	43	6
655	7	37	38	39	40	44	18
656	3	7	14	16	31	40	39
657	10	14	19	39	40	43	23
658	8	19	25	28	32	36	37
659	7	18	19	27	29	42	45
660	4	9	23	33	39	44	14

661	2	3	12	20	27	38	40
662	5	6	9	11	15	37	26
663	3	5	8	19	38	42	20
664	10	20	33	36	41	44	5
665	5	6	11	17	38	44	13
666	2	4	6	11	17	28	16
667	15	17	25	37	42	43	13
668	12	14	15	24	27	32	3
669	7	8	20	29	33	38	9
670	11	18	26	27	40	41	25
671	7	9	10	13	31	35	24
672	8	21	28	31	36	45	43
673	7	10	17	29	33	44	5
674	9	10	14	25	27	31	11
675	1	8	11	15	18	45	7
676	1	8	17	34	39	45	27
677	12	15	24	36	41	44	42
678	4	5	6	12	25	37	45
679	3	5	7	14	26	34	35
680	4	10	19	29	32	42	30
681	21	24	27	29	43	44	7
682	17	23	27	35	38	43	2
683	6	13	20	27	28	40	15
684	1	11	15	17	25	39	40
685	6	7	12	28	38	40	18
686	7	12	15	24	25	43	13
687	1	8	10	13	28	42	45
688	5	15	22	23	34	35	2
689	7	17	19	30	36	38	34
690	24	25	33	34	38	39	43
691	15	27	33	35	43	45	16
692	3	11	14	15	32	36	44
693	1	6	11	28	34	42	30
694	7	15	20	25	33	43	12
695	4	18	26	33	34	38	14
696	1	7	16	18	34	38	21
697	2	5	8	11	33	39	31
698	3	11	13	21	33	37	18
699	4	5	8	16	21	29	3
700	11	23	28	29	30	44	13
701	3	10	14	16	36	38	35
702	3	13	16	24	26	29	9
703	10	28	31	33	41	44	21
704	1	4	8	23	33	42	45
705	1	6	17	22	28	45	23
706	3	4	6	10	28	30	37
707	2	12	19	24	39	44	35
708	2	10	16	19	34	45	1
709	10	18	30	36	39	44	32
710	3	4	6	24	25	33	10
711	11	15	24	35	37	45	42
712	17	20	30	31	33	45	19
713	2	5	15	18	19	23	44
714	1	7	22	33	37	40	20
715	2	7	27	33	41	44	10
716	2	6	13	16	29	30	21
717	2	11	19	25	28	32	44
718	4	11	20	23	32	39	40
719	4	8	13	19	20	43	26
720	1	12	29	34	36	37	41

721	1	28	35	41	43	44	31
722	12	14	21	30	39	43	45
723	20	30	33	35	36	44	22
724	2	8	33	35	37	41	14
725	6	7	19	21	41	43	38
726	1	11	21	23	34	44	24
727	7	8	10	19	21	31	20
728	3	6	10	30	34	37	36
729	11	17	21	26	36	45	16
730	4	10	14	15	18	22	39
731	2	7	13	25	42	45	39
732	2	4	5	17	27	32	43
733	11	24	32	33	35	40	13
734	6	16	37	38	41	45	18
735	5	10	13	27	37	41	44
736	2	11	17	18	21	27	6
737	13	15	18	24	27	41	11
738	23	27	28	38	42	43	36
739	7	22	29	33	34	35	30
740	4	8	9	16	17	19	31
741	5	21	27	34	44	45	16
742	8	10	13	36	37	40	6
743	15	19	21	34	41	44	10
744	10	15	18	21	34	41	43
745	1	2	3	9	12	23	10
746	3	12	33	36	42	45	25
747	7	9	12	14	23	28	17
748	3	10	13	22	31	32	29
749	12	14	24	26	34	45	41
750	1	2	15	19	24	36	12
751	3	4	16	20	28	44	17
752	4	16	20	33	40	43	7
753	2	17	19	24	37	41	3
754	2	8	17	24	29	31	32
755	13	14	26	28	30	36	37
756	10	14	16	18	27	28	4
757	6	7	11	17	33	44	1
758	5	9	12	30	39	43	24
759	9	33	36	40	42	43	32
760	10	22	27	31	42	43	12
761	4	7	11	24	42	45	30
762	1	3	12	21	26	41	16
763	3	8	16	32	34	43	10
764	7	22	24	31	34	36	15
765	1	3	8	12	42	43	33
766	9	30	34	35	39	41	21
767	5	15	20	31	34	42	22
768	7	27	29	30	38	44	4
769	5	7	11	16	41	45	4
770	1	9	12	23	39	43	34
771	6	10	17	18	21	29	30
772	5	6	11	14	21	41	32
773	8	12	19	21	31	35	44
774	12	15	18	28	34	42	9
775	11	12	29	33	38	42	17
776	8	9	18	21	28	40	20
777	6	12	17	21	34	37	18
778	6	21	35	36	37	41	11
779	6	12	19	24	34	41	4
780	15	17	19	21	27	45	16

3.3. 역대 로또 당첨번호(421~780회차)에 나타나는 조합(14, 16)과 보조수 36의 불규칙 현상

★ A와 D에 나타나는 불규칙 현상과 그 안에서 발견되는 조합(14, 16)과 보조수 36

먼저 A에서 D를 살펴보자. 이 중에서 C를 보면 조합(14, 16)이 나타난다. 그런데 위의 원칙에 따라 A의 16과 B의 16은 동일한 것으로 간주할 수 있다. C의 기준점으로부터 4주 전의 A의 16과 4주 후인 D에서도 나타난다.

정리하자면 A의 16=B의 16=C의 16=D의 16은 같은 것이며, 이를 통해 볼 때 C의 14와 B의 36도 결국 이 16과 같이 등장한다고 볼 수 있다. 그렇게 되면 C의 조합(14, 16)과 보조수 36이 함께 등장했음을 알 수 있다.

★ E에서 F(혹은 G와 H)에 나타나는 불규칙 현상과 그 안에서 발견되는 조합(14, 16)과 보조수 36

먼저 F에는 조합(14, 16)이 등장하는데 2주 전인 E에도 16이 등장한다. 여기서 E의 16과 F의 16은 같은 것이며 E의 36이 결국 F의 조합(14, 16)과 같이 등장한다고 볼 수 있다. 한편 이 현상은 한 주 차로 나타나는 G와 H에서도 동일하게 적용된다.

〈표 1-3-3〉

421	6	11	26	27	28	44	30
422	8	15	19	21	34	44	12
423	1	17	27	28	29	40	5
424	10	11	26	31	34	44	30
425	8	10	14	27	33	38	3
426	4	17	18	27	39	43	19
427	6	7	15	24	28	30	21
428	12	16	19	22	37	40	8
429	3	23	28	34	39	42	16
430	1	3	16	18	30	34	44
431	18	22	25	31	38	45	6
432	2	3	5	11	27	39	33
433	19	23	29	33	35	43	27
434	3	13	20	24	33	37	35
435	8	16	26	30	38	45	42
436	9	14	20	22	33	34	28
437	11	16	29	38	41	44	21
438	6	12	20	26	29	38	45
439	17	20	30	31	37	40	25
440	10	22	28	34	36	44	2
441	1	23	28	30	34	35	9
442	25	27	29	36	38	40	41
443	4	6	10	19	20	44	14
444	11	13	23	35	43	45	17
445	13	20	21	30	39	45	32
446	1	11	12	14	26	35	6
447	2	7	8	9	17	33	34
448	3	7	13	27	40	41	36
449	3	10	20	26	35	43	36
450	6	14	19	21	23	31	13
451	12	15	20	24	30	38	29
452	8	10	18	30	32	34	27
453	12	24	33	38	40	42	30
454	13	25	27	34	38	41	10
455	4	19	20	26	30	35	24
456	1	7	12	18	23	27	44
457	8	10	18	23	27	40	33
458	4	9	10	32	36	40	18
459	4	6	10	14	25	40	12
460	8	11	28	30	43	45	41
461	11	18	26	31	37	40	43
462	3	20	24	32	37	45	4
463	23	29	31	33	34	44	40
464	6	12	15	34	42	44	4
465	1	8	11	13	22	38	31
466	4	10	13	23	32	44	20
467	2	12	14	17	24	40	39
468	8	13	15	28	37	43	17
469	4	21	22	34	37	38	33
470	A 10	16	20	39	41	42	27
471	6	13	29	37	39	41	43
472	B 16	25	26	31	36	43	44
473	8	13	20	22	23	36	34
474	4	13	18	31	33	45	43
475	C 9	14	16	21	29	3	
476	9	12	13	15	37	38	27
477	14	25	29	32	33	45	37
478	18	29	30	37	39	43	8
479	8	23	25	27	35	44	24
480	3	5	10	17	30	D 31	16

481	3	4	23	29	40	41	20
482	1	10	16	24	25	35	43
483	12	15	19	22	28	34	5
484	1	3	27	28	32	45	11
485	17	22	26	27	36	39	20
486	1	2	23	25	38	40	43
487	4	8	25	27	37	41	21
488	2	8	17	30	31	38	25
489	2	4	8	15	20	27	11
490	2	7	26	29	40	43	42
491	8	17	35	36	39	42	4
492	22	27	31	35	37	40	42
493	20	22	26	33	36	37	25
494	5	7	8	15	30	43	22
495	4	13	22	27	34	44	6
496	4	13	20	29	36	41	39
497	19	20	23	24	43	44	13
498	13	14	24	32	39	41	3
499	5	20	23	27	35	40	43
500	3	4	12	20	24	34	41
501	1	4	10	17	31	42	2
502	6	22	28	32	34	40	26
503	1	5	27	30	34	36	40
504	6	14	22	26	43	44	31
505	7	20	22	25	38	40	44
506	6	9	11	22	24	30	31
507	12	13	32	33	40	41	4
508	5	27	31	34	35	43	37
509	12	25	29	35	42	43	24
510	12	29	32	33	39	40	42
511	3	7	14	23	26	42	24
512	4	5	9	13	26	27	1
513	5	8	21	23	27	33	12
514	1	15	20	26	35	42	9
515	2	11	12	15	23	37	8
516	2	8	23	41	43	44	30
517	1	9	12	28	36	41	10
518	14	23	30	32	34	38	6
519	6	8	13	16	30	43	3
520	4	22	27	28	38	40	1
521	3	7	18	29	32	36	19
522	4	5	13	14	37	41	11
523	1	4	37	38	40	45	7
524	10	11	29	38	41	45	21
525	11	23	26	29	39	44	22
526	7	14	17	20	35	39	31
527	1	12	22	32	33	42	38
528	5	17	25	31	39	40	10
529	18	20	24	27	31	42	39
530	16	23	27	29	33	41	22
531	1	5	9	21	27	35	45
532	16	17	23	24	29	44	3
533	9	14	15	17	31	33	23
534	10	24	26	29	37	38	32
535	11	12	14	15	18	39	34
536	7	8	18	32	37	43	12
537	12	23	26	30	36	43	11
538	6	10	18	31	32	34	11
539	3	19	22	31	42	43	26
540	3	12	13	15	34	36	14

541	8	13	26	28	32	34	43
542	5	6	19	26	41	45	34
543	13	18	26	31	34	44	12
544	5	17	21	25	36	44	10
545	4	24	25	27	34	35	2
546	8	17	20	27	37	43	6
547	6	7	15	22	34	39	28
548	1	12	13	21	32	45	14
549	29	31	35	38	40	44	17
550	1	7	14	20	34	37	41
551	3	6	20	24	27	44	25
552	1	10	20	32	35	40	43
553	2	7	17	28	29	39	37
554	13	14	17	32	41	42	6
555	11	17	21	24	26	36	12
556	12	20	23	28	30	44	43
557	4	20	26	28	35	40	31
558	12	15	19	26	40	43	29
559	11	12	25	32	44	45	23
560	1	4	20	23	29	45	28
561	5	7	18	37	42	45	20
562	4	11	13	17	20	31	33
563	5	10	16	17	31	32	21
564	14	19	25	26	27	34	2
565	4	10	18	27	40	45	38
566	4	5	6	25	26	43	41
567	1	10	15	16	32	41	28
568	1	3	17	20	31	44	40
569	3	6	13	23	24	35	1
570	1	12	26	27	29	33	42
571	11	18	21	26	38	43	29
572	3	13	18	33	37	45	1
573	2	4	20	34	35	43	14
574	14	15	16	19	25	43	2
575	2	8	20	30	33	34	6
576	10	11	15	25	35	41	13
577	16	17	22	31	34	37	33
578	5	12	14	32	34	42	16
579	5	7	20	22	37	42	39
580	5	7	9	11	32	35	33
581	3	5	14	20	42	44	33
582	2	12	14	33	40	41	25
583	8	17	27	33	40	44	24
584	7	18	30	39	40	41	36
585	6	7	10	16	38	41	4
586	2	7	12	15	21	34	5
587	14	21	29	31	32	37	17
588	2	8	15	22	25	41	30
589	6	8	28	33	38	39	22
590	20	30	36	38	41	45	23
591	8	13	14	30	38	39	5
592	2	5	6	13	28	44	43
593	9	10	13	24	33	38	28
594	2	8	13	25	28	37	3[illegible]
595	8	24	28	35	38	40	5
596	3	4	12	14	25	43	17
597	8	10	23	24	35	43	37
598	4	12	24	33	38	45	22
599	5	12	17	29	34	35	27
600	5	11	14	27	29	36	44

601	2	16	19	31	34	35	37
602	13	14	22	27	30	38	2
603	2	19	25	26	27	43	28
604	2	6	18	21	33	34	30
605	1	2	7	9	10	38	42
606	1	5	6	14	20	39	22
607	8	14	23	36	38	39	13
608	4	8	18	19	39	44	41
609	4	8	27	34	39	40	13
610	14	18	20	23	28	36	33
611	2	22	27	33	36	37	14
612	6	9	18	19	25	33	40
613	7	8	11	16	41	44	35
614	8	21	25	39	40	44	18
615	10	17	18	19	23	27	35
616	5	13	18	23	40	45	3
617	4	5	11	12	24	27	28
618	8	16	25	30	42	43	15
619	6	8	13	30	35	40	21
620	2	16	17	32	39	45	40
621	1	2	6	16	19	42	9
622	9	15	16	21	28	34	24
623	7	13	30	39	41	45	25
624	1	7	19	26	27	35	16
625	3	6	7	20	21	39	13
626	13	14	26	33	40	43	15
627	2	9	22	25	31	45	12
628	1	7	12	15	23	42	11
629	19	28	31	38	43	44	1
630	8	17	21	24	27	31	15
631	1	2	4	23	31	34	8
632	15	18	21	32	35	44	6
633	9	12	19	20	39	41	13
634	4	10	11	12	20	27	38
635	11	13	25	26	29	33	32
636	6	7	15	16	20	31	26
637	3	16	22	37	38	44	23
638	7	18	22	24	31	34	6
639	6	15	22	23	25	32	40
640	14	15	18	21	26	35	23
641	11	18	21	36	37	43	12
642	8	17	18	24	39	45	32
643	15	24	31	32	33	40	13
644	5	13	17	23	28	36	8
645	1	4	16	26	40	41	31
646	2	9	24	41	43	45	30
647	5	16	21	23	24	30	29
648	13	19	28	37	38	43	4
649	3	21	22	33	41	42	20
650	3	4	7	11	31	41	35
651	11	12	16	26	29	44	18
652	3	13	15	40	41	44	20
653	5	6	26	27	38	39	1
E 654	16	21	26	31	36	43	6
655	7	37	38	39	40	44	18
656	3	F 7	14	16	31	40	39
657	10	14	19	39	40	43	23
658	8	19	25	28	32	36	37
659	7	18	19	27	29	42	45
660	4	9	23	33	39	44	14

661	2	3	12	20	27	38	40
662	5	6	9	11	15	37	26
663	3	5	8	19	38	42	20
664	10	20	33	36	41	44	5
665	5	6	11	17	38	44	13
666	2	4	6	11	17	28	16
667	15	17	25	37	42	43	13
668	12	14	15	24	27	32	3
669	7	8	20	29	33	38	9
670	11	18	26	27	40	41	25
671	7	9	10	13	31	35	24
672	8	21	28	31	36	45	43
673	7	10	17	29	33	44	5
674	9	10	14	25	27	31	11
675	1	8	11	15	18	45	7
676	1	8	17	34	39	45	27
677	12	15	24	36	41	44	42
678	4	5	6	12	25	37	45
679	3	5	7	14	26	34	35
680	4	10	19	29	32	42	30
681	21	24	27	29	43	44	7
682	17	23	27	35	38	43	2
683	6	13	20	27	28	40	15
684	1	11	15	17	25	39	40
685	6	7	12	28	38	40	18
686	7	12	15	24	25	43	13
687	1	8	10	13	28	42	45
688	5	15	22	23	34	35	2
689	7	17	19	30	36	38	34
690	24	25	33	34	38	39	43
691	15	27	33	35	43	45	16
692	3	11	14	15	32	36	44
693	1	6	11	28	34	42	30
694	7	15	20	25	33	43	12
695	4	18	26	33	34	38	14
696	1	7	16	18	34	38	21
697	2	5	8	11	33	39	31
698	3	11	13	21	33	37	18
699	4	5	8	16	21	29	3
700	11	23	28	29	30	44	13
701	3	10	14	16	36	38	35
702	3	13	16	24	26	29	9
703	10	28	31	33	41	44	21
704	1	4	8	23	33	42	45
705	1	6	17	22	28	45	23
706	3	4	6	10	28	30	37
707	2	12	19	24	39	44	35
708	2	10	16	19	34	45	1
709	10	18	30	36	39	44	32
710	3	4	6	24	25	33	10
711	11	15	24	35	37	45	42
712	17	20	30	31	33	45	19
713	2	5	15	18	19	23	44
714	1	7	22	33	37	40	20
715	2	7	27	33	41	44	10
716	2	6	13	16	29	30	21
717	2	11	19	25	28	32	44
718	4	11	20	23	32	39	40
719	4	8	13	19	20	43	26
720	1	12	29	34	36	37	41

721	1	28	35	41	43	44	31
722	12	14	21	30	39	43	45
723	20	30	33	35	36	44	22
724	2	8	33	35	37	41	14
725	6	7	19	21	41	43	38
726	1	11	21	23	34	44	24
727	7	8	10	19	21	31	20
728	3	6	10	30	34	37	36
729	11	17	21	26	36	45	16
730	4	10	14	15	18	22	39
731	2	7	13	25	42	45	39
732	2	4	5	17	27	32	43
733	11	24	32	33	35	40	13
734	6	16	37	38	41	45	18
735	5	10	13	27	37	41	44
736	2	11	17	18	21	27	6
737	13	15	18	24	27	41	11
738	23	27	28	38	42	43	36
739	7	22	29	33	34	35	30
740	4	8	9	16	17	19	31
741	5	21	27	34	44	45	16
742	8	10	13	36	37	40	6
743	15	19	21	34	41	44	10
744	10	15	18	21	34	41	43
745	1	2	3	9	12	23	10
746	3	12	33	36	42	45	25
747	7	9	12	14	23	28	17
748	3	10	13	22	31	32	29
749	12	14	24	26	34	45	41
750	1	2	15	19	24	36	12
751	3	4	16	20	28	44	17
752	4	16	20	33	40	43	7
753	2	17	19	24	37	41	3
754	2	8	17	24	29	31	32
755	G 3	14	26	28	30	36	37
756	H 10	14	16	18	27	28	4
757	6	7	11	17	33	44	1
758	5	9	12	30	39	43	24
759	9	33	36	40	42	43	32
760	10	22	27	31	42	43	12
761	4	7	11	24	42	45	30
762	1	3	12	21	26	41	16
763	3	8	16	32	34	43	10
764	7	22	24	31	34	36	15
765	1	3	8	12	42	43	33
766	9	30	34	35	39	41	21
767	5	15	20	31	34	42	22
768	7	27	29	30	38	44	4
769	5	7	11	16	41	45	4
770	1	9	12	23	39	43	34
771	6	10	17	18	21	29	30
772	5	6	11	14	21	41	32
773	8	12	19	21	31	35	44
774	12	15	18	28	34	42	9
775	11	12	29	33	38	42	17
776	8	9	18	21	28	40	20
777	6	12	17	21	34	37	18
778	6	21	35	36	37	41	11
779	6	12	19	24	34	41	4
780	15	17	19	21	27	45	16

3.4. 역대 로또 당첨번호(61~782회차)에 나타나는 조합(14, 16)과 보조수 36의 불가 현상

★ D에 나타난 조합(14, 16)의 보조수 36을 찾기

먼저 〈표 1-3-4〉에서 보조수 없이 원 조합**(14, 16)**만 뜬 경우를 살펴보도록 하자. 두 가지가 나타나는데 A와 D이다. 그런데 A는 주변을 보아도 보조수 36과 연결 자체가 어렵다. 하지만 D의 경우에는 어느 정도 보조수 36과 어느 정도 연관 지어볼 수 있는 부분이 있다.

B와 C를 보면, B에는 16과 36이 뜨고, C에는 14와 36이 뜬다. 그런데 36만 보면, 한주에 걸쳐 연달아 나타나고 있기 때문에 동일한 것이라고 볼 수 있다. 그런 차원에서 보면, 결국 B의 36과 C의 36이 하나로 인정됨에 따라 B의 16과 C의 14도 동시에 나타난다고 볼 수 있다**(곧 14, 16, 36이 동시에 나타난다고 볼 수 있다)**.

물론 이것은 원 조합**(14, 16)**과 보조수 36의 관계는 아니며, 14, 16, 36이 동시에 나타난 가**(假)**현상에 해당한다. 그리고 이것은 D에서 나타난 조합**(14, 16)**과 연관되지 않을까 추측해 볼 수 있다. D 지점에서 보조수 36이 나타나지 않은 것이 이것과 연관될 수 있다고 생각할 수 있는 것이다.

한편 앞서 언급한 대로 A에 나타난 조합**(14, 16)**과 짝을 이룰 보조수 36은 찾기 어렵다. 이런 현상이나 조금 전에 언급한 가 현상이 왜 나타나는지에 대해서는 이유를 설명하기 어렵다. 그러나 거기에는 분명한 이유가 있을 것이라고 본다. 사실상 시작은 두 수의 조합이지만, 여섯 개를 맞추기 위해서는 814만 이상의 조합이 나타날 수 있기 때문에 그에 담긴 원리나 이유는 다 알 수 없는 것이다.

〈표 1-3-4〉

121	12	28	30	34	38	43	9
122	1	11	16	17	36	40	8
123	7	17	18	28	30	45	27
124	4	16	23	25	29	42	1
125	2	8	32	33	35	36	18
126	7	20	22	27	40	43	1
127	3	5	10	29	32	43	35
128	12	30	34	36	37	45	39
129	19	23	25	28	38	42	17
130	7	19	24	27	42	45	31
131	8	10	11	14	15	21	37
132	3	17	23	34	41	45	43
133	4	7	15	18	23	26	13
134	3	12	20	23	31	35	43
135	6	14	22	28	35	39	16
136	2	16	30	36	41	42	11
137	7	9	20	25	36	39	15
138	10	11	27	28	37	39	19
139	9	11	15	20	28	43	13
140	3	13	17	18	19	28	8
141	8	12	29	31	42	43	2
142	12	16	30	34	40	44	19
143	26	27	28	42	43	45	8
144	4	15	17	26	36	37	43
145	2	3	13	20	27	44	9
146	2	19	27	35	41	42	25
147	4	6	13	21	40	42	36
148	21	25	33	34	35	36	17
149	2	11	21	34	41	42	27
150	2	18	25	28	37	39	16
151	1	2	10	13	18	19	15
152	1	5	13	26	29	34	43
153	3	8	11	12	13	36	33
154	6	19	21	35	40	45	20
155	16	19	20	32	33	41	4
156	5	18	28	30	42	45	2
157	19	26	30	33	35	39	37
158	4	9	13	18	21	34	7
159	1	18	30	41	42	43	32
160	3	7	8	34	39	41	1
161	22	34	36	40	42	45	44
162	1	5	21	25	38	41	24
163	7	11	26	28	29	44	16
164	6	9	10	11	39	41	27
165	5	13	18	19	22	42	31
166	9	12	27	36	39	45	14
167	24	27	28	30	36	39	4
168	3	10	31	40	42	43	30
169	16	27	35	37	43	45	19
170	2	11	13	15	31	42	10
171	4	16	25	29	34	35	1
172	4	19	21	24	26	41	35
173	3	9	24	30	33	34	18
174	13	14	18	22	35	39	16
175	19	26	28	31	33	36	17
176	4	17	30	32	33	34	15
177	1	10	13	16	37	43	6
178	1	5	11	12	18	23	9
179	5	9	17	25	39	43	32
180	2	15	20	21	29	34	22

181	14	21	23	32	40	45	44
182	13	15	27	29	34	40	35
183	2	18	24	34	40	42	5
184	1	2	6	16	20	33	41
185	1	2	4	8	19	38	14
186	4	10	14	19	21	45	9
187	1	2	8	18	29	38	42
188	19	24	27	30	31	34	36
189	8	14	32	35	37	45	28
190	8	14	18	30	31	44	15
191	5	6	24	25	32	37	8
192	4	8	11	18	37	45	33
193	6	14	18	26	36	39	13
194	15	20	23	26	39	44	28
195	7	10	19	22	35	40	31
196	35	36	37	41	44	45	30
197	7	12	16	34	42	45	4
198	12	19	20	25	41	45	2
199	14	21	22	25	30	36	43
200	5	6	13	14	17	20	7
201	3	11	24	38	39	44	26
202	12	24	27	33	39	44	17
203	1	3	11	24	30	32	7
204	3	12	14	35	40	45	5
205	1	3	21	29	35	37	30
206	1	2	3	15	20	25	43
207	3	11	14	31	32	37	38
208	14	25	31	34	40	44	24
209	2	7	18	20	24	33	37
210	10	19	22	23	25	37	39
211	12	13	17	20	33	41	8
212	11	12	18	21	31	38	8
213	2	3	4	5	20	24	42
214	5	7	20	25	28	37	32
215	2	3	7	15	43	44	4
216	7	16	17	33	36	40	1
217	16	20	27	33	35	39	38
218	1	8	14	18	29	44	20
219	4	11	20	26	35	37	16
220	5	11	19	21	34	43	31
221	2	20	33	35	37	40	10
222	5	7	28	29	39	43	44
223	1	3	18	20	26	27	38
224	4	19	26	27	30	42	7
225	5	11	13	19	31	36	7
226	2	6	8	14	21	22	34
227	4	5	15	16	22	42	2
228	17	25	35	36	39	44	23
229	4	5	9	11	23	38	35
230	5	11	14	29	32	33	12
231	5	10	19	31	44	45	27
232	8	9	10	12	24	44	35
233	4	6	13	17	28	40	39
234	13	21	22	24	26	37	4
235	21	22	26	27	31	37	8
236	1	4	8	13	37	39	7
237	1	11	17	21	24	44	33
238	2	4	15	28	31	34	35
239	11	15	24	39	41	44	7
240	6	10	16	40	41	43	21

241	2	16	24	27	28	35	21
242	4	19	20	21	32	34	43
243	2	12	17	19	28	42	34
244	13	16	25	36	37	38	19
245	9	11	27	31	32	38	22
246	13	18	21	23	26	39	15
247	12	15	28	36	39	40	13
248	3	8	17	23	38	45	13
249	3	8	27	31	41	44	11
250	19	23	30	37	43	45	38
251	6	7	19	25	28	38	45
252	14	23	26	31	39	45	28
253	8	19	25	31	34	36	33
254	1	5	19	20	24	30	27
255	1	5	6	24	27	42	32
256	4	11	14	21	23	43	32
257	6	13	27	31	32	37	4
258	14	27	30	31	38	40	17
259	4	5	14	35	42	45	34
260	7	12	15	24	37	40	43
261	6	11	16	18	31	43	2
262	9	12	24	25	29	31	36
263	1	27	28	32	37	40	18
264	9	16	27	36	41	44	5
265	5	9	34	37	38	39	12
266	3	4	9	11	22	42	37
267	7	8	24	34	36	41	1
268	3	10	19	24	32	45	12
269	5	18	20	36	42	43	32
270	5	9	12	20	21	26	27
271	3	8	9	27	29	40	36
272	7	9	12	27	39	43	28
273	1	8	24	31	34	44	6
274	13	14	15	26	35	39	25
275	14	19	20	35	38	40	26
276	4	15	21	33	39	41	25
277	10	12	13	15	25	29	20
278	3	11	37	39	41	43	13
279	7	16	31	36	37	38	11
280	10	11	23	24	36	37	35
281	1	3	4	6	14	41	12
282	2	5	10	18	31	32	30
283	6	8	18	31	38	45	42
284	2	7	15	24	30	45	28
285	13	33	37	40	41	45	2
286	1	15	19	40	42	44	17
287	6	12	24	27	35	37	41
288	1	12	17	28	35	41	10
289	3	14	33	37	38	42	10
290	8	13	18	32	39	45	7
291	3	7	8	18	20	42	45
292	17	18	31	32	33	34	10
293	1	9	17	21	29	33	24
294	6	10	17	30	37	38	40
295	1	4	12	16	18	38	8
296	3	8	15	27	30	45	44
297	6	11	19	20	28	32	34
298	5	9	27	29	37	40	19
299	1	3	20	25	36	45	24
300	7	9	10	12	26	38	39

301	7	11	13	33	37	43	26
302	13	19	20	32	38	42	4
303	2	14	17	30	38	45	43
304	4	10	16	26	33	41	38
305	7	8	18	21	23	39	9
306	4	18	23	30	34	41	19
307	5	15	21	23	25	45	12
308	14	15	17	19	37	45	40
309	1	2	5	11	18	36	22
310	1	5	19	28	34	41	16
311	4	12	24	27	28	32	10
312	2	3	5	6	12	20	25
313	9	17	34	35	43	45	2
314	15	17	19	34	38	41	2
315	1	13	33	35	43	45	23
316	10	11	21	27	31	39	43
317	3	10	11	22	36	39	8
318	2	17	19	20	34	45	21
319	5	8	22	28	33	42	37
320	16	19	23	25	41	45	3
321	12	18	20	21	25	34	42
322	9	18	29	32	38	43	20
323	10	14	15	32	36	42	3
324	2	4	21	25	33	36	17
325	7	17	20	32	44	45	33
326	16	23	25	33	36	39	40
327	6	12	13	17	32	44	24
328	1	6	9	16	17	28	24
329	9	17	19	30	35	42	4
330	3	4	16	17	19	20	23
331	4	9	14	26	31	44	39
332	16	17	34	36	42	45	3
333	5	14	27	30	39	43	35
334	13	15	21	29	39	43	33
335	5	9	16	23	26	45	21
336	3	5	20	34	35	44	16
337	1	5	14	18	32	37	4
338	2	13	34	38	42	45	16
339	6	8	14	21	30	37	45
340	18	24	26	29	34	38	32
341	1	8	19	34	39	43	41
342	1	13	14	33	34	43	25
343	1	10	17	29	31	43	15
344	1	2	15	28	34	45	38
345	15	20	23	29	39	42	2
346	5	13	14	22	44	45	33
347	3	8	13	27	32	42	10
348	3	14	17	20	24	31	34
349	5	13	14	20	24	25	36
350	1	8	18	24	29	33	35
351	5	25	27	29	34	36	33
352	5	16	17	20	26	41	24
353	11	16	19	22	29	36	26
354	14	19	36	43	44	45	1
355	5	8	29	30	35	44	38
356	2	8	14	25	29	45	24
357	10	14	18	21	36	37	5
358	1	9	10	12	21	40	37
359	1	10	19	20	24	40	23
360	4	16	23	25	35	40	27

361	5	10	16	24	27	35	33
362	2	3	22	27	30	40	29
363	11	12	14	21	32	38	6
364	2	5	7	14	16	40	4
365	5	15	21	25	26	30	31
366	5	12	19	26	27	44	38
367	3	22	25	29	32	44	19
368	11	21	24	30	39	45	26
369	17	20	35	36	41	43	21
370	16	18	24	42	44	45	17
371	7	9	15	26	27	42	18
372	8	11	14	16	18	21	13
373	15	26	37	42	43	45	9
374	11	13	15	17	25	34	26
375	4	8	19	25	27	45	7
376	1	11	13	24	28	40	7
377	6	22	29	37	43	45	23
378	5	22	29	31	34	39	43
379	6	10	22	31	35	40	19
380	1	2	8	17	26	37	27
381	1	5	10	12	16	20	11
382	10	15	22	24	27	42	19
383	4	15	28	33	37	40	25
384	11	22	24	32	36	38	7
385	7	12	19	21	29	32	9
386	4	7	10	19	31	40	26
387	1	26	31	34	40	43	20
388	1	8	9	17	29	32	45
389	7	16	18	20	23	26	3
390	16	17	28	37	39	40	15
391	10	11	18	22	28	39	30
392	1	3	7	8	24	42	43
393	9	16	28	40	41	43	21
394	1	13	20	22	25	28	15
395	11	15	20	26	31	35	7
396	18	20	31	34	40	45	30
397	12	13	17	22	25	33	8
398	10	15	20	23	42	44	7
399	1	2	9	17	19	42	20
400	9	21	27	34	41	43	2
401	6	12	18	31	38	43	9
402	5	9	15	19	22	36	32
403	10	14	22	24	28	37	26
404	5	20	21	24	33	40	36
405	1	2	10	25	26	44	4
406	7	12	21	24	27	36	45
407	6	7	13	16	24	25	1
408	9	20	21	22	30	37	16
409	6	9	21	31	32	40	38
410	1	3	18	32	40	41	16
411	11	14	22	35	37	39	5
412	4	7	39	41	42	45	40
413	2	9	15	23	34	40	3
414	2	14	15	22	23	44	43
415	7	17	20	26	30	40	24
416	5	6	8	11	22	26	44
417	4	5	14	20	22	43	44
418	11	13	15	26	28	34	31
419	2	11	13	14	28	30	7
420	4	9	10	29	31	34	27

3.5. 결론- 로또에의 적용

규칙 현상과 불규칙 현상을 함께 보았을 때,

- 14와 16은 조합을 이루며
- 여기에 보조수 36이 붙음을 알 수 있다.

그리고 이에 기초하여 다음과 같은 적용을 해 볼 수 있다.

1단계– 14와 16을 함께 찍게 되었을 때

14와 16이 함께 등장하면 보조수 36이 등장할 수 있다.
그러므로 14와 16을 찍게 될 때는 36을 함께 찍는 것이 유리하다.

2단계– 그렇다면 보조수 36이 나오는 시기를 어떻게 알 수 있을까?

원 조합(14, 16)이 나타났는데 보조수 36이 없는 경우가 있다. 이때, 과거(이전 당첨번호들)와 미래(이후 당첨번호들)에 주목하면서 규칙적인 반복현상이 나타나는지를 살펴야 하는데 만약 기준점으로부터 6주 전에 14나 16 중 하나가 등장했다면, 6주 후에도 14나 16 중 하나가 등장할 수 있다. 그리고 이와 함께 보조수 36도 나타날 것으로 예측할 수 있다.

NOTE

조합 14, 16

1	10	23	29	33	37	40	16
2	9	13	21	25	32	42	2
3	11	16	19	21	27	31	30
4	14	27	30	31	40	42	2
5	16	24	29	40	41	42	3
6	14	15	26	27	40	42	34
7	2	9	16	25	26	40	42
8	8	19	25	34	37	39	9
9	2	4	16	17	36	39	14
10	9	25	30	33	41	44	6
11	1	7	36	37	41	42	14
12	2	11	21	25	39	45	44
13	22	23	25	37	38	42	26
14	2	6	12	31	33	40	15
15	3	4	16	30	31	37	13
16	6	7	24	37	38	40	33
17	3	4	9	17	32	37	1
18	3	12	13	19	32	35	29
19	6	30	38	39	40	43	26
20	10	14	18	20	23	30	41
21	6	12	17	18	31	32	21
22	4	5	6	8	17	39	25
23	5	13	17	18	33	42	44
24	7	8	27	29	36	43	6
25	2	4	21	26	43	44	16
26	4	5	7	18	20	25	31
27	1	20	26	28	37	43	27
28	9	18	23	25	35	37	1
29	1	5	13	34	39	40	11
30	8	17	20	35	36	44	4
31	7	9	18	23	28	35	32
32	6	14	19	25	34	44	11
33	4	7	32	33	40	41	9
34	9	26	35	37	40	42	2
35	2	3	11	26	37	43	39
36	1	10	23	26	28	40	31
37	7	27	30	33	35	37	42
38	16	17	22	30	37	43	36
39	6	7	13	15	21	43	8
40	7	13	18	19	25	26	6
41	13	20	23	35	38	43	34
42	17	18	19	21	23	32	1
43	6	31	35	38	39	44	1
44	3	11	21	30	38	45	39
45	1	10	20	27	33	35	17
46	8	13	15	23	31	38	39
47	14	17	26	31	36	45	27
48	6	10	18	26	37	38	3
49	4	7	16	19	33	40	30
50	2	10	12	15	22	44	1
51	2	3	11	16	26	44	35
52	2	4	15	16	20	29	1
53	7	8	14	32	33	39	42
54	1	8	21	27	36	39	37
55	17	21	31	37	40	44	7
56	10	14	30	31	33	37	19
57	7	10	16	25	29	44	6
58	10	24	25	33	40	44	1
59	6	29	36	39	41	45	13
60	2	8	25	36	39	42	11

61	14	15	19	30	38	43	8
62	3	8	15	27	29	35	21
63	3	20	23	36	38	40	5
64	14	15	18	21	26	36	39
65	4	25	33	36	40	43	39
66	2	3	7	17	22	24	45
67	3	7	10	15	36	38	33
68	10	12	15	16	26	39	38
69	5	8	14	15	19	39	35
70	5	19	22	25	28	43	26
71	5	9	12	16	29	41	21
72	2	4	11	17	26	27	1
73	3	12	18	32	40	43	38
74	6	15	17	18	35	40	23
75	2	5	24	32	34	44	28
76	1	3	15	22	25	37	43
77	2	18	29	32	43	44	37
78	10	13	25	29	33	35	38
79	3	12	24	27	30	32	14
80	17	18	24	25	26	30	1
81	5	7	11	13	20	33	6
82	1	2	3	14	27	42	39
83	6	10	15	17	19	34	14
84	16	23	27	34	42	45	11
85	6	8	13	23	31	36	21
86	2	12	37	39	41	45	33
87	4	12	16	23	34	43	26
88	1	17	20	24	30	41	27
89	4	26	28	29	33	40	37
90	17	20	29	35	38	44	10
91	1	21	24	26	29	42	27
92	3	14	24	33	35	36	17
93	6	22	24	36	38	44	19
94	5	32	34	40	41	45	6
95	8	17	27	31	34	43	14
96	1	3	8	21	22	31	20
97	6	7	14	15	20	36	3
98	6	9	16	23	24	32	43
99	1	3	10	27	29	37	11
100	1	7	11	23	37	42	6
101	1	3	17	32	35	45	8
102	17	22	24	26	35	40	42
103	5	14	15	27	30	45	10
104	17	32	33	34	42	44	35
105	8	10	20	34	41	45	28
106	4	10	12	22	24	33	29
107	1	4	5	6	9	31	17
108	7	18	22	23	29	44	12
109	1	5	34	36	42	44	33
110	7	20	22	23	29	43	1
111	7	18	31	33	36	40	27
112	26	29	30	33	41	42	43
113	4	9	28	33	36	45	26
114	11	14	19	26	28	41	2
115	1	2	6	9	25	28	31
116	2	4	25	31	34	37	17
117	5	10	22	34	36	44	35
118	3	4	10	17	19	22	38
119	3	11	13	14	17	21	38
120	4	6	10	11	32	37	30

121	12	28	30	34	38	43	9
122	1	11	16	17	36	40	8
123	7	17	18	28	30	45	27
124	4	16	23	25	29	42	1
125	2	8	32	33	35	36	18
126	7	20	22	27	40	43	1
127	3	5	10	29	32	43	35
128	12	30	34	36	37	45	39
129	19	23	25	28	38	42	17
130	7	19	24	27	42	45	31
131	8	10	11	14	15	21	37
132	3	17	23	34	41	45	43
133	4	7	15	18	23	26	13
134	3	12	20	23	31	35	43
135	6	14	22	28	35	39	16
136	2	16	30	36	41	42	11
137	7	9	20	25	36	39	15
138	10	11	27	28	37	39	19
139	9	11	15	20	28	43	13
140	3	13	17	18	19	28	8
141	8	12	29	31	42	43	2
142	12	16	30	34	40	44	19
143	26	27	28	42	43	45	8
144	4	15	17	26	36	37	43
145	2	3	13	20	27	44	9
146	2	19	27	35	41	42	25
147	4	6	13	21	40	42	36
148	21	25	33	34	35	36	17
149	2	11	21	34	41	42	27
150	2	18	25	28	37	39	16
151	1	2	10	13	18	19	15
152	1	5	13	26	29	34	43
153	3	8	11	12	13	36	33
154	6	19	21	35	40	45	20
155	16	19	20	32	33	41	4
156	5	18	28	30	42	45	2
157	19	26	30	33	35	39	37
158	4	9	13	18	21	34	7
159	1	18	30	41	42	43	32
160	3	7	8	34	39	41	1
161	22	34	36	40	42	45	44
162	1	5	21	25	38	41	24
163	7	11	26	28	29	44	16
164	6	9	10	11	39	41	27
165	5	13	18	19	22	42	31
166	9	12	27	36	39	45	14
167	24	27	28	30	36	39	4
168	3	10	31	40	42	43	30
169	16	27	35	37	43	45	19
170	2	11	13	15	31	42	10
171	4	16	25	29	34	35	1
172	4	19	21	24	26	41	35
173	3	9	24	30	33	34	18
174	13	14	18	22	35	39	16
175	19	26	28	31	33	36	17
176	4	17	30	32	33	34	15
177	1	10	13	16	37	43	6
178	1	5	11	12	18	23	9
179	5	9	17	25	39	43	32
180	2	15	20	21	29	34	22

181	14	21	23	32	40	45	44
182	13	15	27	29	34	40	35
183	2	18	24	34	40	42	5
184	1	2	6	16	20	33	41
185	1	2	4	8	19	38	14
186	4	10	14	19	21	45	9
187	1	2	8	18	29	38	42
188	19	24	27	30	31	34	36
189	8	14	32	35	37	45	28
190	8	14	18	30	31	44	15
191	5	6	24	25	32	37	8
192	4	8	11	18	37	45	33
193	6	14	18	26	36	39	13
194	15	20	23	26	39	44	28
195	7	10	19	22	35	40	31
196	35	36	37	41	44	45	30
197	7	12	16	34	42	45	4
198	12	19	20	25	41	45	2
199	14	21	22	25	30	36	43
200	5	6	13	14	17	20	7
201	3	1	24	38	39	44	26
202	12	24	27	33	39	44	17
203	1	3	11	24	30	32	7
204	3	12	14	35	40	45	5
205	1	3	21	29	35	37	30
206	1	2	3	15	20	25	43
207	3	1	14	31	32	37	38
208	14	25	31	34	40	44	24
209	2	7	18	20	24	33	37
210	10	19	22	23	25	37	39
211	12	13	17	20	33	41	8
212	11	12	18	21	31	38	8
213	2	3	4	5	20	24	42
214	5	7	20	25	28	37	32
215	2	3	7	15	43	44	4
216	7	16	17	33	36	40	1
217	16	20	27	33	35	39	38
218	1	8	14	18	29	44	20
219	4	1	20	26	35	37	16
220	5	1	19	21	34	43	31
221	2	20	33	35	37	40	10
222	5	7	28	29	39	43	44
223	1	3	18	20	26	27	38
224	4	19	26	27	30	42	7
225	5	1	13	19	31	36	7
226	2	6	8	14	21	22	34
227	4	5	15	16	22	42	2
228	17	25	35	36	39	44	23
229	4	5	9	11	23	38	35
230	5	1	14	29	32	33	12
231	5	10	19	31	44	45	27
232	8	9	10	12	24	44	35
233	4	6	13	17	28	40	39
234	13	21	22	24	26	37	4
235	21	2	26	27	31	37	8
236	1	4	8	13	37	39	7
237	1	1	17	21	24	44	33
238	2	4	15	28	31	34	35
239	11	15	24	39	41	44	7
240	6	10	16	40	41	43	21

241	2	16	24	27	28	35	21
242	4	19	20	21	32	34	43
243	2	12	17	19	28	42	34
244	13	16	25	36	37	38	19
245	9	11	27	31	32	38	22
246	13	18	21	23	26	39	15
247	12	15	28	36	39	40	13
248	3	8	17	23	38	45	13
249	3	8	27	31	41	44	11
250	19	23	30	37	43	45	38
251	6	7	19	25	28	38	45
252	14	23	26	31	39	45	28
253	8	19	25	31	34	36	33
254	1	5	19	20	24	30	27
255	1	5	6	24	27	42	32
256	4	11	14	21	23	43	32
257	6	13	27	31	32	37	4
258	14	27	30	31	38	40	17
259	4	5	14	35	42	45	34
260	7	12	15	24	37	40	43
261	6	11	16	18	31	43	2
262	9	12	24	25	29	31	36
263	1	27	28	32	37	40	18
264	9	16	27	36	41	44	5
265	5	9	34	37	38	39	12
266	3	4	9	11	22	42	37
267	7	8	24	34	36	41	1
268	3	10	19	24	32	45	12
269	5	18	20	36	42	43	32
270	5	9	12	20	21	26	27
271	3	8	9	27	29	40	36
272	7	9	12	27	39	43	28
273	1	8	24	31	34	44	6
274	13	14	15	26	35	39	25
275	14	19	20	35	38	40	26
276	4	15	21	33	39	41	25
277	10	12	13	15	25	29	20
278	3	11	37	39	41	43	13
279	7	16	31	36	37	38	11
280	10	11	23	24	36	37	35
281	1	3	4	6	14	41	12
282	2	5	10	18	31	32	30
283	6	8	18	31	38	45	42
284	2	7	15	24	30	45	28
285	13	33	37	40	41	45	2
286	1	15	19	40	42	44	17
287	6	12	24	27	35	37	41
288	1	12	17	28	35	41	10
289	3	14	33	37	38	42	10
290	8	13	18	32	39	45	7
291	3	7	8	18	20	42	45
292	17	18	31	32	33	34	10
293	1	9	17	21	29	33	24
294	6	10	17	30	37	38	40
295	1	4	12	16	18	38	8
296	3	8	15	27	30	45	44
297	6	11	19	20	28	32	34
298	5	9	27	29	37	40	19
299	1	3	20	25	36	45	24
300	7	9	10	12	26	38	39

301	7	11	13	33	37	43	26
302	13	19	20	32	38	42	4
303	2	14	17	30	38	45	43
304	4	10	16	26	33	41	38
305	7	8	18	21	23	39	9
306	4	18	23	30	34	41	19
307	5	15	21	23	25	45	12
308	14	15	17	19	37	45	40
309	1	2	5	11	18	36	22
310	1	5	19	28	34	41	16
311	4	12	24	27	28	32	10
312	2	3	5	6	12	20	25
313	9	17	34	35	43	45	2
314	15	17	19	34	38	41	2
315	1	13	33	35	43	45	23
316	10	11	21	27	31	39	43
317	3	10	11	22	36	39	8
318	2	17	19	20	34	45	21
319	5	8	22	28	33	42	37
320	16	19	23	25	41	45	3
321	12	18	20	21	25	34	42
322	9	18	29	32	38	43	20
323	10	14	15	32	36	42	3
324	2	4	21	25	33	36	17
325	7	17	20	32	44	45	33
326	16	23	25	33	36	39	40
327	6	12	13	17	32	44	24
328	1	6	9	16	17	28	24
329	9	17	19	30	35	42	4
330	3	4	16	17	19	20	23
331	4	9	14	26	31	44	39
332	16	17	34	36	42	45	3
333	5	14	27	30	39	43	35
334	13	15	21	29	39	43	33
335	5	9	16	23	26	45	21
336	3	5	20	34	35	44	16
337	1	5	14	18	32	37	4
338	2	13	34	38	42	45	16
339	6	8	14	21	30	37	45
340	18	24	26	29	34	38	32
341	1	8	19	34	39	43	41
342	1	13	14	33	34	43	25
343	1	10	17	29	31	43	15
344	1	2	15	28	34	45	38
345	15	20	23	29	39	42	2
346	5	13	14	22	44	45	33
347	3	8	13	27	32	42	10
348	3	14	17	20	24	31	34
349	5	13	14	20	24	25	36
350	1	8	18	24	29	33	35
351	5	25	27	29	34	36	33
352	5	16	17	20	26	41	24
353	11	16	19	22	29	36	26
354	14	19	36	43	44	45	1
355	5	8	29	30	35	44	38
356	2	8	14	25	29	45	24
357	10	14	18	21	36	37	5
358	1	9	10	12	21	40	37
359	1	10	19	20	24	40	23
360	4	16	23	25	35	40	27

361	5
362	2
363	11
364	2
365	5
366	5
367	3
368	11
369	17
370	16
371	7
372	8
373	15
374	11
375	4
376	1
377	6
378	5
379	6
380	1
381	1
382	10
383	4
384	11
385	7
386	4
387	1
388	1
389	7
390	16
391	10
392	1
393	9
394	1
395	11
396	18
397	12
398	10
399	1
400	9
401	6
402	5
403	10
404	5
405	1
406	7
407	6
408	9
409	6
410	1
411	11
412	4
413	2
414	2
415	7
416	5
417	4
418	11
419	2
420	4

35	33	421	6	11	26	27	28	44	30	481	3	4	23	29	40	41	20	541	8	13	26	28	32	34	43	601	2	16	19	31	34	35	37	661	2	3	12	20	27	38	40	721	1	28	35	41	43	44	31
40	29	422	8	15	19	21	34	44	12	482	1	10	16	24	25	35	43	542	5	6	19	26	41	45	34	602	13	14	22	27	30	38	2	662	5	6	9	11	15	37	26	722	12	14	21	30	39	43	45
38	6	423	1	17	27	28	29	40	5	483	12	15	19	22	28	34	5	543	13	18	26	31	34	44	12	603	2	19	25	26	27	43	28	663	3	5	8	19	38	42	20	723	20	30	33	35	36	44	22
40	4	424	10	11	26	31	34	44	30	484	1	3	27	28	32	45	11	544	5	17	21	25	36	44	10	604	2	6	18	21	33	34	30	664	10	20	33	36	41	44	5	724	2	8	33	35	37	41	14
30	31	425	8	10	14	27	33	38	3	485	17	22	26	27	36	39	20	545	4	24	25	27	34	35	2	605	1	2	7	9	10	38	42	665	5	6	11	17	38	44	13	725	6	7	19	21	41	43	38
44	38	426	4	17	18	27	39	43	19	486	1	2	23	25	38	40	43	546	8	17	20	27	37	43	6	606	1	5	6	14	20	39	22	666	2	4	6	11	17	28	16	726	1	11	21	23	34	44	24
44	19	427	6	7	15	24	28	30	21	487	4	8	25	27	37	41	21	547	6	7	15	22	34	39	28	607	8	14	23	36	38	39	13	667	15	17	25	37	42	43	13	727	7	8	10	19	21	31	20
45	26	428	12	16	19	22	37	40	8	488	2	8	17	30	31	38	25	548	1	12	13	21	32	45	14	608	4	8	18	19	39	44	41	668	12	14	15	24	27	32	3	728	3	6	10	30	34	37	36
43	21	429	3	23	28	34	39	42	16	489	2	4	8	15	20	27	11	549	29	31	35	38	40	44	17	609	4	8	27	34	39	40	13	669	7	8	20	29	33	38	9	729	11	17	21	26	36	45	16
45	17	430	1	3	16	18	30	34	44	490	2	7	26	29	40	43	42	550	1	7	14	20	34	37	41	610	14	18	20	23	28	36	33	670	11	18	26	27	40	41	25	730	4	10	14	15	18	22	39
42	18	431	18	22	25	31	38	45	6	491	8	17	35	36	39	42	4	551	3	6	20	24	27	44	25	611	2	22	27	33	36	37	14	671	7	9	10	13	31	35	24	731	2	7	13	25	42	45	39
21	13	432	2	3	5	11	27	39	33	492	22	27	31	35	37	40	42	552	1	10	20	32	35	40	43	612	6	9	18	19	25	33	40	672	8	21	28	31	36	45	43	732	2	4	5	17	27	32	43
45	9	433	19	23	29	33	35	43	27	493	20	22	26	33	36	37	25	553	2	7	17	28	29	39	37	613	7	8	11	16	41	44	35	673	7	10	17	29	33	44	5	733	11	24	32	33	35	40	13
34	26	434	3	13	20	24	33	37	35	494	5	7	8	15	30	43	22	554	13	14	17	32	41	42	6	614	8	21	25	39	40	44	18	674	9	10	14	25	27	31	11	734	6	16	37	38	41	45	18
45	7	435	8	16	26	30	38	45	42	495	4	13	22	27	34	44	6	555	11	17	21	24	26	36	12	615	10	17	18	19	23	27	35	675	1	8	11	15	18	45	7	735	5	10	13	27	37	41	44
40	7	436	9	14	20	22	33	34	28	496	4	13	20	29	36	41	39	556	12	20	23	28	30	44	43	616	5	13	18	23	40	45	3	676	1	8	17	34	39	45	27	736	2	11	17	18	21	27	6
45	23	437	11	16	29	38	41	44	21	497	19	20	23	24	43	44	13	557	4	20	26	28	35	40	31	617	4	5	11	12	24	27	28	677	12	15	24	36	41	44	42	737	13	15	18	24	27	41	11
39	43	438	6	12	20	26	29	38	45	498	13	14	24	32	39	41	3	558	12	15	19	26	40	43	29	618	8	16	25	30	42	43	15	678	4	5	6	12	25	37	45	738	23	27	28	38	42	43	36
40	19	439	17	20	30	31	37	40	25	499	5	20	23	27	35	40	43	559	11	12	25	32	44	45	23	619	6	8	13	30	35	40	21	679	3	5	7	14	26	34	35	739	7	22	29	33	34	35	30
37	27	440	10	22	28	34	36	44	2	500	3	4	12	20	24	34	41	560	1	4	20	23	29	45	28	620	2	16	17	32	39	45	40	680	4	10	19	29	32	42	30	740	4	8	9	16	17	19	31
20	11	441	1	23	28	30	34	35	9	501	1	4	10	17	31	42	2	561	5	7	18	37	42	45	20	621	1	2	6	16	19	42	9	681	21	24	27	29	43	44	7	741	5	21	27	34	44	45	16
42	19	442	25	27	29	36	38	40	41	502	6	22	28	32	34	40	26	562	4	11	13	17	20	31	33	622	9	15	16	21	28	34	24	682	17	23	27	35	38	43	2	742	8	10	13	36	37	40	6
40	25	443	4	6	10	19	20	44	14	503	1	5	27	30	34	36	40	563	5	10	16	17	31	32	21	623	7	13	30	39	41	45	25	683	6	13	20	27	28	40	15	743	15	19	21	34	41	44	10
38	7	444	11	13	23	35	43	45	17	504	6	14	22	26	43	44	31	564	14	19	25	26	27	34	2	624	1	7	19	26	27	35	16	684	1	11	15	17	25	39	40	744	10	15	18	21	34	41	43
32	9	445	13	20	21	30	39	45	32	505	7	20	22	25	38	40	44	565	4	10	18	27	40	45	38	625	3	6	7	20	21	39	13	685	6	7	12	28	38	40	18	745	1	2	3	9	12	23	10
40	26	446	1	11	12	14	26	35	6	506	6	9	11	22	24	30	31	566	4	5	6	25	26	43	41	626	13	14	26	33	40	43	15	686	7	12	15	24	25	43	13	746	3	12	33	36	42	45	25
43	20	447	2	7	8	9	17	33	34	507	12	13	32	33	40	41	4	567	1	10	15	16	32	41	28	627	2	9	22	25	31	45	12	687	1	8	10	13	28	42	45	747	7	9	12	14	23	28	17
32	45	448	3	7	13	27	40	41	36	508	5	27	31	34	35	43	37	568	1	3	17	20	31	44	40	628	1	7	12	15	23	42	11	688	5	15	22	23	34	35	2	748	3	10	13	22	31	32	29
26	3	449	3	10	20	26	35	43	36	509	12	25	29	35	42	43	24	569	3	6	13	23	24	35	1	629	19	28	31	38	43	44	1	689	7	17	19	30	36	38	34	749	12	14	24	26	34	45	41
40	15	450	6	14	19	21	23	31	13	510	12	29	32	33	39	40	42	570	1	12	26	27	29	33	42	630	8	17	21	24	27	31	15	690	24	25	33	34	38	39	43	750	1	2	15	19	24	36	12
39	30	451	12	15	20	24	30	38	29	511	3	7	14	23	26	42	24	571	11	18	21	26	38	43	29	631	1	2	4	23	31	34	8	691	15	27	33	35	43	45	16	751	3	4	16	20	28	44	17
42	43	452	8	10	18	30	32	34	27	512	4	5	9	13	26	27	1	572	3	13	18	33	37	45	1	632	15	18	21	32	35	44	6	692	3	11	14	15	32	36	44	752	4	16	20	33	40	43	7
43	21	453	12	24	33	38	40	42	30	513	5	8	21	23	27	33	12	573	2	4	20	34	35	43	14	633	9	12	19	20	39	41	13	693	1	6	11	28	34	42	30	753	2	17	19	24	37	41	3
28	15	454	13	25	27	34	38	41	10	514	1	15	20	26	35	42	9	574	14	15	16	19	25	43	2	634	4	10	11	12	20	27	38	694	7	15	20	25	33	43	12	754	2	8	17	24	29	31	32
35	7	455	4	19	20	26	30	35	24	515	2	11	12	15	23	37	8	575	2	8	20	30	33	34	6	635	11	13	25	26	29	33	32	695	4	18	26	33	34	38	14	755	13	14	26	28	30	36	37
45	30	456	1	7	12	18	23	27	44	516	2	8	23	41	43	44	30	576	10	11	15	25	35	41	13	636	6	7	15	16	20	31	26	696	1	7	16	18	34	38	21	756	10	14	16	18	27	28	4
33	8	457	8	10	18	23	27	40	33	517	1	9	12	28	36	41	10	577	16	17	22	31	34	37	33	637	3	16	22	37	38	44	23	697	2	5	8	11	33	39	31	757	6	7	11	17	33	44	1
44	7	458	4	9	10	32	36	40	18	518	14	23	30	32	34	38	6	578	5	12	14	32	34	42	16	638	7	18	22	24	31	34	6	698	3	11	13	21	33	37	18	758	5	9	12	30	39	43	24
42	20	459	4	6	10	14	25	40	12	519	6	8	13	16	30	43	3	579	5	7	20	22	37	42	39	639	6	15	22	23	25	32	40	699	4	5	8	16	21	29	3	759	9	33	36	40	42	43	32
43	2	460	8	11	28	30	43	45	41	520	4	22	27	28	38	40	1	580	5	7	9	11	32	35	33	640	14	15	18	21	26	35	23	700	11	23	28	29	30	44	13	760	10	22	27	31	42	43	12
43	9	461	11	18	26	31	37	40	43	521	3	7	18	29	32	36	19	581	3	5	14	20	42	44	33	641	11	18	21	36	37	43	12	701	3	10	14	16	36	38	35	761	4	7	11	24	42	45	30
36	32	462	3	20	24	32	37	45	4	522	4	5	13	14	37	41	11	582	2	12	14	33	40	41	25	642	8	17	18	24	39	45	32	702	3	13	16	24	26	29	9	762	1	3	12	21	26	41	16
37	26	463	23	29	31	33	34	44	40	523	1	4	37	38	40	45	7	583	8	17	27	33	40	44	24	643	15	24	31	32	33	40	13	703	10	28	31	33	41	44	21	763	3	8	16	32	34	43	10
40	36	464	6	12	15	34	42	44	4	524	10	11	29	38	41	45	21	584	7	18	30	39	40	41	36	644	5	13	17	23	28	36	8	704	1	4	8	23	33	42	45	764	7	22	24	31	34	36	15
44	4	465	1	8	11	13	22	38	31	525	11	23	26	29	39	44	22	585	6	7	10	16	38	41	4	645	1	4	16	26	40	41	31	705	1	6	17	22	28	45	23	765	1	3	8	12	42	43	33
36	45	466	4	10	13	23	32	44	20	526	7	14	17	20	35	39	31	586	2	7	12	15	21	34	5	646	2	9	24	41	43	45	30	706	3	4	6	10	28	30	37	766	9	30	34	35	39	41	21
25	1	467	2	12	14	17	24	40	39	527	1	12	22	32	33	42	38	587	14	21	29	31	32	37	17	647	5	16	21	23	24	30	29	707	2	12	19	24	39	44	35	767	5	15	20	31	34	42	22
37	16	468	8	13	15	28	37	43	17	528	5	17	25	31	39	40	10	588	2	8	15	22	25	41	30	648	13	19	28	37	38	43	4	708	2	10	16	19	34	45	1	768	7	27	29	30	38	44	4
40	38	469	4	21	22	34	37	38	33	529	18	20	24	27	31	42	39	589	6	8	28	33	38	39	22	649	3	21	22	33	41	42	20	709	10	18	30	36	39	44	32	769	5	7	11	16	41	45	4
41	16	470	10	16	20	39	41	42	27	530	16	23	27	29	33	41	22	590	20	30	36	38	41	45	23	650	3	4	7	11	31	41	35	710	3	4	6	24	25	33	10	770	1	9	12	23	39	43	34
39	5	471	6	13	29	37	39	41	43	531	1	5	9	21	27	35	45	591	8	13	14	30	38	39	5	651	11	12	16	26	29	44	18	711	11	15	24	35	37	45	42	771	6	10	17	18	21	29	30
45	40	472	16	25	26	31	36	43	44	532	16	17	23	24	29	44	3	592	2	5	6	13	28	44	43	652	3	13	15	40	41	44	20	712	17	20	30	31	33	45	19	772	5	6	11	14	21	41	32
40	3	473	8	13	20	22	23	36	34	533	9	14	15	17	31	33	23	593	9	10	13	24	33	38	28	653	5	6	26	27	38	39	1	713	2	5	15	18	19	23	44	773	8	12	19	21	31	35	44
44	43	474	4	13	18	31	33	45	43	534	10	24	26	29	37	38	32	594	2	8	13	25	28	37	3	654	16	21	26	31	36	43	6	714	1	7	22	33	37	40	20	774	12	15	18	28	34	42	9
40	24	475	1	9	14	16	21	29	3	535	11	12	14	15	18	39	34	595	8	24	28	35	38	40	5	655	7	37	38	39	40	44	18	715	2	7	27	33	41	44	10	775	11	12	29	33	38	42	17
26	44	476	9	12	13	15	37	38	27	536	7	8	18	32	37	43	12	596	3	4	12	14	25	43	17	656	3	7	14	16	31	40	39	716	2	6	13	16	29	30	21	776	8	9	18	21	28	40	20
43	44	477	14	25	29	32	33	45	37	537	12	23	26	30	36	43	11	597	8	10	23	24	35	43	37	657	10	14	19	39	40	43	23	717	2	11	19	25	28	32	44	777	6	12	17	21	34	37	18
34	31	478	18	29	30	37	39	43	8	538	6	10	18	31	32	34	11	598	4	12	24	33	38	45	22	658	8	19	25	28	32	36	37	718	4	11	20	23	32	39	40	778	6	21	35	36	37	41	11
30	7	479	8	23	25	27	35	44	24	539	3	19	22	31	42	43	26	599	5	12	17	29	34	35	27	659	7	18	19	27	29	42	45	719	4	8	13	19	20	43	26	779	6	12	19	24	34	41	4
34	27	480	3	5	10	17	30	31	16	540	3	12	13	15	34	36	14	600	5	11	14	27	29	36	44	660	4	9	23	33	39	44	14	720	1	12	29	34	36	37	41	780	15	17	19	21	27	45	16

4

조합(15, 45)와 17

4.1. 역대 로또 당첨번호(421~780회차)에 나타나는 조합(15, 45)와 보조수 17의 (불)규칙 현상

★ 원조합(15, 45)와 보조수 17이 동시에 나타나는 곳을 찾으라

원조합(15, 45)에 따라오는 보조수는 17이다. 옆의 표에서 15, 17, 45가 한 회차에 동시에 나오는 곳은 I이다. 이것은 원조합(15, 45)의 보조수가 17임을 확인할 수 있고 이 세 수가 서로 끌어당겨 주고 있음을 알 수 있다.

★ C에서 F에 나타난 조합(15, 45)의 보조수 17을 찾기

먼저 E의 15와 45를 기준점으로 볼 때, E의 15와 바로 한 주 후인 F의 15는 동일한 점이라고 할 수 있다. 그런데 이 F의 15를 기준으로 보면 3주 전인 D에서도 15가 나타나고 6주 전인 C에서도 15가 나타난다. 즉, 15가 4주 간격으로 연속으로 나타나 규칙성을 드러내는 것이다. 15를 중심으로 추적하게 되면 C에서 15 옆에 등장하는 17이 E에서도 나타난다고 할 수 있다. 결국, E의 조합(15, 45)에 보조수 17이 따라본다는 것을 확인할 수 있다.

★ A와 B(혹은 G와 H)에 나타난 조합(15, 45)의 보조수 17을 찾기

A에는 15와 45의 조합이 나타난다. 그런데 보조수인 17이 나타나지는 않지만, 불규칙에 의해 A의 45는 B의 45와 같기 때문에 A의 조합(15, 45)는 B에 나타난 보조수 17과 함께 등장함을 알 수 있다. 또한, 이 현상은 G와 H에서도 동일하게 나타난다.

〈표 1-4-1〉

421	6	11	26	27	28	44	30
422	8	15	19	21	34	44	12
423	1	17	27	28	29	40	5
424	10	11	26	31	34	44	30
425	8	10	14	27	33	38	3
426	4	17	18	27	39	43	19
427	6	7	15	24	28	30	21
428	12	16	19	22	37	40	8
429	3	23	28	34	39	42	16
430	1	3	16	18	30	34	44
431	18	22	25	31	38	45	6
432	2	3	5	11	27	39	33
433	19	23	29	33	35	43	27
434	3	13	20	24	33	37	35
435	8	16	26	30	38	45	42
436	9	14	20	22	33	34	28
437	11	16	29	38	41	44	21
438	6	12	20	26	29	38	45
439	17	20	30	31	37	40	25
440	10	22	28	34	36	44	2
441	1	23	28	30	34	35	9
442	25	27	29	36	38	40	41
443	4	6	10	19	20	44	14
444	11	13	23	35	43	45	17
445	13	20	21	30	39	45	32
446	1	11	12	14	26	35	6
447	2	7	8	9	17	33	34
448	3	7	13	27	40	41	36
449	3	10	20	26	35	43	36
450	6	14	19	21	23	31	13
451	12	15	20	24	30	38	29
452	8	10	18	30	32	34	27
453	12	24	33	38	40	42	30
454	13	25	27	34	38	41	10
455	4	19	20	26	30	35	24
456	1	7	12	18	23	27	44
457	8	10	18	23	27	40	33
458	4	9	10	32	36	40	18
459	4	6	10	14	25	40	12
460	8	11	28	30	43	45	41
461	11	18	26	31	37	40	43
462	3	20	24	32	37	45	4
463	23	29	31	33	34	44	40
464	6	12	15	34	42	44	4
465	1	8	11	13	22	38	31
466	4	10	13	23	32	44	20
467	2	12	14	17	24	40	39
468	8	13	15	28	37	43	17
469	4	21	22	34	37	38	33
470	10	16	20	39	41	42	27
471	6	13	29	37	39	41	43
472	16	25	26	31	36	43	44
473	8	13	20	22	23	36	34
474	4	13	18	31	33	45	43
475	1	9	14	16	21	29	3
476	9	12	13	15	37	38	27
477	14	25	29	32	33	45	37
478	18	29	30	37	39	43	8
479	8	23	25	27	35	44	24
480	3	5	10	17	30	31	16

481	3	4	23	29	40	41	20
482	1	10	16	24	25	35	43
483	12	15	19	22	28	34	5
484	1	3	27	28	32	45	11
485	17	22	26	27	36	39	20
486	1	2	23	25	38	40	43
487	4	8	25	27	37	41	21
488	2	8	17	30	31	38	25
489	2	4	8	15	20	27	11
490	2	7	26	29	40	43	42
491	8	17	35	36	39	42	4
492	22	27	31	35	37	40	42
493	20	22	26	33	36	37	25
494	5	7	8	15	30	43	22
495	4	13	22	27	34	44	6
496	4	13	20	29	36	41	39
497	19	20	23	24	43	44	13
498	13	14	24	32	39	41	3
499	5	20	23	27	35	40	43
500	3	4	12	20	24	34	41
501	1	4	10	17	31	42	2
502	6	22	28	32	34	40	26
503	1	5	27	30	34	36	40
504	6	14	22	26	43	44	31
505	7	20	22	25	38	40	44
506	6	9	11	22	24	30	31
507	12	13	32	33	40	41	4
508	5	27	31	34	35	43	37
509	12	25	29	35	42	43	24
510	12	29	32	33	39	40	42
511	3	7	14	23	26	42	24
512	4	5	9	13	26	27	1
513	5	8	21	23	27	33	12
514	1	15	20	26	35	42	9
515	2	11	12	15	23	37	8
516	2	8	23	41	43	44	30
517	1	9	12	28	36	41	10
518	14	23	30	32	34	38	6
519	6	8	13	16	30	43	3
520	4	22	27	28	38	40	1
521	3	7	18	29	32	36	19
522	4	5	13	14	37	41	11
523	1	4	37	38	40	45	7
524	10	11	29	38	41	45	21
525	11	23	26	29	39	44	22
526	7	14	17	20	35	39	31
527	1	12	22	32	33	42	38
528	5	17	25	31	39	40	10
529	18	20	24	27	31	42	39
530	16	23	27	29	33	41	22
531	1	5	9	21	27	35	45
532	16	17	23	24	29	44	3
533	9	14	15	17	31	33	23
534	10	24	26	29	37	38	32
535	11	12	14	15	18	39	34
536	7	8	18	32	37	43	12
537	12	23	26	30	36	43	11
538	6	10	18	31	32	34	11
539	3	19	22	31	42	43	26
540	3	12	13	15	34	36	14

541	8	13	26	28	32	34	43
542	5	6	19	26	41	45	34
543	13	18	26	31	34	44	12
544	5	17	21	25	36	44	10
545	4	24	25	27	34	35	2
546	8	17	20	27	37	43	6
547	6	7	15	22	34	39	28
548	1	12	13	21	32	45	14
549	29	31	35	38	40	44	17
550	1	7	14	20	34	37	41
551	3	6	20	24	27	44	25
552	1	10	20	32	35	40	43
553	2	7	17	28	29	39	37
554	13	14	17	32	41	42	6
555	11	17	21	24	26	36	12
556	12	20	23	28	30	44	43
557	4	20	26	28	35	40	31
558	12	15	19	26	40	43	29
559	11	12	25	32	44	45	23
560	1	4	20	23	29	45	28
561	5	7	18	37	42	45	20
562	4	11	13	17	20	31	33
563	5	10	16	17	31	32	21
564	14	19	25	26	27	34	2
565	4	10	18	27	40	45	38
566	4	5	6	25	26	43	41
567	1	10	15	16	32	41	28
568	1	3	17	20	31	44	40
569	3	6	13	23	24	35	1
570	1	12	26	27	29	33	42
571	11	18	21	26	38	43	29
572	3	13	18	33	37	45	1
573	2	4	20	34	35	43	14
574	14	15	16	19	25	43	2
575	2	8	20	30	33	34	6
576	10	11	15	25	35	41	13
577	16	17	22	31	34	37	33
578	5	12	14	32	34	42	16
579	5	7	20	22	37	42	39
580	5	7	9	11	32	35	33
581	3	5	14	20	42	44	33
582	2	12	14	33	40	41	25
583	8	17	27	33	40	44	24
584	7	18	30	39	40	41	36
585	6	7	10	16	38	41	4
586	2	7	12	15	21	34	5
587	14	21	29	31	32	37	17
588	2	8	15	22	25	41	30
589	6	8	28	33	38	39	22
590	20	30	36	38	41	45	23
591	8	13	14	30	38	39	5
592	2	5	6	13	28	44	43
593	9	10	13	24	33	38	28
594	2	8	13	25	28	37	3
595	8	24	28	35	38	40	5
596	3	4	12	14	25	43	17
597	8	10	23	24	35	43	37
598	4	12	24	33	38	45	22
599	5	12	17	29	34	35	27
600	5	11	14	27	29	36	44

601	2	16	19	31	34	35	37
602	13	14	22	27	30	38	2
603	2	19	25	26	27	43	28
604	2	6	18	21	33	34	30
605	1	2	7	9	10	38	42
606	1	5	6	14	20	39	22
607	8	14	23	36	38	39	13
608	4	8	18	19	39	44	41
609	4	8	27	34	39	40	13
610	14	18	20	23	28	36	33
611	2	22	27	33	36	37	14
612	6	9	18	19	25	33	40
613	7	8	11	16	41	44	35
614	8	21	25	39	40	44	18
615	10	17	18	19	23	27	35
616	5	13	18	23	40	45	3
617	4	5	11	12	24	27	28
618	8	16	25	30	42	43	15
619	6	8	13	30	35	40	21
620	2	16	17	32	39	45	40
621	1	2	6	16	19	42	9
622	9	15	16	21	28	34	24
623	7	13	30	39	41	45	25
624	1	7	19	26	27	35	16
625	3	6	7	20	21	39	13
626	13	14	26	33	40	43	15
627	2	9	22	25	31	45	12
628	1	7	12	15	23	42	11
629	19	28	31	38	43	44	1
630	8	17	21	24	27	31	15
631	1	2	4	23	31	34	8
632	15	18	21	32	35	44	6
633	9	12	19	20	39	41	13
634	4	10	11	12	20	27	38
635	11	13	25	26	29	33	32
636	6	7	15	16	20	31	26
637	3	16	22	37	38	44	23
638	7	18	22	24	31	34	6
639	6	15	22	23	25	32	40
640	14	15	18	21	26	35	23
641	11	18	21	36	37	43	12
642	8	17	18	24	39	45	32
643	15	24	31	32	33	40	13
644	5	13	17	23	28	36	8
645	1	4	16	26	40	41	31
646	2	9	24	41	43	45	30
647	5	16	21	23	24	30	29
648	13	19	28	37	38	43	4
649	3	21	22	33	41	42	20
650	3	4	7	11	31	41	35
651	11	12	16	26	29	44	18
652	3	13	15	40	41	44	20
653	5	6	26	27	38	39	1
654	16	21	26	31	36	43	6
655	7	37	38	39	40	44	18
656	3	7	14	16	31	40	39
657	10	14	19	39	40	43	23
658	8	19	25	28	32	36	37
659	7	18	19	27	29	42	45
660	4	9	23	33	39	44	14

661	2	3	12	20	27	38	40
662	5	6	9	11	15	37	26
663	3	5	8	19	38	42	20
664	10	20	33	36	41	44	5
665	5	6	11	17	38	44	13
666	2	4	6	11	17	28	16
667	15	17	25	37	42	43	13
668	12	14	15	24	27	32	3
669	7	8	20	29	33	38	9
670	11	18	26	27	40	41	25
671	7	9	10	13	31	35	24
672	8	21	28	31	36	45	43
673	7	10	17	29	33	44	5
674	9	10	14	25	27	31	11
675	1	8	11	15	18	45	7
676	[illegible]	8	17	34	39	45	27
677	12	15	24	36	41	44	42
678	4	5	6	12	25	37	45
679	3	5	7	14	26	34	35
680	4	10	19	29	32	42	30
681	21	24	27	29	43	44	7
682	17	23	27	35	38	43	2
683	6	13	20	27	28	40	15
684	1	11	15	17	25	39	40
685	6	7	12	28	38	40	18
686	7	12	15	24	25	43	13
687	1	8	10	13	28	42	45
688	5	15	22	23	34	35	2
689	7	17	19	30	36	38	34
690	24	25	33	34	38	39	43
691	15	27	33	35	43	45	16
692	3	11	14	15	32	36	44
693	1	6	11	28	34	42	30
694	7	15	20	25	33	43	12
695	4	18	26	33	34	38	14
696	1	7	16	18	34	38	21
697	2	5	8	11	33	39	31
698	3	11	13	21	33	37	18
699	4	5	8	16	21	29	3
700	11	23	28	29	30	44	13
701	3	10	14	16	36	38	35
702	3	13	16	24	26	29	9
703	10	28	31	33	41	44	21
704	1	4	8	23	33	42	45
705	1	6	17	22	28	45	23
706	3	4	6	10	28	30	37
707	2	12	19	24	39	44	35
708	2	10	16	19	34	45	1
709	10	18	30	36	39	44	32
710	3	4	6	24	25	33	10
711	11	15	24	35	37	45	42
712	17	20	30	31	33	45	19
713	2	5	15	18	19	23	44
714	1	7	22	33	37	40	20
715	2	7	27	33	41	44	10
716	2	6	13	16	29	30	21
717	2	11	19	25	28	32	44
718	4	11	20	23	32	39	40
719	4	8	13	19	20	43	26
720	1	12	29	34	36	37	41

721	1	28	35	41	43	44	31
722	12	14	21	30	39	43	45
723	20	30	33	35	36	44	22
724	2	8	33	35	37	41	14
725	6	7	19	21	41	43	38
726	1	11	21	23	34	44	24
727	7	8	10	19	21	31	20
728	3	6	10	30	34	37	36
729	11	17	21	26	36	45	16
730	4	10	14	15	18	22	39
731	2	7	13	25	42	45	39
732	2	4	5	17	27	32	43
733	11	24	32	33	35	40	13
734	6	16	37	38	41	45	18
735	5	10	13	27	37	41	44
736	2	11	17	18	21	27	6
737	13	15	18	24	27	41	11
738	23	27	28	38	42	43	36
739	7	22	29	33	34	35	30
740	4	8	9	16	17	19	31
741	5	21	27	34	44	45	16
742	8	10	13	36	37	40	6
743	15	19	21	34	41	44	10
744	10	15	18	21	34	41	43
745	1	2	3	9	12	23	10
746	3	12	33	36	42	45	25
747	7	9	12	14	23	28	17
748	3	10	13	22	31	32	29
749	12	14	24	26	34	45	41
750	1	2	15	19	24	36	12
751	3	4	16	20	28	44	17
752	4	16	20	33	40	43	7
753	2	17	19	24	37	41	3
754	2	8	17	24	29	31	32
755	13	14	26	28	30	36	37
756	10	14	16	18	27	28	4
757	6	7	11	17	33	44	1
758	5	9	12	30	39	43	24
759	9	33	36	40	42	43	32
760	10	22	27	31	42	43	12
761	4	7	11	24	42	45	30
762	1	3	12	21	26	41	16
763	3	8	16	32	34	43	10
764	7	22	24	31	34	36	15
765	1	3	8	12	42	43	33
766	9	30	34	35	39	41	21
767	5	15	20	31	34	42	22
768	7	27	29	30	38	44	4
769	5	7	11	16	41	45	4
770	1	9	12	23	39	43	34
771	6	10	17	18	21	29	30
772	5	6	11	14	21	41	32
773	8	12	19	21	31	35	44
774	12	15	18	28	34	42	9
775	11	12	29	33	38	42	17
776	8	9	18	21	28	40	20
777	6	12	17	21	34	37	18
778	6	21	35	36	37	41	11
779	6	12	19	24	34	41	4
780	15	17	19	21	27	45	16

4.2. 역대 로또 당첨번호(61~420회차)에 나타나는 조합(15, 45)와 보조수 17의 (불)규칙 현상

★ A와 B(혹은 C와 D, I와 J, K와 L)에 나타나는 (불)규칙 현상과 그 안에서 발견되는 조합(15, 45)와 보조수 17

먼저 A와 B, C와 D를 보면 비슷한 현상이 나타나는데 B에 있는 조합(15, 45)와 A의 45는 동일한 점이라고 할 수 있다. 그리고 이에 따라 A의 17은 B와 함께 나타난다고 볼 수 있다. 원 조합(15, 45)에 보조수 17이 함께 나타남을 재확인할 수 있다. 한편, 이 현상은 C와 D에서도 동일하게 나타난다.

I와 J, K와 L에서도 비슷한 현상이 나타나는데 J에 나타나는 조합(15, 45)에서 15는 바로 한 주 전인 I의 15와 동일하다고 볼 수 있고 이와 함께 등장하는 17과도 동시에 나타난다고 할 수 있다. 따라서 여기서도 원 조합(15, 45)에 보조수 17이 같이 나오는 것이다. 그리고 이 현상은 K와 L에서도 나타난다.

★ E에서 H까지 나타나는 (불)규칙 현상과 그 안에서 발견되는 조합(15, 45)와 보조수 17

먼저 G에서는 원 조합(15, 45)와 보조수 17이 동시에 나타난다. 그리고 F의 경우에는 원 조합(15, 45)가 있고 보조수는 함께 등장하지 않는데, F와 G가 동일점이라는 전제하에 G를 기준으로 살펴 보면 3주 전인 E의 45와 3주 후인 H의 45가 같다고 할 수 있다. 그런데 E의 45 역시 17과 함께 등장하므로 F의 15, 45는 보조수인 E의 17과 동시에 나타난다고 볼 수 있다.

〈표 1-4-2〉

61	14	15	19	30	38	43	8
62	3	8	15	27	29	35	21
63	3	20	23	36	38	40	5
64	14	15	18	21	26	36	39
65	4	25	33	36	40	43	39
66	2	3	7	17	22	24	45
67	3	7	10	15	36	38	33
68	10	12	15	16	26	39	38
69	5	8	14	15	19	39	35
70	5	19	22	25	28	43	26
71	5	9	12	16	29	41	21
72	2	4	11	17	26	27	1
73	3	12	18	32	40	43	38
74	6	15	17	18	35	40	23
75	2	5	24	32	34	44	28
76	1	3	15	22	25	37	43
77	2	18	29	32	43	44	37
78	10	13	25	29	33	35	38
79	3	12	24	27	30	32	14
80	17	18	24	25	26	30	1
81	5	7	11	13	20	33	6
82	1	2	3	14	27	42	39
83	6	10	15	17	19	34	14
84	16	23	27	34	42	45	11
85	6	8	13	23	31	36	21
86	2	12	37	39	41	45	33
87	4	12	16	23	34	43	26
88	1	17	20	24	30	41	27
89	4	26	28	29	33	40	37
90	17	20	29	35	38	44	10
91	1	21	24	26	29	42	27
92	3	14	24	33	35	36	17
93	6	22	24	36	38	44	19
94	5	32	34	40	41	45	6
95	8	17	27	31	34	43	14
96	1	3	8	21	22	31	20
97	6	7	14	15	20	36	3
98	6	9	16	23	24	32	43
99	1	3	10	27	29	37	11
100	1	7	11	23	37	42	6
101	1	3	17	32	35	45	8
102	17	22	24	26	35	40	42
103	5	14	15	27	30	45	10
104	17	32	33	34	42	44	35
105	8	10	20	34	41	45	28
106	4	10	12	22	24	33	29
107	1	4	5	6	9	31	17
108	7	18	22	23	29	44	12
109	1	5	34	36	42	44	33
110	7	20	22	23	29	43	1
111	7	18	31	33	36	40	27
112	26	29	30	33	41	42	43
113	4	9	28	33	36	45	26
114	11	14	19	26	28	41	2
115	1	2	6	9	25	28	31
116	2	4	25	31	34	37	17
117	5	10	22	34	36	44	35
118	3	4	10	17	19	22	38
119	3	11	13	14	17	21	38
120	4	6	10	11	32	37	30

121	12	28	30	34	38	43	9
122	1	11	16	17	36	40	8
123	7	17	18	28	30	45	27
124	4	16	23	25	29	42	1
125	2	8	32	33	35	36	18
126	7	20	22	27	40	43	1
127	3	5	10	29	32	43	35
128	12	30	34	36	37	45	39
129	19	23	25	28	38	42	17
130	7	19	24	27	42	45	31
131	8	10	11	14	15	21	37
132	3	17	23	34	41	45	43
133	4	7	15	18	23	26	13
134	3	12	20	23	31	35	43
135	6	14	22	28	35	39	16
136	2	16	30	36	41	42	11
137	7	9	20	25	36	39	15
138	10	11	27	28	37	39	19
139	9	11	15	20	28	43	13
140	3	13	17	18	19	28	8
141	8	12	29	31	42	43	2
142	12	16	30	34	40	44	19
143	26	27	28	42	43	45	8
144	4	15	17	26	36	37	43
145	2	3	13	20	27	44	9
146	2	19	27	35	41	42	25
147	4	6	13	21	40	42	36
148	21	25	33	34	35	36	17
149	2	11	21	34	41	42	27
150	2	18	25	28	37	39	16
151	1	2	10	13	18	19	15
152	1	5	13	26	29	34	43
153	3	8	11	12	13	36	33
154	6	19	21	35	40	45	20
155	16	19	20	32	33	41	4
156	5	18	28	30	42	45	2
157	19	26	30	33	35	39	37
158	4	9	13	18	21	34	7
159	1	18	30	41	42	43	32
160	3	7	8	34	39	41	1
161	22	34	36	40	42	45	44
162	1	5	21	25	38	41	24
163	7	11	26	28	29	44	16
164	6	9	10	11	39	41	27
165	5	13	18	19	22	42	31
166	9	12	27	36	39	45	14
167	24	27	28	30	36	39	4
168	3	10	31	40	42	43	30
169	16	27	35	37	43	45	19
170	2	11	13	15	31	42	10
171	4	16	25	29	34	35	1
172	4	19	21	24	26	41	35
173	3	9	24	30	33	34	18
174	13	14	18	22	35	39	16
175	19	26	28	31	33	36	17
176	4	17	30	32	33	34	15
177	1	10	13	16	37	43	6
178	1	5	11	12	18	23	9
179	5	9	17	25	39	43	32
180	2	15	20	21	29	34	22

181	14	21	23	32	40	45	44
182	13	15	27	29	34	40	35
183	2	18	24	34	40	42	5
184	1	2	6	16	20	33	41
185	1	2	4	8	19	38	14
186	4	10	14	19	21	45	9
187	1	2	8	18	29	38	42
188	19	24	27	30	31	34	36
189	8	14	32	35	37	45	28
190	8	14	18	30	31	44	15
191	5	6	24	25	32	37	8
192	4	8	11	18	37	45	33
193	6	14	18	26	36	39	13
194	15	20	23	26	39	44	28
195	7	10	19	22	35	40	31
196	35	36	37	41	44	45	30
197	7	12	16	34	42	45	4
198	12	19	20	25	41	45	2
199	14	21	22	25	30	36	43
200	5	6	13	14	17	20	7
201	3	11	24	38	39	44	26
202	12	24	27	33	39	44	17
203	1	3	11	24	30	32	7
204	3	12	14	35	40	45	5
205	1	3	21	29	35	37	30
206	1	2	3	15	20	25	43
207	3	11	14	31	32	37	38
208	14	25	31	34	40	44	24
209	2	7	18	20	24	33	37
210	10	19	22	23	25	37	39
211	12	13	17	20	33	41	8
212	11	12	18	21	31	38	8
213	2	3	4	5	20	24	42
214	5	7	20	25	28	37	32
215	2	3	7	15	43	44	4
216	7	16	17	33	36	40	1
217	16	20	27	33	35	39	38
218	1	8	14	18	29	44	20
219	4	11	20	26	35	37	16
220	5	11	19	21	34	43	31
221	2	20	33	35	37	40	10
222	5	7	28	29	39	43	44
223	1	3	18	20	26	27	38
224	4	19	26	27	30	42	7
225	5	11	13	19	31	36	7
226	2	6	8	14	21	22	34
227	4	5	15	16	22	42	2
228	17	25	35	36	39	44	23
229	4	5	9	11	23	38	35
230	5	11	14	29	32	33	12
231	5	10	19	31	44	45	27
232	8	9	10	12	24	44	35
233	4	6	13	17	28	40	39
234	13	21	22	24	26	37	4
235	21	22	26	27	31	37	8
236	1	4	8	13	37	39	7
237	1	11	17	21	24	44	33
238	2	4	15	28	31	34	35
239	11	15	24	39	41	44	7
240	6	10	16	40	41	43	21

241	2	16	24	27	28	35	21
242	4	19	20	21	32	34	43
243	2	12	17	19	28	42	34
244	13	16	25	36	37	38	19
245	9	11	27	31	32	38	22
246	13	18	21	23	26	39	15
247	12	15	28	36	39	40	13
248	3	8	17	23	38	45	13
249	3	8	27	31	41	44	11
250	19	23	30	37	43	45	38
251	6	7	19	25	28	38	45
252	14	23	26	31	39	45	28
253	8	19	25	31	34	36	33
254	1	5	19	20	24	30	27
255	1	5	6	24	27	42	32
256	4	11	14	21	23	43	32
257	6	13	27	31	32	37	4
258	14	27	30	31	38	40	17
259	4	5	14	35	42	45	34
260	7	12	15	24	37	40	43
261	6	11	16	18	31	43	2
262	9	12	24	25	29	31	36
263	1	27	28	32	37	40	18
264	9	16	27	36	41	44	5
265	5	9	34	37	38	39	12
266	3	4	9	11	22	42	37
267	7	8	24	34	36	41	1
268	3	10	19	24	32	45	12
269	5	18	20	36	42	43	32
270	5	9	12	20	21	26	27
271	3	8	9	27	29	40	36
272	7	9	12	27	39	43	28
273	1	8	24	31	34	44	6
274	13	14	15	26	35	39	25
275	14	19	20	35	38	40	26
276	4	15	21	33	39	41	25
277	10	12	13	15	25	29	20
278	3	11	37	39	41	43	13
279	7	16	31	36	37	38	11
280	10	11	23	24	36	37	35
281	1	3	4	6	14	41	12
282	2	5	10	18	31	32	30
283	6	8	18	31	38	45	42
284	2	7	15	24	30	45	28
285	13	33	37	40	41	45	2
286	1	15	19	40	42	44	17
287	6	12	24	27	35	37	41
288	1	12	17	28	35	41	10
289	3	14	33	37	38	42	10
290	8	13	18	32	39	45	7
291	3	7	8	18	20	42	45
292	17	18	31	32	33	34	10
293	1	9	17	21	29	33	24
294	6	10	17	30	37	38	40
295	1	4	12	16	18	38	8
296	3	8	15	27	30	45	44
297	6	11	19	20	28	32	34
298	5	9	27	29	37	40	19
299	1	3	20	25	36	45	24
300	7	9	10	12	26	38	39

301	7	11	13	33	37	43	26
302	13	19	20	32	38	42	4
303	2	4	17	30	38	45	43
304	4	10	16	26	33	41	38
305	7	8	18	21	23	39	9
306	4	18	23	30	34	41	19
307	5	15	21	23	25	45	12
308	14	15	17	19	37	45	40
309	1	2	5	11	18	36	22
310	1	5	19	28	34	41	16
311	4	12	24	27	28	32	10
312	2	3	5	6	12	20	25
313	9	17	34	35	43	45	2
314	15	17	19	34	38	41	2
315	1	13	33	35	43	45	23
316	10	11	21	27	31	39	43
317	3	10	11	22	36	39	8
318	2	17	19	20	34	45	21
319	5	8	22	28	33	42	37
320	16	19	23	25	41	45	3
321	12	18	20	21	25	34	42
322	9	18	29	32	38	43	20
323	10	14	15	32	36	42	3
324	2	4	21	25	33	36	17
325	7	17	20	32	44	45	33
326	16	23	25	33	36	39	40
327	6	12	13	17	32	44	24
328	1	6	9	16	17	28	24
329	9	17	19	30	35	42	4
330	3	4	16	17	19	20	23
331	4	9	14	26	31	44	39
332	16	17	34	36	42	45	3
333	5	14	27	30	39	43	35
334	13	15	21	29	39	43	33
335	5	9	16	23	26	45	21
336	3	5	20	34	35	44	16
337	1	5	14	18	32	37	4
338	2	13	34	38	42	45	16
339	6	8	14	21	30	37	45
340	18	24	26	29	34	38	32
341	1	8	19	34	39	43	41
342	1	13	14	33	34	43	25
343	1	10	17	29	31	43	15
344	1	[illegible]	15	28	34	45	38
345	15	20	23	29	39	42	2
346	5	13	14	22	44	45	33
347	3	8	13	27	32	42	10
348	3	14	17	20	24	31	34
349	5	13	14	20	24	25	36
350	1	8	18	24	29	33	35
351	5	25	27	29	34	36	33
352	5	16	17	20	26	41	24
353	11	16	19	22	29	36	26
354	14	19	36	43	44	45	1
355	5	8	29	30	35	44	38
356	2	8	14	25	29	45	24
357	10	14	18	21	36	37	5
358	1	9	10	12	21	40	37
359	1	10	19	20	24	40	23
360	4	16	23	25	35	40	27

361	5	10	16	24	27	35	33
362	2	3	22	27	30	40	29
363	11	12	14	21	32	38	6
364	2	5	7	14	16	40	4
365	5	15	21	25	26	30	31
366	5	12	19	26	27	44	38
367	3	22	25	29	32	44	19
368	11	21	24	30	39	45	26
369	17	20	35	36	41	43	21
370	16	18	24	42	44	45	17
371	7	9	15	26	27	42	18
372	8	11	14	16	18	21	13
373	15	26	37	42	43	45	9
374	11	13	15	17	25	34	26
375	4	8	19	25	27	45	7
376	1	11	13	24	28	40	7
377	6	22	29	37	43	45	23
378	5	22	29	31	34	39	43
379	6	10	22	31	35	40	19
380	1	2	8	17	26	37	27
381	1	5	10	12	16	20	11
382	10	15	22	24	27	42	19
383	4	15	28	33	37	40	25
384	11	22	24	32	36	38	7
385	7	12	19	21	29	32	9
386	4	7	10	19	31	40	26
387	1	26	31	34	40	43	20
388	1	8	9	17	29	32	45
389	7	16	18	20	23	26	3
390	16	17	28	37	39	40	15
391	10	11	18	22	28	39	30
392	1	3	7	8	24	42	43
393	9	16	28	40	41	43	21
394	1	13	20	22	25	28	15
395	11	15	20	26	31	35	7
396	18	20	31	34	40	45	30
397	12	13	17	22	25	33	8
398	10	15	20	23	42	44	7
399	1	2	9	17	19	42	20
400	9	21	27	34	41	43	2
401	6	12	18	31	38	43	9
402	5	9	15	19	22	36	32
403	10	14	22	24	28	37	26
404	5	20	21	24	33	40	36
405	1	2	10	25	26	44	4
406	7	12	21	24	27	36	45
407	6	7	13	16	24	25	1
408	9	20	21	22	30	37	16
409	6	9	21	31	32	40	38
410	1	3	18	32	40	41	16
411	11	14	22	35	37	39	5
412	4	7	39	41	42	45	40
413	2	9	15	23	34	40	3
414	2	14	15	22	23	44	43
415	7	17	20	26	30	40	24
416	5	6	8	11	22	26	44
417	4	5	14	20	22	43	44
418	11	13	15	26	28	34	31
419	2	11	13	14	28	30	7
420	4	9	10	29	31	34	27

4.3. 역대 로또 당첨번호(61-420회차)에 나타나는 조합(15, 45)와 보조수 17의 불가 현상

★ A에서 E에 나타난 불가 현상과 가 현상

이제까지 조합(15, 45)와 보조수 17이 규칙 현상이나 불규칙 현상에 따라 함께 나타나고 있음을 확인할 수 있었다.

그런데 〈표 1-4-3〉에서 다른 곳은 조합(15, 45)에 보조수 17이 따라붙는 것을 알 수 있는데 A의 조합(15, 45)에는 보조수 17이 따라붙지 않는다. 따라서 A는 불가 현상이라고 할 수 있겠다.

한편, B와 C를 보면 17이 연속으로 두 번 나타나기 때문에 B의 45와 C의 15가 17과 동시에 등장하는 가 현상이 나타남을 알 수 있다. 따라서 B와 C에서 나타나는 이 가 현상이 A와 연관되는 것으로 추측될 수 있다.

또한, D와 E에도 가 현상이 나타난다. 이 현상에 대해서 이유는 설명할 수 없지만 다른 조합과 관련한 분명한 이유가 있을 거라 생각한다(**수많은 조합과의 연관성에 의한 현상 중 하나다**).

〈표 1-4-3〉

61	14	15	19	30	38	43	8
62	3	8	15	27	29	35	21
63	3	20	23	36	38	40	5
64	14	15	18	21	26	36	39
65	4	25	33	36	40	43	39
66	2	3	7	17	22	24	45
67	3	7	10	15	36	38	33
68	10	12	15	16	26	39	38
69	5	8	14	15	19	39	35
70	5	19	22	25	28	43	26
71	5	9	12	16	29	41	21
72	2	4	11	17	26	27	1
73	3	12	18	32	40	43	38
74	6	15	17	18	35	40	23
75	2	5	24	32	34	44	28
76	1	3	15	22	25	37	43
77	2	18	29	32	43	44	37
78	10	13	25	29	33	35	38
79	3	12	24	27	30	32	14
80	17	18	24	25	26	30	1
81	5	7	11	13	20	33	6
82	1	2	3	14	27	42	39
83	6	10	15	17	19	34	14
84	16	23	27	34	42	45	11
85	6	8	13	23	31	36	21
86	2	12	37	39	41	45	33
87	4	12	16	23	34	43	26
88	1	17	20	24	30	41	27
89	4	26	28	29	33	40	37
90	17	20	29	35	38	44	10
91	1	21	24	26	29	42	27
92	3	14	24	33	35	36	17
93	6	22	24	36	38	44	19
94	5	32	34	40	41	45	6
95	8	17	27	31	34	43	14
96	1	3	8	21	22	31	20
97	6	7	14	15	20	36	3
98	6	9	16	23	24	32	43
99	1	3	10	27	29	37	11
100	1	7	11	23	37	42	6
101	1	3	17	32	35	45	8
102	17	22	24	26	35	40	42
103	5	14	15	27	30	45	10
104	17	32	33	34	42	44	35
105	8	10	20	34	41	45	28
106	4	10	12	22	24	33	29
107	1	4	5	6	9	31	17
108	7	18	22	23	29	44	12
109	1	5	34	36	42	44	33
110	7	20	22	23	29	43	1
111	7	18	31	33	36	40	27
112	26	29	30	33	41	42	43
113	4	9	28	33	36	45	26
114	11	14	19	26	28	41	2
115	1	2	6	9	25	28	31
116	2	4	25	31	34	37	17
117	5	10	22	34	36	44	35
118	3	4	10	17	19	22	38
119	3	11	13	14	17	21	38
120	4	6	10	11	32	37	30

121	12	28	30	34	38	43	9
122	1	11	16	17	36	40	8
123	7	17	18	28	30	45	27
124	4	16	23	25	29	42	1
125	2	8	32	33	35	36	18
126	7	20	22	27	40	43	1
127	3	5	10	29	32	43	35
128	12	30	34	36	37	45	39
129	19	23	25	28	38	42	17
130	7	19	24	27	42	45	31
131	8	10	11	14	15	21	37
132	3	17	23	34	41	45	43
133	4	7	15	18	23	26	13
134	3	12	20	23	31	35	43
135	6	14	22	28	35	39	16
136	2	16	30	36	41	42	11
137	7	9	20	25	36	39	15
138	10	11	27	28	37	39	19
139	9	11	15	20	28	43	13
140	3	13	17	18	19	28	8
141	8	12	29	31	42	43	2
142	12	16	30	34	40	44	19
143	26	27	28	42	43	45	8
144	4	15	17	26	36	37	43
145	2	3	13	20	27	44	9
146	2	19	27	35	41	42	25
147	4	6	13	21	40	42	36
148	21	25	33	34	35	36	17
149	2	11	21	34	41	42	27
150	2	18	25	28	37	39	16
151	1	2	10	13	18	19	15
152	1	5	13	26	29	34	43
153	3	8	11	12	13	36	33
154	6	19	21	35	40	45	20
155	16	19	20	32	33	41	4
156	5	18	28	30	42	45	2
157	19	26	30	33	35	39	37
158	4	9	13	18	21	34	7
159	1	18	30	41	42	43	32
160	3	7	8	34	39	41	1
161	22	34	36	40	42	45	44
162	1	5	21	25	38	41	24
163	7	11	26	28	29	44	16
164	6	9	10	11	39	41	27
165	5	13	18	19	22	42	31
166	9	12	27	36	39	45	14
167	24	27	28	30	36	39	4
168	3	10	31	40	42	43	30
169	16	27	35	37	43	45	19
170	2	11	13	15	31	42	10
171	4	16	25	29	34	35	1
172	4	19	21	24	26	41	35
173	3	9	24	30	33	34	18
174	13	14	18	22	35	39	16
175	19	26	28	31	33	36	17
176	4	17	30	32	33	34	15
177	1	10	13	16	37	43	6
178	1	5	11	12	18	23	9
179	5	9	17	25	39	43	32
180	2	15	20	21	29	34	22

181	14	21	23	32	40	45	44
182	13	15	27	29	34	40	35
183	2	18	24	34	40	42	5
184	1	2	6	16	20	33	41
185	1	2	4	8	19	38	14
186	4	10	14	19	21	45	9
187	1	2	8	18	29	38	42
188	19	24	27	30	31	34	36
189	8	14	32	35	37	45	28
190	8	14	18	30	31	44	15
191	5	6	24	25	32	37	8
192	4	8	11	18	37	45	33
193	6	14	18	26	36	39	13
194	15	20	23	26	39	44	28
195	7	10	19	22	35	40	31
196	35	36	37	41	44	45	30
197	7	12	16	34	42	45	4
198	12	19	20	25	41	45	2
199	14	21	22	25	30	36	43
200	5	6	13	14	17	20	7
201	3	11	24	38	39	44	26
202	12	24	27	33	39	44	17
203	1	3	11	24	30	32	7
204	3	12	14	35	40	45	5
205	1	3	21	29	35	37	30
206	1	2	3	15	20	25	43
207	3	11	14	31	32	37	38
208	14	25	31	34	40	44	24
209	2	7	18	20	24	33	37
210	10	19	22	23	25	37	39
211	12	13	17	20	33	41	8
212	11	12	18	21	31	38	8
213	2	3	4	5	20	24	42
214	5	7	20	25	28	37	32
215	2	3	7	15	43	44	4
216	7	16	17	33	36	40	1
217	16	20	27	33	35	39	38
218	1	8	14	18	29	44	20
219	4	11	20	26	35	37	16
220	5	11	19	21	34	43	31
221	2	20	33	35	37	40	10
222	5	7	28	29	39	43	44
223	1	3	18	20	26	27	38
224	4	19	26	27	30	42	7
225	5	11	13	19	31	36	7
226	2	6	8	14	21	22	34
227	4	5	15	16	22	42	2
228	17	25	35	36	39	44	23
229	4	5	9	11	23	38	35
230	5	11	14	29	32	33	12
231	5	10	19	31	44	45	27
232	8	9	10	12	24	44	35
233	4	6	13	17	28	40	39
234	13	21	22	24	26	37	4
235	21	22	26	27	31	37	8
236	1	4	8	13	37	39	7
237	1	11	17	21	24	44	33
238	2	4	15	28	31	34	35
239	11	15	24	39	41	44	7
240	6	10	16	40	41	43	21

241	2	16	24	27	28	35	21
242	4	19	20	21	32	34	43
243	2	12	17	19	28	42	34
244	13	16	25	36	37	38	19
245	9	11	27	31	32	38	22
246	13	18	21	23	26	39	15
247	12	15	28	36	39	40	13
248	3	8	17	23	38	45	13
249	3	8	27	31	41	44	11
250	19	23	30	37	43	45	38
251	6	7	19	25	28	38	45
252	14	23	26	31	39	45	28
253	8	19	25	31	34	36	33
254	1	5	19	20	24	30	27
255	1	5	6	24	27	42	32
256	4	11	14	21	23	43	32
257	6	13	27	31	32	37	4
258	14	27	30	31	38	40	17
259	4	5	14	35	42	45	34
260	7	12	15	24	37	40	43
261	6	11	16	18	31	43	2
262	9	12	24	25	29	31	36
263	1	27	28	32	37	40	18
264	9	16	27	36	41	44	5
265	5	9	34	37	38	39	12
266	3	4	9	11	22	42	37
267	7	8	24	34	36	41	1
268	3	10	19	24	32	45	12
269	5	18	20	36	42	43	32
270	5	9	12	20	21	26	27
271	3	8	9	27	29	40	36
272	7	9	12	27	39	43	28
273	1	8	24	31	34	44	6
274	13	14	15	26	35	39	25
275	14	19	20	35	38	40	26
276	4	15	21	33	39	41	25
277	10	12	13	15	25	29	20
278	3	11	37	39	41	43	13
279	7	16	31	36	37	38	11
280	10	11	23	24	36	37	35
281	1	3	4	6	14	41	12
282	2	5	10	18	31	32	30
283	6	8	18	31	38	45	42
284	2	7	15	24	30	45	28
285	13	33	37	40	41	45	2
286	1	15	19	40	42	44	17
287	6	12	24	27	35	37	41
288	1	12	17	28	35	41	10
289	3	14	33	37	38	42	10
290	8	13	18	32	39	45	7
291	3	7	8	18	20	42	45
292	17	18	31	32	33	34	10
293	1	9	17	21	29	33	24
294	6	10	17	30	37	38	40
295	1	4	12	16	18	38	8
296 (A)	3	8	15	27	30	45	44
297	6	11	19	20	28	32	34
298	5	9	27	29	37	40	19
299	1	3	20	25	36	45	24
300	7	9	10	12	26	38	39

301	7	11	13	33	37	43	26
302	13	19	20	32	38	42	4
303	2	14	17	30	38	45	43
304	4	10	16	26	33	41	38
305	7	8	18	21	23	39	9
306	4	18	23	30	34	41	19
307	5	15	21	23	25	45	12
308	14	15	17	19	37	45	40
309	1	2	5	11	18	36	22
310	1	5	19	28	34	41	16
311	4	12	24	27	28	32	10
312	2	3	5	6	12	20	25
313 (B)	9	17	34	35	43	45	2
314 (C)	15	17	19	34	38	41	2
315	1	13	33	35	43	45	23
316	10	11	21	27	31	39	43
317	3	10	11	22	36	39	8
318	2	17	19	20	34	45	21
319	5	8	22	28	33	42	37
320	16	19	23	25	41	45	3
321	12	18	20	21	25	34	42
322	9	18	29	32	38	43	20
323	10	14	15	32	36	42	3
324	2	4	21	25	33	36	17
325	7	17	20	32	44	45	33
326	16	23	25	33	36	39	40
327	6	12	13	17	32	44	24
328	1	6	9	16	17	28	24
329	9	17	19	30	35	42	4
330	3	4	16	17	19	20	23
331	4	9	14	26	31	44	39
332	16	17	34	36	42	45	3
333	5	14	27	30	39	43	35
334	13	15	21	29	39	43	33
335	5	9	16	23	26	45	21
336	3	5	20	34	35	44	16
337	1	5	14	18	32	37	4
338	2	13	34	38	42	45	16
339	6	8	14	21	30	37	45
340	18	24	26	29	34	38	32
341	1	8	19	34	39	43	41
342	1	13	14	33	34	43	25
343	1	10	17	29	31	43	15
344	1	2	15	28	34	45	38
345	15	20	23	29	39	42	2
346	5	13	14	22	44	45	33
347	3	8	13	27	32	42	10
348	3	14	17	20	24	31	34
349	5	13	14	20	24	25	36
350	1	8	18	24	29	33	35
351	5	25	27	29	34	36	33
352	5	16	17	20	26	41	24
353	11	16	19	22	29	36	26
354	14	19	36	43	44	45	1
355	5	8	29	30	35	44	38
356	2	8	14	25	29	45	24
357	10	14	18	21	36	37	5
358	1	9	10	12	21	40	37
359	1	10	19	20	24	40	23
360	4	16	23	25	35	40	27

361	5	10	16	24	27	35	33
362	2	3	22	27	30	40	29
363	11	12	14	21	32	38	6
364	2	5	7	14	16	40	4
365	5	15	21	25	26	30	31
366	5	12	19	26	27	44	38
367	3	22	25	29	32	44	19
368	11	21	24	30	39	45	26
369	17	20	35	36	41	43	21
370	16	18	24	42	44	45	17
371	7	9	15	26	27	42	18
372	8	11	14	16	18	21	13
373	15	26	37	42	43	45	9
374	11	13	15	17	25	34	26
375	4	8	19	25	27	45	7
376	1	11	13	24	28	40	7
377	6	22	29	37	43	45	23
378	5	22	29	31	34	39	43
379	6	10	22	31	35	40	19
380	1	2	8	17	26	37	27
381	1	5	10	12	16	20	11
382	10	15	22	24	27	42	19
383	4	15	28	33	37	40	25
384	11	22	24	32	36	38	7
385	7	12	19	21	29	32	9
386	4	7	10	19	31	40	26
387	1	26	31	34	40	43	20
388 (D)	1	8	9	17	29	32	45
389	7	16	18	20	23	26	3
390 (E)	16	17	28	37	39	40	15
391	10	11	18	22	28	39	30
392	1	3	7	8	24	42	43
393	9	16	28	40	41	43	21
394	1	13	20	22	25	28	15
395	11	15	20	26	31	35	7
396	18	20	31	34	40	45	30
397	12	13	17	22	25	33	8
398	10	15	20	23	42	44	7
399	1	2	9	17	19	42	20
400	9	21	27	34	41	43	2
401	6	12	18	31	38	43	9
402	5	9	15	19	22	36	32
403	10	14	22	24	28	37	26
404	5	20	21	24	33	40	36
405	1	2	10	25	26	44	4
406	7	12	21	24	27	36	45
407	6	7	13	16	24	25	1
408	9	20	21	22	30	37	16
409	6	9	21	31	32	40	38
410	1	3	18	32	40	41	16
411	11	14	22	35	37	39	5
412	4	7	39	41	42	45	40
413	2	9	15	23	34	40	3
414	2	14	15	22	23	44	43
415	7	17	20	26	30	40	24
416	5	6	8	11	22	26	44
417	4	5	14	20	22	43	44
418	11	13	15	26	28	34	31
419	2	11	13	14	28	30	7
420	4	9	10	29	31	34	27

4.4. 결론- 로또에의 적용

규칙 현상과 불규칙 현상을 함께 보았을 때,

- 15와 45는 조합을 이루며
- 여기에 보조수 17이 붙음을 알 수 있다.

그리고 이에 기초하여 다음과 같은 적용을 해 볼 수 있다.

1단계– 15와 45를 함께 찍게 되었을 때

15와 45가 함께 등장하면 보조수 17이 등장할 수 있다.
그러므로 15와 45를 찍게 될 때는 17을 함께 찍는 것이 유리하다.

2단계– 그렇다면 보조수 17이 나오는 시기를 어떻게 알 수 있을까?

원 조합(15, 45)가 나타났는데 보조수 17이 없는 경우가 있다. 이때, 과거(이전 당첨번호들)와 미래(이후 당첨번호들)에 주목하면서 규칙적인 반복현상이 나타나는지를 살펴야 하는데 만약 기준점으로부터 6주 전에 15나 45 중 하나가 등장했다면, 6주 후에도 15나 45 중 하나가 등장할 수 있다. 그리고 이와 함께 보조수 17도 나타날 것으로 예측할 수 있다.

NOTE

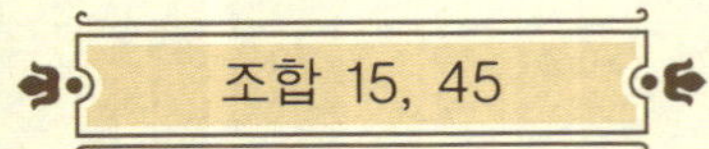

1	10	23	29	33	37	40	16
2	9	13	21	25	32	42	2
3	11	16	19	21	27	31	30
4	14	27	30	31	40	42	2
5	16	24	29	40	41	42	3
6	14	15	26	27	40	42	34
7	2	9	16	25	26	40	42
8	8	19	25	34	37	39	9
9	2	4	16	17	36	39	14
10	9	25	30	33	41	44	6
11	1	7	36	37	41	42	14
12	2	11	21	25	39	45	44
13	22	23	25	37	38	42	26
14	2	6	12	31	33	40	15
15	3	4	16	30	31	37	13
16	6	7	24	37	38	40	33
17	3	4	9	17	32	37	1
18	3	12	13	19	32	35	29
19	6	30	38	39	40	43	26
20	10	14	18	20	23	30	41
21	6	12	17	18	31	32	21
22	4	5	6	8	17	39	25
23	5	13	17	18	33	42	44
24	7	8	27	29	36	43	6
25	2	4	21	26	43	44	16
26	4	5	7	18	20	25	31
27	1	20	26	28	37	43	27
28	9	18	23	25	35	37	1
29	1	5	13	34	39	40	11
30	8	17	20	35	36	44	4
31	7	9	18	23	28	35	32
32	6	14	19	25	34	44	11
33	4	7	32	33	40	41	9
34	9	26	35	37	40	42	2
35	2	3	11	26	37	43	39
36	1	10	23	26	28	40	31
37	7	27	30	33	35	37	42
38	16	17	22	30	37	43	36
39	6	7	13	15	21	43	8
40	7	13	18	19	25	26	6
41	13	20	23	35	38	43	34
42	17	18	19	21	23	32	1
43	6	31	35	38	39	44	1
44	3	11	21	30	38	45	39
45	1	10	20	27	33	35	17
46	8	13	15	23	31	38	39
47	14	17	26	31	36	45	27
48	6	10	18	26	37	38	3
49	4	7	16	19	33	40	30
50	2	10	12	15	22	44	1
51	2	3	11	16	26	44	35
52	2	4	15	16	20	29	1
53	7	8	14	32	33	39	42
54	1	8	21	27	36	39	37
55	17	21	31	37	40	44	7
56	10	14	30	31	33	37	19
57	7	10	16	25	29	44	6
58	10	24	25	33	40	44	1
59	6	29	36	39	41	45	13
60	2	8	25	36	39	42	11

61	14	15	19	30	38	43	8
62	3	8	15	27	29	35	21
63	3	20	23	36	38	40	5
64	14	15	18	21	26	36	39
65	4	25	33	36	40	43	39
66	2	3	7	17	22	24	45
67	3	7	10	15	36	38	33
68	10	12	15	16	26	39	38
69	5	8	14	15	19	39	35
70	5	19	22	25	28	43	26
71	5	9	12	16	29	41	21
72	2	4	11	17	26	27	1
73	3	12	18	32	40	43	38
74	6	15	17	18	35	40	23
75	2	5	24	32	34	44	28
76	1	3	15	22	25	37	43
77	2	18	29	32	43	44	37
78	10	13	25	29	33	35	38
79	3	12	24	27	30	32	14
80	17	18	24	25	26	30	1
81	5	7	11	13	20	33	6
82	1	2	3	14	27	42	39
83	6	10	15	17	19	34	14
84	16	23	27	34	42	45	11
85	6	8	13	23	31	36	21
86	2	12	37	39	41	45	33
87	4	12	16	23	34	43	26
88	1	17	20	24	30	41	27
89	4	26	28	29	33	40	37
90	17	20	29	35	38	44	10
91	1	21	24	26	29	42	27
92	3	14	24	33	35	36	17
93	6	22	24	36	38	44	19
94	5	32	34	40	41	45	6
95	8	17	27	31	34	43	14
96	1	3	8	21	22	31	20
97	6	7	14	15	20	36	3
98	6	9	16	23	24	32	43
99	1	3	10	27	29	37	11
100	1	7	11	23	37	42	6
101	1	3	17	32	35	45	8
102	17	22	24	26	35	40	42
103	5	14	15	27	30	45	10
104	17	32	33	34	42	44	35
105	8	10	20	34	41	45	28
106	4	10	12	22	24	33	29
107	1	4	5	6	9	31	17
108	7	18	22	23	29	44	12
109	1	5	34	36	42	44	33
110	7	20	22	23	29	43	1
111	7	18	31	33	36	40	27
112	26	29	30	33	41	42	43
113	4	9	28	33	36	45	26
114	11	14	19	26	28	41	2
115	1	2	6	9	25	28	31
116	2	4	25	31	34	37	17
117	5	10	22	34	36	44	35
118	3	4	10	17	19	22	38
119	3	11	13	14	17	21	38
120	4	6	10	11	32	37	30

121	12	28	30	34	38	43	9
122	1	11	16	17	36	40	8
123	7	17	18	28	30	45	27
124	4	16	23	25	29	42	1
125	2	8	32	33	35	36	18
126	7	20	22	27	40	43	1
127	3	5	10	29	32	43	35
128	12	30	34	36	37	45	39
129	19	23	25	28	38	42	17
130	7	19	24	27	42	45	31
131	8	10	11	14	15	21	37
132	3	17	23	34	41	45	43
133	4	7	15	18	23	26	13
134	3	12	20	23	31	35	43
135	6	14	22	28	35	39	16
136	2	16	30	36	41	42	11
137	7	9	20	25	36	39	15
138	10	11	27	28	37	39	19
139	9	11	15	20	28	43	13
140	3	13	17	18	19	28	8
141	8	12	29	31	42	43	2
142	12	16	30	34	40	44	19
143	26	27	28	42	43	45	8
144	4	15	17	26	36	37	43
145	2	3	13	20	27	44	9
146	2	19	27	35	41	42	25
147	4	6	13	21	40	42	36
148	21	25	33	34	35	36	17
149	2	11	21	34	41	42	27
150	2	18	25	28	37	39	16
151	1	2	10	13	18	19	15
152	1	5	13	26	29	34	43
153	3	8	11	12	13	36	33
154	6	19	21	35	40	45	20
155	16	19	20	32	33	41	4
156	5	18	28	30	42	45	2
157	19	26	30	33	35	39	37
158	4	9	13	18	21	34	7
159	1	18	30	41	42	43	32
160	3	7	8	34	39	41	1
161	22	34	36	40	42	45	44
162	1	5	21	25	38	41	24
163	7	11	26	28	29	44	16
164	6	9	10	11	39	41	27
165	5	13	18	19	22	42	31
166	9	12	27	36	39	45	14
167	24	27	28	30	36	39	4
168	3	10	31	40	42	43	30
169	16	27	35	37	43	45	19
170	2	11	13	15	31	42	10
171	4	16	25	29	34	35	1
172	4	19	21	24	26	41	35
173	3	9	24	30	33	34	18
174	13	14	18	22	35	39	16
175	19	26	28	31	33	36	17
176	4	17	30	32	33	34	15
177	1	10	13	16	37	43	6
178	1	5	11	12	18	23	9
179	5	9	17	25	39	43	32
180	2	15	20	21	29	34	22

181	14	21	23	32	40	45	44
182	13	15	27	29	34	40	35
183	2	18	24	34	40	42	5
184	1	2	6	16	20	33	41
185	1	2	4	8	19	38	14
186	4	10	14	19	21	45	9
187	1	2	8	18	29	38	42
188	19	24	27	30	31	34	36
189	8	14	32	35	37	45	28
190	8	14	18	30	31	44	15
191	5	6	24	25	32	37	8
192	4	8	11	18	37	45	33
193	6	14	18	26	36	39	13
194	15	20	23	26	39	44	28
195	7	10	19	22	35	40	31
196	35	36	37	41	44	45	30
197	7	12	16	34	42	45	4
198	12	19	20	25	41	45	2
199	14	21	22	25	30	36	43
200	5	6	13	14	17	20	7
201	3	11	24	38	39	44	26
202	12	24	27	33	39	44	17
203	1	3	11	24	30	32	7
204	3	12	14	35	40	45	5
205	1	3	21	29	35	37	30
206	1	2	3	15	20	25	43
207	3	11	14	31	32	37	38
208	14	25	31	34	40	44	24
209	2	7	18	20	24	33	37
210	10	19	22	23	25	37	39
211	12	13	17	20	33	41	8
212	11	12	18	21	31	38	8
213	2	3	4	5	20	24	42
214	5	7	20	25	28	37	32
215	2	3	7	15	43	44	4
216	7	16	17	33	36	40	1
217	16	20	27	33	35	39	38
218	1	8	14	18	29	44	20
219	4	11	20	26	35	37	16
220	5	11	19	21	34	43	31
221	2	20	33	35	37	40	10
222	5	7	28	29	39	43	44
223	1	3	18	20	26	27	38
224	4	19	26	27	30	42	7
225	5	11	13	19	31	36	7
226	2	6	8	14	21	22	34
227	4	5	15	16	22	42	2
228	17	25	35	36	39	44	23
229	4	5	9	11	23	38	35
230	5	11	14	29	32	33	12
231	5	10	19	31	44	45	27
232	8	9	10	12	24	44	35
233	4	6	13	17	28	40	39
234	13	21	22	24	26	37	4
235	21	22	26	27	31	37	8
236	1	4	8	13	37	39	7
237	1	11	17	21	24	44	33
238	2	4	15	28	31	34	35
239	11	15	24	39	41	44	7
240	6	10	16	40	41	43	21

241	2	16	24	27	28	35	21
242	4	19	20	21	32	34	43
243	2	12	17	19	28	42	34
244	13	16	25	36	37	38	19
245	9	11	27	31	32	38	22
246	13	18	21	23	26	39	15
247	12	15	28	36	39	40	13
248	3	8	17	23	38	45	13
249	3	8	27	31	41	44	11
250	19	23	30	37	43	45	38
251	6	7	19	25	28	38	45
252	14	23	26	31	39	45	28
253	8	19	25	31	34	36	33
254	1	5	19	20	24	30	27
255	1	5	6	24	27	42	32
256	4	11	14	21	23	43	32
257	6	13	27	31	32	37	4
258	14	27	30	31	38	40	17
259	4	5	14	35	42	45	34
260	7	12	15	24	37	40	43
261	6	11	16	18	31	43	2
262	9	12	24	25	29	31	36
263	1	27	28	32	37	40	18
264	9	16	27	36	41	44	5
265	5	9	34	37	38	39	12
266	3	4	9	11	22	42	37
267	7	8	24	34	36	41	1
268	3	10	19	24	32	45	12
269	5	18	20	36	42	43	32
270	5	9	12	20	21	26	27
271	3	8	9	27	29	40	36
272	7	9	12	27	39	43	28
273	1	8	24	31	34	44	6
274	13	14	15	26	35	39	25
275	14	19	20	35	38	40	26
276	4	15	21	33	39	41	25
277	10	12	13	15	25	29	20
278	3	11	37	39	41	43	13
279	7	16	31	36	37	38	11
280	10	11	23	24	36	37	35
281	1	3	4	6	14	41	12
282	2	5	10	18	31	32	30
283	6	8	18	31	38	45	42
284	2	7	15	24	30	45	28
285	13	33	37	40	41	45	2
286	1	15	19	40	42	44	17
287	6	12	24	27	35	37	41
288	1	12	17	28	35	41	10
289	3	14	33	37	38	42	10
290	8	13	18	32	39	45	7
291	3	7	8	18	20	42	45
292	17	18	31	32	33	34	10
293	1	9	17	21	29	33	24
294	6	10	17	30	37	38	40
295	1	4	12	16	18	38	8
296	3	8	15	27	30	45	44
297	6	11	19	20	28	32	34
298	5	9	27	29	37	40	19
299	1	3	20	25	36	45	24
300	7	9	10	12	26	38	39

301	7	11	13	33	37	43	26
302	13	19	20	32	38	42	4
303	2	14	17	30	38	45	43
304	4	10	16	26	33	41	38
305	7	8	18	21	23	39	9
306	4	18	23	30	34	41	19
307	5	15	21	23	25	45	12
308	14	15	17	19	37	45	40
309	1	2	5	11	18	36	22
310	1	5	19	28	34	41	16
311	4	12	24	27	28	32	10
312	2	3	5	6	12	20	25
313	9	17	34	35	43	45	2
314	15	17	19	34	38	41	2
315	1	13	33	35	43	45	23
316	10	11	21	27	31	39	43
317	3	10	11	22	36	39	8
318	2	17	19	20	34	45	21
319	5	8	22	28	33	42	37
320	16	19	23	25	41	45	3
321	12	18	20	21	25	34	42
322	9	18	29	32	38	43	20
323	10	14	15	32	36	42	3
324	2	4	21	25	33	36	17
325	7	17	20	32	44	45	33
326	16	23	25	33	36	39	40
327	6	12	13	17	32	44	24
328	1	6	9	16	17	28	24
329	9	17	19	30	35	42	4
330	3	4	16	17	19	20	23
331	4	9	14	26	31	44	39
332	16	17	34	36	42	45	3
333	5	14	27	30	39	43	35
334	13	15	21	29	39	43	33
335	5	9	16	23	26	45	21
336	3	5	20	34	35	44	16
337	1	5	14	18	32	37	4
338	2	13	34	38	42	45	16
339	6	8	14	21	30	37	45
340	18	24	26	29	34	38	32
341	1	8	19	34	39	43	41
342	1	13	14	33	34	43	25
343	1	10	17	29	31	43	15
344	1	2	15	28	34	45	38
345	15	20	23	29	39	42	2
346	5	13	14	22	44	45	33
347	3	8	13	27	32	42	10
348	3	14	17	20	24	31	34
349	5	13	14	20	24	25	36
350	1	8	18	24	29	33	35
351	5	25	27	29	34	36	33
352	5	16	17	20	26	41	24
353	11	16	19	22	29	36	26
354	14	19	36	43	44	45	1
355	5	8	29	30	35	44	38
356	2	8	14	25	29	45	24
357	10	14	18	21	36	37	5
358	1	9	10	12	21	40	37
359	1	10	19	20	24	40	23
360	4	16	23	25	35	40	27

361	5
362	2
363	1
364	2
365	5
366	5
367	3
368	1
369	1
370	1
371	7
372	8
373	1
374	1
375	4
376	1
377	6
378	5
379	6
380	1
381	1
382	1
383	4
384	1
385	7
386	4
387	1
388	1
389	7
390	1
391	1
392	1
393	9
394	1
395	1
396	1
397	1
398	1
399	1
400	9
401	6
402	5
403	1
404	5
405	1
406	7
407	6
408	9
409	6
410	1
411	1
412	4
413	2
414	2
415	7
416	5
417	4
418	1
419	2
420	4

33	421	6	11	26	27	28	44	30	481	3	4	23	29	40	41	20
29	422	8	15	19	21	34	44	12	482	1	10	16	24	25	35	43
6	423	1	17	27	28	29	40	5	483	12	15	19	22	28	34	5
4	424	10	11	26	31	34	44	30	484	1	3	27	28	32	45	11
31	425	8	10	14	27	33	38	3	485	17	22	26	27	36	39	20
38	426	4	17	18	27	39	43	19	486	1	2	23	25	38	40	43
19	427	6	7	15	24	28	30	21	487	4	8	25	27	37	41	21
26	428	12	16	19	22	37	40	8	488	2	8	17	30	31	38	25
21	429	3	23	28	34	39	42	16	489	2	4	8	15	20	27	11
17	430	1	3	16	18	30	34	44	490	2	7	26	29	40	43	42
18	431	18	22	25	31	38	45	6	491	8	17	35	36	39	42	4
13	432	2	3	5	11	27	39	33	492	22	27	31	35	37	40	42
9	433	19	23	29	33	35	43	27	493	20	22	26	33	36	37	25
26	434	3	13	20	24	33	37	35	494	5	7	8	15	30	43	22
7	435	8	16	26	30	38	45	42	495	4	13	22	27	34	44	6
7	436	9	14	20	22	33	34	28	496	4	13	20	29	36	41	39
23	437	11	16	29	38	41	44	21	497	19	20	23	24	43	44	13
43	438	6	12	20	26	29	38	45	498	13	14	24	32	39	41	3
19	439	17	20	30	31	37	40	25	499	5	20	23	27	35	40	43
27	440	10	22	28	34	36	44	2	500	3	4	12	20	24	34	41
11	441	1	23	28	30	34	35	9	501	1	4	10	17	31	42	2
19	442	25	27	29	36	38	40	41	502	6	22	28	32	34	40	26
25	443	4	6	10	19	20	44	14	503	1	5	27	30	34	36	40
7	444	11	13	23	35	43	45	17	504	6	14	22	26	43	44	31
9	445	13	20	21	30	39	45	32	505	7	20	22	25	38	40	44
26	446	1	11	12	14	26	35	6	506	6	9	11	22	24	30	31
20	447	2	7	8	9	17	33	34	507	12	13	32	33	40	41	4
45	448	3	7	13	27	40	41	36	508	5	27	31	34	35	43	37
3	449	3	10	20	26	35	43	36	509	12	25	29	35	42	43	24
15	450	6	14	19	21	23	31	13	510	12	29	32	33	39	40	42
30	451	12	15	20	24	30	38	29	511	3	7	14	23	26	42	24
43	452	8	10	18	30	32	34	27	512	4	5	9	13	26	27	1
21	453	12	24	33	38	40	42	30	513	5	8	21	23	27	33	12
15	454	13	25	27	34	38	41	10	514	1	15	20	26	35	42	9
7	455	4	19	20	26	30	35	24	515	2	11	12	15	23	37	8
30	456	1	7	12	18	23	27	44	516	2	8	23	41	43	44	30
8	457	8	10	18	23	27	40	33	517	1	9	12	28	36	41	10
7	458	4	9	10	32	36	40	18	518	14	23	30	32	34	38	6
20	459	4	6	10	14	25	40	12	519	6	8	13	16	30	43	3
2	460	8	11	28	30	43	45	41	520	4	22	27	28	38	40	1
9	461	11	18	26	31	37	40	43	521	3	7	18	29	32	36	19
32	462	3	20	24	32	37	45	4	522	4	5	13	14	37	41	11
26	463	23	29	31	33	34	44	40	523	1	4	37	38	40	45	7
36	464	6	12	15	34	42	44	4	524	10	11	29	38	41	45	21
4	465	1	8	11	13	22	38	31	525	11	23	26	29	39	44	22
45	466	4	10	13	23	32	44	20	526	7	14	17	20	35	39	31
1	467	2	12	14	17	24	40	39	527	1	12	22	32	33	42	38
16	468	8	13	15	28	37	43	17	528	5	17	25	31	39	40	10
38	469	4	21	22	34	37	38	33	529	18	20	24	27	31	42	39
16	470	10	16	20	39	41	42	27	530	16	23	27	29	33	41	22
5	471	6	13	29	37	39	41	43	531	1	5	9	21	27	35	45
40	472	16	25	26	31	36	43	44	532	16	17	23	24	29	44	3
3	473	8	13	20	22	23	36	34	533	9	14	15	17	31	33	23
43	474	4	13	18	31	33	45	43	534	10	24	26	29	37	38	32
24	475	1	9	14	16	21	29	3	535	11	12	14	15	18	39	34
44	476	9	12	13	15	37	38	27	536	7	8	18	32	37	43	12
44	477	14	25	29	32	33	45	37	537	12	23	26	30	36	43	11
31	478	18	29	30	37	39	43	8	538	6	10	18	31	32	34	11
7	479	8	23	25	27	35	44	24	539	3	19	22	31	42	43	26
27	480	3	5	10	17	30	31	16	540	3	12	13	15	34	36	14

541	8	13	26	28	32	34	43	601	2	16	19	31	34	35	37
542	5	6	19	26	41	45	34	602	13	14	22	27	30	38	2
543	13	18	26	31	34	44	12	603	2	19	25	26	27	43	28
544	5	17	21	25	36	44	10	604	2	6	18	21	33	34	30
545	4	24	25	27	34	35	2	605	1	2	7	9	10	38	42
546	8	17	20	27	37	43	6	606	1	5	6	14	20	39	22
547	6	7	15	22	34	39	28	607	8	14	23	36	38	39	13
548	1	12	13	21	32	45	14	608	4	8	18	19	39	44	41
549	29	31	35	38	40	44	17	609	4	8	27	34	39	40	13
550	1	7	14	20	34	37	41	610	14	18	20	23	28	36	33
551	3	6	20	24	27	44	25	611	2	22	27	33	36	37	14
552	1	10	20	32	35	40	43	612	6	9	18	19	25	33	40
553	2	7	17	28	29	39	37	613	7	8	11	16	41	44	35
554	13	14	17	32	41	42	6	614	8	21	25	39	40	44	18
555	11	17	21	24	26	36	12	615	10	17	18	19	23	27	35
556	12	20	23	28	30	44	43	616	5	13	18	23	40	45	3
557	4	20	26	28	35	40	31	617	4	5	11	12	24	27	28
558	12	15	19	26	40	43	29	618	8	16	25	30	42	43	15
559	11	12	25	32	44	45	23	619	6	8	13	30	35	40	21
560	1	4	20	23	29	45	28	620	2	16	17	32	39	45	40
561	5	7	18	37	42	45	20	621	1	2	6	16	19	42	9
562	4	11	13	17	20	31	33	622	9	15	16	21	28	34	24
563	5	10	16	17	31	32	21	623	7	13	30	39	41	45	25
564	14	19	25	26	27	34	2	624	1	7	19	26	27	35	16
565	4	10	18	27	40	45	38	625	3	6	7	20	21	39	13
566	4	5	6	25	26	43	41	626	13	14	26	33	40	43	15
567	1	10	15	16	32	41	28	627	2	9	22	25	31	45	12
568	1	3	17	20	31	44	40	628	1	7	12	15	23	42	11
569	3	6	13	23	24	35	1	629	19	28	31	38	43	44	1
570	1	12	26	27	29	33	42	630	8	17	21	24	27	31	15
571	11	18	21	26	38	43	29	631	1	2	4	23	31	34	8
572	3	13	18	33	37	45	1	632	15	18	21	32	35	44	6
573	2	4	20	34	35	43	14	633	9	12	19	20	39	41	13
574	14	15	16	19	25	43	2	634	4	10	11	12	20	27	38
575	2	8	20	30	33	34	6	635	11	13	25	26	29	33	32
576	10	11	15	25	35	41	13	636	6	7	15	16	20	31	26
577	16	17	22	31	34	37	33	637	3	16	22	37	38	44	23
578	5	12	14	32	34	42	16	638	7	18	22	24	31	34	6
579	5	7	20	22	37	42	39	639	6	15	22	23	25	32	40
580	5	7	9	11	32	35	33	640	14	15	18	21	26	35	23
581	3	5	14	20	42	44	33	641	11	18	21	36	37	43	12
582	2	12	14	33	40	41	25	642	8	17	18	24	39	45	32
583	8	17	27	33	40	44	24	643	15	24	31	32	33	40	13
584	7	18	30	39	40	41	36	644	5	13	17	23	28	36	8
585	6	7	10	16	38	41	4	645	1	4	16	26	40	41	31
586	2	7	12	15	21	34	5	646	2	9	24	41	43	45	30
587	14	21	29	31	32	37	17	647	5	16	21	23	24	30	29
588	2	8	15	22	25	41	30	648	13	19	28	37	38	43	4
589	6	8	28	33	38	39	22	649	3	21	22	33	41	42	20
590	20	30	36	38	41	45	23	650	3	4	7	11	31	41	35
591	8	13	14	30	38	39	5	651	11	12	16	26	29	44	18
592	2	5	6	13	28	44	43	652	3	13	15	40	41	44	20
593	9	10	13	24	33	38	28	653	5	6	26	27	38	39	1
594	2	8	13	25	28	37	3	654	16	21	26	31	36	43	6
595	8	24	28	35	38	40	5	655	7	37	38	39	40	44	18
596	3	4	12	14	25	43	17	656	3	7	14	16	31	40	39
597	8	10	23	24	35	43	37	657	10	14	19	39	40	43	23
598	4	12	24	33	38	45	22	658	8	19	25	28	32	36	37
599	5	12	17	29	34	35	27	659	7	18	19	27	29	42	45
600	5	11	14	27	29	36	44	660	4	9	23	33	39	44	14

661	2	3	12	20	27	38	40	721	1	28	35	41	43	44	31
662	5	6	9	11	15	37	26	722	12	14	21	30	39	43	45
663	3	5	8	19	38	42	20	723	20	30	33	35	36	44	22
664	10	20	33	36	41	44	5	724	2	8	33	35	37	41	14
665	5	6	11	17	38	44	13	725	6	7	19	21	41	43	38
666	2	4	6	11	17	28	16	726	1	11	21	23	34	44	24
667	15	17	25	37	42	43	13	727	7	8	10	19	21	31	20
668	12	14	15	24	27	32	3	728	3	6	10	30	34	37	36
669	7	8	20	29	33	38	9	729	11	17	21	26	36	45	16
670	11	18	26	27	40	41	25	730	4	10	14	15	18	22	39
671	7	9	10	13	31	35	24	731	2	7	13	25	42	45	39
672	8	21	28	31	36	45	43	732	2	4	5	17	27	32	43
673	7	10	17	29	33	44	5	733	11	24	32	33	35	40	13
674	9	10	14	25	27	31	11	734	6	16	37	38	41	45	18
675	1	8	11	15	18	45	7	735	5	10	13	27	37	41	44
676	1	8	17	34	39	45	27	736	2	11	17	18	21	27	6
677	12	15	24	36	41	44	42	737	13	15	18	24	27	41	11
678	4	5	6	12	25	37	45	738	23	27	28	38	42	43	36
679	3	5	7	14	26	34	35	739	7	22	29	33	34	35	30
680	4	10	19	29	32	42	30	740	4	8	9	16	17	19	31
681	21	24	27	29	43	44	7	741	5	21	27	34	44	45	16
682	17	23	27	35	38	43	2	742	8	10	13	36	37	40	6
683	6	13	20	27	28	40	15	743	15	19	21	34	41	44	10
684	1	11	15	17	25	39	40	744	10	15	18	21	34	41	43
685	6	7	12	28	38	40	18	745	1	2	3	9	12	23	10
686	7	12	15	24	25	43	13	746	3	12	33	36	42	45	25
687	1	8	10	13	28	42	45	747	7	9	12	14	23	28	17
688	5	15	22	23	34	35	2	748	3	10	13	22	31	32	29
689	7	17	19	30	36	38	34	749	12	14	24	26	34	45	41
690	24	25	33	34	38	39	43	750	1	2	15	19	24	36	12
691	15	27	33	35	43	45	16	751	3	4	16	20	28	44	17
692	3	11	14	15	32	36	44	752	4	16	20	33	40	43	7
693	1	6	11	28	34	42	30	753	2	17	19	24	37	41	3
694	7	15	20	25	33	43	12	754	2	8	17	24	29	31	32
695	4	18	26	33	34	38	14	755	13	14	26	28	30	36	37
696	1	7	16	18	34	38	21	756	10	14	16	18	27	28	4
697	2	5	8	11	33	39	31	757	6	7	11	17	33	44	1
698	3	11	13	21	33	37	18	758	5	9	12	30	39	43	24
699	4	5	8	16	21	29	3	759	9	33	36	40	42	43	32
700	11	23	28	29	30	44	13	760	10	22	27	31	42	43	12
701	3	10	14	16	36	38	35	761	4	7	11	24	42	45	30
702	3	13	16	24	26	29	9	762	1	3	12	21	26	41	16
703	10	28	31	33	41	44	21	763	3	8	16	32	34	43	10
704	1	4	8	23	33	42	45	764	7	22	24	31	34	36	15
705	1	6	17	22	28	45	23	765	1	3	8	12	42	43	33
706	3	4	6	10	28	30	37	766	9	30	34	35	39	41	21
707	2	12	19	24	39	44	35	767	5	15	20	31	34	42	22
708	2	10	16	19	34	45	1	768	7	27	29	30	38	44	4
709	10	18	30	36	39	44	32	769	5	7	11	16	41	45	4
710	3	4	6	24	25	33	10	770	1	9	12	23	39	43	34
711	11	15	24	35	37	45	42	771	6	10	17	18	21	29	30
712	17	20	30	31	33	45	19	772	5	6	11	14	21	41	32
713	2	5	15	18	19	23	44	773	8	12	19	21	31	35	44
714	1	7	22	33	37	40	20	774	12	15	18	28	34	42	9
715	2	7	27	33	41	44	10	775	11	12	29	33	38	42	17
716	2	6	13	16	29	30	21	776	8	9	18	21	28	40	20
717	2	11	19	25	28	32	44	777	6	12	17	21	34	37	18
718	4	11	20	23	32	39	40	778	6	21	35	36	37	41	11
719	4	8	13	19	20	43	26	779	6	12	19	24	34	41	4
720	1	12	29	34	36	37	41	780	15	17	19	21	27	45	16

5

조합(15, 33)과 40

5.1. 역대 로또 당첨번호(1~360회차)에 나타나는 조합(15, 33)과 보조수 17의 규칙

★ 원 조합(15, 33)과 보조수 40이 동시에 나타나는 곳을 찾으라

원 조합(15, 33)에 따라오는 보조수는 40이다. 옆의 표에서 15, 33, 40이 한 회차에 한꺼번에 나오는 A이다. 이것은 원 조합(15, 33)의 보조수가 40임을 보여주는 근거가 된다. 한편 옆의 표에서는 나타나지 않지만 383회차에서도 동일한 현상이 나타난다.

★ 추적을 통해 15, 33, 40의 관계를 증명해 보자

비록 세 수가 동시에 등장하지는 않지만, 규칙성에 따른 반복 원리를 통해서도 세 수의 관계를 파악할 수 있다. 즉, 보조수 40이 원 조합(15, 33)에 붙는 것을 확인할 수 있다.

먼저 살필 것은 B에서 D에 나타난 현상이다. C를 기준점으로 삼을 때 C의 33과 15 중, 15가 전후로 반복해서 나타남을 알 수 있다. 즉, 5주 전에 해당하는 B에서, 그리고 5주 후에 다시 나타나는 D에서 15를 찾을 수 있다. 결국, B와 C와 D의 15는 동일한 것이라 할 수 있으며 D에 등장하는 40은 C의 조합(33, 15)와 동시에 나타난다고 볼 수 있다.

마찬가지로 E, F, G를 살펴보자. 여기서는 F를 기준점으로 잡은 후, 조합(15,

33)을 중심으로 살펴볼 수 있는데 여기서 33이 반복적으로 나타난다. 7주 전에 E에서도 나타나고 7주 후인 G에서도 나타난다. 그러므로 E와 F와 G의 33은 동일하다고 볼 수 있고 E에서 15와 함께 등장하는 40은 F의 조합**(15, 33)**과도 동시에 나타난다고 볼 수 있다. 즉, 이 조합에 보조수 40이 동반하는 것을 확인할 수 있는 것이다.

〈표 1-5-1〉

1	10	23	29	33	37	40	16	61	14	15	19	30	38	43	8	121	12	28	30	34	38	43	9	181	14	21	23	32	40	45	44	241	2	16	24	27	28	35	21	301	7	11	13	33	37	43	26
2	9	13	21	25	32	42	2	62	3	8	15	27	29	35	21	122	1	11	16	17	36	40	8	182	3	15	27	29	34	40	35	242	4	19	20	21	32	34	43	302	13	19	20	32	38	42	4
3	11	16	19	21	27	31	30	63	3	20	23	36	38	40	5	123	7	17	18	28	30	45	27	183	2	18	24	34	40	42	5	243	2	12	17	19	28	42	34	303	2	14	17	30	38	45	43
4	14	27	30	31	40	42	2	64	14	15	18	21	26	36	39	124	4	16	23	25	29	42	1	184	1	2	6	16	20	33	41	244	13	16	25	36	37	38	19	304	4	10	16	26	33	41	38
5	16	24	29	40	41	42	3	65	4	25	33	36	40	43	39	125	2	8	32	33	35	36	18	185	1	2	4	8	19	38	14	245	9	11	27	31	32	38	22	305	7	8	18	21	23	39	9
6	14	15	26	27	40	42	34	66	2	3	7	17	22	24	45	126	7	20	22	27	40	43	1	186	4	10	14	19	21	45	9	246	13	18	21	23	26	39	15	306	4	18	23	30	34	41	19
7	2	9	16	25	26	40	42	67	3	7	10	15	36	38	33	127	3	5	10	29	32	43	35	187	1	2	8	18	29	38	42	247	12	15	28	36	39	40	13	307	5	15	21	23	25	45	12
8	8	19	25	34	37	39	9	68	10	12	15	16	26	39	38	128	12	30	34	36	37	45	39	188	19	24	27	30	31	34	36	248	3	8	17	23	38	45	13	308	14	15	17	19	37	45	40
9	2	4	16	17	36	39	14	69	5	8	14	15	19	39	35	129	19	23	25	28	38	42	17	189	8	14	32	35	37	45	28	249	3	8	27	31	41	44	11	309	1	2	5	11	18	36	22
10	9	25	30	33	41	44	6	70	5	19	22	25	28	43	26	130	7	19	24	27	42	45	31	190	8	14	18	30	31	44	15	250	19	23	30	37	43	45	38	310	1	5	19	28	34	41	16
11	1	7	36	37	41	42	14	71	5	9	12	16	29	41	21	131	8	10	11	14	15	21	37	191	5	6	24	25	32	37	8	251	6	7	19	25	28	38	45	311	4	12	24	27	28	32	10
12	2	11	21	25	39	45	44	72	2	4	11	17	26	27	1	132	3	17	23	34	41	45	43	192	4	8	11	18	37	45	33	252	14	23	26	31	39	45	28	312	2	3	5	6	12	20	25
13	22	23	25	37	38	42	26	73	3	12	18	32	40	43	38	133	4	7	15	18	23	26	13	193	6	14	18	26	36	39	13	253	8	19	25	31	34	36	33	313	9	17	34	35	43	45	2
14	2	6	12	31	33	40	15	74	6	15	17	18	35	40	23	134	3	12	20	23	31	35	43	194	15	20	23	26	39	44	28	254	1	5	19	20	24	30	27	314	15	17	19	34	38	41	2
15	3	4	16	30	31	37	13	75	2	5	24	32	34	44	28	135	6	14	22	28	35	39	16	195	7	10	19	22	35	40	31	255	1	5	6	24	27	42	32	315	1	13	33	35	43	45	23
16	6	7	24	37	38	40	33	76	1	3	15	22	25	37	43	136	2	16	30	36	41	42	11	196	35	36	37	41	44	45	30	256	4	11	14	21	23	43	32	316	10	11	21	27	31	39	43
17	3	4	9	17	32	37	1	77	2	18	29	32	43	44	37	137	7	9	20	25	36	39	15	197	7	12	16	34	42	45	4	257	6	13	27	31	32	37	4	317	3	10	11	22	36	39	8
18	3	12	13	19	32	35	29	78	10	13	25	29	33	35	38	138	10	11	27	28	37	39	19	198	12	19	20	25	41	45	2	258	14	27	30	31	38	40	17	318	2	17	19	20	34	45	21
19	6	30	38	39	40	43	26	79	3	12	24	27	30	32	14	139	9	11	15	20	28	43	13	199	14	21	22	25	30	36	43	259	4	5	14	35	42	45	34	319	5	8	22	28	33	42	37
20	10	14	18	20	23	30	41	80	17	18	24	25	26	30	1	140	3	13	17	18	19	28	8	200	5	6	13	14	17	20	7	260	7	12	15	24	37	40	43	320	16	19	23	25	41	45	3
21	6	12	17	18	31	32	21	81	5	7	11	13	20	33	6	141	8	12	29	31	42	43	2	201	3	11	24	38	39	44	26	261	6	11	16	18	31	43	2	321	12	18	20	21	25	34	42
22	4	5	6	8	17	39	25	82	1	2	3	14	27	42	39	142	12	16	30	34	40	44	19	202	12	24	27	33	39	44	17	262	9	12	24	25	29	31	36	322	9	18	29	32	38	43	20
23	5	13	17	18	33	42	44	83	6	10	15	17	19	34	14	143	26	27	28	42	43	45	8	203	1	3	11	24	30	32	7	263	1	27	28	32	37	40	18	323	10	14	15	32	36	42	3
24	7	8	27	29	36	43	6	84	16	23	27	34	42	45	11	144	4	15	17	26	36	37	43	204	3	12	14	35	40	45	5	264	9	16	27	36	41	44	5	324	2	4	21	25	33	36	17
25	2	4	21	26	43	44	16	85	6	8	13	23	31	36	21	145	2	3	13	20	27	44	9	205	1	3	21	29	35	37	30	265	5	9	34	37	38	39	12	325	7	17	20	32	44	45	33
26	4	5	7	18	20	25	31	86	2	12	37	39	41	45	33	146	2	19	27	35	41	42	25	206	1	2	3	15	20	25	43	266	3	4	9	11	22	42	37	326	16	[illegible]	25	33	36	39	40
27	1	20	26	28	37	43	27	87	4	12	16	23	34	43	26	147	4	6	13	21	40	42	36	207	3	11	14	31	32	37	38	267	7	8	24	34	36	41	1	327	6	12	13	17	32	44	24
28	9	18	23	25	35	37	1	88	1	17	20	24	30	41	27	148	21	25	33	34	35	36	17	208	14	25	31	34	40	44	24	268	3	10	19	24	32	45	12	328	1	6	9	16	17	28	24
29	1	5	13	34	39	40	11	89	4	26	28	29	33	40	37	149	2	11	21	34	41	42	27	209	2	7	18	20	24	33	37	269	5	18	20	36	42	43	32	329	9	17	19	30	35	42	4
30	8	17	20	35	36	44	4	90	17	20	29	35	38	44	10	150	2	18	25	28	37	39	16	210	10	19	22	23	25	37	39	270	5	9	12	20	21	26	27	330	3	4	16	17	19	20	23
31	7	9	18	23	28	35	32	91	1	21	24	26	29	42	27	151	1	2	10	13	18	19	15	211	12	13	17	20	33	41	8	271	3	8	9	27	29	40	36	331	4	9	14	26	31	44	39
32	6	14	19	25	34	44	11	92	3	14	24	33	35	36	17	152	1	5	13	26	29	34	43	212	11	12	18	21	31	38	8	272	7	9	12	27	39	43	28	332	16	17	34	36	42	45	3
33	4	7	32	33	40	41	9	93	6	22	24	36	38	44	19	153	3	8	11	12	13	36	33	213	2	3	4	5	20	24	42	273	1	8	24	31	34	44	6	333	5	14	27	30	39	43	35
34	9	26	35	37	40	42	2	94	5	32	34	40	41	45	6	154	6	19	21	35	40	45	20	214	5	7	20	25	28	37	32	274	13	14	15	26	35	39	25	334	13	15	21	29	39	43	33
35	2	3	11	26	37	43	39	95	8	17	27	31	34	43	14	155	16	19	20	32	33	41	4	215	2	3	7	15	43	44	4	275	14	19	20	35	38	40	26	335	5	9	16	23	26	45	21
36	1	10	23	26	28	40	31	96	1	3	8	21	22	31	20	156	5	18	28	30	42	45	2	216	7	16	17	33	36	40	1	276	4	15	21	33	39	41	25	336	3	5	20	34	35	44	16
37	7	27	30	33	35	37	42	97	6	7	14	15	20	36	3	157	19	26	30	33	35	39	37	217	16	20	27	33	35	39	38	277	10	12	13	15	25	29	20	337	1	5	14	18	32	37	4
38	16	17	22	30	37	43	36	98	6	9	16	23	24	32	43	158	4	9	13	18	21	34	7	218	1	8	14	18	29	44	20	278	3	11	37	39	41	43	13	338	2	13	34	38	42	45	16
39	6	7	13	15	21	43	8	99	1	3	10	27	29	37	11	159	1	18	30	41	42	43	32	219	4	11	20	26	35	37	16	279	7	16	31	36	37	38	11	339	6	8	14	21	30	37	45
40	7	13	18	19	25	26	6	100	1	7	11	23	37	42	6	160	3	7	8	34	39	41	1	220	5	11	19	21	34	43	31	280	10	11	23	24	36	37	35	340	18	24	26	29	34	38	32
41	13	20	23	35	38	43	34	101	1	3	17	32	35	45	8	161	22	34	36	40	42	45	44	221	2	20	33	35	37	40	10	281	1	3	4	6	14	41	12	341	1	8	19	34	39	43	41
42	17	18	19	21	23	32	1	102	17	22	24	26	35	40	42	162	1	5	21	25	38	41	24	222	5	7	28	29	39	43	44	282	2	5	10	18	31	32	30	342	1	13	14	33	34	43	25
43	6	31	35	38	39	44	1	103	5	14	15	27	30	45	10	163	7	11	26	28	29	44	16	223	1	3	18	20	26	27	38	283	6	8	18	31	38	45	42	343	1	10	17	29	31	43	15
44	3	11	21	30	38	45	39	104	17	32	33	34	42	44	35	164	6	9	10	11	39	41	27	224	4	19	26	27	30	42	7	284	2	7	15	24	30	45	28	344	1	2	15	28	34	45	38
45	1	10	20	27	33	35	17	105	8	10	20	34	41	45	28	165	5	13	18	19	22	42	31	225	5	11	13	19	31	36	7	285	13	33	37	40	41	45	2	345	15	20	23	29	39	42	2
46	8	13	15	23	31	38	39	106	4	10	12	22	24	33	29	166	9	12	27	36	39	45	14	226	2	6	8	14	21	22	34	286	1	15	19	40	42	44	17	346	5	13	14	22	44	45	33
47	14	17	26	31	36	45	27	107	1	4	5	6	9	31	17	167	24	27	28	30	36	39	4	227	4	5	15	16	22	42	2	287	6	12	24	27	35	37	41	347	3	8	13	27	32	42	10
48	6	10	18	26	37	38	3	108	7	18	22	23	29	44	12	168	3	10	31	40	42	43	30	228	17	25	35	36	39	44	23	288	1	12	17	28	35	41	10	348	3	14	17	20	24	31	34
49	4	7	16	19	33	40	30	109	1	5	34	36	42	44	33	169	16	27	35	37	43	45	19	229	4	5	9	11	23	38	35	289	3	14	33	37	38	42	10	349	5	13	14	20	24	25	36
50	2	10	12	15	22	44	1	110	7	20	22	23	29	43	1	170	2	11	13	15	31	42	10	230	5	11	14	29	32	33	12	290	8	13	18	32	39	45	7	350	1	8	18	24	29	33	35
51	2	3	11	16	26	44	35	111	7	18	31	33	36	40	27	171	4	16	25	29	34	35	1	231	5	10	19	31	44	45	27	291	3	7	8	18	20	42	45	351	5	25	27	29	34	36	33
52	2	4	15	16	20	29	1	112	26	29	30	33	41	42	43	172	4	19	21	24	26	41	35	232	8	9	10	12	24	44	35	292	17	18	31	32	33	34	10	352	5	16	17	20	26	41	24
53	7	8	14	32	33	39	42	113	4	9	28	33	36	45	26	173	3	9	24	30	33	34	18	233	4	6	13	17	28	40	39	293	1	9	17	21	29	33	24	353	11	16	19	22	29	36	26
54	1	8	21	27	36	39	37	114	11	14	19	26	28	41	2	174	13	14	18	22	35	39	16	234	13	21	22	24	26	37	4	294	6	10	17	30	37	38	40	354	14	19	36	43	44	45	1
55	17	21	31	37	40	44	7	115	1	2	6	9	25	28	31	175	19	26	28	31	33	36	17	235	21	22	26	27	31	37	8	295	1	4	12	16	18	38	8	355	5	8	29	30	35	44	38
56	10	14	30	31	33	37	19	116	2	4	25	31	34	37	17	176	4	17	30	32	33	34	15	236	1	4	8	13	37	39	7	296	3	8	15	27	30	45	44	356	2	8	14	25	29	45	24
57	7	10	16	25	29	44	6	117	5	10	22	34	36	44	35	177	1	10	13	16	37	43	6	237	1	11	17	21	24	44	33	297	6	11	19	20	28	32	34	357	10	14	18	21	36	37	5
58	10	24	25	33	40	44	1	118	3	4	10	17	19	22	38	178	1	5	11	12	18	23	9	238	2	4	15	28	31	34	35	298	5	9	27	29	37	40	19	358	1	9	10	12	21	40	37
59	6	29	36	39	41	45	13	119	3	11	13	14	17	21	38	179	5	9	17	25	39	43	32	239	11	15	24	39	41	44	7	299	1	3	20	25	36	45	24	359	1	10	19	20	24	40	23
60	2	8	25	36	39	42	11	120	4	6	10	11	32	37	30	180	2	15	20	21	29	34	22	240	6	10	16	40	41	43	21	300	7	9	10	12	26	38	39	360	4	16	23	25	35	40	27

5.2. 역대 로또 당첨번호(481~780회차)에 나타나는 조합(15, 33)과 보조수 40의 불규칙 현상

★ A와 E에 나타나는 불규칙 현상과 그 안에서 발견되는 조합(15, 33)과 보조수 40

먼저 '가'의 현상을 살펴보자. D에 나타난 조합(15, 33)에 주목해 보자. D에는 이 조합의 보조수에 해당하는 40이 나타나지 않지만, 불규칙 현상에 근거하여 40을 찾아낼 수 있다.

우선 D의 15와 E의 15는 한 주 차이기 때문에 동일한 것이라고 할 수 있다. 그래서 E를 다시 기준으로 보게 되면 3주 전인 C에서 15가 등장하고 다시 3주 전인 B에서 15가 또 등장한다. 즉, B, C, D, E의 15가 동일하다고 할 수 있다. 그런데 여기서 그치지 않고 B로부터 한 주 전에 해당하는 A에서 역시 15가 나타나 A, B, C, D, E의 15가 모두 동일하다고 볼 수 있다. 그런데 A의 15는 40과 함께 등장하며, 결국 이 40은 D에 나타난 조합(15, 33)과 함께 나타난다고 볼 수 있다. 그런 식으로 보조수를 찾을 수 있다

★ F에서 M에 나타나는 불규칙 현상과 그 안에서 발견되는 조합(15, 33)과 보조수 40

'나'의 현상에서는 F를 기준점으로 잡아보자. F에 있는 조합(15, 33)을 중심으로 보면 33이 반복적으로 이어서 나타남을 알 수 있는데, 우선 F의 33과 G의 33은 한 주 간격으로 동일하며, G의 33과 H의 33 역시 3주 간격으로 동일하다고 볼 수 있다. 마찬가지로 H의 33과 I의 33 역시 동일하다. 그리고 I로부터 5주 후인 J와 K에서 역시 33이 나타나 위의 33과 동일한 점으로서 기능하며, 이어서 L과 M의 33 역시 2주 차로 나타나 동일함을 알 수 있다.

그리고 M의 33은 40과 함께 등장하는데, 이로 인해 M의 33이 F의 조합(15, 33)과 함께 등장한다고 이해할 수 있다.

〈표 1-5-2〉

421	6	11	26	27	28	44	30
422	8	15	19	21	34	44	12
423	1	17	27	28	29	40	5
424	10	11	26	31	34	44	30
425	8	10	14	27	33	38	3
426	4	17	18	27	39	43	19
427	6	7	15	24	28	30	21
428	12	16	19	22	37	40	8
429	3	23	28	34	39	42	16
430	1	3	16	18	30	34	44
431	18	22	25	31	38	45	6
432	2	3	5	11	27	39	33
433	19	23	29	33	35	43	27
434	3	13	20	24	33	37	35
435	8	16	26	30	38	45	42
436	9	14	20	22	33	34	28
437	11	16	29	38	41	44	21
438	6	12	20	26	29	38	45
439	17	20	30	31	37	40	25
440	10	22	28	34	36	44	2
441	1	23	28	30	34	35	9
442	25	27	29	36	38	40	41
443	4	6	10	19	20	44	14
444	11	13	23	35	43	45	17
445	13	20	21	30	39	45	32
446	1	11	12	14	26	35	6
447	2	7	8	9	17	33	34
448	3	7	13	27	40	41	36
449	3	10	20	26	35	43	36
450	6	14	19	21	23	31	13
451	12	15	20	24	30	38	29
452	8	10	18	30	32	34	27
453	12	24	33	38	40	42	30
454	13	25	27	34	38	41	10
455	4	19	20	26	30	35	24
456	1	7	12	18	23	27	44
457	8	10	18	23	27	40	33
458	4	9	10	32	36	40	18
459	4	6	10	14	25	40	12
460	8	11	28	30	43	45	41
461	11	18	26	31	37	40	43
462	3	20	24	32	37	45	4
463	23	29	31	33	34	44	40
464	6	12	15	34	42	44	4
465	1	8	11	13	22	38	31
466	4	10	13	23	32	44	20
467	2	12	14	17	24	40	39
468	8	13	15	28	37	43	17
469	4	21	22	34	37	38	33
470	10	16	20	39	41	42	27
471	6	13	29	37	39	41	43
472	16	25	26	31	36	43	44
473	8	13	20	22	23	36	34
474	4	13	18	31	33	45	43
475	1	9	14	16	21	29	3
476	9	12	13	15	37	38	27
477	14	25	29	32	33	45	37
478	18	29	30	37	39	43	8
479	8	23	25	27	35	44	24
480	3	5	10	17	30	31	16

481	3	4	23	29	40	41	20
482	1	10	16	24	25	35	43
483	12	15	19	22	28	34	5
484	1	3	27	28	32	45	11
485	17	22	26	27	36	39	20
486	1	2	23	25	38	40	43
487	4	8	25	27	37	41	21
488	2	8	17	30	31	38	25
489	2	4	8	15	20	27	11
490	2	7	26	29	40	43	42
491	8	17	35	36	39	42	4
492	22	27	31	35	37	40	42
493	20	22	26	33	36	37	25
494	5	7	8	15	30	43	22
495	4	13	22	27	34	44	6
496	4	13	20	29	36	41	39
497	19	20	23	24	43	44	13
498	13	14	24	32	39	41	3
499	5	20	23	27	35	40	43
500	3	4	12	20	24	34	41
501	1	4	10	17	31	42	2
502	6	22	28	32	34	40	26
503	1	5	27	30	34	36	40
504	6	14	22	26	43	44	31
505	7	20	22	25	38	40	44
506	6	9	11	22	24	30	31
507	12	13	32	33	40	41	4
508	5	27	31	34	35	43	37
509	12	25	29	35	42	43	24
510	12	29	32	33	39	40	42
511	3	7	14	23	26	42	24
512	4	5	9	13	26	27	1
513	5	8	21	23	27	33	12
514	1	15	20	26	35	42	9
515	2	11	12	15	23	37	8
516	2	8	23	41	43	44	30
517	1	9	12	28	36	41	10
518	14	23	30	32	34	38	6
519	6	8	13	16	30	43	3
520	4	22	27	28	38	40	1
521	3	7	18	29	32	36	19
522	4	5	13	14	37	41	11
523	1	4	37	38	40	45	7
524	10	11	29	38	41	45	21
525	11	23	26	29	39	44	22
526	7	14	17	20	35	39	31
527	1	12	22	32	33	42	38
528	5	17	25	31	39	40	10
529	18	20	24	27	31	42	39
530	16	23	27	29	33	41	22
531	1	5	9	21	27	35	45
532	16	17	23	24	29	44	3
533	9	14	15	17	31	33	23
534	10	24	26	29	37	38	32
535	11	12	14	15	18	39	34
536	7	8	18	32	37	43	12
537	12	23	26	30	36	43	11
538	6	10	18	31	32	34	11
539	3	19	22	31	42	43	26
540	3	12	13	15	34	36	14

541	8	13	26	28	32	34	43
542	5	6	19	26	41	45	34
543	13	18	26	31	34	44	12
544	5	17	21	25	36	44	10
545	4	24	25	27	34	35	2
546	8	17	20	27	37	43	6
547	6	7	15	22	34	39	28
548	1	12	13	21	32	45	14
549	29	31	35	38	40	44	17
550	1	7	14	20	34	37	41
551	3	6	20	24	27	44	25
552	1	10	20	32	35	40	43
553	2	7	17	28	29	39	37
554	13	14	17	32	41	42	6
555	11	17	21	24	26	36	12
556	12	20	23	28	30	44	43
557	4	20	26	28	35	40	31
558	12	15	19	26	40	43	29
559	11	12	25	32	44	45	23
560	1	4	20	23	29	45	28
561	5	7	18	37	42	45	20
562	4	11	13	17	20	31	33
563	5	10	16	17	31	32	21
564	14	19	25	26	27	34	2
565	4	10	18	27	40	45	38
566	4	5	6	25	26	43	41
567	1	10	15	16	32	41	28
568	1	3	17	20	31	44	40
569	3	6	13	23	24	35	1
570	1	12	26	27	29	33	42
571	11	18	21	26	38	43	29
572	3	13	18	33	37	45	1
573	2	4	20	34	35	43	14
574	14	15	16	19	25	43	2
575	2	8	20	30	33	34	6
576	10	11	15	25	35	41	13
577	16	17	22	31	34	37	33
578	5	12	14	32	34	42	16
579	5	7	20	22	37	42	39
580	5	7	9	11	32	35	33
581	3	5	14	20	42	44	33
582	2	12	14	33	40	41	25
583	8	17	27	33	40	44	24
584	7	18	30	39	40	41	36
585	6	7	10	16	38	41	4
586	2	7	12	15	21	34	5
587	14	21	29	31	32	37	17
588	2	8	15	22	25	41	30
589	6	8	28	33	38	39	22
590	20	30	36	38	41	45	23
591	8	13	14	30	38	39	5
592	2	5	6	13	28	44	43
593	9	10	13	24	33	38	28
594	2	8	13	25	28	37	3
595	8	24	28	35	38	40	5
596	3	4	12	14	25	43	17
597	8	10	23	24	35	43	37
598	4	12	24	33	38	45	22
599	5	12	17	29	34	35	27
600	5	11	14	27	29	36	44

601	2	16	19	31	34	35	37
602	13	14	22	27	30	38	2
603	2	19	25	26	27	43	28
604	2	6	18	21	33	34	30
605	1	2	7	9	10	38	42
606	1	5	6	14	20	39	22
607	8	14	23	36	38	39	13
608	4	8	18	19	39	44	41
609	4	8	27	34	39	40	13
610	14	18	20	23	28	36	33
611	2	22	27	33	36	37	14
612	6	9	18	19	25	33	40
613	7	8	11	16	41	44	35
614	8	21	25	39	40	44	18
615	10	17	18	19	23	27	35
616	5	13	18	23	40	45	3
617	4	5	11	12	24	27	28
618	8	16	25	30	42	43	15
619	6	8	13	30	35	40	21
620	2	16	17	32	39	45	40
621	1	2	6	16	19	42	9
622	9	15	16	21	28	34	24
623	7	13	30	39	41	45	25
624	1	7	19	26	27	35	16
625	3	6	7	20	21	39	13
626	13	14	26	33	40	43	15
627	2	9	22	25	31	45	12
628	1	7	12	15	23	42	11
629	19	28	31	38	43	44	1
630	8	17	21	24	27	31	15
631	1	2	4	23	31	34	8
632	15	18	21	32	35	44	6
633	9	12	19	20	39	41	13
634	4	10	11	12	20	27	38
635	11	13	25	26	29	33	32
636	6	7	15	16	20	31	26
637	3	16	22	37	38	44	23
638	7	18	22	24	31	34	6
639	6	15	22	23	25	32	40
640	14	15	18	21	26	35	23
641	11	18	21	36	37	43	12
642	8	17	18	24	39	45	32
643	15	24	31	32	33	40	13
644	5	13	17	23	28	36	8
645	1	4	16	26	40	41	31
646	2	9	24	41	43	45	30
647	5	16	21	23	24	30	29
648	13	19	28	37	38	43	4
649	3	21	22	33	41	42	20
650	3	4	7	11	31	41	35
651	11	12	16	26	29	44	18
652	3	13	15	40	41	44	20
653	5	6	26	27	38	39	1
654	16	21	26	31	36	43	6
655	7	37	38	39	40	44	18
656	3	7	14	16	31	40	39
657	10	14	19	39	40	43	23
658	8	19	25	28	32	36	37
659	7	18	19	27	29	42	45
660	4	9	23	33	39	44	14

661	2	3	12	20	27	38	40
662	5	6	9	11	15	37	26
663	3	5	8	19	38	42	20
664	10	20	33	36	41	44	5
665	5	6	11	17	38	44	13
666	2	4	6	11	17	28	16
667	15	17	25	37	42	43	13
668	12	14	15	24	27	32	3
669	7	8	20	29	33	38	9
670	11	18	26	27	40	41	25
671	7	9	10	13	31	35	24
672	8	21	28	31	36	45	43
673	7	10	17	29	33	44	5
674	9	10	14	25	27	31	11
675	1	8	11	15	18	45	7
676	1	8	17	34	39	45	27
677	12	15	24	36	41	44	42
678	4	5	6	12	25	37	45
679	3	5	7	14	26	34	35
680	4	10	19	29	32	42	30
681	21	24	27	29	43	44	7
682	17	23	27	35	38	43	2
683	6	13	20	27	28	40	15
684	1	11	15	17	25	39	40
685	6	7	12	28	38	40	18
686	7	12	15	24	25	43	13
687	1	8	10	13	28	42	45
688	5	15	22	23	34	35	2
689	7	17	19	30	36	38	34
690	24	25	33	34	38	39	43
691	15	27	33	35	43	45	16
692	3	11	14	15	32	36	44
693	1	6	11	28	34	42	30
694	1	15	20	25	33	43	12
695	4	18	26	33	34	38	14
696	1	7	16	18	34	38	21
697	2	5	8	11	33	39	31
698	3	11	13	21	33	37	18
699	4	5	8	16	21	29	3
700	11	23	28	29	30	44	13
701	3	10	14	16	36	38	35
702	3	13	16	24	26	29	9
703	10	28	31	33	41	44	21
704	1	4	8	23	33	42	45
705	1	6	17	22	28	45	23
706	3	4	6	10	28	30	37
707	2	12	19	24	39	44	35
708	2	10	16	19	34	45	1
709	10	18	30	36	39	44	32
710	3	4	6	24	25	33	10
711	11	15	24	35	37	45	42
712	17	20	30	31	33	45	19
713	2	5	15	18	19	23	44
714	1	7	22	33	37	40	20
715	2	7	27	33	41	44	10
716	2	6	13	16	29	30	21
717	2	11	19	25	28	32	44
718	4	11	20	23	32	39	40
719	4	8	13	19	20	43	26
720	1	12	29	34	36	37	41

721	1	28	35	41	43	44	31
722	12	14	21	30	39	43	45
723	20	30	33	35	36	44	22
724	2	8	33	35	37	41	14
725	6	7	19	21	41	43	38
726	1	11	21	23	34	44	24
727	7	8	10	19	21	31	20
728	3	6	10	30	34	37	36
729	11	17	21	26	36	45	16
730	4	10	14	15	18	22	39
731	2	7	13	25	42	45	39
732	2	4	5	17	27	32	43
733	11	24	32	33	35	40	13
734	6	16	37	38	41	45	18
735	5	10	13	27	37	41	44
736	2	11	17	18	21	27	6
737	13	15	18	24	27	41	11
738	23	27	28	38	42	43	36
739	7	22	29	33	34	35	30
740	4	8	9	16	17	19	31
741	5	21	27	34	44	45	16
742	8	10	13	36	37	40	6
743	15	19	21	34	41	44	10
744	10	15	18	21	34	41	43
745	1	2	3	9	12	23	10
746	3	12	33	36	42	45	25
747	7	9	12	14	23	28	17
748	3	10	13	22	31	32	29
749	12	14	24	26	34	45	41
750	1	2	15	19	24	36	12
751	3	4	16	20	28	44	17
752	4	16	20	33	40	43	7
753	2	17	19	24	37	41	3
754	2	8	17	24	29	31	32
755	13	14	26	28	30	36	37
756	10	14	16	18	27	28	4
757	6	7	11	17	33	44	1
758	5	9	12	30	39	43	24
759	9	33	36	40	42	43	32
760	10	22	27	31	42	43	12
761	4	7	11	24	42	45	30
762	1	3	12	21	26	41	16
763	3	8	16	32	34	43	10
764	7	22	24	31	34	36	15
765	1	3	8	12	42	43	33
766	9	30	34	35	39	41	21
767	5	15	20	31	34	42	22
768	7	27	29	30	38	44	4
769	5	7	11	16	41	45	4
770	1	9	12	23	39	43	34
771	6	10	17	18	21	29	30
772	5	6	11	14	21	41	32
773	8	12	19	21	31	35	44
774	12	15	18	28	34	42	9
775	11	12	29	33	38	42	17
776	8	9	18	21	28	40	20
777	6	12	17	21	34	37	18
778	6	21	35	36	37	41	11
779	6	12	19	24	34	41	4
780	15	17	19	21	27	45	16

5.3. 역대 로또 당첨번호(181~540회차)에 나타나는 조합(15, 33)과 보조수 40의 불가 현상

★ A에 나타난 조합(15, 33)의 보조수 40을 찾기

두 수의 조합은 보조수와 짝을 이룬다. 그런데 앞에서도 살펴본 것처럼, 조합 **(15, 33)**에서 역시 보조수 40을 동반하지 않는 경우가 나타나고 있다. 바로 A인데, A를 보면 아무리 추적을 해도 보조수 40을 찾을 수가 없다.

하지만 주변에서 A와 연관이 된다고 추정되는 것이 한 군데 있는데, 바로 B와 C에서 나타나는 현상이다.

B에는 33과 40이, C에는 15와 40이 나타나고 있어 15, 33, 40이 등장하고는 있지만, 사실상 15와 33이 함께 뜨지는 않으므로 조합은 아니다. 그런데 불규칙 현상에 따라 40이 한 주 간격으로 동시에 나타나 B의 40과 C의 40이 동시에 나타난다고 할 수 있다. 그리고 이에 따라 B의 33과 C의 15 역시 40과 함께 뜬다고 볼 수 있다. 이것은 조합과 보조수의 관계가 아닌, 가 현상인데 이것이 A에서 보조수가 나타나지 않는 것과 연관이 되지 않을지 추측해 본다.

한편, D는 연관되는 가 현상을 찾을 수 없다. 즉, 불가 현상이다. 이 현상에 대해서 이유는 설명할 수 없지만 다른 조합과 관련한 분명한 이유가 있을 거라 생각한다(**수많은 조합과의 연관성에 의한 현상 중 하나다**).

〈표 1-5-3〉

181	14	21	23	32	40	45	44	241	2	16	24	27	28	35	21	301	7	11	13	33	37	43	26	361	5	10	16	24	27	35	33	421	6	11	26	27	28	44	30	481	3	4	23	29	40	41	20	541
182	13	15	27	29	34	40	35	242	4	19	20	21	32	34	43	302	13	19	20	32	38	42	4	362	2	3	22	27	30	40	29	422	8	15	19	21	34	44	12	482	1	10	16	24	25	35	43	542
183	2	18	24	34	40	42	5	243	2	12	17	19	28	42	34	303	2	14	17	30	38	45	43	363	11	12	14	21	32	38	6	423	1	17	27	28	29	40	5	483	12	15	19	22	28	34	5	543
184	1	2	6	16	20	33	41	244	13	16	25	36	37	38	19	304	4	10	16	26	33	41	38	364	2	5	7	14	16	40	4	424	10	11	26	31	34	44	30	484	1	3	27	28	32	45	11	544
185	1	2	4	8	19	38	14	245	9	11	27	31	32	38	22	305	7	8	18	21	23	39	9	365	5	15	21	25	26	30	31	425	8	10	14	27	33	38	3	485	17	22	26	27	36	39	20	545
186	4	10	14	19	21	45	9	246	13	18	21	23	26	39	15	306	4	18	23	30	34	41	19	366	5	12	19	26	27	44	38	426	4	17	18	27	39	43	19	486	1	2	23	25	38	40	43	546
187	1	2	8	18	29	38	42	247	12	15	28	36	39	40	13	307	5	15	21	23	25	45	12	367	3	22	25	29	32	44	19	427	6	7	15	24	28	30	21	487	4	8	25	27	37	41	21	547
188	19	24	27	30	31	34	36	248	3	8	17	23	38	45	13	308	14	15	17	19	37	45	40	368	11	21	24	30	39	45	26	428	12	16	19	22	37	40	8	488	2	8	17	30	31	38	25	548
189	8	14	32	35	37	45	28	249	3	8	27	31	41	44	11	309	1	2	5	11	18	36	22	369	17	20	35	36	41	43	21	429	3	23	28	34	39	42	16	489	2	4	8	15	20	27	11	549
190	8	14	18	30	31	44	15	250	19	23	30	37	43	45	38	310	1	5	19	28	34	41	16	370	16	18	24	42	44	45	17	430	1	3	16	18	30	34	44	490	2	7	26	29	40	43	42	550
191	5	6	24	25	32	37	8	251	6	7	19	25	28	38	45	311	4	12	24	27	28	32	10	371	7	9	15	26	27	42	18	431	18	22	25	31	38	45	6	491	8	17	35	36	39	42	4	551
192	4	8	11	18	37	45	33	252	14	23	26	31	39	45	28	312	2	3	5	6	12	20	25	372	8	11	14	16	18	21	13	432	2	3	5	11	27	39	33	492	22	27	31	35	37	40	42	552
193	6	14	18	26	36	39	13	253	8	19	25	31	34	36	33	313	9	17	34	35	43	45	2	373	15	26	37	42	43	45	9	433	19	23	29	33	35	43	27	493	20	22	26	33	36	37	25	553
194	15	20	23	26	39	44	28	254	1	5	19	20	24	30	27	314	15	17	19	34	38	41	2	374	11	13	15	17	25	34	26	434	3	13	20	24	33	37	35	494	5	7	8	15	30	43	22	554
195	7	10	19	22	35	40	31	255	1	5	6	24	27	42	32	315	1	13	33	35	43	45	23	375	4	8	19	25	27	45	7	435	8	16	26	30	38	45	42	495	4	13	22	27	34	44	6	555
196	35	36	37	41	44	45	30	256	4	11	14	21	23	43	32	316	10	11	21	27	31	39	43	376	1	11	13	24	28	40	7	436	9	14	20	22	33	34	28	496	4	13	20	29	36	41	39	556
197	7	12	16	34	42	45	4	257	6	13	27	31	32	37	4	317	3	10	11	22	36	39	8	377	6	22	29	37	43	45	23	437	11	16	29	38	41	44	21	497	19	20	23	24	43	44	13	557
198	12	19	20	25	41	45	2	258	14	27	30	31	38	40	17	318	2	17	19	20	34	45	21	378	5	22	29	31	34	39	43	438	6	12	20	26	29	38	45	498	13	14	24	32	39	41	3	558
199	14	21	22	25	30	36	43	259	4	5	14	35	42	45	34	319	5	8	22	28	33	42	37	379	6	10	22	31	35	40	19	439	17	20	30	31	37	40	25	499	5	20	23	27	35	40	43	559
200	5	6	13	14	17	20	7	260	7	12	15	24	37	40	43	320	16	19	23	25	41	45	3	380	1	2	8	17	26	37	27	440	10	22	28	34	36	44	2	500	3	4	12	20	24	34	41	560
201	3	11	24	38	39	44	26	261	6	11	16	18	31	43	2	321	12	18	20	21	25	34	42	381	1	5	10	12	16	20	11	441	1	23	28	30	34	35	9	501	1	4	10	17	31	42	2	561
202	12	24	27	33	39	44	17	262	9	12	24	25	29	31	36	322	9	18	29	32	38	43	20	382	10	15	22	24	27	42	19	442	25	27	29	36	38	40	41	502	6	22	28	32	34	40	26	562
203	1	3	11	24	30	32	7	263	1	27	28	32	37	40	18	323	10	14	15	32	36	42	3	383	4	15	28	33	37	40	25	443	4	6	10	19	20	44	14	503	1	5	27	30	34	36	40	563
204	3	12	14	35	40	45	5	264	9	16	27	36	41	44	5	324	2	4	21	25	33	36	17	384	11	22	24	32	36	38	7	444	11	13	23	35	43	45	17	504	6	14	22	26	43	44	31	564
205	1	3	21	29	35	37	30	265	5	9	34	37	38	39	12	325	7	17	20	32	44	45	33	385	7	12	19	21	29	32	9	445	13	20	21	30	39	45	32	505	7	20	22	25	38	40	44	565
206	1	2	3	15	20	25	43	266	3	4	9	11	22	42	37	326	16	23	25	33	36	39	40	386	4	7	10	19	31	40	26	446	1	11	12	14	26	35	6	506	6	9	11	22	24	30	31	566
207	3	11	14	31	32	37	38	267	7	8	24	34	36	41	1	327	6	12	13	17	32	44	24	387	1	26	31	34	40	43	20	447	2	7	8	9	17	33	34	507	12	13	32	33	40	41	4	567
208	14	25	31	34	40	44	24	268	3	10	19	24	32	45	12	328	1	6	9	16	17	28	24	388	1	8	9	17	29	32	45	448	3	7	13	27	40	41	36	508	5	27	31	34	35	43	37	568
209	2	7	18	20	24	33	37	269	5	18	20	36	42	43	32	329	9	17	19	30	35	42	4	389	7	16	18	20	23	26	3	449	3	10	20	26	35	43	36	509	12	25	29	35	42	43	24	569
210	10	19	22	23	25	37	39	270	5	9	12	20	21	26	27	330	3	4	16	17	19	20	23	390	16	17	28	37	39	40	15	450	6	14	19	21	23	31	13	510	12	29	32	33	39	40	42	570
211	12	13	17	20	33	41	8	271	3	8	9	27	29	40	36	331	4	9	14	26	31	44	39	391	10	11	18	22	28	39	30	451	12	15	20	24	30	38	29	511	3	7	14	23	26	42	24	571
212	11	12	18	21	31	38	8	272	7	9	12	27	39	43	28	332	16	17	34	36	42	45	3	392	1	3	7	8	24	42	43	452	8	10	18	30	32	34	27	512	4	5	9	13	26	27	1	572
213	2	3	4	5	20	24	42	273	1	8	24	31	34	44	6	333	5	14	27	30	39	43	35	393	9	16	28	40	41	43	21	453	12	24	33	38	40	42	30	513	5	8	21	23	27	33	12	573
214	5	7	20	25	28	37	32	274	13	14	15	26	35	39	25	334	13	15	21	29	39	43	33	394	1	13	20	22	25	28	15	454	13	25	27	34	38	41	10	514	1	15	20	26	35	42	9	574
215	2	3	7	15	43	44	4	275	14	19	20	35	38	40	26	335	5	9	16	23	26	45	21	395	11	15	20	26	31	35	7	455	4	19	20	26	30	35	24	515	2	11	12	15	23	37	8	575
216	7	16	17	33	36	40	1	276	4	15	21	33	39	41	25	336	3	5	20	34	35	44	16	396	18	20	31	34	40	45	30	456	1	7	12	18	23	27	44	516	2	8	23	41	43	44	30	576
217	16	20	27	33	35	39	38	277	10	12	13	15	25	29	20	337	1	5	14	18	32	37	4	397	12	13	17	22	25	33	8	457	8	10	18	23	27	40	33	517	1	9	12	28	36	41	10	577
218	1	8	14	18	29	44	20	278	3	11	37	39	41	43	13	338	2	13	34	38	42	45	16	398	10	15	20	23	42	44	7	458	4	9	10	32	36	40	18	518	14	23	30	32	34	38	6	578
219	4	11	20	26	35	37	16	279	7	16	31	36	37	38	11	339	6	8	14	21	30	37	45	399	1	2	9	17	19	42	20	459	4	6	10	14	25	40	12	519	6	8	13	16	30	43	3	579
220	5	11	19	21	34	43	31	280	10	11	23	24	36	37	35	340	18	24	26	29	34	38	32	400	9	21	27	34	41	43	2	460	8	11	28	30	43	45	41	520	4	22	27	28	38	40	1	580
221	2	20	33	35	37	40	10	281	1	3	4	6	14	41	12	341	1	8	19	34	39	43	41	401	6	12	18	31	38	43	9	461	11	18	26	31	37	40	43	521	3	7	18	29	32	36	19	581
222	5	7	28	29	39	43	44	282	2	5	10	18	31	32	30	342	1	13	14	33	34	43	25	402	5	9	15	19	22	36	32	462	3	20	24	32	37	45	4	522	4	5	13	14	37	41	11	582
223	1	3	18	20	26	27	38	283	6	8	18	31	38	45	42	343	1	10	17	29	31	43	15	403	10	14	22	24	28	37	26	463	23	29	31	33	34	44	40	523	1	4	37	38	40	45	7	583
224	4	19	26	27	30	42	7	284	2	7	15	24	30	45	28	344	1	2	15	28	34	45	38	404	5	20	21	24	33	40	36	464	6	12	15	34	42	44	4	524	10	11	29	38	41	45	21	584
225	5	11	13	19	31	36	7	285	13	33	37	40	41	45	2	345	15	20	23	29	39	42	2	405	1	2	10	25	26	44	4	465	1	8	11	13	22	38	31	525	11	23	26	29	39	44	22	585
226	2	6	8	14	21	22	34	286	1	15	19	40	42	44	17	346	5	13	14	22	44	45	33	406	7	12	21	24	27	36	45	466	4	10	13	23	32	44	20	526	7	14	17	20	35	39	31	586
227	4	5	15	16	22	42	2	287	6	12	24	27	35	37	41	347	3	8	13	27	32	42	10	407	6	7	13	16	24	25	1	467	2	12	14	17	24	40	39	527	1	12	22	32	33	42	38	587
228	17	25	35	36	39	44	23	288	1	12	17	28	35	41	10	348	3	14	17	20	24	31	34	408	9	20	21	22	30	37	16	468	8	13	15	28	37	43	17	528	5	17	25	31	39	40	10	588
229	4	5	9	11	23	38	35	289	3	14	33	37	38	42	10	349	5	13	14	20	24	25	36	409	6	9	21	31	32	40	38	469	4	21	22	34	37	38	33	529	18	20	24	27	31	42	39	589
230	5	11	14	29	32	33	12	290	8	13	18	32	39	45	7	350	1	8	18	24	29	33	35	410	1	3	18	32	40	41	16	470	10	16	20	39	41	42	27	530	16	23	27	29	33	41	22	590
231	5	10	19	31	44	45	27	291	3	7	8	18	20	42	45	351	5	25	27	29	34	36	33	411	11	14	22	35	37	39	5	471	6	13	29	37	39	41	43	531	1	5	9	21	27	35	45	591
232	8	9	10	12	24	44	35	292	17	18	31	32	33	34	10	352	5	16	17	20	26	41	24	412	4	7	39	41	42	45	40	472	16	25	26	31	36	43	44	532	16	17	23	24	29	44	3	592
233	4	6	13	17	28	40	39	293	1	9	17	21	29	33	24	353	11	16	19	22	29	36	26	413	2	9	15	23	34	40	3	473	8	13	20	22	23	36	34	533	9	14	15	17	31	33	23	593
234	13	21	22	24	26	37	4	294	6	10	17	30	37	38	40	354	14	19	36	43	44	45	1	414	2	14	15	22	23	44	43	474	4	13	18	31	33	45	43	534	10	24	26	29	37	38	32	594
235	21	22	26	27	31	37	8	295	1	4	12	16	18	38	8	355	5	8	29	30	35	44	38	415	7	17	20	26	30	40	24	475	1	9	14	16	21	29	3	535	11	12	14	15	18	39	34	595
236	1	4	8	13	37	39	7	296	3	8	15	27	30	45	44	356	2	8	14	25	29	45	24	416	5	6	8	11	22	26	44	476	9	12	13	15	37	38	27	536	7	8	18	32	37	43	12	596
237	1	11	17	21	24	44	33	297	6	11	19	20	28	32	34	357	10	14	18	21	36	37	5	417	4	5	14	20	22	43	44	477	14	25	29	32	33	45	37	537	12	23	26	30	36	43	11	597
238	2	4	15	28	31	34	35	298	5	9	27	29	37	40	19	358	1	9	10	12	21	40	37	418	11	13	15	26	28	34	31	478	18	29	30	37	39	43	8	538	6	10	18	31	32	34	11	598
239	11	15	24	39	41	44	7	299	1	3	20	25	36	45	24	359	1	10	19	20	24	40	23	419	2	11	13	14	28	30	7	479	8	23	25	27	35	44	24	539	3	19	22	31	42	43	26	599
240	6	10	16	40	41	43	21	300	7	9	10	12	26	38	39	360	4	16	23	25	35	40	27	420	4	9	10	29	31	34	27	480	3	5	10	17	30	31	16	540	3	12	13	15	34	36	14	600

5.4. 결론- 로또에의 적용

규칙 현상과 불규칙 현상을 함께 보았을 때,

- 15와 33은 조합을 이루며
- 여기에 보조수 40이 붙음을 알 수 있다.

그리고 이에 기초하여 다음과 같은 적용을 해 볼 수 있다.

1단계– 15와 33을 함께 찍게 되었을 때

15와 33이 함께 등장하면 보조수 40이 등장할 수 있다.
그러므로 15와 33을 찍게 될 때는 40을 함께 찍는 것이 유리하다.

2단계– 그렇다면 보조수 40이 나오는 시기를 어떻게 알 수 있을까?

원 조합(15, 33)이 나타났는데 보조수 40이 없는 경우가 있다. 이때, 과거(이전 당첨번호들)와 미래(이후 당첨번호들)에 주목하면서 규칙적인 반복현상이 나타나는지를 살펴야 하는데, 만약 기준점으로부터 6주 전에 15나 133 중 하나가 등장했다면, 6주 후에도 15나 33 중 하나가 등장할 수 있다. 그리고 이와 함께 보조수 40이 나타날 것으로 예측할 수 있다.

조합 15, 33

1	10	23	29	33	37	40	16
2	9	13	21	25	32	42	2
3	11	16	19	21	27	31	30
4	14	27	30	31	40	42	2
5	16	24	29	40	41	42	3
6	14	15	26	27	40	42	34
7	2	9	16	25	26	40	42
8	8	19	25	34	37	39	9
9	2	4	16	17	36	39	14
10	9	25	30	33	41	44	6
11	1	7	36	37	41	42	14
12	2	11	21	25	39	45	44
13	22	23	25	37	38	42	26
14	2	6	12	31	33	40	15
15	3	4	16	30	31	37	13
16	6	7	24	37	38	40	33
17	3	4	9	17	32	37	1
18	3	12	13	19	32	35	29
19	6	30	38	39	40	43	26
20	10	14	18	20	23	30	41
21	6	12	17	18	31	32	21
22	4	5	6	8	17	39	25
23	5	13	17	18	33	42	44
24	7	8	27	29	36	43	6
25	2	4	21	26	43	44	16
26	4	5	7	18	20	25	31
27	1	20	26	28	37	43	27
28	9	18	23	25	35	37	1
29	1	5	13	34	39	40	11
30	8	17	20	35	36	44	4
31	7	9	18	23	28	35	32
32	6	14	19	25	34	44	11
33	4	7	32	33	40	41	9
34	9	26	35	37	40	42	2
35	2	3	11	26	37	43	39
36	1	10	23	26	28	40	31
37	7	27	30	33	35	37	42
38	16	17	22	30	37	43	36
39	6	7	13	15	21	43	8
40	7	13	18	19	25	26	6
41	13	20	23	35	38	43	34
42	17	18	19	21	23	32	1
43	6	31	35	38	39	44	1
44	3	11	21	30	38	45	39
45	1	10	20	27	33	35	17
46	8	13	15	23	31	38	39
47	14	17	26	31	36	45	27
48	6	10	18	26	37	38	3
49	4	7	16	19	33	40	30
50	2	10	12	15	22	44	1
51	2	3	11	16	26	44	35
52	2	4	15	16	20	29	1
53	7	8	14	32	33	39	42
54	1	8	21	27	36	39	37
55	17	21	31	37	40	44	7
56	10	14	30	31	33	37	19
57	7	10	16	25	29	44	6
58	10	24	25	33	40	44	1
59	6	29	36	39	41	45	13
60	2	8	25	36	39	42	11

61	14	15	19	30	38	43	8
62	3	8	15	27	29	35	21
63	3	20	23	36	38	40	5
64	14	15	18	21	26	36	39
65	4	25	33	36	40	43	39
66	2	3	7	17	22	24	45
67	3	7	10	15	36	38	33
68	10	12	15	16	26	39	38
69	5	8	14	15	19	39	35
70	5	19	22	25	28	43	26
71	5	9	12	16	29	41	21
72	2	4	11	17	26	27	1
73	3	12	18	32	40	43	38
74	6	15	17	18	35	40	23
75	2	5	24	32	34	44	28
76	1	3	15	22	25	37	43
77	2	18	29	32	43	44	37
78	10	13	25	29	33	35	38
79	3	12	24	27	30	32	14
80	17	18	24	25	26	30	1
81	5	7	11	13	20	33	6
82	1	2	3	14	27	42	39
83	6	10	15	17	19	34	14
84	16	23	27	34	42	45	11
85	6	8	13	23	31	36	21
86	2	12	37	39	41	45	33
87	4	12	16	23	34	43	26
88	1	17	20	24	30	41	27
89	4	26	28	29	33	40	37
90	17	20	29	35	38	44	10
91	1	21	24	26	29	42	27
92	3	14	24	33	35	36	17
93	6	22	24	36	38	44	19
94	5	32	34	40	41	45	6
95	8	17	27	31	34	43	14
96	1	3	8	21	22	31	20
97	6	7	14	15	20	36	3
98	6	9	16	23	24	32	43
99	1	3	10	27	29	37	11
100	1	7	11	23	37	42	6
101	1	3	17	32	35	45	8
102	17	22	24	26	35	40	42
103	5	14	15	27	30	45	10
104	17	32	33	34	42	44	35
105	8	10	20	34	41	45	28
106	4	10	12	22	24	33	29
107	1	4	5	6	9	31	17
108	7	18	22	23	29	44	12
109	1	5	34	36	42	44	33
110	7	20	22	23	29	43	1
111	7	18	31	33	36	40	27
112	26	29	30	33	41	42	43
113	4	9	28	33	36	45	26
114	11	14	19	26	28	41	2
115	1	2	6	9	25	28	31
116	2	4	25	31	34	37	17
117	5	10	22	34	36	44	35
118	3	4	10	17	19	22	38
119	3	11	13	14	17	21	38
120	4	6	10	11	32	37	30

121	12	28	30	34	38	43	9
122	1	11	16	17	36	40	8
123	7	17	18	28	30	45	27
124	4	16	23	25	29	42	1
125	2	8	32	33	35	36	18
126	7	20	22	27	40	43	1
127	3	5	10	29	32	43	35
128	12	30	34	36	37	45	39
129	19	23	25	28	38	42	17
130	7	19	24	27	42	45	31
131	8	10	11	14	15	21	37
132	3	17	23	34	41	45	43
133	4	7	15	18	23	26	13
134	3	12	20	23	31	35	43
135	6	14	22	28	35	39	16
136	2	16	30	36	41	42	11
137	7	9	20	25	36	39	15
138	10	11	27	28	37	39	19
139	9	11	15	20	28	43	13
140	3	13	17	18	19	28	8
141	8	12	29	31	42	43	2
142	12	16	30	34	40	44	19
143	26	27	28	42	43	45	8
144	4	15	17	26	36	37	43
145	2	3	13	20	27	44	9
146	2	19	27	35	41	42	25
147	4	6	13	21	40	42	36
148	21	25	33	34	35	36	17
149	2	11	21	34	41	42	27
150	2	18	25	28	37	39	16
151	1	2	10	13	18	19	15
152	1	5	13	26	29	34	43
153	3	8	11	12	13	36	33
154	6	19	21	35	40	45	20
155	16	19	20	32	33	41	4
156	5	18	28	30	42	45	2
157	19	26	30	33	35	39	37
158	4	9	13	18	21	34	7
159	1	18	30	41	42	43	32
160	3	7	8	34	39	41	1
161	22	34	36	40	42	45	44
162	1	5	21	25	38	41	24
163	7	11	26	28	29	44	16
164	6	9	10	11	39	41	27
165	5	13	18	19	22	42	31
166	9	12	27	36	39	45	14
167	24	27	28	30	36	39	4
168	3	10	31	40	42	43	30
169	16	27	35	37	43	45	19
170	2	11	13	15	31	42	10
171	4	16	25	29	34	35	1
172	4	19	21	24	26	41	35
173	3	9	24	30	33	34	18
174	13	14	18	22	35	39	16
175	19	26	28	31	33	36	17
176	4	17	30	32	33	34	15
177	1	10	13	16	37	43	6
178	1	5	11	12	18	23	9
179	5	9	17	25	39	43	32
180	2	15	20	21	29	34	22

181	14	21	23	32	40	45	44
182	13	15	27	29	34	40	35
183	2	18	24	34	40	42	5
184	1	2	6	16	20	33	41
185	1	2	4	8	19	38	14
186	4	10	14	19	21	45	9
187	1	2	8	18	29	38	42
188	19	24	27	30	31	34	36
189	8	14	32	35	37	45	28
190	8	14	18	30	31	44	15
191	5	6	24	25	32	37	8
192	4	8	11	18	37	45	33
193	6	14	18	26	36	39	13
194	15	20	23	26	39	44	28
195	7	10	19	22	35	40	31
196	35	36	37	41	44	45	30
197	7	12	16	34	42	45	4
198	12	19	20	25	41	45	2
199	14	21	22	25	30	36	43
200	5	6	13	14	17	20	7
201	3	11	24	38	39	44	26
202	12	24	27	33	39	44	17
203	1	3	11	24	30	32	7
204	3	12	14	35	40	45	5
205	1	3	21	29	35	37	30
206	1	2	3	15	20	25	43
207	3	11	14	31	32	37	38
208	14	25	31	34	40	44	24
209	2	7	18	20	24	33	37
210	10	19	22	23	25	37	39
211	12	13	17	20	33	41	8
212	11	12	18	21	31	38	8
213	2	3	4	5	20	24	42
214	5	7	20	25	28	37	32
215	2	3	7	15	43	44	4
216	7	16	17	33	36	40	1
217	16	20	27	33	35	39	38
218	1	8	14	18	29	44	20
219	4	11	20	26	35	37	16
220	5	11	19	21	34	43	31
221	2	20	33	35	37	40	10
222	5	7	28	29	39	43	44
223	1	3	18	20	26	27	38
224	4	19	26	27	30	42	7
225	5	11	13	19	31	36	7
226	2	6	8	14	21	22	34
227	4	5	15	16	22	42	2
228	17	25	35	36	39	44	23
229	4	5	9	11	23	38	35
230	5	11	14	29	32	33	12
231	5	10	19	31	44	45	27
232	8	9	10	12	24	44	35
233	4	6	13	17	28	40	39
234	13	21	22	24	26	37	4
235	21	22	26	27	31	37	8
236	1	4	8	13	37	39	7
237	1	11	17	21	24	44	33
238	2	4	15	28	31	34	35
239	11	15	24	39	41	44	7
240	6	10	16	40	41	43	21

241	2	16	24	27	28	35	21
242	4	19	20	21	32	34	43
243	2	12	17	19	28	42	34
244	13	16	25	36	37	38	19
245	9	11	27	31	32	38	22
246	13	18	21	23	26	39	15
247	12	15	28	36	39	40	13
248	3	8	17	23	38	45	13
249	3	8	27	31	41	44	11
250	19	23	30	37	43	45	38
251	6	7	19	25	28	38	45
252	14	23	26	31	39	45	28
253	8	19	25	31	34	36	33
254	1	5	19	20	24	30	27
255	1	5	6	24	27	42	32
256	4	11	14	21	23	43	32
257	6	13	27	31	32	37	4
258	14	27	30	31	38	40	17
259	4	5	14	35	42	45	34
260	7	12	15	24	37	40	43
261	6	11	16	18	31	43	2
262	9	12	24	25	29	31	36
263	1	27	28	32	37	40	18
264	9	16	27	36	41	44	5
265	5	9	34	37	38	39	12
266	3	4	9	11	22	42	37
267	7	8	24	34	36	41	1
268	3	10	19	24	32	45	12
269	5	18	20	36	42	43	32
270	5	9	12	20	21	26	27
271	3	8	9	27	29	40	36
272	7	9	12	27	39	43	28
273	1	8	24	31	34	44	6
274	13	14	15	26	35	39	25
275	14	19	20	35	38	40	26
276	4	15	21	33	39	41	25
277	10	12	13	15	25	29	20
278	3	11	37	39	41	43	13
279	7	16	31	36	37	38	11
280	10	11	23	24	36	37	35
281	1	3	4	6	14	41	12
282	2	5	10	18	31	32	30
283	6	8	18	31	38	45	42
284	2	7	15	24	30	45	28
285	13	33	37	40	41	45	2
286	1	15	19	40	42	44	17
287	6	12	24	27	35	37	41
288	1	12	17	28	35	41	10
289	3	14	33	37	38	42	10
290	8	13	18	32	39	45	7
291	3	7	8	18	20	42	45
292	17	18	31	32	33	34	10
293	1	9	17	21	29	33	24
294	6	10	17	30	37	38	40
295	1	4	12	16	18	38	8
296	3	8	15	27	30	45	44
297	6	11	19	20	28	32	34
298	5	9	27	29	37	40	19
299	1	3	20	25	36	45	24
300	7	9	10	12	26	38	39

301	7	11	13	33	37	43	26
302	13	19	20	32	38	42	4
303	2	14	17	30	38	45	43
304	4	10	16	26	33	41	38
305	7	8	18	21	23	39	9
306	4	18	23	30	34	41	19
307	5	15	21	23	25	45	12
308	14	15	17	19	37	45	40
309	1	2	5	11	18	36	22
310	1	5	19	28	34	41	16
311	4	12	24	27	28	32	10
312	2	3	5	6	12	20	25
313	9	17	34	35	43	45	2
314	15	17	19	34	38	41	2
315	1	13	33	35	43	45	23
316	10	11	21	27	31	39	43
317	3	10	11	22	36	39	8
318	2	17	19	20	34	45	21
319	5	8	22	28	33	42	37
320	16	19	23	25	41	45	3
321	12	18	20	21	25	34	42
322	9	18	29	32	38	43	20
323	10	14	15	32	36	42	3
324	2	4	21	25	33	36	17
325	7	17	20	32	44	45	33
326	16	23	25	33	36	39	40
327	6	12	13	17	32	44	24
328	1	6	9	16	17	28	24
329	9	17	19	30	35	42	4
330	3	4	16	17	19	20	23
331	4	9	14	26	31	44	39
332	16	17	34	36	42	45	3
333	5	14	27	30	39	43	35
334	13	15	21	29	39	43	33
335	5	9	16	23	26	45	21
336	3	5	20	34	35	44	16
337	1	5	14	18	32	37	4
338	2	13	34	38	42	45	16
339	6	8	14	21	30	37	45
340	18	24	26	29	34	38	32
341	1	8	19	34	39	43	41
342	1	13	14	33	34	43	25
343	1	10	17	29	31	43	15
344	1	2	15	28	34	45	38
345	15	20	23	29	39	42	2
346	5	13	14	22	44	45	33
347	3	8	13	27	32	42	10
348	3	14	17	20	24	31	34
349	5	13	14	20	24	25	36
350	1	8	18	24	29	33	35
351	5	25	27	29	34	36	33
352	5	16	17	20	26	41	24
353	11	16	19	22	29	36	26
354	14	19	36	43	44	45	1
355	5	8	29	30	35	44	38
356	2	8	14	25	29	45	24
357	10	14	18	21	36	37	5
358	1	9	10	12	21	40	37
359	1	10	19	20	24	40	23
360	4	16	23	25	35	40	27

361
362
363
364
365
366
367
368
369
370
371
372
373
374
375
376
377
378
379
380
381
382
383
384
385
386
387
388
389
390
391
392
393
394
395
396
397
398
399
400
401
402
403
404
405
406
407
408
409
410
411
412
413
414
415
416
417
418
419
420

35	33	421	6	11	26	27	28	44	30	481	3	4	23	29	40	41	20	541	8	13	26	28	32	34	43	601	2	16	19	31	34	35	37	661	2	3	12	20	27	38	40	721	1	28	35	41	43	44	31
40	29	422	8	15	19	21	34	44	12	482	1	10	16	24	25	35	43	542	5	6	19	26	41	45	34	602	13	14	22	27	30	38	2	662	5	6	9	11	15	37	26	722	12	14	21	30	39	43	45
38	6	423	1	17	27	28	29	40	5	483	12	15	19	22	28	34	5	543	13	18	26	31	34	44	12	603	2	19	25	26	27	43	28	663	3	5	8	19	38	42	20	723	20	30	33	35	36	44	22
40	4	424	10	11	26	31	34	44	30	484	1	3	27	28	32	45	11	544	5	17	21	25	36	44	10	604	2	6	18	21	33	34	30	664	10	20	33	36	41	44	5	724	2	8	33	35	37	41	14
30	31	425	8	10	14	27	33	38	3	485	17	22	26	27	36	39	20	545	4	24	25	27	34	35	2	605	1	2	7	9	10	38	42	665	5	6	11	17	38	44	13	725	6	7	19	21	41	43	38
44	38	426	4	17	18	27	39	43	19	486	1	2	23	25	38	40	43	546	8	17	20	27	37	43	6	606	1	5	6	14	20	39	22	666	2	4	6	11	17	28	16	726	1	11	21	23	34	44	24
44	19	427	6	7	15	24	28	30	21	487	4	8	25	27	37	41	21	547	6	7	15	22	34	39	28	607	8	14	23	36	38	39	13	667	15	17	25	37	42	43	13	727	7	8	10	19	21	31	20
45	26	428	12	16	19	22	37	40	8	488	2	8	17	30	31	38	25	548	1	12	13	21	32	45	14	608	4	8	18	19	39	44	41	668	12	14	15	24	27	32	3	728	3	6	10	30	34	37	36
43	21	429	3	23	28	34	39	42	16	489	2	4	8	15	20	27	11	549	29	31	35	38	40	44	17	609	4	8	27	34	39	40	13	669	7	8	20	29	33	38	9	729	11	17	21	26	36	45	16
45	17	430	1	3	16	18	30	34	44	490	2	7	26	29	40	43	42	550	1	7	14	20	34	37	41	610	14	18	20	23	28	36	33	670	11	18	26	27	40	41	25	730	4	10	14	15	18	22	39
42	18	431	18	22	25	31	38	45	6	491	8	17	35	36	39	42	4	551	3	6	20	24	27	44	25	611	2	22	27	33	36	37	14	671	7	9	10	13	31	35	24	731	2	7	13	25	42	45	39
21	13	432	2	3	5	11	27	39	33	492	22	27	31	35	37	40	42	552	1	10	20	32	35	40	43	612	6	9	18	19	25	33	40	672	8	21	28	31	36	45	43	732	2	4	5	17	27	32	43
45	9	433	19	23	29	33	35	43	27	493	20	22	26	33	36	37	25	553	2	7	17	28	29	39	37	613	7	8	11	16	41	44	35	673	7	10	17	29	33	44	5	733	11	24	32	33	35	40	13
34	26	434	3	13	20	24	33	37	35	494	5	7	8	15	30	43	22	554	13	14	17	32	41	42	6	614	8	21	25	39	40	44	18	674	9	10	14	25	27	31	11	734	6	16	37	38	41	45	18
45	7	435	8	16	26	30	38	45	42	495	4	13	22	27	34	44	6	555	11	17	21	24	26	36	12	615	10	17	18	19	23	27	35	675	1	8	11	15	18	45	7	735	5	10	13	27	37	41	44
40	7	436	9	14	20	22	33	34	28	496	4	13	20	29	36	41	39	556	12	20	23	28	30	44	43	616	5	13	18	23	40	45	3	676	1	8	17	34	39	45	27	736	2	11	17	18	21	27	6
45	23	437	11	16	29	38	41	44	21	497	19	20	23	24	43	44	13	557	4	20	26	28	35	40	31	617	4	5	11	12	24	27	28	677	12	15	24	36	41	44	42	737	13	15	18	24	27	41	11
39	43	438	6	12	20	26	29	38	45	498	13	14	24	32	39	41	3	558	12	15	19	26	40	43	29	618	8	16	25	30	42	43	15	678	4	5	6	12	25	37	45	738	23	27	28	38	42	43	36
40	19	439	17	20	30	31	37	40	25	499	5	20	23	27	35	40	43	559	11	12	25	32	44	45	23	619	6	8	13	30	35	40	21	679	3	5	7	14	26	34	35	739	7	22	29	33	34	35	30
37	27	440	10	22	28	34	36	44	2	500	3	4	12	20	24	34	41	560	1	4	20	23	29	45	28	620	2	16	17	32	39	45	40	680	4	10	19	29	32	42	30	740	4	8	9	16	17	19	31
20	11	441	1	23	28	30	34	35	9	501	1	4	10	17	31	42	2	561	5	7	18	37	42	45	20	621	1	2	6	16	19	42	9	681	21	24	27	29	43	44	7	741	5	21	27	34	44	45	16
42	19	442	25	27	29	36	38	40	41	502	6	22	28	32	34	40	26	562	4	11	13	17	20	31	33	622	9	15	16	21	28	34	24	682	17	23	27	35	38	43	2	742	8	10	13	36	37	40	6
40	25	443	4	6	10	19	20	44	14	503	1	5	27	30	34	36	40	563	5	10	16	17	31	32	21	623	7	13	30	39	41	45	25	683	6	13	20	27	28	40	15	743	15	19	21	34	41	44	10
38	7	444	11	13	23	35	43	45	17	504	6	14	22	26	43	44	31	564	14	19	25	26	27	34	2	624	1	7	19	26	27	35	16	684	1	11	15	17	25	39	40	744	10	15	18	21	34	41	43
32	9	445	13	20	21	30	39	45	32	505	7	20	22	25	38	40	44	565	4	10	18	27	40	45	38	625	3	6	7	20	21	39	13	685	6	7	12	28	38	40	18	745	1	2	3	9	12	23	10
40	26	446	1	11	12	14	26	35	6	506	6	9	11	22	24	30	31	566	4	5	6	25	26	43	41	626	13	14	26	33	40	43	15	686	7	12	15	24	25	43	13	746	3	12	33	36	42	45	25
43	20	447	2	7	8	9	17	33	34	507	12	13	32	33	40	41	4	567	1	10	15	16	32	41	28	627	2	9	22	25	31	45	12	687	1	8	10	13	28	42	45	747	7	9	12	14	23	28	17
32	45	448	3	7	13	27	40	41	36	508	5	27	31	34	35	43	37	568	1	3	17	20	31	44	40	628	1	7	12	15	23	42	11	688	5	15	22	23	34	35	2	748	3	10	13	22	31	32	29
26	3	449	3	10	20	26	35	43	36	509	12	25	29	35	42	43	24	569	3	6	13	23	24	35	1	629	19	28	31	38	43	44	1	689	7	17	19	30	36	38	34	749	12	14	24	26	34	45	41
40	15	450	6	14	19	21	23	31	13	510	12	29	32	33	39	40	42	570	1	12	26	27	29	33	42	630	8	17	21	24	27	31	15	690	24	25	33	34	38	39	43	750	1	2	15	19	24	36	12
39	30	451	12	15	20	24	30	38	29	511	3	7	14	23	26	42	24	571	11	18	21	26	38	43	29	631	1	2	4	23	31	34	8	691	15	27	33	35	43	45	16	751	3	4	16	20	28	44	17
42	43	452	8	10	18	30	32	34	27	512	4	5	9	13	26	27	1	572	3	13	18	33	37	45	1	632	15	18	21	32	35	44	6	692	3	11	14	15	32	36	44	752	4	16	20	33	40	43	7
43	21	453	12	24	33	38	40	42	30	513	5	8	21	23	27	33	12	573	2	4	20	34	35	43	14	633	9	12	19	20	39	41	13	693	1	6	11	28	34	42	30	753	2	17	19	24	37	41	3
28	15	454	13	25	27	34	38	41	10	514	1	15	20	26	35	42	9	574	14	15	16	19	25	43	2	634	4	10	11	12	20	27	38	694	7	15	20	25	33	43	12	754	2	8	17	24	29	31	32
35	7	455	4	19	20	26	30	35	24	515	2	11	12	15	23	37	8	575	2	8	20	30	33	34	6	635	11	13	25	26	29	33	32	695	4	18	26	33	34	38	14	755	13	14	26	28	30	36	37
45	30	456	1	7	12	18	23	27	44	516	2	8	23	41	43	44	30	576	10	11	15	25	35	41	13	636	6	7	15	16	20	31	26	696	1	7	16	18	34	38	21	756	10	14	16	18	27	28	4
33	8	457	8	10	18	23	27	40	33	517	1	9	12	28	36	41	10	577	16	17	22	31	34	37	33	637	3	16	22	37	38	44	23	697	2	5	8	11	33	39	31	757	6	7	11	17	33	44	1
44	7	458	4	9	10	32	36	40	18	518	14	23	30	32	34	38	6	578	5	12	14	32	34	42	16	638	7	18	22	24	31	34	6	698	3	11	13	21	33	37	18	758	5	9	12	30	39	43	24
42	20	459	4	6	10	14	25	40	12	519	6	8	13	16	30	43	3	579	5	7	20	22	37	42	39	639	6	15	22	23	25	32	40	699	4	5	8	16	21	29	3	759	9	33	36	40	42	43	32
43	2	460	8	11	28	30	43	45	41	520	4	22	27	28	38	40	1	580	5	7	9	11	32	35	33	640	14	15	18	21	26	35	23	700	11	23	28	29	30	44	13	760	10	22	27	31	42	43	12
43	9	461	11	18	26	31	37	40	43	521	3	7	18	29	32	36	19	581	3	5	14	20	42	44	33	641	11	18	21	36	37	43	12	701	3	10	14	16	36	38	35	761	4	7	11	24	42	45	30
36	32	462	3	20	24	32	37	45	4	522	4	5	13	14	37	41	11	582	2	12	14	33	40	41	25	642	8	17	18	24	39	45	32	702	3	13	16	24	26	29	9	762	1	3	12	21	26	41	16
37	26	463	23	29	31	33	34	44	40	523	1	4	37	38	40	45	7	583	8	17	27	33	40	44	24	643	15	24	31	32	33	40	13	703	10	28	31	33	41	44	21	763	3	8	16	32	34	43	10
40	36	464	6	12	15	34	42	44	4	524	10	11	29	38	41	45	21	584	7	18	30	39	40	41	36	644	5	13	17	23	28	36	8	704	1	4	8	23	33	42	45	764	7	22	24	31	34	36	15
44	4	465	1	8	11	13	22	38	31	525	11	23	26	29	39	44	22	585	6	7	10	16	38	41	4	645	1	4	16	26	40	41	31	705	1	6	17	22	28	45	23	765	1	3	8	12	42	43	33
36	45	466	4	10	13	23	32	44	20	526	7	14	17	20	35	39	31	586	2	7	12	15	21	34	5	646	2	9	24	41	43	45	30	706	3	4	6	10	28	30	37	766	9	30	34	35	39	41	21
25	1	467	2	12	14	17	24	40	39	527	1	12	22	32	33	42	38	587	14	21	29	31	32	37	17	647	5	16	21	23	24	30	29	707	2	12	19	24	39	44	35	767	5	15	20	31	34	42	22
37	16	468	8	13	15	28	37	43	17	528	5	17	25	31	39	40	10	588	2	8	15	22	25	41	30	648	13	19	28	37	38	43	4	708	2	10	16	19	34	45	1	768	7	27	29	30	38	44	4
40	38	469	4	21	22	34	37	38	33	529	18	20	24	27	31	42	39	589	6	8	28	33	38	39	22	649	3	21	22	33	41	42	20	709	10	18	30	36	39	44	32	769	5	7	11	16	41	45	4
41	16	470	10	16	20	39	41	42	27	530	16	23	27	29	33	41	22	590	20	30	36	38	41	45	23	650	3	4	7	11	31	41	35	710	3	4	6	24	25	33	10	770	1	9	12	23	39	43	34
39	5	471	6	13	29	37	39	41	43	531	1	5	9	21	27	35	45	591	8	13	14	30	38	39	5	651	11	12	16	26	29	44	18	711	11	15	24	35	37	45	42	771	6	10	17	18	21	29	30
45	40	472	16	25	26	31	36	43	44	532	16	17	23	24	29	44	3	592	2	5	6	13	28	44	43	652	3	13	15	40	41	44	20	712	17	20	30	31	33	45	19	772	5	6	11	14	21	41	32
40	3	473	8	13	20	22	23	36	34	533	9	14	15	17	31	33	23	593	9	10	13	24	33	38	28	653	5	6	26	27	38	39	1	713	2	5	15	18	19	23	44	773	8	12	19	21	31	35	44
44	43	474	4	13	18	31	33	45	43	534	10	24	26	29	37	38	32	594	2	8	13	25	28	37	3	654	16	21	26	31	36	43	6	714	1	7	22	33	37	40	20	774	12	15	18	28	34	42	9
40	24	475	1	9	14	16	21	29	3	535	11	12	14	15	18	39	34	595	8	24	28	35	38	40	5	655	7	37	38	39	40	44	18	715	2	7	27	33	41	44	10	775	11	12	29	33	38	42	17
26	44	476	9	12	13	15	37	38	27	536	7	8	18	32	37	43	12	596	3	4	12	14	25	43	17	656	3	7	14	16	31	40	39	716	2	6	13	16	29	30	21	776	8	9	18	21	28	40	20
43	44	477	14	25	29	32	33	45	37	537	12	23	26	30	36	43	11	597	8	10	23	24	35	43	37	657	10	14	19	39	40	43	23	717	2	11	19	25	28	32	44	777	6	12	17	21	34	37	18
34	31	478	18	29	30	37	39	43	8	538	6	10	18	31	32	34	11	598	4	12	24	33	38	45	22	658	8	19	25	28	32	36	37	718	4	11	20	23	32	39	40	778	6	21	35	36	37	41	11
30	7	479	8	23	25	27	35	44	24	539	3	19	22	31	42	43	26	599	5	12	17	29	34	35	27	659	7	18	19	27	29	42	45	719	4	8	13	19	20	43	26	779	6	12	19	24	34	41	4
34	27	480	3	5	10	17	30	31	16	540	3	12	13	15	34	36	14	600	5	11	14	27	29	36	44	660	4	9	23	33	39	44	14	720	1	12	29	34	36	37	41	780	15	17	19	21	27	45	16

6

조합(25, 28)와 19

6.1. 역대 로또 당첨번호(61~420회차)에 나타나는 조합(29, 28)과 보조수 10의 규칙

★ 원 조합(25, 28)과 보조수 19가 동시에 나타나는 곳을 찾으라

원 조합(25, 28)에 따라오는 보조수는 19이다. 먼저 〈표 1-6-1〉에서 25, 28, 19가 한 회차에 나오는 곳을 찾아보도록 하겠다. 여기서는 무려 세 군데에 나타나는데 A와 B와 I이다. 이를 통해 원 조합(25, 28)의 보조수가 19임을 확인할 수 있고 이 세 수가 서로 끌어당겨 주고 있음을 알 수 있다.

★ 추적을 통해 25, 28, 19의 관계를 증명해 보자

〈표 1-6-1〉에서 '가', '나'를 살펴보면 규칙에 의해 조합(25, 28)의 보조수가 19임을 다시금 확인할 수 있다.

먼저, '가'를 보면 E에서 조합(25, 28)이 등장하고 2주 전인 D와 4주 전인 C에서 반복적으로 25가 등장한다. 그래서 기준점인 E를 비롯하여 C와 D의 25가 동일하다고 볼 수 있으며, 이로 인해 C에서 25와 나타나는 19는 E의 조합(25, 28)과도 동시에 나타난다고 볼 수 있다.

다음으로 '나'를 보면 H에서 조합(25, 28)이 나타나고 이 기준점을 중심으로 3주 전인 G와 6주 전인 F에서 25가 나타남으로써 세 점의 25가 동일한 것이라고 볼 수 있다. 그런데 G에서 25와 함께 19가 나타나기 때문에 이 19가 보조수로서 H의 조합(25, 28)과도 동일하게 나타남을 알 수 있다.

〈표 1-6-1〉

61	14	15	19	30	38	43	8
62	3	8	15	27	29	35	21
63	3	20	23	36	38	40	5
64	14	15	18	21	26	36	39
65	4	25	33	36	40	43	39
66	2	3	7	17	22	24	45
67	3	7	10	15	36	38	33
68	10	12	15	16	26	39	38
69	5	8	14	15	19	39	35
70	5	19	22	25	28	43	26
71	5	9	12	16	29	41	21
72	2	4	11	17	26	27	1
73	3	12	18	32	40	43	38
74	6	15	17	18	35	40	23
75	2	5	24	32	34	44	28
76	1	3	15	22	25	37	43
77	2	18	29	32	43	44	37
78	10	13	25	29	33	35	38
79	3	12	24	27	30	32	14
80	17	18	24	25	26	30	1
81	5	7	11	13	20	33	6
82	1	2	3	14	27	42	39
83	6	10	15	17	19	34	14
84	16	23	27	34	42	45	11
85	6	8	13	23	31	36	21
86	2	12	37	39	41	45	33
87	4	12	16	23	34	43	26
88	1	17	20	24	[illegible]	[illegible]	27
89	4	26	28	29	33	40	37
90	17	20	29	35	38	44	10
91	1	21	24	26	29	42	27
92	3	14	24	33	35	36	17
93	6	22	24	36	38	44	19
94	5	32	34	40	41	45	6
95	8	17	27	31	34	43	14
96	1	3	8	21	22	31	20
97	6	7	14	15	20	36	3
98	6	9	16	23	24	32	43
99	1	3	10	27	29	37	11
100	1	7	11	23	37	42	6
101	1	3	17	32	35	45	8
102	17	22	24	26	35	40	42
103	5	14	15	27	30	45	10
104	17	32	33	34	42	44	35
105	8	10	20	34	41	45	28
106	4	10	12	22	24	33	29
107	1	4	5	6	9	31	17
108	7	18	22	23	29	44	12
109	1	5	34	36	42	44	33
110	7	20	22	23	29	43	1
111	7	18	31	33	36	40	27
112	26	29	30	33	41	42	43
113	4	9	28	33	36	45	26
114	11	14	19	26	28	41	2
115	1	2	6	9	25	28	31
116	2	4	25	31	34	37	17
117	5	10	22	34	36	44	35
118	3	4	10	17	19	22	38
119	3	11	13	14	17	21	38
120	4	6	10	11	32	37	30

121	12	28	30	34	38	43	9
122	1	11	16	17	36	40	8
123	7	17	18	28	30	45	27
124	4	16	23	25	29	42	1
125	2	8	32	33	35	36	18
126	7	20	22	27	40	43	1
127	3	5	10	29	32	43	35
128	12	30	34	36	37	45	39
129	19	23	25	28	38	42	17
130	7	19	24	27	42	45	31
131	8	10	11	14	15	21	37
132	3	17	23	34	41	45	43
133	4	7	15	18	23	26	13
134	3	12	20	23	31	35	43
135	6	14	22	28	35	39	16
136	2	16	30	36	41	42	11
137	7	9	20	25	36	39	15
138	10	11	27	28	37	39	19
139	9	11	15	20	28	43	13
140	3	13	17	18	19	28	8
141	8	12	29	31	42	43	2
142	12	16	30	34	40	44	19
143	26	27	28	42	43	45	8
144	4	15	17	26	36	37	43
145	2	3	13	20	27	44	9
146	2	19	27	35	41	42	25
147	4	6	13	21	40	42	36
148	21	25	33	34	35	36	17
149	2	11	21	34	41	42	27
150	2	18	25	28	37	39	16
151	1	2	10	13	18	19	15
152	1	5	13	26	29	34	43
153	3	8	11	12	13	36	33
154	6	19	21	35	40	45	20
155	16	19	20	32	33	41	4
156	5	18	28	30	42	45	2
157	19	26	30	33	35	39	37
158	4	9	13	18	21	34	7
159	1	18	30	41	42	43	32
160	3	7	8	34	39	41	1
161	22	34	36	40	42	45	44
162	1	5	21	25	38	41	24
163	7	11	26	28	29	44	16
164	6	9	10	11	39	41	27
165	5	13	18	19	22	42	31
166	9	12	27	36	39	45	14
167	24	27	28	30	36	39	4
168	3	10	31	40	42	43	30
169	16	27	35	37	43	45	19
170	2	11	13	15	31	42	10
171	4	16	25	29	34	35	1
172	4	19	21	24	26	41	35
173	3	9	24	30	33	34	18
174	13	14	18	22	35	39	16
175	19	26	28	31	33	36	17
176	4	17	30	32	33	34	15
177	1	10	13	16	37	43	6
178	1	5	11	12	18	23	9
179	5	9	17	25	39	43	32
180	2	15	20	21	29	34	22

181	14	21	23	32	40	45	44
182	13	15	27	29	34	40	35
183	2	18	24	34	40	42	5
184	1	2	6	16	20	33	41
185	1	2	4	8	19	38	14
186	4	10	14	19	21	45	9
187	1	2	8	18	29	38	42
188	19	24	27	30	31	34	36
189	8	14	32	35	37	45	28
190	8	14	18	30	31	44	15
191	5	6	24	25	32	37	8
192	4	8	11	18	37	45	33
193	6	14	18	26	36	39	13
194	15	20	23	26	39	44	28
195	7	10	19	22	35	40	31
196	35	36	37	41	44	45	30
197	7	12	16	34	42	45	4
198	12	19	20	25	41	45	2
199	14	21	22	25	30	36	43
200	5	6	13	14	17	20	7
201	3	11	24	38	39	44	26
202	12	24	27	33	39	44	17
203	1	3	11	24	30	32	7
204	3	12	14	35	40	45	5
205	1	3	21	29	35	37	30
206	1	2	3	15	20	25	43
207	3	11	14	31	32	37	38
208	14	25	31	34	40	44	24
209	2	7	18	20	24	33	37
210	10	19	22	23	25	37	39
211	12	13	17	20	33	41	8
212	11	12	18	21	31	38	8
213	2	3	4	5	20	24	42
214	5	7	20	25	28	37	32
215	2	3	7	15	43	44	4
216	7	16	17	33	36	40	1
217	16	20	27	33	35	39	38
218	1	8	14	18	29	44	20
219	4	11	20	26	35	37	16
220	5	11	19	21	34	43	31
221	2	20	33	35	37	40	10
222	5	7	28	29	39	43	44
223	1	3	18	20	26	27	38
224	4	19	26	27	30	42	7
225	5	11	13	19	31	36	7
226	2	6	8	14	21	22	34
227	4	5	15	16	22	42	2
228	17	25	35	36	39	44	23
229	4	5	9	11	23	38	35
230	5	11	14	29	32	33	12
231	5	10	19	31	44	45	27
232	8	9	10	12	24	44	35
233	4	6	13	17	28	40	39
234	13	21	22	24	26	37	4
235	21	22	26	27	31	37	8
236	1	4	8	13	37	39	7
237	1	11	17	21	24	44	33
238	2	4	15	28	31	34	35
239	11	15	24	39	41	44	7
240	6	10	16	40	41	43	21

241	2	16	24	27	28	35	21
242	4	19	20	21	32	34	43
243	2	12	17	19	28	42	34
244	13	16	25	36	37	38	19
245	9	11	27	31	32	38	22
246	13	18	21	23	26	39	15
247	12	15	28	36	39	40	13
248	3	8	17	23	38	45	13
249	3	8	27	31	41	44	11
250	19	23	30	37	43	45	38
251	6	7	19	25	28	38	45
252	14	23	26	31	39	45	28
253	8	19	25	31	34	36	33
254	1	5	19	20	24	30	27
255	1	5	6	24	27	42	32
256	4	11	14	21	23	43	32
257	6	13	27	31	32	37	4
258	14	27	30	31	38	40	17
259	4	5	14	35	42	45	34
260	7	12	15	24	37	40	43
261	6	11	16	18	31	43	2
262	9	12	24	25	29	31	36
263	1	27	28	32	37	40	18
264	9	16	27	36	41	44	5
265	5	9	34	37	38	39	12
266	3	4	9	11	22	42	37
267	7	8	24	34	36	41	1
268	3	10	19	24	32	45	12
269	5	18	20	36	42	43	32
270	5	9	12	20	21	26	27
271	3	8	9	27	29	40	36
272	7	9	12	27	39	43	28
273	1	8	24	31	34	44	6
274	13	14	15	26	35	39	25
275	14	19	20	35	38	40	26
276	4	15	21	33	39	41	25
277	10	12	13	15	25	29	20
278	3	11	37	39	41	43	13
279	7	16	31	36	37	38	11
280	10	11	23	24	36	37	35
281	1	3	4	6	14	41	12
282	2	5	10	18	31	32	30
283	6	8	18	31	38	45	42
284	2	7	15	24	30	45	28
285	13	33	37	40	41	45	2
286	1	15	19	40	42	44	17
287	6	12	24	27	35	37	41
288	1	12	17	28	35	41	10
289	3	14	33	37	38	42	10
290	8	13	18	32	39	45	7
291	3	7	8	18	20	42	45
292	17	18	31	32	33	34	10
293	1	9	17	21	29	33	24
294	6	10	17	30	37	38	40
295	1	4	12	16	18	38	8
296	3	8	15	27	30	45	44
297	6	11	19	20	28	32	34
298	5	9	27	29	37	40	19
299	1	3	20	25	36	45	24
300	7	9	10	12	26	38	39

301	7	11	13	33	37	43	26
302	13	19	20	32	38	42	4
303	2	14	17	30	38	45	43
304	4	10	16	26	33	41	38
305	7	8	18	21	23	39	9
306	4	18	23	30	34	41	19
307	5	15	21	23	25	45	12
308	14	15	17	19	37	45	40
309	1	2	5	11	18	36	22
310	1	5	19	28	34	41	16
311	4	12	24	27	28	32	10
312	2	3	5	6	12	20	25
313	9	17	34	35	43	45	2
314	15	17	19	34	38	41	2
315	1	13	33	35	43	45	23
316	10	11	21	27	31	39	43
317	3	10	11	22	36	39	8
318	2	17	19	20	34	45	21
319	5	8	22	28	33	42	37
320	16	19	23	25	41	45	3
321	12	18	20	21	25	34	42
322	9	18	29	32	38	43	20
323	10	14	15	32	36	42	3
324	2	4	21	25	33	36	17
325	7	17	20	32	44	45	33
326	16	23	25	33	36	39	40
327	6	12	13	17	32	44	24
328	1	6	9	16	17	28	24
329	9	17	19	30	35	42	4
330	3	4	16	17	19	20	23
331	4	9	14	26	31	44	39
332	16	17	34	36	42	45	3
333	5	14	27	30	39	43	35
334	13	15	21	29	39	43	33
335	5	9	16	23	26	45	21
336	3	5	20	34	35	44	16
337	1	5	14	18	32	37	4
338	2	13	34	38	42	45	16
339	6	8	14	21	30	37	45
340	18	24	26	29	34	38	32
341	1	8	19	34	39	43	41
342	1	13	14	33	34	43	25
343	1	10	17	29	31	43	15
344	1	2	15	28	34	45	38
345	15	20	23	29	39	42	2
346	5	13	14	22	44	45	33
347	3	8	13	27	32	42	10
348	3	14	17	20	24	31	34
349	5	13	14	20	24	25	36
350	1	8	18	24	29	33	35
351	5	25	27	29	34	36	33
352	5	16	17	20	26	41	24
353	11	16	19	22	29	36	26
354	14	19	36	43	44	45	1
355	5	8	29	30	35	44	38
356	2	8	14	25	29	45	24
357	10	14	18	21	36	37	5
358	1	9	10	12	21	40	37
359	1	10	19	20	24	40	23
360	4	16	23	25	35	40	27

361	5	10	16	24	27	35	33
362	2	3	22	27	30	40	29
363	11	12	14	21	32	38	6
364	2	5	7	14	16	40	4
365	5	15	21	25	26	30	31
366	5	12	19	26	27	44	38
367	3	22	25	29	32	44	19
368	11	21	24	30	39	45	26
369	17	20	35	36	41	43	21
370	16	18	24	42	44	45	17
371	7	9	15	26	27	42	18
372	8	11	14	16	18	21	13
373	15	26	37	42	43	45	9
374	11	13	15	17	25	34	26
375	4	8	19	25	27	45	7
376	1	11	13	24	28	40	7
377	6	22	29	37	43	45	23
378	5	22	29	31	34	39	43
379	6	10	22	31	35	40	19
380	1	2	8	17	26	37	27
381	1	5	10	12	16	20	11
382	10	15	22	24	27	42	19
383	4	15	28	33	37	40	25
384	11	22	24	32	36	38	7
385	7	12	19	21	29	32	9
386	4	7	10	19	31	40	26
387	1	26	31	34	40	43	20
388	1	8	9	17	29	32	45
389	7	16	18	20	23	26	3
390	16	17	28	37	39	40	15
391	10	11	18	22	28	39	30
392	1	3	7	8	24	42	43
393	9	16	28	40	41	43	21
394	1	13	20	22	25	28	15
395	11	15	20	26	31	35	7
396	18	20	31	34	40	45	30
397	12	13	17	22	25	33	8
398	10	15	20	23	42	44	7
399	1	2	9	17	19	42	20
400	9	21	27	34	41	43	2
401	6	12	18	31	38	43	9
402	5	9	15	19	22	36	32
403	10	14	22	24	28	37	26
404	5	20	21	24	33	40	36
405	1	2	10	25	26	44	4
406	7	12	21	24	27	36	45
407	6	7	13	16	24	25	1
408	9	20	21	22	30	37	16
409	6	9	21	31	32	40	38
410	1	3	18	32	40	41	16
411	11	14	22	35	37	39	5
412	4	7	39	41	42	45	40
413	2	9	15	23	34	40	3
414	2	14	15	22	23	44	43
415	7	17	20	26	30	40	24
416	5	6	8	11	22	26	44
417	4	5	14	20	22	43	44
418	11	13	15	26	28	34	31
419	2	11	13	14	28	30	7
420	4	9	10	29	31	34	27

6.2. 역대 로또 당첨번호(421~780회차)에 나타나는 조합(25, 28)과 보조수 19의 규칙 현상

★ 원 조합(25, 28)과 보조수 19가 동시에 나타나는 곳을 찾으라

여기서도 원 조합(25, 28)에 따라오는 보조수는 19가 동시에 나타나는 곳을 찾아보자. 25, 28, 19가 한 회차에 나오는 곳은 F, G, H로 총 세 군데나 된다. 이를 통해 원 조합(25, 28)에 보조수가 따라온다는 사실을 파악할 수 있다.

★ 추적을 통해 25, 28, 19의 관계를 증명해 보자

〈표 1-6-2〉에서 A와 E 사이에 나타나는 현상을 살펴보도록 하자. 먼저 E를 기준점으로 잡게 될 텐데, E에는 조합(25, 28)이 나타난다. 여기에는 보조수 19가 나타나지 않지만, 규칙에 따라 역으로 추적해가다 보면 보조수가 19로 나타났음을 알 수 있다.

먼저, 기준점 E에서 5주 전에 해당하는 D에 25가 나타나고 여기서부터 또다시 5주 전에 해당하는 C에도 25가 나타난다. 그리고 여기서 끝이 아니라 C에서 7주 전에 해당하는 B에도, 그리고 또다시 7주 전에 해당하는 A에도 25가 등장한다. 즉, A, B, C, D, E에 등장하는 25가 모두 동일하다고 볼 수 있는 것이다.

그런데 B에서 25와 함께 19가 등장한다. 그리고 이 19는 기준점 E의 조합(25, 28)과 같이 등장하는 것으로 해석될 수 있다. 즉, 조합(25, 28)에 따라붙는 보조수 19라고 볼 수 있다.

〈표 1-6-2〉

421	6	11	26	27	28	44	30	481	3	4	23	29	40	41	20	541	8	13	26	28	32	34	43	601	2	16	19	31	34	35	37	661	2	3	12	20	27	38	40
422	8	15	19	21	34	44	12	482	1	10	16	24	25	35	43	542	5	6	19	26	41	45	34	602	13	14	22	27	30	38	2	662	5	6	9	11	15	37	26
423	1	17	27	28	29	40	5	483	12	15	19	22	28	34	5	543	13	18	26	31	34	44	12	603	21	19	25	26	27	43	28	663	3	5	8	19	38	42	20
424	10	11	26	31	34	44	30	484	1	3	27	28	32	45	11	544	5	17	21	25	36	44	10	604	2	6	18	21	33	34	30	664	10	20	33	36	41	44	5
425	8	10	14	27	33	38	3	485	17	22	26	27	36	39	20	545	4	24	25	27	34	35	2	605	1	2	7	9	10	38	42	665	5	6	11	17	38	44	13
426	4	17	18	27	39	43	19	486	1	2	23	25	38	40	43	546	8	17	20	27	37	43	6	606	1	5	6	14	20	39	22	666	2	4	6	11	17	28	16
427	6	7	15	24	28	30	21	487	4	8	25	27	37	41	21	547	6	7	15	22	34	39	28	607	8	14	23	36	38	39	13	667	15	17	25	37	42	43	13
428	12	16	19	22	37	40	8	488	2	8	17	30	31	38	25	548	1	12	13	21	32	45	14	608	4	8	18	19	39	44	41	668	12	14	15	24	27	32	3
429	3	23	28	34	39	42	16	489	2	4	8	15	20	27	11	549	29	31	35	38	40	44	17	609	4	8	27	34	39	40	13	669	7	8	20	29	33	38	9
430	1	3	16	18	30	34	44	490	2	7	26	29	40	43	42	550	1	7	14	20	34	37	41	610	14	18	20	23	28	36	33	670	11	18	26	27	40	41	25
431	18	22	25	31	38	45	6	491	8	17	35	36	39	42	4	551	3	6	20	24	27	44	25	611	2	22	27	33	36	37	14	671	7	9	10	13	31	35	24
432	2	3	5	11	27	39	33	492	22	27	31	35	37	40	42	552	1	10	20	32	35	40	43	612	6	9	18	19	25	33	40	672	8	21	28	31	36	45	43
433	19	23	29	33	35	43	27	493	20	22	26	33	36	37	25	553	2	7	17	28	29	39	37	613	7	8	11	16	41	44	35	673	7	10	17	29	33	44	5
434	3	13	20	24	33	37	35	494	5	7	8	15	30	43	22	554	13	14	17	32	41	42	6	614	8	21	25	39	40	44	18	674	9	10	14	25	27	31	11
435	8	16	26	30	38	45	42	495	4	13	22	27	34	44	6	555	11	17	21	24	26	36	12	615	10	17	18	19	23	27	35	675	1	8	11	15	18	45	7
436	9	14	20	22	33	34	28	496	4	13	20	29	36	41	39	556	12	20	23	28	30	44	43	616	5	13	18	23	40	45	3	676	1	8	17	34	39	45	27
437	11	16	29	38	41	44	21	497	19	20	23	24	43	44	13	557	4	20	26	28	35	40	31	617	4	5	11	12	24	27	28	677	12	15	24	36	41	44	42
438	6	12	20	26	29	38	45	498	13	14	24	32	39	41	3	558	12	15	19	26	40	43	29	618	8	16	25	30	42	43	15	678	4	5	6	12	25	37	45
439	17	20	30	31	37	40	25	499	5	20	23	27	35	40	43	559	11	12	25	32	44	45	23	619	6	8	13	30	35	40	21	679	3	5	7	14	26	34	35
440	10	22	28	34	36	44	2	500	3	4	12	20	24	34	41	560	1	4	20	23	29	45	28	620	2	16	17	32	39	45	40	680	4	10	19	29	32	42	30
441	1	23	28	30	34	35	9	501	1	4	10	17	31	42	2	561	5	7	18	37	42	45	20	621	1	2	6	16	19	42	9	681	21	24	27	29	43	44	7
442	25	27	29	36	38	40	41	502	6	22	28	32	34	40	26	562	4	11	13	17	20	31	33	622	9	15	16	21	28	34	24	682	17	23	27	35	38	43	2
443	4	6	10	19	20	44	14	503	1	5	27	30	34	36	40	563	5	10	16	17	31	32	21	623	7	13	30	39	41	45	25	683	6	13	20	27	28	40	15
444	11	13	23	35	43	45	17	504	6	14	22	26	43	44	31	564	14	19	25	26	27	34	2	624	1	7	19	26	27	35	16	684	1	11	15	17	25	39	40
445	13	20	21	30	39	45	32	505	7	20	22	25	38	40	44	565	4	10	18	27	40	45	38	625	3	6	7	20	21	39	13	685	6	7	12	28	38	40	18
446	1	11	12	14	26	35	6	506	6	9	11	22	24	30	31	566	4	5	6	25	26	43	41	626	13	14	26	33	40	43	15	686	7	12	15	24	25	43	13
447	2	7	8	9	17	33	34	507	12	13	32	33	40	41	4	567	1	10	15	16	32	41	28	627	2	9	22	25	31	45	12	687	1	8	10	13	28	42	45
448	3	7	13	27	40	41	36	508	5	27	31	34	35	43	37	568	1	3	17	20	31	44	40	628	1	7	12	15	23	42	11	688	5	15	22	23	34	35	2
449	3	10	20	26	35	43	36	509	12	25	29	35	42	43	24	569	3	6	13	23	24	35	1	629	19	28	31	38	43	44	1	689	7	17	19	30	36	38	34
450	6	14	19	21	23	31	13	510	12	29	32	33	39	40	42	570	1	12	26	27	29	33	42	630	8	17	21	24	27	31	15	690	24	25	33	34	38	39	43
451	12	15	20	24	30	38	29	511	3	7	14	23	26	42	24	571	11	18	21	26	38	43	29	631	1	2	4	23	31	34	8	691	15	27	33	35	43	45	16
452	8	10	18	30	32	34	27	512	4	5	9	13	26	27	1	572	3	13	18	33	37	45	1	632	15	18	21	32	35	44	6	692	3	11	14	15	32	36	44
453	12	24	33	38	40	42	30	513	5	8	21	23	27	33	12	573	2	4	20	34	35	43	14	633	9	12	19	20	39	41	13	693	1	6	11	28	34	42	30
454	13	25	27	34	38	41	10	514	1	15	20	26	35	42	9	574	14	15	16	19	25	43	2	634	4	10	11	12	20	27	38	694	7	15	20	25	33	43	12
455	4	19	20	26	30	35	24	515	2	11	12	15	23	37	8	575	2	8	20	30	33	34	6	635	11	13	25	26	29	33	32	695	4	18	26	33	34	38	14
456	1	7	12	18	23	27	44	516	2	8	23	41	43	44	30	576	10	11	15	25	35	41	13	636	6	7	15	16	20	31	26	696	1	7	16	18	34	38	21
457	8	10	18	23	27	40	33	517	1	9	12	28	36	41	10	577	16	17	22	31	34	37	33	637	3	16	22	37	38	44	23	697	2	5	8	11	33	39	31
458	4	9	10	32	36	40	18	518	14	23	30	32	34	38	6	578	5	12	14	32	34	42	16	638	7	18	22	24	31	34	6	698	3	11	13	21	33	37	18
459	4	6	10	14	25	40	12	519	6	8	13	16	30	43	3	579	5	7	20	22	37	42	39	639	6	15	22	23	25	32	40	699	4	5	8	16	21	29	3
460	8	11	28	30	43	45	41	520	4	22	27	28	38	40	1	580	5	7	9	11	32	35	33	640	14	15	18	21	26	35	23	700	11	23	28	29	30	44	13
461	11	18	26	31	37	40	43	521	3	7	18	29	32	36	19	581	3	5	14	20	42	44	33	641	11	18	21	36	37	43	12	701	3	10	14	16	36	38	35
462	3	20	24	32	37	45	4	522	4	5	13	14	37	41	11	582	2	12	14	33	40	41	25	642	8	17	18	24	39	45	32	702	3	13	16	24	26	29	9
463	23	29	31	33	34	44	40	523	1	4	37	38	40	45	7	583	8	17	27	33	40	44	24	643	15	24	31	32	33	40	13	703	10	28	31	33	41	44	21
464	6	12	15	34	42	44	4	524	10	11	29	38	41	45	21	584	7	18	30	39	40	41	36	644	5	13	17	23	28	36	8	704	1	4	8	23	33	42	45
465	1	8	11	13	22	38	31	525	11	23	26	29	39	44	22	585	6	7	10	16	38	41	4	645	1	4	16	26	40	41	31	705	1	6	17	22	28	45	23
466	4	10	13	23	32	44	20	526	7	14	17	20	35	39	31	586	2	7	12	15	21	34	5	646	2	9	24	41	43	45	30	706	3	4	6	10	28	30	37
467	2	12	14	17	24	40	39	527	1	12	22	32	33	42	38	587	14	21	29	31	32	37	17	647	5	16	21	23	24	30	29	707	2	12	19	24	39	44	35
468	8	13	15	28	37	43	17	528	5	17	25	31	39	40	10	588	2	8	15	22	25	41	30	648	13	19	28	37	38	43	4	708	2	10	16	19	34	45	1
469	4	21	22	34	37	38	33	529	18	20	24	27	31	42	39	589	6	8	28	33	38	39	22	649	3	21	22	33	41	42	20	709	10	18	30	36	39	44	32
470	10	16	20	39	41	42	27	530	16	23	27	29	33	41	22	590	20	30	36	38	41	45	23	650	3	4	7	11	31	41	35	710	3	4	6	24	25	33	10
471	6	13	29	37	39	41	43	531	1	5	9	21	27	35	45	591	8	13	14	30	38	39	5	651	11	12	16	26	29	44	18	711	11	15	24	35	37	45	42
472	16	25	26	31	36	43	44	532	16	17	23	24	29	44	3	592	2	5	6	13	28	44	43	652	3	13	15	40	41	44	20	712	17	20	30	31	33	45	19
473	8	13	20	22	23	36	34	533	9	14	15	17	31	33	23	593	9	10	13	24	33	38	28	653	5	6	26	27	38	39	1	713	2	5	15	18	19	23	44
474	4	13	18	31	33	45	43	534	10	24	26	29	37	38	32	594	2	8	13	25	28	37	3	654	16	21	26	31	36	43	6	714	1	7	22	33	37	40	20
475	1	9	14	16	21	29	3	535	11	12	14	15	18	39	34	595	8	24	28	35	38	40	5	655	7	37	38	39	40	44	18	715	2	7	27	33	41	44	10
476	9	12	13	15	37	38	27	536	7	8	18	32	37	43	12	596	3	4	12	14	25	43	17	656	3	7	14	16	31	40	39	716	2	6	13	16	29	30	21
477	14	25	29	32	33	45	37	537	12	23	26	30	36	43	11	597	8	10	23	24	35	43	37	657	10	14	19	39	40	43	23	717	2	[illegible]	19	25	28	32	44
478	18	29	30	37	39	43	8	538	6	10	18	31	32	34	11	598	4	12	24	33	38	45	22	658	8	19	25	28	32	36	37	718	4	11	20	23	32	39	40
479	8	23	25	27	35	44	24	539	3	19	22	31	42	43	26	599	5	12	17	29	34	35	27	659	7	18	19	27	29	42	45	719	4	8	13	19	20	43	26
480	3	5	10	17	30	31	16	540	3	12	13	15	34	36	14	600	5	11	14	27	29	36	44	660	4	9	23	33	39	44	14	720	1	12	29	34	36	37	41

6.3. 역대 로또 당첨번호(61~420회차)에 나타나는 조합(25, 28)과 보조수 19의 불규칙 현상

★ A와 B에 나타나는 불규칙 현상과 그 안에서 발견되는 조합(25, 28)과 보조수 19

먼저 B에는 조합(25, 28)이 나타난다. 그런데 19가 보조수로 한 회차에 동시에 뜨지는 않는다. 하지만 두 주 안에서 나타나는 같은 수는 동일한 것으로 간주한다는 원리에 따라, B의 28과 A의 28은 동일하다고 볼 수 있다.

그리고 이에 따라, A에서 28과 함께 등장하는 19 역시 B에서의 조합(25, 28)과 동시에 나타난다고 볼 수 있다. 결국, 여기에서도 조합(25, 28)에 보조수 19가 따라온다는 사실이 증명되는 것이다.

★ C와 F에 나타나는 불규칙 현상과 그 안에서 발견되는 조합(25, 28)과 보조수 19

또한, E의 조합(25, 28)을 기준점으로 볼 때 6주 전후로 28이 등장한다(D와 F). 이에 따라 세 점이 동일하다고 보면 C의 19가 E의 조합(25, 28)의 보조수임을 알 수 있게 된다.

★ 이 현상을 기계에 의한 추첨 방식과 관련하여 다시 한 번 생각해 보자.

파트 2의 챕터 1 전반에서 여러 번 설명했지만 한 번 더 강조하도록 하겠다. 로또 추첨은 1주일 간격으로 정확하게 추점한다. 그것도 사람의 개입이 전혀 없이, 기계가 공을 튀어 오르게 한다. 시간마저도 정해져 있다.

아쉽게도, 사람들은 이것을 대수롭지 않게 생각하곤 한다. 하지만 순전히 기계에 의한 추첨인데도 불구하고 규칙과 불규칙 현상에 의해 특정 조합이 특정 보조수와 만나는 것은 놀라운 일이 아닐 수 없다. 과연 이것을 우연이라고만 표현할 수 있을까? 그만큼 당첨번호로 튀어 오르는 숫자들은 살아 움직이고 있음을 알아야 한다.

〈표 1-6-3〉

61	14	15	19	30	38	43	8	121	12	28	30	34	38	43	9	181	14	21	23	32	40	45	44	241	2	16	24	27	28	35	21	301	7	11	13	33	37	43	26	361	5	10	16	24	27	35	33
62	3	8	15	27	29	35	21	122	1	11	16	17	36	40	8	182	13	15	27	29	34	40	35	242	4	19	20	21	32	34	43	302	13	19	20	32	38	42	4	362	2	3	22	27	30	40	29
63	3	20	23	36	38	40	5	123	7	17	18	28	30	45	27	183	2	18	24	34	40	42	5	243	2	12	17	19	28	42	34	303	2	14	17	30	38	45	43	363	11	12	14	21	32	38	6
64	14	15	18	21	26	36	39	124	4	16	23	25	29	42	1	184	1	2	6	16	20	33	41	244	13	16	25	36	37	38	19	304	4	10	16	26	33	41	38	364	2	5	7	14	16	40	4
65	4	25	33	36	40	43	39	125	2	8	32	33	35	36	18	185	1	2	4	8	19	38	14	245	9	11	27	31	32	38	22	305	7	8	18	21	23	39	9	365	5	15	21	25	26	30	31
66	2	3	7	17	22	24	45	126	7	20	22	27	40	43	1	186	4	10	14	19	21	45	9	246	13	18	21	23	26	39	15	306	4	18	23	30	34	41	19	366	5	12	19	26	27	44	38
67	3	7	10	15	36	38	33	127	3	5	10	29	32	43	35	187	1	2	8	18	29	38	42	247	12	15	28	36	39	40	13	307	5	15	21	23	25	45	12	367	3	22	25	29	32	44	19
68	10	12	15	16	26	39	38	128	12	30	34	36	37	45	39	188	19	24	27	30	31	34	36	248	3	8	17	23	38	45	13	308	14	15	17	19	37	45	40	368	11	21	24	30	39	45	26
69	5	8	14	15	19	39	35	129	19	23	25	28	38	42	17	189	8	14	32	35	37	45	28	249	3	8	27	31	41	44	11	309	1	2	5	11	18	36	22	369	17	20	35	36	41	43	21
70	5	19	22	25	28	43	26	130	7	19	24	27	42	45	31	190	8	14	18	30	31	44	15	250	19	23	30	37	43	45	38	310	1	5	19	28	34	41	16	370	16	18	24	42	44	45	17
71	5	9	12	16	29	41	21	131	8	10	11	14	15	21	37	191	5	6	24	25	32	37	8	251	6	7	19	25	28	38	45	311	4	12	24	27	28	32	10	371	7	9	15	26	27	42	18
72	2	4	11	17	26	27	1	132	3	17	23	34	41	45	43	192	4	8	11	18	37	45	33	252	14	23	26	31	39	45	28	312	2	3	5	6	12	20	25	372	8	11	14	16	18	21	13
73	3	12	18	32	40	43	38	133	4	7	15	18	23	26	13	193	6	14	18	26	36	39	13	253	8	19	25	31	34	36	33	313	9	17	34	35	43	45	2	373	15	26	37	42	43	45	9
74	6	15	17	18	35	40	23	134	3	12	20	23	31	35	43	194	15	20	23	26	39	44	28	254	1	5	19	20	24	30	27	314	15	17	19	34	38	41	2	374	11	13	15	17	25	34	26
75	2	5	24	32	34	44	28	135	6	14	22	28	35	39	16	195	7	10	19	22	35	40	31	255	1	5	6	24	27	42	32	315	1	13	33	35	43	45	23	375	4	8	19	25	27	45	7
76	1	3	15	22	25	37	43	136	2	16	30	36	41	42	11	196	35	36	37	41	44	45	30	256	4	11	14	21	23	43	32	316	10	11	21	27	31	39	43	376	1	11	13	24	28	40	7
77	2	18	29	32	43	44	37	137	7	9	20	25	36	39	15	197	7	12	16	34	42	45	4	257	6	13	27	31	32	37	4	317	3	10	11	22	36	39	8	377	6	22	29	37	43	45	23
78	10	13	25	29	33	35	38	138	10	11	27	28	37	39	19	198	12	19	20	25	41	45	2	258	14	27	30	31	38	40	17	318	2	17	19	20	34	45	21	378	5	22	29	31	34	39	43
79	3	12	24	27	30	32	14	139	9	11	15	20	28	43	13	199	14	21	22	25	30	36	43	259	4	5	14	35	42	45	34	319	5	8	22	28	33	42	37	379	6	10	22	31	35	40	19
80	17	18	24	25	26	30	1	140	3	13	17	18	19	28	8	200	5	6	13	14	17	20	7	260	7	12	15	24	37	40	43	320	16	19	23	25	41	45	3	380	1	2	8	17	26	37	27
81	5	7	11	13	20	33	6	141	8	12	29	31	42	43	2	201	3	11	24	38	39	44	26	261	6	11	16	18	31	43	2	321	12	18	20	21	25	34	42	381	1	5	10	12	16	20	11
82	1	2	3	14	27	42	39	142	12	16	30	34	40	44	19	202	12	24	27	33	39	44	17	262	9	12	24	25	29	31	36	322	9	18	29	32	38	43	20	382	10	15	22	24	27	42	19
83	6	10	15	17	19	34	14	143	26	27	28	42	43	45	8	203	1	3	11	24	30	32	7	263	1	27	28	32	37	40	18	323	10	14	15	32	36	42	3	383	4	15	28	33	37	40	25
84	16	23	27	34	42	45	11	144	4	15	17	26	36	37	43	204	3	12	14	35	40	45	5	264	9	16	27	36	41	44	5	324	2	4	21	25	33	36	17	384	11	22	24	32	36	38	7
85	6	8	13	23	31	36	21	145	2	3	13	20	27	44	9	205	1	3	21	29	35	37	30	265	5	9	34	37	38	39	12	325	7	17	20	32	44	45	33	385	7	12	19	21	29	32	9
86	2	12	37	39	41	45	33	146	2	19	27	35	41	42	25	206	1	2	3	15	20	25	43	266	3	4	9	11	22	42	37	326	16	23	25	33	36	39	40	386	4	7	10	19	31	40	26
87	4	12	16	23	34	43	26	147	4	6	13	21	40	42	36	207	3	11	14	31	32	37	38	267	7	8	24	34	36	41	1	327	6	12	13	17	32	44	24	387	1	26	31	34	40	43	20
88	1	17	20	24	30	41	27	148	21	25	33	34	35	36	17	208	14	25	31	34	40	44	24	268	3	10	19	24	32	45	12	328	1	6	9	16	17	28	24	388	1	8	9	17	29	32	45
89	4	26	28	29	33	40	37	149	2	11	21	34	41	42	27	209	2	7	18	20	24	33	37	269	5	18	20	36	42	43	32	329	9	17	19	30	35	42	4	389	7	16	18	20	23	26	3
90	17	20	29	35	38	44	10	150	2	18	25	28	37	39	16	210	10	19	22	23	25	37	39	270	5	9	12	20	21	26	27	330	3	4	16	17	19	20	23	390	16	17	28	37	39	40	15
91	1	21	24	26	29	42	27	151	1	2	10	13	18	19	15	211	12	13	17	20	33	41	8	271	3	8	9	27	29	40	36	331	4	9	14	26	31	44	39	391	10	11	18	22	28	39	30
92	3	14	24	33	35	36	17	152	1	5	13	26	29	34	43	212	11	12	18	21	31	38	8	272	7	9	12	27	39	43	28	332	16	17	34	36	42	45	3	392	1	3	7	8	24	42	43
93	6	22	24	36	38	44	19	153	3	8	11	12	13	36	33	213	2	3	4	5	20	24	42	273	1	8	24	31	34	44	6	333	5	14	27	30	39	43	35	393	9	16	28	40	41	43	21
94	5	32	34	40	41	45	6	154	6	19	21	35	40	45	20	214	5	7	20	25	28	37	32	274	13	14	15	26	35	39	25	334	13	15	21	29	39	43	33	394	1	13	20	22	25	28	15
95	8	17	27	31	34	43	14	155	16	19	20	32	33	41	4	215	2	3	7	15	43	44	4	275	14	19	20	35	38	40	26	335	5	9	16	23	26	45	21	395	11	15	20	26	31	35	7
96	1	3	8	21	22	31	20	156	5	18	28	30	42	45	2	216	7	16	17	33	36	40	1	276	4	15	21	33	39	41	25	336	3	5	20	34	35	44	16	396	18	20	31	34	40	45	30
97	6	7	14	15	20	36	3	157	19	26	30	33	35	39	37	217	16	20	27	33	35	39	38	277	10	12	13	15	25	29	20	337	1	5	14	18	32	37	4	397	12	13	17	22	25	33	8
98	6	9	16	23	24	32	43	158	4	9	13	18	21	34	7	218	1	8	14	18	29	44	20	278	3	11	37	39	41	43	13	338	2	13	34	38	42	45	16	398	10	15	20	23	42	44	7
99	1	3	10	27	29	37	11	159	1	18	30	41	42	43	32	219	4	11	20	26	35	37	16	279	7	16	31	36	37	38	11	339	6	8	14	21	30	37	45	399	1	2	9	17	19	42	20
100	1	7	11	23	37	42	6	160	3	7	8	34	39	41	1	220	5	11	19	21	34	43	31	280	10	11	23	24	36	37	35	340	18	24	26	29	34	38	32	400	9	21	27	34	41	43	2
101	1	3	17	32	35	45	8	161	22	34	36	40	42	45	44	221	2	20	33	35	37	40	10	281	1	3	4	6	14	41	12	341	1	8	19	34	39	43	41	401	6	12	18	31	38	43	9
102	17	22	24	26	35	40	42	162	1	5	21	25	38	41	24	222	5	7	28	29	39	43	44	282	2	5	10	18	31	32	30	342	1	13	14	33	34	43	25	402	5	9	15	19	22	36	32
103	5	14	15	27	30	45	10	163	7	11	26	28	29	44	16	223	1	3	18	20	26	27	38	283	6	8	18	31	38	45	42	343	1	10	17	29	31	43	15	403	10	14	22	24	28	37	26
104	17	32	33	34	42	44	35	164	6	9	10	11	39	41	27	224	4	19	26	27	30	42	7	284	2	7	15	24	30	45	28	344	1	2	15	28	34	45	38	404	5	20	21	24	33	40	36
105	8	10	20	34	41	45	28	165	5	13	18	19	22	42	31	225	5	11	13	19	31	36	7	285	13	33	37	40	41	45	2	345	15	20	23	29	39	42	2	405	1	2	10	25	26	44	4
106	4	10	12	22	24	33	29	166	9	12	27	36	39	45	14	226	2	6	8	14	21	22	34	286	1	15	19	40	42	44	17	346	5	13	14	22	44	45	33	406	7	12	21	24	27	36	45
107	1	4	5	6	9	31	17	167	24	27	28	30	36	39	4	227	4	5	15	16	22	42	2	287	6	12	24	27	35	37	41	347	3	8	13	27	32	42	10	407	6	7	13	16	24	25	1
108	7	18	22	23	29	44	12	168	3	10	31	40	42	43	30	228	17	25	35	36	39	44	23	288	1	12	17	28	35	41	10	348	3	14	17	20	24	31	34	408	9	20	21	22	30	37	16
109	1	5	34	36	42	44	33	169	16	27	35	37	43	45	19	229	4	5	9	11	23	38	35	289	3	14	33	37	38	42	10	349	5	13	14	20	24	25	36	409	6	9	21	31	32	40	38
110	7	20	22	23	29	43	1	170	2	11	13	15	31	42	10	230	5	11	14	29	32	33	12	290	8	13	18	32	39	45	7	350	1	8	18	24	29	33	35	410	1	3	18	32	40	41	16
111	7	18	31	33	36	40	27	171	4	16	25	29	34	35	1	231	5	10	19	31	44	45	27	291	3	7	8	18	20	42	45	351	5	25	27	29	34	36	33	411	11	14	22	35	37	39	5
112	26	29	30	33	41	42	43	172	4	19	21	24	26	41	35	232	8	9	10	12	24	44	35	292	17	18	31	32	33	34	10	352	5	16	17	20	26	41	24	412	4	7	39	41	42	45	40
113	4	9	28	33	36	45	26	173	3	9	24	30	33	34	18	233	4	6	13	17	28	40	39	293	1	9	17	21	29	33	24	353	11	16	19	22	29	36	26	413	2	9	15	23	34	40	3
114	11	14	19	26	28	41	2	174	13	14	18	22	35	39	16	234	13	21	22	24	26	37	4	294	6	10	17	30	37	38	40	354	14	19	36	43	44	45	1	414	2	14	15	22	23	44	43
115	1	2	6	[illegible]	25	28	31	175	19	26	28	31	33	36	17	235	21	22	26	27	31	37	8	295	1	4	12	16	18	38	8	355	5	8	29	30	35	44	38	415	7	17	20	26	30	40	24
116	2	4	25	31	34	37	17	176	4	17	30	32	33	34	15	236	1	4	8	13	37	39	7	296	3	8	15	27	30	45	44	356	2	8	14	25	29	45	24	416	5	6	8	11	22	26	44
117	5	10	22	34	36	44	35	177	1	10	13	16	37	43	6	237	1	11	17	21	24	44	33	297	6	11	19	20	28	32	34	357	10	14	18	21	36	37	5	417	4	5	14	20	22	43	44
118	3	4	10	17	19	22	38	178	1	5	11	12	18	23	9	238	2	4	15	28	31	34	35	298	5	9	27	29	37	40	19	358	1	9	10	12	21	40	37	418	11	13	15	26	28	34	31
119	3	11	13	14	17	21	38	179	5	9	17	25	39	43	32	239	11	15	24	39	41	44	7	299	1	3	20	25	36	45	24	359	1	10	19	20	24	40	23	419	2	11	13	14	28	30	7
120	4	6	10	11	32	37	30	180	2	15	20	21	29	34	22	240	6	10	16	40	41	43	21	300	7	9	10	12	26	38	39	360	4	16	23	25	35	40	27	420	4	9	10	29	31	34	27

6.4. 역대 로또 당첨번호(61-420회차)에 나타나는 조합(25, 28)과 보조수 19의 불가 현상

★ '가'에서 '라'에 나타난 조합(25, 28)의 보조수 19를 찾기

먼저 '가'를 살펴보면, 19가 연속으로 등장하기 때문에 서로 동일한 것으로 볼 수 있고 이에 따라 19와 25와 28이 동시에 나타난다고 이해할 수 있다. 그러나 이것은 조합(25, 28)과 보조수의 결합이 아닌, 세 수가 동시에 등장한 가 현상이라고 할 수 있다.

다음으로 '나'의 경우에도 가 현상이 나타나는데 19가 4주 간격으로 세 번 등장하여 동일한 것으로 나타나고 있고 여기에 또다시 2주 간격으로 나타나 나에 나오는 19 모두가 동일한 것이라 볼 수 있다. 그리고 이에 따라 28과 25가 같이 등장한다고 볼 수 있다. 이 역시 조합(25, 28)과 보조수의 결합이 아닌, 세 수가 동시에 등장한 가 현상이라고 할 수 있다.

한편, '라'의 경우 조합(25, 28)이 나오는데 이 28은 다에 나오는 28 네 개와 동일한 것이다. 그러나 보조수 19가 나오지 않아 여기서의 조합(25, 28)은 보조수 19와 연결되지 않는다고 볼 수 있다. 즉, 불가 현상인 것이다.

〈표 1-6-4〉

61	14	15	19	30	38	43	8
62	3	8	15	27	29	35	21
63	3	20	23	36	38	40	5
64	14	15	18	21	26	36	39
65	4	25	33	36	40	43	39
66	2	3	7	17	22	24	45
67	3	7	10	15	36	38	33
68	10	12	15	16	26	39	38
69	5	8	14	15	19	39	35
70	5	19	22	25	28	43	26
71	5	9	12	16	29	41	21
72	2	4	11	17	26	27	1
73	3	12	18	32	40	43	38
74	6	15	17	18	35	40	23
75	2	5	24	32	34	44	28
76	1	3	15	22	25	37	43
77	2	18	29	32	43	44	37
78	10	13	25	29	33	35	38
79	3	12	24	27	30	32	14
80	17	18	24	25	26	30	1
81	5	7	11	13	20	33	6
82	1	2	3	14	27	42	39
83	6	10	15	17	19	34	14
84	16	23	27	34	42	45	11
85	6	8	13	23	31	36	21
86	2	12	37	39	41	45	33
87	4	12	16	23	34	43	26
88	1	17	20	24	30	41	27
89	4	26	28	29	33	40	37
90	17	20	29	35	38	44	10
91	1	21	24	26	29	42	27
92	3	14	24	33	35	36	17
93	6	22	24	36	38	44	19
94	5	32	34	40	41	45	6
95	8	17	27	31	34	43	14
96	1	3	8	21	22	31	20
97	6	7	14	15	20	36	3
98	6	9	16	23	24	32	43
99	1	3	10	27	29	37	11
100	1	7	11	23	37	42	6
101	1	3	17	32	35	45	8
102	17	22	24	26	35	40	42
103	5	14	15	27	30	45	10
104	17	32	33	34	42	44	35
105	8	10	20	34	41	45	28
106	4	10	12	22	24	33	29
107	1	4	5	6	9	31	17
108	7	18	22	23	29	44	12
109	1	5	34	36	42	44	33
110	7	20	22	23	29	43	1
111	7	18	31	33	36	40	27
112	26	29	30	33	41	42	43
113	4	9	28	33	36	45	26
114	11	14	19	26	28	41	2
115	1	2	6	9	25	28	31
116	2	4	25	31	34	37	17
117	5	10	22	34	36	44	35
118	3	4	10	17	19	22	38
119	3	11	13	14	17	21	38
120	4	6	10	11	32	37	30

121	12	28	30	34	38	43	9
122	1	11	16	17	36	40	8
123	7	17	18	28	30	45	27
124	4	16	23	25	29	42	1
125	2	8	32	33	35	36	18
126	7	20	22	27	40	43	1
127	3	5	10	29	32	43	35
128	12	30	34	36	37	45	39
129	19	23	25	28	38	42	17
130	7	19	24	27	42	45	31
131	8	10	11	14	15	21	37
132	3	17	23	34	41	45	43
133	4	7	15	18	23	26	13
134	3	12	20	23	31	35	43
135	6	14	22	28	35	39	16
136	2	16	30	36	41	42	11
137	7	9	20	25	36	39	15
138	10	11	27	28	37	39	19
139	9	11	15	20	28	43	13
140	3	13	17	18	19	28	8
141	8	12	29	31	42	43	2
142	12	16	30	34	40	44	19
143	26	27	28	42	43	45	8
144	4	15	17	26	36	37	43
145	2	3	13	20	27	44	9
146	2	19	27	35	41	42	25
147	4	6	13	21	40	42	36
148	21	25	33	34	35	36	17
149	2	11	21	34	41	42	27
150	2	18	25	28	37	39	16
151	1	2	10	13	18	19	15
152	1	5	13	26	29	34	43
153	3	8	11	12	13	36	33
154	6	19	21	35	40	45	20
155	16	19	20	32	33	41	4
156	5	18	28	30	42	45	2
157	19	26	30	33	35	39	37
158	4	9	13	18	21	34	7
159	1	18	30	41	42	43	32
160	3	7	8	34	39	41	1
161	22	34	36	40	42	45	44
162	1	5	21	25	38	41	24
163	7	11	26	28	29	44	16
164	6	9	10	11	39	41	27
165	5	13	18	19	22	42	31
166	9	12	27	36	39	45	14
167	24	27	28	30	36	39	4
168	3	10	31	40	42	43	30
169	16	27	35	37	43	45	19
170	2	11	13	15	31	42	10
171	4	16	25	29	34	35	1
172	4	19	21	24	26	41	35
173	3	9	24	30	33	34	18
174	13	14	18	22	35	39	16
175	19	26	28	31	33	36	17
176	4	17	30	32	33	34	15
177	1	10	13	16	37	43	6
178	1	5	11	12	18	23	9
179	5	9	17	25	39	43	32
180	2	15	20	21	29	34	22

181	14	21	23	32	40	45	44
182	13	15	27	29	34	40	35
183	2	18	24	34	40	42	5
184	1	2	6	16	20	33	41
185	1	2	4	8	19	38	14
186	4	10	14	19	21	45	9
187	1	2	8	18	29	38	42
188	19	24	27	30	31	34	36
189	8	14	32	35	37	45	28
190	8	14	18	30	31	44	15
191	5	6	24	25	32	37	8
192	4	8	11	18	37	45	33
193	6	14	18	26	36	39	13
194	15	20	23	26	39	44	28
195	7	10	19	22	35	40	31
196	35	36	37	41	44	45	30
197	7	12	16	34	42	45	4
198	12	19	20	25	41	45	2
199	14	21	22	25	30	36	43
200	5	6	13	14	17	20	7
201	3	11	24	38	39	44	26
202	12	24	27	33	39	44	17
203	1	3	11	24	30	32	7
204	3	12	14	35	40	45	5
205	1	3	21	29	35	37	30
206	1	2	3	15	20	25	43
207	3	11	14	31	32	37	38
208	14	25	31	34	40	44	24
209	2	7	18	20	24	33	37
210	10	19	22	23	25	37	39
211	12	13	17	20	33	41	8
212	11	12	18	21	31	38	8
213	2	3	4	5	20	24	42
214	5	7	20	25	28	37	32
215	2	3	7	15	43	44	4
216	7	16	17	33	36	40	1
217	16	20	27	33	35	39	38
218	1	8	14	18	29	44	20
219	4	11	20	26	35	37	16
220	5	11	19	21	34	43	31
221	2	20	33	35	37	40	10
222	5	7	28	29	39	43	44
223	1	3	18	20	26	27	38
224	4	19	26	27	30	42	7
225	5	11	13	19	31	36	7
226	2	6	8	14	21	22	34
227	4	5	15	16	22	42	2
228	17	25	35	36	39	44	23
229	4	5	9	11	23	38	35
230	5	11	14	29	32	33	12
231	5	10	19	31	44	45	27
232	8	9	10	12	24	44	35
233	4	6	13	17	28	40	39
234	13	21	22	24	26	37	4
235	21	22	26	27	31	37	8
236	1	4	8	13	37	39	7
237	1	11	17	21	24	44	33
238	2	4	15	28	31	34	35
239	11	15	24	39	41	44	7
240	6	10	16	40	41	43	21

241	2	16	24	27	28	35	21
242	4	19	20	21	32	34	43
243	2	12	17	19	28	42	34
244	13	16	25	36	37	38	19
245	9	11	27	31	32	38	22
246	13	18	21	23	26	39	15
247	12	15	28	36	39	40	13
248	3	8	17	23	38	45	13
249	3	8	27	31	41	44	11
250	19	23	30	37	43	45	38
251	6	7	19	25	28	38	45
252	14	23	26	31	39	45	28
253	8	19	25	31	34	36	33
254	1	5	19	20	24	30	27
255	1	5	6	24	27	42	32
256	4	11	14	21	23	43	32
257	6	13	27	31	32	37	4
258	14	27	30	31	38	40	17
259	4	5	14	35	42	45	34
260	7	12	15	24	37	40	43
261	6	11	16	18	31	43	2
262	9	12	24	25	29	31	36
263	1	27	28	32	37	40	18
264	9	16	27	36	41	44	5
265	5	9	34	37	38	39	12
266	3	4	9	11	22	42	37
267	7	8	24	34	36	41	1
268	3	10	19	24	32	45	12
269	5	18	20	36	42	43	32
270	5	9	12	20	21	26	27
271	3	8	9	27	29	40	36
272	7	9	12	27	39	43	28
273	1	8	24	31	34	44	6
274	13	14	15	26	35	39	25
275	14	19	20	35	38	40	26
276	4	15	21	33	39	41	25
277	10	12	13	15	25	29	20
278	3	11	37	39	41	43	13
279	7	16	31	36	37	38	11
280	10	11	23	24	36	37	35
281	1	3	4	6	14	41	12
282	2	5	10	18	31	32	30
283	6	8	18	31	38	45	42
284	2	7	15	24	30	45	28
285	13	33	37	40	41	45	2
286	1	15	19	40	42	44	17
287	6	12	24	27	35	37	41
288	1	12	17	28	35	41	10
289	3	14	33	37	38	42	10
290	8	13	18	32	39	45	7
291	3	7	8	18	20	42	45
292	17	18	31	32	33	34	10
293	1	9	17	21	29	33	24
294	6	10	17	30	37	38	40
295	1	4	12	16	18	38	8
296	3	8	15	27	30	45	44
297	6	11	19	20	28	32	34
298	5	9	27	29	37	40	19
299	1	3	20	25	36	45	24
300	7	9	10	12	26	38	39

301	7	11	13	33	37	43	26
302	13	19	20	32	38	42	4
303	2	14	17	30	38	45	43
304	4	10	16	26	33	41	38
305	7	8	18	21	23	39	9
306	4	18	23	30	34	41	19
307	5	15	21	23	25	45	12
308	14	15	17	19	37	45	40
309	1	2	5	11	18	36	22
310	1	5	19	28	34	41	16
311	4	12	24	27	28	32	10
312	2	3	5	6	12	20	25
313	9	17	34	35	43	45	2
314	15	17	19	34	38	41	2
315	1	13	33	35	43	45	23
316	10	11	21	27	31	39	43
317	3	10	11	22	36	39	8
318	2	17	19	20	34	45	21
319	5	8	22	28	33	42	37
320	16	19	23	25	41	45	3
321	12	18	20	21	25	34	42
322	9	18	29	32	38	43	20
323	10	14	15	32	36	42	3
324	2	4	21	25	33	36	17
325	7	17	20	32	44	45	33
326	16	23	25	33	36	39	40
327	6	12	13	17	32	44	24
328	1	6	9	16	17	28	24
329	9	17	19	30	35	42	4
330	3	4	16	17	19	20	23
331	4	9	14	26	31	44	39
332	16	17	34	36	42	45	3
333	5	14	27	30	39	43	35
334	13	15	21	29	39	43	33
335	5	9	16	23	26	45	21
336	3	5	20	34	35	44	16
337	1	5	14	18	32	37	4
338	2	13	34	38	42	45	16
339	6	8	14	21	30	37	45
340	18	24	26	29	34	38	32
341	1	8	19	34	39	43	41
342	1	13	14	33	34	43	25
343	1	10	17	29	31	43	15
344	1	2	15	28	34	45	38
345	15	20	23	29	39	42	2
346	5	13	14	22	44	45	33
347	3	8	13	27	32	42	10
348	3	14	17	20	24	31	34
349	5	13	14	20	24	25	36
350	1	8	18	24	29	33	35
351	5	25	27	29	34	36	33
352	5	16	17	20	26	41	24
353	11	16	19	22	29	36	26
354	14	19	36	43	44	45	1
355	5	8	29	30	35	44	38
356	2	8	14	25	29	45	24
357	10	14	18	21	36	37	5
358	1	9	10	12	21	40	37
359	1	10	19	20	24	40	23
360	4	16	23	25	35	40	27

361	5	10	16	24	27	35	33
362	2	3	22	27	30	40	29
363	11	12	14	21	32	38	6
364	2	5	7	14	16	40	4
365	5	15	21	25	26	30	31
366	5	12	19	26	27	44	38
367	3	22	25	29	32	44	19
368	11	21	24	30	39	45	26
369	17	20	35	36	41	43	21
370	16	18	24	42	44	45	17
371	7	9	15	26	27	42	18
372	8	11	14	16	18	21	13
373	15	26	37	42	43	45	9
374	11	13	15	17	25	34	26
375	4	8	19	25	27	45	7
376	1	11	13	24	28	40	7
377	6	22	29	37	43	45	23
378	5	22	29	31	34	39	43
379	6	10	22	31	35	40	19
380	1	2	8	17	26	37	27
381	1	5	10	12	16	20	11
382	10	15	22	24	27	42	19
383	4	15	28	33	37	40	25
384	11	22	24	32	36	38	7
385	7	12	19	21	29	32	9
386	4	7	10	19	31	40	26
387	1	26	31	34	40	43	20
388	1	8	9	17	29	32	45
389	7	16	18	20	23	26	3
390	16	17	28	37	39	40	15
391	10	11	18	22	28	39	30
392	1	3	7	8	24	42	43
393	9	16	28	40	41	43	21
394	1	13	20	22	25	28	15
395	11	15	20	26	[illegible]	[illegible]	7
396	18	20	31	34	40	45	30
397	12	13	17	22	25	33	8
398	10	15	20	23	42	44	7
399	1	2	9	17	19	42	20
400	9	21	27	34	41	43	2
401	6	12	18	31	38	43	9
402	5	9	15	19	22	36	32
403	10	14	22	24	28	37	26
404	5	20	21	24	33	40	36
405	1	2	10	25	26	44	4
406	7	12	21	24	27	36	45
407	6	7	13	16	24	25	1
408	9	20	21	22	30	37	16
409	6	9	21	31	32	40	38
410	1	3	18	32	40	41	16
411	11	14	22	35	37	39	5
412	4	7	39	41	42	45	40
413	2	9	15	23	34	40	3
414	2	14	15	22	23	44	43
415	7	17	20	26	30	40	24
416	5	6	8	11	22	26	44
417	4	5	14	20	22	43	44
418	11	13	15	26	28	34	31
419	2	11	13	14	28	30	7
420	4	9	10	29	31	34	27

421	6	11	26	27	28	44	30
422	8	15	19	21	34	44	12
423	1	17	27	28	29	40	5
424	10	11	26	31	34	44	30
425	8	10	14	27	33	38	3
426	4	17	18	27	39	43	19
427	6	7	15	24	28	30	21
428	12	16	19	22	37	40	8
429	3	23	28	34	39	42	16
430	1	3	16	18	30	34	44
431	18	22	25	31	38	45	6
432	2	3	5	11	27	39	33
433	19	23	29	33	35	43	27
434	3	13	20	24	33	37	35
435	8	16	26	30	38	45	42
436	9	14	20	22	33	34	28
437	11	16	29	38	41	44	21
438	6	12	20	26	29	38	45
439	17	20	30	31	37	40	25
440	10	22	28	34	36	44	2
441	1	23	28	30	34	35	9
442	25	27	29	36	38	40	41
443	4	[illegible]	10	19	20	44	14
444	11	13	23	35	43	45	17
445	13	20	21	30	39	45	32
446	1	11	12	14	26	35	6
447	2	7	8	9	17	33	34
448	3	7	13	27	40	41	36
449	3	10	20	26	35	43	36
450	6	14	19	21	23	31	13
451	12	15	20	24	30	38	29
452	8	10	18	30	32	34	27
453	12	24	33	38	40	42	30
454	13	25	27	34	38	41	10
455	4	19	20	26	30	35	24
456	1	7	12	18	23	27	44
457	8	10	18	23	27	40	33
458	4	9	10	32	36	40	18
459	4	6	10	14	25	40	12
460	8	11	28	30	43	45	41
461	11	18	26	31	37	40	43
462	3	20	24	32	37	45	4
463	23	29	31	33	34	44	40
464	6	12	15	34	42	44	4
465	1	8	11	13	22	38	31
466	4	10	13	23	32	44	20
467	2	12	14	17	24	40	39
468	8	13	15	28	37	43	17
469	4	21	22	34	37	38	33
470	10	16	20	39	41	42	27
471	6	13	29	37	39	41	43
472	16	25	26	31	36	43	44
473	8	13	20	22	23	36	34
474	4	13	18	31	33	45	43
475	1	9	14	16	21	29	3
476	9	12	13	15	37	38	27
477	14	25	29	32	33	45	37
478	18	29	30	37	39	43	8
479	8	23	25	27	35	44	24
480	3	5	10	17	30	31	16

6.5. 결론- 로또에의 적용

규칙 현상과 불규칙 현상을 함께 보았을 때,

- 25와 28은 조합을 이루며
- 여기에 보조수 19가 붙음을 알 수 있다.

그리고 이에 기초하여 다음과 같은 적용을 해 볼 수 있다.

1단계– 25와 28을 함께 찍게 되었을 때

25와 28이 함께 등장하면 보조수 19가 등장할 수 있다.
그러므로 25와 28을 찍게 될 때는 19를 함께 찍는 것이 유리하다.

↓

2단계– 그렇다면 보조수 19가 나오는 시기를 어떻게 알 수 있을까?

원 조합(25, 28)이 나타났는데 보조수 19가 없는 경우가 있다. 이때, 과거(이전 당첨번호들)와 미래(이후 당첨번호들)에 주목하면서 규칙적인 반복현상이 나타나는지를 살펴야 하는데 만약 기준점으로부터 6주 전에 25나 28 중 하나가 등장했다면, 6주 후에도 25나 28 중 하나가 등장할 수 있다. 그리고 이와 함께 보조수 19도 나타날 것으로 예측할 수 있다.

NOTE

조합 25, 28

1	10	23	29	33	37	40	16	61	14	15	19	30	38	43	8	121	12	28	30	34	38	43	9	181	14	21	23	32	40	45	44	241	2	16	24	27	28	35	21	301	7	11	13	33	37	43	26	361	5
2	9	13	21	25	32	42	2	62	3	8	15	27	29	35	21	122	1	11	16	17	36	40	8	182	13	15	27	29	34	40	35	242	4	19	20	21	32	34	43	302	13	19	20	32	38	42	4	362	2
3	11	16	19	21	27	31	30	63	3	20	23	36	38	40	5	123	7	17	18	28	30	45	27	183	2	18	24	34	40	42	5	243	2	12	17	19	28	42	34	303	2	14	17	30	38	45	43	363	1
4	14	27	30	31	40	42	2	64	14	15	18	21	26	36	39	124	4	16	23	25	29	42	1	184	1	2	6	16	20	33	41	244	13	16	25	36	37	38	19	304	4	10	16	26	33	41	38	364	2
5	16	24	29	40	41	42	3	65	4	25	33	36	40	43	39	125	2	8	32	33	35	36	18	185	1	2	4	8	19	38	14	245	9	11	27	31	32	38	22	305	7	8	18	21	23	39	9	365	5
6	14	15	26	27	40	42	34	66	2	3	7	17	22	24	45	126	7	20	22	27	40	43	1	186	4	10	14	19	21	45	9	246	13	18	21	23	26	39	15	306	4	18	23	30	34	41	19	366	5
7	2	9	16	25	26	40	42	67	3	7	10	15	36	38	33	127	3	5	10	29	32	43	35	187	1	2	8	18	29	38	42	247	12	15	28	36	39	40	13	307	5	15	21	23	25	45	12	367	3
8	8	19	25	34	37	39	9	68	10	12	15	16	26	39	38	128	12	30	34	36	37	45	39	188	19	24	27	30	31	34	36	248	3	8	17	23	38	45	13	308	14	15	17	19	37	45	40	368	1
9	2	4	16	17	36	39	14	69	5	8	14	15	19	39	35	129	19	23	25	28	38	42	17	189	8	14	32	35	37	45	28	249	3	8	27	31	41	44	11	309	1	2	5	11	18	36	22	369	1
10	9	25	30	33	41	44	6	70	5	19	22	25	28	43	26	130	7	19	24	27	42	45	31	190	8	14	18	30	31	44	15	250	19	23	30	37	43	45	38	310	1	5	19	28	34	41	16	370	1
11	1	7	36	37	41	42	14	71	5	9	12	16	29	41	21	131	8	10	11	14	15	21	37	191	5	6	24	25	32	37	8	251	6	7	19	25	28	38	45	311	4	12	24	27	28	32	10	371	7
12	2	11	21	25	39	45	44	72	2	4	11	17	26	27	1	132	3	17	23	34	41	45	43	192	4	8	11	18	37	45	33	252	14	23	26	31	39	45	28	312	2	3	5	6	12	20	25	372	8
13	22	23	25	37	38	42	26	73	3	12	18	32	40	43	38	133	4	7	15	18	23	26	13	193	6	14	18	26	36	39	13	253	8	19	25	31	34	36	33	313	9	17	34	35	43	45	2	373	1
14	2	6	12	31	33	40	15	74	6	15	17	18	35	40	23	134	3	12	20	23	31	35	43	194	15	20	23	26	39	44	28	254	1	5	19	20	24	30	27	314	15	17	19	34	38	41	2	374	1
15	3	4	16	30	31	37	13	75	2	5	24	32	34	44	28	135	6	14	22	28	35	39	16	195	7	10	19	22	35	40	31	255	1	5	6	24	27	42	32	315	1	13	33	35	43	45	23	375	4
16	6	7	24	37	38	40	33	76	1	3	15	22	25	37	43	136	2	16	30	36	41	42	11	196	35	36	37	41	44	45	30	256	4	11	14	21	23	43	32	316	10	11	21	27	31	39	43	376	1
17	3	4	9	17	32	37	1	77	2	18	29	32	43	44	37	137	7	9	20	25	36	39	15	197	7	12	16	34	42	45	4	257	6	13	27	31	32	37	4	317	3	10	11	22	36	39	8	377	6
18	3	12	13	19	32	35	29	78	10	13	25	29	33	35	38	138	10	11	27	28	37	39	19	198	12	19	20	25	41	45	2	258	14	27	30	31	38	40	17	318	2	17	19	20	34	45	21	378	5
19	6	30	38	39	40	43	26	79	3	12	24	27	30	32	14	139	9	11	15	20	28	43	13	199	14	21	22	25	30	36	43	259	4	5	14	35	42	45	34	319	5	8	22	28	33	42	37	379	6
20	10	14	18	20	23	30	41	80	17	18	24	25	26	30	1	140	3	13	17	18	19	28	8	200	5	6	13	14	17	20	7	260	7	12	15	24	37	40	43	320	16	19	23	25	41	45	3	380	1
21	6	12	17	18	31	32	21	81	5	7	11	13	20	33	6	141	8	12	29	31	42	43	2	201	3	11	24	38	39	44	26	261	6	11	16	18	31	43	2	321	12	18	20	21	25	34	42	381	1
22	4	5	6	8	17	39	25	82	1	2	3	14	27	42	39	142	12	16	30	34	40	44	19	202	12	24	27	33	39	44	17	262	9	12	24	25	29	31	36	322	9	18	29	32	38	43	20	382	1
23	5	13	17	18	33	42	44	83	6	10	15	17	19	34	14	143	26	27	28	42	43	45	8	203	1	3	11	24	30	32	7	263	1	27	28	32	37	40	18	323	10	14	15	32	36	42	3	383	4
24	7	8	27	29	36	43	6	84	16	23	27	34	42	45	11	144	4	15	17	26	36	37	43	204	3	12	14	35	40	45	5	264	9	16	27	36	41	44	5	324	2	4	21	25	33	36	17	384	1
25	2	4	21	26	43	44	16	85	6	8	13	23	31	36	21	145	2	3	13	20	27	44	9	205	1	3	21	29	35	37	30	265	5	9	34	37	38	39	12	325	7	17	20	32	44	45	33	385	7
26	4	5	7	18	20	25	31	86	2	12	37	39	41	45	33	146	2	19	27	35	41	42	25	206	1	2	3	15	20	25	43	266	3	4	9	11	22	42	37	326	16	23	25	33	36	39	40	386	4
27	1	20	26	28	37	43	27	87	4	12	16	23	34	43	26	147	4	6	13	21	40	42	36	207	3	11	14	31	32	37	38	267	7	8	24	34	36	41	1	327	6	12	13	17	32	44	24	387	1
28	9	18	23	25	35	37	1	88	1	17	20	24	30	41	27	148	21	25	33	34	35	36	17	208	14	25	31	34	40	44	24	268	3	10	19	24	32	45	12	328	1	6	9	16	17	28	24	388	1
29	1	5	13	34	39	40	11	89	4	26	28	29	33	40	37	149	2	11	21	34	41	42	27	209	2	7	18	20	24	33	37	269	5	18	20	36	42	43	32	329	9	17	19	30	35	42	4	389	7
30	8	17	20	35	36	44	4	90	17	20	29	35	38	44	10	150	2	18	25	28	37	39	16	210	10	19	22	23	25	37	39	270	5	9	12	20	21	26	27	330	3	4	16	17	19	20	23	390	1
31	7	9	18	23	28	35	32	91	1	21	24	26	29	42	27	151	1	2	10	13	18	19	15	211	12	13	17	20	33	41	8	271	3	8	9	27	29	40	36	331	4	9	14	26	31	44	39	391	1
32	6	14	19	25	34	44	11	92	3	14	24	33	35	36	17	152	1	5	13	26	29	34	43	212	11	12	18	21	31	38	8	272	7	9	12	27	39	43	28	332	16	17	34	36	42	45	3	392	1
33	4	7	32	33	40	41	9	93	6	22	24	36	38	44	19	153	3	8	11	12	13	36	33	213	2	3	4	5	20	24	42	273	1	8	24	31	34	44	6	333	5	14	27	30	39	43	35	393	9
34	9	26	35	37	40	42	2	94	5	32	34	40	41	45	6	154	6	19	21	35	40	45	20	214	5	7	20	25	28	37	32	274	13	14	15	26	35	39	25	334	13	15	21	29	39	43	33	394	1
35	2	3	11	26	37	43	39	95	8	17	27	31	34	43	14	155	16	19	20	32	33	41	4	215	2	3	7	15	43	44	4	275	14	19	20	35	38	40	26	335	5	9	16	23	26	45	21	395	1
36	1	10	23	26	28	40	31	96	1	3	8	21	22	31	20	156	5	18	28	30	42	45	2	216	7	16	17	33	36	40	1	276	4	15	21	33	39	41	25	336	3	5	20	34	35	44	16	396	1
37	7	27	30	33	35	37	42	97	6	7	14	15	20	36	3	157	19	26	30	33	35	39	37	217	16	20	27	33	35	39	38	277	10	12	13	15	25	29	20	337	1	5	14	18	32	37	4	397	1
38	16	17	22	30	37	43	36	98	6	9	16	23	24	32	43	158	4	9	13	18	21	34	7	218	1	8	14	18	29	44	20	278	3	11	37	39	41	43	13	338	2	13	34	38	42	45	16	398	1
39	6	7	13	15	21	43	8	99	1	3	10	27	29	37	11	159	1	18	30	41	42	43	32	219	4	11	20	26	35	37	16	279	7	16	31	36	37	38	11	339	6	8	14	21	30	37	45	399	1
40	7	13	18	19	25	26	6	100	1	7	11	23	37	42	6	160	3	7	8	34	39	41	1	220	5	11	19	21	34	43	31	280	10	11	23	24	36	37	35	340	18	24	26	29	34	38	32	400	9
41	13	20	23	35	38	43	34	101	1	3	17	32	35	45	8	161	22	34	36	40	42	45	44	221	2	20	33	35	37	40	10	281	1	3	4	6	14	41	12	341	1	8	19	34	39	43	41	401	6
42	17	18	19	21	23	32	1	102	17	22	24	26	35	40	42	162	1	5	21	25	38	41	24	222	5	7	28	29	39	43	44	282	2	5	10	18	31	32	30	342	1	13	14	33	34	43	25	402	5
43	6	31	35	38	39	44	1	103	5	14	15	27	30	45	10	163	7	11	26	28	29	44	16	223	1	3	18	20	26	27	38	283	6	8	18	31	38	45	42	343	1	10	17	29	31	43	15	403	1
44	3	11	21	30	38	45	39	104	17	32	33	34	42	44	35	164	6	9	10	11	39	41	27	224	4	19	26	27	30	42	7	284	2	7	15	24	30	45	28	344	1	2	15	28	34	45	38	404	5
45	1	10	20	27	33	35	17	105	8	10	20	34	41	45	28	165	5	13	18	19	22	42	31	225	5	11	13	19	31	36	7	285	13	33	37	40	41	45	2	345	15	20	23	29	39	42	2	405	1
46	8	13	15	23	31	38	39	106	4	10	12	22	24	33	29	166	9	12	27	36	39	45	14	226	2	6	8	14	21	22	34	286	1	15	19	40	42	44	17	346	5	13	14	22	44	45	33	406	7
47	14	17	26	31	36	45	27	107	1	4	5	6	9	31	17	167	24	27	28	30	36	39	4	227	4	5	15	16	22	42	2	287	6	12	24	27	35	37	41	347	3	8	13	27	32	42	10	407	6
48	6	10	18	26	37	38	3	108	7	18	22	23	29	44	12	168	3	10	31	40	42	43	30	228	17	25	35	36	39	44	23	288	1	12	17	28	35	41	10	348	3	14	17	20	24	31	34	408	9
49	4	7	16	19	33	40	30	109	1	5	34	36	42	44	33	169	16	27	35	37	43	45	19	229	4	5	9	11	23	38	35	289	3	14	33	37	38	42	10	349	5	13	14	20	24	25	36	409	6
50	2	10	12	15	22	44	1	110	7	20	22	23	29	43	1	170	2	11	13	15	31	42	10	230	5	11	14	29	32	33	12	290	8	13	18	32	39	45	7	350	1	8	18	24	29	33	35	410	1
51	2	3	11	16	26	44	35	111	7	18	31	33	36	40	27	171	4	16	25	29	34	35	1	231	5	10	19	31	44	45	27	291	3	7	8	18	20	42	45	351	5	25	27	29	34	36	33	411	1
52	2	4	15	16	20	29	1	112	26	29	30	33	41	42	43	172	4	19	21	24	26	41	35	232	8	9	10	12	24	44	35	292	17	18	31	32	33	34	10	352	5	16	17	20	26	41	24	412	4
53	7	8	14	32	33	39	42	113	4	9	28	33	36	45	26	173	3	9	24	30	33	34	18	233	4	6	13	17	28	40	39	293	1	9	17	21	29	33	24	353	11	16	19	22	29	36	26	413	2
54	1	8	21	27	36	39	37	114	11	14	19	26	28	41	2	174	13	14	18	22	35	39	16	234	13	21	22	24	26	37	4	294	6	10	17	30	37	38	40	354	14	19	36	43	44	45	1	414	2
55	17	21	31	37	40	44	7	115	1	2	6	9	25	28	31	175	19	26	28	31	33	36	17	235	21	22	26	27	31	37	8	295	1	4	12	16	18	38	8	355	5	8	29	30	35	44	38	415	7
56	10	14	30	31	33	37	19	116	2	4	25	31	34	37	17	176	4	17	30	32	33	34	15	236	1	4	8	13	37	39	7	296	3	8	15	27	30	45	44	356	2	8	14	25	29	45	24	416	5
57	7	10	16	25	29	44	6	117	5	10	22	34	36	44	35	177	1	10	13	16	37	43	6	237	1	11	17	21	24	44	33	297	6	11	19	20	28	32	34	357	10	14	18	21	36	37	5	417	4
58	10	24	25	33	40	44	1	118	3	4	10	17	19	22	38	178	1	5	11	12	18	23	9	238	2	4	15	28	31	34	35	298	5	9	27	29	37	40	19	358	1	9	10	12	21	40	37	418	1
59	6	29	36	39	41	45	13	119	3	11	13	14	17	21	38	179	5	9	17	25	39	43	32	239	11	15	24	39	41	44	7	299	1	3	20	25	36	45	24	359	1	10	19	20	24	40	23	419	2
60	2	8	25	36	39	42	11	120	4	6	10	11	32	37	30	180	2	15	20	21	29	34	22	240	6	10	16	40	41	43	21	300	7	9	10	12	26	38	39	360	4	16	23	25	35	40	27	420	4

35	33	421	6	11	26	27	28	44	30	481	3	4	23	29	40	41	20	541	8	13	26	28	32	34	43	601	2	16	19	31	34	35	37	661	2	3	12	20	27	38	40	721	1	28	35	41	43	44	31
40	29	422	8	15	19	21	34	44	12	482	1	10	16	24	25	35	43	542	5	6	19	26	41	45	34	602	13	14	22	27	30	38	2	662	5	6	9	11	15	37	26	722	12	14	21	30	39	43	45
38	6	423	1	17	27	28	29	40	5	483	12	15	19	22	28	34	5	543	13	18	26	31	34	44	12	603	2	19	25	26	27	43	28	663	3	5	8	19	38	42	20	723	20	30	33	35	36	44	22
40	4	424	10	11	26	31	34	44	30	484	1	3	27	28	32	45	11	544	5	17	21	25	36	44	10	604	2	6	18	21	33	34	30	664	10	20	33	36	41	44	5	724	2	8	33	35	37	41	14
30	31	425	8	10	14	27	33	38	3	485	17	22	26	27	36	39	20	545	4	24	25	27	34	35	2	605	1	2	7	9	10	38	42	665	5	6	11	17	38	44	13	725	6	7	19	21	41	43	38
44	38	426	4	17	18	27	39	43	19	486	1	2	23	25	38	40	43	546	8	17	20	27	37	43	6	606	1	5	6	14	20	39	22	666	2	4	6	11	17	28	16	726	1	11	21	23	34	44	24
44	19	427	6	7	15	24	28	30	21	487	4	8	25	27	37	41	21	547	6	7	15	22	34	39	28	607	8	14	23	36	38	39	13	667	15	17	25	37	42	43	13	727	7	8	10	19	21	31	20
45	26	428	12	16	19	22	37	40	8	488	2	8	17	30	31	38	25	548	1	12	13	21	32	45	14	608	4	8	18	19	39	44	41	668	12	14	15	24	27	32	3	728	3	6	10	30	34	37	36
43	21	429	3	23	28	34	39	42	16	489	2	4	8	15	20	27	11	549	29	31	35	38	40	44	17	609	4	8	27	34	39	40	13	669	7	8	20	29	33	38	9	729	11	17	21	26	36	45	16
45	17	430	1	3	16	18	30	34	44	490	2	7	26	29	40	43	42	550	1	7	14	20	34	37	41	610	14	18	20	23	28	36	33	670	11	18	26	27	40	41	25	730	4	10	14	15	18	22	39
42	18	431	18	22	25	31	38	45	6	491	8	17	35	36	39	42	4	551	3	6	20	24	27	44	25	611	2	22	27	33	36	37	14	671	7	9	10	13	31	35	24	731	2	7	13	25	42	45	39
21	13	432	2	3	5	11	27	39	33	492	22	27	31	35	37	40	42	552	1	10	20	32	35	40	43	612	6	9	18	19	25	33	40	672	8	21	28	31	36	45	43	732	2	4	5	17	27	32	43
45	9	433	19	23	29	33	35	43	27	493	20	22	26	33	36	37	25	553	2	7	17	28	29	39	37	613	7	8	11	16	41	44	35	673	7	10	17	29	33	44	5	733	11	24	32	33	35	40	13
34	26	434	3	13	20	24	33	37	35	494	5	7	8	15	30	43	22	554	13	14	17	32	41	42	6	614	8	21	25	39	40	44	18	674	9	10	14	25	27	31	11	734	6	16	37	38	41	45	18
45	7	435	8	16	26	30	38	45	42	495	4	13	22	27	34	44	6	555	11	17	21	24	26	36	12	615	10	17	18	19	23	27	35	675	1	8	11	15	18	45	7	735	5	10	13	27	37	41	44
40	7	436	9	14	20	22	33	34	28	496	4	13	20	29	36	41	39	556	12	20	23	28	30	44	43	616	5	13	18	23	40	45	3	676	1	8	17	34	39	45	27	736	2	11	17	18	21	27	6
45	23	437	11	16	29	38	41	44	21	497	19	20	23	24	43	44	13	557	4	20	26	28	35	40	31	617	4	5	11	12	24	27	28	677	12	15	24	36	41	44	42	737	13	15	18	24	27	41	11
39	43	438	6	12	20	26	29	38	45	498	13	14	24	32	39	41	3	558	12	15	19	26	40	43	29	618	8	16	25	30	42	43	15	678	4	5	6	12	25	37	45	738	23	27	28	38	42	43	36
40	19	439	17	20	30	31	37	40	25	499	5	20	23	27	35	40	43	559	11	12	25	32	44	45	23	619	6	8	13	30	35	40	21	679	3	5	7	14	26	34	35	739	7	22	29	33	34	35	30
37	27	440	10	22	28	34	36	44	2	500	3	4	12	20	24	34	41	560	1	4	20	23	29	45	28	620	2	16	17	32	39	45	40	680	4	10	19	29	32	42	30	740	4	8	9	16	17	19	31
20	11	441	1	23	28	30	34	35	9	501	1	4	10	17	31	42	2	561	5	7	18	37	42	45	20	621	1	2	6	16	19	42	9	681	21	24	27	29	43	44	7	741	5	21	27	34	44	45	16
42	19	442	25	27	29	36	38	40	41	502	6	22	28	32	34	40	26	562	4	11	13	17	20	31	33	622	9	15	16	21	28	34	24	682	17	23	27	35	38	43	2	742	8	10	13	36	37	40	6
40	25	443	4	6	10	19	20	44	14	503	1	5	27	30	34	36	40	563	5	10	16	17	31	32	21	623	7	13	30	39	41	45	25	683	6	13	20	27	28	40	15	743	15	19	21	34	41	44	10
38	7	444	11	13	23	35	43	45	17	504	6	14	22	26	43	44	31	564	14	19	25	26	27	34	2	624	1	7	19	26	27	35	16	684	1	11	15	17	25	39	40	744	10	15	18	21	34	41	43
32	9	445	13	20	21	30	39	45	32	505	7	20	22	25	38	40	44	565	4	10	18	27	40	45	38	625	3	6	7	20	21	39	13	685	6	7	12	28	38	40	18	745	1	2	3	9	12	23	10
40	26	446	1	11	12	14	26	35	6	506	6	9	11	22	24	30	31	566	4	5	6	25	26	43	41	626	13	14	26	33	40	43	15	686	7	12	15	24	25	43	13	746	3	12	33	36	42	45	25
43	20	447	2	7	8	9	17	33	34	507	12	13	32	33	40	41	4	567	1	10	15	16	32	41	28	627	2	9	22	25	31	45	12	687	1	8	10	13	28	42	45	747	7	9	12	14	23	28	17
32	45	448	3	7	13	27	40	41	36	508	5	27	31	34	35	43	37	568	1	3	17	20	31	44	40	628	1	7	12	15	23	42	11	688	5	15	22	23	34	35	2	748	3	10	13	22	31	32	29
26	3	449	3	10	20	26	35	43	36	509	12	25	29	35	42	43	24	569	3	6	13	23	24	35	1	629	19	28	31	38	43	44	1	689	7	17	19	30	36	38	34	749	12	14	24	26	34	45	41
40	15	450	6	14	19	21	23	31	13	510	12	29	32	33	39	40	42	570	1	12	26	27	29	33	42	630	8	17	21	24	27	31	15	690	24	25	33	34	38	39	43	750	1	2	15	19	24	36	12
39	30	451	12	15	20	24	30	38	29	511	3	7	14	23	26	42	24	571	11	18	21	26	38	43	29	631	1	2	4	23	31	34	8	691	15	27	33	35	43	45	16	751	3	4	16	20	28	44	17
42	43	452	8	10	18	30	32	34	27	512	4	5	9	13	26	27	1	572	3	13	18	33	37	45	1	632	15	18	21	32	35	44	6	692	3	11	14	15	32	36	44	752	4	16	20	33	40	43	7
43	21	453	12	24	33	38	40	42	30	513	5	8	21	23	27	33	12	573	2	4	20	34	35	43	14	633	9	12	19	20	39	41	13	693	1	6	11	28	34	42	30	753	2	17	19	24	37	41	3
28	15	454	13	25	27	34	38	41	10	514	1	15	20	26	35	42	9	574	14	15	16	19	25	43	2	634	4	10	11	12	20	27	38	694	7	15	20	25	33	43	12	754	2	8	17	24	29	31	32
35	7	455	4	19	20	26	30	35	24	515	2	11	12	15	23	37	8	575	2	8	20	30	33	34	6	635	11	13	25	26	29	33	32	695	4	18	26	33	34	38	14	755	13	14	26	28	30	36	37
45	30	456	1	7	12	18	23	27	44	516	2	8	23	41	43	44	30	576	10	11	15	25	35	41	13	636	6	7	15	16	20	31	26	696	1	7	16	18	34	38	21	756	10	14	16	18	27	28	4
33	8	457	8	10	18	23	27	40	33	517	1	9	12	28	36	41	10	577	16	17	22	31	34	37	33	637	3	16	22	37	38	44	23	697	2	5	8	11	33	39	31	757	6	7	11	17	33	44	1
44	7	458	4	9	10	32	36	40	18	518	14	23	30	32	34	38	6	578	5	12	14	32	34	42	16	638	7	18	22	24	31	34	6	698	3	11	13	21	33	37	18	758	5	9	12	30	39	43	24
42	20	459	4	6	10	14	25	40	12	519	6	8	13	16	30	43	3	579	5	7	20	22	37	42	39	639	6	15	22	23	25	32	40	699	4	5	8	16	21	29	3	759	9	33	36	40	42	43	32
43	2	460	8	11	28	30	43	45	41	520	4	22	27	28	38	40	1	580	5	7	9	11	32	35	33	640	14	15	18	21	26	35	23	700	11	23	28	29	30	44	13	760	10	22	27	31	42	43	12
43	9	461	11	18	26	31	37	40	43	521	3	7	18	29	32	36	19	581	3	5	14	20	42	44	33	641	11	18	21	36	37	43	12	701	3	10	14	16	36	38	35	761	4	7	11	24	42	45	30
36	32	462	3	20	24	32	37	45	4	522	4	5	13	14	37	41	11	582	2	12	14	33	40	41	25	642	8	17	18	24	39	45	32	702	3	13	16	24	26	29	9	762	1	3	12	21	26	41	16
37	26	463	23	29	31	33	34	44	40	523	1	4	37	38	40	45	7	583	8	17	27	33	40	44	24	643	15	24	31	32	33	40	13	703	10	28	31	33	41	44	21	763	3	8	16	32	34	43	10
40	36	464	6	12	15	34	42	44	4	524	10	11	29	38	41	45	21	584	7	18	30	39	40	41	36	644	5	13	17	23	28	36	8	704	1	4	8	23	33	42	45	764	7	22	24	31	34	36	15
44	4	465	1	8	11	13	22	38	31	525	11	23	26	29	39	44	22	585	6	7	10	16	38	41	4	645	1	4	16	26	40	41	31	705	1	6	17	22	28	45	23	765	1	3	8	12	42	43	33
36	45	466	4	10	13	23	32	44	20	526	7	14	17	20	35	39	31	586	2	7	12	15	21	34	5	646	2	9	24	41	43	45	30	706	3	4	6	10	28	30	37	766	9	30	34	35	39	41	21
25	1	467	2	12	14	17	24	40	39	527	1	12	22	32	33	42	38	587	14	21	29	31	32	37	17	647	5	16	21	23	24	30	29	707	2	12	19	24	39	44	35	767	5	15	20	31	34	42	22
37	16	468	8	13	15	28	37	43	17	528	5	17	25	31	39	40	10	588	2	8	15	22	25	41	30	648	13	19	28	37	38	43	4	708	2	10	16	19	34	45	1	768	7	27	29	30	38	44	4
40	38	469	4	21	22	34	37	38	33	529	18	20	24	27	31	42	39	589	6	8	28	33	38	39	22	649	3	21	22	33	41	42	20	709	10	18	30	36	39	44	32	769	5	7	11	16	41	45	4
41	16	470	10	16	20	39	41	42	27	530	16	23	27	29	33	41	22	590	20	30	36	38	41	45	23	650	3	4	7	11	31	41	35	710	3	4	6	24	25	33	10	770	1	9	12	23	39	43	34
39	5	471	6	13	29	37	39	41	43	531	1	5	9	21	27	35	45	591	8	13	14	30	38	39	5	651	11	12	16	26	29	44	18	711	11	15	24	35	37	45	42	771	6	10	17	18	21	29	30
45	40	472	16	25	26	31	36	43	44	532	16	17	23	24	29	44	3	592	2	5	6	13	28	44	43	652	3	13	15	40	41	44	20	712	17	20	30	31	33	45	19	772	5	6	11	14	21	41	32
40	3	473	8	13	20	22	23	36	34	533	9	14	15	17	31	33	23	593	9	10	13	24	33	38	28	653	5	6	26	27	38	39	1	713	2	5	15	18	19	23	44	773	8	12	19	21	31	35	44
44	43	474	4	13	18	31	33	45	43	534	10	24	26	29	37	38	32	594	2	8	13	25	28	37	3	654	16	21	26	31	36	43	6	714	1	7	22	33	37	40	20	774	12	15	18	28	34	42	9
40	24	475	1	9	14	16	21	29	3	535	11	12	14	15	18	39	34	595	8	24	28	35	38	40	5	655	7	37	38	39	40	44	18	715	2	7	27	33	41	44	10	775	11	12	29	33	38	42	17
26	44	476	9	12	13	15	37	38	27	536	7	8	18	32	37	43	12	596	3	4	12	14	25	43	17	656	3	7	14	16	31	40	39	716	2	6	13	16	29	30	21	776	8	9	18	21	28	40	20
43	44	477	14	25	29	32	33	45	37	537	12	23	26	30	36	43	11	597	8	10	23	24	35	43	37	657	10	14	19	39	40	43	23	717	2	11	19	25	28	32	44	777	6	12	17	21	34	37	18
34	31	478	18	29	30	37	39	43	8	538	6	10	18	31	32	34	11	598	4	12	24	33	38	45	22	658	8	19	25	28	32	36	37	718	4	11	20	23	32	39	40	778	6	21	35	36	37	41	11
30	7	479	8	23	25	27	35	44	24	539	3	19	22	31	42	43	26	599	5	12	17	29	34	35	27	659	7	18	19	27	29	42	45	719	4	8	13	19	20	43	26	779	6	12	19	24	34	41	4
34	27	480	3	5	10	17	30	31	16	540	3	12	13	15	34	36	14	600	5	11	14	27	29	36	44	660	4	9	23	33	39	44	14	720	1	12	29	34	36	37	41	780	15	17	19	21	27	45	16

02

서로 다른 두 수 조합 간의 동행 규칙성

1. 조합(20, 31)과 조합(26, 34)
2. 조합(2, 7)과 조합(11, 35)
3. 조합(23, 28)과 조합(7, 41)

로또는 매주, 정해진 시간에, 기계에 의해 결정된다.
이 사실을 간과해서는 안 된다.
인간의 개입 없이 기계에서 튀어나오는 숫자들의 조합 안에서
우리는 신비로운 규칙들을 발견하게 된다.

두 수 조합의 동행 규칙은 47주에서 48주를 기준으로 나타날 수 있다. 이것은 특정 두 수 조합이 두 수 조합 전체 990개에서 확률적으로 47.8회에 한번 등장하기 때문이다. (참고로 마지막 보너스 수를 포함해서 총 7개의 숫자가 한 회차에 등장하는데 이 7가지 숫자를 기준으로 보면 두 수 조합이 21개다.) 따라서 두 수 조합 간의 동행은 이 근거에 의해 설정된다.

1

조합(20, 31)과 조합(26, 34)- 총 16회 등장

1.1. 역대 로또 당첨번호(1~180/241~420회차)에 나타나는 조합(20, 31)과 조합(26, 34)의 동행

★ 두 조합의 동행에 관하여

먼저 두 조합의 동행이 무엇인지에 대해 살펴보도록 하겠다. 앞에서 두 수 조합과 그에 뒤따르는 보조수에 대해 다루었는데, 이번에는 그 두 수 조합이 또 다른 두 수 조합과 짝을 이루어 나오게 된다. 즉, 동행을 하게 되는 것이다.

그런데 동행하는 형태는 매번 같지 않다. 같이 등장하되, 순서는 바뀔 수 있다. 하나의 조합을 a라 하고 또 다른 조합은 b라고 할 경우에, a→b→a→b의 형태로 동행을 할 수도 있고 b→a→b→a 형태로 동행할 수도 있다. 그 밖에도 a→a→b→b의 형태, 혹은 b→b→a→a의 형태를 보일 수도 있다. 만약 a→b→a→b 형태라면 찾기가 매울 쉽겠지만, 다른 형태도 많기 때문에 한 번에 눈에 띄지 않을 수도 있다.

★ AB, CD, GH, IJ, JK에서 나타나는 조합(20, 31)과 조합(26, 34)의 동행

〈표 2-1-1〉에서 조합(26, 34)는 녹색으로 표시하였고, 조합(20, 31)은 적색으로 표시하였다. 색을 중심으로 살펴보면 더 쉽게 확인할 수 있는데 AB, CD, GH, IJ, JK는 a→b의 형태로 나타난다.

★ EF, LM에서 나타나는 조합(20, 31)과 조합(26, 34)의 동행

EF, LM은 위와 반대로 b→a의 형태로 나타난다. 특히 여기서 주목할 것은 J인데 여기에는 녹색과 적색이 함께 등장한다. 이중 조합(20, 31)은 I와 동행한다고 볼 수 있고 조합(26, 34)는 K와 동행한다고 볼 수 있다.

〈표 2-1-1〉

1	10	23	29	33	37	40	16	61	14	15	19	30	38	43	8	121	12	28	30	34	38	43	9	181	14	21	23	32	40	45	44	241	2	16	24	27	28	35	21	301	7	11	13	33	37	43	26	361	5	10	16	24	27	35	33
2	9	13	21	25	32	42	2	62	3	8	15	27	29	35	21	122	1	11	16	17	36	40	8	182	13	15	27	29	34	40	35	242	4	19	20	21	32	34	43	302	13	19	20	32	38	42	4	362	2	3	22	27	30	40	29
3	11	16	19	21	27	31	30	63	3	20	23	36	38	40	5	123	7	17	18	28	30	45	27	183	2	18	24	34	40	42	5	243	2	12	17	19	28	42	34	303	2	14	17	30	38	45	43	363	11	12	14	21	32	38	6
4	14	27	30	31	40	42	2	64	14	15	18	21	26	36	39	124	4	16	23	25	29	42	1	184	1	2	6	16	20	33	41	244	13	16	25	36	37	38	19	304	4	10	16	26	33	41	38	364	2	5	7	14	16	40	4
5	16	24	29	40	41	42	3	65	4	25	33	36	40	43	39	125	2	8	32	33	35	36	18	185	1	2	4	8	19	38	14	245	9	11	27	31	32	38	22	305	7	8	18	21	23	39	9	365	5	15	21	25	26	30	31
6	14	15	26	27	40	42	34	66	2	3	7	17	22	24	45	126	7	20	22	27	40	43	1	186	4	10	14	19	21	45	9	246	13	18	21	23	26	39	15	306	4	18	23	30	34	41	19	366	5	12	19	26	27	44	38
7	2	9	16	25	26	40	42	67	3	7	10	15	36	38	33	127	3	5	10	29	32	43	35	187	1	2	8	18	29	38	42	247	12	15	28	36	39	40	13	307	5	15	21	23	25	45	12	367	3	22	25	29	32	44	19
8	8	19	25	34	37	39	9	68	10	12	15	16	26	39	38	128	12	30	34	36	37	45	39	188	19	24	27	30	31	34	36	248	3	8	17	23	38	45	13	308	14	15	17	19	37	45	40	368	11	21	24	30	39	45	26
9	2	4	16	17	36	39	14	69	5	8	14	15	19	39	35	129	19	23	25	28	38	42	17	189	8	14	32	35	37	45	28	249	3	8	27	31	41	44	11	309	1	2	5	11	18	36	22	369	17	20	35	36	41	43	21
10	9	25	30	33	41	44	6	70	5	19	22	25	28	43	26	130	7	19	24	27	42	45	31	190	8	14	18	30	31	44	15	250	19	23	30	37	43	45	38	310	1	5	19	28	34	41	16	370	16	18	24	42	44	45	17
11	1	7	36	37	41	42	14	71	5	9	12	16	29	41	21	131	8	10	11	14	15	21	37	191	5	6	24	25	32	37	8	251	6	7	19	25	28	38	45	311	4	12	24	27	28	32	10	371	7	9	15	26	27	42	18
12	2	11	21	25	39	45	44	72	2	4	11	17	26	27	1	132	3	17	23	34	41	45	43	192	4	8	11	18	37	45	33	252	14	23	26	31	39	45	28	312	2	3	5	6	12	20	25	372	8	11	14	16	18	21	13
13	22	23	25	37	38	42	26	73	3	12	18	32	40	43	38	133	4	7	15	18	23	26	13	193	6	14	18	26	36	39	13	253	8	19	25	31	34	36	33	313	9	17	34	35	43	45	2	373	15	26	37	42	43	45	9
14	2	6	12	31	33	40	15	74	6	15	17	18	35	40	23	134	3	12	20	23	31	35	43	194	15	20	23	26	39	44	28	254	1	5	19	20	24	30	27	314	15	17	19	34	38	41	2	374	11	13	15	17	25	34	26
15	3	4	16	30	31	37	13	75	2	5	24	32	34	44	28	135	6	14	22	28	35	39	16	195	7	10	19	22	35	40	31	255	1	5	6	24	27	42	32	315	1	13	33	35	43	45	23	375	4	8	19	25	27	45	7
16	6	7	24	37	38	40	33	76	1	3	15	22	25	37	43	136	2	16	30	36	41	42	11	196	35	36	37	41	44	45	30	256	4	11	14	21	23	43	32	316	10	11	21	27	31	39	43	376	1	11	13	24	28	40	7
17	3	4	9	17	32	37	1	77	2	18	29	32	43	44	37	137	7	9	20	25	36	39	15	197	7	12	16	34	42	45	4	257	6	13	27	31	32	37	4	317	3	10	11	22	36	39	8	377	6	22	29	37	43	45	23
18	3	12	13	19	32	35	29	78	10	13	25	29	33	35	38	138	10	11	27	28	37	39	19	198	12	19	20	25	41	45	2	258	14	27	30	31	38	40	17	318	2	17	19	20	34	45	21	378	5	22	29	31	34	39	43
19	6	30	38	39	40	43	26	79	3	12	24	27	30	32	14	139	9	11	15	20	28	43	13	199	14	21	22	25	30	36	43	259	4	5	14	35	42	45	34	319	5	8	22	28	33	42	37	379	6	10	22	31	35	40	19
20	10	14	18	20	23	30	41	80	17	18	24	25	26	30	1	140	3	13	17	18	19	28	8	200	5	6	13	14	17	20	7	260	7	12	15	24	37	40	43	320	16	19	23	25	41	45	3	380	1	2	8	17	26	37	27
21	6	12	17	18	31	32	21	81	5	7	11	13	20	33	6	141	8	12	29	31	42	43	2	201	3	11	24	38	39	44	26	261	6	11	16	18	31	43	2	321	12	18	20	21	25	34	42	381	1	5	10	12	16	20	11
22	4	5	6	8	17	39	25	82	1	2	3	14	27	42	39	142	12	16	30	34	40	44	19	202	12	24	27	33	39	44	17	262	9	12	24	25	29	31	36	322	9	18	29	32	38	43	20	382	10	15	22	24	27	42	19
23	5	13	17	18	33	42	44	83	6	10	15	17	19	34	14	143	26	27	28	42	43	45	8	203	1	3	11	24	30	32	7	263	1	27	28	32	37	40	18	323	10	14	15	32	36	42	3	383	4	15	28	33	37	40	25
24	7	8	27	29	36	43	6	84	16	23	27	34	42	45	11	144	4	15	17	26	36	37	43	204	3	12	14	35	40	45	5	264	9	16	27	36	41	44	5	324	2	4	21	25	33	36	17	384	11	22	24	32	36	38	7
25	2	4	21	26	43	44	16	85	6	8	13	23	31	36	21	145	2	3	13	20	27	44	9	205	1	3	21	29	35	37	30	265	5	9	34	37	38	39	12	325	7	17	20	32	44	45	33	385	7	12	19	21	29	32	9
26	4	5	7	8	20	25	31	86	2	12	37	39	41	45	33	146	2	19	27	35	41	42	25	206	1	2	3	15	20	25	43	266	3	4	9	11	22	42	37	326	16	23	25	33	36	39	40	386	4	7	10	19	31	40	26
27	1	20	26	28	37	43	27	87	4	12	16	23	34	43	26	147	4	6	13	21	40	42	36	207	3	11	14	31	32	37	38	267	7	8	24	34	36	41	1	327	6	12	13	17	32	44	24	387	[illegible]	26	31	34	40	43	20
28	9	18	23	25	35	37	1	88	1	17	20	24	30	41	27	148	21	25	33	34	35	36	17	208	14	25	31	34	40	44	24	268	3	10	19	24	32	45	12	328	1	6	9	16	17	28	24	388	1	8	9	17	29	32	45
29	1	5	13	34	39	40	11	89	4	26	28	29	33	40	37	149	2	11	21	34	41	42	27	209	2	7	18	20	24	33	37	269	5	18	20	36	42	43	32	329	9	17	19	30	35	42	4	389	7	16	18	20	23	26	3
30	8	17	20	35	36	44	4	90	17	20	29	35	38	44	10	150	2	18	25	28	37	39	16	210	10	19	22	23	25	37	39	270	5	9	12	20	21	26	27	330	3	4	16	17	19	20	23	390	16	17	28	37	39	40	15
31	7	9	18	23	28	35	32	91	1	21	24	26	29	42	27	151	1	2	10	13	18	19	15	211	12	13	17	20	33	41	8	271	3	8	9	27	29	40	36	331	4	9	14	26	31	44	39	391	10	11	18	22	28	39	30
32	6	14	19	25	34	44	11	92	3	14	24	33	35	36	17	152	1	5	13	26	29	34	43	212	11	12	18	21	31	38	8	272	7	9	12	27	39	43	28	332	16	17	34	36	42	45	3	392	1	3	7	8	24	42	43
33	4	7	32	33	40	41	9	93	6	22	24	36	38	44	19	153	3	8	11	12	13	36	33	213	2	3	4	5	20	24	42	273	1	8	24	31	34	44	6	333	5	14	27	30	39	43	35	393	9	16	28	40	41	43	21
34	9	26	35	37	40	42	2	94	5	32	34	40	41	45	6	154	6	19	21	35	40	45	20	214	5	7	20	25	28	37	32	274	13	14	15	26	35	39	25	334	13	15	21	29	39	43	33	394	1	13	20	22	25	28	15
35	2	3	11	26	37	43	39	95	8	17	27	31	34	43	14	155	16	19	20	32	33	41	4	215	2	3	7	15	43	44	4	275	14	19	20	35	38	40	26	335	5	9	16	23	26	45	21	395	11	15	20	26	31	[illegible]	7
36	1	10	23	26	28	40	31	96	1	3	8	21	22	31	20	156	5	18	28	30	42	45	2	216	7	16	17	33	36	40	1	276	4	15	21	33	39	41	25	336	3	5	20	34	35	44	16	396	18	20	31	34	40	45	30
37	7	27	30	33	35	37	42	97	6	7	14	15	20	36	3	157	19	26	30	33	35	39	37	217	16	20	27	33	35	39	38	277	10	12	13	15	25	29	20	337	1	5	14	18	32	37	4	397	12	13	17	22	25	33	8
38	16	17	22	30	37	43	36	98	6	9	16	23	24	32	43	158	4	9	13	18	21	34	7	218	1	8	14	18	29	44	20	278	3	11	37	39	41	43	13	338	2	13	34	38	42	45	16	398	10	15	20	23	42	44	7
39	6	7	13	15	21	43	8	99	1	3	10	27	29	37	11	159	1	18	30	41	42	43	32	219	4	11	20	26	35	37	16	279	7	16	31	36	37	38	11	339	6	8	14	21	30	37	45	399	1	2	9	17	19	42	20
40	7	13	18	19	25	26	6	100	1	7	11	23	37	42	6	160	3	7	8	34	39	41	1	220	5	11	19	21	34	43	31	280	10	11	23	24	36	37	35	340	8	24	26	29	34	38	32	400	9	21	27	34	41	43	2
41	13	20	23	35	38	43	34	101	1	3	17	32	35	45	8	161	22	34	36	40	42	45	44	221	2	20	33	35	37	40	10	281	1	3	4	6	14	41	12	341	1	8	19	34	39	43	41	401	6	12	18	31	38	43	9
42	17	18	19	21	23	32	1	102	17	22	24	26	35	40	42	162	1	5	21	25	38	41	24	222	5	7	28	29	39	43	44	282	2	5	10	18	31	32	30	342	1	13	14	33	34	43	25	402	5	9	15	19	22	36	32
43	6	31	35	38	39	44	1	103	5	14	15	27	30	45	10	163	7	11	26	28	29	44	16	223	1	3	18	20	26	27	38	283	6	8	18	31	38	45	42	343	1	10	17	29	31	43	15	403	10	14	22	24	28	37	26
44	3	11	21	30	38	45	39	104	17	32	33	34	42	44	35	164	6	9	10	11	39	41	27	224	4	19	26	27	30	42	7	284	2	7	15	24	30	45	28	344	1	2	15	28	34	45	38	404	5	20	21	24	33	40	36
45	1	10	20	27	33	35	17	105	8	10	20	34	41	45	28	165	5	13	18	19	22	42	31	225	5	11	13	19	31	36	7	285	13	33	37	40	41	45	2	345	15	20	23	29	39	42	2	405	1	2	10	25	26	44	4
46	8	13	15	23	31	38	39	106	4	10	12	22	24	33	29	166	9	12	27	36	39	45	14	226	2	6	8	14	21	22	34	286	1	15	19	40	42	44	17	346	5	13	14	22	44	45	33	406	7	12	21	24	27	36	45
47	14	17	26	31	36	45	27	107	1	4	5	6	9	31	17	167	24	27	28	30	36	39	4	227	4	5	15	16	22	42	2	287	6	12	24	27	35	37	41	347	3	8	13	27	32	42	10	407	6	7	13	16	24	25	1
48	6	10	18	26	37	38	3	108	7	18	22	23	29	44	12	168	3	10	31	40	42	43	30	228	17	25	35	36	39	44	23	288	1	12	17	28	35	41	10	348	3	14	17	20	24	31	34	408	9	20	21	22	30	37	16
49	4	7	16	19	33	40	30	109	1	5	34	36	42	44	33	169	16	27	35	37	43	45	19	229	4	5	9	11	23	38	35	289	3	14	33	37	38	42	10	349	5	13	14	20	24	25	36	409	6	9	21	31	32	40	38
50	2	10	12	15	22	44	1	110	7	20	22	23	29	43	1	170	2	11	13	15	31	42	10	230	5	11	14	29	32	33	12	290	8	13	18	32	39	45	7	350	1	8	18	24	29	33	35	410	1	3	18	32	40	41	16
51	2	3	11	16	26	44	35	111	7	18	31	33	36	40	27	171	4	16	25	29	34	35	1	231	5	10	19	31	44	45	27	291	3	7	8	18	20	42	45	351	5	25	27	29	34	36	33	411	11	14	22	35	37	39	5
52	2	4	15	16	20	29	1	112	26	29	30	33	41	42	43	172	4	19	21	24	26	41	35	232	8	9	10	12	24	44	35	292	17	18	31	32	33	34	10	352	5	16	17	20	26	41	24	412	4	7	39	41	42	45	40
53	7	8	14	32	33	39	42	113	4	9	28	33	36	45	26	173	3	9	24	30	33	34	18	233	4	6	13	17	28	40	39	293	1	9	17	21	29	33	24	353	11	16	19	22	29	36	26	413	2	9	15	23	34	40	3
54	1	8	21	27	36	39	37	114	11	14	19	26	28	41	2	174	13	14	18	22	35	39	16	234	13	21	22	24	26	37	4	294	6	10	17	30	37	38	40	354	14	19	36	43	44	45	1	414	2	14	15	22	23	44	43
55	17	21	31	37	40	44	7	115	1	2	6	9	25	28	31	175	19	26	28	31	33	36	17	235	21	22	26	27	31	37	8	295	1	4	12	16	18	38	8	355	5	8	29	30	35	44	38	415	7	17	20	26	30	40	24
56	10	14	30	31	33	37	19	116	2	4	25	31	34	37	17	176	4	17	30	32	33	34	15	236	1	4	8	13	37	39	7	296	3	8	15	27	30	45	44	356	2	8	14	25	29	45	24	416	5	6	8	11	22	26	44
57	7	10	16	25	29	44	6	117	5	10	22	34	36	44	35	177	1	10	13	16	37	43	6	237	1	11	17	21	24	44	33	297	6	11	19	20	28	32	34	357	10	14	18	21	36	37	5	417	4	5	14	20	22	43	44
58	10	24	25	33	40	44	1	118	3	4	10	17	19	22	38	178	1	5	11	12	18	23	9	238	2	4	15	28	31	34	35	298	5	9	27	29	37	40	19	358	1	9	10	12	21	40	37	418	11	13	15	26	28	34	31
59	6	29	36	39	41	45	13	119	3	11	13	14	17	21	38	179	5	9	17	25	39	43	32	239	11	15	24	39	41	44	7	299	1	3	20	25	36	45	24	359	1	10	19	20	24	40	23	419	2	11	13	14	28	30	7
60	2	8	25	36	39	42	11	120	4	6	10	11	32	37	30	180	2	15	20	21	29	34	22	240	6	10	16	40	41	43	21	300	7	9	10	12	26	38	39	360	4	16	23	25	35	40	27	420	4	9	10	29	31	34	27

1.2. 역대 로또 당첨번호(421~780회차)에 나타나는 조합(20, 31)과 조합(26, 34)의 동행

★ A에서 I에 나타나는 조합(20, 31)과 조합(26, 34)의 동행

이번에는 조합((20, 31)과 조합(26, 34)가 동행하는 현상이 많이 나타난다. 무려 9차례나 등장하는 것이다. 따라서 눈에 띄기 쉽게 각 회차별로 알파벳을 표기하지 않고 동행하는 현상마다 알파벳을 표기하였다.

〈표 2-1-2〉에서 녹색으로 표시된 조합(26, 34)를 a라 하고, 적색으로 표시된 조합(20, 31)을 b라고 할 때 A, B, D, E, F, H는 a→b 형태로 동행하고 있고, 나머지는 b→a의 형태로 동행한다.

정리하자면

a→b→a→b→b→a→a→b→a→b, a→b→b→a→a→b→b→a의 순서로 동행하고 있다.

한편, 마지막의 J의 조합(20, 31)은 아직 조합(26, 34)와 동행하는 형태를 보이고 있지는 않지만, 아직 나오지 않았을 뿐이다. 즉, 앞으로의 회차 중에 분명히 조합(26, 34)이 나오게 될 것을 예상해 볼 수 있다.

〈표 2-1-2〉

421	6	11	26	27	28	44	30	481	3	4	23	29	40	41	20	541	8	13	26	28	32	34	43	601	2	16	19	31	34	35	37	661	2	3	12	20	27	38	40	721	1	28	35	41	43	44	31
422	8	15	19	21	34	44	12	482	1	10	16	24	25	35	43	542	5	6	19	26	41	45	34	602	13	14	22	27	30	38	2	662	5	6	9	11	15	37	26	722	12	14	21	30	39	43	45
423	1	17	27	28	29	40	5	483	12	15	19	22	28	34	5	543	13	18	26	31	34	44	12	603	2	19	25	26	27	43	28	663	3	5	8	19	38	42	20	723	20	30	33	35	36	44	22
424	10	11	26	31	34	44	30	484	1	3	27	28	32	45	11	544	5	17	21	25	36	44	10	604	2	6	18	21	33	34	30	664	10	20	33	36	41	44	5	724	2	8	33	35	37	41	14
425	8	10	14	27	33	38	3	485	17	22	26	27	36	39	20	545	4	24	25	27	34	35	2	605	1	2	7	9	10	38	42	665	5	6	11	17	38	44	13	725	6	7	19	21	41	43	38
426	4	17	18	27	39	43	19	486	1	2	23	25	38	40	43	546	8	17	20	27	37	43	6	606	1	5	6	14	20	39	22	666	2	4	6	11	17	28	16	726	1	11	21	23	34	44	24
427	6	7	15	24	28	30	21	487	4	8	25	27	37	41	21	547	6	7	15	22	34	39	28	607	8	14	23	36	38	39	13	667	15	17	25	37	42	43	13	727	7	8	10	19	21	31	20
428	12	16	19	22	37	40	8	488	2	8	17	30	31	38	25	548	1	12	13	21	32	45	14	608	4	8	18	19	39	44	41	668	12	14	15	24	27	32	3	728	3	6	10	30	34	37	36
429	3	23	28	34	39	42	16	489	2	4	8	15	20	27	11	549	29	31	35	38	40	44	17	609	4	8	27	34	39	40	13	669	7	8	20	29	33	38	9	729	11	17	21	26	36	45	16
430	1	3	16	18	30	34	44	490	2	7	26	29	40	43	42	550	1	7	14	20	34	37	41	610	14	18	20	23	28	36	33	670	11	18	26	27	40	41	25	730	4	10	14	15	18	22	39
431	18	22	25	31	38	45	6	491	8	17	35	36	39	42	4	551	3	6	20	24	27	44	25	611	2	22	27	33	36	37	14	671	7	9	10	13	31	35	24	731	2	7	13	25	42	45	39
432	2	3	5	11	27	39	[illegible]	492	22	27	31	35	37	40	[illegible]	552	1	10	20	32	35	40	43	612	6	9	18	19	25	33	40	672	8	21	28	31	36	45	43	732	2	4	5	17	27	32	43
433	19	23	29	33	35	43	27	493	20	22	26	33	36	37	25	553	2	7	17	28	29	39	37	613	7	8	11	16	41	44	35	673	7	10	17	29	33	44	5	733	11	24	32	33	35	40	13
434	3	13	20	24	33	37	35	494	5	7	8	15	30	43	22	554	13	14	17	32	41	42	6	614	8	21	25	39	40	44	18	674	9	10	14	25	27	31	11	734	6	16	37	38	41	45	18
435	8	16	26	30	38	45	42	495	4	13	22	27	34	44	6	555	11	17	21	24	26	36	12	615	10	17	18	19	23	27	35	675	1	8	11	15	18	45	7	735	5	10	13	27	37	41	44
436	9	14	20	22	33	34	28	496	4	13	20	29	36	41	39	556	12	20	23	28	30	44	43	616	5	13	18	23	40	45	3	676	1	8	17	34	39	45	27	736	2	11	17	18	21	27	6
437	11	16	29	38	41	44	21	497	19	20	23	24	43	44	13	557	4	20	26	28	35	40	31	617	4	5	11	12	24	27	28	677	12	15	24	36	41	44	42	737	13	15	18	24	27	41	11
438	6	12	20	26	29	38	45	498	13	14	24	32	39	41	3	558	12	15	19	26	40	43	29	618	8	16	25	30	42	43	15	678	4	5	6	12	25	37	45	738	23	27	28	38	42	43	36
439	17	20	30	31	37	40	25	499	5	20	23	27	35	40	43	559	11	12	25	32	44	45	23	619	6	8	13	30	35	40	21	679	3	5	7	14	26	34	35	739	7	22	29	33	34	35	30
440	10	22	28	34	36	44	2	500	3	4	12	20	24	34	41	560	1	4	20	23	29	45	28	620	2	16	17	32	39	45	40	680	4	10	19	29	32	42	30	740	4	8	9	16	17	19	31
441	1	23	28	30	34	35	9	501	1	4	10	17	31	42	2	561	5	7	18	37	42	45	20	621	1	2	6	16	19	42	9	681	21	24	27	29	43	44	7	741	5	21	27	34	44	45	16
442	25	27	29	36	38	40	41	502	6	22	28	32	34	40	26	562	4	11	13	17	20	31	33	622	9	15	16	21	28	34	24	682	17	23	27	35	38	43	2	742	8	10	13	36	37	40	6
443	4	6	10	19	20	44	14	503	1	5	27	30	34	36	40	563	5	10	16	17	31	32	21	623	7	13	30	39	41	45	25	683	6	13	20	27	28	40	15	743	15	19	21	34	41	44	10
444	11	13	23	35	43	45	17	504	6	14	22	26	43	44	31	564	14	19	25	26	27	34	2	624	1	7	19	26	27	35	16	684	1	11	15	17	25	39	40	744	10	15	18	21	34	41	43
445	13	20	21	30	39	45	32	505	7	20	22	25	38	40	44	565	4	10	18	27	40	45	38	625	3	6	7	20	21	39	13	685	6	7	12	28	38	40	18	745	1	2	3	9	12	23	10
446	1	11	12	14	26	35	6	506	6	9	11	22	24	30	31	566	4	5	6	25	26	43	41	626	13	14	26	33	40	43	15	686	7	12	15	24	25	43	13	746	3	12	33	36	42	45	25
447	2	7	8	9	17	33	34	507	12	13	32	33	40	41	4	567	1	10	15	16	32	41	28	627	2	9	22	25	31	45	12	687	1	8	10	13	28	42	45	747	7	9	12	14	23	28	17
448	3	7	13	27	40	41	36	508	5	27	31	34	35	43	37	568	1	3	17	20	31	44	40	628	1	7	12	15	23	42	11	688	5	15	22	23	34	35	2	748	3	10	13	22	31	32	29
449	3	10	20	26	35	43	36	509	12	25	29	35	42	43	24	569	3	6	13	23	24	35	1	629	19	28	31	38	43	44	1	689	7	17	19	30	36	38	34	749	12	14	24	26	34	45	41
450	6	14	19	21	23	31	13	510	12	29	32	33	39	40	42	570	1	12	26	27	29	33	42	630	8	17	21	24	27	31	15	690	24	25	33	34	38	39	43	750	1	2	15	19	24	36	12
451	12	15	20	24	30	38	29	511	3	7	14	23	26	42	24	571	11	18	21	26	38	43	29	631	1	2	4	23	31	34	8	691	15	27	33	35	43	45	16	751	3	4	16	20	28	44	17
452	8	10	18	30	32	34	27	512	4	5	9	13	26	27	1	572	3	13	18	33	37	45	1	632	15	18	21	32	35	44	6	692	3	11	14	15	32	36	44	752	4	16	20	33	40	43	7
453	12	24	33	38	40	42	30	513	5	8	21	23	27	33	12	573	2	4	20	34	35	43	14	633	9	12	19	20	39	41	13	693	1	6	11	28	34	42	30	753	2	17	19	24	37	41	3
454	13	25	27	34	38	41	10	514	1	15	20	26	35	42	9	574	14	15	16	19	25	43	2	634	4	10	11	12	20	27	38	694	7	15	20	25	33	43	12	754	2	8	17	24	29	31	32
455	4	19	20	26	30	35	24	515	2	11	12	15	23	37	8	575	2	8	20	30	33	34	6	635	11	13	25	26	29	33	32	695	4	18	26	33	34	38	14	755	13	14	26	28	30	36	37
456	1	7	12	18	23	27	44	516	2	8	23	41	43	44	30	576	10	11	15	25	35	41	13	636	6	7	15	16	20	31	26	696	1	7	16	18	34	38	21	756	10	14	16	18	27	28	4
457	8	10	18	23	27	40	33	517	1	9	12	28	36	41	10	577	16	17	22	31	34	37	33	637	3	16	22	37	38	44	23	697	2	5	8	11	33	39	31	757	6	7	11	17	33	44	1
458	4	9	10	32	36	40	18	518	14	23	30	32	34	38	6	578	5	12	14	32	34	42	16	638	7	18	22	24	31	34	6	698	3	11	13	21	33	37	18	758	5	9	12	30	39	43	24
459	4	6	10	14	25	40	12	519	6	8	13	16	30	43	3	579	5	7	20	22	37	42	39	639	6	15	22	23	25	32	40	699	4	5	8	16	21	29	3	759	9	33	36	40	42	43	32
460	8	11	28	30	43	45	41	520	4	22	27	28	38	40	1	580	5	7	9	11	32	35	33	640	14	15	18	21	26	35	23	700	11	23	28	29	30	44	13	760	10	22	27	31	42	43	12
461	11	18	26	31	37	40	43	521	3	7	18	29	32	36	19	581	3	5	14	20	42	44	33	641	11	18	21	36	37	43	12	701	3	10	14	16	36	38	35	761	4	7	11	24	42	45	30
462	3	20	24	32	37	45	4	522	4	5	13	14	37	41	11	582	2	12	14	33	40	41	25	642	8	17	18	24	39	45	32	702	3	13	16	24	26	29	9	762	1	3	12	21	26	41	16
463	23	29	31	33	34	44	40	523	1	4	37	38	40	45	7	583	8	17	27	33	40	44	24	643	15	24	31	32	33	40	13	703	10	28	31	33	41	44	21	763	3	8	16	32	34	43	10
464	6	12	15	34	42	44	4	524	10	11	29	38	41	45	21	584	7	18	30	39	40	41	36	644	5	13	17	23	28	36	8	704	1	4	8	23	33	42	45	764	7	22	24	31	34	36	15
465	1	8	11	13	22	38	31	525	11	23	26	29	39	44	22	585	6	7	10	16	38	41	4	645	1	4	16	26	40	41	31	705	1	6	17	22	28	45	23	765	1	3	8	12	42	43	33
466	4	10	13	23	32	44	20	526	7	14	17	20	35	39	31	586	2	7	12	15	21	34	5	646	2	9	24	41	43	45	30	706	3	4	6	10	28	30	37	766	9	30	34	35	39	41	21
467	2	12	14	17	24	40	39	527	1	12	22	32	33	42	38	587	14	21	29	31	32	37	17	647	5	16	21	23	24	30	29	707	2	12	19	24	39	44	35	767	5	15	20	31	34	42	22
468	8	13	15	28	37	43	17	528	5	17	25	31	39	40	10	588	2	8	15	22	25	41	30	648	13	19	28	37	38	43	4	708	2	10	16	19	34	45	1	768	7	27	29	30	38	44	4
469	4	21	22	34	37	38	33	529	18	20	24	27	31	42	39	589	6	8	28	33	38	39	22	649	3	21	22	33	41	42	20	709	10	18	30	36	39	44	32	769	5	7	11	16	41	45	4
470	10	16	20	39	41	42	27	530	16	23	27	29	33	41	22	590	20	30	36	38	41	45	23	650	3	4	7	11	31	41	35	710	3	4	6	24	25	33	10	770	1	9	12	23	39	43	34
471	6	13	29	37	39	41	43	531	1	5	9	21	27	35	45	591	8	13	14	30	38	39	5	651	11	12	16	26	29	44	18	711	11	15	24	35	37	45	42	771	6	10	17	18	21	29	30
472	16	25	26	31	36	43	44	532	16	17	23	24	29	44	3	592	2	5	6	13	28	44	43	652	3	13	15	40	41	44	20	712	17	20	30	31	33	45	19	772	5	6	11	14	21	41	32
473	8	13	20	22	23	36	34	533	9	14	15	17	31	33	23	593	9	10	13	24	33	38	28	653	5	6	26	27	38	39	1	713	2	5	15	18	19	23	44	773	8	12	19	21	31	35	44
474	4	13	18	31	33	45	43	534	10	24	26	29	37	38	32	594	2	8	13	25	28	37	3	654	16	21	26	31	36	43	6	714	1	7	22	33	37	40	20	774	12	15	18	28	34	42	9
475	1	9	14	16	21	29	3	535	11	12	14	15	18	39	34	595	8	24	28	35	38	40	5	655	7	37	38	39	40	44	18	715	2	7	27	33	41	44	10	775	11	12	29	33	38	42	17
476	9	12	13	15	37	38	27	536	7	8	18	32	37	43	12	596	3	4	12	14	25	43	17	656	3	7	14	16	31	40	39	716	2	6	13	16	29	30	21	776	8	9	18	21	28	40	20
477	14	25	29	32	33	45	37	537	12	23	26	30	36	43	11	597	8	10	23	24	35	43	37	657	10	14	19	39	40	43	23	717	2	11	19	25	28	32	44	777	6	12	17	21	34	37	18
478	18	29	30	37	39	43	8	538	6	10	18	31	32	34	11	598	4	12	24	33	38	45	22	658	8	19	25	28	32	36	37	718	4	11	20	23	32	39	40	778	6	21	35	36	37	41	11
479	8	23	25	27	35	44	[illegible]	539	3	19	22	31	42	43	26	599	5	12	17	29	34	35	27	659	7	18	19	27	29	42	45	719	4	8	13	19	20	43	26	779	6	12	19	24	34	41	4
480	3	5	10	17	30	31	16	540	3	12	13	15	34	36	14	600	5	11	14	27	29	36	44	660	4	9	23	33	39	44	14	720	1	12	29	34	36	37	41	780	15	17	19	21	27	45	16

NOTE

조합 20,31 - 26,34

1	10	23	29	33	37	40	16
2	9	13	21	25	32	42	2
3	11	16	19	21	27	31	30
4	14	27	30	31	40	42	2
5	16	24	29	40	41	42	3
6	14	15	26	27	40	42	34
7	2	9	16	25	26	40	42
8	8	19	25	34	37	39	9
9	2	4	16	17	36	39	14
10	9	25	30	33	41	44	6
11	1	7	36	37	41	42	14
12	2	11	21	25	39	45	44
13	22	23	25	37	38	42	26
14	2	6	12	31	33	40	15
15	3	4	16	30	31	37	13
16	6	7	24	37	38	40	33
17	3	4	9	17	32	37	1
18	3	12	13	19	32	35	29
19	6	30	38	39	40	43	26
20	10	14	18	20	23	30	41
21	6	12	17	18	31	32	21
22	4	5	6	8	17	39	25
23	5	13	17	18	33	42	44
24	7	8	27	29	36	43	6
25	2	4	21	26	43	44	16
26	4	5	7	18	20	25	31
27	1	20	26	28	37	43	27
28	9	18	23	25	35	37	1
29	1	5	13	34	39	40	11
30	8	17	20	35	36	44	4
31	7	9	18	23	28	35	32
32	6	14	19	25	34	44	11
33	4	7	32	33	40	41	9
34	9	26	35	37	40	42	2
35	2	3	11	26	37	43	39
36	1	10	23	26	28	40	31
37	7	27	30	33	35	37	42
38	16	17	22	30	37	43	36
39	6	7	13	15	21	43	8
40	7	13	18	19	25	26	6
41	13	20	23	35	38	43	34
42	17	18	19	21	23	32	1
43	6	31	35	38	39	44	1
44	3	11	21	30	38	45	39
45	1	10	20	27	33	35	17
46	8	13	15	23	31	38	39
47	14	17	26	31	36	45	27
48	6	10	18	26	37	38	3
49	4	7	16	19	33	40	30
50	2	10	12	15	22	44	1
51	2	3	11	16	26	44	35
52	2	4	15	16	20	29	1
53	7	8	14	32	33	39	42
54	1	8	21	27	36	39	37
55	17	21	31	37	40	44	7
56	10	14	30	31	33	37	19
57	7	10	16	25	29	44	6
58	10	24	25	33	40	44	1
59	6	29	36	39	41	45	13
60	2	8	25	36	39	42	11

61	14	15	19	30	38	43	8
62	3	8	15	27	29	35	21
63	3	20	23	36	38	40	5
64	14	15	18	21	26	36	39
65	4	25	33	36	40	43	39
66	2	3	7	17	22	24	45
67	3	7	10	15	36	38	33
68	10	12	15	16	26	39	38
69	5	8	14	15	19	39	35
70	5	19	22	25	28	43	26
71	5	9	12	16	29	41	21
72	2	4	11	17	26	27	1
73	3	12	18	32	40	43	38
74	6	15	17	18	35	40	23
75	2	5	24	32	34	44	28
76	1	3	15	22	25	37	43
77	2	8	29	32	43	44	37
78	10	13	25	29	33	35	38
79	3	12	24	27	30	32	14
80	17	18	24	25	26	30	1
81	5	7	11	13	20	33	6
82	1	2	3	14	27	42	39
83	6	10	15	17	19	34	14
84	16	23	27	34	42	45	11
85	6	8	13	23	31	36	21
86	2	12	37	39	41	45	33
87	4	12	16	23	34	43	26
88	1	17	20	24	30	41	27
89	4	26	28	29	33	40	37
90	17	20	29	35	38	44	10
91	1	21	24	26	29	42	27
92	3	14	24	33	35	36	17
93	6	22	24	36	38	44	19
94	5	32	34	40	41	45	6
95	8	17	27	31	34	43	14
96	1	3	8	21	22	31	20
97	6	7	14	15	20	36	3
98	6	9	16	23	24	32	43
99	1	3	10	27	29	37	11
100	1	7	11	23	37	42	6
101	1	3	17	32	35	45	8
102	17	22	24	26	35	40	42
103	5	14	15	27	30	45	10
104	17	32	33	34	42	44	35
105	8	10	20	34	41	45	28
106	4	10	12	22	24	33	29
107	1	4	5	6	9	31	17
108	7	18	22	23	29	44	12
109	1	5	34	36	42	44	33
110	7	20	22	23	29	43	1
111	7	18	31	33	36	40	27
112	26	29	30	33	41	42	43
113	4	9	28	33	36	45	26
114	11	14	19	26	28	41	2
115	1	2	6	9	25	28	31
116	2	4	25	31	34	37	17
117	5	10	22	34	36	44	35
118	3	4	10	17	19	22	38
119	3	11	13	14	17	21	38
120	4	6	10	11	32	37	30

121	12	28	30	34	38	43	9
122	1	11	16	17	36	40	8
123	7	17	18	28	30	45	27
124	4	16	23	25	29	42	1
125	2	8	32	33	35	36	18
126	7	20	22	27	40	43	1
127	3	5	10	29	32	43	35
128	12	30	34	36	37	45	39
129	19	23	25	28	38	42	17
130	7	19	24	27	42	45	31
131	8	10	11	14	15	21	37
132	3	17	23	34	41	45	43
133	4	7	15	18	23	26	13
134	3	12	20	23	31	35	43
135	6	14	22	28	35	39	16
136	2	16	30	36	41	42	11
137	7	9	20	25	36	39	15
138	10	11	27	28	37	39	19
139	9	11	15	20	28	43	13
140	3	13	17	18	19	28	8
141	8	12	29	31	42	43	2
142	12	16	30	34	40	44	19
143	26	27	28	42	43	45	8
144	4	15	17	26	36	37	43
145	2	3	13	20	27	44	9
146	2	19	27	35	41	42	25
147	4	6	13	21	40	42	36
148	21	25	33	34	35	36	17
149	2	11	21	34	41	42	27
150	2	18	25	28	37	39	16
151	1	2	10	13	18	19	15
152	1	5	13	26	29	34	43
153	3	8	11	12	13	36	33
154	6	19	21	35	40	45	20
155	16	19	20	32	33	41	4
156	5	18	28	30	42	45	2
157	19	26	30	33	35	39	37
158	4	9	13	18	21	34	7
159	1	18	30	41	42	43	32
160	3	7	8	34	39	41	1
161	22	34	36	40	42	45	44
162	1	5	21	25	38	41	24
163	7	11	26	28	29	44	16
164	6	9	10	11	39	41	27
165	5	13	18	19	22	42	31
166	9	12	27	36	39	45	14
167	24	27	28	30	36	39	4
168	3	10	31	40	42	43	30
169	16	27	35	37	43	45	19
170	2	11	13	15	31	42	10
171	4	16	25	29	34	35	1
172	4	19	21	24	26	41	35
173	3	9	24	30	33	34	18
174	13	14	18	22	35	39	16
175	19	26	28	31	33	36	17
176	4	17	30	32	33	34	15
177	1	10	13	16	37	43	6
178	1	5	11	12	18	23	9
179	5	9	17	25	39	43	32
180	2	15	20	21	29	34	22

181	14	21	23	32	40	45	44
182	13	15	27	29	34	40	35
183	2	18	24	34	40	42	5
184	1	2	6	16	20	33	41
185	1	2	4	8	19	38	14
186	4	10	14	19	21	45	9
187	1	2	8	18	29	38	42
188	19	24	27	30	31	34	36
189	8	14	32	35	37	45	28
190	8	14	18	30	31	44	15
191	5	6	24	25	32	37	8
192	4	8	11	18	37	45	33
193	6	14	18	26	36	39	13
194	15	20	23	26	39	44	28
195	7	10	19	22	35	40	31
196	35	36	37	41	44	45	30
197	7	12	16	34	42	45	4
198	12	19	20	25	41	45	2
199	14	21	22	25	30	36	43
200	5	6	13	14	17	20	7
201	3	11	24	38	39	44	26
202	12	24	27	33	39	44	17
203	1	3	11	24	30	32	7
204	3	12	14	35	40	45	5
205	1	3	21	29	35	37	30
206	1	2	3	15	20	25	43
207	3	11	14	31	32	37	38
208	14	25	31	34	40	44	24
209	2	7	18	20	24	33	37
210	10	19	22	23	25	37	39
211	12	13	17	20	33	41	8
212	11	12	18	21	31	38	8
213	2	3	4	5	20	24	42
214	5	7	20	25	28	37	32
215	2	3	7	15	43	44	4
216	7	16	17	33	36	40	1
217	16	20	27	33	35	39	38
218	1	8	14	18	29	44	20
219	4	11	20	26	35	37	16
220	5	11	19	21	34	43	31
221	2	20	33	35	37	40	10
222	5	7	28	29	39	43	44
223	1	3	18	20	26	27	38
224	4	19	26	27	30	42	7
225	5	11	13	19	31	36	7
226	2	6	8	14	21	22	34
227	4	5	15	16	22	42	2
228	17	25	35	36	39	44	23
229	4	5	9	11	23	38	35
230	5	11	14	29	32	33	12
231	5	10	19	31	44	45	27
232	8	9	10	12	24	44	35
233	4	6	13	17	28	40	39
234	13	21	22	24	26	37	4
235	21	22	26	27	31	37	8
236	1	4	8	13	37	39	7
237	1	11	17	21	24	44	33
238	2	4	15	28	31	34	35
239	11	15	24	39	41	44	7
240	6	10	16	40	41	43	21

241	2	16	24	27	28	35	21
242	4	19	20	21	32	34	43
243	2	12	17	19	28	42	34
244	13	16	25	36	37	38	19
245	9	11	27	31	32	38	22
246	13	18	21	23	26	39	15
247	12	15	28	36	39	40	13
248	3	8	17	23	38	45	13
249	3	8	27	31	41	44	11
250	19	23	30	37	43	45	38
251	6	7	19	25	28	38	45
252	14	23	26	31	39	45	28
253	8	19	25	31	34	36	33
254	1	5	19	20	24	30	27
255	1	5	6	24	27	42	32
256	4	11	14	21	23	43	32
257	6	13	27	31	32	37	4
258	14	27	30	31	38	40	17
259	4	5	14	35	42	45	34
260	7	12	15	24	37	40	43
261	6	11	16	18	31	43	2
262	9	12	24	25	29	31	36
263	1	27	28	32	37	40	18
264	9	16	27	36	41	44	5
265	5	9	34	37	38	39	12
266	3	4	9	11	22	42	37
267	7	8	24	34	36	41	1
268	3	10	19	24	32	45	12
269	5	18	20	36	42	43	32
270	5	9	12	20	21	26	27
271	3	8	9	27	29	40	36
272	7	9	12	27	39	43	28
273	1	8	24	31	34	44	6
274	13	14	15	26	35	39	25
275	14	19	20	35	38	40	26
276	4	15	21	33	39	41	25
277	10	12	13	15	25	29	20
278	3	11	37	39	41	43	13
279	7	16	31	36	37	38	11
280	10	11	23	24	36	37	35
281	1	3	4	6	14	41	12
282	2	5	10	18	31	32	30
283	6	8	18	31	38	45	42
284	2	7	15	24	30	45	28
285	13	33	37	40	41	45	2
286	1	15	19	40	42	44	17
287	6	12	24	27	35	37	41
288	1	12	17	28	35	41	10
289	3	14	33	37	38	42	10
290	8	13	18	32	39	45	7
291	3	7	8	18	20	42	45
292	17	18	31	32	33	34	10
293	1	9	17	21	29	33	24
294	6	10	17	30	37	38	40
295	1	4	12	16	18	38	8
296	3	8	15	27	30	45	44
297	6	11	19	20	28	32	34
298	5	9	27	29	37	40	19
299	1	3	20	25	36	45	24
300	7	9	10	12	26	38	39

301	7	11	13	33	37	43	26
302	13	19	20	32	38	42	4
303	2	14	17	30	38	45	43
304	4	10	16	26	33	41	38
305	7	8	18	21	23	39	9
306	4	18	23	30	34	41	19
307	5	15	21	23	25	45	12
308	14	15	17	19	37	45	40
309	1	2	5	11	18	36	22
310	1	5	19	28	34	41	16
311	4	12	24	27	28	32	10
312	2	3	5	6	12	20	25
313	9	17	34	35	43	45	2
314	15	17	19	34	38	41	2
315	1	13	33	35	43	45	23
316	10	11	21	27	31	39	43
317	3	10	11	22	36	39	8
318	2	17	19	20	34	45	21
319	5	8	22	28	33	42	37
320	16	19	23	25	41	45	3
321	12	18	20	21	25	34	42
322	9	18	29	32	38	43	20
323	10	14	15	32	36	42	3
324	2	4	21	25	33	36	17
325	7	17	20	32	44	45	33
326	16	23	25	33	36	39	40
327	6	12	13	17	32	44	24
328	1	6	9	16	17	28	24
329	9	17	19	30	35	42	4
330	3	4	16	17	19	20	23
331	4	9	14	26	31	44	39
332	16	17	34	36	42	45	3
333	5	14	27	30	39	43	35
334	13	15	21	29	39	43	33
335	5	9	16	23	26	45	21
336	3	5	20	34	35	44	16
337	1	5	14	18	32	37	4
338	2	13	34	38	42	45	16
339	6	8	14	21	30	37	45
340	18	24	26	29	34	38	32
341	1	8	19	34	39	43	41
342	1	13	14	33	34	43	25
343	1	10	17	29	31	43	15
344	1	2	15	28	34	45	38
345	15	20	23	29	39	42	2
346	5	13	14	22	44	45	33
347	3	8	13	27	32	42	10
348	3	14	17	20	24	31	34
349	5	13	14	20	24	25	36
350	1	8	18	24	29	33	35
351	5	25	27	29	34	36	33
352	5	16	17	20	26	41	24
353	11	16	19	22	29	36	26
354	14	19	36	43	44	45	1
355	5	8	29	30	35	44	38
356	2	8	14	25	29	45	24
357	10	14	18	21	36	37	5
358	1	9	10	12	21	40	37
359	1	10	19	20	24	40	23
360	4	16	23	25	35	40	27

33	421	6	11	26	27	28	44	30	481	3	4	23	29	40	41	20	541	8	13	26	28	32	34	43	601	2	16	19	31	34	35	37	661	2	3	12	20	27	38	40	721	1	28	35	41	43	44	31
29	422	8	15	19	21	34	44	12	482	1	10	16	24	25	35	43	542	5	6	19	26	41	45	34	602	13	14	22	27	30	38	2	662	5	6	9	11	15	37	26	722	12	14	21	30	39	43	45
6	423	1	17	27	28	29	40	5	483	12	15	19	22	28	34	5	543	13	18	26	31	34	44	12	603	2	19	25	26	27	43	28	663	3	5	8	19	38	42	20	723	20	30	33	35	36	44	22
4	424	10	11	26	31	34	44	30	484	1	3	27	28	32	45	11	544	5	17	21	25	36	44	10	604	2	6	18	21	33	34	30	664	10	20	33	36	41	44	5	724	2	8	33	35	37	41	14
31	425	8	10	14	27	33	38	3	485	17	22	26	27	36	39	20	545	4	24	25	27	34	35	2	605	1	2	7	9	10	38	42	665	5	6	11	17	38	44	13	725	6	7	19	21	41	43	38
38	426	4	17	18	27	39	43	19	486	1	2	23	25	38	40	43	546	8	17	20	27	37	43	6	606	1	5	6	14	20	39	22	666	2	4	6	11	17	28	16	726	1	11	21	23	34	44	24
19	427	6	7	15	24	28	30	21	487	4	8	25	27	37	41	21	547	6	7	15	22	34	39	28	607	8	14	23	36	38	39	13	667	15	17	25	37	42	43	13	727	7	8	10	19	21	31	20
26	428	12	16	19	22	37	40	8	488	2	8	17	30	31	38	25	548	1	12	13	21	32	45	14	608	4	8	18	19	39	44	41	668	12	14	15	24	27	32	3	728	3	6	10	30	34	37	36
21	429	3	23	28	34	39	42	16	489	2	4	8	15	20	27	11	549	29	31	35	38	40	44	17	609	4	8	27	34	39	40	13	669	7	8	20	29	33	38	9	729	11	17	21	26	36	45	16
17	430	1	3	16	18	30	34	44	490	2	7	26	29	40	43	42	550	1	7	14	20	34	37	41	610	14	18	20	23	28	36	33	670	11	18	26	27	40	41	25	730	4	10	14	15	18	22	39
18	431	18	22	25	31	38	45	6	491	8	17	35	36	39	42	4	551	3	6	20	24	27	44	25	611	2	22	27	33	36	37	14	671	7	9	10	13	31	35	24	731	2	7	13	25	42	45	39
13	432	2	3	5	11	27	39	33	492	22	27	31	35	37	40	42	552	1	10	20	32	35	40	43	612	6	9	18	19	25	33	40	672	8	21	28	31	36	45	43	732	2	4	5	17	27	32	43
9	433	19	23	29	33	35	43	27	493	20	22	26	33	36	37	25	553	2	7	17	28	29	39	37	613	7	8	11	16	41	44	35	673	7	10	17	29	33	44	5	733	11	24	32	33	35	40	13
26	434	3	13	20	24	33	37	35	494	5	7	8	15	30	43	22	554	13	14	17	32	41	42	6	614	8	21	25	39	40	44	18	674	9	10	14	25	27	31	11	734	6	16	37	38	41	45	18
7	435	8	16	26	30	38	45	42	495	4	13	22	27	34	44	6	555	11	17	21	24	26	36	12	615	10	17	18	19	23	27	35	675	1	8	11	15	18	45	7	735	5	10	13	27	37	41	44
7	436	9	14	20	22	33	34	28	496	4	13	20	29	36	41	39	556	12	20	23	28	30	44	43	616	5	13	18	23	40	45	3	676	1	8	17	34	39	45	27	736	2	11	17	18	21	27	6
23	437	11	16	29	38	41	44	21	497	19	20	23	24	43	44	13	557	4	20	26	28	35	40	31	617	4	5	11	12	24	27	28	677	12	15	24	36	41	44	42	737	13	15	18	24	27	41	11
43	438	6	12	20	26	29	38	45	498	13	14	24	32	39	41	3	558	12	15	19	26	40	43	29	618	8	16	25	30	42	43	15	678	4	5	6	12	25	37	45	738	23	27	28	38	42	43	36
19	439	17	20	30	31	37	40	25	499	5	20	23	27	35	40	43	559	11	12	25	32	44	45	23	619	6	8	13	30	35	40	21	679	3	5	7	14	26	34	35	739	7	22	29	33	34	35	30
27	440	10	22	28	34	36	44	2	500	3	4	12	20	24	34	41	560	1	4	20	23	29	45	28	620	2	16	17	32	39	45	40	680	4	10	19	29	32	42	30	740	4	8	9	16	17	19	31
11	441	1	23	28	30	34	35	9	501	1	4	10	17	31	42	2	561	5	7	18	37	42	45	20	621	1	2	6	16	19	42	9	681	21	24	27	29	43	44	7	741	5	21	27	34	44	45	16
19	442	25	27	29	36	38	40	41	502	6	22	28	32	34	40	26	562	4	11	13	17	20	31	33	622	9	15	16	21	28	34	24	682	17	23	27	35	38	43	2	742	8	10	13	36	37	40	6
25	443	4	6	10	19	20	44	14	503	1	5	27	30	34	36	40	563	5	10	16	17	31	32	21	623	7	13	30	39	41	45	25	683	6	13	20	27	28	40	15	743	15	19	21	34	41	44	10
7	444	11	13	23	35	43	45	17	504	6	14	22	26	43	44	31	564	14	19	25	26	27	34	2	624	1	7	19	26	27	35	16	684	1	11	15	17	25	39	40	744	10	15	18	21	34	41	43
9	445	13	20	21	30	39	45	32	505	7	20	22	25	38	40	44	565	4	10	18	27	40	45	38	625	3	6	7	20	21	39	13	685	6	7	12	28	38	40	18	745	1	2	3	9	12	23	10
26	446	1	11	12	14	26	35	6	506	6	9	11	22	24	30	31	566	4	5	6	25	26	43	41	626	13	14	26	33	40	43	15	686	7	12	15	24	25	43	13	746	3	12	33	36	42	45	25
20	447	2	7	8	9	17	33	34	507	12	13	32	33	40	41	4	567	1	10	15	16	32	41	28	627	2	9	22	25	31	45	12	687	1	8	10	13	28	42	45	747	7	9	12	14	23	28	17
45	448	3	7	13	27	40	41	36	508	5	27	31	34	35	43	37	568	1	3	17	20	31	44	40	628	1	7	12	15	23	42	11	688	5	15	22	23	34	35	2	748	3	10	13	22	31	32	29
3	449	3	10	20	26	35	43	36	509	12	25	29	35	42	43	24	569	3	6	13	23	24	35	1	629	19	28	31	38	43	44	1	689	7	17	19	30	36	38	34	749	12	14	24	26	34	45	41
15	450	6	14	19	21	23	31	13	510	12	29	32	33	39	40	42	570	1	12	26	27	29	33	42	630	8	17	21	24	27	31	15	690	24	25	33	34	38	39	43	750	1	2	15	19	24	36	12
30	451	12	15	20	24	30	38	29	511	3	7	14	23	26	42	24	571	11	18	21	26	38	43	29	631	1	2	4	23	31	34	8	691	15	27	33	35	43	45	16	751	3	4	16	20	28	44	17
43	452	8	10	18	30	32	34	27	512	4	5	9	13	26	27	1	572	3	13	18	33	37	45	1	632	15	18	21	32	35	44	6	692	3	11	14	15	32	36	44	752	4	16	20	33	40	43	7
21	453	12	24	33	38	40	42	30	513	5	8	21	23	27	33	12	573	2	4	20	34	35	43	14	633	9	12	19	20	39	41	13	693	1	6	11	28	34	42	30	753	2	17	19	24	37	41	3
15	454	13	25	27	34	38	41	10	514	1	15	20	26	35	42	9	574	14	15	16	19	25	43	2	634	4	10	11	12	20	27	38	694	7	15	20	25	33	43	12	754	2	8	17	24	29	31	32
7	455	4	19	20	26	30	35	24	515	2	11	12	15	23	37	8	575	2	8	20	30	33	34	6	635	11	13	25	26	29	33	32	695	4	18	26	33	34	38	14	755	13	14	26	28	30	36	37
30	456	1	7	12	18	23	27	44	516	2	8	23	41	43	44	30	576	10	11	15	25	35	41	13	636	6	7	15	16	20	31	26	696	1	7	16	18	34	38	21	756	10	14	16	18	27	28	4
8	457	8	10	18	23	27	40	33	517	1	9	12	28	36	41	10	577	16	17	22	31	34	37	33	637	3	16	22	37	38	44	23	697	2	5	8	11	33	39	31	757	6	7	11	17	33	44	1
7	458	4	9	10	32	36	40	18	518	14	23	30	32	34	38	6	578	5	12	14	32	34	42	16	638	7	18	22	24	31	34	6	698	3	11	13	21	33	37	18	758	5	9	12	30	39	43	24
20	459	4	6	10	14	25	40	12	519	6	8	13	16	30	43	3	579	5	7	20	22	37	42	39	639	6	15	22	23	25	32	40	699	4	5	8	16	21	29	3	759	9	33	36	40	42	43	32
2	460	8	11	28	30	43	45	41	520	4	22	27	28	38	40	1	580	5	7	9	11	32	35	33	640	14	15	18	21	26	35	23	700	11	23	28	29	30	44	13	760	10	22	27	31	42	43	12
9	461	11	18	26	31	37	40	43	521	3	7	18	29	32	36	19	581	3	5	14	20	42	44	33	641	11	18	21	36	37	43	12	701	3	10	14	16	36	38	35	761	4	7	11	24	42	45	30
32	462	3	20	24	32	37	45	4	522	4	5	13	14	37	41	11	582	2	12	14	33	40	41	25	642	8	17	18	24	39	45	32	702	3	13	16	24	26	29	9	762	1	3	12	21	26	41	16
25	463	23	29	31	33	34	44	40	523	1	4	37	38	40	45	7	583	8	17	27	33	40	44	24	643	15	24	31	32	33	40	13	703	10	28	31	33	41	44	21	763	3	8	16	32	34	43	10
36	464	6	12	15	34	42	44	4	524	10	11	29	38	41	45	21	584	7	18	30	39	40	41	36	644	5	13	17	23	28	36	8	704	1	4	8	23	33	42	45	764	7	22	24	31	34	36	15
4	465	1	8	11	13	22	38	31	525	11	23	26	29	39	44	22	585	6	7	10	16	38	41	4	645	1	4	16	26	40	41	31	705	1	6	17	22	28	45	23	765	1	3	8	12	42	43	33
45	466	4	10	13	23	32	44	20	526	7	14	17	20	35	39	31	586	2	7	12	15	21	34	5	646	2	9	24	41	43	45	30	706	3	4	6	10	28	30	37	766	9	30	34	35	39	41	21
1	467	2	12	14	17	24	40	39	527	1	12	22	32	33	42	38	587	14	21	29	31	32	37	17	647	5	16	21	23	24	30	29	707	2	12	19	24	39	44	35	767	5	15	20	31	34	42	22
16	468	8	13	15	28	37	43	17	528	5	17	25	31	39	40	10	588	2	8	15	22	25	41	30	648	13	19	28	37	38	43	4	708	2	10	16	19	34	45	1	768	7	27	29	30	38	44	4
38	469	4	21	22	34	37	38	33	529	18	20	24	27	31	42	39	589	6	8	28	33	38	39	22	649	3	21	22	33	41	42	20	709	10	18	30	36	39	44	32	769	5	7	11	16	41	45	4
16	470	10	16	20	39	41	42	27	530	16	23	27	29	33	41	22	590	20	30	36	38	41	45	23	650	3	4	7	11	31	41	35	710	3	4	6	24	25	33	10	770	1	9	12	23	39	43	34
5	471	6	13	29	37	39	41	43	531	1	5	9	21	27	35	45	591	8	13	14	30	38	39	5	651	11	12	16	26	29	44	18	711	11	15	24	35	37	45	42	771	6	10	17	18	21	29	30
40	472	16	25	26	31	36	43	44	532	16	17	23	24	29	44	3	592	2	5	6	13	28	44	43	652	3	13	15	40	41	44	20	712	17	20	30	31	33	45	19	772	5	6	11	14	21	41	32
3	473	8	13	20	22	23	36	34	533	9	14	15	17	31	33	23	593	9	10	13	24	33	38	28	653	5	6	26	27	38	39	1	713	2	5	15	18	19	23	44	773	8	12	19	21	31	35	44
43	474	4	13	18	31	33	45	43	534	10	24	26	29	37	38	32	594	2	8	13	25	28	37	3	654	16	21	26	31	36	43	6	714	1	7	22	33	37	40	20	774	12	15	18	28	34	42	9
24	475	1	9	14	16	21	29	3	535	11	12	14	15	18	39	34	595	8	24	28	35	38	40	5	655	7	37	38	39	40	44	18	715	2	7	27	33	41	44	10	775	11	12	29	33	38	42	17
44	476	9	12	13	15	37	38	27	536	7	8	18	32	37	43	12	596	3	4	12	14	25	43	17	656	3	7	14	16	31	40	39	716	2	6	13	16	29	30	21	776	8	9	18	21	28	40	20
44	477	14	25	29	32	33	45	37	537	12	23	26	30	36	43	11	597	8	10	23	24	35	43	37	657	10	14	19	39	40	43	23	717	2	11	19	25	28	32	44	777	6	12	17	21	34	37	18
31	478	18	29	30	37	39	43	8	538	6	10	18	31	32	34	11	598	4	12	24	33	38	45	22	658	8	19	25	28	32	36	37	718	4	11	20	23	32	39	40	778	6	21	35	36	37	41	11
7	479	8	23	25	27	35	44	24	539	3	19	22	31	42	43	26	599	5	12	17	29	34	35	27	659	7	18	19	27	29	42	45	719	4	8	13	19	20	43	26	779	6	12	19	24	34	41	4
27	480	3	5	10	17	30	31	16	540	3	12	13	15	34	36	14	600	5	11	14	27	29	36	44	660	4	9	23	33	39	44	14	720	1	12	29	34	36	37	41	780	15	17	19	21	27	45	16

2

조합(2, 7)과 조합(11, 35)- 총 13회 등장

2.1. 역대 로또 당첨번호(1~120, 181~420회차)에 나타나는 조합(2, 7)과 조합(11, 35)의 동행

★ AB, GH, KL에 나타나는 조합(2, 7)과 조합(11, 35)의 동행

이번에는 1회차에서 420회차 중 두 조합간의 동행현상을 살펴볼 것이다.

여기서 녹색으로 표시된 조합(2, 7)을 a로, 적색으로 표시된 조합(11, 35)를 b로 가정한다면 AB, GH, KL에서의 동행형태는 a→b이다.

★ CD, EF와 IJ에 나타나는 조합(2, 7)과 조합(11, 35)의 동행

〈표 2-2-1〉에서 먼저 CD, EF를 살펴보면, 여기서는 a→a→b→b의 형태를 보인다. 그리고 IJ는 b→a의 형태를 보인다.

전체적으로 〈표 2-2-1〉에서 조합(2, 7)과 조합(11, 35)가 서로 동행하는 경우는 6회이다.

〈표 2-2-1〉

1	10	23	29	33	37	40	16
2	9	13	21	25	32	42	2
3	11	16	19	21	27	31	30
4	14	27	30	31	40	42	2
5	16	24	29	40	41	42	3
6	14	15	26	27	40	42	[illegible]
7	2	9	16	25	26	40	42
8	8	19	25	34	37	39	9
9	2	4	16	17	36	39	14
10	9	25	30	33	41	44	6
11	1	7	36	37	41	42	14
12	2	11	21	25	39	45	44
13	22	23	25	37	38	42	26
14	2	6	12	31	33	40	15
15	3	4	16	30	31	37	13
16	6	7	24	37	38	40	33
17	3	4	9	17	32	37	1
18	3	12	13	19	32	35	29
19	6	30	38	39	40	43	26
20	10	14	18	20	23	30	41
21	6	12	17	18	31	32	21
22	4	5	6	8	17	39	25
23	5	13	17	18	33	42	44
24	7	8	27	29	36	43	6
25	2	4	21	26	43	44	16
26	4	5	7	18	20	25	31
27	1	20	26	28	37	43	27
28	9	18	23	25	35	37	1
29	1	5	13	34	39	40	11
30	8	17	20	35	36	44	4
31	7	9	18	23	28	35	32
32	6	14	19	25	34	44	11
33	4	7	32	33	40	41	9
34	9	26	35	37	40	42	2
35	2	3	11	26	37	43	39
36	1	10	23	26	28	40	31
37	7	27	30	33	35	37	42
38	16	17	22	30	37	43	36
39	6	7	13	15	21	43	8
40	7	13	18	19	25	26	6
41	13	20	23	35	38	43	34
42	17	18	19	21	23	32	1
43	6	31	35	38	39	44	1
44	3	11	21	30	38	45	39
45	1	10	20	27	33	35	17
46	8	13	15	23	31	38	39
47	14	17	26	31	36	45	27
48	6	10	18	26	37	38	3
49	4	7	16	19	33	40	30
50	2	10	12	15	22	44	1
51	2	3	11	16	26	44	35
52	2	4	15	16	20	29	1
53	7	8	14	32	33	39	42
54	1	8	21	27	36	39	37
55	17	21	31	37	40	44	7
56	10	14	30	31	33	37	19
57	7	10	16	25	29	44	6
58	10	24	25	33	40	44	1
59	6	29	36	39	41	45	13
60	2	8	25	36	39	42	11

61	14	15	19	30	38	43	8
62	3	8	15	27	29	35	21
63	3	20	23	36	38	40	5
64	14	15	18	21	26	36	39
65	4	25	33	36	40	43	39
66	2	3	7	17	22	24	45
67	3	7	10	15	36	38	33
68	10	12	15	16	26	39	38
69	5	8	14	15	19	39	35
70	5	19	22	25	28	43	26
71	5	9	12	16	29	41	21
72	2	4	11	17	26	27	1
73	3	12	18	32	40	43	38
74	6	15	17	18	35	40	23
75	2	5	24	32	34	44	28
76	1	3	15	22	25	37	43
77	2	18	29	32	43	44	37
78	10	13	25	29	33	35	38
79	3	12	24	27	30	32	14
80	17	18	24	25	26	30	1
81	5	7	11	13	20	33	6
82	1	2	3	14	27	42	39
83	6	10	15	17	19	34	14
84	16	23	27	34	42	45	11
85	6	8	13	23	31	36	21
86	2	12	37	39	41	45	33
87	4	12	16	23	34	43	26
88	1	17	20	24	30	41	27
89	4	26	28	29	33	40	37
90	17	20	29	35	38	44	10
91	1	21	24	26	29	42	27
92	3	14	24	33	35	36	17
93	6	22	24	36	38	44	19
94	5	32	34	40	41	45	6
95	8	17	27	31	34	43	14
96	1	3	8	21	22	31	20
97	6	7	14	15	20	36	3
98	6	9	16	23	24	32	43
99	1	3	10	27	29	37	11
100	1	7	11	23	37	42	6
101	1	3	17	32	35	45	8
102	17	22	24	26	35	40	42
103	5	14	15	27	30	45	10
104	17	32	33	34	42	44	35
105	8	10	20	34	41	45	28
106	4	10	12	22	24	33	29
107	1	4	5	6	9	31	17
108	7	18	22	23	29	44	12
109	1	5	34	36	42	44	33
110	7	20	22	23	29	43	1
111	7	18	31	33	36	40	27
112	26	29	30	33	41	42	43
113	4	9	28	33	36	45	26
114	11	14	19	26	28	41	2
115	1	2	6	9	25	28	31
116	2	4	25	31	34	37	17
117	5	10	22	34	36	44	35
118	3	4	10	17	19	22	38
119	3	11	13	14	17	21	38
120	4	6	10	11	32	37	30

121	12	28	30	34	38	43	9
122	1	11	16	17	36	40	8
123	7	17	18	28	30	45	27
124	4	16	23	25	29	42	1
125	2	8	32	33	35	36	18
126	7	20	22	27	40	43	1
127	3	5	10	29	32	43	35
128	12	30	34	36	37	45	39
129	19	23	25	28	38	42	17
130	7	19	24	27	42	45	31
131	8	10	11	14	15	21	37
132	3	17	23	34	41	45	43
133	4	7	15	18	23	26	13
134	3	12	20	23	31	35	43
135	6	14	22	28	35	39	16
136	2	16	30	36	41	42	11
137	7	9	20	25	36	39	15
138	10	11	27	28	37	39	19
139	9	11	15	20	28	43	13
140	3	13	17	18	19	28	8
141	8	12	29	31	42	43	2
142	12	16	30	34	40	44	19
143	26	27	28	42	43	45	8
144	4	15	17	26	36	37	43
145	2	3	13	20	27	44	9
146	2	19	27	35	41	42	25
147	4	6	13	21	40	42	36
148	21	25	33	34	35	36	17
149	2	11	21	34	41	42	27
150	2	18	25	28	37	39	16
151	1	2	10	13	18	19	15
152	1	5	13	26	29	34	43
153	3	8	11	12	13	36	33
154	6	19	21	35	40	45	20
155	16	19	20	32	33	41	[illegible]
156	5	18	28	30	42	45	2
157	19	26	30	33	35	39	37
158	4	9	13	18	21	34	7
159	1	18	30	41	42	43	32
160	3	7	8	34	39	41	1
161	22	34	36	40	42	45	44
162	1	5	21	25	38	41	24
163	7	11	26	28	29	44	16
164	6	9	10	11	39	41	27
165	5	13	18	19	22	42	31
166	9	12	27	36	39	45	14
167	24	27	28	30	36	39	4
168	3	10	31	40	42	43	30
169	16	27	35	37	43	45	19
170	2	11	13	15	31	42	10
171	4	16	25	29	34	35	1
172	4	19	21	24	26	41	35
173	3	9	24	30	33	34	18
174	13	14	18	22	35	39	16
175	19	26	28	31	33	36	17
176	4	17	30	32	33	34	15
177	1	10	13	16	37	43	6
178	1	5	11	12	18	23	9
179	5	9	17	25	39	43	32
180	2	15	20	21	29	34	22

181	14	21	23	32	40	45	44
182	13	15	27	29	34	40	35
183	2	18	24	34	40	42	5
184	1	2	6	16	20	33	41
185	1	2	4	8	19	38	14
186	4	10	14	19	21	45	9
187	1	2	8	18	29	38	42
188	19	24	27	30	31	34	36
189	8	14	32	35	37	45	28
190	8	14	18	30	31	44	15
191	5	6	24	25	32	37	8
192	4	8	11	18	37	45	33
193	6	14	18	26	36	39	13
194	15	20	23	26	39	44	28
195	7	10	19	22	35	40	31
196	35	36	37	41	44	45	30
197	7	12	16	34	42	45	4
198	12	19	20	25	41	45	2
199	14	21	22	25	30	36	43
200	5	6	13	14	17	20	7
201	3	11	24	38	39	44	26
202	12	24	27	33	39	44	17
203	1	3	11	24	30	32	7
204	3	12	14	35	40	45	5
205	1	3	21	29	35	37	30
206	1	2	3	15	20	25	43
207	3	11	14	31	32	37	38
208	14	25	31	34	40	44	24
209	2	7	18	20	24	33	37
210	10	19	22	23	25	37	39
211	12	13	17	20	33	41	8
212	11	12	18	21	31	38	8
213	2	3	4	5	20	24	42
214	5	7	20	25	28	37	32
215	2	3	7	15	43	44	4
216	7	16	17	33	36	40	1
217	16	20	27	33	35	39	38
218	1	8	14	18	29	44	20
219	4	11	20	26	35	37	16
220	5	11	19	21	34	43	31
221	2	20	33	35	37	40	10
222	5	7	28	29	39	43	44
223	1	3	18	20	26	27	38
224	4	19	26	27	30	42	
225	5	11	13	19	31	36	7
226	2	6	8	14	21	22	34
227	4	5	15	16	22	42	2
228	17	25	35	36	39	44	23
229	4	5	9	11	23	38	35
230	5	11	14	29	32	33	12
231	5	10	19	31	44	45	27
232	8	9	10	12	24	44	35
233	4	6	13	17	28	40	39
234	13	21	22	24	26	37	4
235	21	22	26	27	31	37	8
236	1	4	8	13	37	39	7
237	1	11	17	21	24	44	33
238	2	4	15	28	31	34	35
239	11	15	24	39	41	44	7
240	6	10	16	40	41	43	21

241	2	16	24	27	28	35	21
242	4	19	20	21	32	34	43
243	2	12	17	19	28	42	34
244	13	16	25	36	37	38	19
245	9	11	27	31	32	38	22
246	13	18	21	23	26	39	15
247	12	15	28	36	39	40	13
248	3	8	17	23	38	45	13
249	3	8	27	31	41	44	11
250	19	23	30	37	43	45	38
251	6	7	19	25	28	38	45
252	14	23	26	31	39	45	28
253	8	19	25	31	34	36	33
254	1	5	19	20	24	30	27
255	1	5	6	24	27	42	32
256	4	11	14	21	23	43	32
257	6	13	27	31	32	37	4
258	14	27	30	31	38	40	17
259	4	5	14	35	42	45	34
260	7	12	15	24	37	40	43
261	6	11	16	18	31	43	2
262	9	12	24	25	29	31	36
263	1	27	28	32	37	40	18
264	9	16	27	36	41	44	5
265	5	9	34	37	38	39	12
266	3	4	9	11	22	42	37
267	7	8	24	34	36	41	1
268	3	10	19	24	32	45	12
269	5	18	20	36	42	43	32
270	5	9	12	20	21	26	27
271	3	8	9	27	29	40	36
272	7	9	12	27	39	43	28
273	1	8	24	31	34	44	6
274	13	14	15	26	35	39	25
275	14	19	20	35	38	40	26
276	4	15	21	33	39	41	25
277	10	12	13	15	25	29	20
278	3	11	37	39	41	43	13
279	7	16	31	36	37	38	11
280	10	11	23	24	36	37	35
281	1	3	4	6	14	41	12
282	2	5	10	18	31	32	30
283	6	8	18	31	38	45	42
284	2	7	15	24	30	45	28
285	13	33	37	40	41	45	2
286	1	15	19	40	42	44	17
287	6	12	24	27	35	37	41
288	1	12	17	28	35	41	10
289	3	14	33	37	38	42	10
290	8	13	18	32	39	45	7
291	3	7	8	18	20	42	45
292	17	18	31	32	33	34	10
293	1	9	17	21	29	33	24
294	6	10	17	30	37	38	40
295	1	4	12	16	18	38	8
296	3	8	15	27	30	45	44
297	6	11	19	20	28	32	34
298	5	9	27	29	37	40	19
299	1	3	20	25	36	45	24
300	7	9	10	12	26	38	39

301	7	11	13	33	37	43	26
302	13	19	20	32	38	42	4
303	2	14	17	30	38	45	43
304	4	10	16	26	33	41	38
305	7	8	18	21	23	39	9
306	4	18	23	30	34	41	19
307	5	15	21	23	25	45	12
308	14	15	17	19	37	45	40
309	1	2	5	11	18	36	22
310	1	5	19	28	34	41	16
311	4	12	24	27	28	32	10
312	2	3	5	6	12	20	25
313	9	17	34	35	43	45	2
314	15	17	19	34	38	41	2
315	1	13	33	35	43	45	23
316	10	11	21	27	31	39	43
317	3	10	11	22	36	39	8
318	2	17	19	20	34	45	21
319	5	8	22	28	33	42	37
320	16	19	23	25	41	45	3
321	12	18	20	21	25	34	42
322	9	18	29	32	38	43	20
323	10	14	15	32	36	42	3
324	2	4	21	25	33	36	17
325	7	17	20	32	44	45	33
326	16	23	25	33	36	39	40
327	6	12	13	17	32	44	24
328	1	6	9	16	17	28	24
329	9	17	19	30	35	42	4
330	3	4	16	17	19	20	23
331	4	9	14	26	31	44	39
332	16	17	34	36	42	45	3
333	5	14	27	30	39	43	35
334	13	15	21	29	39	43	33
335	5	9	16	23	26	45	21
336	3	5	20	34	35	44	16
337	1	5	14	18	32	37	4
338	2	13	34	38	42	45	16
339	6	8	14	21	30	37	45
340	18	24	26	29	34	38	32
341	1	8	19	34	39	43	41
342	1	13	14	33	34	43	25
343	1	10	17	29	31	43	15
344	1	2	15	28	34	45	38
345	15	20	23	29	39	42	2
346	5	13	14	22	44	45	33
347	3	8	13	27	32	42	10
348	3	14	17	20	24	31	34
349	5	13	14	20	24	25	36
350	1	8	18	24	29	33	35
351	5	25	27	29	34	36	[illegible]
352	5	16	17	20	26	41	24
353	11	16	19	22	29	36	26
354	14	19	36	43	44	45	1
355	5	8	29	30	35	44	38
356	2	8	14	25	29	45	24
357	10	14	18	21	36	37	5
358	1	9	10	12	21	40	37
359	1	10	19	20	24	40	23
360	4	16	23	25	35	40	27

361	5	10	16	24	27	35	33
362	2	3	22	27	30	40	29
363	11	12	14	21	32	38	6
364	2	5	7	14	16	40	4
365	5	15	21	25	26	30	31
366	5	12	19	26	27	44	38
367	3	22	25	29	32	44	19
368	11	21	24	30	39	45	26
369	17	20	35	36	41	43	21
370	16	18	24	42	44	45	17
371	7	9	15	26	27	42	18
372	8	11	14	16	18	21	13
373	15	26	37	42	43	45	9
374	11	13	15	17	25	34	26
375	4	8	19	25	27	45	7
376	1	11	13	24	28	40	7
377	6	22	29	37	43	45	23
378	5	22	29	31	34	39	43
379	6	10	22	31	35	40	19
380	1	2	8	17	26	37	27
381	1	5	10	12	16	20	11
382	10	15	22	24	27	42	19
383	4	15	28	33	37	40	25
384	11	22	24	32	36	38	7
385	7	12	19	21	29	32	9
386	4	7	10	19	31	40	26
387	1	26	31	34	40	43	20
388	1	8	9	17	29	32	45
389	7	16	18	20	23	26	3
390	16	17	28	37	39	40	15
391	10	11	18	22	28	39	30
392	1	3	7	8	24	42	43
393	9	16	28	40	41	43	21
394	1	13	20	22	25	28	15
395	11	15	20	26	31	35	7
396	18	20	31	34	40	45	30
397	12	13	17	22	25	33	8
398	10	15	20	23	42	44	7
399	1	2	9	17	19	42	20
400	9	21	27	34	41	43	2
401	6	12	18	31	38	43	9
402	5	9	15	19	22	36	32
403	10	14	22	24	28	37	26
404	5	20	21	24	33	40	36
405	1	2	10	25	26	44	4
406	7	12	21	24	27	36	45
407	6	7	13	16	24	25	1
408	9	20	21	22	30	37	16
409	6	9	21	31	32	40	38
410	1	3	18	32	40	41	16
411	11	14	22	35	37	39	5
412	4	7	39	41	42	45	40
413	2	9	15	23	34	40	3
414	2	14	15	22	23	44	43
415	7	17	20	26	30	40	24
416	5	6	8	11	22	26	44
417	4	5	14	20	22	43	44
418	11	13	15	26	28	34	31
419	2	11	13	14	28	30	7
420	4	9	10	29	31	34	27

2.2. 역대 로또 당첨번호(421~780회차)에 나타나는 합(2, 7)과 조합(11, 35)의 동행

★ A에서 D에 나타나는 조합(2, 7)과 조합(11, 35)의 동행

먼저 A에서 D를 살펴보면, 여기서는 두 개의 두 수 조합이 a→a→b→b의 형태를 보인다. 그리고 IJ는 b→a의 형태를 보인다.

★ E에서 P에 나타나는 조합(2, 7)과 조합(11, 35)의 동행

한편 E에서 P는 a→b 혹은 b→a의 형태로 나타나고 있다.

정리하자면

☞ b→b→a→a→a→b→b→a→a→b→b→b→a→a→b→b의 순서로 동행하고 있다.

한편, K의 조합(11, 35)만 예외적으로 동행하는 조합(2, 7)을 동반하지 않고 있다(**주변수에 의한 불가 현상**).

그리고 마지막 P는 진행 중이다.

〈표 2-2-2〉

421	6	11	26	27	28	44	30	481	3	4	23	29	40	41	20	541	8	13	26	28	32	34	43	601	2	16	19	31	34	35	37	661	2	3	12	20	27	38	40	721	1	28	35	41	43	44	31
422	8	15	19	21	34	44	12	482	1	10	16	24	25	35	43	542	5	6	19	26	41	45	34	602	13	14	22	27	30	38	2	662	5	6	9	11	15	37	26	722	12	14	21	30	39	43	45
423	1	17	27	28	29	40	5	483	12	15	19	22	28	34	5	543	13	18	26	31	34	44	12	603	2	19	25	26	27	43	28	663	3	5	8	19	38	42	20	723	20	30	33	35	36	44	22
424	10	11	26	31	34	44	30	484	1	3	27	28	32	45	11	544	5	17	21	25	36	44	10	604	2	6	18	21	33	34	30	664	10	20	33	36	41	44	5	724	2	8	33	35	37	41	14
425	8	10	14	27	33	38	3	485	17	22	26	27	36	39	20	545	4	24	25	27	34	35	2	605	1	2	7	9	10	38	42	665	5	6	11	17	38	44	13	725	6	7	19	21	41	43	38
426	4	17	18	27	39	43	19	486	1	2	23	25	38	40	43	546	8	17	20	27	37	43	6	606	1	5	6	14	20	39	22	666	2	4	6	11	17	28	16	726	1	11	21	23	34	44	24
427	6	7	15	24	28	30	21	487	4	8	25	27	37	41	21	547	6	7	15	22	34	39	28	607	8	14	23	36	38	39	13	667	15	17	25	37	42	43	13	727	7	8	10	19	21	31	20
428	12	16	19	22	37	40	8	488	2	8	17	30	31	38	25	548	1	12	13	21	32	45	14	608	4	8	18	19	39	44	41	668	12	14	15	24	27	32	3	728	3	6	10	30	34	37	36
429	3	23	28	34	39	42	16	489	2	4	8	15	20	27	11	549	29	31	35	38	40	44	17	609	4	8	27	34	39	40	13	669	7	8	20	29	33	38	9	729	11	17	21	26	36	45	16
430	1	3	16	18	30	34	44	490	2	7	26	29	40	43	42	550	1	7	14	20	34	37	41	610	14	18	20	23	28	36	33	670	11	18	26	27	40	41	25	730	4	10	14	15	18	22	39
431	18	22	25	31	38	45	6	491	8	17	35	36	39	42	4	551	3	6	20	24	27	44	25	611	2	22	27	33	36	37	14	671	7	9	10	13	31	35	24	731	2	7	13	25	42	45	39
432	2	3	5	11	27	39	33	492	22	27	31	35	37	40	42	552	1	10	20	32	35	40	43	612	6	9	18	19	25	33	40	672	8	21	28	31	36	45	43	732	2	4	5	17	27	32	43
433	19	23	29	33	35	43	27	493	20	22	26	33	36	37	25	553	2	7	17	28	29	39	37	613	7	8	11	16	41	44	35	673	7	10	17	29	33	44	5	733	11	24	32	33	35	40	13
434	3	13	20	24	33	37	35	494	5	7	8	15	30	43	22	554	13	14	17	32	41	42	6	614	8	21	25	39	40	44	18	674	9	10	14	25	27	31	11	734	6	16	37	38	41	45	18
435	8	16	26	30	38	45	42	495	4	13	22	27	34	44	6	555	11	17	21	24	26	36	12	615	10	17	18	19	23	27	35	675	1	8	11	15	18	45	7	735	5	10	13	27	37	41	44
436	9	14	20	22	33	34	28	496	4	13	20	29	36	41	39	556	12	20	23	28	30	44	43	616	5	13	18	23	40	45	3	676	1	8	17	34	39	45	27	736	2	11	17	18	21	27	6
437	11	16	29	38	41	44	21	497	19	20	23	24	43	44	13	557	4	20	26	28	35	40	31	617	4	5	11	12	24	27	28	677	12	15	24	36	41	44	42	737	13	15	18	24	27	41	11
438	6	12	20	26	29	38	45	498	13	14	24	32	39	41	3	558	12	15	19	26	40	43	29	618	8	16	25	30	42	43	15	678	4	5	6	12	25	37	45	738	23	27	28	38	42	43	36
439	17	20	30	31	37	40	25	499	5	20	23	27	35	40	43	559	11	12	25	32	44	45	23	619	6	8	13	30	35	40	21	679	3	5	7	14	26	34	35	739	7	22	29	33	34	35	30
440	10	22	28	34	36	44	2	500	3	4	12	20	24	34	41	560	1	4	20	23	29	45	28	620	2	16	17	32	39	45	40	680	4	10	19	29	32	42	30	740	4	8	9	16	17	19	31
441	1	23	28	30	34	35	9	501	1	4	10	17	31	42	2	561	5	7	18	37	42	45	20	621	1	2	6	16	19	42	9	681	21	24	27	29	43	44	7	741	5	21	27	34	44	45	16
442	25	27	29	36	38	40	41	502	6	22	28	32	34	40	26	562	4	11	13	17	20	31	33	622	9	15	16	21	28	34	24	682	17	23	27	35	38	43	2	742	8	10	13	36	37	40	6
443	4	6	10	19	20	44	14	503	1	5	27	30	34	36	40	563	5	10	16	17	31	32	21	623	7	13	30	39	41	45	25	683	6	13	20	27	28	40	15	743	15	19	21	34	41	44	10
444	11	13	23	35	43	45	17	504	6	14	22	26	43	44	31	564	14	19	25	26	27	34	2	624	1	7	19	26	27	35	16	684	1	11	15	17	25	39	40	744	10	15	18	21	34	41	43
445	13	20	21	30	39	45	32	505	7	20	22	25	38	40	44	565	4	10	18	27	40	45	38	625	3	6	7	20	21	39	13	685	6	7	12	28	38	40	18	745	1	2	3	9	12	23	10
446	[illegible]	11	12	14	26	35	6	506	6	9	11	22	24	30	31	566	4	5	6	25	26	43	41	626	13	14	26	33	40	43	15	686	7	12	15	24	25	43	13	746	3	12	33	36	42	45	25
447	2	7	8	9	17	33	34	507	12	13	32	33	40	41	4	567	1	10	15	16	32	41	28	627	2	9	22	25	31	45	12	687	1	8	10	13	28	42	45	747	7	9	12	14	23	28	17
448	3	7	13	27	40	41	36	508	5	27	31	34	35	43	37	568	1	3	17	20	31	44	40	628	1	7	12	15	23	42	11	688	5	15	22	23	34	35	2	748	3	10	13	22	31	32	29
449	3	10	20	26	35	43	36	509	12	25	29	35	42	43	24	569	3	6	13	23	24	35	1	629	19	28	31	38	43	44	1	689	7	17	19	30	36	38	34	749	12	14	24	26	34	45	41
450	6	14	19	21	23	31	13	510	12	29	32	33	39	40	42	570	1	12	26	27	29	33	42	630	8	17	21	24	27	31	15	690	24	25	33	34	38	39	43	750	1	2	15	19	24	36	12
451	12	15	20	24	30	38	29	511	3	7	14	23	26	42	24	571	11	18	21	26	38	43	29	631	1	2	4	23	31	34	8	691	15	27	33	35	43	45	16	751	3	4	16	20	28	44	17
452	8	10	18	30	32	34	27	512	4	5	9	13	26	27	1	572	3	13	18	33	37	45	1	632	15	18	21	32	35	44	6	692	3	11	14	15	32	36	44	752	4	16	20	33	40	43	7
453	12	24	33	38	40	42	30	513	5	8	21	23	27	33	12	573	2	4	20	34	35	43	14	633	9	12	19	20	39	41	13	693	1	6	11	28	34	42	30	753	2	17	19	24	37	41	3
454	13	25	27	34	38	41	10	514	1	15	20	26	35	42	9	574	14	15	16	19	25	43	2	634	4	10	11	12	20	27	38	694	7	15	20	25	33	43	12	754	2	8	17	24	29	31	32
455	4	19	20	26	30	35	24	515	2	11	12	15	23	37	8	575	2	8	20	30	33	34	6	635	11	13	25	26	29	33	32	695	4	18	26	33	34	38	14	755	13	14	26	28	30	36	37
456	1	7	12	18	23	27	44	516	2	8	23	41	43	44	30	576	10	11	15	25	35	41	13	636	6	7	15	16	20	31	26	696	1	7	16	18	34	38	21	756	10	14	16	18	27	28	4
457	8	10	18	23	27	40	33	517	1	9	12	28	36	41	10	577	16	17	22	31	34	37	33	637	3	16	22	37	38	44	23	697	2	5	8	11	33	39	31	757	6	7	11	17	33	44	1
458	4	9	10	32	36	40	18	518	14	23	30	32	34	38	6	578	5	12	14	32	34	42	16	638	7	18	22	24	31	34	6	698	3	11	13	21	33	37	18	758	5	9	12	30	39	43	24
459	4	6	10	14	25	40	12	519	6	8	13	16	30	43	3	579	5	7	20	22	37	42	39	639	6	15	22	23	25	32	40	699	4	5	8	16	21	29	3	759	9	33	36	40	42	43	32
460	8	11	28	30	43	45	41	520	4	22	27	28	38	40	1	580	5	7	9	11	32	35	33	640	14	15	18	21	26	35	23	700	11	23	28	29	30	44	13	760	10	22	27	31	42	43	12
461	11	18	26	31	37	40	43	521	3	7	18	29	32	36	19	581	3	5	14	20	42	44	33	641	11	18	21	36	37	43	12	701	3	10	14	16	36	38	35	761	4	7	11	24	42	45	30
462	3	20	24	32	37	45	4	522	4	5	13	14	37	41	11	582	2	12	14	33	40	41	25	642	8	17	18	24	39	45	32	702	3	13	16	24	26	29	9	762	1	3	12	21	26	41	16
463	23	29	31	33	34	44	40	523	1	4	37	38	40	45	7	583	8	17	27	33	40	44	24	643	15	24	31	32	33	40	13	703	10	28	31	33	41	44	21	763	3	8	16	32	34	43	10
464	6	12	15	34	42	44	4	524	10	11	29	38	41	45	21	584	7	18	30	39	40	41	36	644	5	13	17	23	28	36	8	704	1	4	8	23	33	42	45	764	7	22	24	31	34	36	15
465	1	8	11	13	22	38	31	525	11	23	26	29	39	44	22	585	6	7	10	16	38	41	4	645	1	4	16	26	40	41	31	705	1	6	17	22	28	45	23	765	1	3	8	12	42	43	33
466	4	10	13	23	32	44	20	526	7	14	17	20	35	39	3	586	2	7	12	15	21	34	5	646	2	9	24	41	43	45	30	706	3	4	6	10	28	30	37	766	9	30	34	35	39	41	21
467	2	12	14	17	24	40	39	527	1	12	22	32	33	42	38	587	14	21	29	31	32	37	17	647	5	16	21	23	24	30	29	707	2	12	19	24	39	44	35	767	5	15	20	31	34	42	22
468	8	13	15	28	37	43	17	528	5	17	25	31	39	40	10	588	2	8	15	22	25	41	30	648	13	19	28	37	38	43	4	708	2	10	16	19	34	45	1	768	7	27	29	30	38	44	4
469	4	21	22	34	37	38	33	529	18	20	24	27	31	42	39	589	6	8	28	33	38	39	22	649	3	21	22	33	41	42	20	709	10	18	30	36	39	44	32	769	5	7	11	16	41	45	4
470	10	16	20	39	41	42	27	530	16	23	27	29	33	41	22	590	20	30	36	38	41	45	23	650	3	4	7	11	31	41	35	710	3	4	6	24	25	33	10	770	1	9	12	23	39	43	34
471	6	13	29	37	39	41	43	531	1	5	9	21	27	35	45	591	8	13	14	30	38	39	5	651	11	12	16	26	29	44	18	711	11	15	24	35	37	45	42	771	6	10	17	18	21	29	30
472	16	25	26	31	36	43	44	532	16	17	23	24	29	44	3	592	2	5	6	13	28	44	43	652	3	13	15	40	41	44	20	712	17	20	30	31	33	45	19	772	5	6	11	14	21	41	32
473	8	13	20	22	23	36	34	533	9	14	15	17	31	33	23	593	9	10	13	24	33	38	28	653	5	6	26	27	38	39	1	713	2	5	15	18	19	23	44	773	8	12	19	21	31	35	44
474	4	13	18	31	33	45	43	534	10	24	26	29	37	38	32	594	2	8	13	25	28	37	3	654	16	21	26	31	36	43	6	714	1	7	22	33	37	40	20	774	12	15	18	28	34	42	9
475	1	9	14	16	21	29	3	535	11	12	14	15	18	39	34	595	8	24	28	35	38	40	5	655	7	37	38	39	40	44	18	715	2	7	27	33	41	44	10	775	11	12	29	33	38	42	17
476	9	12	13	15	37	38	27	536	7	8	18	32	37	43	12	596	3	4	12	14	25	43	17	656	3	7	14	16	31	40	39	716	2	6	13	16	29	30	21	776	8	9	18	21	28	40	20
477	14	25	29	32	33	45	37	537	12	23	26	30	36	43	11	597	8	10	23	24	35	43	37	657	10	14	19	39	40	43	23	717	2	11	19	25	28	32	44	777	6	12	17	21	34	37	18
478	18	29	30	37	39	43	8	538	6	10	18	31	32	34	11	598	4	12	24	33	38	45	22	658	8	19	25	28	32	36	37	718	4	11	20	23	32	39	40	778	6	21	35	36	37	41	11
479	8	23	25	27	35	44	24	539	3	19	22	31	42	43	26	599	5	12	17	29	34	35	27	659	7	18	19	27	29	42	45	719	4	8	13	19	20	43	26	779	6	12	19	24	34	41	4
480	3	5	10	17	30	31	16	540	3	12	13	15	34	36	14	600	5	11	14	27	29	36	44	660	4	9	23	33	39	44	14	720	1	12	29	34	36	37	41	780	15	17	19	21	27	45	16

조합 2,7 - 11,35

1	10	23	29	33	37	40	16
2	9	13	21	25	32	42	2
3	11	16	19	21	27	31	30
4	14	27	30	31	40	42	2
5	16	24	29	40	41	42	3
6	14	15	26	27	40	42	34
7	2	9	16	25	26	40	42
8	8	19	25	34	37	39	9
9	2	4	16	17	36	39	14
10	9	25	30	33	41	44	6
11	1	7	36	37	41	42	14
12	2	11	21	25	39	45	44
13	22	23	25	37	38	42	26
14	2	6	12	31	33	40	15
15	3	4	16	30	31	37	13
16	6	7	24	37	38	40	33
17	3	4	9	17	32	37	1
18	3	12	13	19	32	35	29
19	6	30	38	39	40	43	26
20	10	14	18	20	23	30	41
21	6	12	17	18	31	32	21
22	4	5	6	8	17	39	25
23	5	13	17	18	33	42	44
24	7	8	27	29	36	43	6
25	2	4	21	26	43	44	16
26	4	5	7	18	20	25	31
27	1	20	26	28	37	43	27
28	9	18	23	25	35	37	1
29	1	5	13	34	39	40	11
30	8	17	20	35	36	44	4
31	7	9	18	23	28	35	32
32	6	14	19	25	34	44	11
33	4	7	32	33	40	41	9
34	9	26	35	37	40	42	2
35	2	3	11	26	37	43	39
36	1	10	23	26	28	40	31
37	7	27	30	33	35	37	42
38	16	17	22	30	37	43	36
39	6	7	13	15	21	43	8
40	7	13	18	19	25	26	6
41	13	20	23	35	38	43	34
42	17	18	19	21	23	32	1
43	6	31	35	38	39	44	1
44	3	11	21	30	38	45	39
45	1	10	20	27	33	35	17
46	8	13	15	23	31	38	39
47	14	17	26	31	36	45	27
48	6	10	18	26	37	38	3
49	4	7	16	19	33	40	30
50	2	10	12	15	22	44	1
51	2	3	11	16	26	44	35
52	2	4	15	16	20	29	1
53	7	8	14	32	33	39	42
54	1	8	21	27	36	39	37
55	17	21	31	37	40	44	7
56	10	14	30	31	33	37	19
57	7	10	16	25	29	44	6
58	10	24	25	33	40	44	1
59	6	29	36	39	41	45	13
60	2	8	25	36	39	42	11

61	14	15	19	30	38	43	8
62	3	8	15	27	29	35	21
63	3	20	23	36	38	40	5
64	14	15	18	21	26	36	39
65	4	25	33	36	40	43	39
66	2	3	7	17	22	24	45
67	3	7	10	15	36	38	33
68	10	12	15	16	26	39	38
69	5	8	14	15	19	39	35
70	5	19	22	25	28	43	26
71	5	9	12	16	29	41	21
72	2	4	11	17	26	27	1
73	3	12	18	32	40	43	38
74	6	15	17	18	35	40	23
75	2	5	24	32	34	44	28
76	1	3	15	22	25	37	43
77	2	18	29	32	43	44	37
78	10	13	25	29	33	35	38
79	3	12	24	27	30	32	14
80	17	18	24	25	26	30	1
81	5	7	11	13	20	33	6
82	1	2	3	14	27	42	39
83	6	10	15	17	19	34	14
84	16	23	27	34	42	45	11
85	6	8	13	23	31	36	21
86	2	12	37	39	41	45	33
87	4	12	16	23	34	43	26
88	1	17	20	24	30	41	27
89	4	26	28	29	33	40	37
90	17	20	29	35	38	44	10
91	1	21	24	26	29	42	27
92	3	14	24	33	35	36	17
93	6	22	24	36	38	44	19
94	5	32	34	40	41	45	6
95	8	17	27	31	34	43	14
96	1	3	8	21	22	31	20
97	6	7	14	15	20	36	3
98	6	9	16	23	24	32	43
99	1	3	10	27	29	37	11
100	1	7	11	23	37	42	6
101	1	3	17	32	35	45	8
102	17	22	24	26	35	40	42
103	5	14	15	27	30	45	10
104	17	32	33	34	42	44	35
105	8	10	20	34	41	45	28
106	4	10	12	22	24	33	29
107	1	4	5	6	9	31	17
108	7	18	22	23	29	44	12
109	1	5	34	36	42	44	33
110	7	20	22	23	29	43	1
111	7	18	31	33	36	40	27
112	26	29	30	33	41	42	43
113	4	9	28	33	36	45	26
114	11	14	19	26	28	41	2
115	1	2	6	9	25	28	31
116	2	4	25	31	34	37	17
117	5	10	22	34	36	44	35
118	3	4	10	17	19	22	38
119	3	11	13	14	17	21	38
120	4	6	10	11	32	37	30

121	12	28	30	34	38	43	9
122	1	11	16	17	36	40	8
123	7	17	18	28	30	45	27
124	4	16	23	25	29	42	1
125	2	8	32	33	35	36	18
126	7	20	22	27	40	43	1
127	3	5	10	29	32	43	35
128	12	30	34	36	37	45	39
129	19	23	25	28	38	42	17
130	7	19	24	27	42	45	31
131	8	10	11	14	15	21	37
132	3	17	23	34	41	45	43
133	4	7	15	18	23	26	13
134	3	12	20	23	31	35	43
135	6	14	22	28	35	39	16
136	2	16	30	36	41	42	11
137	7	9	20	25	36	39	15
138	10	11	27	28	37	39	19
139	9	11	15	20	28	43	13
140	3	13	17	18	19	28	8
141	8	12	29	31	42	43	2
142	12	16	30	34	40	44	19
143	26	27	28	42	43	45	8
144	4	15	17	26	36	37	43
145	2	3	13	20	27	44	9
146	2	19	27	35	41	42	25
147	4	6	13	21	40	42	36
148	21	25	33	34	35	36	17
149	2	11	21	34	41	42	27
150	2	18	25	28	37	39	16
151	1	2	10	13	18	19	15
152	1	5	13	26	29	34	43
153	3	8	11	12	13	36	33
154	6	19	21	35	40	45	20
155	16	19	20	32	33	41	4
156	5	18	28	30	42	45	2
157	19	26	30	33	35	39	37
158	4	9	13	18	21	34	7
159	1	18	30	41	42	43	32
160	3	7	8	34	39	41	1
161	22	34	36	40	42	45	44
162	1	5	21	25	38	41	24
163	7	11	26	28	29	44	16
164	6	9	10	11	39	41	27
165	5	13	18	19	22	42	31
166	9	12	27	36	39	45	14
167	24	27	28	30	36	39	4
168	3	10	31	40	42	43	30
169	16	27	35	37	43	45	19
170	2	11	13	15	31	42	10
171	4	16	25	29	34	35	1
172	4	19	21	24	26	41	35
173	3	9	24	30	33	34	18
174	13	14	18	22	35	39	16
175	19	26	28	31	33	36	17
176	4	17	30	32	33	34	15
177	1	10	13	16	37	43	6
178	1	5	11	12	18	23	9
179	5	9	17	25	39	43	32
180	2	15	20	21	29	34	22

181	14	21	23	32	40	45	44
182	13	15	27	29	34	40	35
183	2	18	24	34	40	42	5
184	1	2	6	16	20	33	41
185	1	2	4	8	19	38	14
186	4	10	14	19	21	45	9
187	1	2	8	18	29	38	42
188	19	24	27	30	31	34	36
189	8	14	32	35	37	45	28
190	8	14	18	30	31	44	15
191	5	6	24	25	32	37	8
192	4	8	11	18	37	45	33
193	6	14	18	26	36	39	13
194	15	20	23	26	39	44	28
195	7	10	19	22	35	40	31
196	35	36	37	41	44	45	30
197	7	12	16	34	42	45	4
198	12	19	20	25	41	45	2
199	14	21	22	25	30	36	43
200	5	6	13	14	17	20	7
201	3	11	24	38	39	44	26
202	12	24	27	33	39	44	17
203	1	3	11	24	30	32	7
204	3	12	14	35	40	45	5
205	1	3	21	29	35	37	30
206	1	2	3	15	20	25	43
207	3	11	14	31	32	37	38
208	14	25	31	34	40	44	24
209	2	7	18	20	24	33	37
210	10	19	22	23	25	37	39
211	12	13	17	20	33	41	8
212	11	12	18	21	31	38	8
213	2	3	4	5	20	24	42
214	5	7	20	25	28	37	32
215	2	3	7	15	43	44	4
216	7	16	17	33	36	40	1
217	16	20	27	33	35	39	38
218	1	8	14	18	29	44	20
219	4	11	20	26	35	37	16
220	5	11	19	21	34	43	31
221	2	20	33	35	37	40	10
222	5	7	28	29	39	43	44
223	1	3	18	20	26	27	38
224	4	19	26	27	30	42	7
225	5	11	13	19	31	36	7
226	2	6	8	14	21	22	34
227	4	5	15	16	22	42	2
228	17	25	35	36	39	44	23
229	4	5	9	11	23	38	35
230	5	11	14	29	32	33	12
231	5	10	19	31	44	45	27
232	8	9	10	12	24	44	35
233	4	6	13	17	28	40	39
234	13	21	22	24	26	37	4
235	21	22	26	27	31	37	8
236	1	4	8	13	37	39	7
237	1	11	17	21	24	44	33
238	2	4	15	28	31	34	35
239	11	15	24	39	41	44	7
240	6	10	16	40	41	43	21

241	2	16	24	27	28	35	21
242	4	19	20	21	32	34	43
243	2	12	17	19	28	42	34
244	13	16	25	36	37	38	19
245	9	11	27	31	32	38	22
246	13	18	21	23	26	39	15
247	12	15	28	36	39	40	13
248	3	8	17	23	38	45	13
249	3	8	27	31	41	44	11
250	19	23	30	37	43	45	38
251	6	7	19	25	28	38	45
252	14	23	26	31	39	45	28
253	8	19	25	31	34	36	33
254	1	5	19	20	24	30	27
255	1	5	6	24	27	42	32
256	4	11	14	21	23	43	32
257	6	13	27	31	32	37	4
258	14	27	30	31	38	40	17
259	4	5	14	35	42	45	34
260	7	12	15	24	37	40	43
261	6	11	16	18	31	43	2
262	9	12	24	25	29	31	36
263	1	27	28	32	37	40	18
264	9	16	27	36	41	44	5
265	5	9	34	37	38	39	12
266	3	4	9	11	22	42	37
267	7	8	24	34	36	41	1
268	3	10	19	24	32	45	12
269	5	18	20	36	42	43	32
270	5	9	12	20	21	26	27
271	3	8	9	27	29	40	36
272	7	9	12	27	39	43	28
273	1	8	24	31	34	44	6
274	13	14	15	26	35	39	25
275	14	19	20	35	38	40	26
276	4	15	21	33	39	41	25
277	10	12	13	15	25	29	20
278	3	11	37	39	41	43	13
279	7	16	31	36	37	38	11
280	10	11	23	24	36	37	35
281	1	3	4	6	14	41	12
282	2	5	10	18	31	32	30
283	6	8	18	31	38	45	42
284	2	7	15	24	30	45	28
285	13	33	37	40	41	45	2
286	1	15	19	40	42	44	17
287	6	12	24	27	35	37	41
288	1	12	17	28	35	41	10
289	3	14	33	37	38	42	10
290	8	13	18	32	39	45	7
291	3	7	8	18	20	42	45
292	17	18	31	32	33	34	10
293	1	9	17	21	29	33	24
294	6	10	17	30	37	38	40
295	1	4	12	16	18	38	8
296	3	8	15	27	30	45	44
297	6	11	19	20	28	32	34
298	5	9	27	29	37	40	19
299	1	3	20	25	36	45	24
300	7	9	10	12	26	38	39

301	7	11	13	33	37	43	26
302	13	19	20	32	38	42	4
303	2	14	17	30	38	45	43
304	4	10	16	26	33	41	38
305	7	8	18	21	23	39	9
306	4	18	23	30	34	41	19
307	5	15	21	23	25	45	12
308	14	15	17	19	37	45	40
309	1	2	5	11	18	36	22
310	1	5	19	28	34	41	16
311	4	12	24	27	28	32	10
312	2	3	5	6	12	20	25
313	9	17	34	35	43	45	2
314	15	17	19	34	38	41	2
315	1	13	33	35	43	45	23
316	10	11	21	27	31	39	43
317	3	10	11	22	36	39	8
318	2	17	19	20	34	45	21
319	5	8	22	28	33	42	37
320	16	19	23	25	41	45	3
321	12	18	20	21	25	34	42
322	9	18	29	32	38	43	20
323	10	14	15	32	36	42	3
324	2	4	21	25	33	36	17
325	7	17	20	32	44	45	33
326	16	23	25	33	36	39	40
327	6	12	13	17	32	44	24
328	1	6	9	16	17	28	24
329	9	17	19	30	35	42	4
330	3	4	16	17	19	20	23
331	4	9	14	26	31	44	39
332	16	17	34	36	42	45	3
333	5	14	27	30	39	43	35
334	13	15	21	29	39	43	33
335	5	9	16	23	26	45	21
336	3	5	20	34	35	44	16
337	1	5	14	18	32	37	4
338	2	13	34	38	42	45	16
339	6	8	14	21	30	37	45
340	18	24	26	29	34	38	32
341	1	8	19	34	39	43	41
342	1	13	14	33	34	43	25
343	1	10	17	29	31	43	15
344	1	2	15	28	34	45	38
345	15	20	23	29	39	42	2
346	5	13	14	22	44	45	33
347	3	8	13	27	32	42	10
348	3	14	17	20	24	31	34
349	5	13	14	20	24	25	36
350	1	8	18	24	29	33	35
351	5	25	27	29	34	36	33
352	5	16	17	20	26	41	24
353	11	16	19	22	29	36	26
354	14	19	36	43	44	45	1
355	5	8	29	30	35	44	38
356	2	8	14	25	29	45	24
357	10	14	18	21	36	37	5
358	1	9	10	12	21	40	37
359	1	10	19	20	24	40	23
360	4	16	23	25	35	40	27

361	5
362	2
363	11
364	2
365	5
366	5
367	3
368	11
369	17
370	16
371	7
372	8
373	15
374	11
375	4
376	1
377	6
378	5
379	6
380	1
381	1
382	10
383	4
384	11
385	7
386	4
387	1
388	1
389	7
390	16
391	10
392	1
393	9
394	1
395	11
396	18
397	12
398	10
399	1
400	9
401	6
402	5
403	10
404	5
405	1
406	7
407	6
408	9
409	6
410	1
411	11
412	4
413	2
414	2
415	7
416	5
417	4
418	11
419	2
420	4

35	33	421	6	11	26	27	28	44	30	481	3	4	23	29	40	41	20	541	8	13	26	28	32	34	43	601	2	16	19	31	34	35	37	661	2	3	12	20	27	38	40	721	1	28	35	41	43	44	31
40	29	422	8	15	19	21	34	44	12	482	1	10	16	24	25	35	43	542	5	6	19	26	41	45	34	602	13	14	22	27	30	38	2	662	5	6	9	11	15	37	26	722	12	14	21	30	39	43	45
38	6	423	1	17	27	28	29	40	5	483	12	15	19	22	28	34	5	543	13	18	26	31	34	44	12	603	2	19	25	26	27	43	28	663	3	5	8	19	38	42	20	723	20	30	33	35	36	44	22
40	4	424	10	11	26	31	34	44	30	484	1	3	27	28	32	45	11	544	5	17	21	25	36	44	10	604	2	6	18	21	33	34	30	664	10	20	33	36	41	44	5	724	2	8	33	35	37	41	14
30	31	425	8	10	14	27	33	38	3	485	17	22	26	27	36	39	20	545	4	24	25	27	34	35	2	605	1	2	7	9	10	38	42	665	5	6	11	17	38	44	13	725	6	7	19	21	41	43	38
44	38	426	4	17	18	27	39	43	19	486	1	2	23	25	38	40	43	546	8	17	20	27	37	43	6	606	1	5	6	14	20	39	22	666	2	4	6	11	17	28	16	726	1	11	21	23	34	44	24
44	19	427	6	7	15	24	28	30	21	487	4	8	25	27	37	41	21	547	6	7	15	22	34	39	28	607	8	14	23	36	38	39	13	667	15	17	25	37	42	43	13	727	7	8	10	19	21	31	20
45	26	428	12	16	19	22	37	40	8	488	2	8	17	30	31	38	25	548	1	12	13	21	32	45	14	608	4	8	18	19	39	44	41	668	12	14	15	24	27	32	3	728	3	6	10	30	34	37	36
43	21	429	3	23	28	34	39	42	16	489	2	4	8	15	20	27	11	549	29	31	35	38	40	44	17	609	4	8	27	34	39	40	13	669	7	8	20	29	33	38	9	729	11	17	21	26	36	45	16
45	17	430	1	3	16	18	30	34	44	490	2	7	26	29	40	43	42	550	1	7	14	20	34	37	41	610	14	18	20	23	28	36	33	670	11	18	26	27	40	41	25	730	4	10	14	15	18	22	39
42	18	431	18	22	25	31	38	45	6	491	8	17	35	36	39	42	4	551	3	6	20	24	27	44	25	611	2	22	27	33	36	37	14	671	7	9	10	13	31	35	24	731	2	7	13	25	42	45	39
21	13	432	2	3	5	11	27	39	33	492	22	27	31	35	37	40	42	552	1	10	20	32	35	40	43	612	6	9	18	19	25	33	40	672	8	21	28	31	36	45	43	732	2	4	5	17	27	32	43
45	9	433	19	23	29	33	35	43	27	493	20	22	26	33	36	37	25	553	2	7	17	28	29	39	37	613	7	8	11	16	41	44	35	673	7	10	17	29	33	44	5	733	11	24	32	33	35	40	13
34	26	434	3	13	20	24	33	37	35	494	5	7	8	15	30	43	22	554	13	14	17	32	41	42	6	614	8	21	25	39	40	44	18	674	9	10	14	25	27	31	11	734	6	16	37	38	41	45	18
45	7	435	8	16	26	30	38	45	42	495	4	13	22	27	34	44	6	555	11	17	21	24	26	36	12	615	10	17	18	19	23	27	35	675	1	8	11	15	18	45	7	735	5	10	13	27	37	41	44
40	7	436	9	14	20	22	33	34	28	496	4	13	20	29	36	41	39	556	12	20	23	28	30	44	43	616	5	13	18	23	40	45	3	676	1	8	17	34	39	45	27	736	2	11	17	18	21	27	6
45	23	437	11	16	29	38	41	44	21	497	19	20	23	24	43	44	13	557	4	20	26	28	35	40	31	617	4	5	11	12	24	27	28	677	12	15	24	36	41	44	42	737	13	15	18	24	27	41	11
39	43	438	6	12	20	26	29	38	45	498	13	14	24	32	39	41	3	558	12	15	19	26	40	43	29	618	8	16	25	30	42	43	15	678	4	5	6	12	25	37	45	738	23	27	28	38	42	43	36
40	19	439	17	20	30	31	37	40	25	499	5	20	23	27	35	40	43	559	11	12	25	32	44	45	23	619	6	8	13	30	35	40	21	679	3	5	7	14	26	34	35	739	7	22	29	33	34	35	30
37	27	440	10	22	28	34	36	44	2	500	3	4	12	20	24	34	41	560	1	4	20	23	29	45	28	620	2	16	17	32	39	45	40	680	4	10	19	29	32	42	30	740	4	8	9	16	17	19	31
20	11	441	1	23	28	30	34	35	9	501	1	4	10	17	31	42	2	561	5	7	18	37	42	45	20	621	1	2	6	16	19	42	9	681	21	24	27	29	43	44	7	741	5	21	27	34	44	45	16
42	19	442	25	27	29	36	38	40	41	502	6	22	28	32	34	40	26	562	4	11	13	17	20	31	33	622	9	15	16	21	28	34	24	682	17	23	27	35	38	43	2	742	8	10	13	36	37	40	6
40	25	443	4	6	10	19	20	44	14	503	1	5	27	30	34	36	40	563	5	10	16	17	31	32	21	623	7	13	30	39	41	45	25	683	6	13	20	27	28	40	15	743	15	19	21	34	41	44	10
38	7	444	11	13	23	35	43	45	17	504	6	14	22	26	43	44	31	564	14	19	25	26	27	34	2	624	1	7	19	26	27	35	16	684	1	11	15	17	25	39	40	744	10	15	18	21	34	41	43
32	9	445	13	20	21	30	39	45	32	505	7	20	22	25	38	40	44	565	4	10	18	27	40	45	38	625	3	6	7	20	21	39	13	685	6	7	12	28	38	40	18	745	1	2	3	9	12	23	10
40	26	446	1	11	12	14	26	35	6	506	6	9	11	22	24	30	31	566	4	5	6	25	26	43	41	626	13	14	26	33	40	43	15	686	7	12	15	24	25	43	13	746	3	12	33	36	42	45	25
43	20	447	2	7	8	9	17	33	34	507	12	13	32	33	40	41	4	567	1	10	15	16	32	41	28	627	2	9	22	25	31	45	12	687	1	8	10	13	28	42	45	747	7	9	12	14	23	28	17
32	45	448	3	7	13	27	40	41	36	508	5	27	31	34	35	43	37	568	1	3	17	20	31	44	40	628	1	7	12	15	23	42	11	688	5	15	22	23	34	35	2	748	3	10	13	22	31	32	29
26	3	449	3	10	20	26	35	43	36	509	12	25	29	35	42	43	24	569	3	6	13	23	24	35	1	629	19	28	31	38	43	44	1	689	7	17	19	30	36	38	34	749	12	14	24	26	34	45	41
40	15	450	6	14	19	21	23	31	13	510	12	29	32	33	39	40	42	570	1	12	26	27	29	33	42	630	8	17	21	24	27	31	15	690	24	25	33	34	38	39	43	750	1	2	15	19	24	36	12
39	30	451	12	15	20	24	30	38	29	511	3	7	14	23	26	42	24	571	11	18	21	26	38	43	29	631	1	2	4	23	31	34	8	691	15	27	33	35	43	45	16	751	3	4	16	20	28	44	17
42	43	452	8	10	18	30	32	34	27	512	4	5	9	13	26	27	1	572	3	13	18	33	37	45	1	632	15	18	21	32	35	44	6	692	3	11	14	15	32	36	44	752	4	16	20	33	40	43	7
43	21	453	12	24	33	38	40	42	30	513	5	8	21	23	27	33	12	573	2	4	20	34	35	43	14	633	9	12	19	20	39	41	13	693	1	6	11	28	34	42	30	753	2	17	19	24	37	41	3
28	15	454	13	25	27	34	38	41	10	514	1	15	20	26	35	42	9	574	14	15	16	19	25	43	2	634	4	10	11	12	20	27	38	694	7	15	20	25	33	43	12	754	2	8	17	24	29	31	32
35	7	455	4	19	20	26	30	35	24	515	2	11	12	15	23	37	8	575	2	8	20	30	33	34	6	635	11	13	25	26	29	33	32	695	4	18	26	33	34	38	14	755	13	14	26	28	30	36	37
45	30	456	1	7	12	18	23	27	44	516	2	8	23	41	43	44	30	576	10	11	15	25	35	41	13	636	6	7	15	16	20	31	26	696	1	7	16	18	34	38	21	756	10	14	16	18	27	28	4
33	8	457	8	10	18	23	27	40	33	517	1	9	12	28	36	41	10	577	16	17	22	31	34	37	33	637	3	16	22	37	38	44	23	697	2	5	8	11	33	39	31	757	6	7	11	17	33	44	1
44	7	458	4	9	10	32	36	40	18	518	14	23	30	32	34	38	6	578	5	12	14	32	34	42	16	638	7	18	22	24	31	34	6	698	3	11	13	21	33	37	18	758	5	9	12	30	39	43	24
42	20	459	4	6	10	14	25	40	12	519	6	8	13	16	30	43	3	579	5	7	20	22	37	42	39	639	6	15	22	23	25	32	40	699	4	5	8	16	21	29	3	759	9	33	36	40	42	43	32
43	2	460	8	11	28	30	43	45	41	520	4	22	27	28	38	40	1	580	5	7	9	11	32	35	33	640	14	15	18	21	26	35	23	700	11	23	28	29	30	44	13	760	10	22	27	31	42	43	12
43	9	461	11	18	26	31	37	40	43	521	3	7	18	29	32	36	19	581	3	5	14	20	42	44	33	641	11	18	21	36	37	43	12	701	3	10	14	16	36	38	35	761	4	7	11	24	42	45	30
36	32	462	3	20	24	32	37	45	4	522	4	5	13	14	37	41	11	582	2	12	14	33	40	41	25	642	8	17	18	24	39	45	32	702	3	13	16	24	26	29	9	762	1	3	12	21	26	41	16
37	26	463	23	29	31	33	34	44	40	523	1	4	37	38	40	45	7	583	8	17	27	33	40	44	24	643	15	24	31	32	33	40	13	703	10	28	31	33	41	44	21	763	3	8	16	32	34	43	10
40	36	464	6	12	15	34	42	44	4	524	10	11	29	38	41	45	21	584	7	18	30	39	40	41	36	644	5	13	17	23	28	36	8	704	1	4	8	23	33	42	45	764	7	22	24	31	34	36	15
44	4	465	1	8	11	13	22	38	31	525	11	23	26	29	39	44	22	585	6	7	10	16	38	41	4	645	1	4	16	26	40	41	31	705	1	6	17	22	28	45	23	765	1	3	8	12	42	43	33
36	45	466	4	10	13	23	32	44	20	526	7	14	17	20	35	39	31	586	2	7	12	15	21	34	5	646	2	9	24	41	43	45	30	706	3	4	6	10	28	30	37	766	9	30	34	35	39	41	21
25	1	467	2	12	14	17	24	40	39	527	1	12	22	32	33	42	38	587	14	21	29	31	32	37	17	647	5	16	21	23	24	30	29	707	2	12	19	24	39	44	35	767	5	15	20	31	34	42	22
37	16	468	8	13	15	28	37	43	17	528	5	17	25	31	39	40	10	588	2	8	15	22	25	41	30	648	13	19	28	37	38	43	4	708	2	10	16	19	34	45	1	768	7	27	29	30	38	44	4
40	38	469	4	21	22	34	37	38	33	529	18	20	24	27	31	42	39	589	6	8	28	33	38	39	22	649	3	21	22	33	41	42	20	709	10	18	30	36	39	44	32	769	5	7	11	16	41	45	4
41	16	470	10	16	20	39	41	42	27	530	16	23	27	29	33	41	22	590	20	30	36	38	41	45	23	650	3	4	7	11	31	41	35	710	3	4	6	24	25	33	10	770	1	9	12	23	39	43	34
39	5	471	6	13	29	37	39	41	43	531	1	5	9	21	27	35	45	591	8	13	14	30	38	39	5	651	11	12	16	26	29	44	18	711	11	15	24	35	37	45	42	771	6	10	17	18	21	29	30
45	40	472	16	25	26	31	36	43	44	532	16	17	23	24	29	44	3	592	2	5	6	13	28	44	43	652	3	13	15	40	41	44	20	712	17	20	30	31	33	45	19	772	5	6	11	14	21	41	32
40	3	473	8	13	20	22	23	36	34	533	9	14	15	17	31	33	23	593	9	10	13	24	33	38	28	653	5	6	26	27	38	39	1	713	2	5	15	18	19	23	44	773	8	12	19	21	31	35	44
44	43	474	4	13	18	31	33	45	43	534	10	24	26	29	37	38	32	594	2	8	13	25	28	37	3	654	16	21	26	31	36	43	6	714	1	7	22	33	37	40	20	774	12	15	18	28	34	42	9
40	24	475	1	9	14	16	21	29	3	535	11	12	14	15	18	39	34	595	8	24	28	35	38	40	5	655	7	37	38	39	40	44	18	715	2	7	27	33	41	44	10	775	11	12	29	33	38	42	17
26	44	476	9	12	13	15	37	38	27	536	7	8	18	32	37	43	12	596	3	4	12	14	25	43	17	656	3	7	14	16	31	40	39	716	2	6	13	16	29	30	21	776	8	9	18	21	28	40	20
43	44	477	14	25	29	32	33	45	37	537	12	23	26	30	36	43	11	597	8	10	23	24	35	43	37	657	10	14	19	39	40	43	23	717	2	11	19	25	28	32	44	777	6	12	17	21	34	37	18
34	31	478	18	29	30	37	39	43	8	538	6	10	18	31	32	34	11	598	4	12	24	33	38	45	22	658	8	19	25	28	32	36	37	718	4	11	20	23	32	39	40	778	6	21	35	36	37	41	11
30	7	479	8	23	25	27	35	44	24	539	3	19	22	31	42	43	26	599	5	12	17	29	34	35	27	659	7	18	19	27	29	42	45	719	4	8	13	19	20	43	26	779	6	12	19	24	34	41	4
34	27	480	3	5	10	17	30	31	16	540	3	12	13	15	34	36	14	600	5	11	14	27	29	36	44	660	4	9	23	33	39	44	14	720	1	12	29	34	36	37	41	780	15	17	19	21	27	45	16

3

조합(23, 28)과 조합(7, 41)- 총 16회 등장

3.1. 역대 로또 당첨번호(1~360회차)에 나타나는 조합(23, 28)과 조합(7, 41)의 동행

★ A에서 D에 나타나는 조합(23, 28)과 조합(7, 41)의 동행

1회에서 360회차 사이에 나타나는 조합(23, 28)과 조합(7, 41)의 동행은 총 6번이다. 여기서 적색으로 표시된 조합(23, 28)을 a로 가정하고 녹색으로 표시한 조합(7, 41)을 b라고 가정해 보자. 그리고 AB와 CD의 형태로 살펴보면, b→a의 형태로 나타남을 알 수 있다.

★ E에서 J에 나타나는 조합(23, 28)과 조합(7, 41)의 동행

EF, GH, IJ는 위와 반대로 a→b의 형태로 나타난다. 그래서 옆의 표만을 살펴볼 때에는 aa→bb나 bb→aa의 형태가 아니라 다소 동행하는 형태를 찾기가 쉬울 것이다.

〈표 2-3-1〉

1	10	23	29	33	37	40	16
2	9	13	21	25	32	42	2
3	11	16	19	21	27	31	30
4	14	27	30	31	40	42	2
5	16	24	29	40	41	42	3
6	14	15	26	27	40	42	34
7	2	9	16	25	26	40	42
8	8	19	25	34	37	39	9
9	2	4	16	17	36	39	14
10	9	25	30	33	41	44	6
11	1	7	36	37	41	42	14
12	2	11	21	25	39	45	44
13	22	23	25	37	38	42	26
14	2	6	12	31	33	40	15
15	3	4	16	30	31	37	13
16	6	7	24	37	38	40	33
17	3	4	9	17	32	37	1
18	3	12	13	19	32	35	29
19	6	30	38	39	40	43	26
20	10	14	18	20	23	30	41
21	6	12	17	18	31	32	21
22	4	5	6	8	17	39	25
23	5	13	17	18	33	42	44
24	7	8	27	29	36	43	6
25	2	4	21	26	43	44	16
26	4	5	7	18	20	25	31
27	1	20	26	28	37	43	27
28	9	18	23	25	35	37	1
29	1	5	13	34	39	40	11
30	8	17	20	35	36	44	4
31	7	9	18	23	28	35	32
32	6	14	19	25	34	44	11
33	4	7	32	33	40	41	9
34	9	26	35	37	40	42	2
35	2	3	11	26	37	43	39
36	1	10	23	26	28	40	31
37	7	27	30	33	35	37	42
38	16	17	22	30	37	43	36
39	6	7	13	15	21	43	8
40	7	13	18	19	25	26	6
41	13	20	23	35	38	43	34
42	17	18	19	21	23	32	1
43	6	31	35	38	39	44	1
44	3	11	21	30	38	45	39
45	1	10	20	27	33	35	17
46	8	13	15	23	31	38	39
47	14	17	26	31	36	45	27
48	6	10	18	26	37	38	3
49	4	7	16	19	33	40	30
50	2	10	12	15	22	44	1
51	2	3	11	16	26	44	35
52	2	4	15	16	20	29	1
53	7	8	14	32	33	39	42
54	1	8	21	27	36	39	37
55	17	21	31	37	40	44	7
56	10	14	30	31	33	37	19
57	7	10	16	25	29	44	6
58	10	24	25	33	40	44	1
59	6	29	36	39	41	45	13
60	2	8	25	36	39	42	11

61	14	15	19	30	38	43	8
62	3	8	15	27	29	35	21
63	3	20	23	36	38	40	5
64	14	15	18	21	26	36	39
65	4	25	33	36	40	43	39
66	2	3	7	17	22	24	45
67	3	7	10	15	36	38	33
68	10	12	15	16	26	39	38
69	5	8	14	15	19	39	35
70	5	19	22	25	28	43	26
71	5	9	12	16	29	41	21
72	2	4	11	17	26	27	1
73	3	12	18	32	40	43	38
74	6	15	17	18	35	40	23
75	2	5	24	32	34	44	28
76	1	3	15	22	25	37	43
77	2	18	29	32	43	44	37
78	10	13	25	29	33	35	38
79	3	12	24	27	30	32	14
80	17	18	24	25	26	30	1
81	5	7	11	13	20	33	6
82	1	2	3	14	27	42	39
83	6	10	15	17	19	34	14
84	16	23	27	34	42	45	11
85	6	8	13	23	31	36	21
86	2	12	37	39	41	45	33
87	4	12	16	23	34	43	26
88	1	17	20	24	30	41	27
89	4	26	28	29	33	40	37
90	17	20	29	35	38	44	10
91	1	21	24	26	29	42	27
92	3	14	24	33	35	36	17
93	6	22	24	36	38	44	19
94	5	32	34	40	41	45	6
95	8	17	27	31	34	43	14
96	1	3	8	21	22	31	20
97	6	7	14	15	20	36	3
98	6	9	16	23	24	32	43
99	1	3	10	27	29	37	11
100	1	7	11	23	37	42	6
101	1	3	17	32	35	45	8
102	17	22	24	26	35	40	42
103	5	14	15	27	30	45	10
104	17	32	33	34	42	44	35
105	8	10	20	34	41	45	28
106	4	10	12	22	24	33	29
107	1	4	5	6	9	31	17
108	7	18	22	23	29	44	12
109	1	5	34	36	42	44	33
110	7	20	22	23	29	43	1
111	7	18	31	33	36	40	27
112	26	29	30	33	41	42	43
113	4	9	28	33	36	45	26
114	11	14	19	26	28	41	2
115	1	2	6	9	25	28	31
116	2	4	25	31	34	37	17
117	5	10	22	34	36	44	35
118	3	4	10	17	19	22	38
119	3	11	13	14	17	21	38
120	4	6	10	11	32	37	30

121	12	28	30	34	38	43	9
122	1	11	16	17	36	40	8
123	7	17	18	28	30	45	27
124	4	16	23	25	29	42	1
125	2	8	32	33	35	36	18
126	7	20	22	27	40	43	1
127	3	5	10	29	32	43	35
128	[illegible]	30	34	36	37	45	39
129	19	23	25	28	38	42	17
130	7	19	24	27	42	45	31
131	8	10	11	14	15	21	37
132	3	17	23	34	41	45	43
133	4	7	15	18	23	26	13
134	3	12	20	23	31	35	43
135	6	14	22	28	35	39	16
136	2	16	30	36	41	42	11
137	7	9	20	25	36	39	15
138	10	11	27	28	37	39	19
139	9	11	15	20	28	43	13
140	3	13	17	18	19	28	8
141	8	12	29	31	42	43	2
142	12	16	30	34	40	44	19
143	26	27	28	42	43	45	8
144	4	15	17	26	36	37	43
145	2	3	13	20	27	44	9
146	2	19	27	35	41	42	25
147	4	6	13	21	40	42	36
148	21	25	33	34	35	36	17
149	2	11	21	34	41	42	27
150	2	18	25	28	37	39	16
151	1	2	10	13	18	19	15
152	1	5	13	26	29	34	43
153	3	8	11	12	13	36	33
154	6	19	21	35	40	45	20
155	16	19	20	32	33	41	4
156	5	18	28	30	42	45	2
157	19	26	30	33	35	39	37
158	4	9	13	18	21	34	7
159	1	18	30	41	42	43	32
160	3	7	8	34	39	41	1
161	22	34	36	40	42	45	44
162	1	5	21	25	38	41	24
163	7	11	26	28	29	44	16
164	6	9	10	11	39	41	27
165	5	13	18	19	22	42	31
166	9	12	27	36	39	45	14
167	24	27	28	30	36	39	4
168	3	10	31	40	42	43	30
169	16	27	35	37	43	45	19
170	2	11	13	15	31	42	10
171	4	16	25	29	34	35	1
172	4	19	21	24	26	41	35
173	3	9	24	30	33	34	18
174	13	14	18	22	35	39	16
175	19	26	28	31	33	36	17
176	4	17	30	32	33	34	15
177	1	10	13	16	37	43	6
178	1	5	11	12	18	23	9
179	5	9	17	25	39	43	32
180	2	15	20	21	29	34	22

181	14	21	23	32	40	45	44
182	13	15	27	29	34	40	35
183	2	18	24	34	40	42	5
184	1	2	6	16	20	33	41
185	1	2	4	8	19	38	14
186	4	10	14	19	21	45	9
187	1	2	8	18	29	38	42
188	19	24	27	30	31	34	36
189	8	14	32	35	37	45	28
190	8	14	18	30	31	44	15
191	5	6	24	25	32	37	8
192	4	8	11	18	37	45	33
193	6	14	18	26	36	39	13
194	15	20	23	26	39	44	28
195	7	10	19	22	35	40	31
196	35	36	37	41	44	45	30
197	7	12	16	34	42	45	4
198	12	19	20	25	41	45	2
199	14	21	22	25	30	36	43
200	5	6	13	14	17	20	7
201	3	11	24	38	39	44	26
202	12	24	27	33	39	44	17
203	1	3	11	24	30	32	7
204	3	12	14	35	40	45	5
205	1	3	21	29	35	37	30
206	1	2	3	15	20	25	43
207	3	11	14	31	32	37	38
208	14	25	31	34	40	44	24
209	2	7	18	20	24	33	37
210	10	19	22	23	25	37	39
211	12	13	17	20	33	41	8
212	11	12	18	21	31	38	8
213	2	3	4	5	20	24	42
214	5	7	20	25	28	37	32
215	2	3	7	15	43	44	4
216	7	16	17	33	36	40	1
217	16	20	27	33	35	39	38
218	1	8	14	18	29	44	20
219	4	11	20	26	35	37	16
220	5	11	19	21	34	43	31
221	2	20	33	35	37	40	10
222	5	7	28	29	39	43	44
223	1	3	18	20	26	27	38
224	4	19	26	27	30	42	7
225	5	11	13	19	31	36	7
226	2	6	8	14	21	22	34
227	4	5	15	16	22	42	2
228	17	25	35	36	39	44	23
229	4	5	9	11	23	38	35
230	5	11	14	29	32	33	12
231	5	10	19	31	44	45	27
232	8	9	10	12	24	44	35
233	4	6	13	17	28	40	39
234	13	21	22	24	26	37	4
235	21	22	26	27	31	37	8
236	1	4	8	13	37	39	7
237	1	11	17	21	24	44	33
238	2	4	15	28	31	34	35
239	11	15	24	39	41	44	7
240	6	10	16	40	41	43	21

241	2	16	24	27	28	35	21
242	4	19	20	21	32	34	43
243	2	12	17	19	28	42	34
244	13	16	25	36	37	38	19
245	9	11	27	31	32	38	22
246	13	18	21	23	26	39	15
247	12	15	28	36	39	40	13
248	3	8	17	23	38	45	13
249	3	8	27	31	41	44	11
250	19	23	30	37	43	45	38
251	6	7	19	25	28	38	45
252	14	23	26	31	39	45	28
253	8	19	25	31	34	36	33
254	1	5	19	20	24	30	27
255	1	5	6	24	27	42	32
256	4	11	14	21	23	43	32
257	6	13	27	31	32	37	4
258	14	27	30	31	38	40	17
259	4	5	14	35	42	45	34
260	7	12	15	24	37	40	43
261	6	11	16	18	31	43	2
262	9	12	24	25	29	31	36
263	1	27	28	32	37	40	18
264	9	16	27	36	41	44	5
265	5	9	34	37	38	39	12
266	3	4	9	11	22	42	37
267	7	8	24	34	36	41	1
268	3	10	19	24	32	45	12
269	5	18	20	36	42	43	32
270	5	9	12	20	21	26	27
271	3	8	9	27	29	40	36
272	7	9	12	27	39	43	28
273	1	8	24	31	34	44	6
274	13	14	15	26	35	39	25
275	14	19	20	35	38	40	26
276	4	15	21	33	39	41	25
277	10	12	13	15	25	29	20
278	3	11	37	39	41	43	13
279	7	16	31	36	37	38	11
280	10	11	23	24	36	37	35
281	1	3	4	6	14	41	12
282	2	5	10	18	31	32	30
283	6	8	18	31	38	45	42
284	2	7	15	24	30	45	28
285	13	33	37	40	41	45	2
286	1	15	19	40	42	44	17
287	6	12	24	27	35	37	41
288	1	12	17	28	35	41	10
289	3	14	33	37	38	42	10
290	8	13	18	32	39	45	7
291	3	7	8	18	20	42	45
292	17	18	31	32	33	34	10
293	1	9	17	21	29	33	24
294	6	10	17	30	37	38	40
295	1	4	12	16	18	38	8
296	3	8	15	27	30	45	44
297	6	11	19	20	28	32	34
298	5	9	27	29	37	40	19
299	1	3	20	25	36	45	24
300	7	9	10	12	26	38	39

301	7	11	13	33	37	43	26
302	13	19	20	32	38	42	4
303	2	14	17	30	38	45	43
304	4	10	16	26	33	41	38
305	7	8	18	21	23	39	9
306	4	18	23	30	34	41	19
307	5	15	21	23	25	45	12
308	14	15	17	19	37	45	40
309	1	2	5	11	18	36	22
310	1	5	19	28	34	41	16
311	4	12	24	27	28	32	10
312	2	3	5	6	12	20	25
313	9	17	34	35	43	45	2
314	15	17	19	34	38	41	2
315	1	13	33	35	43	45	23
316	10	11	21	27	31	39	43
317	3	10	11	22	36	39	8
318	2	17	19	20	34	45	21
319	5	8	22	28	33	42	37
320	16	19	23	25	41	45	3
321	12	18	20	21	25	34	42
322	9	18	29	32	38	43	20
323	10	14	15	32	36	42	3
324	2	4	21	25	33	36	17
325	7	17	20	32	44	45	33
326	16	23	25	33	36	39	40
327	6	12	13	17	32	44	24
328	1	6	9	16	17	28	24
329	9	17	19	30	35	42	4
330	3	4	16	17	19	20	23
331	4	9	14	26	31	44	39
332	16	17	34	36	42	45	3
333	5	14	27	30	39	43	35
334	13	15	21	29	39	43	33
335	5	9	16	23	26	45	21
336	3	5	20	34	35	44	16
337	1	5	14	18	32	37	4
338	2	13	34	38	42	45	16
339	6	8	14	21	30	37	45
340	18	24	26	29	34	38	32
341	1	8	19	34	39	43	41
342	1	13	14	33	34	43	25
343	1	10	17	29	31	43	15
344	1	2	15	28	34	45	38
345	15	20	23	29	39	42	2
346	5	13	14	22	44	45	33
347	3	8	13	27	32	42	10
348	3	14	17	20	24	31	34
349	5	13	14	20	24	25	36
350	1	8	18	24	29	33	35
351	5	25	27	29	34	36	33
352	5	16	17	20	26	41	24
353	11	16	19	22	29	36	26
354	14	19	36	43	44	45	1
355	5	8	29	30	35	44	38
356	2	8	14	25	29	45	24
357	10	14	18	21	36	37	5
358	1	9	10	12	21	40	37
359	1	10	19	20	24	40	23
360	4	16	23	25	35	40	27

3.2. 역대 로또 당첨번호(481~780회차)에 나타나는 조합(23, 28)과 조합 (7, 41)의 동행

★ A에서 Q에 나타나는 조합(23, 28)과 조합(7, 41)의 동행

A부터 Q에서 적색으로 표시된 조합(23, 28)을 a로 가정하고 녹색으로 표시한 조합(7, 41)을 b라고 가정할 경우 두 수 조합의 동행이 b→a→a→b→a→b→b→a→b→a→a→b→b→a→a→b의 형태를 보인다.

즉, A는 B와 짝을 이루고 C는 D와 짝을 이루며, F와 G, H와 I, J와 K, L과 M, N과 O, P와 Q가 짝을 이루고 있다.

그런데 한 가지 주목할 것은 E에 나타난 조합(7, 41)은 짝을 이루는 형태를 찾기가 어렵다는 것이다. 이것은 불가 현상으로 보아야 한다.

〈표 2-3-2〉

421	6	11	26	27	28	44	30
422	8	15	19	21	34	44	12
423	1	17	27	28	29	40	5
424	10	11	26	31	34	44	30
425	8	10	14	27	33	38	3
426	4	17	18	27	39	43	19
427	6	7	15	24	28	30	21
428	12	16	19	22	37	40	8
429	3	23	28	34	39	42	16
430	1	3	16	18	30	34	44
431	18	22	25	31	38	45	6
432	2	3	5	11	27	39	33
433	19	23	29	33	35	43	27
434	3	13	20	24	33	37	35
435	8	16	26	30	38	45	42
436	9	14	20	22	33	34	28
437	11	16	29	38	41	44	21
438	6	12	20	26	29	38	45
439	17	20	30	31	37	40	25
440	10	22	28	34	36	44	2
441	1	23	28	30	34	35	9
442	25	27	29	36	38	40	41
443	4	6	10	19	20	44	14
444	11	13	23	35	43	45	17
445	13	20	21	30	39	45	32
446	1	11	12	14	26	35	6
447	2	7	8	9	17	33	34
448	3	7	13	27	40	41	36
449	3	10	20	26	35	43	36
450	6	14	19	21	23	31	13
451	12	15	20	24	30	38	29
452	8	10	18	30	32	34	27
453	12	24	33	38	40	42	30
454	13	25	27	34	38	41	10
455	4	19	20	26	30	35	24
456	1	7	12	18	23	27	44
457	8	10	18	23	27	40	33
458	4	9	10	32	36	40	18
459	4	6	10	14	25	40	12
460	8	11	28	30	43	45	41
461	11	18	26	31	37	40	43
462	3	20	24	32	37	45	4
463	23	29	31	33	34	44	40
464	6	12	15	34	42	44	4
465	1	8	11	13	22	38	31
466	4	10	13	23	32	44	20
467	2	12	14	17	24	40	39
468	8	13	15	28	37	43	17
469	4	21	22	34	37	38	33
470	10	16	20	39	41	42	27
471	6	13	29	37	39	41	43
472	16	25	26	31	36	43	44
473	8	13	20	22	23	36	34
474	4	13	18	31	33	45	43
475	1	9	14	16	21	29	3
476	9	12	13	15	37	38	27
477	14	25	29	32	33	45	37
478	18	29	30	37	39	43	8
479	8	23	25	27	35	44	24
480	3	5	10	17	30	31	16

481	3	4	23	29	40	41	20
482	1	10	16	24	25	35	43
483	12	15	19	22	28	34	5
484	1	3	27	28	32	45	11
485	17	22	26	27	36	39	20
486	1	2	23	25	38	40	43
487	4	8	25	27	37	41	21
488	2	8	17	30	31	38	25
489	2	4	8	15	20	27	11
490	2	7	26	29	40	43	42
491	8	17	35	36	39	42	4
492	22	27	31	35	37	40	42
493	20	22	26	33	36	37	25
494	5	7	8	15	30	43	22
495	4	13	22	27	34	44	6
496	4	13	20	29	36	41	39
497	19	20	23	24	43	44	13
498	13	14	24	32	39	41	3
499	5	20	23	27	35	40	43
500	3	4	12	20	24	34	41
501	1	4	10	17	31	42	2
502	6	22	28	32	34	40	26
503	1	5	27	30	34	36	40
504	6	14	22	26	43	44	31
505	7	20	22	25	38	40	44
506	6	9	11	22	24	30	31
507	12	13	32	33	40	41	4
508	5	27	31	34	35	43	37
509	12	25	29	35	42	43	24
510	12	29	32	33	39	40	42
511	3	7	14	23	26	42	24
512	4	5	9	13	26	27	1
513	5	8	21	23	27	33	12
514	1	15	20	26	35	42	9
515	2	11	12	15	23	37	8
516	2	8	23	41	43	44	30
517	1	9	12	28	36	41	10
518	14	23	30	32	34	38	6
519	6	8	13	16	30	43	3
520	4	22	27	28	38	40	1
521	3	7	18	29	32	36	19
522	4	5	13	14	37	41	11
523	1	4	37	38	40	45	7
524	10	11	29	38	41	45	21
525	11	23	26	29	39	44	22
526	7	14	17	20	35	39	31
527	1	12	22	32	33	42	38
528	5	17	25	31	39	40	10
529	18	20	24	27	31	42	39
530	16	23	27	29	33	41	22
531	1	5	9	21	27	35	45
532	16	17	23	24	29	44	3
533	9	14	15	17	31	33	23
534	10	24	26	29	37	38	32
535	11	12	14	15	18	39	34
536	7	8	18	32	37	43	12
537	12	23	26	30	36	43	11
538	6	10	18	31	32	34	11
539	3	19	22	31	42	43	26
540	3	12	13	15	34	36	14

541	8	13	26	28	32	34	43
542	5	6	19	26	41	45	34
543	13	18	26	31	34	44	12
544	5	17	21	25	36	44	10
545	4	24	25	27	34	35	2
546	8	17	20	27	37	43	6
547	6	7	15	22	34	39	28
548	1	12	13	21	32	45	14
549	29	31	35	38	40	44	17
550	1	7	14	20	34	37	41
551	3	6	20	24	27	44	25
552	1	10	20	32	35	40	43
553	2	7	17	28	29	39	37
554	13	14	17	32	41	42	6
555	11	17	21	24	26	36	12
556	12	20	23	28	30	44	43
557	4	20	26	28	35	40	31
558	12	15	19	26	40	43	29
559	11	12	25	32	44	45	23
560	1	4	20	23	29	45	28
561	5	7	18	37	42	45	20
562	4	11	13	17	20	31	33
563	5	10	16	17	31	32	21
564	14	19	25	26	27	34	2
565	4	10	18	27	40	45	38
566	4	5	6	25	26	43	41
567	1	10	15	16	32	41	28
568	1	3	17	20	31	44	40
569	3	6	13	23	24	35	1
570	1	12	26	27	29	33	42
571	11	18	21	26	38	43	29
572	3	13	18	33	37	45	1
573	2	4	20	34	35	43	14
574	14	15	16	19	25	43	2
575	2	8	20	30	33	34	6
576	10	11	15	25	35	41	13
577	16	17	22	31	34	37	33
578	5	12	14	32	34	42	16
579	5	7	20	22	37	42	39
580	5	7	9	11	32	35	33
581	3	5	14	20	42	44	33
582	2	12	14	33	40	41	25
583	8	17	27	33	40	44	24
584	7	18	30	39	40	41	36
585	6	7	10	16	38	41	4
586	2	7	12	15	21	34	5
587	14	21	29	31	32	37	17
588	2	8	15	22	25	41	30
589	6	8	28	33	38	39	22
590	20	30	36	38	41	45	23
591	8	13	14	30	38	39	[illegible]
592	2	5	6	13	28	44	43
593	9	10	13	24	33	38	28
594	2	8	13	25	28	37	3
595	8	24	28	35	38	40	5
596	3	4	12	14	25	43	17
597	8	10	23	24	35	43	37
598	4	12	24	33	38	45	22
599	5	12	17	29	34	35	27
600	5	11	14	27	29	36	44

601	2	16	19	31	34	35	37
602	13	14	22	27	30	38	2
603	2	19	25	26	27	43	28
604	2	6	18	21	33	34	30
605	1	2	7	9	10	38	42
606	1	5	6	14	20	39	22
607	8	14	23	36	38	39	13
608	4	8	18	19	39	44	41
609	4	8	27	34	39	40	13
610	14	18	20	23	28	36	33
611	2	22	27	33	36	37	14
612	6	9	18	19	25	33	40
613	7	8	11	16	41	44	35
614	8	21	25	39	40	44	18
615	10	17	18	19	23	27	35
616	5	13	18	23	40	45	3
617	4	5	11	12	24	27	28
618	8	16	25	30	42	43	15
619	6	8	13	30	35	40	21
620	2	16	17	32	39	45	40
621	1	2	6	16	19	42	9
622	9	15	16	21	28	34	24
623	7	13	30	39	41	45	25
624	1	7	19	26	27	35	16
625	3	6	7	20	21	39	13
626	13	14	26	33	40	43	15
627	2	9	22	25	31	45	12
628	1	7	12	15	23	42	11
629	19	28	31	38	43	44	1
630	8	17	21	24	27	31	15
631	1	2	4	23	31	34	8
632	15	18	21	32	35	44	6
633	9	12	19	20	39	41	13
634	4	10	11	12	20	27	38
635	11	13	25	26	29	33	32
636	6	7	15	16	20	31	26
637	3	16	22	37	38	44	23
638	7	18	22	24	31	34	6
639	6	15	22	23	25	32	40
640	14	15	18	21	26	35	23
641	11	18	21	36	37	43	12
642	8	17	18	24	39	45	32
643	15	24	31	32	33	40	13
644	5	13	17	23	28	36	8
645	1	4	16	26	40	41	31
646	2	9	24	41	43	45	30
647	5	16	21	23	24	30	29
648	13	19	28	37	38	43	4
649	3	21	22	33	41	42	20
650	3	4	7	11	31	41	35
651	11	12	16	26	29	44	18
652	3	13	15	40	41	44	20
653	5	6	26	27	38	39	1
654	16	21	26	31	36	43	6
655	7	37	38	39	40	44	18
656	3	7	14	16	31	40	39
657	10	14	19	39	40	43	23
658	8	19	25	28	32	36	37
659	7	18	19	27	29	42	45
660	4	9	23	33	39	44	14

661	2	3	12	20	27	38	40
662	5	6	9	11	15	37	26
663	3	5	8	19	38	42	20
664	10	20	33	36	41	44	5
665	5	6	11	17	38	44	13
666	2	4	6	11	17	28	16
667	15	17	25	37	42	43	13
668	12	14	15	24	27	32	3
669	7	8	20	29	33	38	9
670	11	18	26	27	40	41	25
671	7	9	10	13	31	35	24
672	8	21	28	31	36	45	43
673	7	10	17	29	33	44	5
674	9	10	14	25	27	31	11
675	1	8	11	15	18	45	7
676	1	8	17	34	39	45	27
677	12	15	24	36	41	44	42
678	4	5	6	12	25	37	45
679	3	5	7	14	26	34	35
680	4	10	19	29	32	42	30
681	21	24	27	29	43	44	7
682	17	23	27	35	38	43	2
683	6	13	20	27	28	40	15
684	1	11	15	17	25	39	40
685	6	7	12	28	38	40	18
686	7	12	15	24	25	43	13
687	1	8	10	13	28	42	45
688	5	15	22	23	34	35	2
689	7	17	19	30	36	38	34
690	24	25	33	34	38	39	43
691	15	27	33	35	43	45	16
692	3	11	14	15	32	36	44
693	1	6	11	28	34	42	30
694	7	15	20	25	33	43	12
695	4	18	26	33	34	38	14
696	1	7	16	18	34	38	21
697	2	5	8	11	33	39	31
698	3	11	13	21	33	37	18
699	4	5	8	16	21	29	3
700	11	23	28	29	30	44	13
701	3	10	14	16	36	38	35
702	3	13	16	24	26	29	9
703	10	28	31	33	41	44	21
704	1	4	8	23	33	42	45
705	1	6	17	22	28	45	23
706	3	4	6	10	28	30	37
707	2	12	19	24	39	44	35
708	2	10	16	19	34	45	1
709	10	18	30	36	39	44	32
710	3	4	6	24	25	33	10
711	11	15	24	35	37	45	42
712	17	20	30	31	33	45	19
713	2	5	15	18	19	23	44
714	1	7	22	33	37	40	20
715	2	7	27	33	41	44	10
716	2	6	13	16	29	30	21
717	2	11	19	25	28	32	44
718	4	11	20	23	32	39	40
719	4	8	13	19	20	43	26
720	1	12	29	34	36	37	41

721	1	28	35	41	43	44	31
722	12	14	21	30	39	43	45
723	20	30	33	35	36	44	22
724	2	8	33	35	37	41	14
725	6	7	19	21	41	43	38
726	1	11	21	23	34	44	24
727	7	8	10	19	21	31	20
728	3	6	10	30	34	37	36
729	11	17	21	26	36	45	16
730	4	10	14	15	18	22	39
731	2	7	13	25	42	45	39
732	2	4	5	17	27	32	43
733	11	24	32	33	35	40	13
734	6	16	37	38	41	45	18
735	5	10	13	27	37	41	44
736	2	11	17	18	21	27	6
737	13	15	18	24	27	41	11
738	23	27	28	38	42	43	36
739	7	22	29	33	34	35	30
740	4	8	9	16	17	19	31
741	5	21	27	34	44	45	16
742	8	10	13	36	37	40	6
743	15	19	21	34	41	44	10
744	10	15	18	21	34	41	43
745	1	2	3	9	12	23	10
746	3	12	33	36	42	45	25
747	7	9	12	14	23	28	17
748	3	10	13	22	31	32	29
749	12	14	24	26	34	45	41
750	1	2	15	19	24	36	12
751	3	4	16	20	28	44	17
752	4	16	20	33	40	43	7
753	2	17	19	24	37	41	3
754	2	8	17	24	29	31	32
755	13	14	26	28	30	36	37
756	10	14	16	18	27	28	4
757	6	7	11	17	33	44	1
758	5	9	12	30	39	43	24
759	9	33	36	40	42	43	32
760	10	22	27	31	42	43	12
761	4	7	11	24	42	45	30
762	1	3	12	21	26	41	16
763	3	8	16	32	34	43	10
764	7	22	24	31	34	36	15
765	1	3	8	12	42	43	33
766	9	30	34	35	39	41	21
767	5	15	20	31	34	42	22
768	7	27	29	30	38	44	4
769	5	7	11	16	41	45	4
770	1	9	12	23	39	43	34
771	6	10	17	18	21	29	30
772	5	6	11	14	21	41	32
773	8	12	19	21	31	35	44
774	12	15	18	28	34	42	9
775	11	12	29	33	38	42	17
776	8	9	18	21	28	40	20
777	6	12	17	21	34	37	18
778	6	21	35	36	37	41	11
779	6	12	19	24	34	41	4
780	15	17	19	21	27	45	16

조합 23,28 - 7,41

1	10	23	29	33	37	40	16	61	14	15	19	30	38	43	8	121	12	28	30	34	38	43	9	181	14	21	23	32	40	45	44	241	2	16	24	27	28	35	21	301	7	11	13	33	37	43	26	361	5
2	9	13	21	25	32	42	2	62	3	8	15	27	29	35	21	122	1	11	16	17	36	40	8	182	13	15	27	29	34	40	35	242	4	19	20	21	32	34	43	302	13	19	20	32	38	42	4	362	2
3	11	16	19	21	27	31	30	63	3	20	23	36	38	40	5	123	7	17	18	28	30	45	27	183	2	18	24	34	40	42	5	243	2	12	17	19	28	42	34	303	2	14	17	30	38	45	43	363	11
4	14	27	30	31	40	42	2	64	14	15	18	21	26	36	39	124	4	16	23	25	29	42	1	184	1	2	6	16	20	33	41	244	13	16	25	36	37	38	19	304	4	10	16	26	33	41	38	364	2
5	16	24	29	40	41	42	3	65	4	25	33	36	40	43	39	125	2	8	32	33	35	36	18	185	1	2	4	8	19	38	14	245	9	11	27	31	32	38	22	305	7	8	18	21	23	39	9	365	5
6	14	15	26	27	40	42	34	66	2	3	7	17	22	24	45	126	7	20	22	27	40	43	1	186	4	10	14	19	21	45	9	246	13	18	21	23	26	39	15	306	4	18	23	30	34	41	19	366	5
7	2	9	16	25	26	40	42	67	3	7	10	15	36	38	33	127	3	5	10	29	32	43	35	187	1	2	8	18	29	38	42	247	12	15	28	36	39	40	13	307	5	15	21	23	25	45	12	367	3
8	8	19	25	34	37	39	9	68	10	12	15	16	26	39	38	128	12	30	34	36	37	45	39	188	19	24	27	30	31	34	36	248	3	8	17	23	38	45	13	308	14	15	17	19	37	45	40	368	11
9	2	4	16	17	36	39	14	69	5	8	14	15	19	39	35	129	19	23	25	28	38	42	17	189	8	14	32	35	37	45	28	249	3	8	27	31	41	44	11	309	1	2	5	11	18	36	22	369	17
10	9	25	30	33	41	44	6	70	5	19	22	25	28	43	26	130	7	19	24	27	42	45	31	190	8	14	18	30	31	44	15	250	19	23	30	37	43	45	38	310	1	5	19	28	34	41	16	370	16
11	1	7	36	37	41	42	14	71	5	9	12	16	29	41	21	131	8	10	11	14	15	21	37	191	5	6	24	25	32	37	8	251	6	7	19	25	28	38	45	311	4	12	24	27	28	32	10	371	7
12	2	11	21	25	39	45	44	72	2	4	11	17	26	27	1	132	3	17	23	34	41	45	43	192	4	8	11	18	37	45	33	252	14	23	26	31	39	45	28	312	2	3	5	6	12	20	25	372	8
13	22	23	25	37	38	42	26	73	3	12	18	32	40	43	38	133	4	7	15	18	23	26	13	193	6	14	18	26	36	39	13	253	8	19	25	31	34	36	33	313	9	17	34	35	43	45	2	373	15
14	2	6	12	31	33	40	15	74	6	15	17	18	35	40	23	134	3	12	20	23	31	35	43	194	15	20	23	26	39	44	28	254	1	5	19	20	24	30	27	314	15	17	19	34	38	41	2	374	11
15	3	4	16	30	31	37	13	75	2	5	24	32	34	44	28	135	6	14	22	28	35	39	16	195	7	10	19	22	35	40	31	255	1	5	6	24	27	42	32	315	1	13	33	35	43	45	23	375	4
16	6	7	24	37	38	40	33	76	1	3	15	22	25	37	43	136	2	16	30	36	41	42	11	196	35	36	37	41	44	45	30	256	4	11	14	21	23	43	32	316	10	11	21	27	31	39	43	376	1
17	3	4	9	17	32	37	1	77	2	18	29	32	43	44	37	137	7	9	20	25	36	39	15	197	7	12	16	34	42	45	4	257	6	13	27	31	32	37	4	317	3	10	11	22	36	39	8	377	6
18	3	12	13	19	32	35	29	78	10	13	25	29	33	35	38	138	10	11	27	28	37	39	19	198	12	19	20	25	41	45	2	258	14	27	30	31	38	40	17	318	2	17	19	20	34	45	21	378	5
19	6	30	38	39	40	43	26	79	3	12	24	27	30	32	14	139	9	11	15	20	28	43	13	199	14	21	22	25	30	36	43	259	4	5	14	35	42	45	34	319	5	8	22	28	33	42	37	379	6
20	10	14	18	20	23	30	41	80	17	18	24	25	26	30	1	140	3	13	17	18	19	28	8	200	5	6	13	14	17	20	7	260	7	12	15	24	37	40	43	320	16	19	23	25	41	45	3	380	1
21	6	12	17	18	31	32	21	81	5	7	11	13	20	33	6	141	8	12	29	31	42	43	2	201	3	11	24	38	39	44	26	261	6	11	16	18	31	43	2	321	12	18	20	21	25	34	42	381	1
22	4	5	6	8	17	39	25	82	1	2	3	14	27	42	39	142	12	16	30	34	40	44	19	202	12	24	27	33	39	44	17	262	9	12	24	25	29	31	36	322	9	18	29	32	38	43	20	382	10
23	5	13	17	18	33	42	44	83	6	10	15	17	19	34	14	143	26	27	28	42	43	45	8	203	1	3	11	24	30	32	7	263	1	27	28	32	37	40	18	323	10	14	15	32	36	42	3	383	4
24	7	8	27	29	36	43	6	84	16	23	27	34	42	45	11	144	4	15	17	26	36	37	43	204	3	12	14	35	40	45	5	264	9	16	27	36	41	44	5	324	2	4	21	25	33	36	17	384	11
25	2	4	21	26	43	44	16	85	6	8	13	23	31	36	21	145	2	3	13	20	27	44	9	205	1	3	21	29	35	37	30	265	5	9	34	37	38	39	12	325	7	17	20	32	44	45	33	385	7
26	4	5	7	18	20	25	31	86	2	12	37	39	41	45	33	146	2	19	27	35	41	42	25	206	1	2	3	15	20	25	43	266	3	4	9	11	22	42	37	326	16	23	25	33	36	39	40	386	4
27	1	20	26	28	37	43	27	87	4	12	16	23	34	43	26	147	4	6	13	21	40	42	36	207	3	11	14	31	32	37	38	267	7	8	24	34	36	41	1	327	6	12	13	17	32	44	24	387	1
28	9	18	23	25	35	37	1	88	1	17	20	24	30	41	27	148	21	25	33	34	35	36	17	208	14	25	31	34	40	44	24	268	3	10	19	24	32	45	12	328	1	6	9	16	17	28	24	388	1
29	1	5	13	34	39	40	11	89	4	26	28	29	33	40	37	149	2	11	21	34	41	42	27	209	2	7	18	20	24	33	37	269	5	18	20	36	42	43	32	329	9	17	19	30	35	42	4	389	7
30	8	17	20	35	36	44	4	90	17	20	29	35	38	44	10	150	2	18	25	28	37	39	16	210	10	19	22	23	25	37	39	270	5	9	12	20	21	26	27	330	3	4	16	17	19	20	23	390	16
31	7	9	18	23	28	35	32	91	1	21	24	26	29	42	27	151	1	2	10	13	18	19	15	211	12	13	17	20	33	41	8	271	3	8	9	27	29	40	36	331	4	9	14	26	31	44	39	391	10
32	6	14	19	25	34	44	11	92	3	14	24	33	35	36	17	152	1	5	13	26	29	34	43	212	11	12	18	21	31	38	8	272	7	9	12	27	39	43	28	332	16	17	34	36	42	45	3	392	1
33	4	7	32	33	40	41	9	93	6	22	24	36	38	44	19	153	3	8	11	12	13	36	33	213	2	3	4	5	20	24	42	273	1	8	24	31	34	44	6	333	5	14	27	30	39	43	35	393	9
34	9	26	35	37	40	42	2	94	5	32	34	40	41	45	6	154	6	19	21	35	40	45	20	214	5	7	20	25	28	37	32	274	13	14	15	26	35	39	25	334	13	15	21	29	39	43	33	394	1
35	2	3	11	26	37	43	39	95	8	17	27	31	34	43	14	155	16	19	20	32	33	41	4	215	2	3	7	15	43	44	4	275	14	19	20	35	38	40	26	335	5	9	16	23	26	45	21	395	11
36	1	10	23	26	28	40	31	96	1	3	8	21	22	31	20	156	5	18	28	30	42	45	2	216	7	16	17	33	36	40	1	276	4	15	21	33	39	41	25	336	3	5	20	34	35	44	16	396	18
37	7	27	30	33	35	37	42	97	6	7	14	15	20	36	3	157	19	26	30	33	35	39	37	217	16	20	27	33	35	39	38	277	10	12	13	15	25	29	20	337	1	5	14	18	32	37	4	397	12
38	16	17	22	30	37	43	36	98	6	9	16	23	24	32	43	158	4	9	13	18	21	34	7	218	1	8	14	18	29	44	20	278	3	11	37	39	41	43	13	338	2	13	34	38	42	45	16	398	10
39	6	7	13	15	21	43	8	99	1	3	10	27	29	37	11	159	1	18	30	41	42	43	32	219	4	11	20	26	35	37	16	279	7	16	31	36	37	38	11	339	6	8	14	21	30	37	45	399	1
40	7	13	18	19	25	26	6	100	1	7	11	23	37	42	6	160	3	7	8	34	39	41	1	220	5	11	19	21	34	43	31	280	10	11	23	24	36	37	35	340	18	24	26	29	34	38	32	400	9
41	13	20	23	35	38	43	34	101	1	3	17	32	35	45	8	161	22	34	36	40	42	45	44	221	2	20	33	35	37	40	10	281	1	3	4	6	14	41	12	341	1	8	19	34	39	43	41	401	6
42	17	18	19	21	23	32	1	102	17	22	24	26	35	40	42	162	1	5	21	25	38	41	24	222	5	7	28	29	39	43	44	282	2	5	10	18	31	32	30	342	1	13	14	33	34	43	25	402	5
43	6	31	35	38	39	44	1	103	5	14	15	27	30	45	10	163	7	11	26	28	29	44	16	223	1	3	18	20	26	27	38	283	6	8	18	31	38	45	42	343	1	10	17	29	31	43	15	403	10
44	3	11	21	30	38	45	39	104	17	32	33	34	42	44	35	164	6	9	10	11	39	41	27	224	4	19	26	27	30	42	7	284	2	7	15	24	30	45	28	344	1	2	15	28	34	45	38	404	5
45	1	10	20	27	33	35	17	105	8	10	20	34	41	45	28	165	5	13	18	19	22	42	31	225	5	11	13	19	31	36	7	285	13	33	37	40	41	45	2	345	15	20	23	29	39	42	2	405	1
46	8	13	15	23	31	38	39	106	4	10	12	22	24	33	29	166	9	12	27	36	39	45	14	226	2	6	8	14	21	22	34	286	1	15	19	40	42	44	17	346	5	13	14	22	44	45	33	406	7
47	14	17	26	31	36	45	27	107	1	4	5	6	9	31	17	167	24	27	28	30	36	39	4	227	4	5	15	16	22	42	2	287	6	12	24	27	35	37	41	347	3	8	13	27	32	42	10	407	6
48	6	10	18	26	37	38	3	108	7	18	22	23	29	44	12	168	3	10	31	40	42	43	30	228	17	25	35	36	39	44	23	288	1	12	17	28	35	41	10	348	3	14	17	20	24	31	34	408	9
49	4	7	16	19	33	40	30	109	1	5	34	36	42	44	33	169	16	27	35	37	43	45	19	229	4	5	9	11	23	38	35	289	3	14	33	37	38	42	10	349	5	13	14	20	24	25	36	409	6
50	2	10	12	15	22	44	1	110	7	20	22	23	29	43	1	170	2	11	13	15	31	42	10	230	5	11	14	29	32	33	12	290	8	13	18	32	39	45	7	350	1	8	18	24	29	33	35	410	1
51	2	3	11	16	26	44	35	111	7	18	31	33	36	40	27	171	4	16	25	29	34	35	1	231	5	10	19	31	44	45	27	291	3	7	8	18	20	42	45	351	5	25	27	29	34	36	33	411	11
52	2	4	15	16	20	29	1	112	26	29	30	33	41	42	43	172	4	19	21	24	26	41	35	232	8	9	10	12	24	44	35	292	17	18	31	32	33	34	10	352	5	16	17	20	26	41	24	412	4
53	7	8	14	32	33	39	42	113	4	9	28	33	36	45	26	173	3	9	24	30	33	34	18	233	4	6	13	17	28	40	39	293	1	9	17	21	29	33	24	353	11	16	19	22	29	36	26	413	2
54	1	8	21	27	36	39	37	114	11	14	19	26	28	41	2	174	13	14	18	22	35	39	16	234	13	21	22	24	26	37	4	294	6	10	17	30	37	38	40	354	14	19	36	43	44	45	1	414	2
55	17	21	31	37	40	44	7	115	1	2	6	9	25	28	31	175	19	26	28	31	33	36	17	235	21	22	26	27	31	37	8	295	1	4	12	16	18	38	8	355	5	8	29	30	35	44	38	415	7
56	10	14	30	31	33	37	19	116	2	4	25	31	34	37	17	176	4	17	30	32	33	34	15	236	1	4	8	13	37	39	7	296	3	8	15	27	30	45	44	356	2	8	14	25	29	45	24	416	5
57	7	10	16	25	29	44	6	117	5	10	22	34	36	44	35	177	1	10	13	16	37	43	6	237	1	11	17	21	24	44	33	297	6	11	19	20	28	32	34	357	10	14	18	21	36	37	5	417	4
58	10	24	25	33	40	44	1	118	3	4	10	17	19	22	38	178	1	5	11	12	18	23	9	238	2	4	15	28	31	34	35	298	5	9	27	29	37	40	19	358	1	9	10	12	21	40	37	418	11
59	6	29	36	39	41	45	13	119	3	11	13	14	17	21	38	179	5	9	17	25	39	43	32	239	11	15	24	39	41	44	7	299	1	3	20	25	36	45	24	359	1	10	19	20	24	40	23	419	2
60	2	8	25	36	39	42	11	120	4	6	10	11	32	37	30	180	2	15	20	21	29	34	22	240	6	10	16	40	41	43	21	300	7	9	10	12	26	38	39	360	4	16	23	25	35	40	27	420	4

35	33	421	6	11	26	27	28	44	30	481	3	4	23	29	40	41	20	541	8	13	26	28	32	34	43	601	2	16	19	31	34	35	37	661	2	3	12	20	27	38	40	721	1	28	35	41	43	44	31
40	29	422	8	15	19	21	34	44	12	482	1	10	16	24	25	35	43	542	5	6	19	26	41	45	34	602	13	14	22	27	30	38	2	662	5	6	9	11	15	37	26	722	12	14	21	30	39	43	45
38	6	423	1	17	27	28	29	40	5	483	12	15	19	22	28	34	5	543	13	18	26	31	34	44	12	603	2	19	25	26	27	43	28	663	3	5	8	19	38	42	20	723	20	30	33	35	36	44	22
40	4	424	10	11	26	31	34	44	30	484	1	3	27	28	32	45	11	544	5	17	21	25	36	44	10	604	2	6	18	21	33	34	30	664	10	20	33	36	41	44	5	724	2	8	33	35	37	41	14
30	31	425	8	10	14	27	33	38	3	485	17	22	26	27	36	39	20	545	4	24	25	27	34	35	2	605	1	2	7	9	10	38	42	665	5	6	11	17	38	44	13	725	6	7	19	21	41	43	38
44	38	426	4	17	18	27	39	43	19	486	1	2	23	25	38	40	43	546	8	17	20	27	37	43	6	606	1	5	6	14	20	39	22	666	2	4	6	11	17	28	16	726	1	11	21	23	34	44	24
44	19	427	6	7	15	24	28	30	21	487	4	8	25	27	37	41	21	547	6	7	15	22	34	39	28	607	8	14	23	36	38	39	13	667	15	17	25	37	42	43	13	727	7	8	10	19	21	31	20
45	26	428	12	16	19	22	37	40	8	488	2	8	17	30	31	38	25	548	1	12	13	21	32	45	14	608	4	8	18	19	39	44	41	668	12	14	15	24	27	32	3	728	3	6	10	30	34	37	36
43	21	429	3	23	28	34	39	42	16	489	2	4	8	15	20	27	11	549	29	31	35	38	40	44	17	609	4	8	27	34	39	40	13	669	7	8	20	29	33	38	9	729	11	17	21	26	36	45	16
45	17	430	1	3	16	18	30	34	44	490	2	7	26	29	40	43	42	550	1	7	14	20	34	37	41	610	14	18	20	23	28	36	33	670	11	18	26	27	40	41	25	730	4	10	14	15	18	22	39
42	18	431	18	22	25	31	38	45	6	491	8	17	35	36	39	42	4	551	3	6	20	24	27	44	25	611	2	22	27	33	36	37	14	671	7	9	10	13	31	35	24	731	2	7	13	25	42	45	39
21	13	432	2	3	5	11	27	39	33	492	22	27	31	35	37	40	42	552	1	10	20	32	35	40	43	612	6	9	18	19	25	33	40	672	8	21	28	31	36	45	43	732	2	4	5	17	27	32	43
45	9	433	19	23	29	33	35	43	27	493	20	22	26	33	36	37	25	553	2	7	17	28	29	39	37	613	7	8	11	16	41	44	35	673	7	10	17	29	33	44	5	733	11	24	32	33	35	40	13
34	26	434	3	13	20	24	33	37	35	494	5	7	8	15	30	43	22	554	13	14	17	32	41	42	6	614	8	21	25	39	40	44	18	674	9	10	14	25	27	31	11	734	6	16	37	38	41	45	18
45	7	435	8	16	26	30	38	45	42	495	4	13	22	27	34	44	6	555	11	17	21	24	26	36	12	615	10	17	18	19	23	27	35	675	1	8	11	15	18	45	7	735	5	10	13	27	37	41	44
40	7	436	9	14	20	22	33	34	28	496	4	13	20	29	36	41	39	556	12	20	23	28	30	44	43	616	5	13	18	23	40	45	3	676	1	8	17	34	39	45	27	736	2	11	17	18	21	27	6
45	23	437	11	16	29	38	41	44	21	497	19	20	23	24	43	44	13	557	4	20	26	28	35	40	31	617	4	5	11	12	24	27	28	677	12	15	24	36	41	44	42	737	13	15	18	24	27	41	11
39	43	438	6	12	20	26	29	38	45	498	13	14	24	32	39	41	3	558	12	15	19	26	40	43	29	618	8	16	25	30	42	43	15	678	4	5	6	12	25	37	45	738	23	27	28	38	42	43	36
40	19	439	17	20	30	31	37	40	25	499	5	20	23	27	35	40	43	559	11	12	25	32	44	45	23	619	6	8	13	30	35	40	21	679	3	5	7	14	26	34	35	739	7	22	29	33	34	35	30
37	27	440	10	22	28	34	36	44	2	500	3	4	12	20	24	34	41	560	1	4	20	23	29	45	28	620	2	16	17	32	39	45	40	680	4	10	19	29	32	42	30	740	4	8	9	16	17	19	31
20	11	441	1	23	28	30	34	35	9	501	1	4	10	17	31	42	2	561	5	7	18	37	42	45	20	621	1	2	6	16	19	42	9	681	21	24	27	29	43	44	7	741	5	21	27	34	44	45	16
42	19	442	25	27	29	36	38	40	41	502	6	22	28	32	34	40	26	562	4	11	13	17	20	31	33	622	9	15	16	21	28	34	24	682	17	23	27	35	38	43	2	742	8	10	13	36	37	40	6
40	25	443	4	6	10	19	20	44	14	503	1	5	27	30	34	36	40	563	5	10	16	17	31	32	21	623	7	13	30	39	41	45	25	683	6	13	20	27	28	40	15	743	15	19	21	34	41	44	10
38	7	444	11	13	23	35	43	45	17	504	6	14	22	26	43	44	31	564	14	19	25	26	27	34	2	624	1	7	19	26	27	35	16	684	1	11	15	17	25	39	40	744	10	15	18	21	34	41	43
32	9	445	13	20	21	30	39	45	32	505	7	20	22	25	38	40	44	565	4	10	18	27	40	45	38	625	3	6	7	20	21	39	13	685	6	7	12	28	38	40	18	745	1	2	3	9	12	23	10
40	26	446	1	11	12	14	26	35	6	506	6	9	11	22	24	30	31	566	4	5	6	25	26	43	41	626	13	14	26	33	40	43	15	686	7	12	15	24	25	43	13	746	3	12	33	36	42	45	25
43	20	447	2	7	8	9	17	33	34	507	12	13	32	33	40	41	4	567	1	10	15	16	32	41	28	627	2	9	22	25	31	45	12	687	1	8	10	13	28	42	45	747	7	9	12	14	23	28	17
32	45	448	3	7	13	27	40	41	36	508	5	27	31	34	35	43	37	568	1	3	17	20	31	44	40	628	1	7	12	15	23	42	11	688	5	15	22	23	34	35	2	748	3	10	13	22	31	32	29
26	3	449	3	10	20	26	35	43	36	509	12	25	29	35	42	43	24	569	3	6	13	23	24	35	1	629	19	28	31	38	43	44	1	689	7	17	19	30	36	38	34	749	12	14	24	26	34	45	41
40	15	450	6	14	19	21	23	31	13	510	12	29	32	33	39	40	42	570	1	12	26	27	29	33	42	630	8	17	21	24	27	31	15	690	24	25	33	34	38	39	43	750	1	2	15	19	24	36	12
39	30	451	12	15	20	24	30	38	29	511	3	7	14	23	26	42	24	571	11	18	21	26	38	43	29	631	1	2	4	23	31	34	8	691	15	27	33	35	43	45	16	751	3	4	16	20	28	44	17
42	43	452	8	10	18	30	32	34	27	512	4	5	9	13	26	27	1	572	3	13	18	33	37	45	1	632	15	18	21	32	35	44	6	692	3	11	14	15	32	36	44	752	4	16	20	33	40	43	7
43	21	453	12	24	33	38	40	42	30	513	5	8	21	23	27	33	12	573	2	4	20	34	35	43	14	633	9	12	19	20	39	41	13	693	1	6	11	28	34	42	30	753	2	17	19	24	37	41	3
28	15	454	13	25	27	34	38	41	10	514	1	15	20	26	35	42	9	574	14	15	16	19	25	43	2	634	4	10	11	12	20	27	38	694	7	15	20	25	33	43	12	754	2	8	17	24	29	31	32
35	7	455	4	19	20	26	30	35	24	515	2	11	12	15	23	37	8	575	2	8	20	30	33	34	6	635	11	13	25	26	29	33	32	695	4	18	26	33	34	38	14	755	13	14	26	28	30	36	37
45	30	456	1	7	12	18	23	27	44	516	2	8	23	41	43	44	30	576	10	11	15	25	35	41	13	636	6	7	15	16	20	31	26	696	1	7	16	18	34	38	21	756	10	14	16	18	27	28	4
33	8	457	8	10	18	23	27	40	33	517	1	9	12	28	36	41	10	577	16	17	22	31	34	37	33	637	3	16	22	37	38	44	23	697	2	5	8	11	33	39	31	757	6	7	11	17	33	44	1
44	7	458	4	9	10	32	36	40	18	518	14	23	30	32	34	38	6	578	5	12	14	32	34	42	16	638	7	18	22	24	31	34	6	698	3	11	13	21	33	37	18	758	5	9	12	30	39	43	24
42	20	459	4	6	10	14	25	40	12	519	6	8	13	16	30	43	3	579	5	7	20	22	37	42	39	639	6	15	22	23	25	32	40	699	4	5	8	16	21	29	3	759	9	33	36	40	42	43	32
43	2	460	8	11	28	30	43	45	41	520	4	22	27	28	38	40	1	580	5	7	9	11	32	35	33	640	14	15	18	21	26	35	23	700	11	23	28	29	30	44	13	760	10	22	27	31	42	43	12
43	9	461	11	18	26	31	37	40	43	521	3	7	18	29	32	36	19	581	3	5	14	20	42	44	33	641	11	18	21	36	37	43	12	701	3	10	14	16	36	38	35	761	4	7	11	24	42	45	30
36	32	462	3	20	24	32	37	45	4	522	4	5	13	14	37	41	11	582	2	12	14	33	40	41	25	642	8	17	18	24	39	45	32	702	3	13	16	24	26	29	9	762	1	3	12	21	26	41	16
37	26	463	23	29	31	33	34	44	40	523	1	4	37	38	40	45	7	583	8	17	27	33	40	44	24	643	15	24	31	32	33	40	13	703	10	28	31	33	41	44	21	763	3	8	16	32	34	43	10
40	36	464	6	12	15	34	42	44	4	524	10	11	29	38	41	45	21	584	7	18	30	39	40	41	36	644	5	13	17	23	28	36	8	704	1	4	8	23	33	42	45	764	7	22	24	31	34	36	15
44	4	465	1	8	11	13	22	38	31	525	11	23	26	29	39	44	22	585	6	7	10	16	38	41	4	645	1	4	16	26	40	41	31	705	1	6	17	22	28	45	23	765	1	3	8	12	42	43	33
36	45	466	4	10	13	23	32	44	20	526	7	14	17	20	35	39	31	586	2	7	12	15	21	34	5	646	2	9	24	41	43	45	30	706	3	4	6	10	28	30	37	766	9	30	34	35	39	41	21
25	1	467	2	12	14	17	24	40	39	527	1	12	22	32	33	42	38	587	14	21	29	31	32	37	17	647	5	16	21	23	24	30	29	707	2	12	19	24	39	44	35	767	5	15	20	31	34	42	22
37	16	468	8	13	15	28	37	43	17	528	5	17	25	31	39	40	10	588	2	8	15	22	25	41	30	648	13	19	28	37	38	43	4	708	2	10	16	19	34	45	1	768	7	27	29	30	38	44	4
40	38	469	4	21	22	34	37	38	33	529	18	20	24	27	31	42	39	589	6	8	28	33	38	39	22	649	3	21	22	33	41	42	20	709	10	18	30	36	39	44	32	769	5	7	11	16	41	45	4
41	16	470	10	16	20	39	41	42	27	530	16	23	27	29	33	41	22	590	20	30	36	38	41	45	23	650	3	4	7	11	31	41	35	710	3	4	6	24	25	33	10	770	1	9	12	23	39	43	34
39	5	471	6	13	29	37	39	41	43	531	1	5	9	21	27	35	45	591	8	13	14	30	38	39	5	651	11	12	16	26	29	44	18	711	11	15	24	35	37	45	42	771	6	10	17	18	21	29	30
45	40	472	16	25	26	31	36	43	44	532	16	17	23	24	29	44	3	592	2	5	6	13	28	44	43	652	3	13	15	40	41	44	20	712	17	20	30	31	33	45	19	772	5	6	11	14	21	41	32
40	3	473	8	13	20	22	23	36	34	533	9	14	15	17	31	33	23	593	9	10	13	24	33	38	28	653	5	6	26	27	38	39	1	713	2	5	15	18	19	23	44	773	8	12	19	21	31	35	44
44	43	474	4	13	18	31	33	45	43	534	10	24	26	29	37	38	32	594	2	8	13	25	28	37	3	654	16	21	26	31	36	43	6	714	1	7	22	33	37	40	20	774	12	15	18	28	34	42	9
40	24	475	1	9	14	16	21	29	3	535	11	12	14	15	18	39	34	595	8	24	28	35	38	40	5	655	7	37	38	39	40	44	18	715	2	7	27	33	41	44	10	775	11	12	29	33	38	42	17
26	44	476	9	12	13	15	37	38	27	536	7	8	18	32	37	43	12	596	3	4	12	14	25	43	17	656	3	7	14	16	31	40	39	716	2	6	13	16	29	30	21	776	8	9	18	21	28	40	20
43	44	477	14	25	29	32	33	45	37	537	12	23	26	30	36	43	11	597	8	10	23	24	35	43	37	657	10	14	19	39	40	43	23	717	2	11	19	25	28	32	44	777	6	12	17	21	34	37	18
34	31	478	18	29	30	37	39	43	8	538	6	10	18	31	32	34	11	598	4	12	24	33	38	45	22	658	8	19	25	28	32	36	37	718	4	11	20	23	32	39	40	778	6	21	35	36	37	41	11
30	7	479	8	23	25	27	35	44	24	539	3	19	22	31	42	43	26	599	5	12	17	29	34	35	27	659	7	18	19	27	29	42	45	719	4	8	13	19	20	43	26	779	6	12	19	24	34	41	4
34	27	480	3	5	10	17	30	31	16	540	3	12	13	15	34	36	14	600	5	11	14	27	29	36	44	660	4	9	23	33	39	44	14	720	1	12	29	34	36	37	41	780	15	17	19	21	27	45	16

03

서로 다른 세 수 조합 간의 동행 규칙성

1. 조합(5, 15, 23)과 조합(2, 5, 23)

2. 조합(34, 35, 39)와 조합(34, 38, 39)

3. 조합(26, 27, 37)과 조합(22, 26, 27)

로또는 매주, 정해진 시간에, 기계에 의해 결정된다.
이 사실을 간과해서는 안 된다.
인간의 개입 없이 기계에서 튀어나오는 숫자들의 조합 안에서
우리는 신비로운 규칙들을 발견하게 된다.

세 수 조합은 1~45에서 14,190개 나온다. 그리고 각 수 세 개가 모이는데, 세 개가 모임으로써 두 수 조합이 세 개가 나온다. 특히 세 수 조합의 분할규칙은 필히 두 수 조합의 형태로 나타나야만 하며 각 수 1개는 성립되지 않는다. 예를 들어, (A, B), (A, C), (B, C)이어야 하며 (A, B), (C)나 (A), (B, C)는 성립되지 않는다. 한 회차에 동시에 나올 수도 있고 분할해서 나올 수도 있으며, 분할될 시에는 수가 중복될 수도 있다.

1

조합(5, 15, 23)과 조합(2, 5, 23)- 총 8회 등장

1.1. 역대 로또 당첨번호(61~420회차)에 나타나는 조합(5, 15, 23)과 조합(2, 5, 23)의 동행

★ 세 조합의 동행에 관하여

여기서는 먼저 세 조합의 동행이 무엇인지에 대해 살펴보도록 하겠다. 앞에서 서로 다른 두 수 조합이 동행하는 것에 대해 다루었는데, 이번에는 서로 다른 세 수 조합이 동행하는 것을 찾게 될 것이다.

그런데 앞서 다룬 두 수 조합 간의 동행과 차이점이 있는데, 여기서는 숫자가 겹칠 수 있다는 것이다. 가령 조합(1, 2, 3)이 조합(2, 3, 4)와 동행할 수 있다. **(이때, 2, 3이 겹치게 된다.)** 그렇기에 찾을 때 조금 더 신중을 기해야 한다.

★ '가'에서 '라'에 나타나는 조합(5, 15, 23)과 조합(2, 5, 23)

〈표 3-1-1〉에서는 조합(5, 15, 23)과 조합(2, 5, 23)이 동행하는 것을 찾을 수 있는데, 조합(5, 15, 23)은 적색으로, 조합(2, 5, 23)은 녹색으로 표시된다. 그런데 5와 23이 서로 겹치다 보니, 일부 숫자에는 적색과 녹색이 겹쳐서 표시되고 있다.

이에 맞추어 '가'를 살펴보면 A, B, C의 5가 6주 간격으로 등장해 동일하며, 이로써 A의 23, 5가 B의 15와 같이 등장한다고 볼 수 있다. 즉, 조합(5, 15, 23)이 등장하는 것이다. 그리고 이 원리에 따라 C의 2와 5를 기준점으로 하여 조합(2, 5, 23)이 등장하며 두 가지 세 수 조합이 동행하게 된다. 한편, 나머지 '나', '다', '라' 역시 챕터 1에서 다룬 원리(**규칙, 불규칙**)에 따라 조합을 이루고 두 조합이 동행하고 있음을 보여주고 있다.

그리고 '마'의 경우에는 조합(5, 15, 23)만 나타나고 조합(2, 5, 23)이 동행하지 않고 있다. 이런 예외적인 현상에도 분명한 이유가 있을 것이라고 본다. 사실상 시작은 두 수의 조합이지만, 여섯 개를 맞추기 위해서는 814만 이상의 조합이 나타날 수 있기 때문에 그에 담긴 원리나 이유는 다 알 수 없는 것이다.

〈표 3-1-1〉

61	14	15	19	30	38	43	8
62	3	8	15	27	29	35	21
63	3	20	23	36	38	40	5
64	14	15	18	21	26	36	39
65	4	25	33	36	40	43	39
66	2	3	7	17	22	24	45
67	3	7	10	15	36	38	33
68	10	12	15	16	26	39	38
69	5	8	14	15	19	39	35
70	5	19	22	25	28	43	26
71	5	9	12	16	29	41	21
72	2	4	11	17	26	27	1
73	3	12	18	32	40	43	38
74	6	15	17	18	35	40	23
75	2	5	24	32	34	44	28
76	1	3	15	22	25	37	43
77	2	18	29	32	43	44	37
78	10	13	25	29	33	35	38
79	3	12	24	27	30	32	14
80	17	18	24	25	26	30	1
81	5	7	11	13	20	33	6
82	1	2	3	14	27	42	39
83	6	10	15	17	19	34	14
84	16	23	27	34	42	45	11
85	6	8	13	23	31	36	21
86	2	12	37	39	41	45	33
87	4	12	16	23	34	43	26
88	1	17	20	24	30	41	27
89	4	26	28	29	33	40	37
90	17	20	29	35	38	44	10
91	1	21	24	26	29	42	27
92	3	14	24	33	35	36	17
93	6	22	24	36	38	44	19
94	5	32	34	40	41	45	6
95	8	17	27	31	34	43	14
96	1	3	8	21	22	31	20
97	6	7	14	15	20	36	3
98	6	9	16	23	24	32	43
99	1	3	10	27	29	37	11
100	1	7	11	23	37	42	6
101	1	3	17	32	35	45	8
102	17	22	24	26	35	40	42
103	5	14	15	27	30	45	10
104	17	32	33	34	42	44	35
105	8	10	20	34	41	45	28
106	4	10	12	22	24	33	29
107	1	4	5	6	9	31	17
108	7	18	22	23	29	44	12
109	1	5	34	36	42	44	33
110	7	20	22	23	29	43	1
111	7	18	31	33	36	40	27
112	26	29	30	33	41	42	43
113	4	9	28	33	36	45	26
114	11	14	19	26	28	41	2
115	1	2	6	9	25	28	31
116	2	4	25	31	34	37	17
117	5	10	22	34	36	44	35
118	3	4	10	17	19	22	38
119	3	11	13	14	17	21	38
120	4	6	10	11	32	37	30

121	12	28	30	34	38	43	9
122	1	11	16	17	36	40	8
123	7	17	18	28	30	45	27
124	4	16	23	25	29	42	1
125	2	8	32	33	35	36	18
126	7	20	22	27	40	43	1
127	3	5	10	29	32	43	35
128	12	30	34	36	37	45	39
129	19	23	[illegible]	28	38	42	17
130	7	19	24	27	42	45	31
131	8	10	11	14	15	21	37
132	3	17	23	34	41	45	43
133	4	7	15	18	23	26	13
134	3	12	20	23	31	35	43
135	6	14	22	28	35	39	16
136	2	16	30	36	41	42	11
137	7	9	20	25	36	39	15
138	10	11	27	28	37	39	19
139	9	11	15	20	28	43	13
140	3	13	17	18	19	28	8
141	8	12	29	31	42	43	2
142	12	16	30	34	40	44	19
143	26	27	28	42	43	45	8
144	4	15	17	26	36	37	43
145	2	3	13	20	27	44	9
146	2	19	27	35	41	42	25
147	4	6	13	21	40	42	36
148	21	25	33	34	35	36	17
149	2	11	21	34	41	42	27
150	2	18	25	28	37	39	16
151	1	2	10	13	18	19	15
152	1	5	13	26	29	34	43
153	3	8	11	12	13	36	33
154	6	19	21	35	40	45	20
155	16	19	20	32	33	41	4
156	5	18	28	30	42	45	2
157	19	26	30	33	35	39	37
158	4	9	13	18	21	34	7
159	1	18	30	41	42	43	32
160	3	7	8	34	39	41	1
161	22	34	36	40	42	45	44
162	1	5	21	25	38	41	24
163	7	11	26	28	29	44	16
164	6	9	10	11	39	41	27
165	5	13	18	19	22	42	31
166	9	12	27	36	39	45	14
167	24	27	28	30	36	39	4
168	3	10	31	40	42	[illegible]	30
169	16	27	35	37	43	45	19
170	2	11	13	15	31	42	10
171	4	16	25	29	34	35	1
172	4	19	21	24	26	41	35
173	3	9	24	30	33	34	18
174	13	14	18	22	35	39	16
175	19	26	28	31	33	36	17
176	4	17	30	32	33	34	15
177	1	10	13	16	37	43	6
178	1	5	11	12	18	23	9
179	5	9	17	25	39	43	32
180	2	15	20	21	29	34	22

181	14	21	23	32	40	45	44
182	13	15	27	29	34	40	35
183	2	18	24	34	40	42	5
184	1	2	6	16	20	33	41
185	1	2	4	8	19	38	14
186	4	10	14	19	21	45	9
187	1	2	8	18	29	38	42
188	19	24	27	30	31	34	36
189	8	14	32	35	37	45	28
190	8	14	18	30	31	44	15
191	5	6	24	25	32	37	8
192	4	8	11	18	37	45	33
193	6	14	18	26	36	39	13
194	15	20	23	26	39	44	28
195	7	10	19	22	35	40	31
196	35	36	37	41	44	45	30
197	7	12	16	34	42	45	4
198	12	19	20	25	41	45	2
199	14	21	22	25	30	36	43
200	5	6	13	14	17	20	7
201	3	11	24	38	39	44	26
202	12	24	27	33	39	44	17
203	1	3	11	24	30	32	7
204	3	12	14	35	40	45	5
205	1	3	21	29	35	37	30
206	1	2	3	15	20	25	43
207	3	11	14	31	32	37	38
208	14	25	31	34	40	44	24
209	2	7	18	20	24	33	37
210	10	19	22	23	25	37	39
211	12	13	17	20	33	41	8
212	11	12	18	21	31	38	8
213	2	3	4	5	20	24	42
214	5	7	20	25	28	37	32
215	2	3	7	15	43	44	4
216	7	16	17	33	36	40	1
217	16	20	27	33	35	39	38
218	1	8	14	18	29	44	20
219	4	11	20	26	35	37	16
220	5	11	19	21	34	43	31
221	2	20	33	35	37	40	10
222	5	7	28	29	39	43	44
223	1	3	18	20	26	27	38
224	4	19	26	27	30	42	7
225	5	11	13	19	31	36	7
226	2	6	8	14	21	22	34
227	4	5	15	16	22	42	2
228	17	25	35	36	39	44	23
229	4	5	9	11	23	38	35
230	5	11	14	29	32	33	12
231	5	10	19	31	44	45	27
232	8	9	10	12	24	44	35
233	4	6	13	17	28	40	39
234	13	21	22	24	26	37	4
235	21	22	26	27	31	37	8
236	1	4	8	13	37	39	7
237	1	11	17	21	24	44	33
238	2	4	15	28	31	34	35
239	11	15	24	39	41	44	7
240	6	10	16	40	41	43	21

241	2	16	24	27	28	35	21
242	4	19	20	21	32	34	43
243	2	12	17	19	28	42	34
244	13	16	25	36	37	38	19
245	9	11	27	31	32	38	22
246	13	18	21	23	26	39	15
247	12	15	28	36	39	40	13
248	3	8	17	23	38	45	13
249	3	8	27	31	41	44	1
250	19	23	30	37	43	45	38
251	6	7	19	25	28	38	45
252	14	23	26	31	39	45	28
253	8	19	25	31	34	36	33
254	1	5	19	20	24	30	27
255	1	5	6	24	27	42	32
256	4	11	14	21	23	43	32
257	6	13	27	31	32	37	4
258	14	27	30	31	38	40	17
259	4	5	14	35	42	45	34
260	7	12	15	24	37	40	43
261	6	11	16	18	31	43	2
262	9	12	24	25	29	31	36
263	1	27	28	32	37	40	18
264	9	16	27	36	41	44	5
265	5	9	34	37	38	39	12
266	3	4	9	11	22	42	37
267	7	8	24	34	36	41	1
268	3	10	19	24	32	45	12
269	5	18	20	36	42	43	32
270	5	9	12	20	21	26	27
271	3	8	9	27	29	40	36
272	7	9	12	27	39	43	28
273	1	8	24	31	34	44	6
274	13	14	15	26	35	39	25
275	14	19	20	35	38	40	26
276	4	15	21	33	39	41	25
277	10	12	13	15	25	29	20
278	3	11	37	39	41	43	13
279	7	16	31	36	37	38	11
280	10	11	23	24	36	37	35
281	1	3	4	6	14	41	12
282	2	5	10	18	31	32	30
283	6	8	18	31	38	45	42
284	2	7	15	24	30	45	28
285	13	33	37	40	41	45	2
286	1	15	19	40	42	44	17
287	6	12	24	27	35	37	41
288	1	12	17	28	35	41	10
289	3	14	33	37	38	42	10
290	8	13	18	32	39	45	7
291	3	7	8	18	20	42	45
292	17	18	31	32	33	34	10
293	1	9	17	21	29	33	24
294	6	10	17	30	37	38	40
295	1	4	12	16	18	38	[illegible]
296	3	8	15	27	30	45	44
297	6	11	19	20	28	32	34
298	5	9	27	29	37	40	19
299	1	3	20	25	36	45	24
300	7	9	10	12	26	38	39

301	7	11	13	33	37	43	26
302	13	19	20	32	38	42	4
303	2	14	17	30	38	45	43
304	4	10	16	26	33	41	38
305	7	8	18	21	23	39	9
306	4	18	23	30	34	41	19
307	5	15	21	23	25	45	12
308	14	15	17	19	37	45	40
309	1	2	5	11	18	36	22
310	1	5	19	28	34	41	16
311	4	12	24	27	28	32	10
312	2	3	5	6	12	20	25
313	9	17	34	35	43	45	2
314	15	17	19	34	38	41	2
315	1	13	33	35	43	45	23
316	10	11	21	27	31	39	43
317	3	10	11	22	36	39	8
318	2	17	19	20	34	45	21
319	5	8	22	28	33	42	37
320	16	19	23	25	41	45	3
321	12	18	20	21	25	34	42
322	9	18	29	32	38	43	20
323	10	14	15	32	36	42	3
324	2	4	21	25	33	36	17
325	7	17	20	32	44	45	33
326	16	23	25	33	36	39	40
327	6	12	13	17	32	44	24
328	1	6	9	16	17	28	24
329	9	17	19	30	35	42	4
330	3	4	16	17	19	20	23
331	4	9	14	26	31	44	39
332	16	17	34	36	42	45	3
333	5	14	27	30	39	43	35
334	13	15	21	29	39	43	33
335	5	9	16	23	26	45	21
336	3	5	20	34	35	44	16
337	1	5	14	18	32	37	4
338	2	13	34	38	42	45	16
339	6	8	14	21	30	37	45
340	18	24	26	29	34	38	32
341	1	8	19	34	39	43	41
342	1	13	14	33	34	43	[illegible]
343	1	10	17	29	31	43	15
344	1	2	15	28	34	45	38
345	15	20	23	29	39	42	2
346	5	13	14	22	44	45	33
347	3	8	13	27	32	42	10
348	3	14	17	20	24	31	34
349	5	13	14	20	24	25	36
350	1	8	18	24	29	33	35
351	5	25	27	29	34	36	33
352	5	16	17	20	26	41	24
353	11	16	19	22	29	36	26
354	14	19	36	43	44	45	1
355	5	8	29	30	35	44	38
356	2	8	14	25	29	45	24
357	10	14	18	21	36	37	5
358	1	9	10	12	21	40	37
359	1	10	19	20	24	40	23
360	4	16	23	25	35	40	27

361	5	10	16	24	27	35	33
362	2	3	22	27	30	40	29
363	11	12	14	21	32	38	6
364	2	5	7	14	16	40	4
365	5	15	21	25	26	30	31
366	5	12	19	26	27	44	38
367	3	22	25	29	32	44	19
368	11	21	24	30	39	45	26
369	17	20	35	36	41	43	21
370	16	18	24	42	44	45	17
371	7	9	15	26	27	42	18
372	8	11	14	16	18	21	13
373	15	26	37	42	43	45	9
374	11	13	15	17	25	34	26
375	4	8	19	25	27	45	7
376	1	11	13	24	28	40	7
377	6	22	29	37	43	45	23
378	5	22	29	31	34	39	43
379	6	10	22	31	35	40	19
380	1	2	8	17	26	37	27
381	1	5	10	12	16	20	11
382	10	15	22	24	27	42	19
383	4	15	28	33	37	40	25
384	11	22	24	32	36	38	7
385	7	12	19	21	29	32	9
386	4	7	10	19	31	40	26
387	1	26	31	34	40	43	20
388	1	8	9	17	29	32	45
389	7	16	18	20	23	26	3
390	16	17	28	37	39	40	15
391	10	11	18	22	28	39	30
392	1	3	7	8	24	42	43
393	9	16	28	40	41	43	21
394	1	13	20	22	25	28	15
395	11	15	20	26	31	35	7
396	18	20	31	34	40	45	30
397	12	13	17	22	25	33	8
398	10	15	20	23	42	44	7
399	1	2	9	17	19	42	10
400	9	21	27	34	41	43	[illegible]
401	6	12	18	31	38	43	9
402	5	9	15	19	22	36	32
403	10	14	22	24	28	37	26
404	5	20	21	24	33	40	36
405	1	2	10	25	26	44	4
406	7	12	21	24	27	36	45
407	6	7	13	16	24	25	1
408	9	20	21	22	30	37	16
409	6	9	21	31	32	40	38
410	1	3	18	32	40	41	16
411	11	14	22	35	37	39	5
412	4	7	39	41	42	45	40
413	2	9	15	23	34	40	3
414	2	14	15	22	23	44	43
415	7	17	20	26	30	40	24
416	5	6	8	11	22	26	44
417	4	5	14	20	22	43	44
418	11	13	15	26	28	34	31
419	2	11	13	14	28	30	7
420	4	9	10	29	31	34	27

1.2. 역대 로또 당첨번호(61~420회차)에 나타나는 조합(5, 15, 23)과 조합 (2, 5, 23)의 동행

★ 가와 나에 나타나는 조합(5, 15, 23)과 조합(2, 5, 23)

〈표 3-1-2〉에서는 조합(5, 15, 23)과 조합(2, 5, 23)이 동행하는 현상이 총 네 군데에 걸쳐 나타난다. 먼저, '가'와 '나'를 중심으로 살펴보면 가는 불규칙 현상에 따라 형성되는데 A의 23과 B의 23이 동일한 점으로 나타남에 따라 A의 5, 23에 15가 더해지게 된다. 그리고 이 23 때문에 B의 2, 23에 A의 5가 더해지게 됨에 따라 세 수 조합이 동행함을 알 수 있다.

또한, '나'에서는 규칙 현상에 따라 살펴보아야 하는데, 23이 8주 간격으로 반복되어 나타난다. 즉, C, D, E의 23은 동일한 점이며, 이에 따라 C의 2와 23에 E의 5가 더해지고 D의 15와 23에 E의 5가 더해진다. 즉, 조합(5, 15, 23)과 조합 (2, 5, 23)이 등장함을 알 수 있으며 이것이 함께 나타남에 따라 서로 동행한다는 사실을 확인할 수 있는 것이다.

★ F와 G에 나타나는 조합(5, 15, 23)과 조합(2, 5, 23)

여기에는 한 회차에 조합(5, 15, 23)과 조합(2, 5, 23)이 동시에 나타난다. 즉, 동행이 한 번에 이루어지는 것이다. 이것은 두 조합이 동행한다는 것을 그 어떤 예시보다 분명히 보여주고 있다고 할 수 있겠다.

이런 현상은 네 수 조합으로 가는 현상이기도 하다.

〈표 3-1-2〉

421	6	11	26	27	28	44	30	481	3	4	23	29	40	41	20	541	8	13	26	28	32	34	43	601	2	16	19	31	34	35	37	661	2	3	12	20	27	38	40	721	1	28	35	41	43	44	31
422	8	15	19	21	34	44	12	482	1	10	16	24	25	35	43	542	5	6	19	26	41	45	34	602	13	14	22	27	30	38	2	662	5	6	9	11	15	37	26	722	12	14	21	30	39	43	45
423	1	17	27	28	29	40	5	483	12	15	19	22	28	34	5	543	13	18	26	31	34	44	12	603	2	19	25	26	27	43	28	663	3	5	8	19	38	42	20	723	20	30	33	35	36	44	22
424	10	11	26	31	34	44	30	484	1	3	27	28	32	45	11	544	5	17	21	25	36	44	10	604	2	6	18	21	33	34	30	664	10	20	33	36	41	44	5	724	2	8	33	35	37	41	14
425	8	10	14	27	33	38	3	485	17	22	26	27	36	39	20	545	4	24	25	27	34	35	2	605	1	2	7	9	10	38	42	665	5	6	11	17	38	44	13	725	6	7	19	21	41	43	38
426	4	17	18	27	39	43	19	486	1	2	23	25	38	40	43	546	8	17	20	27	37	43	6	606	1	5	6	14	20	39	22	666	2	4	6	11	17	28	16	726	1	11	21	23	34	44	24
427	6	7	15	24	28	30	21	487	4	8	25	27	37	41	21	547	6	7	15	22	34	39	28	607	8	14	23	36	38	39	13	667	15	17	25	37	42	43	13	727	7	8	10	19	21	31	20
428	12	16	19	22	37	40	8	488	2	8	17	30	31	38	25	548	1	12	13	21	32	45	14	608	4	8	18	19	39	44	41	668	12	14	15	24	27	32	3	728	3	6	10	30	34	37	36
429	3	23	28	34	39	42	16	489	2	4	8	15	20	27	11	549	29	31	35	38	40	44	17	609	4	8	27	34	39	40	13	669	7	8	20	29	33	38	9	729	11	17	21	26	36	45	16
430	1	3	16	18	30	34	44	490	2	7	26	29	40	43	42	550	1	7	14	20	34	37	41	610	14	18	20	23	28	36	33	670	11	18	26	27	40	41	25	730	4	10	14	15	18	22	39
431	18	22	25	31	38	45	6	491	8	17	35	36	39	42	4	551	3	6	20	24	27	44	25	611	2	22	27	33	36	37	14	671	7	9	10	13	31	35	24	731	2	7	13	25	42	45	39
432	2	3	5	11	27	39	33	492	22	27	31	35	37	40	42	552	1	10	20	32	35	40	43	612	6	9	18	19	25	33	40	672	8	21	28	31	36	45	43	732	2	4	5	17	27	32	43
433	19	23	29	33	35	43	27	493	20	22	26	33	36	37	25	553	2	7	17	28	29	39	37	613	7	8	11	16	41	44	35	673	7	10	17	29	33	44	5	733	11	24	32	33	35	40	13
434	3	13	20	24	33	37	35	494	5	7	8	15	30	43	22	554	13	14	17	32	41	42	6	614	8	21	25	39	40	44	18	674	9	10	14	25	27	31	11	734	6	16	37	38	41	45	18
435	8	16	26	30	38	45	42	495	4	13	22	27	34	44	6	555	11	17	21	24	26	36	12	615	10	17	18	19	23	27	35	675	1	8	11	15	18	45	7	735	5	10	13	27	37	41	44
436	9	14	20	22	33	34	28	496	4	13	20	29	36	41	39	556	12	20	23	28	30	44	43	616	5	13	18	23	40	45	3	676	1	8	17	34	39	45	27	736	2	11	17	18	21	27	6
437	11	16	29	38	41	44	21	497	19	20	23	24	43	44	13	557	4	20	26	28	35	40	31	617	4	5	11	12	24	27	28	677	12	15	24	36	41	44	42	737	13	15	18	24	27	41	11
438	6	12	20	26	29	38	45	498	13	14	24	32	39	41	3	558	12	15	19	26	40	43	29	618	8	16	25	30	42	43	15	678	4	5	6	12	25	37	45	738	23	27	28	38	42	43	36
439	17	20	30	31	37	40	25	499	5	20	23	27	35	40	43	559	11	12	25	32	44	45	23	619	6	8	13	30	35	40	21	679	3	5	7	14	26	34	35	739	7	22	29	33	34	35	30
440	10	22	28	34	36	44	2	500	3	4	12	20	24	34	41	560	1	4	20	23	29	45	28	620	2	16	17	32	39	45	40	680	4	10	19	29	32	42	30	740	4	8	9	16	17	19	31
441	1	23	28	30	34	35	9	501	1	4	10	17	31	42	2	561	5	7	18	37	42	45	20	621	1	2	6	16	19	42	9	681	21	24	27	29	43	44	7	741	5	21	27	34	44	45	16
442	25	27	29	36	38	40	41	502	6	22	28	32	34	40	26	562	4	11	13	17	20	31	33	622	9	15	16	21	28	34	24	682	17	23	27	35	38	43	2	742	8	10	13	36	37	40	6
443	4	6	10	19	20	44	14	503	1	5	27	30	34	36	40	563	5	10	16	17	31	32	21	623	7	13	30	39	41	45	25	683	6	13	20	27	28	40	15	743	15	19	21	34	41	44	10
444	11	13	23	35	43	45	17	504	6	14	22	26	43	44	31	564	14	19	25	26	27	34	2	624	1	7	19	26	27	35	16	684	1	11	15	17	25	39	40	744	10	15	18	21	34	41	43
445	13	20	21	30	39	45	32	505	7	20	22	25	38	40	44	565	4	10	18	27	40	45	38	625	3	6	7	20	21	39	13	685	6	7	12	28	38	40	18	745	1	2	3	9	12	23	10
446	1	11	12	14	26	35	6	506	6	9	11	22	24	30	31	566	4	5	6	25	26	43	41	626	13	14	26	33	40	43	15	686	7	12	15	24	25	43	13	746	3	12	33	36	42	45	25
447	2	7	8	9	17	33	34	507	12	13	32	33	40	41	4	567	1	10	15	16	32	41	28	627	2	9	22	25	31	45	12	687	1	8	10	13	28	42	45	747	7	9	12	14	23	28	17
448	3	7	13	27	40	41	36	508	5	27	31	34	35	43	37	568	1	3	17	20	31	44	40	628	1	7	12	15	23	42	[illegible]	688	5	15	22	23	34	35	2	748	3	10	13	22	31	32	29
449	3	10	20	26	35	43	36	509	12	25	29	35	42	43	24	569	3	6	13	23	24	35	1	629	19	28	31	38	43	44	1	689	7	17	19	30	36	38	34	749	12	14	24	26	34	45	41
450	6	14	19	21	23	31	13	510	12	29	32	33	39	40	42	570	1	12	26	27	29	33	42	630	8	17	21	24	27	31	15	690	24	25	33	34	38	39	43	750	1	2	15	19	24	36	12
451	12	15	20	24	30	38	29	511	3	7	14	23	26	42	24	571	11	18	21	26	38	43	29	631	1	2	4	23	31	34	8	691	15	27	33	35	43	45	16	751	3	4	16	20	28	44	17
452	8	10	18	30	32	34	27	512	4	5	9	13	26	27	1	572	3	13	18	33	37	45	1	632	15	18	21	32	35	44	6	692	3	11	14	15	32	36	44	752	4	16	20	33	40	43	7
453	12	24	33	[illegible]	40	42	30	513	5	8	21	23	27	33	12	573	2	4	20	34	35	43	14	633	9	12	19	20	39	41	13	693	1	6	11	28	34	42	30	753	2	17	19	24	37	41	3
454	13	25	27	[illegible]	[illegible]	41	10	514	1	15	20	26	35	42	9	574	14	15	16	19	25	43	2	634	4	10	11	12	20	27	38	694	7	15	20	25	33	43	12	754	2	8	17	24	29	31	32
455	4	19	20	26	30	35	24	515	2	11	12	15	23	37	8	575	2	8	20	30	33	34	6	635	11	13	25	26	29	33	32	695	4	18	26	33	34	38	14	755	13	14	26	28	30	36	37
456	1	7	12	18	23	27	44	516	2	8	23	41	43	44	30	576	10	11	15	25	35	41	13	636	6	7	15	16	20	31	26	696	1	7	16	18	34	38	21	756	10	14	16	18	27	28	4
457	8	10	18	23	27	40	33	517	1	9	12	28	36	41	10	577	16	17	22	31	34	37	33	637	3	16	22	37	38	44	23	697	2	5	8	11	33	39	31	757	6	7	11	17	33	44	1
458	4	9	10	32	36	40	18	518	14	23	30	32	34	38	6	578	5	12	14	32	34	42	16	638	7	18	22	24	31	34	6	698	3	11	13	21	33	37	18	758	5	9	12	30	39	43	24
459	4	6	10	14	25	40	12	519	6	8	13	16	30	43	3	579	5	7	20	[illegible]	37	42	39	639	6	15	22	23	25	32	40	699	4	5	8	16	21	29	3	759	9	33	36	40	42	43	32
460	8	11	28	30	43	45	41	520	4	22	27	28	38	40	1	580	5	7	[illegible]	[illegible]	32	35	33	640	14	15	18	21	26	35	23	700	11	23	28	29	30	44	13	760	10	22	27	31	42	43	12
461	11	18	26	31	37	40	43	521	3	7	18	29	32	36	19	581	3	5	14	20	42	44	33	641	11	18	21	36	37	43	12	701	3	10	14	16	36	38	35	761	4	7	11	24	42	45	30
462	3	20	24	32	37	45	4	522	4	5	13	14	37	41	11	582	2	12	14	33	40	41	25	642	8	17	18	24	39	45	32	702	3	13	16	24	26	29	9	762	1	3	12	21	26	41	16
463	23	29	31	33	34	44	40	523	1	4	37	38	40	45	7	583	8	17	27	33	40	44	24	643	15	24	31	32	33	40	13	703	10	28	31	33	41	44	21	763	3	8	16	32	34	43	10
464	6	12	15	34	42	44	4	524	10	11	29	38	41	45	21	584	7	18	30	39	40	41	36	644	5	13	17	23	28	36	8	704	1	4	8	23	33	42	45	764	7	22	24	31	34	36	15
465	1	8	11	13	22	38	31	525	11	23	26	29	39	44	22	585	6	7	10	16	38	41	4	645	1	4	16	26	40	41	31	705	1	6	17	22	28	45	23	765	1	3	8	12	42	43	33
466	4	10	13	23	32	44	20	526	7	14	17	20	35	39	31	586	2	7	12	15	21	34	5	646	2	9	24	41	43	45	30	706	3	4	6	10	28	30	37	766	9	30	34	35	39	41	21
467	2	12	14	17	24	40	39	527	1	12	22	32	33	42	38	587	14	21	29	31	32	37	17	647	5	16	21	23	24	30	29	707	2	12	19	24	39	44	35	767	5	15	20	31	34	42	22
468	8	13	15	28	37	43	17	528	5	17	25	31	39	40	10	588	2	8	15	22	25	41	30	648	13	19	28	37	38	43	4	708	2	10	16	19	34	45	1	768	7	27	29	30	38	44	4
469	4	21	22	34	37	38	33	529	18	20	24	27	31	42	39	589	6	8	28	33	38	39	22	649	3	21	22	33	41	42	20	709	10	18	30	36	39	44	32	769	5	7	11	16	41	45	4
470	10	16	20	39	41	42	27	530	16	23	27	29	33	41	22	590	20	30	36	38	41	45	23	650	3	4	7	11	31	41	35	710	3	4	6	24	25	33	10	770	1	9	12	23	39	43	34
471	6	13	29	37	39	41	43	531	1	5	9	21	27	35	45	591	8	13	14	30	38	39	5	651	11	12	16	26	29	44	18	711	11	15	24	35	37	45	42	771	6	10	17	18	21	29	30
472	16	25	26	31	36	43	44	532	16	17	23	24	29	44	3	592	2	5	6	13	28	44	43	652	3	13	15	40	41	44	20	712	17	20	30	31	33	45	19	772	5	6	11	14	21	41	32
473	8	13	20	22	23	36	34	533	9	14	15	17	31	33	23	593	9	10	13	24	33	38	28	653	5	6	26	27	38	39	[illegible]	713	2	5	15	18	19	23	44	773	8	12	19	21	31	35	44
474	4	13	18	31	33	45	43	534	10	24	26	29	37	38	32	594	2	8	13	25	28	37	3	654	16	21	26	31	36	43	6	714	1	7	22	33	37	40	20	774	12	15	18	28	34	42	9
475	1	9	14	16	21	29	3	535	11	12	14	15	18	39	34	595	8	24	28	35	38	40	5	655	7	37	38	39	40	44	18	715	2	7	27	33	41	44	10	775	11	12	29	33	38	42	17
476	9	12	13	15	37	38	27	536	7	8	18	32	37	43	12	596	3	4	12	14	25	43	17	656	3	7	14	16	31	40	39	716	2	6	13	16	29	30	21	776	8	9	18	21	28	40	20
477	14	25	29	32	33	45	37	537	12	23	26	30	36	43	11	597	8	10	23	24	35	43	37	657	10	14	19	39	40	43	23	717	2	11	19	25	28	32	44	777	6	12	17	21	34	37	18
478	18	29	30	37	39	43	8	538	6	10	18	31	32	34	11	598	4	12	24	33	38	45	22	658	8	19	25	28	32	36	37	718	4	11	20	23	32	39	40	778	6	21	35	36	37	41	11
479	8	23	25	27	35	44	24	539	3	19	22	31	42	43	26	599	5	12	17	29	34	35	27	659	7	18	19	27	29	42	45	719	4	8	13	19	20	43	26	779	6	12	19	24	34	41	4
480	3	5	10	17	30	31	16	540	3	12	13	15	34	36	14	600	5	11	14	27	29	36	44	660	4	9	23	33	39	44	14	720	1	12	29	34	36	37	41	780	15	17	19	21	27	45	16

NOTE

조합 5,15,23 - 2,5,23

1	10	23	29	33	37	40	16
2	9	13	21	25	32	42	2
3	11	16	19	21	27	31	30
4	14	27	30	31	40	42	2
5	16	24	29	40	41	42	3
6	14	15	26	27	40	42	34
7	2	9	16	25	26	40	42
8	8	19	25	34	37	39	9
9	2	4	16	17	36	39	14
10	9	25	30	33	41	44	6
11	1	7	36	37	41	42	14
12	2	11	21	25	39	45	44
13	22	23	25	37	38	42	26
14	2	6	12	31	33	40	15
15	3	4	16	30	31	37	13
16	6	7	24	37	38	40	33
17	3	4	9	17	32	37	1
18	3	12	13	19	32	35	29
19	6	30	38	39	40	43	26
20	10	14	18	20	23	30	41
21	6	12	17	18	31	32	21
22	4	5	6	8	17	39	25
23	5	13	17	18	33	42	44
24	7	8	27	29	36	43	6
25	2	4	21	26	43	44	16
26	4	5	7	18	20	25	31
27	1	20	26	28	37	43	27
28	9	18	23	25	35	37	1
29	1	5	13	34	39	40	11
30	8	17	20	35	36	44	4
31	7	9	18	23	28	35	32
32	6	14	19	25	34	44	11
33	4	7	32	33	40	41	9
34	9	26	35	37	40	42	2
35	2	3	11	26	37	43	39
36	1	10	23	26	28	40	31
37	7	27	30	33	35	37	42
38	16	17	22	30	37	43	36
39	6	7	13	15	21	43	8
40	7	13	18	19	25	26	6
41	13	20	23	35	38	43	34
42	17	18	19	21	23	32	1
43	6	31	35	38	39	44	1
44	3	11	21	30	38	45	39
45	1	10	20	27	33	35	17
46	8	13	15	23	31	38	39
47	14	17	26	31	36	45	27
48	6	10	18	26	37	38	3
49	4	7	16	19	33	40	30
50	2	10	12	15	22	44	1
51	2	3	11	16	26	44	35
52	2	4	15	16	20	29	1
53	7	8	14	32	33	39	42
54	1	8	21	27	36	39	37
55	17	21	31	37	40	44	7
56	10	14	30	31	33	37	19
57	7	10	16	25	29	44	6
58	10	24	25	33	40	44	1
59	6	29	36	39	41	45	13
60	2	8	25	36	39	42	11

61	14	15	19	30	38	43	8
62	3	8	15	27	29	35	21
63	3	20	23	36	38	40	5
64	14	15	18	21	26	36	39
65	4	25	33	36	40	43	39
66	2	3	7	17	22	24	45
67	3	7	10	15	36	38	33
68	10	12	15	16	26	39	38
69	5	8	14	15	19	39	35
70	5	19	22	25	28	43	26
71	5	9	12	16	29	41	21
72	2	4	11	17	26	27	1
73	3	12	18	32	40	43	38
74	6	15	17	18	35	40	23
75	2	5	24	32	34	44	28
76	1	3	15	22	25	37	43
77	2	18	29	32	43	44	37
78	10	13	25	29	33	35	38
79	3	12	24	27	30	32	14
80	17	18	24	25	26	30	1
81	5	7	11	13	20	33	6
82	1	2	3	14	27	42	39
83	6	10	15	17	19	34	14
84	16	23	27	34	42	45	11
85	6	8	13	23	31	36	21
86	2	12	37	39	41	45	33
87	4	12	16	23	34	43	26
88	1	17	20	24	30	41	27
89	4	26	28	29	33	40	37
90	17	20	29	35	38	44	10
91	1	21	24	26	29	42	27
92	3	14	24	33	35	36	17
93	6	22	24	36	38	44	19
94	5	32	34	40	41	45	6
95	8	17	27	31	34	43	14
96	1	3	8	21	22	31	20
97	6	7	14	15	20	36	3
98	6	9	16	23	24	32	43
99	1	3	10	27	29	37	11
100	1	7	11	23	37	42	6
101	1	3	17	32	35	45	8
102	17	22	24	26	35	40	42
103	5	14	15	27	30	45	10
104	17	32	33	34	42	44	35
105	8	10	20	34	41	45	28
106	4	10	12	22	24	33	29
107	1	4	5	6	9	31	17
108	7	18	22	23	29	44	12
109	1	5	34	36	42	44	33
110	7	20	22	23	29	43	1
111	7	18	31	33	36	40	27
112	26	29	30	33	41	42	43
113	4	9	28	33	36	45	26
114	11	14	19	26	28	41	2
115	1	2	6	9	25	28	31
116	2	4	25	31	34	37	17
117	5	10	22	34	36	44	35
118	3	4	10	17	19	22	38
119	3	11	13	14	17	21	38
120	4	6	10	11	32	37	30

121	12	28	30	34	38	43	9
122	1	11	16	17	36	40	8
123	7	17	18	28	30	45	27
124	4	16	23	25	29	42	1
125	2	8	32	33	35	36	18
126	7	20	22	27	40	43	1
127	3	5	10	29	32	43	35
128	12	30	34	36	37	45	39
129	19	23	25	28	38	42	17
130	7	19	24	27	42	45	31
131	8	10	11	14	15	21	37
132	3	17	23	34	41	45	43
133	4	7	15	18	23	26	13
134	3	12	20	23	31	35	43
135	6	14	22	28	35	39	16
136	2	16	30	36	41	42	11
137	7	9	20	25	36	39	15
138	10	11	27	28	37	39	19
139	9	11	15	20	28	43	13
140	3	13	17	18	19	28	8
141	8	12	29	31	42	43	2
142	12	16	30	34	40	44	19
143	26	27	28	42	43	45	8
144	4	15	17	26	36	37	43
145	2	3	13	20	27	44	9
146	2	19	27	35	41	42	25
147	4	6	13	21	40	42	36
148	21	25	33	34	35	36	17
149	2	11	21	34	41	42	27
150	2	18	25	28	37	39	16
151	1	2	10	13	18	19	15
152	1	5	13	26	29	34	43
153	3	8	11	12	13	36	33
154	6	19	21	35	40	45	20
155	16	19	20	32	33	41	4
156	5	18	28	30	42	45	2
157	19	26	30	33	35	39	37
158	4	9	13	18	21	34	7
159	1	18	30	41	42	43	32
160	3	7	8	34	39	41	1
161	22	34	36	40	42	45	44
162	1	5	21	25	38	41	24
163	7	11	26	28	29	44	16
164	6	9	10	11	39	41	27
165	5	13	18	19	22	42	31
166	9	12	27	36	39	45	14
167	24	27	28	30	36	39	4
168	3	10	31	40	42	43	30
169	16	27	35	37	43	45	19
170	2	11	13	15	31	42	10
171	4	16	25	29	34	35	1
172	4	19	21	24	26	41	35
173	3	9	24	30	33	34	18
174	13	14	18	22	35	39	16
175	19	26	28	31	33	36	17
176	4	17	30	32	33	34	15
177	1	10	13	16	37	43	6
178	1	5	11	12	18	23	9
179	5	9	17	25	39	43	32
180	2	15	20	21	29	34	22

181	14	21	23	32	40	45	44
182	13	15	27	29	34	40	35
183	2	18	24	34	40	42	5
184	1	2	6	16	20	33	41
185	1	2	4	8	19	38	14
186	4	10	14	19	21	45	9
187	1	2	8	18	29	38	42
188	19	24	27	30	31	34	36
189	8	14	32	35	37	45	28
190	8	14	18	30	31	44	15
191	5	6	24	25	32	37	8
192	4	8	11	18	37	45	33
193	6	14	18	26	36	39	13
194	15	20	23	26	39	44	28
195	7	10	19	22	35	40	31
196	35	36	37	41	44	45	30
197	7	12	16	34	42	45	4
198	12	19	20	25	41	45	2
199	14	21	22	25	30	36	43
200	5	6	13	14	17	20	7
201	3	11	24	38	39	44	26
202	12	24	27	33	39	44	17
203	1	3	11	24	30	32	7
204	3	12	14	35	40	45	5
205	1	3	21	29	35	37	30
206	1	2	3	15	20	25	43
207	3	11	14	31	32	37	38
208	14	25	31	34	40	44	24
209	2	7	18	20	24	33	37
210	10	19	22	23	25	37	39
211	12	13	17	20	33	41	8
212	11	12	18	21	31	38	8
213	2	3	4	5	20	24	42
214	5	7	20	25	28	37	32
215	2	3	7	15	43	44	4
216	7	16	17	33	36	40	1
217	16	20	27	33	35	39	38
218	1	8	14	18	29	44	20
219	4	11	20	26	35	37	16
220	5	11	19	21	34	43	31
221	2	20	33	35	37	40	10
222	5	7	28	29	39	43	44
223	1	3	18	20	26	27	38
224	4	19	26	27	30	42	7
225	5	11	13	19	31	36	7
226	2	6	8	14	21	22	34
227	4	5	15	16	22	42	2
228	17	25	35	36	39	44	23
229	4	5	9	11	23	38	35
230	5	11	14	29	32	33	12
231	5	10	19	31	44	45	27
232	8	9	10	12	24	44	35
233	4	6	13	17	28	40	39
234	13	21	22	24	26	37	4
235	21	22	26	27	31	37	8
236	1	4	8	13	37	39	7
237	1	11	17	21	24	44	33
238	2	4	15	28	31	34	35
239	11	15	24	39	41	44	7
240	6	10	16	40	41	43	21

241	2	16	24	27	28	35	21
242	4	19	20	21	32	34	43
243	2	12	17	19	28	42	34
244	13	16	25	36	37	38	19
245	9	11	27	31	32	38	22
246	13	18	21	23	26	39	15
247	12	15	28	36	39	40	13
248	3	8	17	23	38	45	13
249	3	8	27	31	41	44	11
250	19	23	30	37	43	45	38
251	6	7	19	25	28	38	45
252	14	23	26	31	39	45	28
253	8	19	25	31	34	36	33
254	1	5	19	20	24	30	27
255	1	5	6	24	27	42	32
256	4	11	14	21	23	43	32
257	6	13	27	31	32	37	4
258	14	27	30	31	38	40	17
259	4	5	14	35	42	45	34
260	7	12	15	24	37	40	43
261	6	11	16	18	31	43	2
262	9	12	24	25	29	31	36
263	1	27	28	32	37	40	18
264	9	16	27	36	41	44	5
265	5	9	34	37	38	39	12
266	3	4	9	11	22	42	37
267	7	8	24	34	36	41	1
268	3	10	19	24	32	45	12
269	5	18	20	36	42	43	32
270	5	9	12	20	21	26	27
271	3	8	9	27	29	40	36
272	7	9	12	27	39	43	28
273	1	8	24	31	34	44	6
274	13	14	15	26	35	39	25
275	14	19	20	35	38	40	26
276	4	15	21	33	39	41	25
277	10	12	13	15	25	29	20
278	3	11	37	39	41	43	18
279	7	16	31	36	37	38	11
280	10	11	23	24	36	37	35
281	1	3	4	6	14	41	12
282	2	5	10	18	31	32	30
283	6	8	18	31	38	45	42
284	2	7	15	24	30	45	28
285	13	33	37	40	41	45	2
286	1	15	19	40	42	44	17
287	6	12	24	27	35	37	41
288	1	12	17	28	35	41	10
289	3	14	33	37	38	42	10
290	8	13	18	32	39	45	7
291	3	7	8	18	20	42	45
292	17	18	31	32	33	34	10
293	1	9	17	21	29	33	24
294	6	10	17	30	37	38	40
295	1	4	12	16	18	38	8
296	3	8	15	27	30	45	44
297	6	11	19	20	28	32	34
298	5	9	27	29	37	40	19
299	1	3	20	25	36	45	24
300	7	9	10	12	26	38	39

301	7	11	13	33	37	43	26
302	13	19	20	32	38	42	4
303	2	14	17	30	38	45	43
304	4	10	16	26	33	41	38
305	7	8	18	21	23	39	9
306	4	18	23	30	34	41	19
307	5	15	21	23	25	45	12
308	14	15	17	19	37	45	40
309	1	2	5	11	18	36	22
310	1	5	19	28	34	41	16
311	4	12	24	27	28	32	10
312	2	3	5	6	12	20	25
313	9	17	34	35	43	45	2
314	15	17	19	34	38	41	2
315	1	13	33	35	43	45	23
316	10	11	21	27	31	39	43
317	3	10	11	22	36	39	8
318	2	17	19	20	34	45	21
319	5	8	22	28	33	42	37
320	16	19	23	25	41	45	3
321	12	18	20	21	25	34	42
322	9	18	29	32	38	43	20
323	10	14	15	32	36	42	3
324	2	4	21	25	33	36	17
325	7	17	20	32	44	45	33
326	16	23	25	33	36	39	40
327	6	12	13	17	32	44	24
328	1	6	9	16	17	28	24
329	9	17	19	30	35	42	4
330	3	4	16	17	19	20	23
331	4	9	14	26	31	44	39
332	16	17	34	36	42	45	3
333	5	14	27	30	39	43	35
334	13	15	21	29	39	43	33
335	5	9	16	23	26	45	21
336	3	5	20	34	35	44	16
337	1	5	14	18	32	37	4
338	2	13	34	38	42	45	16
339	6	8	14	21	30	37	45
340	18	24	26	29	34	38	32
341	1	8	19	34	39	43	41
342	1	13	14	33	34	43	25
343	1	10	17	29	31	43	15
344	1	2	15	28	34	45	38
345	15	20	23	29	39	42	2
346	5	13	14	22	44	45	33
347	3	8	13	27	32	42	10
348	3	14	17	20	24	31	34
349	5	13	14	20	24	25	36
350	1	8	18	24	29	33	35
351	5	25	27	29	34	36	33
352	5	16	17	20	26	41	24
353	11	16	19	22	29	36	26
354	14	19	36	43	44	45	1
355	5	8	29	30	35	44	38
356	2	8	14	25	29	45	24
357	10	14	18	21	36	37	5
358	1	9	10	12	21	40	37
359	1	10	19	20	24	40	23
360	4	16	23	25	35	40	27

361	5
362	2
363	1
364	2
365	5
366	5
367	3
368	1
369	17
370	16
371	7
372	8
373	15
374	1
375	4
376	1
377	6
378	5
379	6
380	1
381	1
382	10
383	4
384	11
385	7
386	4
387	1
388	1
389	7
390	16
391	10
392	1
393	9
394	1
395	1
396	1
397	12
398	10
399	1
400	9
401	6
402	5
403	10
404	5
405	1
406	7
407	6
408	9
409	6
410	1
411	1
412	4
413	2
414	2
415	7
416	5
417	4
418	1
419	2
420	4

35	33	421	6	11	26	27	28	44	30	481	3	4	23	29	40	41	20	541	8	13	26	28	32	34	43	601	2	16	19	31	34	35	37	661	2	3	12	20	27	38	40	721	1	28	35	41	43	44	31
40	29	422	8	15	19	21	34	44	12	482	1	10	16	24	25	35	43	542	5	6	19	26	41	45	34	602	13	14	22	27	30	38	2	662	5	6	9	11	15	37	26	722	12	14	21	30	39	43	45
38	6	423	1	17	27	28	29	40	5	483	12	15	19	22	28	34	5	543	13	18	26	31	34	44	12	603	2	19	25	26	27	43	28	663	3	5	8	19	38	42	20	723	20	30	33	35	36	44	22
40	4	424	10	11	26	31	34	44	30	484	1	3	27	28	32	45	11	544	5	17	21	25	36	44	10	604	2	6	18	21	33	34	30	664	10	20	33	36	41	44	5	724	2	8	33	35	37	41	14
30	31	425	8	10	14	27	33	38	3	485	17	22	26	27	36	39	20	545	4	24	25	27	34	35	2	605	1	2	7	9	10	38	42	665	5	6	11	17	38	44	13	725	6	7	19	21	41	43	38
44	38	426	4	17	18	27	39	43	19	486	1	2	23	25	38	40	43	546	8	17	20	27	37	43	6	606	1	5	6	14	20	39	22	666	2	4	6	11	17	28	16	726	1	11	21	23	34	44	24
44	19	427	6	7	15	24	28	30	21	487	4	8	25	27	37	41	21	547	6	7	15	22	34	39	28	607	8	14	23	36	38	39	13	667	15	17	25	37	42	43	13	727	7	8	10	19	21	31	20
45	26	428	12	16	19	22	37	40	8	488	2	8	17	30	31	38	25	548	1	12	13	21	32	45	14	608	4	8	18	19	39	44	41	668	12	14	15	24	27	32	3	728	3	6	10	30	34	37	36
43	21	429	3	23	28	34	39	42	16	489	2	4	8	15	20	27	11	549	29	31	35	38	40	44	17	609	4	8	27	34	39	40	13	669	7	8	20	29	33	38	9	729	11	17	21	26	36	45	16
45	17	430	1	3	16	18	30	34	44	490	2	7	26	29	40	43	42	550	1	7	14	20	34	37	41	610	14	18	20	23	28	36	33	670	11	18	26	27	40	41	25	730	4	10	14	15	18	22	39
42	18	431	18	22	25	31	38	45	6	491	8	17	35	36	39	42	4	551	3	6	20	24	27	44	25	611	2	22	27	33	36	37	14	671	7	9	10	13	31	35	24	731	2	7	13	25	42	45	39
21	13	432	2	3	5	11	27	39	33	492	22	27	31	35	37	40	42	552	1	10	20	32	35	40	43	612	6	9	18	19	25	33	40	672	8	21	28	31	36	45	43	732	2	4	5	17	27	32	43
45	9	433	19	23	29	33	35	43	27	493	20	22	26	33	36	37	25	553	2	7	17	28	29	39	37	613	7	8	11	16	41	44	35	673	7	10	17	29	33	44	5	733	11	24	32	33	35	40	13
34	26	434	3	13	20	24	33	37	35	494	5	7	8	15	30	43	22	554	13	14	17	32	41	42	6	614	8	21	25	39	40	44	18	674	9	10	14	25	27	31	11	734	6	16	37	38	41	45	18
45	7	435	8	16	26	30	38	45	42	495	4	13	22	27	34	44	6	555	11	17	21	24	26	36	12	615	10	17	18	19	23	27	35	675	1	8	11	15	18	45	7	735	5	10	13	27	37	41	44
40	7	436	9	14	20	22	33	34	28	496	4	13	20	29	36	41	39	556	12	20	23	28	30	44	43	616	5	13	18	23	40	45	3	676	1	8	17	34	39	45	27	736	2	11	17	18	21	27	6
45	23	437	11	16	29	38	41	44	21	497	19	20	23	24	43	44	13	557	4	20	26	28	35	40	31	617	4	5	11	12	24	27	28	677	12	15	24	36	41	44	42	737	13	15	18	24	27	41	11
39	43	438	6	12	20	26	29	38	45	498	13	14	24	32	39	41	3	558	12	15	19	26	40	43	29	618	8	16	25	30	42	43	15	678	4	5	6	12	25	37	45	738	23	27	28	38	42	43	36
40	19	439	17	20	30	31	37	40	25	499	5	20	23	27	35	40	43	559	11	12	25	32	44	45	23	619	6	8	13	30	35	40	21	679	3	5	7	14	26	34	35	739	7	22	29	33	34	35	30
37	27	440	10	22	28	34	36	44	2	500	3	4	12	20	24	34	41	560	1	4	20	23	29	45	28	620	2	16	17	32	39	45	40	680	4	10	19	29	32	42	30	740	4	8	9	16	17	19	31
20	11	441	1	23	28	30	34	35	9	501	1	4	10	17	31	42	2	561	5	7	18	37	42	45	20	621	1	2	6	16	19	42	9	681	21	24	27	29	43	44	7	741	5	21	27	34	44	45	16
42	19	442	25	27	29	36	38	40	41	502	6	22	28	32	34	40	26	562	4	11	13	17	20	31	33	622	9	15	16	21	28	34	24	682	17	23	27	35	38	43	2	742	8	10	13	36	37	40	6
40	25	443	4	6	10	19	20	44	14	503	1	5	27	30	34	36	40	563	5	10	16	17	31	32	21	623	7	13	30	39	41	45	25	683	6	13	20	27	28	40	15	743	15	19	21	34	41	44	10
38	7	444	11	13	23	35	43	45	17	504	6	14	22	26	43	44	31	564	14	19	25	26	27	34	2	624	1	7	19	26	27	35	16	684	1	11	15	17	25	39	40	744	10	15	18	21	34	41	43
32	9	445	13	20	21	30	39	45	32	505	7	20	22	25	38	40	44	565	4	10	18	27	40	45	38	625	3	6	7	20	21	39	13	685	6	7	12	28	38	40	18	745	1	2	3	9	12	23	10
40	26	446	1	11	12	14	26	35	6	506	6	9	11	22	24	30	31	566	4	5	6	25	26	43	41	626	13	14	26	33	40	43	15	686	7	12	15	24	25	43	13	746	3	12	33	36	42	45	25
43	20	447	2	7	8	9	17	33	34	507	12	13	32	33	40	41	4	567	1	10	15	16	32	41	28	627	2	9	22	25	31	45	12	687	1	8	10	13	28	42	45	747	7	9	12	14	23	28	17
32	45	448	3	7	13	27	40	41	36	508	5	27	31	34	35	43	37	568	1	3	17	20	31	44	40	628	1	7	12	15	23	42	11	688	5	15	22	23	34	35	2	748	3	10	13	22	31	32	29
26	3	449	3	10	20	26	35	43	36	509	12	25	29	35	42	43	24	569	3	6	13	23	24	35	1	629	19	28	31	38	43	44	1	689	7	17	19	30	36	38	34	749	12	14	24	26	34	45	41
40	15	450	6	14	19	21	23	31	13	510	12	29	32	33	39	40	42	570	1	12	26	27	29	33	42	630	8	17	21	24	27	31	15	690	24	25	33	34	38	39	43	750	1	2	15	19	24	36	12
39	30	451	12	15	20	24	30	38	29	511	3	7	14	23	26	42	24	571	11	18	21	26	38	43	29	631	1	2	4	23	31	34	8	691	15	27	33	35	43	45	16	751	3	4	16	20	28	44	17
42	43	452	8	10	18	30	32	34	27	512	4	5	9	13	26	27	1	572	3	13	18	33	37	45	1	632	15	18	21	32	35	44	6	692	3	11	14	15	32	36	44	752	4	16	20	33	40	43	7
43	21	453	12	24	33	38	40	42	30	513	5	8	21	23	27	33	12	573	2	4	20	34	35	43	14	633	9	12	19	20	39	41	13	693	1	6	11	28	34	42	30	753	2	17	19	24	37	41	3
28	15	454	13	25	27	34	38	41	10	514	1	15	20	26	35	42	9	574	14	15	16	19	25	43	2	634	4	10	11	12	20	27	38	694	7	15	20	25	33	43	12	754	2	8	17	24	29	31	32
35	7	455	4	19	20	26	30	35	24	515	2	11	12	15	23	37	8	575	2	8	20	30	33	34	6	635	11	13	25	26	29	33	32	695	4	18	26	33	34	38	14	755	13	14	26	28	30	36	37
45	30	456	1	7	12	18	23	27	44	516	2	8	23	41	43	44	30	576	10	11	15	25	35	41	13	636	6	7	15	16	20	31	26	696	1	7	16	18	34	38	21	756	10	14	16	18	27	28	4
33	8	457	8	10	18	23	27	40	33	517	1	9	12	28	36	41	10	577	16	17	22	31	34	37	33	637	3	16	22	37	38	44	23	697	2	5	8	11	33	39	31	757	6	7	11	17	33	44	1
44	7	458	4	9	10	32	36	40	18	518	14	23	30	32	34	38	6	578	5	12	14	32	34	42	16	638	7	18	22	24	31	34	6	698	3	11	13	21	33	37	18	758	5	9	12	30	39	43	24
42	20	459	4	6	10	14	25	40	12	519	6	8	13	16	30	43	3	579	5	7	20	22	37	42	39	639	6	15	22	23	25	32	40	699	4	5	8	16	21	29	3	759	9	33	36	40	42	43	32
43	2	460	8	11	28	30	43	45	41	520	4	22	27	28	38	40	1	580	5	7	9	11	32	35	33	640	14	15	18	21	26	35	23	700	11	23	28	29	30	44	13	760	10	22	27	31	42	43	12
43	9	461	11	18	26	31	37	40	43	521	3	7	18	29	32	36	19	581	3	5	14	20	42	44	33	641	11	18	21	36	37	43	12	701	3	10	14	16	36	38	35	761	4	7	11	24	42	45	30
36	32	462	3	20	24	32	37	45	4	522	4	5	13	14	37	41	11	582	2	12	14	33	40	41	25	642	8	17	18	24	39	45	32	702	3	13	16	24	26	29	9	762	1	3	12	21	26	41	16
37	26	463	23	29	31	33	34	44	40	523	1	4	37	38	40	45	7	583	8	17	27	33	40	44	24	643	15	24	31	32	33	40	13	703	10	28	31	33	41	44	21	763	3	8	16	32	34	43	10
40	36	464	6	12	15	34	42	44	4	524	10	11	29	38	41	45	21	584	7	18	30	39	40	41	36	644	5	13	17	23	28	36	8	704	1	4	8	23	33	42	45	764	7	22	24	31	34	36	15
44	4	465	1	8	11	13	22	38	31	525	11	23	26	29	39	44	22	585	6	7	10	16	38	41	4	645	1	4	16	26	40	41	31	705	1	6	17	22	28	45	23	765	1	3	8	12	42	43	33
36	45	466	4	10	13	23	32	44	20	526	7	14	17	20	35	39	31	586	2	7	12	15	21	34	5	646	2	9	24	41	43	45	30	706	3	4	6	10	28	30	37	766	9	30	34	35	39	41	21
25	1	467	2	12	14	17	24	40	39	527	1	12	22	32	33	42	38	587	14	21	29	31	32	37	17	647	5	16	21	23	24	30	29	707	2	12	19	24	39	44	35	767	5	15	20	31	34	42	22
37	16	468	8	13	15	28	37	43	17	528	5	17	25	31	39	40	10	588	2	8	15	22	25	41	30	648	13	19	28	37	38	43	4	708	2	10	16	19	34	45	1	768	7	27	29	30	38	44	4
40	38	469	4	21	22	34	37	38	33	529	18	20	24	27	31	42	39	589	6	8	28	33	38	39	22	649	3	21	22	33	41	42	20	709	10	18	30	36	39	44	32	769	5	7	11	16	41	45	4
41	16	470	10	16	20	39	41	42	27	530	16	23	27	29	33	41	22	590	20	30	36	38	41	45	23	650	3	4	7	11	31	41	35	710	3	4	6	24	25	33	10	770	1	9	12	23	39	43	34
39	5	471	6	13	29	37	39	41	43	531	1	5	9	21	27	35	45	591	8	13	14	30	38	39	5	651	11	12	16	26	29	44	18	711	11	15	24	35	37	45	42	771	6	10	17	18	21	29	30
45	40	472	16	25	26	31	36	43	44	532	16	17	23	24	29	44	3	592	2	5	6	13	28	44	43	652	3	13	15	40	41	44	20	712	17	20	30	31	33	45	19	772	5	6	11	14	21	41	32
40	3	473	8	13	20	22	23	36	34	533	9	14	15	17	31	33	23	593	9	10	13	24	33	38	28	653	5	6	26	27	38	39	1	713	2	5	15	18	19	23	44	773	8	12	19	21	31	35	44
44	43	474	4	13	18	31	33	45	43	534	10	24	26	29	37	38	32	594	2	8	13	25	28	37	3	654	16	21	26	31	36	43	6	714	1	7	22	33	37	40	20	774	12	15	18	28	34	42	9
40	24	475	1	9	14	16	21	29	3	535	11	12	14	15	18	39	34	595	8	24	28	35	38	40	5	655	7	37	38	39	40	44	18	715	2	7	27	33	41	44	10	775	11	12	29	33	38	42	17
26	44	476	9	12	13	15	37	38	27	536	7	8	18	32	37	43	12	596	3	4	12	14	25	43	17	656	3	7	14	16	31	40	39	716	2	6	13	16	29	30	21	776	8	9	18	21	28	40	20
43	44	477	14	25	29	32	33	45	37	537	12	23	26	30	36	43	11	597	8	10	23	24	35	43	37	657	10	14	19	39	40	43	23	717	2	11	19	25	28	32	44	777	6	12	17	21	34	37	18
34	31	478	18	29	30	37	39	43	8	538	6	10	18	31	32	34	11	598	4	12	24	33	38	45	22	658	8	19	25	28	32	36	37	718	4	11	20	23	32	39	40	778	6	21	35	36	37	41	11
30	7	479	8	23	25	27	35	44	24	539	3	19	22	31	42	43	26	599	5	12	17	29	34	35	27	659	7	18	19	27	29	42	45	719	4	8	13	19	20	43	26	779	6	12	19	24	34	41	4
34	27	480	3	5	10	17	30	31	16	540	3	12	13	15	34	36	14	600	5	11	14	27	29	36	44	660	4	9	23	33	39	44	14	720	1	12	29	34	36	37	41	780	15	17	19	21	27	45	16

2

조합(34, 35, 39)와 조합(34, 38, 39)- 총 6회 등장

2.1. 역대 로또 당첨번호(1~360회차)에 나타나는 조합(34, 35, 39)와 조합(34, 38, 39)의 동행

★ '가'에서 '다'에 나타나는 조합(34, 35, 39)와 조합(34, 38, 39)

〈표 3-2-1〉에서는 조합(34, 35, 39)와 조합(34, 38, 39)가 동행하는 것을 찾을 수 있는데, 조합(34, 35, 39)는 적색으로, 조합(34, 38, 39)는 녹색으로 표시된다. 그런데 34와 39가 서로 겹치다 보니 일부 숫자에는 적색과 녹색이 겹쳐서 표시되고 있다.

이에 맞추어 '가'를 살펴보면, A의 35가 B의 35와 두 주 간격이므로 동일하다고 볼 수 있고, 이로써 적색으로 표시된 조합(34, 35, 39)가 형성된다. 그리고 38 역시 두 주 간격으로 등장하여 동일하다고 볼 수 있으며, 이로써 녹색으로 표시된 조합(34, 38, 39)가 형성된다. 그리고 이를 통해 두 조합이 가 안에서 서로 동행함을 알 수 있다.

한편, '나'의 경우도 E에 있는 조합(34, 38, 39)가 한 회차에 등장하고 있고 34가 6주 간격으로 나타나는 규칙에 따라 조합(34, 35, 39) 역시 등장하고 있다. 이에 따라, 이 두 조합이 다시 동행하고 있음을 확인할 수 있다.

다음으로 '다'에서도 F, G, H, I의 34가 두 주 차, 한 주 차로 반복해서 나타남에 따라 서로 동일하다고 할 수 있고, 이에 따라 조합(34, 35, 39)와 조합(34, 38, 39)가 형성됨을 알 수 있다. 그리고 이것이 동행한다는 사실도 다시 한 번 확인할 수 있다.

<표 3-2-1>

1	10	23	29	33	37	40	16	61	14	15	19	30	38	43	8	121	12	28	30	34	38	43	9	181	14	21	23	32	40	45	44	241	2	16	24	27	28	35	21	301	7	11	13	33	37	43	26
2	9	13	21	25	32	42	2	62	3	8	15	27	29	35	21	122	1	11	16	17	36	40	8	182	13	15	27	29	34	40	35	242	4	19	20	21	32	34	43	302	13	19	20	32	38	42	4
3	11	16	19	21	27	31	30	63	3	20	23	36	38	40	5	123	7	17	18	28	30	45	27	183	2	18	24	34	40	42	5	243	2	12	17	19	28	42	34	303	2	14	17	30	38	45	43
4	14	27	30	31	40	42	2	64	14	15	18	21	26	36	39	124	4	16	23	25	29	42	1	184	1	2	6	16	20	33	41	244	13	16	25	36	37	38	19	304	4	10	16	26	33	41	38
5	16	24	29	40	41	42	3	65	4	25	33	36	40	43	39	125	2	8	32	33	35	36	18	185	1	2	4	8	19	38	14	245	9	11	27	31	32	38	22	305	7	8	18	21	23	39	9
6	14	15	26	27	40	42	34	66	2	3	7	17	22	24	45	126	7	20	22	27	40	43	1	186	4	10	14	19	21	45	9	246	13	18	21	23	26	39	15	306	4	18	23	30	34	41	19
7	2	9	16	25	26	40	42	67	3	7	10	15	36	38	33	127	3	5	10	29	32	43	35	187	1	2	8	18	29	38	42	247	12	15	28	36	39	40	13	307	5	15	21	23	25	45	12
8	8	19	25	34	37	39	9	68	10	12	15	16	26	39	38	128	12	30	34	36	37	45	39	188	19	24	27	30	31	34	36	248	3	8	17	23	38	45	13	308	14	15	17	19	37	45	40
9	2	4	16	17	36	39	14	69	5	8	14	15	19	39	35	129	19	23	25	28	38	42	17	189	8	14	32	35	37	45	28	249	3	8	27	31	41	44	11	309	1	2	5	11	18	36	22
10	9	25	30	33	41	44	6	70	5	19	22	25	28	43	26	130	7	19	24	27	42	45	31	190	8	14	18	30	31	44	15	250	19	23	30	37	43	45	38	310	1	5	19	28	34	41	16
11	1	7	36	37	41	42	14	71	5	9	12	16	29	41	21	131	8	10	11	14	15	21	37	191	5	6	24	25	32	37	8	251	6	7	19	25	28	38	45	311	4	12	24	27	28	32	10
12	2	11	21	25	39	45	44	72	2	4	11	17	26	27	1	132	3	17	23	34	41	45	43	192	4	8	11	18	37	45	33	252	14	23	26	31	39	45	28	312	2	3	5	6	12	20	25
13	22	23	25	37	38	42	26	73	3	12	18	32	40	43	38	133	4	7	15	18	23	26	13	193	6	14	18	26	36	39	13	253	8	19	25	31	34	36	33	313	9	17	34	35	43	45	2
14	2	6	12	31	33	40	15	74	6	15	17	18	35	40	23	134	3	12	20	23	31	35	43	194	15	20	23	26	39	44	28	254	1	5	19	20	24	30	27	314	15	17	19	34	38	41	2
15	3	4	16	30	31	37	13	75	2	5	24	32	34	44	28	135	6	14	22	28	35	39	16	195	7	10	19	22	35	40	31	255	1	5	6	24	27	42	32	315	1	13	33	35	43	45	23
16	6	7	24	37	38	40	33	76	1	3	15	22	25	37	43	136	2	16	30	36	41	42	11	196	35	36	37	41	44	45	30	256	4	11	14	21	23	43	32	316	10	11	21	27	31	39	43
17	3	4	9	17	32	37	1	77	2	18	29	32	43	44	37	137	7	9	20	25	36	39	15	197	7	12	16	34	42	45	4	257	6	13	27	31	32	37	4	317	3	10	11	22	36	39	8
18	3	12	13	19	32	35	29	78	10	13	25	29	33	35	38	138	10	11	27	28	37	39	19	198	12	19	20	25	41	45	2	258	14	27	30	31	38	40	17	318	2	17	19	20	34	45	21
19	6	30	38	39	40	43	26	79	3	12	24	27	30	32	14	139	9	11	15	20	28	43	13	199	14	21	22	25	30	36	43	259	4	5	14	35	42	45	34	319	5	8	22	23	33	42	37
20	10	14	18	20	23	30	41	80	17	18	24	25	26	30	1	140	3	13	17	18	19	28	8	200	5	6	13	14	17	20	7	260	7	12	15	24	37	40	43	320	16	19	20	25	41	45	3
21	6	12	17	18	31	32	21	81	5	7	11	13	20	33	6	141	8	12	29	31	42	43	2	201	3	11	24	38	39	44	26	261	6	11	16	18	31	43	2	321	12	18	20	21	25	34	42
22	4	5	6	8	17	39	25	82	1	2	3	14	27	42	39	142	12	16	30	34	40	44	19	202	12	24	27	33	39	44	17	262	9	12	24	25	29	31	36	322	9	18	29	32	38	43	20
23	5	13	17	18	33	42	44	83	6	10	15	17	19	34	14	143	26	27	28	42	43	45	8	203	1	3	11	24	30	32	7	263	1	27	28	32	37	40	18	323	10	14	15	32	36	42	3
24	7	8	27	29	36	43	6	84	16	23	27	34	42	45	11	144	4	15	17	26	36	37	43	204	3	12	14	35	40	45	5	264	9	16	27	36	41	44	5	324	2	4	21	25	33	36	17
25	2	4	21	26	43	44	16	85	6	8	13	23	31	36	21	145	2	3	13	20	27	44	9	205	1	3	21	29	35	37	30	265	5	9	34	37	38	39	12	325	7	17	20	32	44	45	33
26	4	5	7	18	20	25	31	86	2	12	37	39	41	45	33	146	2	19	27	35	41	42	25	206	1	2	3	15	20	25	43	266	3	4	9	11	22	42	37	326	16	23	25	33	36	39	40
27	1	20	26	28	37	43	27	87	4	12	16	23	34	43	26	147	4	6	13	21	40	42	36	207	3	11	14	31	32	37	38	267	7	8	24	34	36	41	1	327	6	12	13	17	32	44	24
28	9	18	23	25	35	37	1	88	1	17	20	24	30	41	27	148	21	25	33	34	35	36	17	208	14	25	31	34	40	44	24	268	3	10	19	24	32	45	12	328	1	6	9	16	17	28	24
29	1	5	13	34	39	40	11	89	4	26	28	29	33	40	37	149	2	11	21	34	41	42	27	209	2	7	18	20	24	33	37	269	5	18	20	36	42	43	32	329	9	17	19	30	35	42	4
30	8	17	20	35	36	44	4	90	17	20	29	35	38	44	10	150	2	18	25	28	37	39	16	210	10	19	22	23	25	37	39	270	5	9	12	20	21	26	27	330	3	4	16	17	19	20	23
31	7	9	18	23	28	35	32	91	1	21	24	26	29	42	27	151	1	2	10	13	18	19	15	211	12	13	17	20	33	41	8	271	3	8	9	27	29	40	36	331	4	9	14	26	31	44	39
32	6	14	19	25	34	44	11	92	3	14	24	33	35	36	17	152	1	5	13	26	29	34	43	212	11	12	18	21	31	38	8	272	7	9	12	27	39	43	28	332	16	17	34	36	42	45	3
33	4	7	32	33	40	41	9	93	6	22	24	36	38	44	19	153	3	8	11	12	13	36	33	213	2	3	4	5	20	24	42	273	1	8	24	31	34	44	6	333	5	14	27	30	39	43	35
34	9	26	35	37	40	42	2	94	5	32	34	40	41	45	6	154	6	19	21	35	40	45	20	214	5	7	20	25	28	37	32	274	13	14	15	26	35	39	25	334	13	15	21	29	39	43	33
35	2	3	11	26	37	43	39	95	8	17	27	31	34	43	14	155	16	19	20	32	33	41	4	215	2	3	7	15	43	44	4	275	14	19	20	35	38	40	26	335	5	9	16	23	26	45	21
36	1	10	23	26	28	40	31	96	1	3	8	21	22	31	20	156	5	18	28	30	42	45	2	216	7	16	17	33	36	40	1	276	4	15	21	33	39	41	25	336	3	5	20	34	35	44	16
37	7	27	30	33	35	37	42	97	6	7	14	15	20	36	3	157	19	26	30	33	35	39	37	217	16	20	27	33	35	39	38	277	10	12	13	15	25	29	20	337	1	5	14	18	32	37	4
38	16	17	22	30	37	43	36	98	6	9	16	23	24	32	43	158	4	9	13	18	21	34	7	218	1	8	14	18	29	44	20	278	3	11	37	39	41	43	13	338	2	13	34	38	42	45	16
39	6	7	13	15	21	43	8	99	1	3	10	27	29	37	11	159	1	18	30	41	42	43	32	219	4	11	20	26	35	37	16	279	7	16	31	36	37	38	11	339	6	8	14	21	30	37	45
40	7	13	18	19	25	26	6	100	1	7	11	23	37	42	6	160	3	7	8	34	39	41	1	220	5	11	19	21	34	43	31	280	10	11	23	24	36	37	35	340	18	24	25	29	34	38	32
41	13	21	23	35	38	43	34	101	1	3	17	32	35	45	8	161	22	34	36	40	42	45	44	221	2	20	33	35	37	40	10	281	1	3	4	6	14	41	12	341	1	8	19	34	39	43	41
42	17	18	19	21	23	32	1	102	17	22	24	26	35	40	42	162	1	5	21	25	38	41	24	222	5	7	28	29	39	43	44	282	2	5	10	18	31	32	30	342	1	13	14	33	34	43	25
43	6	31	35	38	39	44	1	103	5	14	15	27	30	45	10	163	7	11	26	28	29	44	16	223	1	3	18	20	26	27	38	283	6	8	18	31	38	45	42	343	1	10	17	29	31	43	15
44	3	11	21	30	38	45	39	104	17	32	33	34	42	44	35	164	6	9	10	11	39	41	27	224	4	19	26	27	30	42	7	284	2	7	15	24	30	45	28	344	1	2	15	28	34	45	38
45	1	10	20	27	33	35	17	105	8	10	20	34	41	45	28	165	5	13	18	19	22	42	31	225	5	11	13	19	31	36	7	285	13	33	37	40	41	45	2	345	15	20	23	29	39	42	2
46	8	13	15	23	31	38	39	106	4	10	12	22	24	33	29	166	9	12	27	36	39	45	14	226	2	6	8	14	21	22	34	286	1	15	19	40	42	44	17	346	5	13	14	22	44	45	33
47	14	17	26	31	36	45	27	107	1	4	5	6	9	31	17	167	24	27	28	30	36	39	4	227	4	5	15	16	22	42	2	287	6	12	24	27	35	37	41	347	3	8	13	27	32	42	10
48	6	10	18	26	37	38	3	108	7	18	22	23	29	44	12	168	3	10	31	40	42	43	30	228	17	25	35	36	39	44	23	288	1	12	17	28	35	41	10	348	3	14	17	20	24	31	34
49	4	7	16	19	33	40	30	109	1	5	34	36	42	44	33	169	16	27	35	37	43	45	19	229	4	5	9	11	23	38	35	289	3	14	33	37	38	42	10	349	5	13	14	20	24	25	36
50	2	10	12	15	22	44	1	110	7	20	22	23	29	43	1	170	2	11	13	15	31	42	10	230	5	11	14	29	32	33	12	290	8	13	18	32	39	45	7	350	1	8	18	24	29	33	35
51	2	3	11	16	26	44	35	111	7	18	31	33	36	40	27	171	4	16	25	29	34	35	1	231	5	10	19	31	44	45	27	291	3	7	8	18	20	42	45	351	5	25	27	29	34	36	33
52	2	4	15	16	20	29	1	112	26	29	30	33	41	42	43	172	4	19	21	24	26	41	35	232	8	9	10	12	24	44	35	292	17	18	31	32	33	34	10	352	5	16	17	20	26	41	24
53	7	8	14	32	33	39	42	113	4	9	28	33	36	45	26	173	3	9	24	30	33	34	18	233	4	6	13	17	28	40	39	293	1	9	17	21	29	33	24	353	11	16	19	22	29	36	26
54	1	8	21	27	36	39	37	114	11	14	19	26	28	41	2	174	13	14	18	22	35	39	16	234	13	21	22	24	26	37	4	294	6	10	17	30	37	38	40	354	14	19	36	43	44	45	1
55	17	21	31	37	40	44	7	115	1	2	6	9	25	28	31	175	19	26	28	31	33	36	17	235	21	22	26	27	31	37	8	295	1	4	12	16	18	38	8	355	5	8	29	30	35	44	38
56	10	14	30	31	33	37	19	116	2	4	25	31	34	37	17	176	4	17	30	32	33	34	15	236	1	4	8	13	37	39	7	296	3	8	15	27	30	45	44	356	2	8	14	25	29	45	24
57	7	10	16	25	29	44	6	117	5	10	22	34	36	44	35	177	1	10	13	16	37	43	6	237	1	11	17	21	24	44	33	297	6	11	19	20	28	32	34	357	10	14	18	21	36	37	5
58	10	24	25	33	40	44	1	118	3	4	10	17	19	22	38	178	1	5	11	12	18	23	9	238	2	4	15	28	31	34	35	298	5	9	27	29	37	40	19	358	1	9	10	12	21	40	37
59	6	29	36	39	41	45	13	119	3	11	13	14	17	21	38	179	5	9	17	25	39	43	32	239	11	15	24	39	41	44	7	299	1	3	20	25	36	45	24	359	1	10	19	20	24	40	23
60	2	8	25	36	39	42	11	120	4	6	10	11	32	37	30	180	2	15	20	21	29	34	22	240	6	10	16	40	41	43	21	300	7	9	10	12	26	38	39	360	4	16	23	25	35	40	27

A
B
가
C
D
E
나
다
F
G
H
I

2.2. 역대 로또 당첨번호(421~780회차)에 나타나는 조합(34, 35, 39)와 조합(34, 38, 39)의 동행

★ '가'에서 '다'에 나타나는 조합(34, 35, 39)와 조합(34, 38, 39)

〈표 3-2-2〉에서도 조합(34, 35, 39)와 조합(34, 38, 39)가 동행하는 것을 찾을 수 있는데, 여기에서도 조합(34, 35, 39)는 적색으로, 조합(34, 38, 39)는 녹색으로 표시된다.

먼저 '가'의 경우, 38이 총 4번 뜨는데 이것은 규칙과 불규칙에 의해 동일점이라 할 수 있다. 그리고 처음에 등장한 38이 34와 함께 등장하기 때문에 이 34가 38과 함께 계속 동행한다고 할 수 있다. 그리고 이것이 마지막의 34, 39와 연결되어 조합(34, 38, 39)를 형성한다고 볼 수 있다.

이어서 '나'를 살펴보면, A의 34가 B의 34와 두 주 간격이므로 동일하다고 볼 수 있고 이로써 적색으로 표시된 조합(34, 35, 39)가 형성된다. 따라서 '가'와 '나'는 동행한다고 볼 수 있다.

그리고 '다'에서는 C와 D와 F의 34가 5주 간격으로 반복해서 나타나 동일한 것으로 볼 수 있고 이에 따라, 조합(34, 35, 39)가 형성됨을 알 수 있다. 그리고 '라'에서는 E의 39과 F의 39가 동일한 것으로 간주되어 조합(34, 38, 39)가 형성된다. 따라서 '다'와 '라'가 동행함을 알 수 있다.

또한, '마'에서도 두 조합이 동시에 나타나는데 G의 34가 H의 34가 동일한 것으로 간주되어 조합(34, 35, 39)가 나타나고 마찬가지 방법으로 조합(34, 38, 39)도 형성된다. 그리고 이 둘이 동행함을 알 수 있다.

마지막으로 I에서 조합(34, 35, 39)가 한 회차에 나타나는데 이것은 진행 중이다.

〈표 3-2-2〉

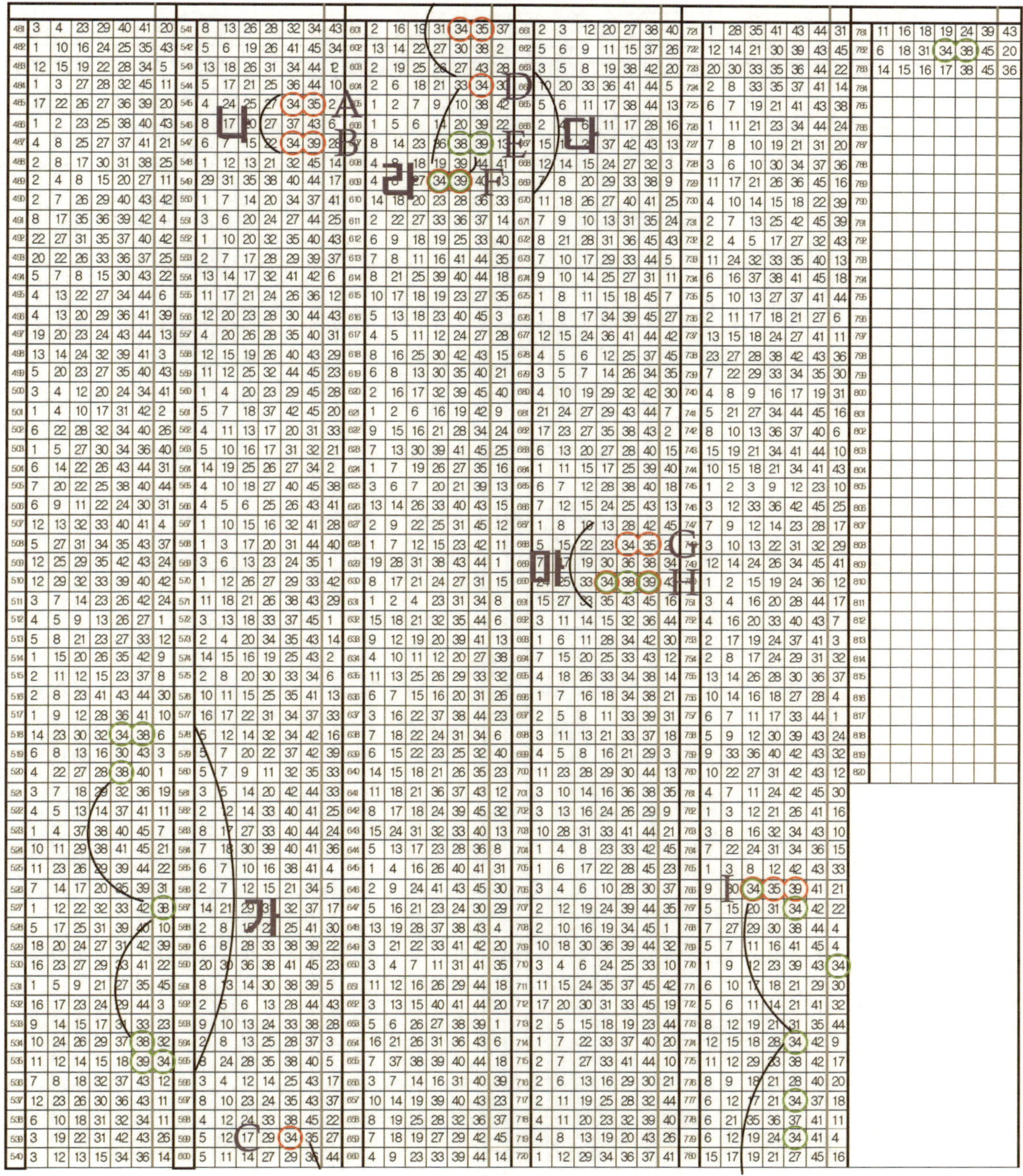

회차							
481	3	4	23	29	40	41	20
482	1	10	16	24	25	35	43
483	12	15	19	22	28	34	5
484	1	3	27	28	32	45	11
485	17	22	26	27	36	39	20
486	1	2	23	25	38	40	43
487	4	8	25	27	37	41	21
488	2	8	17	30	31	38	25
489	2	4	8	15	20	27	11
490	2	7	26	29	40	43	42
491	8	17	35	36	39	42	4
492	22	27	31	35	37	40	42
493	20	22	26	33	36	37	25
494	5	7	8	15	30	43	22
495	4	13	22	27	34	44	6
496	4	13	20	29	36	41	39
497	19	20	23	24	43	44	13
498	13	14	24	32	39	41	3
499	5	20	23	27	35	40	43
500	3	4	12	20	24	34	41
501	1	4	10	17	31	42	2
502	6	22	28	32	34	40	26
503	1	5	27	30	34	36	40
504	6	14	22	26	43	44	31
505	7	20	22	25	38	40	44
506	6	9	11	22	24	30	31
507	12	13	32	33	40	41	4
508	5	27	31	34	35	43	37
509	12	25	29	35	42	43	24
510	12	29	32	33	39	40	42
511	3	7	14	23	26	42	24
512	4	5	9	13	26	27	1
513	5	8	21	23	27	33	12
514	1	15	20	26	35	42	9
515	2	11	12	15	23	37	8
516	2	8	23	41	43	44	30
517	1	9	12	28	36	41	10
518	14	23	30	32	34	38	6
519	6	8	13	16	30	43	3
520	4	22	27	28	38	40	1
521	3	7	18	29	32	36	19
522	4	5	13	14	37	41	11
523	1	4	37	38	40	45	7
524	10	11	29	38	41	45	21
525	11	23	26	29	39	44	22
526	7	14	17	20	35	39	31
527	1	12	22	32	33	42	38
528	5	17	25	31	39	40	10
529	18	20	24	27	31	42	39
530	16	23	27	29	33	41	22
531	1	5	9	21	27	35	45
532	16	17	23	24	29	44	3
533	9	14	15	17	31	33	23
534	10	24	26	29	37	38	32
535	11	12	14	15	18	39	34
536	7	8	18	32	37	43	12
537	12	23	26	30	36	43	11
538	6	10	18	31	32	34	11
539	3	19	22	31	42	43	26
540	3	12	13	15	34	36	14

회차							
541	8	13	26	28	32	34	43
542	5	6	19	26	41	45	34
543	13	18	26	31	34	44	12
544	5	17	21	25	36	44	10
545	4	24	25	27	34	35	2
546	8	17	20	27	37	43	6
547	6	7	15	22	34	39	28
548	1	12	13	21	32	45	14
549	29	31	35	38	40	44	17
550	1	7	14	20	34	37	41
551	3	6	20	24	27	44	25
552	1	10	20	32	35	40	43
553	2	7	17	28	29	39	37
554	13	14	17	32	41	42	6
555	11	17	21	24	26	36	12
556	12	20	23	28	30	44	43
557	4	20	26	28	35	40	31
558	12	15	19	26	40	43	29
559	11	12	25	32	44	45	23
560	1	4	20	23	29	45	28
561	5	7	18	37	42	45	20
562	4	11	13	17	20	31	33
563	5	10	16	17	31	32	21
564	14	19	25	26	27	34	2
565	4	10	18	27	40	45	38
566	4	5	6	25	26	43	41
567	1	10	15	16	32	41	28
568	1	3	17	20	31	44	40
569	3	6	13	23	24	35	1
570	1	12	26	27	29	33	42
571	11	18	21	26	38	43	29
572	3	13	18	33	37	45	1
573	2	4	20	34	35	43	14
574	14	15	16	19	25	43	2
575	2	8	20	30	33	34	6
576	10	11	15	25	35	41	13
577	16	17	22	31	34	37	33
578	5	12	14	32	34	42	16
579	5	7	20	22	37	42	39
580	5	7	9	11	32	35	33
581	3	5	14	20	42	44	33
582	2	12	14	33	40	41	25
583	8	17	27	33	40	44	24
584	7	18	30	39	40	41	36
585	6	7	10	16	38	41	4
586	2	7	12	15	21	34	5
587	14	21	29	31	32	37	17
588	2	8	17	22	25	41	30
589	6	8	28	33	38	39	22
590	20	30	36	38	41	45	23
591	8	13	14	30	38	39	5
592	2	5	6	13	28	44	43
593	9	10	13	24	33	38	28
594	2	8	13	25	28	37	3
595	8	24	28	35	38	40	5
596	3	4	12	14	25	43	17
597	8	10	23	24	35	43	37
598	4	12	24	33	38	45	22
599	5	12	17	29	34	35	27
600	5	11	14	27	29	36	44

회차							
601	2	16	19	31	34	35	37
602	13	14	22	27	30	38	2
603	2	19	25	26	27	43	28
604	2	6	18	21	33	34	30
605	1	2	7	9	10	38	42
606	1	5	6	14	20	39	22
607	8	14	23	36	38	39	13
608	4	8	18	19	39	44	41
609	4	8	27	34	39	40	13
610	14	18	20	23	28	36	33
611	2	22	27	33	36	37	14
612	6	9	18	19	25	33	40
613	7	8	11	16	41	44	35
614	8	21	25	39	40	44	18
615	10	17	18	19	23	27	35
616	5	13	18	23	40	45	3
617	4	5	11	12	24	27	28
618	8	16	25	30	42	43	15
619	6	8	13	30	35	40	21
620	2	16	17	32	39	45	40
621	1	2	6	16	19	42	9
622	9	15	16	21	28	34	24
623	7	13	30	39	41	45	25
624	1	7	19	26	27	35	16
625	3	6	7	20	21	39	13
626	13	14	26	33	40	43	15
627	2	9	22	25	31	45	12
628	1	7	12	15	23	42	11
629	19	28	31	38	43	44	1
630	8	17	21	24	27	31	15
631	1	2	4	23	31	34	8
632	15	18	21	32	35	44	6
633	9	12	19	20	39	41	13
634	4	10	11	12	20	27	38
635	11	13	25	26	29	33	32
636	6	7	15	16	20	31	26
637	3	16	22	37	38	44	23
638	7	18	22	24	31	34	6
639	6	15	22	23	25	32	40
640	14	15	18	21	26	35	23
641	11	18	21	36	37	43	12
642	8	17	18	24	39	45	32
643	15	24	31	32	33	40	13
644	5	13	17	23	28	36	8
645	1	4	16	26	40	41	31
646	2	9	24	41	43	45	30
647	5	16	21	23	24	30	29
648	13	19	28	37	38	43	4
649	3	21	22	33	41	42	20
650	3	4	7	11	31	41	35
651	11	12	16	26	29	44	18
652	3	13	15	40	41	44	20
653	5	6	26	27	38	39	1
654	16	21	26	31	36	43	6
655	7	37	38	39	40	44	18
656	3	7	14	16	31	40	39
657	10	14	19	39	40	43	23
658	8	19	25	28	32	36	37
659	7	18	19	27	29	42	45
660	4	9	23	33	39	44	14

회차							
661	2	3	12	20	27	38	40
662	5	6	9	11	15	37	26
663	3	5	8	19	38	42	20
664	10	20	33	36	41	44	5
665	5	6	11	17	38	44	13
666	2	4	6	11	17	28	16
667	15	[illegible]	[illegible]	37	42	43	13
668	12	14	15	24	27	32	3
669	7	8	20	29	33	38	9
670	11	18	26	27	40	41	25
671	7	9	10	13	31	35	24
672	8	21	28	31	36	45	43
673	7	10	17	29	33	44	5
674	9	10	14	25	27	31	11
675	1	8	11	15	18	45	7
676	1	8	17	34	39	45	27
677	12	15	24	36	41	44	42
678	4	5	6	12	25	37	45
679	3	5	7	14	26	34	35
680	4	10	19	29	32	42	30
681	21	24	27	29	43	44	7
682	17	23	27	35	38	43	2
683	6	13	20	27	28	40	15
684	1	11	15	17	25	39	40
685	6	7	12	28	38	40	18
686	7	12	15	24	25	43	13
687	1	8	10	13	28	42	45
688	5	15	22	23	34	35	[illegible]
689	7	17	19	30	36	38	34
690	24	25	33	34	38	39	[illegible]
691	15	27	33	35	43	45	16
692	3	11	14	15	32	36	44
693	1	6	11	28	34	42	30
694	7	15	20	25	33	43	12
695	4	18	26	33	34	38	14
696	1	7	16	18	34	38	21
697	2	5	8	11	33	39	31
698	3	11	13	21	33	37	18
699	4	5	8	16	21	29	3
700	11	23	28	29	30	44	13
701	3	10	14	16	36	38	35
702	3	13	16	24	26	29	9
703	10	28	31	33	41	44	21
704	1	4	8	23	33	42	45
705	1	6	17	22	28	45	23
706	3	4	6	10	28	30	37
707	2	12	19	24	39	44	35
708	2	10	16	19	34	45	1
709	10	18	30	36	39	44	32
710	3	4	6	24	25	33	10
711	11	15	24	35	37	45	42
712	17	20	30	31	33	45	19
713	2	5	15	18	19	23	44
714	1	7	22	33	37	40	20
715	2	7	27	33	41	44	10
716	2	6	13	16	29	30	21
717	2	11	19	25	28	32	44
718	4	11	20	23	32	39	40
719	4	8	13	19	20	43	26
720	1	12	29	34	36	37	41

회차							
721	1	28	35	41	43	44	31
722	12	14	21	30	39	43	45
723	20	30	33	35	36	44	22
724	2	8	33	35	37	41	14
725	6	7	19	21	41	43	38
726	1	11	21	23	34	44	24
727	7	8	10	19	21	31	20
728	3	6	10	30	34	37	36
729	11	17	21	26	36	45	16
730	4	10	14	15	18	22	39
731	2	7	13	25	42	45	39
732	2	4	5	17	27	32	43
733	11	24	32	33	35	40	13
734	6	16	37	38	41	45	18
735	5	10	13	27	37	41	44
736	2	11	17	18	21	27	6
737	13	15	18	24	27	41	11
738	23	27	28	38	42	43	36
739	7	22	29	33	34	35	30
740	4	8	9	16	17	19	31
741	5	21	27	34	44	45	16
742	8	10	13	36	37	40	6
743	15	19	21	34	41	44	10
744	10	15	18	21	34	41	43
745	1	2	3	9	12	23	10
746	3	12	33	36	42	45	25
747	7	9	12	14	23	28	17
748	3	10	13	22	31	32	29
749	12	14	24	26	34	45	41
750	1	2	15	19	24	36	12
751	3	4	16	20	28	44	17
752	4	16	20	33	40	43	7
753	2	17	19	24	37	41	3
754	2	8	17	24	29	31	32
755	13	14	26	28	30	36	37
756	10	14	16	18	27	28	4
757	6	7	11	17	33	44	1
758	5	9	12	30	39	43	24
759	9	33	36	40	42	43	32
760	10	22	27	31	42	43	12
761	4	7	11	24	42	45	30
762	1	3	12	21	26	41	16
763	3	8	16	32	34	43	10
764	7	22	24	31	34	36	15
765	1	3	8	12	42	43	33
766	9	30	34	35	39	41	21
767	5	15	20	31	34	42	22
768	7	27	29	30	38	44	4
769	5	7	11	16	41	45	4
770	1	9	12	23	39	43	34
771	6	10	17	18	21	29	30
772	5	6	11	14	21	41	32
773	8	12	19	21	31	35	44
774	12	15	18	28	34	42	9
775	11	12	29	33	38	42	17
776	8	9	18	21	28	40	20
777	6	12	17	21	34	37	18
778	6	21	35	36	37	41	11
779	6	12	19	24	34	41	4
780	15	17	19	21	27	45	16

회차							
781	11	16	18	19	24	39	43
782	6	18	31	34	38	45	20
783	14	15	16	17	38	45	36
784							
785							
786							
787							
788							
789							
790							
791							
792							
793							
794							
795							
796							
797							
798							
799							
800							
801							
802							
803							
804							
805							
806							
807							
808							
809							
810							
811							
812							
813							
814							
815							
816							
817							
818							
819							
820							

조합 34,35,39 - 34,38,39

1	10	23	29	33	37	40	16	61	14	15	19	30	38	43	8	121	12	28	30	34	38	43	9	181	14	21	23	32	40	45	44	241	2	16	24	27	28	35	21	301	7	11	13	33	37	43	26	361	5
2	9	13	21	25	32	42	2	62	3	8	15	27	29	35	21	122	1	11	16	17	36	40	8	182	13	15	27	29	34	40	35	242	4	19	20	21	32	34	43	302	13	19	20	32	38	42	4	362	2
3	11	16	19	21	27	31	30	63	3	20	23	36	38	40	5	123	7	17	18	28	30	45	27	183	2	18	24	34	40	42	5	243	2	12	17	19	28	42	34	303	2	14	17	30	38	45	43	363	11
4	14	27	30	31	40	42	2	64	14	15	18	21	26	36	39	124	4	16	23	25	29	42	1	184	1	2	6	16	20	33	41	244	13	16	25	36	37	38	19	304	4	10	16	26	33	41	38	364	2
5	16	24	29	40	41	42	3	65	4	25	33	36	40	43	39	125	2	8	32	33	35	36	18	185	1	2	4	8	19	38	14	245	9	11	27	31	32	38	22	305	7	8	18	21	23	39	9	365	5
6	14	15	26	27	40	42	34	66	2	3	7	17	22	24	45	126	7	20	22	27	40	43	1	186	4	10	14	19	21	45	9	246	13	18	21	23	26	39	15	306	4	18	23	30	34	41	19	366	5
7	2	9	16	25	26	40	42	67	3	7	10	15	36	38	33	127	3	5	10	29	32	43	35	187	1	2	8	18	29	38	42	247	12	15	28	36	39	40	13	307	5	15	21	23	25	45	12	367	3
8	8	19	25	34	37	39	9	68	10	12	15	16	26	39	38	128	12	30	34	36	37	45	39	188	19	24	27	30	31	34	36	248	3	8	17	23	38	45	13	308	14	15	17	19	37	45	40	368	11
9	2	4	16	17	36	39	14	69	5	8	14	15	19	39	35	129	19	23	25	28	38	42	17	189	8	14	32	35	37	45	28	249	3	8	27	31	41	44	11	309	1	2	5	11	18	36	22	369	17
10	9	25	30	33	41	44	6	70	5	19	22	25	28	43	26	130	7	19	24	27	42	45	31	190	8	14	18	30	31	44	15	250	19	23	30	37	43	45	38	310	1	5	19	28	34	41	16	370	16
11	1	7	36	37	41	42	14	71	5	9	12	16	29	41	21	131	8	10	11	14	15	21	37	191	5	6	24	25	32	37	8	251	6	7	19	25	28	38	45	311	4	12	24	27	28	32	10	371	7
12	2	11	21	25	39	45	44	72	2	4	11	17	26	27	1	132	3	17	23	34	41	45	43	192	4	8	11	18	37	45	33	252	14	23	26	31	39	45	28	312	2	3	5	6	12	20	25	372	8
13	22	23	25	37	38	42	26	73	3	12	18	32	40	43	38	133	4	7	15	18	23	26	13	193	6	14	18	26	36	39	13	253	8	19	25	31	34	36	33	313	9	17	34	35	43	45	2	373	15
14	2	6	12	31	33	40	15	74	6	15	17	18	35	40	23	134	3	12	20	23	31	35	43	194	15	20	23	26	39	44	28	254	1	5	19	20	24	30	27	314	15	17	19	34	38	41	2	374	11
15	3	4	16	30	31	37	13	75	2	5	24	32	34	44	28	135	6	14	22	28	35	39	16	195	7	10	19	22	35	40	31	255	1	5	6	24	27	42	32	315	1	13	33	35	43	45	23	375	4
16	6	7	24	37	38	40	33	76	1	3	15	22	25	37	43	136	2	16	30	36	41	42	11	196	35	36	37	41	44	45	30	256	4	11	14	21	23	43	32	316	10	11	21	27	31	39	43	376	1
17	3	4	9	17	32	37	1	77	2	18	29	32	43	44	37	137	7	9	20	25	36	39	15	197	7	12	16	34	42	45	4	257	6	13	27	31	32	37	4	317	3	10	11	22	36	39	8	377	6
18	3	12	13	19	32	35	29	78	10	13	25	29	33	35	38	138	10	11	27	28	37	39	19	198	12	19	20	25	41	45	2	258	14	27	30	31	38	40	17	318	2	17	19	20	34	45	21	378	5
19	6	30	38	39	40	43	26	79	3	12	24	27	30	32	14	139	9	11	15	20	28	43	13	199	14	21	22	25	30	36	43	259	4	5	14	35	42	45	34	319	5	8	22	28	33	42	37	379	6
20	10	14	18	20	23	30	41	80	17	18	24	25	26	30	1	140	3	13	17	18	19	28	8	200	5	6	13	14	17	20	7	260	7	12	15	24	37	40	43	320	16	19	23	25	41	45	3	380	1
21	6	12	17	18	31	32	21	81	5	7	11	13	20	33	6	141	8	12	29	31	42	43	2	201	3	11	24	38	39	44	26	261	6	11	16	18	31	43	2	321	12	18	20	21	25	34	42	381	1
22	4	5	6	8	17	39	25	82	1	2	3	14	27	42	39	142	12	16	30	34	40	44	19	202	12	24	27	33	39	44	17	262	9	12	24	25	29	31	36	322	9	18	29	32	38	43	20	382	10
23	5	13	17	18	33	42	44	83	6	10	15	17	19	34	14	143	26	27	28	42	43	45	8	203	1	3	11	24	30	32	7	263	1	27	28	32	37	40	18	323	10	14	15	32	36	42	3	383	4
24	7	8	27	29	36	43	6	84	16	23	27	34	42	45	11	144	4	15	17	26	36	37	43	204	3	12	14	35	40	45	5	264	9	16	27	36	41	44	5	324	2	4	21	25	33	36	17	384	11
25	2	4	21	26	43	44	16	85	6	8	13	23	31	36	21	145	2	3	13	20	27	44	9	205	1	3	21	29	35	37	30	265	5	9	34	37	38	39	12	325	7	17	20	32	44	45	33	385	7
26	4	5	7	18	20	25	31	86	2	12	37	39	41	45	33	146	2	19	27	35	41	42	25	206	1	2	3	15	20	25	43	266	3	4	9	11	22	42	37	326	16	23	25	33	36	39	40	386	4
27	1	20	26	28	37	43	27	87	4	12	16	23	34	43	26	147	4	6	13	21	40	42	36	207	3	11	14	31	32	37	38	267	7	8	24	34	36	41	1	327	6	12	13	17	32	44	24	387	1
28	9	18	23	25	35	37	1	88	1	17	20	24	30	41	27	148	21	25	33	34	35	36	17	208	14	25	31	34	40	44	24	268	3	10	19	24	32	45	12	328	1	6	9	16	17	28	24	388	1
29	1	5	13	34	39	40	11	89	4	26	28	29	33	40	37	149	2	11	21	34	41	42	27	209	2	7	18	20	24	33	37	269	5	18	20	36	42	43	32	329	9	17	19	30	35	42	4	389	7
30	8	17	20	35	36	44	4	90	17	20	29	35	38	44	10	150	2	18	25	28	37	39	16	210	10	19	22	23	25	37	39	270	5	9	12	20	21	26	27	330	3	4	16	17	19	20	23	390	16
31	7	9	18	23	28	35	32	91	1	21	24	26	29	42	27	151	1	2	10	13	18	19	15	211	12	13	17	20	33	41	8	271	3	8	9	27	29	40	36	331	4	9	14	26	31	44	39	391	10
32	6	14	19	25	34	44	11	92	3	14	24	33	35	36	17	152	1	5	13	26	29	34	43	212	11	12	18	21	31	38	8	272	7	9	12	27	39	43	28	332	16	17	34	36	42	45	3	392	1
33	4	7	32	33	40	41	9	93	6	22	24	36	38	44	19	153	3	8	11	12	13	36	33	213	2	3	4	5	20	24	42	273	1	8	24	31	34	44	6	333	5	14	27	30	39	43	35	393	9
34	9	26	35	37	40	42	2	94	5	32	34	40	41	45	6	154	6	19	21	35	40	45	20	214	5	7	20	25	28	37	32	274	13	14	15	26	35	39	25	334	13	15	21	29	39	43	33	394	1
35	2	3	11	26	37	43	39	95	8	17	27	31	34	43	14	155	16	19	20	32	33	41	4	215	2	3	7	15	43	44	4	275	14	19	20	35	38	40	26	335	5	9	16	23	26	45	21	395	11
36	1	10	23	26	28	40	31	96	1	3	8	21	22	31	20	156	5	18	28	30	42	45	2	216	7	16	17	33	36	40	1	276	4	15	21	33	39	41	25	336	3	5	20	34	35	44	16	396	18
37	7	27	30	33	35	37	42	97	6	7	14	15	20	36	3	157	19	26	30	33	35	39	37	217	16	20	27	33	35	39	38	277	10	12	13	15	25	29	20	337	1	5	14	18	32	37	4	397	12
38	16	17	22	30	37	43	36	98	6	9	16	23	24	32	43	158	4	9	13	18	21	34	7	218	1	8	14	18	29	44	20	278	3	11	37	39	41	43	13	338	2	13	34	38	42	45	16	398	10
39	6	7	13	15	21	43	8	99	1	3	10	27	29	37	11	159	1	18	30	41	42	43	32	219	4	11	20	26	35	37	16	279	7	16	31	36	37	38	11	339	6	8	14	21	30	37	45	399	1
40	7	13	18	19	25	26	6	100	1	7	11	23	37	42	6	160	3	7	8	34	39	41	1	220	5	11	19	21	34	43	31	280	10	11	23	24	36	37	35	340	18	24	26	29	34	38	32	400	9
41	13	20	23	35	38	43	34	101	1	3	17	32	35	45	8	161	22	34	36	40	42	45	44	221	2	20	33	35	37	40	10	281	1	3	4	6	14	41	12	341	1	8	19	34	39	43	41	401	6
42	17	18	19	21	23	32	1	102	17	22	24	26	35	40	42	162	1	5	21	25	38	41	24	222	5	7	28	29	39	43	44	282	2	5	10	18	31	32	30	342	1	13	14	33	34	43	25	402	5
43	6	31	35	38	39	44	1	103	5	14	15	27	30	45	10	163	7	11	26	28	29	44	16	223	1	3	18	20	26	27	38	283	6	8	18	31	38	45	42	343	1	10	17	29	31	43	15	403	10
44	3	11	21	30	38	45	39	104	17	32	33	34	42	44	35	164	6	9	10	11	39	41	27	224	4	19	26	27	30	42	7	284	2	7	15	24	30	45	28	344	1	2	15	28	34	45	38	404	5
45	1	10	20	27	33	35	17	105	8	10	20	34	41	45	28	165	5	13	18	19	22	42	31	225	5	11	13	19	31	36	7	285	13	33	37	40	41	45	2	345	15	20	23	29	39	42	2	405	1
46	8	13	15	23	31	38	39	106	4	10	12	22	24	33	29	166	9	12	27	36	39	45	14	226	2	6	8	14	21	22	34	286	1	15	19	40	42	44	17	346	5	13	14	22	44	45	33	406	7
47	14	17	26	31	36	45	27	107	1	4	5	6	9	31	17	167	24	27	28	30	36	39	4	227	4	5	15	16	22	42	2	287	6	12	24	27	35	37	41	347	3	8	13	27	32	42	10	407	6
48	6	10	18	26	37	38	3	108	7	18	22	23	29	44	12	168	3	10	31	40	42	43	30	228	17	25	35	36	39	44	23	288	1	12	17	28	35	41	10	348	3	14	17	20	24	31	34	408	9
49	4	7	16	19	33	40	30	109	1	5	34	36	42	44	33	169	16	27	35	37	43	45	19	229	4	5	9	11	23	38	35	289	3	14	33	37	38	42	10	349	5	13	14	20	24	25	36	409	6
50	2	10	12	15	22	44	1	110	7	20	22	23	29	43	1	170	2	11	13	15	31	42	10	230	5	11	14	29	32	33	12	290	8	13	18	32	39	45	7	350	1	8	18	24	29	33	35	410	1
51	2	3	11	16	26	44	35	111	7	18	31	33	36	40	27	171	4	16	25	29	34	35	1	231	5	10	19	31	44	45	27	291	3	7	8	18	20	42	45	351	5	25	27	29	34	36	33	411	1
52	2	4	15	16	20	29	1	112	26	29	30	33	41	42	43	172	4	19	21	24	26	41	35	232	8	9	10	12	24	44	35	292	17	18	31	32	33	34	10	352	5	16	17	20	26	41	24	412	4
53	7	8	14	32	33	39	42	113	4	9	28	33	36	45	26	173	3	9	24	30	33	34	18	233	4	6	13	17	28	40	39	293	1	9	17	21	29	33	24	353	11	16	19	22	29	36	26	413	2
54	1	8	21	27	36	39	37	114	11	14	19	26	28	41	2	174	13	14	18	22	35	39	16	234	13	21	22	24	26	37	4	294	6	10	17	30	37	38	40	354	14	19	36	43	44	45	1	414	2
55	17	21	31	37	40	44	7	115	1	2	6	9	25	28	31	175	19	26	28	31	33	36	17	235	21	22	26	27	31	37	8	295	1	4	12	16	18	38	8	355	5	8	29	30	35	44	38	415	7
56	10	14	30	31	33	37	19	116	2	4	25	31	34	37	17	176	4	17	30	32	33	34	15	236	1	4	8	13	37	39	7	296	3	8	15	27	30	45	44	356	2	8	14	25	29	45	24	416	5
57	7	10	16	25	29	44	6	117	5	10	22	34	36	44	35	177	1	10	13	16	37	43	6	237	1	11	17	21	24	44	33	297	6	11	19	20	28	32	34	357	10	14	18	21	36	37	5	417	4
58	10	24	25	33	40	44	1	118	3	4	10	17	19	22	38	178	1	5	11	12	18	23	9	238	2	4	15	28	31	34	35	298	5	9	27	29	37	40	19	358	1	9	10	12	21	40	37	418	1
59	6	29	36	39	41	45	13	119	3	11	13	14	17	21	38	179	5	9	17	25	39	43	32	239	11	15	24	39	41	44	7	299	1	3	20	25	36	45	24	359	1	10	19	20	24	40	23	419	2
60	2	8	25	36	39	42	11	120	4	6	10	11	32	37	30	180	2	15	20	21	29	34	22	240	6	10	16	40	41	43	21	300	7	9	10	12	26	38	39	360	4	16	23	25	35	40	27	420	4

35	33	421	6	11	26	27	28	44	30	481	3	4	23	29	40	41	20	541	8	13	26	28	32	34	43	601	2	16	19	31	34	35	37	661	2	3	12	20	27	38	40	721	1	28	35	41	43	44	31
40	29	422	8	15	19	21	34	44	12	482	1	10	16	24	25	35	43	542	5	6	19	26	41	45	34	602	13	14	22	27	30	38	2	662	5	6	9	11	15	37	26	722	12	14	21	30	39	43	45
38	6	423	1	17	27	28	29	40	5	483	12	15	19	22	28	34	5	543	13	18	26	31	34	44	12	603	2	19	25	26	27	43	28	663	3	5	8	19	38	42	20	723	20	30	33	35	36	44	22
40	4	424	10	11	26	31	34	44	30	484	1	3	27	28	32	45	11	544	5	17	21	25	36	44	10	604	2	6	18	21	33	34	30	664	10	20	33	36	41	44	5	724	2	8	33	35	37	41	14
30	31	425	8	10	14	27	33	38	3	485	17	22	26	27	36	39	20	545	4	24	25	27	34	35	2	605	1	2	7	9	10	38	42	665	5	6	11	17	38	44	13	725	6	7	19	21	41	43	38
44	38	426	4	17	18	27	39	43	19	486	1	2	23	25	38	40	43	546	8	17	20	27	37	43	6	606	1	5	6	14	20	39	22	666	2	4	6	11	17	28	16	726	1	11	21	23	34	44	24
44	19	427	6	7	15	24	28	30	21	487	4	8	25	27	37	41	21	547	6	7	15	22	34	39	28	607	8	14	23	36	38	39	13	667	15	17	25	37	42	43	13	727	7	8	10	19	21	31	20
45	26	428	12	16	19	22	37	40	8	488	2	8	17	30	31	38	25	548	1	12	13	21	32	45	14	608	4	8	18	19	39	44	41	668	12	14	15	24	27	32	3	728	3	6	10	30	34	37	36
43	21	429	3	23	28	34	39	42	16	489	2	4	8	15	20	27	11	549	29	31	35	38	40	44	17	609	4	8	27	34	39	40	13	669	7	8	20	29	33	38	9	729	11	17	21	26	36	45	16
45	17	430	1	3	16	18	30	34	44	490	2	7	26	29	40	43	42	550	1	7	14	20	34	37	41	610	14	18	20	23	28	36	33	670	11	18	26	27	40	41	25	730	4	10	14	15	18	22	39
42	18	431	18	22	25	31	38	45	6	491	8	17	35	36	39	42	4	551	3	6	20	24	27	44	25	611	2	22	27	33	36	37	14	671	7	9	10	13	31	35	24	731	2	7	13	25	42	45	39
21	13	432	2	3	5	11	27	39	33	492	22	27	31	35	37	40	42	552	1	10	20	32	35	40	43	612	6	9	18	19	25	33	40	672	8	21	28	31	36	45	43	732	2	4	5	17	27	32	43
45	9	433	19	23	29	33	35	43	27	493	20	22	26	33	36	37	25	553	2	7	17	28	29	39	37	613	7	8	11	16	41	44	35	673	7	10	17	29	33	44	5	733	11	24	32	33	35	40	13
34	26	434	3	13	20	24	33	37	35	494	5	7	8	15	30	43	22	554	13	14	17	32	41	42	6	614	8	21	25	39	40	44	18	674	9	10	14	25	27	31	11	734	6	16	37	38	41	45	18
45	7	435	8	16	26	30	38	45	42	495	4	13	22	27	34	44	6	555	11	17	21	24	26	36	12	615	10	17	18	19	23	27	35	675	1	8	11	15	18	45	7	735	5	10	13	27	37	41	44
40	7	436	9	14	20	22	33	34	28	496	4	13	20	29	36	41	39	556	12	20	23	28	30	44	43	616	5	13	18	23	40	45	3	676	1	8	17	34	39	45	27	736	2	11	17	18	21	27	6
45	23	437	11	16	29	38	41	44	21	497	19	20	23	24	43	44	13	557	4	20	26	28	35	40	31	617	4	5	11	12	24	27	28	677	12	15	24	36	41	44	42	737	13	15	18	24	27	41	11
39	43	438	6	12	20	26	29	38	45	498	13	14	24	32	39	41	3	558	12	15	19	26	40	43	29	618	8	16	25	30	42	43	15	678	4	5	6	12	25	37	45	738	23	27	28	38	42	43	36
40	19	439	17	20	30	31	37	40	25	499	5	20	23	27	35	40	43	559	11	12	25	32	44	45	23	619	6	8	13	30	35	40	21	679	3	5	7	14	26	34	35	739	7	22	29	33	34	35	30
37	27	440	10	22	28	34	36	44	2	500	3	4	12	20	24	34	41	560	1	4	20	23	29	45	28	620	2	16	17	32	39	45	40	680	4	10	19	29	32	42	30	740	4	8	9	16	17	19	31
20	11	441	1	23	28	30	34	35	9	501	1	4	10	17	31	42	2	561	5	7	18	37	42	45	20	621	1	2	6	16	19	42	9	681	21	24	27	29	43	44	7	741	5	21	27	34	44	45	16
42	19	442	25	27	29	36	38	40	41	502	6	22	28	32	34	40	26	562	4	11	13	17	20	31	33	622	9	15	16	21	28	34	24	682	17	23	27	35	38	43	2	742	8	10	13	36	37	40	6
40	25	443	4	6	10	19	20	44	14	503	1	5	27	30	34	36	40	563	5	10	16	17	31	32	21	623	7	13	30	39	41	45	25	683	6	13	20	27	28	40	15	743	15	19	21	34	41	44	10
38	7	444	11	13	23	35	43	45	17	504	6	14	22	26	43	44	31	564	14	19	25	26	27	34	2	624	1	7	19	26	27	35	16	684	1	11	15	17	25	39	40	744	10	15	18	21	34	41	43
32	9	445	13	20	21	30	39	45	32	505	7	20	22	25	38	40	44	565	4	10	18	27	40	45	38	625	3	6	7	20	21	39	13	685	6	7	12	28	38	40	18	745	1	2	3	9	12	23	10
40	26	446	1	11	12	14	26	35	6	506	6	9	11	22	24	30	31	566	4	5	6	25	26	43	41	626	13	14	26	33	40	43	15	686	7	12	15	24	25	43	13	746	3	12	33	36	42	45	25
43	20	447	2	7	8	9	17	33	34	507	12	13	32	33	40	41	4	567	1	10	15	16	32	41	28	627	2	9	22	25	31	45	12	687	1	8	10	13	28	42	45	747	7	9	12	14	23	28	17
32	45	448	3	7	13	27	40	41	36	508	5	27	31	34	35	43	37	568	1	3	17	20	31	44	40	628	1	7	12	15	23	42	11	688	5	15	22	23	34	35	2	748	3	10	13	22	31	32	29
26	3	449	3	10	20	26	35	43	36	509	12	25	29	35	42	43	24	569	3	6	13	23	24	35	1	629	19	28	31	38	43	44	1	689	7	17	19	30	36	38	34	749	12	14	24	26	34	45	41
40	15	450	6	14	19	21	23	31	13	510	12	29	32	33	39	40	42	570	1	12	26	27	29	33	42	630	8	17	21	24	27	31	15	690	24	25	33	34	38	39	43	750	1	2	15	19	24	36	12
39	30	451	12	15	20	24	30	38	29	511	3	7	14	23	26	42	24	571	11	18	21	26	38	43	29	631	1	2	4	23	31	34	8	691	15	27	33	35	43	45	16	751	3	4	16	20	28	44	17
42	43	452	8	10	18	30	32	34	27	512	4	5	9	13	26	27	1	572	3	13	18	33	37	45	1	632	15	18	21	32	35	44	6	692	3	11	14	15	32	36	44	752	4	16	20	33	40	43	7
43	21	453	12	24	33	38	40	42	30	513	5	8	21	23	27	33	12	573	2	4	20	34	35	43	14	633	9	12	19	20	39	41	13	693	1	6	11	28	34	42	30	753	2	17	19	24	37	41	3
28	15	454	13	25	27	34	38	41	10	514	1	15	20	26	35	42	9	574	14	15	16	19	25	43	2	634	4	10	11	12	20	27	38	694	7	15	20	25	33	43	12	754	2	8	17	24	29	31	32
35	7	455	4	19	20	26	30	35	24	515	2	11	12	15	23	37	8	575	2	8	20	30	33	34	6	635	11	13	25	26	29	33	32	695	4	18	26	33	34	38	14	755	13	14	26	28	30	36	37
45	30	456	1	7	12	18	23	27	44	516	2	8	23	41	43	44	30	576	10	11	15	25	35	41	13	636	6	7	15	16	20	31	26	696	1	7	16	18	34	38	21	756	10	14	16	18	27	28	4
33	8	457	8	10	18	23	27	40	33	517	1	9	12	28	36	41	10	577	16	17	22	31	34	37	33	637	3	16	22	37	38	44	23	697	2	5	8	11	33	39	31	757	6	7	11	17	33	44	1
44	7	458	4	9	10	32	36	40	18	518	14	23	30	32	34	38	6	578	5	12	14	32	34	42	16	638	7	18	22	24	31	34	6	698	3	11	13	21	33	37	18	758	5	9	12	30	39	43	24
42	20	459	4	6	10	14	25	40	12	519	6	8	13	16	30	43	3	579	5	7	20	22	37	42	39	639	6	15	22	23	25	32	40	699	4	5	8	16	21	29	3	759	9	33	36	40	42	43	32
43	2	460	8	11	28	30	43	45	41	520	4	22	27	28	38	40	1	580	5	7	9	11	32	35	33	640	14	15	18	21	26	35	23	700	11	23	28	29	30	44	13	760	10	22	27	31	42	43	12
43	9	461	11	18	26	31	37	40	43	521	3	7	18	29	32	36	19	581	3	5	14	20	42	44	33	641	11	18	21	36	37	43	12	701	3	10	14	16	36	38	35	761	4	7	11	24	42	45	30
36	32	462	3	20	24	32	37	45	4	522	4	5	13	14	37	41	11	582	2	12	14	33	40	41	25	642	8	17	18	24	39	45	32	702	3	13	16	24	26	29	9	762	1	3	12	21	26	41	16
37	26	463	23	29	31	33	34	44	40	523	1	4	37	38	40	45	7	583	8	17	27	33	40	44	24	643	15	24	31	32	33	40	13	703	10	28	31	33	41	44	21	763	3	8	16	32	34	43	10
40	36	464	6	12	15	34	42	44	4	524	10	11	29	38	41	45	2	584	7	18	30	39	40	41	36	644	5	13	17	23	28	36	8	704	1	4	8	23	33	42	45	764	7	22	24	31	34	36	15
44	4	465	1	8	11	13	22	38	31	525	11	23	26	29	39	44	22	585	6	7	10	16	38	41	4	645	1	4	16	26	40	41	31	705	1	6	17	22	28	45	23	765	1	3	8	12	42	43	33
36	45	466	4	10	13	23	32	44	20	526	7	14	17	20	35	39	31	586	2	7	12	15	21	34	5	646	2	9	24	41	43	45	30	706	3	4	6	10	28	30	37	766	9	30	34	35	39	41	21
25	1	467	2	12	14	17	24	40	39	527	1	12	22	32	33	42	38	587	14	21	29	31	32	37	17	647	5	16	21	23	24	30	29	707	2	12	19	24	39	44	35	767	5	15	20	31	34	42	22
37	16	468	8	13	15	28	37	43	17	528	5	17	25	31	39	40	10	588	2	8	15	22	25	41	30	648	13	19	28	37	38	43	4	708	2	10	16	19	34	45	1	768	7	27	29	30	38	44	4
40	38	469	4	21	22	34	37	38	33	529	18	20	24	27	31	42	39	589	6	8	28	33	38	39	22	649	3	21	22	33	41	42	20	709	10	18	30	36	39	44	32	769	5	7	11	16	41	45	4
41	16	470	10	16	20	39	41	42	27	530	16	23	27	29	33	41	22	590	20	30	36	38	41	45	23	650	3	4	7	11	31	41	35	710	3	4	6	24	25	33	10	770	1	9	12	23	39	43	34
39	5	471	6	13	29	37	39	41	43	531	1	5	9	21	27	35	45	591	8	13	14	30	38	39	5	651	11	12	16	26	29	44	18	711	11	15	24	35	37	45	42	771	6	10	17	18	21	29	30
45	40	472	16	25	26	31	36	43	44	532	16	17	23	24	29	44	3	592	2	5	6	13	28	44	43	652	3	13	15	40	41	44	20	712	17	20	30	31	33	45	19	772	5	6	11	14	21	41	32
40	3	473	8	13	20	22	23	36	34	533	9	14	15	17	31	33	23	593	9	10	13	24	33	38	28	653	5	6	26	27	38	39	1	713	2	5	15	18	19	23	44	773	8	12	19	21	31	35	44
44	43	474	4	13	18	31	33	45	43	534	10	24	26	29	37	38	32	594	2	8	13	25	28	37	3	654	16	21	26	31	36	43	6	714	1	7	22	33	37	40	20	774	12	15	18	28	34	42	9
40	24	475	1	9	14	16	21	29	3	535	11	12	14	15	18	39	34	595	8	24	28	35	38	40	5	655	7	37	38	39	40	44	18	715	2	7	27	33	41	44	10	775	11	12	29	33	38	42	17
26	44	476	9	12	13	15	37	38	27	536	7	8	18	32	37	43	12	596	3	4	12	14	25	43	17	656	3	7	14	16	31	40	39	716	2	6	13	16	29	30	21	776	8	9	18	21	28	40	20
43	44	477	14	25	29	32	33	45	37	537	12	23	26	30	36	43	11	597	8	10	23	24	35	43	37	657	10	14	19	39	40	43	23	717	2	11	19	25	28	32	44	777	6	12	17	21	34	37	18
34	31	478	18	29	30	37	39	43	8	538	6	10	18	31	32	34	11	598	4	12	24	33	38	45	22	658	8	19	25	28	32	36	37	718	4	11	20	23	32	39	40	778	6	21	35	36	37	41	11
30	7	479	8	23	25	27	35	44	24	539	3	19	22	31	42	43	26	599	5	12	17	29	34	35	27	659	7	18	19	27	29	42	45	719	4	8	13	19	20	43	26	779	6	12	19	24	34	41	4
34	27	480	3	5	10	17	30	31	16	540	3	12	13	15	34	36	14	600	5	11	14	27	29	36	44	660	4	9	23	33	39	44	14	720	1	12	29	34	36	37	41	780	15	17	19	21	27	45	16

3

조합(26, 27, 37)과 조합(22, 26, 27)- 총 12회 등장

3.1. 역대 로또 당첨번호(1~300/ 361~420회차)에 나타나는 조합(26, 27, 37)과 조합(22, 26, 27)의 동행

★ '가'에서 '하'에 나타나는 조합(26, 27, 37)과 조합(22, 26, 27)

〈표 3-3-1〉에서 조합(26, 27, 37)은 녹색으로 표시되어 있고 조합(22, 26, 27)은 적색으로 표시되어 있다. 참고로 〈표 3-3-1〉에는 해당 사항이 없는 301~360회차까지의 표는 제외되어 있다.

이 중에서 먼저 '가'에는 분할에 따라 조합(22, 26, 27)이 형성되어 있는데 이것은 '다'의 조합(26, 27, 37)과 동행한다. 그리고 '나'는 이전의 현상과 연관된다고 볼 수 있다.

그리고 '라'의 조합(22, 26, 27)은 '마'의 조합(26, 27, 37)과 동행하며 '바'의 조합(22, 26, 27)은 '사'의 조합(26, 27, 37)과 동행한다.

다음으로 '아'에서는 녹색으로 표시된 조합(26, 27, 37)과 적색으로 표시된 조합(22, 26, 27)이 한 회차에 동시에 나타나 동행하고 있다.

또한 '자'에서는 분할에 따라 형성된 조합(22, 26, 27)이 나타나며 이것이 '차'의 조합(26, 27, 37)과 동행하고 있다. 그리고 '카'의 조합(22, 26, 27)과 '타'의 조합(26, 27, 37)도 동행하고 있으며 마지막으로 '파'의 조합(22, 26, 27)은 366회부터 403회까지 진행되는 26의 움직임에 의해 형성되는 조합(26, 27, 37)과 동행한다(**하 부분**).

〈표 3-3-1〉

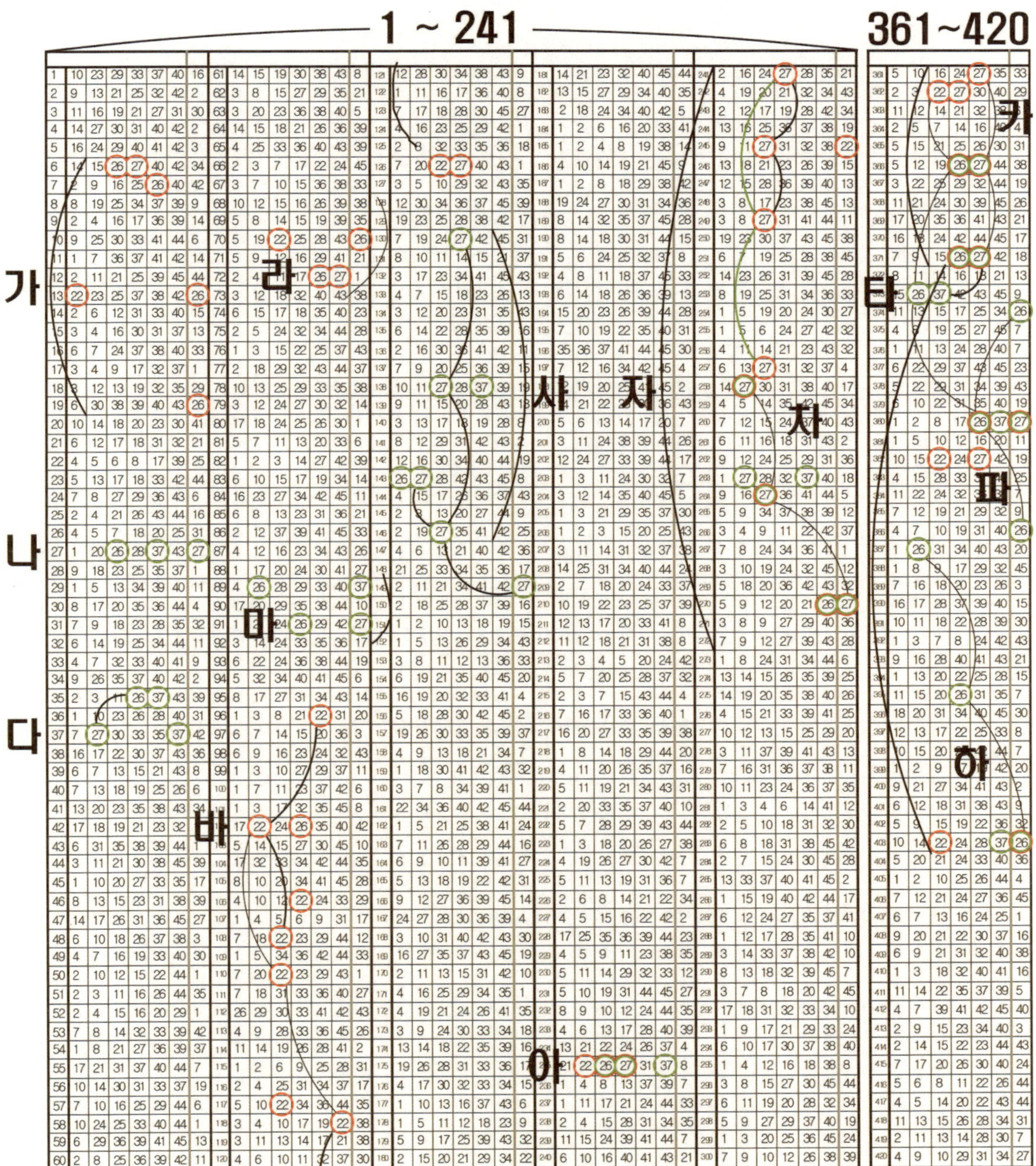

1	10	23	29	33	37	40	16
2	9	13	21	25	32	42	2
3	11	16	19	21	27	31	30
4	14	27	30	31	40	42	2
5	16	24	29	40	41	42	3
6	14	15	26	27	40	42	34
7	2	9	16	25	26	40	42
8	8	19	25	34	37	39	9
9	2	4	16	17	36	39	14
10	9	25	30	33	41	44	6
11	1	7	36	37	41	42	14
12	2	11	21	25	39	45	44
13	22	23	25	37	38	42	26
14	2	6	12	31	33	40	15
15	3	4	16	30	31	37	13
16	6	7	24	37	38	40	33
17	3	4	9	17	32	37	1
18	3	12	13	19	32	35	29
19	6	30	38	39	40	43	26
20	10	14	18	20	23	30	41
21	6	12	17	18	31	32	21
22	4	5	6	8	17	39	25
23	5	13	17	18	33	42	44
24	7	8	27	29	36	43	6
25	2	4	21	26	43	44	16
26	4	5	7	18	20	25	31
27	1	20	26	28	37	43	27
28	9	18	23	25	35	37	1
29	1	5	13	34	39	40	11
30	8	17	20	35	36	44	4
31	7	9	18	23	28	35	32
32	6	14	19	25	34	44	11
33	4	7	32	33	40	41	9
34	9	26	35	37	40	42	2
35	2	3	11	26	37	43	39
36	1	10	23	26	28	40	31
37	7	27	30	33	35	37	42
38	16	17	22	30	37	43	36
39	6	7	13	15	21	43	8
40	7	13	18	19	25	26	6
41	13	20	23	35	38	43	34
42	17	18	19	21	23	32	[illegible]
43	6	31	35	38	39	44	1
44	3	11	21	30	38	45	39
45	1	10	20	27	33	35	17
46	8	13	15	23	31	38	39
47	14	17	26	31	36	45	27
48	6	10	18	26	37	38	3
49	4	7	16	19	33	40	30
50	2	10	12	15	22	44	1
51	2	3	11	16	26	44	35
52	2	4	15	16	20	29	1
53	7	8	14	32	33	39	42
54	1	8	21	27	36	39	37
55	17	21	31	37	40	44	7
56	10	14	30	31	33	37	19
57	7	10	16	25	29	44	6
58	10	24	25	33	40	44	1
59	6	29	36	39	41	45	13
60	2	8	25	36	39	42	11

61	14	15	19	30	38	43	8
62	3	8	15	27	29	35	21
63	3	20	23	36	38	40	5
64	14	15	18	21	26	36	39
65	4	25	33	36	40	43	39
66	2	3	7	17	22	24	45
67	3	7	10	15	36	38	33
68	10	12	15	16	26	39	38
69	5	8	14	15	19	39	35
70	5	19	22	25	28	43	26
71	5	9	12	16	29	41	21
72	2	4	11	17	26	27	1
73	3	12	18	32	40	43	38
74	6	15	17	18	35	40	23
75	2	5	24	32	34	44	28
76	1	3	15	22	25	37	43
77	2	18	29	32	43	44	37
78	10	13	25	29	33	35	38
79	3	12	24	27	30	32	14
80	17	18	24	25	26	30	1
81	5	7	11	13	20	33	6
82	1	2	3	14	27	42	39
83	6	10	15	17	19	34	14
84	16	23	27	34	42	45	11
85	6	8	13	23	31	36	21
86	2	12	37	39	41	45	33
87	4	12	16	23	34	43	26
88	1	17	20	24	30	41	27
89	4	26	28	29	33	40	37
90	17	20	29	35	38	44	10
91	1	[illegible]	24	26	29	42	27
92	3	14	24	33	35	36	17
93	6	22	24	36	38	44	19
94	5	32	34	40	41	45	6
95	8	17	27	31	34	43	14
96	1	3	8	21	22	31	20
97	6	7	14	15	20	36	3
98	6	9	16	23	24	32	43
99	1	3	10	27	29	37	11
100	1	7	11	23	37	42	6
101	1	3	17	32	35	45	8
102	17	22	24	26	35	40	42
103	5	14	15	27	30	45	10
104	17	32	33	34	42	44	35
105	8	10	20	34	41	45	28
106	4	10	12	22	24	33	29
107	1	4	5	6	9	31	17
108	7	18	22	23	29	44	12
109	1	5	34	36	42	44	33
110	7	20	22	23	29	43	1
111	7	18	31	33	36	40	27
112	26	29	30	33	41	42	43
113	4	9	28	33	36	45	26
114	11	14	19	26	28	41	2
115	1	2	6	9	25	28	31
116	2	4	25	31	34	37	17
117	5	10	22	34	36	44	35
118	3	4	10	17	19	22	38
119	3	11	13	14	17	21	38
120	4	6	10	11	32	37	30

121	12	28	30	34	38	43	9
122	1	11	16	17	36	40	8
123	7	17	18	28	30	45	27
124	4	16	23	25	29	42	1
125	2	8	32	33	35	36	18
126	7	20	22	27	40	43	1
127	3	5	10	29	32	43	35
128	12	30	34	36	37	45	39
129	19	23	25	28	38	42	17
130	7	19	24	27	42	45	31
131	8	10	11	14	15	21	37
132	3	17	23	34	41	45	43
133	4	7	15	18	23	26	13
134	3	12	20	23	31	35	43
135	6	14	22	28	35	39	16
136	2	16	30	36	41	42	11
137	7	9	20	25	36	39	15
138	10	11	27	28	37	39	19
139	9	11	15	20	28	43	18
140	3	13	17	18	19	28	8
141	8	12	29	31	42	43	2
142	12	16	30	34	40	44	19
143	26	27	28	42	43	45	8
144	4	15	17	26	36	37	43
145	2	8	13	20	27	44	9
146	2	19	27	35	41	42	25
147	4	6	13	21	40	42	36
148	21	25	33	34	35	36	17
149	2	11	21	34	41	42	27
150	2	18	25	28	37	39	16
151	1	2	10	13	18	19	15
152	1	5	13	26	29	34	43
153	3	8	11	12	13	36	33
154	6	19	21	35	40	45	20
155	16	19	20	32	33	41	4
156	5	18	28	30	42	45	2
157	19	26	30	33	35	39	37
158	4	9	13	18	21	34	7
159	1	18	30	41	42	43	32
160	3	7	8	34	39	41	1
161	22	34	36	40	42	45	44
162	1	5	21	25	38	41	24
163	7	11	26	28	29	44	16
164	6	9	10	11	39	41	27
165	5	13	18	19	22	42	31
166	9	12	27	36	39	45	14
167	24	27	28	30	36	39	4
168	3	10	31	40	42	43	30
169	16	27	35	37	43	45	19
170	2	11	13	15	31	42	10
171	4	16	25	29	34	35	1
172	4	19	21	24	26	41	35
173	3	9	24	30	33	34	18
174	13	14	18	22	35	39	16
175	19	26	28	31	33	36	17
176	4	17	30	32	33	34	15
177	1	10	13	16	37	43	6
178	1	5	11	12	18	23	9
179	5	9	17	25	39	43	32
180	2	15	20	21	29	34	22

181	14	21	23	32	40	45	44
182	13	15	27	29	34	40	35
183	2	18	24	34	40	42	5
184	1	2	6	16	20	33	41
185	1	2	4	8	19	38	14
186	4	10	14	19	21	45	9
187	1	2	8	18	29	38	42
188	19	24	27	30	31	34	36
189	8	14	32	35	37	45	28
190	8	14	18	30	31	44	15
191	5	6	24	25	32	37	8
192	4	8	11	18	37	45	33
193	6	14	18	26	36	39	13
194	15	20	23	26	39	44	28
195	7	10	19	22	35	40	31
196	35	36	37	41	44	45	30
197	7	12	16	34	42	45	4
198	[illegible]	19	20	25	41	45	2
199	[illegible]	21	22	[illegible]	[illegible]	36	43
200	5	6	13	14	17	20	7
201	3	11	24	38	39	44	26
202	12	24	27	33	39	44	17
203	1	3	11	24	30	32	7
204	3	12	14	35	40	45	5
205	1	3	21	29	35	37	30
206	1	2	3	15	20	25	43
207	3	11	14	31	32	37	38
208	14	25	31	34	40	44	24
209	2	7	18	20	24	33	37
210	10	19	22	23	25	37	39
211	12	13	17	20	33	41	8
212	11	12	18	21	31	38	8
213	2	3	4	5	20	24	42
214	5	7	20	25	28	37	32
215	2	3	7	15	43	44	4
216	7	16	17	33	36	40	1
217	16	20	27	33	35	39	38
218	1	8	14	18	29	44	20
219	4	11	20	26	35	37	16
220	5	11	19	21	34	43	31
221	2	20	33	35	37	40	10
222	5	7	28	29	39	43	44
223	1	3	18	20	26	27	38
224	4	19	26	27	30	42	7
225	5	11	13	19	31	36	7
226	2	6	8	14	21	22	34
227	4	5	15	16	22	42	2
228	17	25	35	36	39	44	23
229	4	5	9	11	23	38	35
230	5	11	14	29	32	33	12
231	5	10	19	31	44	45	27
232	8	9	10	12	24	44	35
233	4	6	13	17	28	40	39
234	13	21	22	24	26	37	4
235	21	22	26	27	31	37	8
236	1	4	8	13	37	39	7
237	1	11	17	21	24	44	33
238	2	4	15	28	31	34	35
239	11	15	24	39	41	44	7
240	6	10	16	40	41	43	21

241	2	16	24	27	28	35	21
242	4	19	20	21	32	34	43
243	2	12	17	19	28	42	34
244	13	16	25	36	37	38	19
245	9	11	27	31	32	38	22
246	13	18	21	23	26	39	15
247	12	15	28	36	39	40	13
248	3	8	17	23	38	45	13
249	3	8	27	31	41	44	11
250	19	23	30	37	43	45	38
251	6	7	19	25	28	38	45
252	14	23	26	31	39	45	28
253	8	19	25	31	34	36	33
254	1	5	19	20	24	30	27
255	1	5	6	24	27	42	32
256	4	11	14	21	23	43	32
257	6	13	27	31	32	37	4
258	14	27	30	31	38	40	17
259	4	5	14	35	42	45	34
260	7	12	15	24	37	40	43
261	6	11	16	18	31	43	2
262	9	12	24	25	29	31	36
263	1	27	28	32	37	40	18
264	9	16	27	36	41	44	5
265	5	9	34	37	38	39	12
266	3	4	9	11	22	42	37
267	7	8	24	34	36	41	1
268	3	10	19	24	32	45	12
269	5	18	20	36	42	43	32
270	5	9	12	20	21	26	27
271	3	8	9	27	29	40	36
272	7	9	12	27	39	43	28
273	1	8	24	31	34	44	6
274	13	14	15	26	35	39	25
275	14	19	20	35	38	40	26
276	4	15	21	33	39	41	25
277	10	12	13	15	25	29	20
278	3	11	37	39	41	43	13
279	7	16	31	36	37	38	11
280	10	11	23	24	36	37	35
281	1	3	4	6	14	41	12
282	2	5	10	18	31	32	30
283	6	8	18	31	38	45	42
284	2	7	15	24	30	45	28
285	13	33	37	40	41	45	2
286	1	15	19	40	42	44	17
287	6	12	24	27	35	37	41
288	1	12	17	28	35	41	10
289	3	14	33	37	38	42	10
290	8	13	18	32	39	45	7
291	3	7	8	18	20	42	45
292	17	18	31	32	33	34	10
293	1	9	17	21	29	33	24
294	6	10	17	30	37	38	40
295	1	4	12	16	18	38	8
296	3	8	15	27	30	45	44
297	6	11	19	20	28	32	34
298	5	9	27	29	37	40	19
299	1	3	20	25	36	45	24
300	7	9	10	12	26	38	39

361	5	10	16	24	27	35	33
362	2	3	22	27	30	40	29
363	11	12	14	21	32	38	[illegible]
364	2	5	7	14	16	40	4
365	5	15	21	25	26	30	31
366	5	12	19	26	27	44	38
367	3	22	25	29	32	44	19
368	11	21	24	30	39	45	26
369	17	20	35	36	41	43	21
370	16	18	24	42	44	45	17
371	7	9	15	26	27	42	18
372	8	11	14	16	18	21	13
373	5	26	37	42	43	45	9
374	11	13	15	17	25	34	26
375	4	8	19	25	27	45	7
376	1	11	13	24	28	40	7
377	6	22	29	37	43	45	23
378	5	22	29	31	34	39	43
379	6	10	22	31	35	40	19
380	1	2	8	17	26	37	27
381	1	5	10	12	16	20	11
382	10	15	22	24	27	42	19
383	4	15	28	33	[illegible]	[illegible]	25
384	11	22	24	32	[illegible]	[illegible]	7
385	7	12	19	21	29	32	9
386	4	7	10	19	31	40	26
387	1	26	31	34	40	43	20
388	1	8	9	17	29	32	45
389	7	16	18	20	23	26	3
390	16	17	28	37	39	40	15
391	10	11	18	22	28	39	30
392	1	3	7	8	24	42	43
393	9	16	28	40	41	43	21
394	1	13	20	22	25	28	15
395	11	15	20	26	31	35	7
396	18	20	31	34	40	45	30
397	12	13	17	22	25	33	8
398	10	15	20	[illegible]	[illegible]	44	7
399	1	2	9	[illegible]	[illegible]	42	20
400	9	21	27	34	41	43	2
401	6	12	18	31	38	43	9
402	5	9	15	19	22	36	32
403	10	14	22	24	28	37	26
404	5	20	21	24	33	40	36
405	1	2	10	25	26	44	4
406	7	12	21	24	27	36	45
407	6	7	13	16	24	25	1
408	9	20	21	22	30	37	16
409	6	9	21	31	32	40	38
410	1	3	18	32	40	41	16
411	11	14	22	35	37	39	5
412	4	7	39	41	42	45	40
413	2	9	15	23	34	40	3
414	2	14	15	22	23	44	43
415	7	17	20	26	30	40	24
416	5	6	8	11	22	26	44
417	4	5	14	20	22	43	44
418	11	13	15	26	28	34	31
419	2	11	13	14	28	30	7
420	4	9	10	29	31	34	27

3.2. 역대 로또 당첨번호(421~780회차)에 나타나는 조합(26, 27, 37)과 조합(22, 26, 27)의 동행

★ '가'에서 '카'에 나타나는 조합(26, 27, 37)과 조합(22, 26, 27)

〈표 3-3-2〉에서도 조합(26, 27, 37)은 녹색으로 표시되어 있고 조합(22, 26, 27)은 적색으로 표시되어 있다.

이 중에서 먼저 '가'에는 분할에 따라 조합(26, 27, 37)이 형성되어 있는데 이것은 '나'의 조합(22, 26, 27)과 동행한다.

그리고 '다'에서 녹색으로 표시된 부분을 중심으로 보면 27이 두 주 간격으로 나옴에 따라 서로 동일하다고 볼 수 있고 이에 따라 조합(22, 26, 27)이 형성됨을 알 수 있다. 이것이 '라'에서 적색으로 표시된 조합(22, 26, 27)과 동행한다.

그리고 옆에 있는 '마'에서는 녹색으로 표시된 조합(26, 27, 37)이 나타나고 이것은 '바'에서 형성되는 조합(22, 26, 27)과 동행한다.

또한 '사'의 조합(26, 27, 37)은 '아'의 조합(22, 26, 27)과 동행하며, '자'의 조합(22, 26, 27)은 '차'의 조합(26, 27, 37)과 동행한다.

마지막으로 '카'의 조합(26, 27, 37)은 불가 현상이다.

〈표 3-3-2〉

421	6	11	26	27	28	44	30	481	3	4	23	29	40	41	20	541	8	13	26	28	32	34	43	601	2	16	19	31	34	35	37	661	2	3	12	20	27	38	40	721	1	28	35	41	43	44	31
422	8	15	19	21	34	44	12	482	1	10	16	24	25	35	43	542	5	6	19	26	41	45	34	602	13	14	22	27	30	38	2	662	5	6	9	11	15	37	26	722	12	14	21	30	39	43	45
423	1	17	27	28	29	40	5	483	12	15	19	22	28	34	5	543	13	18	26	31	34	44	12	603	2	19	25	26	27	43	28	663	3	5	8	19	38	42	20	723	20	30	33	35	36	44	22
424	10	11	26	31	34	44	30	484	1	3	27	28	32	45	11	544	5	17	21	25	36	44	10	604	2	6	18	21	33	34	30	664	10	20	33	36	41	44	5	724	2	8	33	35	37	41	14
425	8	10	14	27	33	38	3	485	17	22	26	27	36	39	20	545	4	24	25	27	34	35	2	605	1	2	7	9	10	38	[illegible]	665	5	6	11	17	38	44	13	725	6	7	19	21	41	43	38
426	4	17	18	27	39	43	19	486	1	2	23	25	38	40	43	546	8	17	20	27	37	43	6	606	1	5	6	14	20	39	[illegible]	666	2	4	6	11	17	28	16	726	1	11	21	23	34	44	24
427	6	7	15	24	28	30	21	487	4	8	25	27	37	41	21	547	6	7	15	22	34	39	28	607	8	14	23	36	38	39	13	667	15	17	25	37	42	43	13	727	7	8	10	19	21	31	20
428	12	16	19	22	37	40	8	488	2	8	17	30	31	38	25	548	1	12	13	21	32	45	14	608	4	8	18	19	39	44	41	668	12	14	15	24	27	32	3	728	3	6	10	30	34	37	36
429	3	23	28	34	39	42	16	489	2	4	8	15	20	27	11	549	29	31	35	38	40	44	17	609	4	8	27	34	39	40	13	669	7	8	20	29	33	38	9	729	11	17	21	26	36	45	16
430	1	3	16	18	30	34	44	490	2	7	26	29	40	43	42	550	1	7	14	20	34	37	41	610	14	18	20	23	28	36	33	670	11	18	26	27	40	[illegible]	25	730	4	10	14	15	18	22	39
431	18	22	25	31	38	45	6	491	8	17	35	36	39	42	4	551	3	6	20	24	27	44	25	611	2	22	27	33	36	37	14	671	7	9	10	13	31	35	24	731	2	7	13	25	42	45	39
432	2	3	5	11	27	39	[illegible]	492	22	27	31	35	37	40	42	552	1	10	20	32	35	40	43	612	6	9	18	19	25	33	40	672	8	21	28	31	36	45	43	732	2	4	5	17	27	32	43
433	19	23	29	33	35	43	27	493	20	22	26	33	36	37	25	553	2	7	17	28	29	39	37	613	7	8	11	16	41	44	35	673	7	10	17	29	33	44	5	733	11	24	32	33	35	40	13
434	3	13	20	24	33	37	35	494	5	7	8	15	30	43	22	554	13	14	17	32	41	42	6	614	8	21	25	39	40	44	18	674	9	10	14	25	27	31	11	734	6	16	37	38	41	45	18
435	8	16	26	[illegible]	38	45	42	495	4	13	22	27	34	44	6	555	11	17	21	24	26	36	12	615	10	17	18	19	23	27	35	675	1	8	11	15	18	45	7	735	5	10	13	27	37	41	44
436	9	14	20	22	33	34	28	496	4	13	20	29	36	41	39	556	12	20	23	28	30	44	43	616	5	13	18	23	40	45	3	676	1	8	17	34	39	45	27	736	2	11	17	18	21	27	6
437	11	16	29	38	41	44	21	497	19	20	23	24	43	44	13	557	4	20	26	28	35	40	31	617	4	5	11	12	24	27	28	677	12	15	24	36	41	44	42	737	13	15	18	24	27	41	11
438	6	12	20	26	29	38	45	498	13	14	24	32	39	41	3	558	12	15	19	26	40	43	29	618	8	16	25	30	42	43	15	678	4	5	6	12	25	37	45	738	23	27	28	38	42	43	36
439	17	20	30	31	37	40	25	499	5	20	23	27	35	40	43	559	11	12	25	32	44	45	23	619	6	8	13	30	35	40	21	679	3	5	7	14	26	34	35	739	7	22	29	33	34	35	30
440	10	22	28	34	36	44	2	500	3	4	12	20	24	34	41	560	1	4	20	23	29	45	28	620	2	16	17	32	39	45	40	680	4	10	19	29	32	42	30	740	4	8	9	16	17	19	31
441	1	23	28	30	34	35	9	501	1	4	10	17	31	42	2	561	5	7	18	37	42	45	20	621	1	2	6	16	19	42	9	681	21	24	27	29	43	44	7	741	5	21	27	34	44	45	16
442	25	27	29	36	38	40	41	502	6	22	28	32	34	40	26	562	4	11	13	17	20	31	33	622	9	15	16	21	28	34	24	682	17	23	27	35	38	43	2	742	8	10	13	36	37	40	6
443	4	6	10	19	20	44	14	503	1	5	27	30	34	36	40	563	5	10	16	17	31	32	21	623	7	13	30	39	41	45	25	683	6	13	20	27	28	40	15	743	15	19	21	34	41	44	10
444	11	13	23	35	43	45	17	504	6	14	22	26	43	44	31	564	14	15	25	26	27	34	2	624	1	7	19	26	27	35	16	684	1	11	15	17	25	39	40	744	10	15	18	21	34	41	43
445	13	20	21	30	39	45	32	505	7	20	22	25	38	40	44	565	4	10	18	27	40	45	38	625	3	6	7	20	21	39	13	685	6	7	12	28	38	40	18	745	1	2	3	9	12	23	10
446	1	11	12	14	26	35	6	506	6	9	11	22	24	30	31	566	4	5	6	25	26	43	41	626	13	14	26	33	40	43	15	686	7	12	15	24	25	43	13	746	3	12	33	36	42	45	25
447	2	7	8	9	17	33	34	507	12	13	32	33	40	41	4	567	1	10	15	16	32	41	28	627	2	9	22	25	31	45	12	687	1	8	10	13	28	42	45	747	7	9	12	14	23	28	17
448	3	7	13	27	40	41	36	508	5	27	31	34	35	43	37	568	1	3	17	20	31	44	40	628	1	7	12	15	23	42	11	688	5	15	22	23	34	35	2	748	3	10	13	22	31	32	29
449	3	10	20	26	35	43	36	509	12	25	29	35	42	43	24	569	3	6	13	23	24	35	1	629	19	28	31	38	43	44	1	689	7	17	19	30	36	38	34	749	12	14	24	26	34	45	41
450	6	14	19	21	23	31	13	510	12	29	32	33	39	40	42	570	1	12	26	27	29	33	42	630	8	17	21	24	27	31	15	690	24	25	33	34	38	39	43	750	1	2	15	19	24	36	12
451	12	15	20	24	30	38	29	511	3	7	14	23	26	42	24	571	11	18	21	26	38	43	29	631	1	2	4	23	31	34	8	691	15	27	33	35	43	45	16	751	3	4	16	20	28	44	17
452	8	10	18	30	32	34	27	512	4	5	9	13	26	27	1	572	3	13	18	33	37	45	1	632	15	18	21	32	35	44	6	692	3	11	14	15	32	36	44	752	4	16	20	33	40	43	7
453	12	24	33	38	40	42	30	513	5	8	21	23	27	33	12	573	2	4	20	34	35	43	14	633	9	12	19	20	39	41	13	693	1	6	11	28	34	42	30	753	2	17	19	24	37	41	3
454	13	25	27	34	38	41	10	514	1	15	20	26	35	42	9	574	14	15	16	19	25	43	2	634	4	10	11	12	20	27	38	694	7	15	20	25	33	43	12	754	2	8	17	24	29	31	32
455	4	19	20	26	30	35	24	515	2	11	12	15	23	37	8	575	2	8	20	30	33	34	6	635	11	13	25	26	29	33	32	695	4	18	26	33	34	38	14	755	13	14	26	28	30	36	37
456	1	7	12	18	23	27	44	516	2	8	23	41	43	44	30	576	10	11	15	25	35	41	13	636	6	7	15	16	20	31	26	696	1	7	16	18	34	38	21	756	10	14	16	18	27	28	4
457	8	10	18	23	27	40	33	517	1	9	12	28	36	41	10	577	16	17	22	31	34	37	33	637	3	16	22	37	38	44	23	697	2	5	8	11	33	39	31	757	6	7	11	17	33	44	1
458	4	9	10	32	36	40	18	518	14	23	30	32	34	38	6	578	5	12	14	32	34	42	16	638	7	18	22	24	31	34	6	698	3	11	13	21	33	37	18	758	5	9	12	30	39	43	24
459	4	6	10	14	25	40	12	519	6	8	13	16	30	43	3	579	5	7	20	22	37	42	39	639	6	15	22	23	25	32	40	699	4	5	8	16	21	29	3	759	9	33	36	40	42	43	32
460	8	11	28	30	43	45	41	520	4	22	27	28	38	40	1	580	5	7	9	11	32	35	33	640	14	15	18	21	26	35	23	700	11	23	28	29	30	44	13	760	10	22	27	31	42	43	12
461	11	18	26	31	37	40	43	521	3	7	18	29	32	36	19	581	3	5	14	20	42	44	33	641	11	18	21	36	37	43	12	701	3	10	14	16	36	38	35	761	4	7	11	24	42	45	30
462	3	21	24	32	37	45	4	522	4	5	13	14	37	41	11	582	2	12	14	33	40	41	25	642	8	17	18	24	39	45	32	702	3	13	16	24	26	29	9	762	1	3	12	21	26	41	16
463	23	29	31	33	34	44	40	523	1	4	37	38	40	45	7	583	8	17	27	33	40	44	24	643	15	24	31	32	33	40	13	703	10	28	31	33	41	44	21	763	3	8	16	32	34	43	10
464	6	12	15	34	42	44	4	524	10	11	29	38	41	45	21	584	7	18	30	39	40	41	36	644	5	13	17	23	28	36	8	704	1	4	8	23	33	42	45	764	7	22	24	31	34	36	15
465	1	8	11	13	22	38	31	525	11	23	26	29	39	44	22	585	6	7	[illegible]	[illegible]	38	41	4	645	1	4	16	26	40	41	31	705	1	6	17	22	28	45	23	765	1	3	8	12	42	43	33
466	4	10	13	23	32	44	20	526	7	14	17	20	35	39	31	586	2	7	12	15	21	34	5	646	2	9	24	41	43	45	30	706	3	4	6	10	28	30	37	766	9	30	34	35	39	41	21
467	2	12	14	17	24	40	39	527	1	12	22	32	33	42	38	587	14	21	29	31	32	37	17	647	5	16	21	23	24	30	29	707	2	12	19	24	39	44	35	767	5	15	20	31	34	42	22
468	8	13	15	28	37	43	17	528	5	17	25	31	39	40	10	588	2	8	15	22	25	41	30	648	13	19	28	37	38	43	4	708	2	10	16	19	34	45	1	768	7	27	29	30	38	44	4
469	4	21	22	34	37	38	33	529	18	20	24	27	31	42	39	589	6	8	28	33	38	39	22	649	3	21	22	33	41	42	20	709	10	18	30	36	39	44	32	769	5	7	11	16	41	45	4
470	10	16	20	39	41	42	27	530	16	23	27	29	33	41	22	590	20	30	36	38	41	45	23	650	3	4	7	11	31	41	35	710	3	4	6	24	25	33	10	770	1	9	12	23	39	43	34
471	6	18	29	37	39	41	43	531	1	5	9	21	27	35	45	591	8	13	14	30	38	39	5	651	11	12	16	26	29	44	18	711	11	15	24	35	37	45	42	771	6	10	17	18	21	29	30
472	16	25	26	31	36	43	44	532	16	17	23	24	29	44	3	592	2	5	6	13	28	44	43	652	3	13	15	40	41	44	20	712	17	20	30	31	33	45	19	772	5	6	11	14	21	41	32
473	8	13	20	22	23	36	34	533	9	14	15	17	31	33	23	593	9	10	13	24	33	38	28	653	5	6	26	27	38	39	1	713	2	5	15	18	19	23	44	773	8	12	19	21	31	35	44
474	4	13	18	31	33	45	43	534	10	24	26	29	37	38	32	594	2	8	13	25	28	37	3	654	16	21	26	31	36	43	6	714	1	7	22	33	37	40	20	774	12	15	18	28	34	42	9
475	1	9	14	16	21	29	3	535	11	12	14	15	18	39	34	595	8	24	28	35	38	40	5	655	7	37	38	39	40	44	18	715	2	7	27	33	41	44	10	775	11	12	29	33	38	42	17
476	9	12	13	15	37	38	27	536	7	8	18	32	37	43	12	596	3	4	12	14	25	43	17	656	3	7	14	16	31	40	39	716	2	6	13	16	29	30	21	776	8	9	18	21	28	40	20
477	14	25	29	32	33	45	37	537	12	23	26	30	36	43	11	597	8	10	23	24	35	43	37	657	10	14	19	39	40	43	23	717	2	11	19	25	28	32	44	777	6	12	17	21	34	37	18
478	18	29	30	37	39	43	8	538	6	10	18	31	32	34	11	598	4	12	24	33	38	45	22	658	8	19	25	28	32	36	37	718	4	11	20	23	32	39	40	778	6	21	35	36	37	41	11
479	8	23	25	27	35	44	24	539	3	19	22	31	42	43	26	599	5	12	17	29	34	35	27	659	7	18	19	27	29	42	45	719	4	8	13	19	20	43	26	779	6	12	19	24	34	41	4
480	3	5	10	17	30	31	16	540	3	12	13	15	34	36	14	600	5	11	14	27	29	36	44	660	4	9	23	33	39	44	14	720	1	12	29	34	36	37	41	780	15	17	19	21	27	45	16

조합 26,27,37 - 22,26,27

1	10	23	29	33	37	40	16
2	9	13	21	25	32	42	2
3	11	16	19	21	27	31	30
4	14	27	30	31	40	42	2
5	16	24	29	40	41	42	3
6	14	15	26	27	40	42	34
7	2	9	16	25	26	40	42
8	8	19	25	34	37	39	9
9	2	4	16	17	36	39	14
10	9	25	30	33	41	44	6
11	1	7	36	37	41	42	14
12	2	11	21	25	39	45	44
13	22	23	25	37	38	42	26
14	2	6	12	31	33	40	15
15	3	4	16	30	31	37	13
16	6	7	24	37	38	40	33
17	3	4	9	17	32	37	1
18	3	12	13	19	32	35	29
19	6	30	38	39	40	43	26
20	10	14	18	20	23	30	41
21	6	12	17	18	31	32	21
22	4	5	6	8	17	39	25
23	5	13	17	18	33	42	44
24	7	8	27	29	36	43	6
25	2	4	21	26	43	44	16
26	4	5	7	18	20	25	31
27	1	20	26	28	37	43	27
28	9	18	23	25	35	37	1
29	1	5	13	34	39	40	11
30	8	17	20	35	36	44	4
31	7	9	18	23	28	35	32
32	6	14	19	25	34	44	11
33	4	7	32	33	40	41	9
34	9	26	35	37	40	42	2
35	2	3	11	26	37	43	39
36	1	10	23	26	28	40	31
37	7	27	30	33	35	37	42
38	16	17	22	30	37	43	36
39	6	7	13	15	21	43	8
40	7	13	18	19	25	26	6
41	13	20	23	35	38	43	34
42	17	18	19	21	23	32	1
43	6	31	35	38	39	44	1
44	3	11	21	30	38	45	39
45	1	10	20	27	33	35	17
46	8	13	15	23	31	38	39
47	14	17	26	31	36	45	27
48	6	10	18	26	37	38	3
49	4	7	16	19	33	40	30
50	2	10	12	15	22	44	1
51	2	3	11	16	26	44	35
52	2	4	15	16	20	29	1
53	7	8	14	32	33	39	42
54	1	8	21	27	36	39	37
55	17	21	31	37	40	44	7
56	10	14	30	31	33	37	19
57	7	10	16	25	29	44	6
58	10	24	25	33	40	44	1
59	6	29	36	39	41	45	13
60	2	8	25	36	39	42	11

61	14	15	19	30	38	43	8
62	3	8	15	27	29	35	21
63	3	20	23	36	38	40	5
64	14	15	18	21	26	36	39
65	4	25	33	36	40	43	39
66	2	3	7	17	22	24	45
67	3	7	10	15	36	38	33
68	10	12	15	16	26	39	38
69	5	8	14	15	19	39	35
70	5	19	22	25	28	43	26
71	5	9	12	16	29	41	21
72	2	4	11	17	26	27	1
73	3	12	18	32	40	43	38
74	6	15	17	18	35	40	23
75	2	5	24	32	34	44	28
76	1	3	15	22	25	37	43
77	2	18	29	32	43	44	37
78	10	13	25	29	33	35	38
79	3	12	24	27	30	32	14
80	17	18	24	25	26	30	1
81	5	7	11	13	20	33	6
82	1	2	3	14	27	42	39
83	6	10	15	17	19	34	14
84	16	23	27	34	42	45	11
85	6	8	13	23	31	36	21
86	2	12	37	39	41	45	33
87	4	12	16	23	34	43	26
88	1	17	20	24	30	41	27
89	4	26	28	29	33	40	37
90	17	20	29	35	38	44	10
91	1	21	24	26	29	42	27
92	3	14	24	33	35	36	17
93	6	22	24	36	38	44	19
94	5	32	34	40	41	45	6
95	8	17	27	31	34	43	14
96	1	3	8	21	22	31	20
97	6	7	14	15	20	36	3
98	6	9	16	23	24	32	43
99	1	3	10	27	29	37	11
100	1	7	11	23	37	42	6
101	1	3	17	32	35	45	8
102	17	22	24	26	35	40	42
103	5	14	15	27	30	45	10
104	17	32	33	34	42	44	35
105	8	10	20	34	41	45	28
106	4	10	12	22	24	33	29
107	1	4	5	6	9	31	17
108	7	18	22	23	29	44	12
109	1	5	34	36	42	44	33
110	7	20	22	23	29	43	1
111	7	18	31	33	36	40	27
112	26	29	30	33	41	42	43
113	4	9	28	33	36	45	26
114	11	14	19	26	28	41	2
115	1	2	6	9	25	28	31
116	2	4	25	31	34	37	17
117	5	10	22	34	36	44	35
118	3	4	10	17	19	22	38
119	3	11	13	14	17	21	38
120	4	6	10	11	32	37	30

121	12	28	30	34	38	43	9
122	1	11	16	17	36	40	8
123	7	17	18	28	30	45	27
124	4	16	23	25	29	42	1
125	2	8	32	33	35	36	18
126	7	20	22	27	40	43	1
127	3	5	10	29	32	43	35
128	12	30	34	36	37	45	39
129	19	23	25	28	38	42	17
130	7	19	24	27	42	45	31
131	8	10	11	14	15	21	37
132	3	17	23	34	41	45	43
133	4	7	15	18	23	26	13
134	3	12	20	23	31	35	43
135	6	14	22	28	35	39	16
136	2	16	30	36	41	42	11
137	7	9	20	25	36	39	15
138	10	11	27	28	37	39	19
139	9	11	15	20	28	43	13
140	3	13	17	18	19	28	8
141	8	12	29	31	42	43	2
142	12	16	30	34	40	44	19
143	26	27	28	42	43	45	8
144	4	15	17	26	36	37	43
145	2	3	13	20	27	44	9
146	2	19	27	35	41	42	25
147	4	6	13	21	40	42	36
148	21	25	33	34	35	36	17
149	2	11	21	34	41	42	27
150	2	18	25	28	37	39	16
151	1	2	10	13	18	19	15
152	1	5	13	26	29	34	43
153	3	8	11	12	13	36	33
154	6	19	21	35	40	45	20
155	16	19	20	32	33	41	4
156	5	18	28	30	42	45	2
157	19	26	30	33	35	39	37
158	4	9	13	18	21	34	7
159	1	18	30	41	42	43	32
160	3	7	8	34	39	41	1
161	22	34	36	40	42	45	44
162	1	5	21	25	38	41	24
163	7	11	26	28	29	44	16
164	6	9	10	11	39	41	27
165	5	13	18	19	22	42	31
166	9	12	27	36	39	45	14
167	24	27	28	30	36	39	4
168	3	10	31	40	42	43	30
169	16	27	35	37	43	45	19
170	2	11	13	15	31	42	10
171	4	16	25	29	34	35	1
172	4	19	21	24	26	41	35
173	3	9	24	30	33	34	18
174	13	14	18	22	35	39	16
175	19	26	28	31	33	36	17
176	4	17	30	32	33	34	15
177	1	10	13	16	37	43	6
178	1	5	11	12	18	23	9
179	5	9	17	25	39	43	32
180	2	15	20	21	29	34	22

181	14	21	23	32	40	45	44
182	13	15	27	29	34	40	35
183	2	18	24	34	40	42	5
184	1	2	6	16	20	33	41
185	1	2	4	8	19	38	14
186	4	10	14	19	21	45	9
187	1	2	8	18	29	38	42
188	19	24	27	30	31	34	36
189	8	14	32	35	37	45	28
190	8	14	18	30	31	44	15
191	5	6	24	25	32	37	8
192	4	8	11	18	37	45	33
193	6	14	18	26	36	39	13
194	15	20	23	26	39	44	28
195	7	10	19	22	35	40	31
196	35	36	37	41	44	45	30
197	7	12	16	34	42	45	4
198	12	19	20	25	41	45	2
199	14	21	22	25	30	36	43
200	5	6	13	14	17	20	7
201	3	11	24	38	39	44	26
202	12	24	27	33	39	44	17
203	1	3	11	24	30	32	7
204	3	12	14	35	40	45	5
205	1	3	21	29	35	37	30
206	1	2	3	15	20	25	43
207	3	11	14	31	32	37	38
208	14	25	31	34	40	44	24
209	2	7	18	20	24	33	37
210	10	19	22	23	25	37	39
211	12	13	17	20	33	41	8
212	11	12	18	21	31	38	8
213	2	3	4	5	20	24	42
214	5	7	20	25	28	37	32
215	2	3	7	15	43	44	4
216	7	16	17	33	36	40	1
217	16	20	27	33	35	39	38
218	1	8	14	18	29	44	20
219	4	11	20	26	35	37	16
220	5	11	19	21	34	43	31
221	2	20	33	35	37	40	10
222	5	7	28	29	39	43	44
223	1	3	18	20	26	27	38
224	4	19	26	27	30	42	7
225	5	11	13	19	31	36	7
226	2	6	8	14	21	22	34
227	4	5	15	16	22	42	2
228	17	25	35	36	39	44	23
229	4	5	9	11	23	38	35
230	5	11	14	29	32	33	12
231	5	10	19	31	44	45	27
232	8	9	10	12	24	44	35
233	4	6	13	17	28	40	39
234	13	21	22	24	26	37	4
235	21	22	26	27	31	37	8
236	1	4	8	13	37	39	7
237	1	11	17	21	24	44	33
238	2	4	15	28	31	34	35
239	11	15	24	39	41	44	7
240	6	10	16	40	41	43	21

241	2	16	24	27	28	35	21
242	4	19	20	21	32	34	43
243	2	12	17	19	28	42	34
244	13	16	25	36	37	38	19
245	9	11	27	31	32	38	22
246	13	18	21	23	26	39	15
247	12	15	28	36	39	40	13
248	3	8	17	23	38	45	13
249	3	8	27	31	41	44	11
250	19	23	30	37	43	45	38
251	6	7	19	25	28	38	45
252	14	23	26	31	39	45	28
253	8	19	25	31	34	36	33
254	1	5	19	20	24	30	27
255	1	5	6	24	27	42	32
256	4	11	14	21	23	43	32
257	6	13	27	31	32	37	4
258	14	27	30	31	38	40	17
259	4	5	14	35	42	45	34
260	7	12	15	24	37	40	43
261	6	11	16	18	31	43	2
262	9	12	24	25	29	31	36
263	1	27	28	32	37	40	18
264	9	16	27	36	41	44	5
265	5	9	34	37	38	39	12
266	3	4	9	11	22	42	37
267	7	8	24	34	36	41	1
268	3	10	19	24	32	45	12
269	5	18	20	36	42	43	32
270	5	9	12	20	21	26	27
271	3	8	9	27	29	40	36
272	7	9	12	27	39	43	28
273	1	8	24	31	34	44	6
274	13	14	15	26	35	39	25
275	14	19	20	35	38	40	26
276	4	15	21	33	39	41	25
277	10	12	13	15	25	29	20
278	3	11	37	39	41	43	13
279	7	16	31	36	37	38	11
280	10	11	23	24	36	37	35
281	1	3	4	6	14	41	12
282	2	5	10	18	31	32	30
283	6	8	18	31	38	45	42
284	2	7	15	24	30	45	28
285	13	33	37	40	41	45	2
286	1	15	19	40	42	44	17
287	6	12	24	27	35	37	41
288	1	12	17	28	35	41	10
289	3	14	33	37	38	42	10
290	8	13	18	32	39	45	7
291	3	7	8	18	20	42	45
292	17	18	31	32	33	34	10
293	1	9	17	21	29	33	24
294	6	10	17	30	37	38	40
295	1	4	12	16	18	38	8
296	3	8	15	27	30	45	44
297	6	11	19	20	28	32	34
298	5	9	27	29	37	40	19
299	1	3	20	25	36	45	24
300	7	9	10	12	26	38	39

301	7	11	13	33	37	43	26
302	13	19	20	32	38	42	4
303	2	14	17	30	38	45	43
304	4	10	16	26	33	41	38
305	7	8	18	21	23	39	9
306	4	18	23	30	34	41	19
307	5	15	21	23	25	45	12
308	14	15	17	19	37	45	40
309	1	2	5	11	18	36	22
310	1	5	19	28	34	41	16
311	4	12	24	27	28	32	10
312	2	3	5	6	12	20	25
313	9	17	34	35	43	45	2
314	15	17	19	34	38	41	2
315	1	13	33	35	43	45	23
316	10	11	21	27	31	39	43
317	3	10	11	22	36	39	8
318	2	17	19	20	34	45	21
319	5	8	22	28	33	42	37
320	16	19	23	25	41	45	3
321	12	18	20	21	25	34	42
322	9	18	29	32	38	43	20
323	10	14	15	32	36	42	3
324	2	4	21	25	33	36	17
325	7	17	20	32	44	45	33
326	16	23	25	33	36	39	40
327	6	12	13	17	32	44	24
328	1	6	9	16	17	28	24
329	9	17	19	30	35	42	4
330	3	4	16	17	19	20	23
331	4	9	14	26	31	44	39
332	16	17	34	36	42	45	3
333	5	14	27	30	39	43	35
334	13	15	21	29	39	43	33
335	5	9	16	23	26	45	21
336	3	5	20	34	35	44	16
337	1	5	14	18	32	37	4
338	2	13	34	38	42	45	16
339	6	8	14	21	30	37	45
340	18	24	26	29	34	38	32
341	1	8	19	34	39	43	41
342	1	13	14	33	34	43	25
343	1	10	17	29	31	43	15
344	1	2	15	28	34	45	38
345	15	20	23	29	39	42	2
346	5	13	14	22	44	45	33
347	3	8	13	27	32	42	10
348	3	14	17	20	24	31	34
349	5	13	14	20	24	25	36
350	1	8	18	24	29	33	35
351	5	25	27	29	34	36	33
352	5	16	17	20	26	41	24
353	11	16	19	22	29	36	26
354	14	19	36	43	44	45	1
355	5	8	29	30	35	44	38
356	2	8	14	25	29	45	24
357	10	14	18	21	36	37	5
358	1	9	10	12	21	40	37
359	1	10	19	20	24	40	23
360	4	16	23	25	35	40	27

35	33	421	6	11	26	27	28	44	30	481	3	4	23	29	40	41	20	541	8	13	26	28	32	34	43	601	2	16	19	31	34	35	37	661	2	3	12	20	27	38	40	721	1	28	35	41	43	44	31
40	29	422	8	15	19	21	34	44	12	482	1	10	16	24	25	35	43	542	5	6	19	26	41	45	34	602	13	14	22	27	30	38	2	662	5	6	9	11	15	37	26	722	12	14	21	30	39	43	45
38	6	423	1	17	27	28	29	40	5	483	12	15	19	22	28	34	5	543	13	18	26	31	34	44	12	603	2	19	25	26	27	43	28	663	3	5	8	19	38	42	20	723	20	30	33	35	36	44	22
40	4	424	10	11	26	31	34	44	30	484	1	3	27	28	32	45	11	544	5	17	21	25	36	44	10	604	2	6	18	21	33	34	30	664	10	20	33	36	41	44	5	724	2	8	33	35	37	41	14
30	31	425	8	10	14	27	33	38	3	485	17	22	26	27	36	39	20	545	4	24	25	27	34	35	2	605	1	2	7	9	10	38	42	665	5	6	11	17	38	44	13	725	6	7	19	21	41	43	38
44	38	426	4	17	18	27	39	43	19	486	1	2	23	25	38	40	43	546	8	17	20	27	37	43	6	606	1	5	6	14	20	39	22	666	2	4	6	11	17	28	16	726	1	11	21	23	34	44	24
4	19	427	6	7	15	24	28	30	21	487	4	8	25	27	37	41	21	547	6	7	15	22	34	39	28	607	8	14	23	36	38	39	13	667	15	17	25	37	42	43	13	727	7	8	10	19	21	31	20
15	26	428	12	16	19	22	37	40	8	488	2	8	17	30	31	38	25	548	1	12	13	21	32	45	14	608	4	8	18	19	39	44	41	668	12	14	15	24	27	32	3	728	3	6	10	30	34	37	36
43	21	429	3	23	28	34	39	42	16	489	2	4	8	15	20	27	11	549	29	31	35	38	40	44	17	609	4	8	27	34	39	40	13	669	7	8	20	29	33	38	9	729	11	17	21	26	36	45	16
45	17	430	1	3	16	18	30	34	44	490	2	7	26	29	40	43	42	550	1	7	14	20	34	37	41	610	14	18	20	23	28	36	33	670	11	18	26	27	40	41	25	730	4	10	14	15	18	22	39
42	18	431	18	22	25	31	38	45	6	491	8	17	35	36	39	42	4	551	3	6	20	24	27	44	25	611	2	22	27	33	36	37	14	671	7	9	10	13	31	35	24	731	2	7	13	25	42	45	39
21	13	432	2	3	5	11	27	39	33	492	22	27	31	35	37	40	42	552	1	10	20	32	35	40	43	612	6	9	18	19	25	33	40	672	8	21	28	31	36	45	43	732	2	4	5	17	27	32	43
45	9	433	19	23	29	33	35	43	27	493	20	22	26	33	36	37	25	553	2	7	17	28	29	39	37	613	7	8	11	16	41	44	35	673	7	10	17	29	33	44	5	733	11	24	32	33	35	40	13
34	26	434	3	13	20	24	33	37	35	494	5	7	8	15	30	43	22	554	13	14	17	32	41	42	6	614	8	21	25	39	40	44	18	674	9	10	14	25	27	31	11	734	6	16	37	38	41	45	18
15	7	435	8	16	26	30	38	45	42	495	4	13	22	27	34	44	6	555	11	17	21	24	26	36	12	615	10	17	18	19	23	27	35	675	1	8	11	15	18	45	7	735	5	10	13	27	37	41	44
40	7	436	9	14	20	22	33	34	28	496	4	13	20	29	36	41	39	556	12	20	23	28	30	44	43	616	5	13	18	23	40	45	3	676	1	8	17	34	39	45	27	736	2	11	17	18	21	27	6
45	23	437	11	16	29	38	41	44	21	497	19	20	23	24	43	44	13	557	4	20	26	28	35	40	31	617	4	5	11	12	24	27	28	677	12	15	24	36	41	44	42	737	13	15	18	24	27	41	11
39	43	438	6	12	20	26	29	38	45	498	13	14	24	32	39	41	3	558	12	15	19	26	40	43	29	618	8	16	25	30	42	43	15	678	4	5	6	12	25	37	45	738	23	27	28	38	42	43	36
40	19	439	17	20	30	31	37	40	25	499	5	20	23	27	35	40	43	559	11	12	25	32	44	45	23	619	6	8	13	30	35	40	21	679	3	5	7	14	26	34	35	739	7	22	29	33	34	35	30
37	27	440	10	22	28	34	36	44	2	500	3	4	12	20	24	34	41	560	1	4	20	23	29	45	28	620	2	16	17	32	39	45	40	680	4	10	19	29	32	42	30	740	4	8	9	16	17	19	31
20	11	441	1	23	28	30	34	35	9	501	1	4	10	17	31	42	2	561	5	7	18	37	42	45	20	621	1	2	6	16	19	42	9	681	21	24	27	29	43	44	7	741	5	21	27	34	44	45	16
42	19	442	25	27	29	36	38	40	41	502	6	22	28	32	34	40	26	562	4	11	13	17	20	31	33	622	9	15	16	21	28	34	24	682	17	23	27	35	38	43	2	742	8	10	13	36	37	40	6
40	25	443	4	6	10	19	20	44	14	503	1	5	27	30	34	36	40	563	5	10	16	17	31	32	21	623	7	13	30	39	41	45	25	683	6	13	20	27	28	40	15	743	15	19	21	34	41	44	10
38	7	444	11	13	23	35	43	45	17	504	6	14	22	26	43	44	31	564	14	19	25	26	27	34	2	624	1	7	19	26	27	35	16	684	1	11	15	17	25	39	40	744	10	15	18	21	34	41	43
32	9	445	13	20	21	30	39	45	32	505	7	20	22	25	38	40	44	565	4	10	18	27	40	45	38	625	3	6	7	20	21	39	13	685	6	7	12	28	38	40	18	745	1	2	3	9	12	23	10
40	26	446	1	11	12	14	26	35	6	506	6	9	11	22	24	30	31	566	4	5	6	25	26	43	41	626	13	14	26	33	40	43	15	686	7	12	15	24	25	43	13	746	3	12	33	36	42	45	25
43	20	447	2	7	8	9	17	33	34	507	12	13	32	33	40	41	4	567	1	10	15	16	32	41	28	627	2	9	22	25	31	45	12	687	1	8	10	13	28	42	45	747	7	9	12	14	23	28	17
32	45	448	3	7	13	27	40	41	36	508	5	27	31	34	35	43	37	568	1	3	17	20	31	44	40	628	1	7	12	15	23	42	11	688	5	15	22	23	34	35	2	748	3	10	13	22	31	32	29
26	3	449	3	10	20	26	35	43	36	509	12	25	29	35	42	43	24	569	3	6	13	23	24	35	1	629	19	28	31	38	43	44	1	689	7	17	19	30	36	38	34	749	12	14	24	26	34	45	41
40	15	450	6	14	19	21	23	31	13	510	12	29	32	33	39	40	42	570	1	12	26	27	29	33	42	630	8	17	21	24	27	31	15	690	24	25	33	34	38	39	43	750	1	2	15	19	24	36	12
39	30	451	12	15	20	24	30	38	29	511	3	7	14	23	26	42	24	571	11	18	21	26	38	43	29	631	1	2	4	23	31	34	8	691	15	27	33	35	43	45	16	751	3	4	16	20	28	44	17
42	43	452	8	10	18	30	32	34	27	512	4	5	9	13	26	27	1	572	3	13	18	33	37	45	1	632	15	18	21	32	35	44	6	692	3	11	14	15	32	36	44	752	4	16	20	33	40	43	7
43	21	453	12	24	33	38	40	42	30	513	5	8	21	23	27	33	12	573	2	4	20	34	35	43	14	633	9	12	19	20	39	41	13	693	1	6	11	28	34	42	30	753	2	17	19	24	37	41	3
28	15	454	13	25	27	34	38	41	10	514	1	15	20	26	35	42	9	574	14	15	16	19	25	43	2	634	4	10	11	12	20	27	38	694	7	15	20	25	33	43	12	754	2	8	17	24	29	31	32
35	7	455	4	19	20	26	30	35	24	515	2	11	12	15	23	37	8	575	2	8	20	30	33	34	6	635	11	13	25	26	29	33	32	695	4	18	26	33	34	38	14	755	13	14	26	28	30	36	37
45	30	456	1	7	12	18	23	27	44	516	2	8	23	41	43	44	30	576	10	11	15	25	35	41	13	636	6	7	15	16	20	31	26	696	1	7	16	18	34	38	21	756	10	14	16	18	27	28	4
33	8	457	8	10	18	23	27	40	33	517	1	9	12	28	36	41	10	577	16	17	22	31	34	37	33	637	3	16	22	37	38	44	23	697	2	5	8	11	33	39	31	757	6	7	11	17	33	44	1
44	7	458	4	9	10	32	36	40	18	518	14	23	30	32	34	38	6	578	5	12	14	32	34	42	16	638	7	18	22	24	31	34	6	698	3	11	13	21	33	37	18	758	5	9	12	30	39	43	24
42	20	459	4	6	10	14	25	40	12	519	6	8	13	16	30	43	3	579	5	7	20	22	37	42	39	639	6	15	22	23	25	32	40	699	4	5	8	16	21	29	3	759	9	33	36	40	42	43	32
43	2	460	8	11	28	30	43	45	41	520	4	22	27	28	38	40	1	580	5	7	9	11	32	35	33	640	14	15	18	21	26	35	23	700	11	23	28	29	30	44	13	760	10	22	27	31	42	43	12
43	9	461	11	18	26	31	37	40	43	521	3	7	18	29	32	36	19	581	3	5	14	20	42	44	33	641	11	18	21	36	37	43	12	701	3	10	14	16	36	38	35	761	4	7	11	24	42	45	30
36	32	462	3	20	24	32	37	45	4	522	4	5	13	14	37	41	11	582	2	12	14	33	40	41	25	642	8	17	18	24	39	45	32	702	3	13	16	24	26	29	9	762	1	3	12	21	26	41	16
37	26	463	23	29	31	33	34	44	40	523	1	4	37	38	40	45	7	583	8	17	27	33	40	44	24	643	15	24	31	32	33	40	13	703	10	28	31	33	41	44	21	763	3	8	16	32	34	43	10
40	36	464	6	12	15	34	42	44	4	524	10	11	29	38	41	45	21	584	7	18	30	39	40	41	36	644	5	13	17	23	28	36	8	704	1	4	8	23	33	42	45	764	7	22	24	31	34	36	15
44	4	465	1	8	11	13	22	38	31	525	1	23	26	29	39	44	22	585	6	7	10	16	38	41	4	645	1	4	16	26	40	41	31	705	1	6	17	22	28	45	23	765	1	3	8	12	42	43	33
36	45	466	4	10	13	23	32	44	20	526	7	14	17	20	35	39	31	586	2	7	12	15	21	34	5	646	2	9	24	41	43	45	30	706	3	4	6	10	28	30	37	766	9	30	34	35	39	41	21
25	1	467	2	12	14	17	24	40	39	527	1	12	22	32	33	42	38	587	14	21	29	31	32	37	17	647	5	16	21	23	24	30	29	707	2	12	19	24	39	44	35	767	5	15	20	31	34	42	22
37	16	468	8	13	15	28	37	43	17	528	5	17	25	31	39	40	10	588	2	8	15	22	25	41	30	648	13	19	28	37	38	43	4	708	2	10	16	19	34	45	1	768	7	27	29	30	38	44	4
40	38	469	4	21	22	34	37	38	33	529	18	20	24	27	31	42	39	589	6	8	28	33	38	39	22	649	3	21	22	33	41	42	20	709	10	18	30	36	39	44	32	769	5	7	11	16	41	45	4
41	16	470	10	16	20	39	41	42	27	530	16	23	27	29	33	41	22	590	20	30	36	38	41	45	23	650	3	4	7	11	31	41	35	710	3	4	6	24	25	33	10	770	1	9	12	23	39	43	34
39	5	471	6	13	29	37	39	41	43	531	1	5	9	21	27	35	45	591	8	13	14	30	38	39	5	651	11	12	16	26	29	44	18	711	11	15	24	35	37	45	42	771	6	10	17	18	21	29	30
45	40	472	16	25	26	31	36	43	44	532	16	17	23	24	29	44	3	592	2	5	6	13	28	44	43	652	3	13	15	40	41	44	20	712	17	20	30	31	33	45	19	772	5	6	11	14	21	41	32
40	3	473	8	13	20	22	23	36	34	533	9	14	15	17	31	33	23	593	9	10	13	24	33	38	28	653	5	6	26	27	38	39	1	713	2	5	15	18	19	23	44	773	8	12	19	21	31	35	44
44	43	474	4	13	18	31	33	45	43	534	10	24	26	29	37	38	32	594	2	8	13	25	28	37	3	654	16	21	26	31	36	43	6	714	1	7	22	33	37	40	20	774	12	15	18	28	34	42	9
40	24	475	1	9	14	16	21	29	3	535	11	12	14	15	18	39	34	595	8	24	28	35	38	40	5	655	7	37	38	39	40	44	18	715	2	7	27	33	41	44	10	775	11	12	29	33	38	42	17
26	44	476	9	12	13	15	37	38	27	536	7	8	18	32	37	43	12	596	3	4	12	14	25	43	17	656	3	7	14	16	31	40	39	716	2	6	13	16	29	30	21	776	8	9	18	21	28	40	20
43	44	477	14	25	29	32	33	45	37	537	12	23	26	30	36	43	11	597	8	10	23	24	35	43	37	657	10	14	19	39	40	43	23	717	2	11	19	25	28	32	44	777	6	12	17	21	34	37	18
34	31	478	18	29	30	37	39	43	8	538	6	10	18	31	32	34	11	598	4	12	24	33	38	45	22	658	8	19	25	28	32	36	37	718	4	11	20	23	32	39	40	778	6	21	35	36	37	41	11
30	7	479	8	23	25	27	35	44	24	539	3	19	22	31	42	43	26	599	5	12	17	29	34	35	27	659	7	18	19	27	29	42	45	719	4	8	13	19	20	43	26	779	6	12	19	24	34	41	4
34	27	480	3	5	10	17	30	31	16	540	3	12	13	15	34	36	14	600	5	11	14	27	29	36	44	660	4	9	23	33	39	44	14	720	1	12	29	34	36	37	41	780	15	17	19	21	27	45	16

04

여러 형태의 규칙성

1. 첫 수의 규칙성 I(20)
2. 첫 수의 규칙성 II(22)
3. 연속하는 두 수 조합 3개의 출현 시 규칙성
4. 22, 41의 규칙성
5. 첫머리 두 수 조합(3, 13)의 규칙성
6. 첫머리 두 수 혼합의 동행 규칙성 I(16, 23)
7. 첫머리 두 수 혼합의 동행 규칙성 II(19, 23)
8. 첫머리 두 수 혼합의 동행 규칙성 III(14, 23)
9. 조합(3, 13, 39)와 두 수의 연속 3회 출현의 규칙성
10. 첫머리 두 수 조합(7, 16 – 6, 11)의 규칙성
11. 조합(24, 36)의 규칙성
12. 조합(10, 14)의 규칙성
13. 5의 4회 출연 시 규칙성
14. 일의 자릿수 2, 3, 5, 6의 규칙성

로또는 매주, 정해진 시간에, 기계에 의해 결정된다.
이 사실을 간과해서는 안 된다.
인간의 개입 없이 기계에서 튀어나오는 숫자들의 조합 안에서
우리는 신비로운 규칙들을 발견하게 된다.

1

첫 수의 규칙성 I(20)

1.1. 역대 로또 당첨번호(421~780회차)에 나타나는 첫 수 20과 그에 따른 규칙

★ 첫 수 20 뒤에 따라오는 20번대 수 4개

여기서 다룰 현상은 초기에는 나타나지 않았고 492회부터 시작되었다. 그리고 현재까지 총 3회('가', '나', '다'로 표기) 나타났다.

여기서 우리가 주목할 것은 첫 수가 20일 때 동행의 규칙이 나타나는 것을 볼 수 있는데(적색으로 첫 수 20을 표시), 가장 먼저 살필 것은 녹색으로 표시된 것들이다. 구체적으로 20번대 수들이 첫 수 20의 근처에 등장하는데, 중요한 것은 4번의 그 수들이 연속으로(한 주 차이) 등장한다는 사실이다.

'가'의 경우는 22가 연속으로 4회 등장하며, '나'에서는 28이 연속으로 4회, '다'에서는 27이 연속으로 4회 등장한다.

★ 첫 수 20 뒤에 따라오는 13

〈표 4-1-1〉의 '가', '나', '다'에서 첫 수 20에 이어 따라오는 것이 한 가지 더 있는데 바로 황색으로 표시된 13이다. 13 역시 4번 연속으로 등장한다. 물론 13이 20번대 수들보다 먼저 나오는 경우가 있는가 하면, 나중에 나오는 경우도 있다.

특히, '다'의 경우는 13이 연속으로 나오지 않고 있는데 이것은 주변수에 의한 변형이라고 볼 수 있다.

〈표 4-1-1〉

421	6	11	26	27	28	44	30	481	3	4	23	29	40	41	20	541	8	13	26	28	32	34	43	601	2	16	19	31	34	35	37	661	2	3	12	20	27	38	40	721	1	28	35	41	43	44	31
422	8	15	19	21	34	44	12	482	1	10	16	24	25	35	43	542	5	6	19	26	41	45	34	602	13	14	22	27	30	38	2	662	5	6	9	11	15	37	26	722	12	14	21	30	39	43	45
423	1	17	27	28	29	40	5	483	12	15	19	22	28	34	5	543	13	18	26	31	34	44	12	603	2	19	25	26	27	43	28	663	3	5	8	19	38	42	20	723	20	30	33	35	36	44	22
424	10	11	26	31	34	44	30	484	1	3	27	28	32	45	11	544	5	17	21	25	36	44	10	604	2	6	18	21	33	34	30	664	10	20	33	36	41	44	5	724	2	8	33	35	37	41	14
425	8	10	14	27	33	38	3	485	17	22	26	27	36	39	20	545	4	24	25	27	34	35	2	605	1	2	7	9	10	38	42	665	5	6	11	17	38	44	13	725	6	7	19	21	41	43	38
426	4	17	18	27	39	43	19	486	1	2	23	25	38	40	43	546	8	17	20	27	37	43	6	606	1	5	6	14	20	39	22	666	2	4	6	11	17	28	16	726	1	11	21	23	34	44	24
427	6	7	15	24	28	30	21	487	4	8	25	27	37	41	21	547	6	7	15	22	34	39	28	607	8	14	23	36	38	39	13	667	15	17	25	37	42	43	13	727	7	8	10	19	21	31	20
428	12	16	19	22	37	40	8	488	2	8	17	30	31	38	25	548	1	12	13	21	32	45	14	608	4	8	18	19	39	44	41	668	12	14	15	24	27	32	3	728	3	6	10	30	34	37	36
429	3	23	28	34	39	42	16	489	2	4	8	15	20	27	11	549	29	31	35	38	40	44	17	609	4	8	27	34	39	40	13	669	7	8	20	29	33	38	9	729	11	17	21	26	36	45	16
430	1	3	16	18	30	34	44	490	2	7	26	29	40	43	42	550	1	7	14	20	34	37	41	610	14	18	20	23	28	36	33	670	11	18	26	[illegible]	[illegible]	41	25	730	4	10	14	15	18	22	39
431	18	22	25	31	38	45	6	491	8	17	35	36	39	42	4	551	3	6	20	24	27	44	25	611	2	22	27	33	36	37	14	671	7	9	10	[illegible]	[illegible]	35	24	731	2	7	13	25	42	45	39
432	2	3	5	11	27	39	33	492	22	27	31	35	37	40	42	552	1	10	20	32	35	40	43	612	6	9	18	19	25	33	40	672	8	21	28	31	36	45	43	732	2	4	5	17	27	32	43
433	19	23	29	33	35	43	27	493	20	22	26	33	36	37	25	553	2	7	17	28	29	39	37	613	7	8	11	16	41	44	35	673	7	10	17	29	33	44	5	733	11	24	32	33	35	40	13
434	3	13	20	24	[illegible]	[illegible]	35	494	5	7	8	15	30	43	22	554	13	14	17	32	41	42	6	614	8	21	25	39	40	44	18	674	9	10	14	25	27	31	11	734	6	16	37	38	41	45	18
435	8	16	26	30	38	45	42	495	4	13	22	27	34	44	6	555	11	17	21	24	26	36	12	615	10	17	18	19	23	27	35	675	1	8	11	15	18	45	7	735	5	10	13	27	37	41	44
436	9	14	20	22	33	34	28	496	4	13	20	29	36	41	39	556	12	20	23	28	30	44	43	616	5	13	18	23	40	45	3	676	1	8	17	34	39	45	27	736	2	11	17	18	21	27	6
437	11	16	29	38	41	44	21	497	19	20	23	24	43	44	13	557	4	20	26	28	35	40	31	617	4	5	11	12	24	27	28	677	12	15	24	36	41	44	42	737	13	15	18	24	27	41	11
438	6	12	20	26	29	38	45	498	13	14	24	32	39	41	3	558	12	15	19	26	40	43	29	618	8	16	25	30	42	43	15	678	4	5	6	12	25	37	45	738	23	27	28	38	42	43	36
439	17	20	30	31	37	40	25	499	5	20	23	27	35	40	43	559	11	12	25	32	44	45	23	619	6	8	13	30	35	40	21	679	3	5	7	14	26	34	35	739	7	22	29	33	34	35	30
440	10	22	28	34	36	44	2	500	3	4	12	20	24	34	41	560	1	4	20	23	29	45	28	620	2	16	17	32	39	45	40	680	4	10	19	29	32	42	30	740	4	8	9	16	17	19	31
441	1	23	28	30	34	35	9	501	1	4	10	17	31	42	2	561	5	7	18	37	42	45	20	621	1	2	6	16	19	42	9	681	21	24	27	29	43	44	7	741	5	21	27	34	44	45	16
442	25	27	29	36	38	40	41	502	6	22	28	32	34	40	26	562	4	11	13	17	20	31	33	622	9	15	16	21	28	34	24	682	17	23	27	35	38	43	2	742	8	10	13	36	37	40	6
443	4	6	10	19	20	44	14	503	1	5	27	30	34	36	40	563	5	10	16	17	31	32	21	623	7	13	30	39	41	45	25	683	6	13	20	27	28	40	15	743	15	19	21	34	41	44	10
444	11	13	23	35	43	45	17	504	6	14	22	26	43	44	31	564	14	19	25	26	27	34	2	624	1	7	19	26	27	35	16	684	1	11	15	17	25	39	40	744	10	15	18	21	34	41	43
445	13	20	21	30	39	45	32	505	7	20	22	25	38	40	44	565	4	10	18	27	40	45	38	625	3	6	7	20	21	39	13	685	6	7	12	28	38	40	18	745	1	2	3	9	12	23	10
446	1	11	12	14	26	35	6	506	6	9	11	22	24	30	31	566	4	5	6	25	26	43	41	626	13	14	26	33	40	43	15	686	7	12	15	24	25	43	13	746	3	12	33	36	42	45	25
447	2	7	8	9	17	33	34	507	12	13	32	33	40	41	4	567	1	10	15	16	32	41	28	627	2	9	22	25	31	45	12	687	1	8	10	13	28	42	45	747	7	9	12	14	23	28	17
448	3	7	13	27	40	41	36	508	5	27	31	34	35	43	37	568	1	3	17	20	31	44	40	628	1	7	12	15	23	42	11	688	5	15	22	23	34	35	2	748	3	10	13	22	31	32	29
449	3	10	20	26	35	43	36	509	12	25	29	35	42	43	24	569	3	6	13	23	24	35	1	629	19	28	31	38	43	44	1	689	7	17	19	30	36	38	34	749	12	14	24	26	34	45	41
450	6	14	19	21	23	31	13	510	12	29	32	33	39	40	42	570	1	12	26	27	29	33	42	630	8	17	21	24	27	31	15	690	24	25	33	34	38	39	43	750	1	2	15	19	24	36	12
451	12	15	20	24	30	38	29	511	3	7	14	23	26	42	24	571	11	18	21	26	38	43	29	631	1	2	4	23	31	34	8	691	15	27	33	35	43	45	16	751	3	4	16	20	28	44	17
452	8	10	18	30	32	34	27	512	4	5	9	13	26	27	1	572	3	13	18	33	37	45	1	632	15	18	21	32	35	44	6	692	3	11	14	15	32	36	44	752	4	16	20	33	40	43	7
453	12	24	33	38	40	42	30	513	5	8	21	23	27	33	12	573	2	4	20	34	35	43	14	633	9	12	19	20	39	41	13	693	1	6	11	28	34	42	30	753	2	17	19	24	37	41	3
454	13	25	27	34	38	41	10	514	1	15	20	26	35	42	9	574	14	15	16	19	25	43	2	634	4	10	11	12	20	27	38	694	7	15	20	25	33	43	12	754	2	8	17	24	29	31	32
455	4	19	20	26	30	35	24	515	2	11	12	15	23	37	8	575	2	8	20	30	33	34	6	635	11	13	25	26	29	33	32	695	4	18	26	33	34	38	14	755	13	14	26	28	30	36	37
456	1	7	12	18	23	27	44	516	2	8	23	41	43	44	30	576	10	11	15	25	35	41	13	636	6	7	15	16	20	31	26	696	1	7	16	18	34	38	21	756	10	14	16	18	27	28	4
457	8	10	18	23	27	40	33	517	1	9	12	28	36	41	10	577	16	17	22	31	34	37	33	637	3	16	22	37	38	44	23	697	2	5	8	11	33	39	31	757	6	7	11	17	33	44	1
458	4	9	10	32	36	40	18	518	14	23	30	32	34	38	6	578	5	12	14	32	34	42	16	638	7	18	22	24	31	34	6	698	3	11	13	21	33	37	18	758	5	9	12	30	39	43	24
459	4	6	10	14	25	40	12	519	6	8	13	16	30	43	3	579	5	7	20	22	37	42	39	639	6	15	22	23	25	32	40	699	4	5	8	16	21	29	3	759	9	33	36	40	42	43	32
460	8	11	28	30	43	45	41	520	4	22	27	28	38	40	1	580	5	7	9	11	32	35	33	640	14	15	18	21	26	35	23	700	11	23	28	29	30	44	13	760	10	22	27	31	42	43	12
461	11	18	26	31	37	40	43	521	3	7	18	29	32	36	19	581	3	5	14	20	42	44	33	641	11	18	21	36	37	43	12	701	3	10	14	16	36	38	35	761	4	7	11	24	42	45	30
462	3	20	24	32	37	45	4	522	4	5	13	14	37	41	11	582	2	12	14	33	40	41	25	642	8	17	18	24	39	45	32	702	3	13	16	24	26	29	9	762	1	3	12	21	26	41	16
463	23	29	31	33	34	44	40	523	1	4	37	38	40	45	7	583	8	17	27	33	40	44	24	643	15	24	31	32	33	40	13	703	10	28	31	33	41	44	21	763	3	8	16	32	34	43	10
464	6	12	15	34	42	44	4	524	10	11	29	38	41	45	21	584	7	18	30	39	40	41	36	644	5	13	17	23	28	36	8	704	1	4	8	23	33	42	45	764	7	22	24	31	34	36	15
465	1	8	11	13	22	38	31	525	11	23	26	29	39	44	22	585	6	7	10	16	38	41	4	645	1	4	16	26	40	41	31	705	1	6	17	22	28	45	23	765	1	3	8	12	42	43	33
466	4	10	13	23	32	44	20	526	7	14	17	20	35	39	31	586	2	7	12	15	21	34	5	646	2	9	24	41	43	45	30	706	3	4	6	10	28	30	37	766	9	30	34	35	39	41	21
467	2	12	14	17	24	40	39	527	1	12	22	32	33	42	38	587	14	21	29	31	32	37	17	647	5	16	21	23	24	30	29	707	2	12	19	24	39	44	35	767	5	15	20	31	34	42	22
468	8	13	15	28	37	43	17	528	5	17	25	31	39	40	10	588	2	8	15	22	25	41	30	648	13	19	28	37	38	43	4	708	2	10	16	19	34	45	1	768	7	27	29	30	38	44	4
469	4	21	22	34	37	38	33	529	18	20	24	27	31	42	39	589	6	8	28	33	38	39	22	649	3	21	22	33	41	42	20	709	10	18	30	36	39	44	32	769	5	7	11	16	41	45	4
470	10	16	20	39	41	42	27	530	16	23	27	29	33	41	22	590	20	30	36	38	41	45	23	650	3	4	7	11	31	41	35	710	3	4	6	24	25	33	10	770	1	9	12	23	39	43	34
471	6	13	29	37	39	41	43	531	1	5	9	21	27	35	45	591	8	13	14	30	38	39	5	651	11	12	16	26	29	44	18	711	11	15	24	35	37	45	42	771	6	10	17	18	21	29	30
472	16	25	26	31	36	43	44	532	16	17	23	24	29	44	[illegible]	592	2	5	6	13	28	44	43	652	3	13	15	40	41	44	20	712	17	20	30	31	33	45	19	772	5	6	11	14	21	41	32
473	8	13	20	22	23	36	34	533	9	14	15	17	31	33	23	593	9	10	13	24	33	38	28	653	5	6	26	27	38	39	1	713	2	5	15	18	19	23	44	773	8	12	19	21	31	35	44
474	4	13	18	31	33	45	43	534	10	24	26	29	37	38	32	594	2	8	13	25	28	37	3	654	16	21	26	31	36	43	6	714	1	7	22	33	37	40	20	774	12	15	18	28	34	42	9
475	1	9	14	16	21	29	3	535	11	12	14	15	18	39	34	595	8	24	28	35	38	40	5	655	7	37	38	39	40	44	18	715	2	7	27	33	41	44	10	775	11	12	29	33	38	42	17
476	9	12	13	15	37	38	27	536	7	8	18	32	37	43	12	596	3	4	12	14	25	43	17	656	3	7	14	16	31	40	39	716	2	6	13	16	29	30	21	776	8	9	18	21	28	40	20
477	14	25	29	32	33	45	37	537	12	23	26	30	36	43	11	597	8	10	23	24	35	43	37	657	10	14	19	39	40	43	23	717	2	11	19	25	28	32	44	777	6	12	17	21	34	37	18
478	18	29	30	37	39	43	8	538	6	10	18	31	32	34	11	598	4	12	24	33	38	45	22	658	8	19	25	28	32	36	37	718	4	11	20	23	32	39	40	778	6	21	35	36	37	41	11
479	8	23	25	27	35	44	24	539	3	19	22	31	42	43	26	599	5	12	17	29	34	35	27	659	7	18	19	27	29	42	45	719	4	8	13	19	20	43	26	779	6	12	19	24	34	41	4
480	3	5	10	17	30	31	16	540	3	12	13	15	34	36	14	600	5	11	14	27	29	36	44	660	4	9	23	33	39	44	14	720	1	12	29	34	36	37	41	780	15	17	19	21	27	45	16

1.2. 결론- 로또에의 적용

20이 첫 수로 등장하는 경우가 있는데,

- 여기에 20번대 수가 네 번 나올 수 있고
- 13 역시 네 번 나올 수 있다.

이때, 다음과 같은 적용을 해 볼 수 있다.

1단계– 첫 수로 20이 등장했을 때

그 주변에 동일한 20번대 수가 연속으로 뜰 수 있다(물론 첫 수 20보다 먼저 뜰 수도 있고 몇 주 후에 뜰 수도 있다). 만약 동일한 20번대 수가 연속으로 두 번 뜬다면, 그다음 주나 다다음 주에도 그 수가 뜰 수 있다.

2단계– 첫 수로 20이 등장했을 때

그 주변에 13이 연속으로 네 번 뜰 수 있다. 만약 이번 주에 13이 떴다면, 이 현상을 유의할 필요가 있다.

NOTE

2

첫 수의 규칙성 II(22)

2.1. 역대 로또 당첨번호(1~240/421~540회차)에 나타나는 첫 수 22과 그에 따른 규칙

★ 첫 수 22 뒤에 따라오는 3개의 39

여기서 다룰 현상은 1~240회차에서 총 2회 나타나고 481회차 이후에 1회 나타난 현상이다.

이 세 가지 현상에서 우리가 주목할 것은 첫 수가 22일 때 나타나는 현상이다. 〈표 4-2-1〉에서도 첫 수 22를 적색으로 표시했는데 이에 주목해 보면, 이 22가 동반하는 현상이 동일하게 나타나게 함을 알 수 있다.

그렇다면, 어떤 규칙이 나타나는 것일까? 첫 번째는 39가 4주 안에 총 세 번 나타난다는 사실이다. **(녹색을 표시)**

★ 첫 수 22 뒤에 따라오는 39에 동반하는 수들

첫 수 22 뒤에 39가 4주 안에 세 번 등장하는 것과 더불어, 어느 한 수가 39와 함께 나타나고 있다. '가'의 경우는 38이 39와 같은 회차에 나타나 총 세 번 등장하고 있고, '나'에서는 27이, '다'에서는 31이 39를 동반하고 있다. **(황색 표시)**

결론적으로 이 현상은 총 4주에 걸쳐 진행된다.

〈표 4-2-1〉

1 ~ 240

1	10	23	29	33	37	40	16	61	14	15	19	30	38	43	8
2	9	13	21	25	32	42	2	62	3	8	15	27	29	35	21
3	11	16	19	21	27	31	30	63	3	20	23	36	38	40	5
4	14	27	30	31	40	42	2	64	14	15	18	21	26	36	39
5	16	24	29	40	41	42	3	65	4	25	33	36	40	43	39
6	14	15	26	27	40	42	34	66	2	3	7	17	22	24	45
7	2	9	16	25	26	40	42	67	3	7	10	15	36	38	33
8	8	19	25	34	37	39	9	68	10	12	15	16	26	39	38
9	2	4	16	17	36	39	14	69	5	8	14	15	19	39	35
10	9	25	30	33	41	44	6	70	5	19	22	25	28	43	26
11	1	7	36	37	41	42	14	71	5	9	12	16	29	41	21
12	2	11	21	25	39	45	44	72	2	4	11	17	26	27	1
13	22	23	25	37	38	42	26	73	3	12	18	32	40	43	38
14	2	6	12	31	33	40	15	74	6	15	17	18	35	40	23
15	3	4	16	30	31	37	13	75	2	5	24	32	34	44	28
16	6	7	24	37	38	40	33	76	1	3	15	22	25	37	43
17	3	4	9	17	32	37	1	77	2	18	29	32	43	44	37
18	3	12	13	19	32	35	29	78	10	13	25	29	33	35	38
19	6	30	38	39	40	43	26	79	3	12	24	27	30	32	14
20	10	14	18	20	23	30	41	80	17	18	24	25	26	30	1
21	6	12	17	18	31	32	21	81	5	7	11	13	20	33	6
22	4	5	6	8	17	39	25	82	1	2	3	14	27	42	39
23	5	13	17	18	33	42	44	83	6	10	15	17	19	34	14
24	7	8	27	29	36	43	6	84	16	23	27	34	42	45	11
25	2	4	21	26	43	44	16	85	6	8	13	23	31	36	21
26	4	5	7	18	20	25	31	86	2	12	37	39	41	45	33
27	1	20	26	28	37	43	27	87	4	12	16	23	34	43	26
28	9	18	23	25	35	37	1	88	1	17	20	24	30	41	27
29	1	5	13	34	39	40	11	89	4	26	28	29	33	40	37
30	8	17	20	35	36	44	4	90	17	20	29	35	38	[illegible]	10
31	7	9	18	23	28	35	32	91	1	21	24	26	29	42	27
32	6	14	19	25	34	44	11	92	3	14	24	33	35	36	17
33	4	7	32	33	40	41	9	93	6	22	24	36	38	44	19
34	9	26	35	37	40	42	2	94	5	32	34	40	41	45	6
35	2	3	11	26	37	43	39	95	8	17	27	31	34	43	14
36	1	10	23	26	28	40	31	96	1	3	8	21	22	31	20
37	7	27	30	33	35	37	42	97	6	7	14	15	20	36	3
38	16	17	22	30	37	43	36	98	6	9	16	23	24	32	43
39	6	7	13	15	21	43	8	99	1	3	10	27	29	37	11
40	7	13	18	19	25	26	6	100	1	7	11	23	37	42	6
41	13	20	23	35	38	43	34	101	1	8	17	32	35	45	8
42	17	18	19	21	23	32	1	102	17	22	24	26	35	40	42
43	6	31	35	38	39	44	1	103	5	14	15	27	30	45	10
44	3	11	21	30	38	45	39	104	17	32	33	34	42	44	35
45	1	10	20	27	33	35	17	105	8	10	20	34	41	45	28
46	8	13	15	23	31	38	39	106	4	10	12	22	24	33	29
47	14	17	26	31	36	45	27	107	1	4	5	6	9	31	17
48	6	10	18	26	37	38	3	108	7	18	22	23	29	44	12
49	4	7	16	19	33	40	30	109	1	5	34	36	42	44	33
50	2	10	12	15	22	44	1	110	7	20	22	23	29	43	1
51	2	3	11	16	26	44	35	111	7	18	31	33	36	40	27
52	2	4	15	16	20	29	1	112	26	29	30	33	41	42	43
53	7	8	14	32	33	39	42	113	4	9	28	33	36	45	26
54	1	8	21	27	36	39	37	114	11	14	19	26	28	41	2
55	17	21	31	37	40	44	7	115	1	2	6	9	25	28	31
56	10	14	30	31	33	37	19	116	2	4	25	31	34	37	17
57	7	10	16	25	29	44	6	117	5	10	22	34	36	44	35
58	10	24	25	33	40	44	1	118	3	4	10	17	19	22	38
59	6	29	36	39	41	45	13	119	3	11	13	14	17	21	38
60	2	8	25	36	39	42	11	120	4	6	10	11	32	37	30

121	12	28	30	34	38	43	9	181	14	21	23	32	40	45	44
122	1	11	16	17	36	40	8	182	13	15	27	29	34	40	35
123	7	17	18	28	30	45	27	183	2	18	24	34	40	42	5
124	4	16	23	25	29	42	1	184	1	2	6	16	20	33	41
125	2	8	32	33	35	36	18	185	1	2	4	8	19	38	14
126	7	20	22	27	40	43	1	186	4	10	14	19	21	45	9
127	3	5	10	29	32	43	35	187	1	2	8	18	29	38	42
128	12	30	34	36	37	45	39	188	19	24	27	30	31	34	36
129	19	23	25	28	38	42	17	189	8	14	32	35	37	45	28
130	7	19	24	27	42	45	31	190	8	14	18	30	31	44	15
131	8	10	11	14	15	21	37	191	5	6	24	25	32	37	8
132	3	17	23	34	41	45	43	192	4	8	11	18	37	45	33
133	4	7	15	18	23	26	13	193	6	14	18	26	36	39	13
134	3	12	20	23	31	35	43	194	15	20	23	26	39	44	28
135	6	14	22	28	35	39	16	195	7	10	19	22	35	40	31
136	2	16	30	36	41	42	11	196	35	36	37	41	44	45	30
137	7	9	20	25	36	39	15	197	7	12	16	34	42	45	4
138	10	11	27	28	37	39	19	198	12	19	20	25	41	45	2
139	9	11	15	20	28	43	13	199	14	21	22	25	30	36	43
140	3	13	17	18	19	28	8	200	5	6	13	14	17	20	7
141	8	12	29	31	42	43	2	201	3	11	24	38	39	44	26
142	12	16	30	34	40	44	19	202	12	24	27	33	39	44	17
143	26	27	28	42	43	45	8	203	1	3	11	24	30	32	7
144	4	15	17	26	36	37	43	204	3	12	14	35	40	45	5
145	2	3	13	20	27	44	9	205	1	3	21	29	35	37	30
146	2	19	27	35	41	42	25	206	1	2	3	15	20	25	43
147	4	6	13	21	40	42	36	207	3	11	14	31	32	37	38
148	21	25	33	34	35	36	17	208	14	25	31	34	40	44	24
149	2	11	21	34	41	42	27	209	2	7	18	20	24	33	37
150	2	18	25	28	37	39	16	210	10	19	22	23	25	37	39
151	1	2	10	13	18	19	15	211	12	13	17	20	33	41	8
152	1	5	13	26	29	34	43	212	11	12	18	21	31	38	8
153	3	8	11	12	13	36	33	213	2	3	4	5	20	24	42
154	6	19	21	35	40	45	20	214	5	7	20	25	28	37	32
155	16	19	20	32	33	41	4	215	2	3	7	15	43	44	4
156	5	18	28	30	42	45	2	216	7	16	17	33	36	40	1
157	19	26	30	33	35	39	37	217	16	20	27	33	35	39	38
158	4	9	13	18	21	34	7	218	1	8	14	18	29	44	20
159	1	18	30	41	42	43	32	219	4	11	20	26	35	37	16
160	3	7	8	34	39	41	1	220	5	11	19	21	34	43	31
161	22	34	36	40	42	45	44	221	2	20	33	35	37	40	10
162	1	5	21	25	38	41	24	222	5	7	28	29	39	43	44
163	7	11	26	28	29	44	16	223	1	3	[illegible]	20	26	27	38
164	6	9	10	11	39	41	27	224	4	9	[illegible]	[illegible]	30	42	7
165	5	13	18	19	22	42	31	225	5	11	13	19	31	36	7
166	9	12	27	36	39	45	14	226	2	6	8	14	21	22	34
167	24	27	28	30	36	39	4	227	4	5	15	16	22	42	2
168	3	10	31	40	42	43	30	228	17	25	35	36	39	44	23
169	16	27	35	37	43	45	19	229	4	5	9	11	23	38	35
170	2	11	13	15	31	42	10	230	5	11	14	29	32	33	12
171	4	16	25	29	34	35	1	231	5	10	19	31	44	45	27
172	4	19	21	24	26	41	35	232	8	9	10	12	24	44	35
173	3	9	24	30	33	34	18	233	4	6	13	17	28	40	39
174	13	14	18	22	35	39	16	234	13	21	22	24	26	37	4
175	19	26	28	31	33	36	17	235	21	22	26	27	31	37	8
176	4	17	30	32	33	34	15	236	1	4	8	13	37	39	7
177	1	10	13	16	37	43	6	237	1	11	17	21	24	44	33
178	1	5	11	12	18	23	9	238	2	4	15	28	31	34	35
179	5	9	17	25	39	43	32	239	11	15	24	39	41	44	7
180	2	15	20	21	29	34	22	240	6	10	16	40	41	43	21

421 ~ 540

421	6	11	26	27	28	44	30	481	3	4	23	29	40	41	20
422	8	15	19	21	34	44	12	482	1	10	16	24	25	35	43
423	1	17	27	28	29	40	5	483	12	15	19	22	28	34	5
424	10	11	26	31	34	44	30	484	1	3	27	28	32	45	11
425	8	10	14	27	33	38	3	485	17	22	26	27	36	39	20
426	4	17	18	27	39	43	19	486	1	2	23	25	38	40	43
427	6	7	15	24	28	30	21	487	4	8	25	27	37	41	21
428	12	16	19	22	37	40	8	488	2	8	17	30	31	38	25
429	3	23	28	34	39	42	16	489	2	4	8	15	20	27	11
430	1	3	16	18	30	34	44	490	2	7	26	29	40	43	42
431	18	22	25	31	38	45	6	491	8	17	35	36	39	42	4
432	2	3	5	11	27	39	33	492	22	27	31	35	37	40	42
433	19	23	29	33	35	43	27	493	20	22	26	33	36	37	25
434	3	13	20	24	33	37	35	494	5	7	8	15	30	43	22
435	8	16	26	30	38	45	42	495	4	13	22	27	34	44	6
436	9	14	20	22	33	34	28	496	4	13	20	29	36	41	39
437	11	16	29	38	41	44	21	497	19	20	23	24	43	44	13
438	6	12	20	26	29	38	45	498	13	14	24	32	39	41	3
439	17	20	30	31	37	40	25	499	5	20	23	27	35	40	43
440	10	22	28	34	36	44	2	500	3	4	12	20	24	34	41
441	1	23	28	30	34	35	9	501	1	4	10	17	31	42	2
442	25	27	29	36	38	40	41	502	6	22	28	32	34	40	26
443	4	6	10	19	20	44	14	503	1	5	27	30	34	36	40
444	11	13	23	35	43	45	17	504	6	14	22	26	43	44	31
445	13	20	21	30	39	45	32	505	7	20	22	25	38	40	44
446	1	11	12	14	26	35	6	506	6	9	11	22	24	30	31
447	2	7	8	9	17	33	34	507	12	13	32	33	40	41	4
448	3	7	13	27	40	41	36	508	5	27	31	34	35	43	37
449	3	10	20	26	35	43	36	509	12	25	29	35	42	43	24
450	6	14	19	21	23	31	13	510	12	29	32	33	39	40	42
451	12	15	20	24	30	38	29	511	3	7	14	23	26	42	24
452	8	10	18	30	32	34	27	512	4	5	9	13	26	27	1
453	12	24	33	38	40	42	30	513	5	8	21	23	27	33	12
454	13	25	27	34	38	41	10	514	1	15	20	26	35	42	9
455	4	19	20	26	30	35	24	515	2	11	12	15	23	37	8
456	1	7	12	18	23	27	44	516	2	8	23	41	43	44	30
457	8	10	18	23	27	40	33	517	1	9	12	28	36	41	10
458	4	9	10	32	36	40	18	518	14	23	30	32	34	38	6
459	4	6	10	14	25	40	12	519	6	8	13	16	30	43	3
460	8	11	28	30	43	45	41	520	4	22	27	28	38	40	1
461	11	18	26	31	37	40	43	521	3	7	18	29	32	36	19
462	3	20	24	32	37	45	4	522	4	5	13	14	37	41	11
463	23	29	31	33	34	44	40	523	1	4	37	38	40	45	7
464	6	12	15	34	42	44	4	524	10	11	29	38	41	45	21
465	1	8	11	13	22	38	31	525	11	23	26	29	39	44	22
466	4	10	13	23	32	44	20	526	7	14	17	20	35	39	31
467	2	12	14	17	24	40	39	527	1	12	22	32	33	42	38
468	8	13	15	28	37	43	17	528	5	17	25	31	39	40	10
469	4	21	22	34	37	38	33	529	18	20	24	27	31	42	39
470	10	16	20	39	41	42	27	530	16	23	27	29	33	41	22
471	6	13	29	37	39	41	43	531	1	5	9	21	27	35	45
472	16	25	26	31	36	43	44	532	16	17	23	24	29	44	3
473	8	13	20	22	23	36	34	533	9	14	15	17	31	33	23
474	4	13	18	31	33	45	43	534	10	24	26	29	37	38	32
475	1	9	14	16	21	29	3	535	11	12	14	15	18	39	34
476	9	12	13	15	37	38	27	536	7	8	18	32	37	43	12
477	14	25	29	32	33	45	37	537	12	23	26	30	36	43	11
478	18	29	30	37	39	43	8	538	6	10	18	31	32	34	11
479	8	23	25	27	35	44	24	539	3	19	22	31	42	43	26
480	3	5	10	17	30	31	16	540	3	12	13	15	34	36	14

2.2. 결론- 로또에의 적용

22가 첫 수로 등장할 때,

39와 또 다른 수가 세 번 연속으로 나오는 현상을 불러오게 된다.

이때, 다음과 같은 적용을 해 볼 수 있다.

1단계– 첫 수로 22가 등장했을 때

몇 주 후에(혹은 한참 후에) 39가 4주 안에 세 번 뜰 수 있다. 그러므로 22가 첫 수로 온 후에 39의 움직임을 유의해야 한다.

그러다가 39가 등장한다면 앞으로 두 번 더 나올 수 있다. (특히, 39가 이미 두 번 나왔다면 세 번째에는 39가 나올 가능성이 크다.)

↓

2단계– 첫 수로 22가 등장하고 39가 나왔을 때

첫 수 22가 등장한 후, 39가 연속으로 두 번 나왔을 때 39 외에도 연속으로 똑같은 수가 나왔을 수 있다.

이때, 다음 주에 39와 함께 연속으로 똑같이 나온 수도 함께 찍어야 한다.

NOTE

첫 수 22의 규칙성

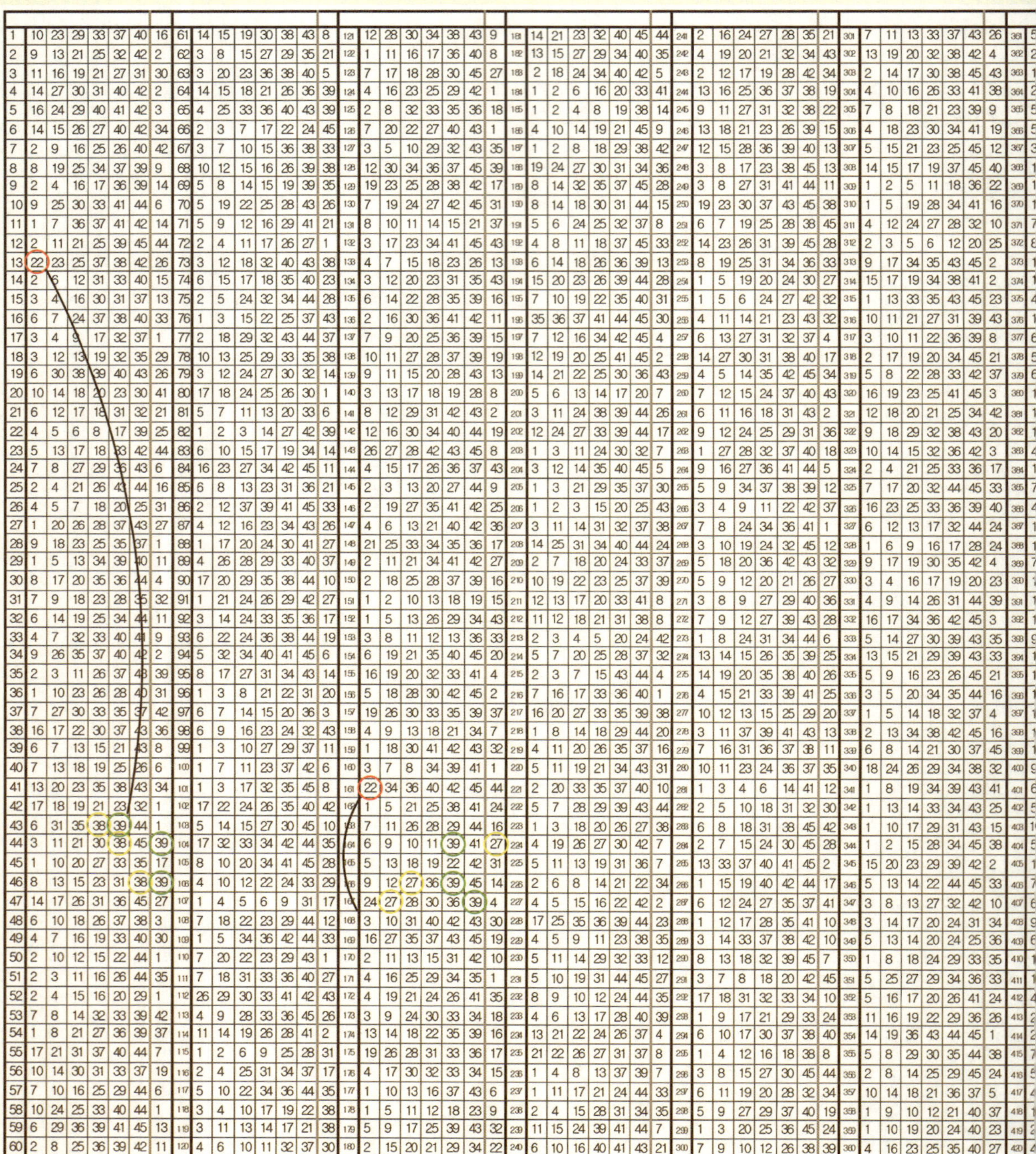

1	10	23	29	33	37	40	16	61	14	15	19	30	38	43	8	121	12	28	30	34	38	43	9	181	14	21	23	32	40	45	44	241	2	16	24	27	28	35	21	301	7	11	13	33	37	43	26	361
2	9	13	21	25	32	42	2	62	3	8	15	27	29	35	21	122	1	11	16	17	36	40	8	182	13	15	27	29	34	40	35	242	4	19	20	21	32	34	43	302	13	19	20	32	38	42	4	362
3	11	16	19	21	27	31	30	63	3	20	23	36	38	40	5	123	7	17	18	28	30	45	27	183	2	18	24	34	40	42	5	243	2	12	17	19	28	42	34	303	2	14	17	30	38	45	43	363
4	14	27	30	31	40	42	2	64	14	15	18	21	26	36	39	124	4	16	23	25	29	42	1	184	1	2	6	16	20	33	41	244	13	16	25	36	37	38	19	304	4	10	16	26	33	41	38	364
5	16	24	29	40	41	42	3	65	4	25	33	36	40	43	39	125	2	8	32	33	35	36	18	185	1	2	4	8	19	38	14	245	9	11	27	31	32	38	22	305	7	8	18	21	23	39	9	365
6	14	15	26	27	40	42	34	66	2	3	7	17	22	24	45	126	7	20	22	27	40	43	1	186	4	10	14	19	21	45	9	246	13	18	21	23	26	39	15	306	4	18	23	30	34	41	19	366
7	2	9	16	25	26	40	42	67	3	7	10	15	36	38	33	127	3	5	10	29	32	43	35	187	1	2	8	18	29	38	42	247	12	15	28	36	39	40	13	307	5	15	21	23	25	45	12	367
8	8	19	25	34	37	39	9	68	10	12	15	16	26	39	38	128	12	30	34	36	37	45	39	188	19	24	27	30	31	34	36	248	3	8	17	23	38	45	13	308	14	15	17	19	37	45	40	368
9	2	4	16	17	36	39	14	69	5	8	14	15	19	39	35	129	19	23	25	28	38	42	17	189	8	14	32	35	37	45	28	249	3	8	27	31	41	44	11	309	1	2	5	11	18	36	22	369
10	9	25	30	33	41	44	6	70	5	19	22	25	28	43	26	130	7	19	24	27	42	45	31	190	8	14	18	30	31	44	15	250	19	23	30	37	43	45	38	310	1	5	19	28	34	41	16	370
11	1	7	36	37	41	42	14	71	5	9	12	16	29	41	21	131	8	10	11	14	15	21	37	191	5	6	24	25	32	37	8	251	6	7	19	25	28	38	45	311	4	12	24	27	28	32	10	371
12	2	11	21	25	39	45	44	72	2	4	11	17	26	27	1	132	3	17	23	34	41	45	43	192	4	8	11	18	37	45	33	252	14	23	26	31	39	45	28	312	2	3	5	6	12	20	25	372
13	22	23	25	37	38	42	26	73	3	12	18	32	40	43	38	133	4	7	15	18	23	26	13	193	6	14	18	26	36	39	13	253	8	19	25	31	34	36	33	313	9	17	34	35	43	45	2	373
14	2	6	12	31	33	40	15	74	6	15	17	18	35	40	23	134	3	12	20	23	31	35	43	194	15	20	23	26	39	44	28	254	1	5	19	20	24	30	27	314	15	17	19	34	38	41	2	374
15	3	4	16	30	31	37	13	75	2	5	24	32	34	44	28	135	6	14	22	28	35	39	16	195	7	10	19	22	35	40	31	255	1	5	6	24	27	42	32	315	1	13	33	35	43	45	23	375
16	6	7	24	37	38	40	33	76	1	3	15	22	25	37	43	136	2	16	30	36	41	42	11	196	35	36	37	41	44	45	30	256	4	11	14	21	23	43	32	316	10	11	21	27	31	39	43	376
17	3	4	9	17	32	37	1	77	2	18	29	32	43	44	37	137	7	9	20	25	36	39	15	197	7	12	16	34	42	45	4	257	6	13	27	31	32	37	4	317	3	10	11	22	36	39	8	377
18	3	12	13	19	32	35	29	78	10	13	25	29	33	35	38	138	10	11	27	28	37	39	19	198	12	19	20	25	41	45	2	258	14	27	30	31	38	40	17	318	2	17	19	20	34	45	21	378
19	6	30	38	39	40	43	26	79	3	12	24	27	30	32	14	139	9	11	15	20	28	43	13	199	14	21	22	25	30	36	43	259	4	5	14	35	42	45	34	319	5	8	22	28	33	42	37	379
20	10	14	18	20	23	30	41	80	17	18	24	25	26	30	1	140	3	13	17	18	19	28	8	200	5	6	13	14	17	20	7	260	7	12	15	24	37	40	43	320	16	19	23	25	41	45	3	380
21	6	12	17	18	31	32	21	81	5	7	11	13	20	33	6	141	8	12	29	31	42	43	2	201	3	11	24	38	39	44	26	261	6	11	16	18	31	43	2	321	12	18	20	21	25	34	42	381
22	4	5	6	8	17	39	25	82	1	2	3	14	27	42	39	142	12	16	30	34	40	44	19	202	12	24	27	33	39	44	17	262	9	12	24	25	29	31	36	322	9	18	29	32	38	43	20	382
23	5	13	17	18	33	42	44	83	6	10	15	17	19	34	14	143	26	27	28	42	43	45	8	203	1	3	11	24	30	32	7	263	1	27	28	32	37	40	18	323	10	14	15	32	36	42	3	383
24	7	8	27	29	36	43	6	84	16	23	27	34	42	45	11	144	4	15	17	26	36	37	43	204	3	12	14	35	40	45	5	264	9	16	27	36	41	44	5	324	2	4	21	25	33	36	17	384
25	2	4	21	26	43	44	16	85	6	8	13	23	31	36	21	145	2	3	13	20	27	44	9	205	1	3	21	29	35	37	30	265	5	9	34	37	38	39	12	325	7	17	20	32	44	45	33	385
26	4	5	7	18	20	25	31	86	2	12	37	39	41	45	33	146	2	19	27	35	41	42	25	206	1	2	3	15	20	25	43	266	3	4	9	11	22	42	37	326	16	23	25	33	36	39	40	386
27	1	20	26	28	37	43	27	87	4	12	16	23	34	43	26	147	4	6	13	21	40	42	36	207	3	11	14	31	32	37	38	267	7	8	24	34	36	41	1	327	6	12	13	17	32	44	24	387
28	9	18	23	25	35	37	1	88	1	17	20	24	30	41	27	148	21	25	33	34	35	36	17	208	14	25	31	34	40	44	24	268	3	10	19	24	32	45	12	328	1	6	9	16	17	28	24	388
29	1	5	13	34	39	40	11	89	4	26	28	29	33	40	37	149	2	11	21	34	41	42	27	209	2	7	18	20	24	33	37	269	5	18	20	36	42	43	32	329	9	17	19	30	35	42	4	389
30	8	17	20	35	36	44	4	90	17	20	29	35	38	44	10	150	2	18	25	28	37	39	16	210	10	19	22	23	25	37	39	270	5	9	12	20	21	26	27	330	3	4	16	17	19	20	23	390
31	7	9	18	23	28	35	32	91	1	21	24	26	29	42	27	151	1	2	10	13	18	19	15	211	12	13	17	20	33	41	8	271	3	8	9	27	29	40	36	331	4	9	14	26	31	44	39	391
32	6	14	19	25	34	44	11	92	3	14	24	33	35	36	17	152	1	5	13	26	29	34	43	212	11	12	18	21	31	38	8	272	7	9	12	27	39	43	28	332	16	17	34	36	42	45	3	392
33	4	7	32	33	40	41	9	93	6	22	24	36	38	44	19	153	3	8	11	12	13	36	33	213	2	3	4	5	20	24	42	273	1	8	24	31	34	44	6	333	5	14	27	30	39	43	35	393
34	9	26	35	37	40	42	2	94	5	32	34	40	41	45	6	154	6	19	21	35	40	45	20	214	5	7	20	25	28	37	32	274	13	14	15	26	35	39	25	334	13	15	21	29	39	43	33	394
35	2	3	11	26	37	43	39	95	8	17	27	31	34	43	14	155	16	19	20	32	33	41	4	215	2	3	7	15	43	44	4	275	14	19	20	35	38	40	26	335	5	9	16	23	26	45	21	395
36	1	10	23	26	28	40	31	96	1	3	8	21	22	31	20	156	5	18	28	30	42	45	2	216	7	16	17	33	36	40	1	276	4	15	21	33	39	41	25	336	3	5	20	34	35	44	16	396
37	7	27	30	33	35	37	42	97	6	7	14	15	20	36	3	157	19	26	30	33	35	39	37	217	16	20	27	33	35	39	38	277	10	12	13	15	25	29	20	337	1	5	14	18	32	37	4	397
38	16	17	22	30	37	43	36	98	6	9	16	23	24	32	43	158	4	9	13	18	21	34	7	218	1	8	14	18	29	44	20	278	3	11	37	39	41	43	13	338	2	13	34	38	42	45	16	398
39	6	7	13	15	21	43	8	99	1	3	10	27	29	37	11	159	1	18	30	41	42	43	32	219	4	11	20	26	35	37	16	279	7	16	31	36	37	38	11	339	6	8	14	21	30	37	45	399
40	7	13	18	19	25	26	6	100	1	7	11	23	37	42	6	160	3	7	8	34	39	41	1	220	5	11	19	21	34	43	31	280	10	11	23	24	36	37	35	340	18	24	26	29	34	38	32	400
41	13	20	23	35	38	43	34	101	1	3	17	32	35	45	8	161	22	34	36	40	42	45	44	221	2	20	33	35	37	40	10	281	1	3	4	6	14	41	12	341	1	8	19	34	39	43	41	401
42	17	18	19	21	23	32	1	102	17	22	24	26	35	40	42	162	1	5	21	25	38	41	24	222	5	7	28	29	39	43	44	282	2	5	10	18	31	32	30	342	1	13	14	33	34	43	25	402
43	6	31	35	38	39	44	1	103	5	14	15	27	30	45	10	163	7	11	26	28	29	44	16	223	1	3	18	20	26	27	38	283	6	8	18	31	38	45	42	343	1	10	17	29	31	43	15	403
44	3	11	21	30	38	45	39	104	17	32	33	34	42	44	35	164	6	9	10	11	39	41	27	224	4	19	26	27	30	42	7	284	2	7	15	24	30	45	28	344	1	2	15	28	34	45	38	404
45	1	10	20	27	33	35	17	105	8	10	20	34	41	45	28	165	5	13	18	19	22	42	31	225	5	11	13	19	31	36	7	285	13	33	37	40	41	45	2	345	15	20	23	29	39	42	2	405
46	8	13	15	23	31	38	39	106	4	10	12	22	24	33	29	166	9	12	27	36	39	45	14	226	2	6	8	14	21	22	34	286	1	15	19	40	42	44	17	346	5	13	14	22	44	45	33	406
47	14	17	26	31	36	45	27	107	1	4	5	6	9	31	17	167	24	27	28	30	36	39	4	227	4	5	15	16	22	42	2	287	6	12	24	27	35	37	41	347	3	8	13	27	32	42	10	407
48	6	10	18	26	37	38	3	108	7	18	22	23	29	44	12	168	3	10	31	40	42	43	30	228	17	25	35	36	39	44	23	288	1	12	17	28	35	41	10	348	3	14	17	20	24	31	34	408
49	4	7	16	19	33	40	30	109	1	5	34	36	42	44	33	169	16	27	35	37	43	45	19	229	4	5	9	11	23	38	35	289	3	14	33	37	38	42	10	349	5	13	14	20	24	25	36	409
50	2	10	12	15	22	44	1	110	7	20	22	23	29	43	1	170	2	11	13	15	31	42	10	230	5	11	14	29	32	33	12	290	8	13	18	32	39	45	7	350	1	8	18	24	29	33	35	410
51	2	3	11	16	26	44	35	111	7	18	31	33	36	40	27	171	4	16	25	29	34	35	1	231	5	10	19	31	44	45	27	291	3	7	8	18	20	42	45	351	5	25	27	29	34	36	33	411
52	2	4	15	16	20	29	1	112	26	29	30	33	41	42	43	172	4	19	21	24	26	41	35	232	8	9	10	12	24	44	35	292	17	18	31	32	33	34	10	352	5	16	17	20	26	41	24	412
53	7	8	14	32	33	39	42	113	4	9	28	33	36	45	26	173	3	9	24	30	33	34	18	233	4	6	13	17	28	40	39	293	1	9	17	21	29	33	24	353	11	16	19	22	29	36	26	413
54	1	8	21	27	36	39	37	114	11	14	19	26	28	41	2	174	13	14	18	22	35	39	16	234	13	21	22	24	26	37	4	294	6	10	17	30	37	38	40	354	14	19	36	43	44	45	1	414
55	17	21	31	37	40	44	7	115	1	2	6	9	25	28	31	175	19	26	28	31	33	36	17	235	21	22	26	27	31	37	8	295	1	4	12	16	18	38	8	355	5	8	29	30	35	44	38	415
56	10	14	30	31	33	37	19	116	2	4	25	31	34	37	17	176	4	17	30	32	33	34	15	236	1	4	8	13	37	39	7	296	3	8	15	27	30	45	44	356	2	8	14	25	29	45	24	416
57	7	10	16	25	29	44	6	117	5	10	22	34	36	44	35	177	1	10	13	16	37	43	6	237	1	11	17	21	24	44	33	297	6	11	19	20	28	32	34	357	10	14	18	21	36	37	5	417
58	10	24	25	33	40	44	1	118	3	4	10	17	19	22	38	178	1	5	11	12	18	23	9	238	2	4	15	28	31	34	35	298	5	9	27	29	37	40	19	358	1	9	10	12	21	40	37	418
59	6	29	36	39	41	45	13	119	3	11	13	14	17	21	38	179	5	9	17	25	39	43	32	239	11	15	24	39	41	44	7	299	1	3	20	25	36	45	24	359	1	10	19	20	24	40	23	419
60	2	8	25	36	39	42	11	120	4	6	10	11	32	37	30	180	2	15	20	21	29	34	22	240	6	10	16	40	41	43	21	300	7	9	10	12	26	38	39	360	4	16	23	25	35	40	27	420

35	33	421	6	11	26	27	28	44	30	481	3	4	23	29	40	41	20	541	8	13	26	28	32	34	43	601	2	16	19	31	34	35	37	661	2	3	12	20	27	38	40	721	1	28	35	41	43	44	31
40	29	422	8	15	19	21	34	44	12	482	1	10	16	24	25	35	43	542	5	6	19	26	41	45	34	602	13	14	22	27	30	38	2	662	5	6	9	11	15	37	26	722	12	14	21	30	39	43	45
38	6	423	1	17	27	28	29	40	5	483	12	15	19	22	28	34	5	543	13	18	26	31	34	44	12	603	2	19	25	26	27	43	28	663	3	5	8	19	38	42	20	723	20	30	33	35	36	44	22
40	4	424	10	11	26	31	34	44	30	484	1	3	27	28	32	45	11	544	5	17	21	25	36	44	10	604	2	6	18	21	33	34	30	664	10	20	33	36	41	44	5	724	2	8	33	35	37	41	14
30	31	425	8	10	14	27	33	38	3	485	17	22	26	27	36	39	20	545	4	24	25	27	34	35	2	605	1	2	7	9	10	38	42	665	5	6	11	17	38	44	13	725	6	7	19	21	41	43	38
44	38	426	4	17	18	27	39	43	19	486	1	2	23	25	38	40	43	546	8	17	20	27	37	43	6	606	1	5	6	14	20	39	22	666	2	4	6	11	17	28	16	726	1	11	21	23	34	44	24
44	19	427	6	7	15	24	28	30	21	487	4	8	25	27	37	41	21	547	6	7	15	22	34	39	28	607	8	14	23	36	38	39	13	667	15	17	25	37	42	43	13	727	7	8	10	19	21	31	20
45	26	428	12	16	19	22	37	40	8	488	2	8	17	30	31	38	25	548	1	12	13	21	32	45	14	608	4	8	18	19	39	44	41	668	12	14	15	24	27	32	3	728	3	6	10	30	34	37	36
43	21	429	3	23	28	34	39	42	16	489	2	4	8	15	20	27	11	549	29	31	35	38	40	44	17	609	4	8	27	34	39	40	13	669	7	8	20	29	33	38	9	729	11	17	21	26	36	45	16
45	17	430	1	3	16	18	30	34	44	490	2	7	26	29	40	43	42	550	1	7	14	20	34	37	41	610	14	18	20	23	28	36	33	670	11	18	26	27	40	41	25	730	4	10	14	15	18	22	39
42	18	431	18	22	25	31	38	45	6	491	8	17	35	36	39	42	4	551	3	6	20	24	27	44	25	611	2	22	27	33	36	37	14	671	7	9	10	13	31	35	24	731	2	7	13	25	42	45	39
21	13	432	2	3	5	11	27	39	33	492	22	27	31	35	37	40	42	552	1	10	20	32	35	40	43	612	6	9	18	19	25	33	40	672	8	21	28	31	36	45	43	732	2	4	5	17	27	32	43
45	9	433	19	23	29	33	35	43	27	493	20	22	26	33	36	37	25	553	2	7	17	28	29	39	37	613	7	8	11	16	41	44	35	673	7	10	17	29	33	44	5	733	11	24	32	33	35	40	13
34	26	434	3	13	20	24	33	37	35	494	5	7	8	15	30	43	22	554	13	14	17	32	41	42	6	614	8	21	25	39	40	44	18	674	9	10	14	25	27	31	11	734	6	16	37	38	41	45	18
45	7	435	8	16	26	30	38	45	42	495	4	13	22	27	34	44	6	555	11	17	21	24	26	36	12	615	10	17	18	19	23	27	35	675	1	8	11	15	18	45	7	735	5	10	13	27	37	41	44
40	7	436	9	14	20	22	33	34	28	496	4	13	20	29	36	41	39	556	12	20	23	28	30	44	43	616	5	13	18	23	40	45	3	676	1	8	17	34	39	45	27	736	2	11	17	18	21	27	6
45	23	437	11	16	29	38	41	44	21	497	19	20	23	24	43	44	13	557	4	20	26	28	35	40	31	617	4	5	11	12	24	27	28	677	12	15	24	36	41	44	42	737	13	15	18	24	27	41	11
39	43	438	6	12	20	26	29	38	45	498	13	14	24	32	39	41	3	558	12	15	19	26	40	43	29	618	8	16	25	30	42	43	15	678	4	5	6	12	25	37	45	738	23	27	28	38	42	43	36
40	19	439	17	20	30	31	37	40	25	499	5	20	23	27	35	40	43	559	11	12	25	32	44	45	23	619	6	8	13	30	35	40	21	679	3	5	7	14	26	34	35	739	7	22	29	33	34	35	30
37	27	440	10	22	28	34	36	44	2	500	3	4	12	20	24	34	41	560	1	4	20	23	29	45	28	620	2	16	17	32	39	45	40	680	4	10	19	29	32	42	30	740	4	8	9	16	17	19	31
20	11	441	1	23	28	30	34	35	9	501	1	4	10	17	31	42	2	561	5	7	18	37	42	45	20	621	1	2	6	16	19	42	9	681	21	24	27	29	43	44	7	741	5	21	27	34	44	45	16
42	19	442	25	27	29	36	38	40	41	502	6	22	28	32	34	40	26	562	4	11	13	17	20	31	33	622	9	15	16	21	28	34	24	682	17	23	27	35	38	43	2	742	8	10	13	36	37	40	6
40	25	443	4	6	10	19	20	44	14	503	1	5	27	30	34	36	40	563	5	10	16	17	31	32	21	623	7	13	30	39	41	45	25	683	6	13	20	27	28	40	15	743	15	19	21	34	41	44	10
38	7	444	11	13	23	35	43	45	17	504	6	14	22	26	43	44	31	564	14	19	25	26	27	34	2	624	1	7	19	26	27	35	16	684	1	11	15	17	25	39	40	744	10	15	18	21	34	41	43
32	9	445	13	20	21	30	39	45	32	505	7	20	22	25	38	40	44	565	4	10	18	27	40	45	38	625	3	6	7	20	21	39	13	685	6	7	12	28	38	40	18	745	1	2	3	9	12	23	10
40	26	446	1	11	12	14	26	35	6	506	6	9	11	22	24	30	31	566	4	5	6	25	26	43	41	626	13	14	26	33	40	43	15	686	7	12	15	24	25	43	13	746	3	12	33	36	42	45	25
43	20	447	2	7	8	9	17	33	34	507	12	13	32	33	40	41	4	567	1	10	15	16	32	41	28	627	2	9	22	25	31	45	12	687	1	8	10	13	28	42	45	747	7	9	12	14	23	28	17
32	45	448	3	7	13	27	40	41	36	508	5	27	31	34	35	43	37	568	1	3	17	20	31	44	40	628	1	7	12	15	23	42	11	688	5	15	22	23	34	35	2	748	3	10	13	22	31	32	29
26	3	449	3	10	20	26	35	43	36	509	12	25	29	35	42	43	24	569	3	6	13	23	24	35	1	629	19	28	31	38	43	44	1	689	7	17	19	30	36	38	34	749	12	14	24	26	34	45	41
40	15	450	6	14	19	21	23	31	13	510	12	29	32	33	39	40	42	570	1	12	26	27	29	33	42	630	8	17	21	24	27	31	15	690	24	25	33	34	38	39	43	750	1	2	15	19	24	36	12
39	30	451	12	15	20	24	30	38	29	511	3	7	14	23	26	42	24	571	11	18	21	26	38	43	29	631	1	2	4	23	31	34	8	691	15	27	33	35	43	45	16	751	3	4	16	20	28	44	17
42	43	452	8	10	18	30	32	34	27	512	4	5	9	13	26	27	1	572	3	13	18	33	37	45	1	632	15	18	21	32	35	44	6	692	3	11	14	15	32	36	44	752	4	16	20	33	40	43	7
43	21	453	12	24	33	38	40	42	30	513	5	8	21	23	27	33	12	573	2	4	20	34	35	43	14	633	9	12	19	20	39	41	13	693	1	6	11	28	34	42	30	753	2	17	19	24	37	41	3
28	15	454	13	25	27	34	38	41	10	514	1	15	20	26	35	42	9	574	14	15	16	19	25	43	2	634	4	10	11	12	20	27	38	694	7	15	20	25	33	43	12	754	2	8	17	24	29	31	32
35	7	455	4	19	20	26	30	35	24	515	2	11	12	15	23	37	8	575	2	8	20	30	33	34	6	635	11	13	25	26	29	33	32	695	4	18	26	33	34	38	14	755	13	14	26	28	30	36	37
45	30	456	1	7	12	18	23	27	44	516	2	8	23	41	43	44	30	576	10	11	15	25	35	41	13	636	6	7	15	16	20	31	26	696	1	7	16	18	34	38	21	756	10	14	16	18	27	28	4
33	8	457	8	10	18	23	27	40	33	517	1	9	12	28	36	41	10	577	16	17	22	31	34	37	33	637	3	16	22	37	38	44	23	697	2	5	8	11	33	39	31	757	6	7	11	17	33	44	1
44	7	458	4	9	10	32	36	40	18	518	14	23	30	32	34	38	6	578	5	12	14	32	34	42	16	638	7	18	22	24	31	34	6	698	3	11	13	21	33	37	18	758	5	9	12	30	39	43	24
42	20	459	4	6	10	14	25	40	12	519	6	8	13	16	30	43	3	579	5	7	20	22	37	42	39	639	6	15	22	23	25	32	40	699	4	5	8	16	21	29	3	759	9	33	36	40	42	43	32
43	2	460	8	11	28	30	43	45	41	520	4	22	27	28	38	40	1	580	5	7	9	11	32	35	33	640	14	15	18	21	26	35	23	700	11	23	28	29	30	44	13	760	10	22	27	31	42	43	12
43	9	461	11	18	26	31	37	40	43	521	3	7	18	29	32	36	19	581	3	5	14	20	42	44	33	641	11	18	21	36	37	43	12	701	3	10	14	16	36	38	35	761	4	7	11	24	42	45	30
36	32	462	3	20	24	32	37	45	4	522	4	5	13	14	37	41	11	582	2	12	14	33	40	41	25	642	8	17	18	24	39	45	32	702	3	13	16	24	26	29	9	762	1	3	12	21	26	41	16
37	26	463	23	29	31	33	34	44	40	523	1	4	37	38	40	45	7	583	8	17	27	33	40	44	24	643	15	24	31	32	33	40	13	703	10	28	31	33	41	44	21	763	3	8	16	32	34	43	10
40	36	464	6	12	15	34	42	44	4	524	10	11	29	38	41	45	21	584	7	18	30	39	40	41	36	644	5	13	17	23	28	36	8	704	1	4	8	23	33	42	45	764	7	22	24	31	34	36	15
44	4	465	1	8	11	13	22	38	31	525	11	23	26	29	39	44	22	585	6	7	10	16	38	41	4	645	1	4	16	26	40	41	31	705	1	6	17	22	28	45	23	765	1	3	8	12	42	43	33
36	45	466	4	10	13	23	32	44	20	526	7	14	17	20	35	39	31	586	2	7	12	15	21	34	5	646	2	9	24	41	43	45	30	706	3	4	6	10	28	30	37	766	9	30	34	35	39	41	21
25	1	467	2	12	14	17	24	40	39	527	1	12	22	32	33	42	38	587	14	21	29	31	32	37	17	647	5	16	21	23	24	30	29	707	2	12	19	24	39	44	35	767	5	15	20	31	34	42	22
37	16	468	8	13	15	28	37	43	17	528	5	17	25	31	39	40	10	588	2	8	15	22	25	41	30	648	13	19	28	37	38	43	4	708	2	10	16	19	34	45	1	768	7	27	29	30	38	44	4
40	38	469	4	21	22	34	37	38	33	529	18	20	24	27	31	42	39	589	6	8	28	33	38	39	22	649	3	21	22	33	41	42	20	709	10	18	30	36	39	44	32	769	5	7	11	16	41	45	4
41	16	470	10	16	20	39	41	42	27	530	16	23	27	29	33	41	22	590	20	30	36	38	41	45	23	650	3	4	7	11	31	41	35	710	3	4	6	24	25	33	10	770	1	9	12	23	39	43	34
39	5	471	6	13	29	37	39	41	43	531	1	5	9	21	27	35	45	591	8	13	14	30	38	39	5	651	11	12	16	26	29	44	18	711	11	15	24	35	37	45	42	771	6	10	17	18	21	29	30
45	40	472	16	25	26	31	36	43	44	532	16	17	23	24	29	44	3	592	2	5	6	13	28	44	43	652	3	13	15	40	41	44	20	712	17	20	30	31	33	45	19	772	5	6	11	14	21	41	32
40	3	473	8	13	20	22	23	36	34	533	9	14	15	17	31	33	23	593	9	10	13	24	33	38	28	653	5	6	26	27	38	39	1	713	2	5	15	18	19	23	44	773	8	12	19	21	31	35	44
44	43	474	4	13	18	31	33	45	43	534	10	24	26	29	37	38	32	594	2	8	13	25	28	37	3	654	16	21	26	31	36	43	6	714	1	7	22	33	37	40	20	774	12	15	18	28	34	42	9
40	24	475	1	9	14	16	21	29	3	535	11	12	14	15	18	39	34	595	8	24	28	35	38	40	5	655	7	37	38	39	40	44	18	715	2	7	27	33	41	44	10	775	11	12	29	33	38	42	17
26	44	476	9	12	13	15	37	38	27	536	7	8	18	32	37	43	12	596	3	4	12	14	25	43	17	656	3	7	14	16	31	40	39	716	2	6	13	16	29	30	21	776	8	9	18	21	28	40	20
43	44	477	14	25	29	32	33	45	37	537	12	23	26	30	36	43	11	597	8	10	23	24	35	43	37	657	10	14	19	39	40	43	23	717	2	11	19	25	28	32	44	777	6	12	17	21	34	37	18
34	31	478	18	29	30	37	39	43	8	538	6	10	18	31	32	34	11	598	4	12	24	33	38	45	22	658	8	19	25	28	32	36	37	718	4	11	20	23	32	39	40	778	6	21	35	36	37	41	11
30	7	479	8	23	25	27	35	44	24	539	3	19	22	31	42	43	26	599	5	12	17	29	34	35	27	659	7	18	19	27	29	42	45	719	4	8	13	19	20	43	26	779	6	12	19	24	34	41	4
34	27	480	3	5	10	17	30	31	16	540	3	12	13	15	34	36	14	600	5	11	14	27	29	36	44	660	4	9	23	33	39	44	14	720	1	12	29	34	36	37	41	780	15	17	19	21	27	45	16

3

연속하는 두 수 조합 세 개가 동시에 나타날 때의 규칙성

3.1. 역대 로또 당첨번호(1~360)에 나타나는 연속하는 번호 세 개가 뜰 때의 규칙

★ 연속하는 두 수가 세 번 나타날 때 불러오는 31과 39

〈표 4-3-1〉에서 녹색으로 표시된 A, B, F, G, I를 살펴보면 다음과 같은 현상을 발견할 수 있다. 사실상 이 다섯 회차를 보면 겹치는 수가 나타나지는 않지만 연속하는 두 수가 한 회차 안에 세 번씩 나타난다. 숫자는 다르지만, 이 현상이 A, B, F, G, I에 공통적으로 나타난다.

알아보기 쉽게 순서를 바꿔 배열하면 다음과 같다.

22, 23, 25, 37, 38, 26
7, 18, 19, 25, 26, 6
10, 11, 23, 24, 36, 37
17, 18, 31, 32, 33, 34
3, 4, 16, 17, 19, 20

→

22, 23 / 25, 26 / 37, 38
6, 7 / 18, 19 / 25, 26
10, 11 / 23, 24 / 36, 37
17, 18 / 31, 32 / 33, 34
3, 4 / 16, 17 / 19, 20

그런데 이런 공통된 현상이 적색으로 표시된 31과 39를 불러오고 있다. 옆의 표에서는 A가 C를 불러오고 B가 D를 불러오며, E는 F를, H는 G를, I는 J를 불러온다고 볼 수 있다.

그래서 짝이 들어맞는다. 물론 녹색을 a, 적색을 b라고 했을 때 반드시 a→b 형태를 나타내지는 않는다. a→a→b→b 형태로 나타나기도 하고 b→a의 형태로 나타나기도 한다.

〈표 4-3-1〉

1	10	23	29	33	37	40	16	61	14	15	19	30	38	43	8
2	9	13	21	25	32	42	2	62	3	8	15	27	29	35	21
3	11	16	19	21	27	31	30	63	3	20	23	36	38	40	5
4	14	27	30	31	40	42	2	64	14	15	18	21	26	36	39
5	16	24	29	40	41	42	3	65	4	25	33	36	40	43	39
6	14	15	26	27	40	42	34	66	2	3	7	17	22	24	45
7	2	9	16	25	26	40	42	67	3	7	10	15	36	38	33
8	8	19	25	34	37	39	9	68	10	12	15	16	26	39	38
9	2	4	16	17	36	39	14	69	5	8	14	15	19	39	35
10	9	25	30	33	41	44	6	70	5	19	22	25	28	43	26
11	1	7	36	37	41	42	14	71	5	9	12	16	29	41	21
12	2	11	21	25	39	45	44	72	2	4	11	17	26	27	1
13	22	23	25	37	38	42	26	73	3	12	18	32	40	43	38
14	2	6	12	31	33	40	15	74	6	15	17	18	35	40	23
15	3	4	16	30	31	37	13	75	2	5	24	32	34	44	28
16	6	7	24	37	38	40	33	76	1	3	15	22	25	37	43
17	3	4	9	17	32	37	1	77	2	18	29	32	43	44	37
18	3	12	13	19	32	35	29	78	10	13	25	29	33	35	38
19	6	30	38	39	40	43	26	79	3	12	24	27	30	32	14
20	10	14	18	20	23	30	41	80	17	18	24	25	26	30	1
21	6	12	17	18	31	32	21	81	5	7	11	13	20	33	6
22	4	5	6	8	17	39	25	82	1	2	3	14	27	42	39
23	5	13	17	18	33	42	44	83	6	10	15	17	19	34	14
24	7	8	27	29	36	43	6	84	16	23	27	34	42	45	11
25	2	4	21	26	43	44	16	85	6	8	13	23	31	36	21
26	4	5	7	18	20	25	31	86	2	12	37	39	41	45	33
27	1	20	26	28	37	43	27	87	4	12	16	23	34	43	26
28	9	18	23	25	35	37	1	88	1	17	20	24	30	41	27
29	1	5	13	34	39	40	11	89	4	26	28	29	33	40	37
30	8	17	20	35	36	44	4	90	17	20	29	35	38	44	10
31	7	9	18	23	28	35	32	91	1	21	24	26	29	42	27
32	6	14	19	25	34	44	11	92	3	14	24	33	35	36	17
33	4	7	32	33	40	41	9	93	6	22	24	36	38	44	19
34	9	26	35	37	40	42	2	94	5	32	34	40	41	45	6
35	2	3	11	26	37	43	39	95	8	17	27	31	34	43	14
36	1	10	23	26	28	40	31	96	1	3	8	21	22	31	20
37	7	27	30	33	35	37	42	97	6	7	14	15	20	36	3
38	16	17	22	30	37	43	36	98	6	9	16	23	24	32	43
39	6	7	13	15	21	43	8	99	1	3	10	27	29	37	11
40	7	13	18	19	25	26	6	100	1	7	11	23	37	42	6
41	13	20	23	35	38	43	34	101	1	3	17	32	35	45	8
42	17	18	19	21	23	32	1	102	17	22	24	26	35	40	42
43	6	31	35	38	39	44	1	103	5	14	15	27	30	45	10
44	3	11	21	30	38	45	39	104	17	32	33	34	42	44	35
45	1	10	20	27	33	35	17	105	8	10	20	34	41	45	28
46	8	13	15	23	31	38	39	106	4	10	12	22	24	33	29
47	14	17	26	31	36	45	27	107	1	4	5	6	9	31	17
48	6	10	18	26	37	38	3	108	7	18	22	23	29	44	12
49	4	7	16	19	33	40	30	109	1	5	34	36	42	44	33
50	2	10	12	15	22	44	1	110	7	20	22	23	29	43	1
51	2	3	11	16	26	44	35	111	7	18	31	33	36	40	27
52	2	4	15	16	20	29	1	112	26	29	30	33	41	42	43
53	7	8	14	32	33	39	42	113	4	9	28	33	36	45	26
54	1	8	21	27	36	39	37	114	11	14	19	26	28	41	2
55	17	21	31	37	40	44	7	115	1	2	6	9	25	28	31
56	10	14	30	31	33	37	19	116	2	4	25	31	34	37	17
57	7	10	16	25	29	44	6	117	5	10	22	34	36	44	35
58	10	24	25	33	40	44	1	118	3	4	10	17	19	22	38
59	6	29	36	39	41	45	13	119	3	11	13	14	17	21	38
60	2	8	25	36	39	42	11	120	4	6	10	11	32	37	30

121	12	28	30	34	38	43	9	181	14	21	23	32	40	45	44
122	1	11	16	17	36	40	8	182	13	15	27	29	34	40	35
123	7	17	18	28	30	45	27	183	2	18	24	34	40	42	5
124	4	16	23	25	29	42	1	184	1	2	6	16	20	33	41
125	2	8	32	33	35	36	18	185	1	2	4	8	19	38	14
126	7	20	22	27	40	43	1	186	4	10	14	19	21	45	9
127	3	5	10	29	32	43	35	187	1	2	8	18	29	38	42
128	12	30	34	36	37	45	39	188	19	24	27	30	31	34	36
129	19	23	25	28	38	42	17	189	8	14	32	35	37	45	28
130	7	19	24	27	42	45	31	190	8	14	18	30	31	44	15
131	8	10	11	14	15	21	37	191	5	6	24	25	32	37	8
132	3	17	23	34	41	45	43	192	4	8	11	18	37	45	33
133	4	7	15	18	23	26	13	193	6	14	18	26	36	39	13
134	3	12	20	23	31	35	43	194	15	20	23	26	39	44	28
135	6	14	22	28	35	39	16	195	7	10	19	22	35	40	31
136	2	16	30	36	41	42	11	196	35	36	37	41	44	45	30
137	7	9	20	25	36	39	15	197	7	12	16	34	42	45	4
138	10	11	27	28	37	39	19	198	12	19	20	25	41	45	2
139	9	11	15	20	28	43	13	199	14	21	22	25	30	36	43
140	3	13	17	18	19	28	8	200	5	6	13	14	17	20	7
141	8	12	29	31	42	43	2	201	3	11	24	38	39	44	26
142	12	16	30	34	40	44	19	202	12	24	27	33	39	44	17
143	26	27	28	42	43	45	8	203	1	3	11	24	30	32	7
144	4	15	17	26	36	37	43	204	3	12	14	35	40	45	5
145	2	3	13	20	27	44	9	205	1	3	21	29	35	37	30
146	2	19	27	35	41	42	25	206	1	2	3	15	20	25	43
147	4	6	13	21	40	42	36	207	3	11	14	31	32	37	38
148	21	25	33	34	35	36	17	208	14	25	31	34	40	44	24
149	2	11	21	34	41	42	27	209	2	7	18	20	24	33	37
150	2	18	25	28	37	39	16	210	10	19	22	23	25	37	39
151	1	2	10	13	18	19	15	211	12	13	17	20	33	41	8
152	1	5	13	26	29	34	43	212	11	12	18	21	31	38	8
153	3	8	11	12	13	36	33	213	2	3	4	5	20	24	42
154	6	19	21	35	40	45	20	214	5	7	20	25	28	37	32
155	16	19	20	32	33	41	4	215	2	3	7	15	43	44	4
156	5	18	28	30	42	45	2	216	7	16	17	33	36	40	1
157	19	26	30	33	35	39	37	217	16	20	27	33	35	39	38
158	4	9	13	18	21	34	7	218	1	8	14	18	29	44	20
159	1	18	30	41	42	43	32	219	4	11	20	26	35	37	16
160	3	7	8	34	39	41	1	220	5	11	19	21	34	43	3[illegible]
161	22	34	36	40	42	45	44	221	2	20	33	35	37	40	10
162	1	5	21	25	38	41	24	222	5	7	28	29	39	43	44
163	7	11	26	28	29	44	16	223	1	3	18	20	26	27	38
164	6	9	10	11	39	41	27	224	4	19	26	27	30	42	7
165	5	13	18	19	22	42	31	225	5	11	13	19	31	36	7
166	9	12	27	36	39	45	14	226	2	6	8	14	21	22	34
167	24	27	28	30	36	39	4	227	4	5	15	16	22	42	2
168	3	10	31	40	42	43	30	228	17	25	35	36	39	44	23
169	16	27	35	37	43	45	19	229	4	5	9	11	23	38	35
170	2	11	13	15	31	42	10	230	5	11	14	29	32	33	12
171	4	16	25	29	34	35	1	231	5	10	19	31	44	45	27
172	4	19	21	24	26	41	35	232	8	9	10	12	24	44	35
173	3	9	24	30	33	34	18	233	4	6	13	17	28	40	39
174	13	14	18	22	35	39	16	234	13	21	22	24	26	37	4
175	19	26	28	31	33	36	17	235	21	22	26	27	31	37	8
176	4	17	30	32	33	34	15	236	1	4	8	13	37	39	7
177	1	10	13	16	37	43	6	237	1	11	17	21	24	44	33
178	1	5	11	12	18	23	9	238	2	4	15	28	31	34	35
179	5	9	17	25	39	43	32	239	11	15	24	39	41	44	7
180	2	15	20	21	29	34	22	240	6	10	16	40	41	43	21

241	2	16	24	27	28	35	21	301	7	11	13	33	37	43	26
242	4	19	20	21	32	34	43	302	13	19	20	32	38	42	4
243	2	12	17	19	28	42	34	303	2	14	17	30	38	45	43
244	13	16	25	36	37	38	19	304	4	10	16	26	33	41	38
245	9	11	27	31	32	38	22	305	7	8	18	21	23	39	9
246	13	18	21	23	26	39	15	306	4	18	23	30	34	41	19
247	12	15	28	36	39	40	13	307	5	15	21	23	25	45	12
248	3	8	17	23	38	45	13	308	14	15	17	19	37	45	40
249	3	8	27	31	41	44	11	309	1	2	5	11	18	36	22
250	19	23	30	37	43	45	38	310	1	5	19	28	34	41	16
251	6	7	19	25	28	38	45	311	4	12	24	27	28	32	10
252	14	23	26	31	39	45	28	312	2	3	5	6	12	20	25
253	8	19	25	31	34	36	33	313	9	17	34	35	43	45	2
254	1	5	19	20	24	30	27	314	15	17	19	34	38	41	2
255	1	5	6	24	27	42	32	315	1	13	33	35	43	45	23
256	4	11	14	21	23	43	32	316	10	11	21	27	31	39	43
257	6	13	27	31	32	37	4	317	3	10	11	22	36	39	8
258	14	27	30	31	38	40	17	318	2	17	19	20	34	45	21
259	4	5	14	35	42	45	34	319	5	8	22	28	33	42	37
260	7	12	15	24	37	40	43	320	16	19	23	25	41	45	3
261	6	11	16	18	31	43	2	321	12	18	20	21	25	34	42
262	9	12	24	25	29	31	36	322	9	18	29	32	38	43	20
263	1	27	28	32	37	40	18	323	10	14	15	32	36	42	3
264	9	16	27	36	41	44	5	324	2	4	21	25	33	36	17
265	5	9	34	37	38	39	12	325	7	17	20	32	44	45	33
266	3	4	9	11	22	42	37	326	16	23	25	33	36	39	40
267	7	8	24	34	36	41	1	327	6	12	13	17	32	44	24
268	3	10	19	24	32	45	12	328	1	6	9	16	17	28	24
269	5	18	20	36	42	43	32	329	9	17	19	30	35	42	4
270	5	9	12	20	21	26	27	330	3	4	16	17	19	20	23
271	3	8	9	27	29	40	36	331	4	9	14	26	31	44	39
272	7	9	12	27	39	43	28	332	16	17	34	36	42	45	3
273	1	8	24	31	34	44	6	333	5	14	27	30	39	43	35
274	13	14	15	26	35	39	25	334	13	15	21	29	39	43	33
275	14	19	20	35	38	40	26	335	5	9	16	23	26	45	21
276	4	15	21	33	39	41	25	336	3	5	20	34	35	44	16
277	10	12	13	15	25	29	20	337	1	5	14	18	32	37	4
278	3	11	37	39	41	43	13	338	2	13	34	38	42	45	16
279	7	16	31	36	37	38	11	339	6	8	14	21	30	37	45
280	10	11	23	24	36	37	35	340	18	24	26	29	34	38	32
281	1	3	4	6	14	41	12	341	1	8	19	34	39	43	41
282	2	5	10	18	31	32	30	342	1	13	14	33	34	43	25
283	6	8	18	31	38	45	42	343	1	10	17	29	31	43	15
284	2	7	15	24	30	45	28	344	1	2	15	28	34	45	38
285	13	33	37	40	41	45	2	345	15	20	23	29	39	42	2
286	1	15	19	40	42	44	17	346	5	13	14	22	44	45	33
287	6	12	24	27	35	37	41	347	3	8	13	27	32	42	10
288	1	12	17	28	35	41	10	348	3	14	17	20	24	31	34
289	3	14	33	37	38	42	10	349	5	13	14	20	24	25	36
290	8	13	18	32	39	45	7	350	1	8	18	24	29	33	35
291	3	7	8	18	20	42	45	351	5	25	27	29	34	36	33
292	17	18	31	32	33	34	10	352	5	16	17	20	26	41	24
293	1	9	17	21	29	33	24	353	11	16	19	22	29	36	26
294	6	10	17	30	37	38	40	354	14	19	36	43	44	45	1
295	1	4	12	16	18	38	8	355	5	8	29	30	35	44	38
296	3	8	15	27	30	45	44	356	2	8	14	25	29	45	24
297	6	11	19	20	28	32	34	357	10	14	18	21	36	37	5
298	5	9	27	29	37	40	19	358	1	9	10	12	21	40	37
299	1	3	20	25	36	45	24	359	1	10	19	20	24	40	23
300	7	9	10	12	26	38	39	360	4	16	23	25	35	40	27

3.2. 역대 로또 당첨번호(361~720)에 나타나는 연속하는 번호 세 개가 뜰 때의 규칙

★ 연속하는 두 수가 세 번 나타날 때 불러오는 31과 39

〈표 4-3-2〉에서 녹색으로 표시된 B, C, D, E, I, J, L을 보면 앞에서와 마찬가지로 겹치는 수가 나타나지는 않지만 연속하는 두 수가 한 회차 안에 세 번씩 나타남을 알 수 있다

앞장과 같은 방식으로 알아보기 쉽게 순서를 바꿔 배열하면 다음과 같다.

14, 15, 22, 23, 44, 43
21, 22, 34, 37, 38, 33
19, 20, 23, 24, 43, 44
12, 13, 32, 33, 40, 41
4, 5, 11, 12, 27, 28
5, 6, 26, 27, 38, 39
24, 25, 33, 34, 38, 39

→

14, 15/22, 23/43, 44
21, 22/33, 34/37, 38
19, 20/23, 24/43, 44
12, 13/32, 33/40, 41
4, 5/11, 12/27, 28
5, 6/26, 27/38, 39
24, 25/33, 34/38, 39

여기서도 마찬가지로 이런 공통된 현상이 적색으로 표시된 31과 39를 불러오고 있다. 옆의 표에서는 A가 B를 불러오고 C는 F를, D가 G를, E가 H를, J가 K를, L이 M을 불러온다고 볼 수 있다. 단, I의 경우에만 짝이 없다.

한편 여기서도 녹색을 a, 적색을 b라고 했을 때 반드시 a→b 형태를 나타내지는 않으며 a→a→b→b 형태로 나타나기도 하고 b→a의 형태로 나타나기도 한다.

〈표 4-3-2〉

361	5	10	16	24	27	35	33	421	6	11	26	27	28	44	30	481	3	4	23	29	40	41	20	541	8	13	26	28	32	34	43	601	2	16	19	31	34	35	37	661	2	3	12	20	27	38	40
362	2	3	22	27	30	40	29	422	8	15	19	21	34	44	12	482	1	10	16	24	25	35	43	542	5	6	19	26	41	45	34	602	13	14	22	27	30	38	2	662	5	6	9	11	15	37	26
363	11	12	14	21	32	38	6	423	1	17	27	28	29	40	5	483	12	15	19	22	28	34	5	543	13	18	26	31	34	44	12	603	2	19	25	26	27	43	28	663	3	5	8	19	38	42	20
364	2	5	7	14	16	40	4	424	10	11	26	31	34	44	30	484	1	3	27	28	32	45	11	544	5	17	21	25	36	44	10	604	2	6	18	21	33	34	30	664	10	20	33	36	41	44	5
365	5	15	21	25	26	30	31	425	8	10	14	27	33	38	3	485	17	22	26	27	36	39	20	545	4	24	25	27	34	35	2	605	1	2	7	9	10	38	42	665	5	6	11	17	38	44	13
366	5	12	19	26	27	44	38	426	4	17	18	27	39	43	19	486	1	2	23	25	38	40	43	546	8	17	20	27	37	43	6	606	1	5	6	14	20	39	22	666	2	4	6	11	17	28	16
367	3	22	25	29	32	44	19	427	6	7	15	24	28	30	21	487	4	8	25	27	37	41	21	547	6	7	15	22	34	39	28	607	8	14	23	36	38	39	13	667	15	17	25	37	42	43	13
368	11	21	24	30	39	45	26	428	12	16	19	22	37	40	8	488	2	8	17	30	31	38	25	548	1	12	13	21	32	45	14	608	4	8	18	19	39	44	41	668	12	14	15	24	27	32	3
369	17	20	35	36	41	43	21	429	3	23	28	34	39	42	16	489	2	4	8	15	20	27	11	549	29	31	35	38	40	44	17	609	4	8	27	34	39	40	13	669	7	8	20	29	33	38	9
370	16	18	24	42	44	45	17	430	1	3	16	18	30	34	44	490	2	7	26	29	40	43	42	550	1	7	14	20	34	37	41	610	14	18	20	23	28	36	33	670	11	18	26	27	40	41	25
371	7	9	15	26	27	42	18	431	18	22	25	31	38	45	6	491	8	17	35	36	39	42	4	551	3	6	20	24	27	44	25	611	2	22	27	33	36	37	14	671	7	9	10	13	31	35	24
372	8	11	14	16	18	21	13	432	2	3	5	11	27	39	33	492	22	27	31	35	37	40	42	552	1	10	20	32	35	40	43	612	6	9	18	19	25	33	40	672	8	21	28	31	36	45	43
373	15	26	37	42	43	45	9	433	19	23	29	33	35	43	27	493	20	22	26	33	36	37	25	553	2	7	17	28	29	39	37	613	7	8	11	16	41	44	35	673	7	10	17	29	33	44	5
374	11	13	15	17	25	34	26	434	3	13	20	24	33	37	35	494	5	7	8	15	30	43	22	554	13	14	17	32	41	42	6	614	8	21	25	39	40	44	18	674	9	10	14	25	27	31	11
375	4	8	19	25	27	45	7	435	8	16	26	30	38	45	42	495	4	13	22	27	34	44	6	555	11	17	21	24	26	36	12	615	10	17	18	19	23	27	35	675	1	8	11	15	18	45	7
376	1	11	13	24	28	40	7	436	9	14	20	22	33	34	28	496	4	13	20	29	36	41	39	556	12	20	23	28	30	44	43	616	5	13	18	23	40	45	3	676	1	8	17	34	39	45	27
377	6	22	29	37	43	45	23	437	11	16	29	38	41	44	21	497	19	20	23	24	43	44	13	557	4	20	26	28	35	40	31	617	4	5	11	12	24	27	28	677	12	15	24	36	41	44	42
378	5	22	29	31	34	39	43	438	6	12	20	26	29	38	45	498	13	14	24	32	39	41	8	558	12	15	19	26	40	43	29	618	8	16	25	30	42	43	15	678	4	5	6	12	25	37	45
379	6	10	22	31	35	40	19	439	17	20	30	31	37	40	25	499	5	20	23	27	35	40	43	559	11	12	25	32	44	45	23	619	6	8	13	30	35	40	21	679	3	5	7	14	26	34	35
380	1	2	8	17	26	37	27	440	10	22	28	34	36	44	2	500	3	4	12	20	24	34	41	560	1	4	20	23	29	45	28	620	2	16	17	32	39	45	40	680	4	10	19	29	32	42	30
381	1	5	10	12	16	20	11	441	1	23	28	30	34	35	9	501	1	4	10	17	31	42	2	561	5	7	18	37	42	45	20	621	1	2	6	16	19	42	9	681	21	24	27	29	43	44	7
382	10	15	22	24	27	42	19	442	25	27	29	36	38	40	41	502	6	22	28	32	34	40	26	562	4	11	13	17	20	31	33	622	9	15	16	21	28	34	24	682	17	23	27	35	38	43	2
383	4	15	28	33	37	40	25	443	4	6	10	19	20	44	14	503	1	5	27	30	34	36	40	563	5	10	16	17	31	32	21	623	7	13	30	39	41	45	25	683	6	13	20	27	28	40	15
384	11	22	24	32	36	38	7	444	11	13	23	35	43	45	17	504	6	14	22	26	43	44	31	564	14	19	25	26	27	34	2	624	1	7	19	26	27	35	16	684	1	11	15	17	25	39	40
385	7	12	19	21	29	32	9	445	13	20	21	30	39	45	32	505	7	20	22	25	38	40	44	565	4	10	18	27	40	45	38	625	3	6	7	20	21	39	13	685	6	7	12	28	38	40	18
386	4	7	10	19	31	40	26	446	1	11	12	14	26	35	6	506	6	9	11	22	24	30	31	566	4	5	6	25	26	43	41	626	13	14	26	33	40	43	15	686	7	12	15	24	25	43	13
387	1	26	31	34	40	43	20	447	2	7	8	9	17	33	34	507	12	13	32	33	40	41	4	567	1	10	15	16	32	41	28	627	2	9	22	25	31	45	12	687	1	8	10	13	28	42	45
388	1	8	9	17	29	32	45	448	3	7	13	27	40	41	36	508	5	27	31	34	35	43	37	568	1	3	17	20	31	44	40	628	1	7	12	15	23	42	11	688	5	15	22	23	34	35	2
389	7	16	18	20	23	26	3	449	3	10	20	26	35	43	36	509	12	25	29	35	42	43	24	569	3	6	13	23	24	35	1	629	19	28	31	38	43	44	1	689	7	17	19	30	36	38	34
390	16	17	28	37	39	40	15	450	6	14	19	21	23	31	13	510	12	29	32	33	39	40	42	570	1	12	26	27	29	33	42	630	8	17	21	24	27	31	15	690	24	25	33	34	38	39	43
391	10	11	18	22	28	39	30	451	12	15	20	24	30	38	29	511	3	7	14	23	26	42	24	571	11	18	21	26	38	43	29	631	1	2	4	23	31	34	8	691	15	27	33	35	43	45	16
392	1	3	7	8	24	42	43	452	8	10	18	30	32	34	27	512	4	5	9	13	26	27	1	572	3	13	18	33	37	45	1	632	15	18	21	32	35	44	6	692	3	11	14	15	32	36	44
393	9	16	28	40	41	43	21	453	12	24	33	38	40	42	30	513	5	8	21	23	27	33	12	573	2	4	20	34	35	43	14	633	9	12	19	20	39	41	13	693	1	6	11	28	34	42	30
394	1	13	20	22	25	28	15	454	13	25	27	34	38	41	10	514	1	15	20	26	35	42	9	574	14	15	16	19	25	43	2	634	4	10	11	12	20	27	38	694	7	15	20	25	33	43	12
395	11	15	20	26	31	35	7	455	4	19	20	26	30	35	24	515	2	11	12	15	23	37	8	575	2	8	20	30	33	34	6	635	11	13	25	26	29	33	32	695	4	18	26	33	34	38	14
396	18	20	31	34	40	45	30	456	1	7	12	18	23	27	44	516	2	8	23	41	43	44	30	576	10	11	15	25	35	41	13	636	6	7	15	16	20	31	26	696	1	7	16	18	34	38	21
397	12	13	17	22	25	33	8	457	8	10	18	23	27	40	33	517	1	9	12	28	36	41	10	577	16	17	22	31	34	37	33	637	3	16	22	37	38	44	23	697	2	5	8	[illegible]	[illegible]	39	31
398	10	15	20	23	42	44	7	458	4	9	10	32	36	40	18	518	14	23	30	32	34	38	6	578	5	12	14	32	34	42	16	638	7	18	22	24	31	34	6	698	3	11	13	21	33	37	18
399	1	2	9	17	19	42	20	459	4	6	10	14	25	40	12	519	6	8	13	16	30	43	3	579	5	7	20	22	37	42	39	639	6	15	22	23	25	32	40	699	4	5	8	16	21	29	3
400	9	21	27	34	41	43	2	460	8	11	28	30	43	45	41	520	4	22	27	28	38	40	1	580	5	7	9	11	32	35	33	640	14	15	18	21	26	35	23	700	11	23	28	29	30	44	13
401	6	12	18	31	38	43	9	461	11	18	26	31	37	40	43	521	3	7	18	29	32	36	19	581	3	5	14	20	42	44	33	641	11	18	21	36	37	43	12	701	3	10	14	16	36	38	35
402	5	9	15	19	22	36	32	462	3	20	24	32	37	45	4	522	4	5	13	14	37	41	11	582	2	12	14	33	40	41	25	642	8	17	18	24	39	45	32	702	3	13	16	24	26	29	9
403	10	14	22	24	28	37	26	463	23	29	31	33	34	44	40	523	1	4	37	38	40	45	7	583	8	17	27	33	40	44	24	643	15	24	31	32	33	40	13	703	10	28	31	33	41	44	21
404	5	20	21	24	33	40	36	464	6	12	15	34	42	44	4	524	10	11	29	38	41	45	21	584	7	18	30	39	40	41	36	644	5	13	17	23	28	36	8	704	1	4	8	23	33	42	45
405	1	2	10	25	26	44	4	465	1	8	11	13	22	38	31	525	11	23	26	29	39	44	22	585	6	7	10	16	38	41	4	645	1	4	16	26	40	41	31	705	1	6	17	22	28	45	23
406	7	12	21	24	27	36	45	466	4	10	13	23	32	44	20	526	7	14	17	[illegible]	35	39	31	586	2	7	12	15	21	34	5	646	2	9	24	41	43	45	30	706	3	4	6	10	28	30	37
407	6	7	13	16	24	25	1	467	2	12	14	17	24	40	39	527	1	12	22	32	33	42	38	587	14	21	29	31	32	37	17	647	5	16	21	23	24	30	29	707	2	12	19	24	39	44	35
408	9	20	21	22	30	37	16	468	8	13	15	28	37	43	17	528	5	17	25	31	39	40	10	588	2	8	15	22	25	41	30	648	13	19	28	37	38	43	4	708	2	10	16	19	34	45	1
409	6	9	21	31	32	40	38	469	4	21	22	34	37	38	33	529	18	20	24	27	31	42	39	589	6	8	28	33	38	39	22	649	3	21	22	33	41	42	20	709	10	18	30	36	39	44	32
410	1	3	18	32	40	41	16	470	10	16	20	39	41	42	27	530	16	23	27	29	33	41	22	590	20	30	36	38	41	45	23	650	3	4	7	11	31	41	35	710	3	4	6	24	25	33	10
411	11	14	22	35	37	39	5	471	6	13	29	37	39	41	43	531	1	5	9	21	27	35	45	591	8	13	14	30	38	39	5	651	11	12	16	26	29	44	18	711	11	15	24	35	37	45	42
412	4	7	39	41	42	45	40	472	16	25	26	31	36	43	44	532	16	17	23	24	29	44	3	592	2	5	6	13	28	44	43	652	3	13	15	40	41	44	20	712	17	20	30	31	33	45	19
413	2	9	15	23	34	40	3	473	8	13	20	22	23	36	34	533	9	14	15	17	31	33	23	593	9	10	13	24	33	38	28	653	5	6	26	27	38	39	1	713	2	5	15	18	19	23	44
414	2	14	15	22	23	44	43	474	4	13	18	31	33	45	43	534	10	24	26	29	37	38	32	594	2	8	13	25	28	37	3	654	16	21	26	31	36	43	6	714	1	7	22	33	37	40	20
415	7	17	20	26	30	40	24	475	1	9	14	16	21	29	3	535	11	12	14	15	18	39	34	595	8	24	28	35	38	40	5	655	7	37	38	39	40	44	18	715	2	7	27	33	41	44	10
416	5	6	8	11	22	26	44	476	9	12	13	15	37	38	27	536	7	8	18	32	37	43	12	596	3	4	12	14	25	43	17	656	3	7	14	16	31	40	39	716	2	6	13	16	29	30	21
417	4	5	14	20	22	43	44	477	14	25	29	32	33	45	37	537	12	23	26	30	36	43	11	597	8	10	23	24	35	43	37	657	10	14	19	39	40	43	23	717	2	11	19	25	28	32	44
418	11	13	15	26	28	34	31	478	18	29	30	37	39	43	8	538	6	10	18	31	32	34	11	598	4	12	24	33	38	45	22	658	8	19	25	28	32	36	37	718	4	11	20	23	32	39	40
419	2	11	13	14	28	30	7	479	8	23	25	27	35	44	24	539	3	19	22	31	42	43	26	599	5	12	17	29	34	35	27	659	7	18	19	27	29	42	45	719	4	8	13	19	20	43	26
420	4	9	10	29	31	34	27	480	3	5	10	17	30	31	16	540	3	12	13	15	34	36	14	600	5	11	14	27	29	36	44	660	4	9	23	33	39	44	14	720	1	12	29	34	36	37	41

3.3. 결론- 로또에의 적용

연속하는 두 수가 세 번 나타날 때

☞ 31과 39를 불러오게 된다.

이때, 다음과 같은 적용을 해 볼 수 있다.

연속하는 두 수가 세 번 나타났을 경우에
이전에 이미 31과 39가 뜬 적이 없을 경우 앞으로 31이나 39가 뜰 가능성이 있다.

NOTE

연속하는 두 수 조합 3개의 출현 시 규칙성

1	10	23	29	33	37	40	16	61	14	15	19	30	38	43	8	121	12	28	30	34	38	43	9	181	14	21	23	32	40	45	44	241	2	16	24	27	28	35	21	301	7	11	13	33	37	43	26	361	5
2	9	13	21	25	32	42	2	62	3	8	15	27	29	35	21	122	1	11	16	17	36	40	8	182	13	15	27	29	34	40	35	242	4	19	20	21	32	34	43	302	13	19	20	32	38	42	4	362	2
3	11	16	19	21	27	31	30	63	3	20	23	36	38	40	5	123	7	17	18	28	30	45	27	183	2	18	24	34	40	42	5	243	2	12	17	19	28	42	34	303	2	14	17	30	38	45	43	363	1
4	14	27	30	31	40	42	2	64	14	15	18	21	26	36	39	124	4	16	23	25	29	42	1	184	1	2	6	16	20	33	41	244	13	16	25	36	37	38	19	304	4	10	16	26	33	41	38	364	2
5	16	24	29	40	41	42	3	65	4	25	33	36	40	43	39	125	2	8	32	33	35	36	18	185	1	2	4	8	19	38	14	245	9	11	27	31	32	38	22	305	7	8	18	21	23	39	9	365	5
6	14	15	26	27	40	42	34	66	2	3	7	17	22	24	45	126	7	20	22	27	40	43	1	186	4	10	14	19	21	45	9	246	13	18	21	23	26	39	15	306	4	18	23	30	34	41	19	366	5
7	2	9	16	25	26	40	42	67	3	7	10	15	36	38	33	127	3	5	10	29	32	43	35	187	1	2	8	18	29	38	42	247	12	15	28	36	39	40	13	307	5	15	21	23	25	45	12	367	3
8	8	19	25	34	37	39	9	68	10	12	15	16	26	39	38	128	12	30	34	36	37	45	39	188	19	24	27	30	31	34	36	248	3	8	17	23	38	45	13	308	14	15	17	19	37	45	40	368	1
9	2	4	16	17	36	39	14	69	5	8	14	15	19	39	35	129	19	23	25	28	38	42	17	189	8	14	32	35	37	45	28	249	3	8	27	31	41	44	11	309	1	2	5	11	18	36	22	369	1
10	9	25	30	33	41	44	6	70	5	19	22	25	28	43	26	130	7	19	24	27	42	45	31	190	8	14	18	30	31	44	15	250	19	23	30	37	43	45	38	310	1	5	19	28	34	41	16	370	1
11	1	7	36	37	41	42	14	71	5	9	12	16	29	41	21	131	8	10	11	14	15	21	37	191	5	6	24	25	32	37	8	251	6	7	19	25	28	38	45	311	4	12	24	27	28	32	10	371	7
12	2	11	21	25	39	45	44	72	2	4	11	17	26	27	1	132	3	17	23	34	41	45	43	192	4	8	11	18	37	45	33	252	14	23	26	31	39	45	28	312	2	3	5	6	12	20	25	372	8
13	22	23	25	37	38	42	26	73	3	12	18	32	40	43	38	133	4	7	15	18	23	26	13	193	6	14	18	26	36	39	13	253	8	19	25	31	34	36	33	313	9	17	34	35	43	45	2	373	1
14	2	6	12	31	33	40	15	74	6	15	17	18	35	40	23	134	3	12	20	23	31	35	43	194	15	20	23	26	39	44	28	254	1	5	19	20	24	30	27	314	15	17	19	34	38	41	2	374	1
15	3	4	16	30	31	37	13	75	2	5	24	32	34	44	28	135	6	14	22	28	35	39	16	195	7	10	19	22	35	40	31	255	1	5	6	24	27	42	32	315	1	13	33	35	43	45	23	375	4
16	6	7	24	37	38	40	33	76	1	3	15	22	25	37	43	136	2	16	30	36	41	42	11	196	35	36	37	41	44	45	30	256	4	11	14	21	23	43	32	316	10	11	21	27	31	39	43	376	1
17	3	4	9	17	32	37	1	77	2	18	29	32	43	44	37	137	7	9	20	25	36	39	15	197	7	12	16	34	42	45	4	257	6	13	27	31	32	37	4	317	3	10	11	22	36	39	8	377	6
18	3	12	13	19	32	35	29	78	10	13	25	29	33	35	38	138	10	11	27	28	37	39	19	198	12	19	20	25	41	45	2	258	14	27	30	31	38	40	17	318	2	17	19	20	34	45	21	378	5
19	6	30	38	39	40	43	26	79	3	12	24	27	30	32	14	139	9	11	15	20	28	43	13	199	14	21	22	25	30	36	43	259	4	5	14	35	42	45	34	319	5	8	22	28	33	42	37	379	6
20	10	14	18	20	23	30	41	80	17	18	24	25	26	30	1	140	3	13	17	18	19	28	8	200	5	6	13	14	17	20	7	260	7	12	15	24	37	40	43	320	16	19	23	25	41	45	3	380	1
21	6	12	17	18	31	32	21	81	5	7	11	18	20	33	6	141	8	12	29	31	42	43	2	201	3	11	24	38	39	44	26	261	6	11	16	18	31	43	2	321	12	18	20	21	25	34	42	381	1
22	4	5	6	8	17	39	25	82	1	2	3	14	27	42	39	142	12	16	30	34	40	44	19	202	12	24	27	33	39	44	17	262	9	12	24	25	29	31	36	322	9	18	29	32	38	43	20	382	1
23	5	13	17	18	33	42	44	83	6	10	15	17	19	34	14	143	26	27	28	42	43	45	8	203	1	3	11	24	30	32	7	263	1	27	28	32	37	40	18	323	10	14	15	32	36	42	3	383	4
24	7	8	27	29	36	43	6	84	16	23	27	34	42	45	11	144	4	15	17	26	36	37	43	204	3	12	14	35	40	45	5	264	9	16	27	36	41	44	5	324	2	4	21	25	33	36	17	384	1
25	2	4	21	26	43	44	16	85	6	8	13	23	31	36	21	145	2	3	13	20	27	44	9	205	1	3	21	29	35	37	30	265	5	9	34	37	38	39	12	325	7	17	20	32	44	45	33	385	7
26	4	5	7	18	20	25	31	86	2	12	37	39	41	45	33	146	2	19	27	35	41	42	25	206	1	2	3	15	20	25	43	266	3	4	9	11	22	42	37	326	16	23	25	33	36	39	40	386	4
27	1	20	26	28	37	43	27	87	4	12	16	23	34	43	26	147	4	6	13	21	40	42	36	207	3	11	14	31	32	37	38	267	7	8	24	34	36	41	1	327	6	12	13	17	32	44	24	387	1
28	9	18	23	25	35	37	1	88	1	17	20	24	30	41	27	148	21	25	33	34	35	36	17	208	14	25	31	34	40	44	24	268	3	10	19	24	32	45	12	328	1	6	9	16	17	28	24	388	1
29	1	5	13	34	39	40	11	89	4	26	28	29	33	40	37	149	2	11	21	34	41	42	27	209	2	7	18	20	24	33	37	269	5	18	20	36	42	43	32	329	9	17	19	30	35	42	4	389	7
30	8	17	20	35	36	44	4	90	17	20	29	35	38	44	10	150	2	18	25	28	37	39	16	210	10	19	22	23	25	37	39	270	5	9	12	20	21	26	27	330	3	4	16	17	19	20	23	390	1
31	7	9	18	23	28	35	32	91	1	21	24	26	29	42	27	151	1	2	10	13	18	19	15	211	12	13	17	20	33	41	8	271	3	8	9	27	29	40	36	331	4	9	14	26	31	44	39	391	1
32	6	14	19	25	34	44	11	92	3	14	24	33	35	36	17	152	1	5	13	26	29	34	43	212	11	12	18	21	31	38	8	272	7	9	12	27	39	43	28	332	16	17	34	36	42	45	3	392	1
33	4	7	32	33	40	41	9	93	6	22	24	36	38	44	19	153	3	8	11	12	13	36	33	213	2	3	4	5	20	24	42	273	1	8	24	31	34	44	6	333	5	14	27	30	39	43	35	393	9
34	9	26	35	37	40	42	2	94	5	32	34	40	41	45	6	154	6	19	21	35	40	45	20	214	5	7	20	25	28	37	32	274	13	14	15	26	35	39	25	334	13	15	21	29	39	43	33	394	1
35	2	3	11	26	37	43	39	95	8	17	27	31	34	43	14	155	16	19	20	32	33	41	4	215	2	3	7	15	43	44	4	275	14	19	20	35	38	40	26	335	5	9	16	23	26	45	21	395	1
36	1	10	23	26	28	40	31	96	1	3	8	21	22	31	20	156	5	18	28	30	42	45	2	216	7	16	17	33	36	40	1	276	4	15	21	33	39	41	25	336	3	5	20	34	35	44	16	396	1
37	7	27	30	33	35	37	42	97	6	7	14	15	20	36	3	157	19	26	30	33	35	39	37	217	16	20	27	33	35	39	38	277	10	12	13	15	25	29	20	337	1	5	14	18	32	37	4	397	1
38	16	17	22	30	37	43	36	98	6	9	16	23	24	32	43	158	4	9	13	18	21	34	7	218	1	8	14	18	29	44	20	278	3	11	37	39	41	43	13	338	2	13	34	38	42	45	16	398	1
39	6	7	13	15	21	43	8	99	1	3	10	27	29	37	11	159	1	18	30	41	42	43	32	219	4	11	20	26	35	37	16	279	7	16	31	36	37	38	11	339	6	8	14	21	30	37	45	399	1
40	7	13	18	19	25	26	6	100	1	7	11	23	37	42	6	160	3	7	8	34	39	41	1	220	5	11	19	21	34	43	31	280	10	11	23	24	36	37	35	340	18	24	26	29	34	38	32	400	9
41	13	20	23	35	38	43	34	101	1	3	17	32	35	45	8	161	22	34	36	40	42	45	44	221	2	20	33	35	37	40	10	281	1	3	4	6	14	41	12	341	1	8	19	34	39	43	41	401	6
42	17	18	19	21	23	32	1	102	17	22	24	26	35	40	42	162	1	5	21	25	38	41	24	222	5	7	28	29	39	43	44	282	2	5	10	18	31	32	30	342	1	13	14	33	34	43	25	402	5
43	6	31	35	38	39	44	1	103	5	14	15	27	30	45	10	163	7	11	26	28	29	44	16	223	1	3	18	20	26	27	38	283	6	8	18	31	38	45	42	343	1	10	17	29	31	43	15	403	1
44	3	11	21	30	38	45	39	104	17	32	33	34	42	44	35	164	6	9	10	11	39	41	27	224	4	19	26	27	30	42	7	284	2	7	15	24	30	45	28	344	1	2	15	28	34	45	38	404	5
45	1	10	20	27	33	35	17	105	8	10	20	34	41	45	28	165	5	13	18	19	22	42	31	225	5	11	13	19	31	36	7	285	13	33	37	40	41	45	2	345	15	20	23	29	39	42	2	405	1
46	8	13	15	23	31	38	39	106	4	10	12	22	24	33	29	166	9	12	27	36	39	45	14	226	2	6	8	14	21	22	34	286	1	15	19	40	42	44	17	346	5	13	14	22	44	45	33	406	7
47	14	17	26	31	36	45	27	107	1	4	5	6	9	31	17	167	24	27	28	30	36	39	4	227	4	5	15	16	22	42	2	287	6	12	24	27	35	37	41	347	3	8	13	27	32	42	10	407	6
48	6	10	18	26	37	38	3	108	7	18	22	23	29	44	12	168	3	10	31	40	42	43	30	228	17	25	35	36	39	44	23	288	1	12	17	28	35	41	10	348	3	14	17	20	24	31	34	408	9
49	4	7	16	19	33	40	30	109	1	5	34	36	42	44	33	169	16	27	35	37	43	45	19	229	4	5	9	11	23	38	35	289	3	14	33	37	38	42	10	349	5	13	14	20	24	25	36	409	6
50	2	10	12	15	22	44	1	110	7	20	22	23	29	43	1	170	2	11	13	15	31	42	10	230	5	11	14	29	32	33	12	290	8	13	18	32	39	45	7	350	1	8	18	24	29	33	35	410	1
51	2	3	11	16	26	44	35	111	7	18	31	33	36	40	27	171	4	16	25	29	34	35	1	231	5	10	19	31	44	45	27	291	3	7	8	18	20	42	45	351	5	25	27	29	34	36	33	411	1
52	2	4	15	16	20	29	1	112	26	29	30	33	41	42	43	172	4	19	21	24	26	41	35	232	8	9	10	12	24	44	35	292	17	18	31	32	33	34	10	352	5	16	17	20	26	41	24	412	4
53	7	8	14	32	33	39	42	113	4	9	28	33	36	45	26	173	3	9	24	30	33	34	18	233	4	6	13	17	28	40	39	293	1	9	17	21	29	33	24	353	11	16	19	22	29	36	26	413	2
54	1	8	21	27	36	39	37	114	11	14	19	26	28	41	2	174	13	14	18	22	35	39	16	234	13	21	22	24	26	37	4	294	6	10	17	30	37	38	40	354	14	19	36	43	44	45	1	414	2
55	17	21	31	37	40	44	7	115	1	2	6	9	25	28	31	175	19	26	28	31	33	36	17	235	21	22	26	27	31	37	8	295	1	4	12	16	18	38	8	355	5	8	29	30	35	44	38	415	7
56	10	14	30	31	33	37	19	116	2	4	25	31	34	37	17	176	4	17	30	32	33	34	15	236	1	4	8	13	37	39	7	296	3	8	15	27	30	45	44	356	2	8	14	25	29	45	24	416	5
57	7	10	16	25	29	44	6	117	5	10	22	34	36	44	35	177	1	10	13	16	37	43	6	237	1	11	17	21	24	44	33	297	6	11	19	20	28	32	34	357	10	14	18	21	36	37	5	417	4
58	10	24	25	33	40	44	1	118	3	4	10	17	19	22	38	178	1	5	11	12	18	23	9	238	2	4	15	28	31	34	35	298	5	9	27	29	37	40	19	358	1	9	10	12	21	40	37	418	1
59	6	29	36	39	41	45	13	119	3	11	13	14	17	21	38	179	5	9	17	25	39	43	32	239	11	15	24	39	41	44	7	299	1	3	20	25	36	45	24	359	1	10	19	20	24	40	23	419	2
60	2	8	25	36	39	42	11	120	4	6	10	11	32	37	30	180	2	15	20	21	29	34	22	240	6	10	16	40	41	43	21	300	7	9	10	12	26	38	39	360	4	16	23	25	35	40	27	420	4

35	33	421	6	11	26	27	28	44	30	481	3	4	23	29	40	41	20	541	8	13	26	28	32	34	43	601	2	16	19	31	34	35	37	661	2	3	12	20	27	38	40	721	1	28	35	41	43	44	31
40	29	422	8	15	19	21	34	44	12	482	1	10	16	24	25	35	43	542	5	6	19	26	41	45	34	602	13	14	22	27	30	38	2	662	5	6	9	11	15	37	26	722	12	14	21	30	39	43	45
38	6	423	1	17	27	28	29	40	5	483	12	15	19	22	28	34	5	543	13	18	26	31	34	44	12	603	2	19	25	26	27	43	28	663	3	5	8	19	38	42	20	723	20	30	33	35	36	44	22
40	4	424	10	11	26	31	34	44	30	484	1	3	27	28	32	45	11	544	5	17	21	25	36	44	10	604	2	6	18	21	33	34	30	664	10	20	33	36	41	44	5	724	2	8	33	35	37	41	14
30	31	425	8	10	14	27	33	38	3	485	17	22	26	27	36	39	20	545	4	24	25	27	34	35	2	605	1	2	7	9	10	38	42	665	5	6	11	17	38	44	13	725	6	7	19	21	41	43	38
44	38	426	4	17	18	27	39	43	19	486	1	2	23	25	38	40	43	546	8	17	20	27	37	43	6	606	1	5	6	14	20	39	22	666	2	4	6	11	17	28	16	726	1	11	21	23	34	44	24
44	19	427	6	7	15	24	28	30	21	487	4	8	25	27	37	41	21	547	6	7	15	22	34	39	28	607	8	14	23	36	38	39	13	667	15	17	25	37	42	43	13	727	7	8	10	19	21	31	20
45	26	428	12	16	19	22	37	40	8	488	2	8	17	30	31	38	25	548	1	12	13	21	32	45	14	608	4	8	18	19	39	44	41	668	12	14	15	24	27	32	3	728	3	6	10	30	34	37	36
43	21	429	3	23	28	34	39	42	16	489	2	4	8	15	20	27	11	549	29	31	35	38	40	44	17	609	4	8	27	34	39	40	13	669	7	8	20	29	33	38	9	729	11	17	21	26	36	45	16
45	17	430	1	3	16	18	30	34	44	490	2	7	26	29	40	43	42	550	1	7	14	20	34	37	41	610	14	18	20	23	28	36	33	670	11	18	26	27	40	41	25	730	4	10	14	15	18	22	39
42	18	431	18	22	25	31	38	45	6	491	8	17	35	36	39	42	4	551	3	6	20	24	27	44	25	611	2	22	27	33	36	37	14	671	7	9	10	13	31	35	24	731	2	7	13	25	42	45	39
21	13	432	2	3	5	11	27	39	33	492	22	27	31	35	37	40	42	552	1	10	20	32	35	40	43	612	6	9	18	19	25	33	40	672	8	21	28	31	36	45	43	732	2	4	5	17	27	32	43
45	9	433	19	23	29	33	35	43	27	493	20	22	26	33	36	37	25	553	2	7	17	28	29	39	37	613	7	8	11	16	41	44	35	673	7	10	17	29	33	44	5	733	11	24	32	33	35	40	13
34	26	434	3	13	20	24	33	37	35	494	5	7	8	15	30	43	22	554	13	14	17	32	41	42	6	614	8	21	25	39	40	44	18	674	9	10	14	25	27	31	11	734	6	16	37	38	41	45	18
45	7	435	8	16	26	30	38	45	42	495	4	13	22	27	34	44	6	555	11	17	21	24	26	36	12	615	10	17	18	19	23	27	35	675	1	8	11	15	18	45	7	735	5	10	13	27	37	41	44
40	7	436	9	14	20	22	33	34	28	496	4	13	20	29	36	41	39	556	12	20	23	28	30	44	43	616	5	13	18	23	40	45	3	676	1	8	17	34	39	45	27	736	2	11	17	18	21	27	6
45	23	437	11	16	29	38	41	44	21	497	19	20	23	24	43	44	13	557	4	20	26	28	35	40	31	617	4	5	11	12	24	27	28	677	12	15	24	36	41	44	42	737	13	15	18	24	27	41	11
39	43	438	6	12	20	26	29	38	45	498	13	14	24	32	39	41	3	558	12	15	19	26	40	43	29	618	8	16	25	30	42	43	15	678	4	5	6	12	25	37	45	738	23	27	28	38	42	43	36
40	19	439	17	20	30	31	37	40	25	499	5	20	23	27	35	40	43	559	11	12	25	32	44	45	23	619	6	8	13	30	35	40	21	679	3	5	7	14	26	34	35	739	7	22	29	33	34	35	30
37	27	440	10	22	28	34	36	44	2	500	3	4	12	20	24	34	41	560	1	4	20	23	29	45	28	620	2	16	17	32	39	45	40	680	4	10	19	29	32	42	30	740	4	8	9	16	17	19	31
20	11	441	1	23	28	30	34	35	9	501	1	4	10	17	31	42	2	561	5	7	18	37	42	45	20	621	1	2	6	16	19	42	9	681	21	24	27	29	43	44	7	741	5	21	27	34	44	45	16
42	19	442	25	27	29	36	38	40	41	502	6	22	28	32	34	40	26	562	4	11	13	17	20	31	33	622	9	15	16	21	28	34	24	682	17	23	27	35	38	43	2	742	8	10	13	36	37	40	6
40	25	443	4	6	10	19	20	44	14	503	1	5	27	30	34	36	40	563	5	10	16	17	31	32	21	623	7	13	30	39	41	45	25	683	6	13	20	27	28	40	15	743	15	19	21	34	41	44	10
38	7	444	11	13	23	35	43	45	17	504	6	14	22	26	43	44	31	564	14	19	25	26	27	34	2	624	1	7	19	26	27	35	16	684	1	11	15	17	25	39	40	744	10	15	18	21	34	41	43
32	9	445	13	20	21	30	39	45	32	505	7	20	22	25	38	40	44	565	4	10	18	27	40	45	38	625	3	6	7	20	21	39	13	685	6	7	12	28	38	40	18	745	1	2	3	9	12	23	10
40	26	446	1	11	12	14	26	35	6	506	6	9	11	22	24	30	31	566	4	5	6	25	26	43	41	626	13	14	26	33	40	43	15	686	7	12	15	24	25	43	13	746	3	12	33	36	42	45	25
43	20	447	2	7	8	9	17	33	34	507	12	13	32	33	40	41	4	567	1	10	15	16	32	41	28	627	2	9	22	25	31	45	12	687	1	8	10	13	28	42	45	747	7	9	12	14	23	28	17
32	45	448	3	7	13	27	40	41	36	508	5	27	31	34	35	43	37	568	1	3	17	20	31	44	40	628	1	7	12	15	23	42	11	688	5	15	22	23	34	35	2	748	3	10	13	22	31	32	29
26	3	449	3	10	20	26	35	43	36	509	12	25	29	35	42	43	24	569	3	6	13	23	24	35	1	629	19	28	31	38	43	44	1	689	7	17	19	30	36	38	34	749	12	14	24	26	34	45	41
40	15	450	6	14	19	21	23	31	13	510	12	29	32	33	39	40	42	570	1	12	26	27	29	33	42	630	8	17	21	24	27	31	15	690	24	25	33	34	38	39	43	750	1	2	15	19	24	36	12
39	30	451	12	15	20	24	30	38	29	511	3	7	14	23	26	42	24	571	11	18	21	26	38	43	29	631	1	2	4	23	31	34	8	691	15	27	33	35	43	45	16	751	3	4	16	20	28	44	17
42	43	452	8	10	18	30	32	34	27	512	4	5	9	13	26	27	1	572	3	13	18	33	37	45	1	632	15	18	21	32	35	44	6	692	3	11	14	15	32	36	44	752	4	16	20	33	40	43	7
43	21	453	12	24	33	38	40	42	30	513	5	8	21	23	27	33	12	573	2	4	20	34	35	43	14	633	9	12	19	20	39	41	13	693	1	6	11	28	34	42	30	753	2	17	19	24	37	41	3
28	15	454	13	25	27	34	38	41	10	514	1	15	20	26	35	42	9	574	14	15	16	19	25	43	2	634	4	10	11	12	20	27	38	694	7	15	20	25	33	43	12	754	2	8	17	24	29	31	32
35	7	455	4	19	20	26	30	35	24	515	2	11	12	15	23	37	8	575	2	8	20	30	33	34	6	635	11	13	25	26	29	33	32	695	4	18	26	33	34	38	14	755	13	14	26	28	30	36	37
45	30	456	1	7	12	18	23	27	44	516	2	8	23	41	43	44	30	576	10	11	15	25	35	41	13	636	6	7	15	16	20	31	26	696	1	7	16	18	34	38	21	756	10	14	16	18	27	28	4
33	8	457	8	10	18	23	27	40	38	517	1	9	12	28	36	41	10	577	16	17	22	31	34	37	33	637	3	16	22	37	38	44	23	697	2	5	8	11	33	39	31	757	6	7	11	17	33	44	1
44	7	458	4	9	10	32	36	40	18	518	14	23	30	32	34	38	6	578	5	12	14	32	34	42	16	638	7	18	22	24	31	34	6	698	3	11	13	21	33	37	18	758	5	9	12	30	39	43	24
42	20	459	4	6	10	14	25	40	12	519	6	8	13	16	30	43	3	579	5	7	20	22	37	42	39	639	6	15	22	23	25	32	40	699	4	5	8	16	21	29	3	759	9	33	36	40	42	43	32
43	2	460	8	11	28	30	43	45	41	520	4	22	27	28	38	40	1	580	5	7	9	11	32	35	33	640	14	15	18	21	26	35	23	700	11	23	28	29	30	44	13	760	10	22	27	31	42	43	12
43	9	461	11	18	26	31	37	40	43	521	3	7	18	29	32	36	19	581	3	5	14	20	42	44	33	641	11	18	21	36	37	43	12	701	3	10	14	16	36	38	35	761	4	7	11	24	42	45	30
36	32	462	3	20	24	32	37	45	4	522	4	5	13	14	37	41	11	582	2	12	14	33	40	41	25	642	8	17	18	24	39	45	32	702	3	13	16	24	26	29	9	762	1	3	12	21	26	41	16
37	26	463	23	29	31	33	34	44	40	523	1	4	37	38	40	45	7	583	8	17	27	33	40	44	24	643	15	24	31	32	33	40	13	703	10	28	31	33	41	44	21	763	3	8	16	32	34	43	10
40	36	464	6	12	15	34	42	44	4	524	10	11	29	38	41	45	21	584	7	18	30	39	40	41	36	644	5	13	17	23	28	36	8	704	1	4	8	23	33	42	45	764	7	22	24	31	34	36	15
44	4	465	1	8	11	13	22	38	31	525	11	23	26	29	39	44	22	585	6	7	10	16	38	41	4	645	1	4	16	26	40	41	31	705	1	6	17	22	28	45	23	765	1	3	8	12	42	43	33
36	45	466	4	10	13	23	32	44	20	526	7	14	17	20	35	39	31	586	2	7	12	15	21	34	5	646	2	9	24	41	43	45	30	706	3	4	6	10	28	30	37	766	9	30	34	35	39	41	21
25	1	467	2	12	14	17	24	40	39	527	1	12	22	32	33	42	38	587	14	21	29	31	32	37	17	647	5	16	21	23	24	30	29	707	2	12	19	24	39	44	35	767	5	15	20	31	34	42	22
37	16	468	8	13	15	28	37	43	17	528	5	17	25	31	39	40	10	588	2	8	15	22	25	41	30	648	13	19	28	37	38	43	4	708	2	10	16	19	34	45	1	768	7	27	29	30	38	44	4
40	38	469	4	21	22	34	37	38	33	529	18	20	24	27	31	42	39	589	6	8	28	33	38	39	22	649	3	21	22	33	41	42	20	709	10	18	30	36	39	44	32	769	5	7	11	16	41	45	4
41	16	470	10	16	20	39	41	42	27	530	16	23	27	29	33	41	22	590	20	30	36	38	41	45	23	650	3	4	7	11	31	41	35	710	3	4	6	24	25	33	10	770	1	9	12	23	39	43	34
39	5	471	6	13	29	37	39	41	43	531	1	5	9	21	27	35	45	591	8	13	14	30	38	39	5	651	11	12	16	26	29	44	18	711	11	15	24	35	37	45	42	771	6	10	17	18	21	29	30
45	40	472	16	25	26	31	36	43	44	532	16	17	23	24	29	44	3	592	2	5	6	13	28	44	43	652	3	13	15	40	41	44	20	712	17	20	30	31	33	45	19	772	5	6	11	14	21	41	32
40	3	473	8	13	20	22	23	36	34	533	9	14	15	17	31	33	23	593	9	10	13	24	33	38	28	653	5	6	26	27	38	39	1	713	2	5	15	18	19	23	44	773	8	12	19	21	31	35	44
44	43	474	4	13	18	31	33	45	43	534	10	24	26	29	37	38	32	594	2	8	13	25	28	37	3	654	16	21	26	31	36	43	6	714	1	7	22	33	37	40	20	774	12	15	18	28	34	42	9
40	24	475	1	9	14	16	21	29	3	535	11	12	14	15	18	39	34	595	8	24	28	35	38	40	5	655	7	37	38	39	40	44	18	715	2	7	27	33	41	44	10	775	11	12	29	33	38	42	17
26	44	476	9	12	13	15	37	38	27	536	7	8	18	32	37	43	12	596	3	4	12	14	25	43	17	656	3	7	14	16	31	40	39	716	2	6	13	16	29	30	21	776	8	9	18	21	28	40	20
43	44	477	14	25	29	32	33	45	37	537	12	23	26	30	36	43	11	597	8	10	23	24	35	43	37	657	10	14	19	39	40	43	23	717	2	11	19	25	28	32	44	777	6	12	17	21	34	37	18
34	31	478	18	29	30	37	39	43	8	538	6	10	18	31	32	34	11	598	4	12	24	33	38	45	22	658	8	19	25	28	32	36	37	718	4	11	20	23	32	39	40	778	6	21	35	36	37	41	11
30	7	479	8	23	25	27	35	44	24	539	3	19	22	31	42	43	26	599	5	12	17	29	34	35	27	659	7	18	19	27	29	42	45	719	4	8	13	19	20	43	26	779	6	12	19	24	34	41	4
34	27	480	3	5	10	17	30	31	16	540	3	12	13	15	34	36	14	600	5	11	14	27	29	36	44	660	4	9	23	33	39	44	14	720	1	12	29	34	36	37	41	780	15	17	19	21	27	45	16

4

22와 41의 규칙성

4.1. 역대 로또 당첨번호(421~780)에 나타나는 22와 41의 규칙성

★ 22와 41 뒤에 따라오는 30번대 수들

이 규칙은 가장 마지막으로 뜬 조합이다. 아마도 늦게 뜬 이유가 있지 않을까 생각한다. 구체적으로 가장 먼저 뜬 것은 530회차인 A이다.

〈표 4-4-1〉에서 이 현상의 기준점은 적색으로 표시된 조합(22, 41)이다. 이 조합은 A와 J와 O에 나타나는데, 이 조합이 뜬 이후에 녹색으로 표시된 현상이 나타난다.

가의 경우에는 B, C, D, E에 34가 연속으로 나타나고 나의 경우에는 F, G, H, I에서 33이 나타난다. 그리고 다의 경우에는 K, L, M, N에서 39가 나타난다. 이처럼 30번대 수가 나타나는데 중요한 것은 같은 수가 네 번이 연속으로 등장한다는 사실이다.

〈표 4-4-1〉

421	6	11	26	27	28	44	30
422	8	15	19	21	34	44	12
423	1	17	27	28	29	40	5
424	10	11	26	31	34	44	30
425	8	10	14	27	33	38	3
426	4	17	18	27	39	43	19
427	6	7	15	24	28	30	21
428	12	16	19	22	37	40	8
429	3	23	28	34	39	42	16
430	1	3	16	18	30	34	44
431	18	22	25	31	38	45	6
432	2	3	5	11	27	39	33
433	19	23	29	33	35	43	27
434	3	13	20	24	33	37	35
435	8	16	26	30	38	45	42
436	9	14	20	22	33	34	28
437	11	16	29	38	41	44	21
438	6	12	20	26	29	38	45
439	17	20	30	31	37	40	25
440	10	22	28	34	36	44	2
441	1	23	28	30	34	35	9
442	25	27	29	36	38	40	41
443	4	6	10	19	20	44	14
444	11	13	23	35	43	45	17
445	13	20	21	30	39	45	32
446	1	11	12	14	26	35	6
447	2	7	8	9	17	33	34
448	3	7	13	27	40	41	36
449	3	10	20	26	35	43	36
450	6	14	19	21	23	31	13
451	12	15	20	24	30	38	29
452	8	10	18	30	32	34	27
453	12	24	33	38	40	42	30
454	13	25	27	34	38	41	10
455	4	19	20	26	30	35	24
456	1	7	12	18	23	27	44
457	8	10	18	23	27	40	33
458	4	9	10	32	36	40	18
459	4	6	10	14	25	40	12
460	8	11	28	30	43	45	41
461	11	18	26	31	37	40	43
462	3	20	24	32	37	45	4
463	23	29	31	33	34	44	40
464	6	12	15	34	42	44	4
465	1	8	11	13	22	38	31
466	4	10	13	23	32	44	20
467	2	12	14	17	24	40	39
468	8	13	15	28	37	43	17
469	4	21	22	34	37	38	33
470	10	16	20	39	41	42	27
471	6	13	29	37	39	41	43
472	16	25	26	31	36	43	44
473	8	13	20	22	23	36	34
474	4	13	18	31	33	45	43
475	1	9	14	16	21	29	3
476	9	12	13	15	37	38	27
477	14	25	29	32	33	45	37
478	18	29	30	37	39	43	8
479	8	23	25	27	35	44	24
480	3	5	10	17	30	31	16

481	3	4	23	29	40	41	20
482	1	10	16	24	25	35	43
483	12	15	19	22	28	34	5
484	1	3	27	28	32	45	11
485	17	22	26	27	36	39	20
486	1	2	23	25	38	40	43
487	4	8	25	27	37	41	21
488	2	8	17	30	31	38	25
489	2	4	8	15	20	27	11
490	2	7	26	29	40	43	42
491	8	17	35	36	39	42	4
492	22	27	31	35	37	40	42
493	20	22	26	33	36	37	25
494	5	7	8	15	30	43	22
495	4	13	22	27	34	44	6
496	4	13	20	29	36	41	39
497	19	20	23	24	43	44	13
498	13	14	24	32	39	41	3
499	5	20	23	27	35	40	43
500	3	4	12	20	24	34	41
501	1	4	10	17	31	42	2
502	6	22	28	32	34	40	26
503	1	5	27	30	34	36	40
504	6	14	22	26	43	44	31
505	7	20	22	25	38	40	44
506	6	9	11	22	24	30	31
507	12	13	32	33	40	41	4
508	5	27	31	34	35	43	37
509	12	25	29	35	42	43	24
510	12	29	32	33	39	40	42
511	3	7	14	23	26	42	24
512	4	5	9	13	26	27	1
513	5	8	21	23	27	33	12
514	1	15	20	26	35	42	9
515	2	11	12	15	23	37	8
516	2	8	23	41	43	44	30
517	1	9	12	28	36	41	10
518	14	23	30	32	34	38	6
519	6	8	13	16	30	43	3
520	4	22	27	28	38	40	1
521	3	7	18	29	32	36	19
522	4	5	13	14	37	41	11
523	1	4	37	38	40	45	7
524	10	11	29	38	41	45	21
525	11	23	26	29	39	44	22
526	7	14	17	20	35	39	31
527	1	12	22	32	33	42	38
528	5	17	25	31	39	40	10
529	18	20	24	27	31	42	39
530	16	23	27	[illegible]	33	41	22
531	1	5	9	21	27	35	45
532	[illegible]	17	23	24	29	44	3
533	9	14	15	17	31	33	23
534	10	24	26	29	37	38	32
535	11	12	14	15	18	39	34
536	7	8	18	32	37	43	12
537	12	23	26	30	36	43	11
538	6	10	18	31	32	34	11
539	3	19	22	31	42	43	26
540	3	12	13	[illegible]	34	36	14

541	8	13	26	28	32	34	43
542	5	6	19	26	41	45	34
543	13	18	26	31	34	44	12
544	5	17	21	25	36	44	10
545	4	24	25	27	34	35	2
546	8	17	20	27	37	43	6
547	6	7	15	22	34	39	28
548	1	12	13	21	32	45	14
549	29	31	35	38	40	44	17
550	1	7	14	20	34	37	41
551	3	6	20	24	27	44	25
552	1	10	20	32	35	40	43
553	2	7	17	28	29	39	37
554	13	14	17	32	41	42	6
555	11	17	21	24	26	36	12
556	12	20	23	28	30	44	43
557	4	20	26	28	35	40	31
558	12	15	19	26	40	43	29
559	11	12	25	32	44	45	23
560	1	4	20	23	29	45	28
561	5	7	18	37	42	45	20
562	4	11	13	17	20	31	33
563	5	10	16	17	31	32	21
564	14	19	25	26	27	34	2
565	4	10	18	27	40	45	38
566	4	5	6	25	26	43	41
567	1	10	15	16	32	41	28
568	1	3	17	20	31	44	40
569	3	6	13	23	24	35	1
570	1	12	26	27	29	33	42
571	11	18	21	26	38	43	29
572	3	13	18	33	37	45	1
573	2	4	20	34	35	43	14
574	14	15	16	19	25	43	2
575	2	8	20	30	33	34	6
576	10	11	15	25	35	41	13
577	16	17	22	31	34	37	33
578	5	12	14	32	34	42	16
579	5	7	20	22	37	42	39
580	5	7	9	11	32	35	33
581	3	5	14	20	42	44	33
582	2	12	14	33	40	41	25
583	8	17	27	33	40	44	24
584	7	18	30	39	40	41	36
585	6	7	10	16	38	41	4
586	2	7	12	15	21	34	5
587	14	21	29	31	32	37	17
588	2	8	15	22	25	41	30
589	6	8	28	33	38	39	22
590	20	30	36	38	41	45	23
591	8	13	14	30	38	39	5
592	2	5	6	13	28	44	43
593	9	10	13	24	33	38	28
594	2	8	13	25	28	37	3
595	8	24	28	35	38	40	5
596	3	4	12	14	25	43	17
597	8	10	23	24	35	43	37
598	4	12	24	33	38	45	22
599	5	12	17	29	34	35	27
600	5	11	14	27	29	36	44

601	2	16	19	31	34	35	37
602	13	14	22	27	30	38	2
603	2	19	25	26	27	43	28
604	2	6	18	21	33	34	30
605	1	2	7	9	10	38	42
606	1	5	6	14	20	39	22
607	8	14	23	36	38	39	13
608	4	8	18	19	39	44	41
609	4	8	27	34	39	40	13
610	14	18	20	23	28	36	33
611	2	22	27	33	36	37	14
612	6	9	18	19	25	33	40
613	7	8	11	16	41	44	35
614	8	21	25	39	40	44	18
615	10	17	18	19	23	27	35
616	5	13	18	23	40	45	3
617	4	5	11	12	24	27	28
618	8	16	25	30	42	43	15
619	6	8	13	30	35	40	21
620	2	16	17	32	39	45	40
621	1	2	6	16	19	42	9
622	9	15	16	21	28	34	24
623	7	13	30	39	41	45	25
624	1	7	19	26	27	35	16
625	3	6	7	20	21	39	13
626	13	14	26	33	40	43	15
627	2	9	22	25	31	45	12
628	1	7	12	15	23	42	11
629	19	28	31	38	43	44	1
630	8	17	21	24	27	31	15
631	1	2	4	23	31	34	8
632	15	18	21	32	35	44	6
633	9	12	19	20	39	41	13
634	4	10	11	12	20	27	38
635	11	13	25	26	29	33	32
636	6	7	15	16	20	31	26
637	3	16	22	37	38	44	23
638	7	18	22	24	31	34	6
639	6	15	22	23	25	32	40
640	14	15	18	21	26	35	23
641	11	18	21	36	37	43	12
642	8	17	18	24	39	45	32
643	15	24	31	32	33	40	13
644	5	13	17	23	28	36	8
645	1	4	16	26	40	41	31
646	2	9	24	41	43	45	30
647	5	16	21	23	24	30	29
648	13	19	28	37	38	43	4
649	3	21	22	33	41	42	20
650	3	4	7	11	31	41	35
651	11	12	16	26	29	44	18
652	3	13	15	40	41	44	20
653	5	6	26	27	38	39	1
654	16	21	26	31	36	43	6
655	7	37	38	39	40	44	18
656	3	7	14	16	31	40	39
657	10	14	19	39	40	43	23
658	8	19	25	28	32	36	37
659	7	18	19	27	29	42	45
660	4	9	23	33	39	44	14

661	2	3	12	20	27	38	40
662	5	6	9	11	15	37	26
663	3	5	8	19	38	42	20
664	10	20	33	36	41	44	5
665	5	6	11	17	38	44	13
666	2	4	6	11	17	28	16
667	15	17	25	37	42	43	13
668	12	14	15	24	27	32	3
669	7	8	20	29	33	38	9
670	11	18	26	27	40	41	25
671	7	9	10	13	31	35	24
672	8	21	28	31	36	45	43
673	7	10	17	29	33	44	5
674	9	10	14	25	27	31	11
675	1	8	11	15	18	45	7
676	1	8	17	34	39	45	27
677	12	15	24	36	41	44	42
678	4	5	6	12	25	37	45
679	3	5	7	14	26	34	35
680	4	10	19	29	32	42	30
681	21	24	27	29	43	44	7
682	17	23	27	35	38	43	2
683	6	13	20	27	28	40	15
684	1	11	15	17	25	39	40
685	6	7	12	28	38	40	18
686	7	12	15	24	25	43	13
687	1	8	10	13	28	42	45
688	5	15	22	23	34	35	2
689	7	17	19	30	36	38	34
690	24	25	33	34	38	39	43
691	15	27	33	35	43	45	16
692	3	11	14	15	32	36	44
693	1	6	11	28	34	42	30
694	7	15	20	25	33	43	12
695	4	18	26	33	34	38	14
696	1	7	16	18	34	38	21
697	2	5	8	11	33	39	31
698	3	11	13	21	33	37	18
699	4	5	8	16	21	29	3
700	11	23	28	29	30	44	13
701	3	10	14	16	36	38	35
702	3	13	16	24	26	29	9
703	10	28	31	33	41	44	21
704	1	4	8	23	33	42	45
705	1	6	17	22	28	45	23
706	3	4	6	10	28	30	37
707	2	12	19	24	39	44	35
708	2	10	16	19	34	45	1
709	10	18	30	36	39	44	32
710	3	4	6	24	25	33	10
711	11	15	24	35	37	45	42
712	17	20	30	31	33	45	19
713	2	5	15	18	19	23	44
714	1	7	22	33	37	40	20
715	2	7	27	33	41	44	10
716	2	6	13	16	29	30	21
717	2	11	19	25	28	32	44
718	4	11	20	23	32	39	40
719	4	8	13	19	20	43	26
720	1	12	29	34	36	37	41

721	1	28	35	41	43	44	31
722	12	14	21	30	39	43	45
723	20	30	33	35	36	44	22
724	2	8	33	35	37	41	14
725	6	7	19	21	41	43	38
726	1	11	21	23	34	44	24
727	7	8	10	19	21	31	20
728	3	6	10	30	34	37	36
729	11	17	21	26	36	45	16
730	4	10	14	15	18	22	39
731	2	7	13	25	42	45	39
732	2	4	5	17	27	32	43
733	11	24	32	33	35	40	13
734	6	16	37	38	41	45	18
735	5	10	13	27	37	41	44
736	2	11	17	18	21	27	6
737	13	15	18	24	27	41	11
738	23	27	28	38	42	43	36
739	7	22	29	33	34	35	30
740	4	8	9	16	17	19	31
741	5	21	27	34	44	45	16
742	8	10	13	36	37	40	6
743	15	19	21	34	41	44	10
744	10	15	18	21	34	41	43
745	1	2	3	9	12	23	10
746	3	12	33	36	42	45	25
747	7	9	12	14	23	28	17
748	3	10	13	22	31	32	29
749	12	14	24	26	34	45	41
750	1	2	15	19	24	36	12
751	3	4	16	20	28	44	17
752	4	16	20	33	40	43	7
753	2	17	19	24	37	41	3
754	2	8	17	24	29	31	32
755	13	14	26	28	30	36	37
756	10	14	16	18	27	28	4
757	6	7	11	17	33	44	1
758	5	9	12	30	39	43	24
759	9	33	36	40	42	43	32
760	10	22	27	31	42	43	12
761	4	7	11	24	42	45	30
762	1	3	12	21	26	41	16
763	3	8	16	32	34	43	10
764	7	22	24	31	34	36	15
765	1	3	8	12	42	43	33
766	9	30	34	35	39	41	21
767	5	15	20	31	34	42	22
768	7	27	29	30	38	44	4
769	5	7	11	16	41	45	4
770	1	9	12	23	39	43	34
771	6	10	17	18	21	29	30
772	5	6	11	14	21	41	32
773	8	12	19	21	31	35	44
774	12	15	18	28	34	42	9
775	11	12	29	33	38	42	17
776	8	9	18	21	28	40	20
777	6	12	17	21	34	37	18
778	6	21	35	36	37	41	11
779	6	12	19	24	34	41	4
780	15	17	19	21	27	45	16

4.2. 결론- 로또에의 적용

22와 41이 등장할 때,

 30번대의 동일한 수가 네 번 연속 나오는 현상을 불러오게 된다.

이때, 다음과 같은 적용을 해 볼 수 있다.

1단계– 22와 41이 등장했을 때

22, 41이 함께 뜨기 얼마 전에 30번대 수가 연속으로 뜬 적이 없다면, 앞으로 그런 현상이 나타날 수 있음을 알아야 한다.

↓

2단계– 22, 41이 뜬 후 30번대의 같은 수가 두 번 연속 나왔다면

이럴 경우에는 앞으로도 2회 연속으로 해당 숫자(30번대의 같은 수)가 나올 수 있다.

NOTE

5

첫머리 두 수 조합(3, 13)의 규칙성

5.1. 역대 로또 당첨번호(121~180/421~720회차)에 나타나는 첫머리 두 수 조합(3, 13)의 규칙

★ 첫머리 조합(3, 13)에 따라 나오는 3, 13, 33

〈표 4-9-1〉에서 적색으로 표시된 조합(3, 13)이 첫머리에 나타난 곳들을 주목해 보자(A, C, D, E, G). 참고로 여기서는 해당 현상이 나타나는 부분을 중심으로 표를 구성하였다. (121~180회차와 421~780회차)

여기서 A, C, D, G에 나타난 첫머리 두 수 조합(3, 13)은 세 수 조합(3, 13, 33)과 규칙을 이루고 있다.

먼저 '가'를 보면, A의 조합(3, 13, 33)은 13의 움직임에 따라 B의 조합(3, 13, 33)과 동시에 나타나고 있고 '나'에서 G의 역시 13의 움직임에 따라 F의 조합(3, 13, 33)과 동시에 나타나고 있다.

한편, C와 D는 첫머리에 나오는 두 수 조합(3, 13)과 세 수 조합(3, 13, 33)이 한 회차에 동시에 나타나고 있다.

E에 나타난 첫머리 두 수 조합(3, 13)은 조합(3, 13, 33)을 불러오지 않아 불가 현상이라고 할 수 있지만, 여기에도 분명한 이유가 있을 것으로 본다.

〈표 4-5-1〉

121~180

121	12	28	30	34	38	43	9
122	1	11	16	17	36	40	8
123	7	17	18	28	30	45	27
124	4	16	23	25	29	42	1
125	2	8	32	33	35	36	18
126	7	20	22	27	40	43	1
127	3	5	10	29	32	43	35
128	12	30	34	36	37	45	39
129	19	23	25	28	38	42	17
130	7	19	24	27	42	45	31
131	8	10	11	14	15	21	37
132	3	17	23	34	41	45	43
133	4	7	15	18	23	26	13
134	3	12	20	23	31	35	43
135	6	14	22	28	35	39	16
136	2	16	30	36	41	42	11
137	7	9	20	25	36	39	15
138	10	11	27	28	37	39	19
139	9	11	15	20	28	43	13
140	3	13	17	18	19	28	8
141	8	12	29	31	42	43	2
142	12	16	30	34	40	44	19
143	26	27	28	42	43	45	8
144	4	15	17	26	36	37	43
145	2	3	13	20	27	44	9
146	2	19	27	35	41	42	25
147	4	6	13	21	40	42	36
148	21	25	33	34	35	36	17
149	2	11	21	34	41	42	27
150	2	18	25	28	37	39	16
151	1	2	10	13	18	19	15
152	1	5	13	26	29	34	43
153	3	8	11	12	13	36	33
154	6	19	21	35	40	45	20
155	16	19	20	32	33	41	4
156	5	18	28	30	42	45	2
157	19	26	30	33	35	39	37
158	4	9	13	18	21	34	7
159	1	18	30	41	42	43	32
160	3	7	8	34	39	41	1
161	22	34	36	40	42	45	44
162	1	5	21	25	38	41	24
163	7	11	26	28	29	44	16
164	6	9	10	11	39	41	27
165	5	13	18	19	22	42	31
166	9	12	27	36	39	45	14
167	24	27	28	30	36	39	4
168	3	10	31	40	42	43	30
169	16	27	35	37	43	45	19
170	2	11	13	15	31	42	10
171	4	16	25	29	34	35	1
172	4	19	21	24	26	41	35
173	3	9	24	30	33	34	18
174	13	14	18	22	35	39	16
175	19	26	28	31	33	36	17
176	4	17	30	32	33	34	15
177	1	10	13	16	37	43	6
178	1	5	11	12	18	23	9
179	5	9	17	25	39	43	32
180	2	15	20	21	29	34	22

421~720

421	6	11	26	27	28	44	30
422	8	15	19	21	34	44	12
423	1	17	27	28	29	40	5
424	10	11	26	31	34	44	30
425	8	10	14	27	33	38	3
426	4	17	18	27	39	43	19
427	6	7	15	24	28	30	21
428	12	16	19	22	37	40	8
429	3	23	28	34	39	42	16
430	1	3	16	18	30	34	44
431	18	22	25	31	38	45	6
432	2	3	5	11	27	39	33
433	19	23	29	33	35	43	27
434	3	13	20	24	33	37	35
435	8	16	26	30	38	45	42
436	9	14	20	22	33	34	28
437	11	16	29	38	41	44	21
438	6	12	20	26	29	38	45
439	17	20	30	31	37	40	25
440	10	22	28	34	36	44	2
441	1	23	28	30	34	35	9
442	25	27	29	36	38	40	41
443	4	6	10	19	20	44	14
444	11	13	23	35	43	45	17
445	13	20	21	30	39	45	32
446	1	11	12	14	26	35	6
447	2	7	8	9	17	33	34
448	3	7	13	27	40	41	36
449	3	10	20	26	35	43	36
450	6	14	19	21	23	31	13
451	12	15	20	24	30	38	29
452	8	10	18	30	32	34	27
453	12	24	33	38	40	42	30
454	13	25	27	34	38	41	10
455	4	19	20	26	30	35	24
456	1	7	12	18	23	27	44
457	8	10	18	23	27	40	33
458	4	9	10	32	36	40	18
459	4	6	10	14	25	40	12
460	8	11	28	30	43	45	41
461	11	18	26	31	37	40	43
462	3	20	24	32	37	45	4
463	23	29	31	33	34	44	40
464	6	12	15	34	42	44	4
465	1	8	11	13	22	38	31
466	4	10	13	23	32	44	20
467	2	12	14	17	24	40	39
468	8	13	15	28	37	43	17
469	4	21	22	34	37	38	33
470	10	16	20	39	41	42	27
471	6	13	29	37	39	41	43
472	16	25	26	31	36	43	44
473	8	13	20	22	23	36	34
474	4	13	18	31	33	45	43
475	1	9	14	16	21	29	3
476	9	12	13	15	37	38	27
477	14	25	29	32	33	45	37
478	18	29	30	37	39	43	8
479	8	23	25	27	35	44	24
480	3	5	10	17	30	31	16

481	3	4	23	29	40	41	20
482	1	10	16	24	25	35	43
483	12	15	19	22	28	34	5
484	1	3	27	28	32	45	11
485	17	22	26	27	36	39	20
486	1	2	23	25	38	40	43
487	4	8	25	27	37	41	21
488	2	8	17	30	31	38	25
489	2	4	8	15	20	27	11
490	2	7	26	29	40	43	42
491	8	17	35	36	39	42	4
492	22	27	31	35	37	40	42
493	20	22	26	33	36	37	25
494	5	7	8	15	30	43	22
495	4	13	22	27	34	44	6
496	4	13	20	29	36	41	39
497	19	20	23	24	43	44	13
498	13	14	24	32	39	41	3
499	5	20	23	27	35	40	43
500	3	4	12	20	24	34	41
501	1	4	10	17	31	42	2
502	6	22	28	32	34	40	26
503	1	5	27	30	34	36	40
504	6	14	22	26	43	44	31
505	7	20	22	25	38	40	44
506	6	9	11	22	24	30	31
507	12	13	32	33	40	41	4
508	5	27	31	34	35	43	37
509	12	25	29	35	42	43	24
510	12	29	32	33	39	40	42
511	3	7	14	23	26	42	24
512	4	5	9	13	26	27	1
513	5	8	21	23	27	33	12
514	1	15	20	26	35	42	9
515	2	11	12	15	23	37	8
516	2	8	23	41	43	44	30
517	1	9	12	28	36	41	10
518	14	23	30	32	34	38	6
519	6	8	13	16	30	43	3
520	4	22	27	28	38	40	1
521	3	7	18	29	32	36	19
522	4	5	13	14	37	41	11
523	1	4	37	38	40	45	7
524	10	11	29	38	41	45	21
525	11	23	26	29	39	44	22
526	7	14	17	20	35	39	31
527	1	12	22	32	33	42	38
528	5	17	25	31	39	40	10
529	18	20	24	27	31	42	39
530	16	23	27	29	33	41	22
531	1	5	9	21	27	35	45
532	16	17	23	24	29	44	3
533	9	14	15	17	31	33	23
534	10	24	26	29	37	38	32
535	11	12	14	15	18	39	34
536	7	8	18	32	37	43	12
537	12	23	26	30	36	43	11
538	6	10	18	31	32	34	11
539	3	19	22	31	42	43	26
540	3	12	13	15	34	36	14

541	8	13	26	28	32	34	43
542	5	6	19	26	41	45	34
543	13	18	26	31	34	44	12
544	5	17	21	25	36	44	10
545	4	24	25	27	34	35	2
546	8	17	20	27	37	43	6
547	6	7	15	22	34	39	28
548	1	12	13	21	32	45	14
549	29	31	35	38	40	44	17
550	1	7	14	20	34	37	41
551	3	6	20	24	27	44	25
552	1	10	20	32	35	40	43
553	2	7	17	28	29	39	37
554	13	14	17	32	41	42	6
555	11	17	21	24	26	36	12
556	12	20	23	28	30	44	43
557	4	20	26	28	35	40	31
558	12	15	19	26	40	43	29
559	11	12	25	32	44	45	23
560	1	4	20	23	29	45	28
561	5	7	18	37	42	45	20
562	4	11	13	17	20	31	33
563	5	10	16	17	31	32	21
564	14	19	25	26	27	34	2
565	4	10	18	27	40	45	38
566	4	5	6	25	26	43	41
567	1	10	15	16	32	41	28
568	1	3	17	20	31	44	40
569	3	6	13	23	24	35	1
570	1	12	26	27	29	33	42
571	11	18	21	26	38	43	29
572	3	13	18	33	37	45	1
573	2	4	20	34	35	43	14
574	14	15	16	19	25	43	2
575	2	8	20	30	33	34	6
576	10	11	15	25	35	41	13
577	16	17	22	31	34	37	33
578	5	12	14	32	34	42	16
579	5	7	20	22	37	42	39
580	5	7	9	11	32	35	33
581	3	5	14	20	42	44	33
582	2	12	14	33	40	41	25
583	8	17	27	33	40	44	24
584	7	18	30	39	40	41	36
585	6	7	10	16	38	41	4
586	2	7	12	15	21	34	5
587	14	21	29	31	32	37	17
588	2	8	15	22	25	41	30
589	6	8	28	33	38	39	22
590	20	30	36	38	41	45	23
591	8	13	14	30	38	39	5
592	2	5	6	13	28	44	43
593	9	10	13	24	33	38	28
594	2	8	13	25	28	37	3
595	8	24	28	35	38	40	5
596	3	4	12	14	25	43	17
597	8	10	23	24	35	43	37
598	4	12	24	33	38	45	22
599	5	12	17	29	34	35	27
600	5	11	14	27	29	36	44

601	2	16	19	31	34	35	37
602	13	14	22	27	30	38	2
603	2	19	25	26	27	43	28
604	2	6	18	21	33	34	30
605	1	2	7	9	10	38	42
606	1	5	6	14	20	39	22
607	8	14	23	36	38	39	13
608	4	8	18	19	39	44	41
609	4	8	27	34	39	40	13
610	14	18	20	23	28	36	33
611	2	22	27	33	36	37	14
612	6	9	18	19	25	33	40
613	7	8	11	16	41	44	35
614	8	21	25	39	40	44	18
615	10	17	18	19	23	27	35
616	5	13	18	23	40	45	3
617	4	5	11	12	24	27	28
618	8	16	25	30	42	43	15
619	6	8	13	30	35	40	21
620	2	16	17	32	39	45	40
621	1	2	6	16	19	42	9
622	9	15	16	21	28	34	24
623	7	13	30	39	41	45	25
624	1	7	19	26	27	35	16
625	3	6	7	20	21	39	13
626	13	14	26	33	40	43	15
627	2	9	22	25	31	45	12
628	1	7	12	15	23	42	11
629	19	28	31	38	43	44	1
630	8	17	21	24	27	31	15
631	1	2	4	23	31	34	8
632	15	18	21	32	35	44	6
633	9	12	19	20	39	41	13
634	4	10	11	12	20	27	38
635	11	13	25	26	29	33	32
636	6	7	15	16	20	31	26
637	3	16	22	37	38	44	23
638	7	18	22	24	31	34	6
639	6	15	22	23	25	32	40
640	14	15	18	21	26	35	23
641	11	18	21	36	37	43	12
642	8	17	18	24	39	45	32
643	15	24	31	32	33	40	13
644	5	13	17	23	28	36	8
645	1	4	16	26	40	41	31
646	2	9	24	41	43	45	30
647	5	16	21	23	24	30	29
648	13	19	28	37	38	43	4
649	3	21	22	33	41	42	20
650	3	4	7	11	31	41	35
651	11	12	16	26	29	44	18
652	3	13	15	40	41	44	20
653	5	6	26	27	38	39	1
654	16	21	26	31	36	43	6
655	7	37	38	39	40	44	18
656	3	7	14	16	31	40	39
657	10	14	19	39	40	43	23
658	8	19	25	28	32	36	37
659	7	18	19	27	29	42	45
660	4	9	23	33	39	44	14

661	2	3	12	20	27	38	40
662	5	6	9	11	15	37	26
663	3	5	8	19	38	42	20
664	10	20	33	36	41	44	5
665	5	6	11	17	38	44	13
666	2	4	6	11	17	28	16
667	15	17	25	37	42	43	13
668	12	14	15	24	27	32	3
669	7	8	20	29	33	38	9
670	11	18	26	27	40	41	25
671	7	9	10	13	31	35	24
672	8	21	28	31	36	45	43
673	7	10	17	29	33	44	5
674	9	10	14	25	27	31	11
675	1	8	11	15	18	45	7
676	1	8	17	34	39	45	27
677	12	15	24	36	41	44	42
678	4	5	6	12	25	37	45
679	3	5	7	14	26	34	35
680	4	10	19	29	32	42	30
681	21	24	27	29	43	44	7
682	17	23	27	35	38	43	2
683	6	13	20	27	28	40	15
684	1	11	15	17	25	39	40
685	6	7	12	28	38	40	18
686	7	12	15	24	25	43	13
687	1	8	10	13	28	42	45
688	5	15	22	23	34	35	2
689	7	17	19	30	36	38	34
690	24	25	33	34	38	39	43
691	15	27	33	35	43	45	16
692	3	11	14	15	32	36	44
693	1	6	11	28	34	42	30
694	7	15	20	25	33	43	12
695	4	18	26	33	34	38	14
696	1	7	16	18	34	38	21
697	2	5	8	11	33	39	31
698	3	11	13	21	33	37	18
699	4	5	8	16	21	29	3
700	11	23	28	29	30	44	13
701	3	10	14	16	36	38	35
702	3	13	16	24	26	29	9
703	10	28	31	33	41	44	21
704	1	4	8	23	33	42	45
705	1	6	17	22	28	45	23
706	3	4	6	10	28	30	37
707	2	12	19	24	39	44	35
708	2	10	16	19	34	45	1
709	10	18	30	36	39	44	32
710	3	4	6	24	25	33	10
711	11	15	24	35	37	45	42
712	17	20	30	31	33	45	19
713	2	5	15	18	19	23	44
714	1	7	22	33	37	40	20
715	2	7	27	33	41	44	10
716	2	6	13	16	29	30	21
717	2	11	19	25	28	32	44
718	4	11	20	23	32	39	40
719	4	8	13	19	20	43	26
720	1	12	29	34	36	37	41

5.2. 결론- 로또에의 적용

첫머리에 조합(3, 13)이 등장하는 경우가 있는데,

이 첫머리 조합은 3, 13, 33을 불러올 수 있다.

이때, 다음과 같은 적용을 해 볼 수 있다.

첫머리에 조합(3, 13)이 등장했을 때
앞으로 3, 13, 33이 뜰 가능성이 있다.

NOTE

첫머리 두 수 조합 3, 13의 규칙성

1	10	23	29	33	37	40	16
2	9	13	21	25	32	42	2
3	11	16	19	21	27	31	30
4	14	27	30	31	40	42	2
5	16	24	29	40	41	42	3
6	14	15	26	27	40	42	34
7	2	9	16	25	26	40	42
8	8	19	25	34	37	39	9
9	2	4	16	17	36	39	14
10	9	25	30	33	41	44	6
11	1	7	36	37	41	42	14
12	2	11	21	25	39	45	44
13	22	23	25	37	38	42	26
14	2	6	12	31	33	40	15
15	3	4	16	30	31	37	13
16	6	7	24	37	38	40	33
17	3	4	9	17	32	37	1
18	3	12	13	19	32	35	29
19	6	30	38	39	40	43	26
20	10	14	18	20	23	30	41
21	6	12	17	18	31	32	21
22	4	5	6	8	17	39	25
23	5	13	17	18	33	42	44
24	7	8	27	29	36	43	6
25	2	4	21	26	43	44	16
26	4	5	7	18	20	25	31
27	1	20	26	28	37	43	27
28	9	18	23	25	35	37	1
29	1	5	13	34	39	40	11
30	8	17	20	35	36	44	4
31	7	9	18	23	28	35	32
32	6	14	19	25	34	44	11
33	4	7	32	33	40	41	9
34	9	26	35	37	40	42	2
35	2	3	11	26	37	43	39
36	1	10	23	26	28	40	31
37	7	27	30	33	35	37	42
38	16	17	22	30	37	43	36
39	6	7	13	15	21	43	8
40	7	13	18	19	25	26	6
41	13	20	23	35	38	43	34
42	17	18	19	21	23	32	1
43	6	31	35	38	39	44	1
44	3	11	21	30	38	45	39
45	1	10	20	27	33	35	17
46	8	13	15	23	31	38	39
47	14	17	26	31	36	45	27
48	6	10	18	26	37	38	3
49	4	7	16	19	33	40	30
50	2	10	12	15	22	44	1
51	2	3	11	16	26	44	35
52	2	4	15	16	20	29	1
53	7	8	14	32	33	39	42
54	1	8	21	27	36	39	37
55	17	21	31	37	40	44	7
56	10	14	30	31	33	37	19
57	7	10	16	25	29	44	6
58	10	24	25	33	40	44	1
59	6	29	36	39	41	45	13
60	2	8	25	36	39	42	11

61	14	15	19	30	38	43	8
62	3	8	15	27	29	35	21
63	3	20	23	36	38	40	5
64	14	15	18	21	26	36	39
65	4	25	33	36	40	43	39
66	2	3	7	17	22	24	45
67	3	7	10	15	36	38	33
68	10	12	15	16	26	39	38
69	5	8	14	15	19	39	35
70	5	19	22	25	28	43	26
71	5	9	12	16	29	41	21
72	2	4	11	17	26	27	1
73	3	12	18	32	40	43	38
74	6	15	17	18	35	40	23
75	2	5	24	32	34	44	28
76	1	3	15	22	25	37	43
77	2	18	29	32	43	44	37
78	10	13	25	29	33	35	38
79	3	12	24	27	30	32	14
80	17	18	24	25	26	30	1
81	5	7	11	13	20	33	6
82	1	2	3	14	27	42	39
83	6	10	15	17	19	34	14
84	16	23	27	34	42	45	11
85	6	8	13	23	31	36	21
86	2	12	37	39	41	45	33
87	4	12	16	23	34	43	26
88	1	17	20	24	30	41	27
89	4	26	28	29	33	40	37
90	17	20	29	35	38	44	10
91	1	21	24	26	29	42	27
92	3	14	24	33	35	36	17
93	6	22	24	36	38	44	19
94	5	32	34	40	41	45	6
95	8	17	27	31	34	43	14
96	1	3	8	21	22	31	20
97	6	7	14	15	20	36	3
98	6	9	16	23	24	32	43
99	1	3	10	27	29	37	11
100	1	7	11	23	37	42	6
101	1	3	17	32	35	45	8
102	17	22	24	26	35	40	42
103	5	14	15	27	30	45	10
104	17	32	33	34	42	44	35
105	8	10	20	34	41	45	28
106	4	10	12	22	24	33	29
107	1	4	5	6	9	31	17
108	7	18	22	23	29	44	12
109	1	5	34	36	42	44	33
110	7	20	22	23	29	43	1
111	7	18	31	33	36	40	27
112	26	29	30	33	41	42	43
113	4	9	28	33	36	45	26
114	11	14	19	26	28	41	2
115	1	2	6	9	25	28	31
116	2	4	25	31	34	37	17
117	5	10	22	34	36	44	35
118	3	4	10	17	19	22	38
119	3	11	13	14	17	21	38
120	4	6	10	11	32	37	30

121	12	28	30	34	38	43	9
122	1	11	16	17	36	40	8
123	7	17	18	28	30	45	27
124	4	16	23	25	29	42	1
125	2	8	32	33	35	36	18
126	7	20	22	27	40	43	1
127	3	5	10	29	32	43	35
128	12	30	34	36	37	45	39
129	19	23	25	28	38	42	17
130	7	19	24	27	42	45	31
131	8	10	11	14	15	21	37
132	3	17	23	34	41	45	43
133	4	7	15	18	23	26	13
134	3	12	20	23	31	35	43
135	6	14	22	28	35	39	16
136	2	16	30	36	41	42	11
137	7	9	20	25	36	39	15
138	10	11	27	28	37	39	19
139	9	11	15	20	28	43	13
140	3	13	17	18	19	28	8
141	8	12	29	31	42	43	2
142	12	16	30	34	40	44	19
143	26	27	28	42	43	45	8
144	4	15	17	26	36	37	43
145	2	3	13	20	27	44	9
146	2	19	27	35	41	42	25
147	4	6	13	21	40	42	36
148	21	25	33	34	35	36	17
149	2	11	21	34	41	42	27
150	2	18	25	28	37	39	16
151	1	2	10	13	18	19	15
152	1	5	13	26	29	34	43
153	3	8	11	12	13	36	33
154	6	19	21	35	40	45	20
155	16	19	20	32	33	41	4
156	5	18	28	30	42	45	2
157	19	26	30	33	35	39	37
158	4	9	13	18	21	34	7
159	1	18	30	41	42	43	32
160	3	7	8	34	39	41	1
161	22	34	36	40	42	45	44
162	1	5	21	25	38	41	24
163	7	11	26	28	29	44	16
164	6	9	10	11	39	41	27
165	5	13	18	19	22	42	31
166	9	12	27	36	39	45	14
167	24	27	28	30	36	39	4
168	3	10	31	40	42	43	30
169	16	27	35	37	43	45	19
170	2	11	13	15	31	42	10
171	4	16	25	29	34	35	1
172	4	19	21	24	26	41	35
173	3	9	24	30	33	34	18
174	13	14	18	22	35	39	16
175	19	26	28	31	33	36	17
176	4	17	30	32	33	34	15
177	1	10	13	16	37	43	6
178	1	5	11	12	18	23	9
179	5	9	17	25	39	43	32
180	2	15	20	21	29	34	22

181	14	21	23	32	40	45	44
182	13	15	27	29	34	40	35
183	2	18	24	34	40	42	5
184	1	2	6	16	20	33	41
185	1	2	4	8	19	38	14
186	4	10	14	19	21	45	9
187	1	2	8	18	29	38	42
188	19	24	27	30	31	34	36
189	8	14	32	35	37	45	28
190	8	14	18	30	31	44	15
191	5	6	24	25	32	37	8
192	4	8	11	18	37	45	33
193	6	14	18	26	36	39	13
194	15	20	23	26	39	44	28
195	7	10	19	22	35	40	31
196	35	36	37	41	44	45	30
197	7	12	16	34	42	45	4
198	12	19	20	25	41	45	2
199	14	21	22	25	30	36	43
200	5	6	13	14	17	20	7
201	3	11	24	38	39	44	26
202	12	24	27	33	39	44	17
203	1	3	11	24	30	32	7
204	3	12	14	35	40	45	5
205	1	3	21	29	35	37	30
206	1	2	3	15	20	25	43
207	3	11	14	31	32	37	38
208	14	25	31	34	40	44	24
209	2	7	18	20	24	33	37
210	10	19	22	23	25	37	39
211	12	13	17	20	33	41	8
212	11	12	18	21	31	38	8
213	2	3	4	5	20	24	42
214	5	7	20	25	28	37	32
215	2	3	7	15	43	44	4
216	7	16	17	33	36	40	1
217	16	20	27	33	35	39	38
218	1	8	14	18	29	44	20
219	4	11	20	26	35	37	16
220	5	11	19	21	34	43	31
221	2	20	33	35	37	40	10
222	5	7	28	29	39	43	44
223	1	3	18	20	26	27	38
224	4	19	26	27	30	42	7
225	5	11	13	19	31	36	7
226	2	6	8	14	21	22	34
227	4	5	15	16	22	42	2
228	17	25	35	36	39	44	23
229	4	5	9	11	23	38	35
230	5	11	14	29	32	33	12
231	5	10	19	31	44	45	27
232	8	9	10	12	24	44	35
233	4	6	13	17	28	40	39
234	13	21	22	24	26	37	4
235	21	22	26	27	31	37	8
236	1	4	8	13	37	39	7
237	1	11	17	21	24	44	33
238	2	4	15	28	31	34	35
239	11	15	24	39	41	44	7
240	6	10	16	40	41	43	21

241	2	16	24	27	28	35	21
242	4	19	20	21	32	34	43
243	2	12	17	19	28	42	34
244	13	16	25	36	37	38	19
245	9	11	27	31	32	38	22
246	13	18	21	23	26	39	15
247	12	15	28	36	39	40	13
248	3	8	17	23	38	45	13
249	3	8	27	31	41	44	11
250	19	23	30	37	43	45	38
251	6	7	19	25	28	38	45
252	14	23	26	31	39	45	28
253	8	19	25	31	34	36	33
254	1	5	19	20	24	30	27
255	1	5	6	24	27	42	32
256	4	11	14	21	23	43	32
257	6	13	27	31	32	37	4
258	14	27	30	31	38	40	17
259	4	5	14	35	42	45	34
260	7	12	15	24	37	40	43
261	6	11	16	18	31	43	2
262	9	12	24	25	29	31	36
263	1	27	28	32	37	40	18
264	9	16	27	36	41	44	5
265	5	9	34	37	38	39	12
266	3	4	9	11	22	42	37
267	7	8	24	34	36	41	1
268	3	10	19	24	32	45	12
269	5	18	20	36	42	43	32
270	5	9	12	20	21	26	27
271	3	8	9	27	29	40	36
272	7	9	12	27	39	43	28
273	1	8	24	31	34	44	6
274	13	14	15	26	35	39	25
275	14	19	20	35	38	40	26
276	4	15	21	33	39	41	25
277	10	12	13	15	25	29	20
278	3	11	37	39	41	43	13
279	7	16	31	36	37	38	11
280	10	11	23	24	36	37	35
281	1	3	4	6	14	41	12
282	2	5	10	18	31	32	30
283	6	8	18	31	38	45	42
284	2	7	15	24	30	45	28
285	13	33	37	40	41	45	2
286	1	15	19	40	42	44	17
287	6	12	24	27	35	37	41
288	1	12	17	28	35	41	10
289	3	14	33	37	38	42	10
290	8	13	18	32	39	45	7
291	3	7	8	18	20	42	45
292	17	18	31	32	33	34	10
293	1	9	17	21	29	33	24
294	6	10	17	30	37	38	40
295	1	4	12	16	18	38	8
296	3	8	15	27	30	45	44
297	6	11	19	20	28	32	34
298	5	9	27	29	37	40	19
299	1	3	20	25	36	45	24
300	7	9	10	12	26	38	39

301	7	11	13	33	37	43	26
302	13	19	20	32	38	42	4
303	2	14	17	30	38	45	43
304	4	10	16	26	33	41	38
305	7	8	18	21	23	39	9
306	4	18	23	30	34	41	19
307	5	15	21	23	25	45	12
308	14	15	17	19	37	45	40
309	1	2	5	11	18	36	22
310	1	5	19	28	34	41	16
311	4	12	24	27	28	32	10
312	2	3	5	6	12	20	25
313	9	17	34	35	43	45	2
314	15	17	19	34	38	41	2
315	1	13	33	35	43	45	23
316	10	11	21	27	31	39	43
317	3	10	11	22	36	39	8
318	2	17	19	20	34	45	21
319	5	8	22	28	33	42	37
320	16	19	23	25	41	45	3
321	12	18	20	21	25	34	42
322	9	18	29	32	38	43	20
323	10	14	15	32	36	42	3
324	2	4	21	25	33	36	17
325	7	17	20	32	44	45	33
326	16	23	25	33	36	39	40
327	6	12	13	17	32	44	24
328	1	6	9	16	17	28	24
329	9	17	19	30	35	42	4
330	3	4	16	17	19	20	23
331	4	9	14	26	31	44	39
332	16	17	34	36	42	45	3
333	5	14	27	30	39	43	35
334	13	15	21	29	39	43	33
335	5	9	16	23	26	45	21
336	3	5	20	34	35	44	16
337	1	5	14	18	32	37	4
338	2	13	34	38	42	45	16
339	6	8	14	21	30	37	45
340	18	24	26	29	34	38	32
341	1	8	19	34	39	43	41
342	1	13	14	33	34	43	25
343	1	10	17	29	31	43	15
344	1	2	15	28	34	45	38
345	15	20	23	29	39	42	2
346	5	13	14	22	44	45	33
347	3	8	13	27	32	42	10
348	3	14	17	20	24	31	34
349	5	13	14	20	24	25	36
350	1	8	18	24	29	33	35
351	5	25	27	29	34	36	33
352	5	16	17	20	26	41	24
353	11	16	19	22	29	36	26
354	14	19	36	43	44	45	1
355	5	8	29	30	35	44	38
356	2	8	14	25	29	45	24
357	10	14	18	21	36	37	5
358	1	9	10	12	21	40	37
359	1	10	19	20	24	40	23
360	4	16	23	25	35	40	27

361	[illegible]
362	[illegible]
363	[illegible]
364	[illegible]
365	[illegible]
366	[illegible]
367	[illegible]
368	[illegible]
369	[illegible]
370	[illegible]
371	[illegible]
372	[illegible]
373	[illegible]
374	[illegible]
375	[illegible]
376	[illegible]
377	[illegible]
378	[illegible]
379	[illegible]
380	[illegible]
381	[illegible]
382	[illegible]
383	[illegible]
384	[illegible]
385	[illegible]
386	[illegible]
387	[illegible]
388	[illegible]
389	[illegible]
390	[illegible]
391	[illegible]
392	[illegible]
393	[illegible]
394	[illegible]
395	[illegible]
396	[illegible]
397	[illegible]
398	[illegible]
399	[illegible]
400	[illegible]
401	[illegible]
402	[illegible]
403	[illegible]
404	[illegible]
405	[illegible]
406	[illegible]
407	[illegible]
408	[illegible]
409	[illegible]
410	[illegible]
411	[illegible]
412	[illegible]
413	[illegible]
414	[illegible]
415	[illegible]
416	[illegible]
417	[illegible]
418	[illegible]
419	[illegible]
420	[illegible]

35	33	421	6	11	26	27	28	44	30	481	3	4	23	29	40	41	20	541	8	13	26	28	32	34	43	601	2	16	19	31	34	35	37	661	2	3	12	20	27	38	40	721	1	28	35	41	43	44	31
40	29	422	8	15	19	21	34	44	12	482	1	10	16	24	25	35	43	542	5	6	19	26	41	45	34	602	13	14	22	27	30	38	2	662	5	6	9	11	15	37	26	722	12	14	21	30	39	43	45
38	6	423	1	17	27	28	29	40	5	483	12	15	19	22	28	34	5	543	13	18	26	31	34	44	12	603	2	19	25	26	27	43	28	663	3	5	8	19	38	42	20	723	20	30	33	35	36	44	22
40	4	424	10	11	26	31	34	44	30	484	1	3	27	28	32	45	11	544	5	17	21	25	36	44	10	604	2	6	18	21	33	34	30	664	10	20	33	36	41	44	5	724	2	8	33	35	37	41	14
30	31	425	8	10	14	27	33	38	3	485	17	22	26	27	36	39	20	545	4	24	25	27	34	35	2	605	1	2	7	9	10	38	42	665	5	6	11	17	38	44	13	725	6	7	19	21	41	43	38
44	38	426	4	17	18	27	39	43	19	486	1	2	23	25	38	40	43	546	8	17	20	27	37	43	6	606	1	5	6	14	20	39	22	666	2	4	6	11	17	28	16	726	1	11	21	23	34	44	24
44	19	427	6	7	15	24	28	30	21	487	4	8	25	27	37	41	21	547	6	7	15	22	34	39	28	607	8	14	23	36	38	39	13	667	15	17	25	37	42	43	13	727	7	8	10	19	21	31	20
45	26	428	12	16	19	22	37	40	8	488	2	8	17	30	31	38	25	548	1	12	13	21	32	45	14	608	4	8	18	19	39	44	41	668	12	14	15	24	27	32	3	728	3	6	10	30	34	37	36
43	21	429	3	23	28	34	39	42	16	489	2	4	8	15	20	27	11	549	29	31	35	38	40	44	17	609	4	8	27	34	39	40	13	669	7	8	20	29	33	38	9	729	11	17	21	26	36	45	16
45	17	430	1	3	16	18	30	34	44	490	2	7	26	29	40	43	42	550	1	7	14	20	34	37	41	610	14	18	20	23	28	36	33	670	11	18	26	27	40	41	25	730	4	10	14	15	18	22	39
42	18	431	18	22	25	31	38	45	6	491	8	17	35	36	39	42	4	551	3	6	20	24	27	44	25	611	2	22	27	33	36	37	14	671	7	9	10	13	31	35	24	731	2	7	13	25	42	45	39
21	13	432	2	3	5	11	27	39	33	492	22	27	31	35	37	40	42	552	1	10	20	32	35	40	43	612	6	9	18	19	25	33	40	672	8	21	28	31	36	45	43	732	2	4	5	17	27	32	43
45	9	433	19	23	29	33	35	43	27	493	20	22	26	33	36	37	25	553	2	7	17	28	29	39	37	613	7	8	11	16	41	44	35	673	7	10	17	29	33	44	5	733	11	24	32	33	35	40	13
34	26	434	3	13	20	24	33	37	35	494	5	7	8	15	30	43	22	554	13	14	17	32	41	42	6	614	8	21	25	39	40	44	18	674	9	10	14	25	27	31	11	734	6	16	37	38	41	45	18
45	7	435	8	16	26	30	38	45	42	495	4	13	22	27	34	44	6	555	11	17	21	24	26	36	12	615	10	17	18	19	23	27	35	675	1	8	11	15	18	45	7	735	5	10	13	27	37	41	44
40	7	436	9	14	20	22	33	34	28	496	4	13	20	29	36	41	39	556	12	20	23	28	30	44	43	616	5	13	18	23	40	45	3	676	1	8	17	34	39	45	27	736	2	11	17	18	21	27	6
45	23	437	11	16	29	38	41	44	21	497	19	20	23	24	43	44	13	557	4	20	26	28	35	40	31	617	4	5	11	12	24	27	28	677	12	15	24	36	41	44	42	737	13	15	18	24	27	41	11
39	43	438	6	12	20	26	29	38	45	498	13	14	24	32	39	41	3	558	12	15	19	26	40	43	29	618	8	16	25	30	42	43	15	678	4	5	6	12	25	37	45	738	23	27	28	38	42	43	36
40	19	439	17	20	30	31	37	40	25	499	5	20	23	27	35	40	43	559	11	12	25	32	44	45	23	619	6	8	13	30	35	40	21	679	3	5	7	14	26	34	35	739	7	22	29	33	34	35	30
37	27	440	10	22	28	34	36	44	2	500	3	4	12	20	24	34	41	560	1	4	20	23	29	45	28	620	2	16	17	32	39	45	40	680	4	10	19	29	32	42	30	740	4	8	9	16	17	19	31
20	11	441	1	23	28	30	34	35	9	501	1	4	10	17	31	42	2	561	5	7	18	37	42	45	20	621	1	2	6	16	19	42	9	681	21	24	27	29	43	44	7	741	5	21	27	34	44	45	16
42	19	442	25	27	29	36	38	40	41	502	6	22	28	32	34	40	26	562	4	11	13	17	20	31	33	622	9	15	16	21	28	34	24	682	17	23	27	35	38	43	2	742	8	10	13	36	37	40	6
40	25	443	4	6	10	19	20	44	14	503	1	5	27	30	34	36	40	563	5	10	16	17	31	32	21	623	7	13	30	39	41	45	25	683	6	13	20	27	28	40	15	743	15	19	21	34	41	44	10
38	7	444	11	13	23	35	43	45	17	504	6	14	22	26	43	44	31	564	14	19	25	26	27	34	2	624	1	7	19	26	27	35	16	684	1	11	15	17	25	39	40	744	10	15	18	21	34	41	43
32	9	445	13	20	21	30	39	45	32	505	7	20	22	25	38	40	44	565	4	10	18	27	40	45	38	625	3	6	7	20	21	39	13	685	6	7	12	28	38	40	18	745	1	2	3	9	12	23	10
40	26	446	1	11	12	14	26	35	6	506	6	9	11	22	24	30	31	566	4	5	6	25	26	43	41	626	13	14	26	33	40	43	15	686	7	12	15	24	25	43	13	746	3	12	33	36	42	45	25
43	20	447	2	7	8	9	17	33	34	507	12	13	32	33	40	41	4	567	1	10	15	16	32	41	28	627	2	9	22	25	31	45	12	687	1	8	10	13	28	42	45	747	7	9	12	14	23	28	17
32	45	448	3	7	13	27	40	41	36	508	5	27	31	34	35	43	37	568	1	3	17	20	31	44	40	628	1	7	12	15	23	42	11	688	5	15	22	23	34	35	2	748	3	10	13	22	31	32	29
26	3	449	3	10	20	26	35	43	36	509	12	25	29	35	42	43	24	569	3	6	13	23	24	35	1	629	19	28	31	38	43	44	1	689	7	17	19	30	36	38	34	749	12	14	24	26	34	45	41
40	15	450	6	14	19	21	23	31	13	510	12	29	32	33	39	40	42	570	1	12	26	27	29	33	42	630	8	17	21	24	27	31	15	690	24	25	33	34	38	39	43	750	1	2	15	19	24	36	12
39	30	451	12	15	20	24	30	38	29	511	3	7	14	23	26	42	24	571	11	18	21	26	38	43	29	631	1	2	4	23	31	34	8	691	15	27	33	35	43	45	16	751	3	4	16	20	28	44	17
42	43	452	8	10	18	30	32	34	27	512	4	5	9	13	26	27	1	572	3	13	18	33	37	45	1	632	15	18	21	32	35	44	6	692	3	11	14	15	32	36	44	752	4	16	20	33	40	43	7
43	21	453	12	24	33	38	40	42	30	513	5	8	21	23	27	33	12	573	2	4	20	34	35	43	14	633	9	12	19	20	39	41	13	693	1	6	11	28	34	42	30	753	2	17	19	24	37	41	3
28	15	454	13	25	27	34	38	41	10	514	1	15	20	26	35	42	9	574	14	15	16	19	25	43	2	634	4	10	11	12	20	27	38	694	7	15	20	25	33	43	12	754	2	8	17	24	29	31	32
35	7	455	4	19	20	26	30	35	24	515	2	11	12	15	23	37	8	575	2	8	20	30	33	34	6	635	11	13	25	26	29	33	32	695	4	18	26	33	34	38	14	755	13	14	26	28	30	36	37
45	30	456	1	7	12	18	23	27	44	516	2	8	23	41	43	44	30	576	10	11	15	25	35	41	13	636	6	7	15	16	20	31	26	696	1	7	16	18	34	38	21	756	10	14	16	18	27	28	4
33	8	457	8	10	18	23	27	40	33	517	1	9	12	28	36	41	10	577	16	17	22	31	34	37	33	637	3	16	22	37	38	44	23	697	2	5	8	11	33	39	31	757	6	7	11	17	33	44	1
44	7	458	4	9	10	32	36	40	18	518	14	23	30	32	34	38	6	578	5	12	14	32	34	42	16	638	7	18	22	24	31	34	6	698	3	11	13	21	33	37	18	758	5	9	12	30	39	43	24
42	20	459	4	6	10	14	25	40	12	519	6	8	13	16	30	43	3	579	5	7	20	22	37	42	39	639	6	15	22	23	25	32	40	699	4	5	8	16	21	29	3	759	9	33	36	40	42	43	32
43	2	460	8	11	28	30	43	45	41	520	4	22	27	28	38	40	1	580	5	7	9	11	32	35	33	640	14	15	18	21	26	35	23	700	11	23	28	29	30	44	13	760	10	22	27	31	42	43	12
43	9	461	11	18	26	31	37	40	43	521	3	7	18	29	32	36	19	581	3	5	14	20	42	44	33	641	11	18	21	36	37	43	12	701	3	10	14	16	36	38	35	761	4	7	11	24	42	45	30
36	32	462	3	20	24	32	37	45	4	522	4	5	13	14	37	41	11	582	2	12	14	33	40	41	25	642	8	17	18	24	39	45	32	702	3	13	16	24	26	29	9	762	1	3	12	21	26	41	16
37	26	463	23	29	31	33	34	44	40	523	1	4	37	38	40	45	7	583	8	17	27	33	40	44	24	643	15	24	31	32	33	40	13	703	10	28	31	33	41	44	21	763	3	8	16	32	34	43	10
40	36	464	6	12	15	34	42	44	4	524	10	11	29	38	41	45	21	584	7	18	30	39	40	41	36	644	5	13	17	23	28	36	8	704	1	4	8	23	33	42	45	764	7	22	24	31	34	36	15
44	4	465	1	8	11	13	22	38	31	525	11	23	26	29	39	44	22	585	6	7	10	16	38	41	4	645	1	4	16	26	40	41	31	705	1	6	17	22	28	45	23	765	1	3	8	12	42	43	33
36	45	466	4	10	13	23	32	44	20	526	7	14	17	20	35	39	31	586	2	7	12	15	21	34	5	646	2	9	24	41	43	45	30	706	3	4	6	10	28	30	37	766	9	30	34	35	39	41	21
25	1	467	2	12	14	17	24	40	39	527	1	12	22	32	33	42	38	587	14	21	29	31	32	37	17	647	5	16	21	23	24	30	29	707	2	12	19	24	39	44	35	767	5	15	20	31	34	42	22
37	16	468	8	13	15	28	37	43	17	528	5	17	25	31	39	40	10	588	2	8	15	22	25	41	30	648	13	19	28	37	38	43	4	708	2	10	16	19	34	45	1	768	7	27	29	30	38	44	4
40	38	469	4	21	22	34	37	38	33	529	18	20	24	27	31	42	39	589	6	8	28	33	38	39	22	649	3	21	22	33	41	42	20	709	10	18	30	36	39	44	32	769	5	7	11	16	41	45	4
41	16	470	10	16	20	39	41	42	27	530	16	23	27	29	33	41	22	590	20	30	36	38	41	45	23	650	3	4	7	11	31	41	35	710	3	4	6	24	25	33	10	770	1	9	12	23	39	43	34
39	5	471	6	13	29	37	39	41	43	531	1	5	9	21	27	35	45	591	8	13	14	30	38	39	5	651	11	12	16	26	29	44	18	711	11	15	24	35	37	45	42	771	6	10	17	18	21	29	30
45	40	472	16	25	26	31	36	43	44	532	16	17	23	24	29	44	3	592	2	5	6	13	28	44	43	652	3	13	15	40	41	44	20	712	17	20	30	31	33	45	19	772	5	6	11	14	21	41	32
40	3	473	8	13	20	22	23	36	34	533	9	14	15	17	31	33	23	593	9	10	13	24	33	38	28	653	5	6	26	27	38	39	1	713	2	5	15	18	19	23	44	773	8	12	19	21	31	35	44
44	43	474	4	13	18	31	33	45	43	534	10	24	26	29	37	38	32	594	2	8	13	25	28	37	3	654	16	21	26	31	36	43	6	714	1	7	22	33	37	40	20	774	12	15	18	28	34	42	9
40	24	475	1	9	14	16	21	29	3	535	11	12	14	15	18	39	34	595	8	24	28	35	38	40	5	655	7	37	38	39	40	44	18	715	2	7	27	33	41	44	10	775	11	12	29	33	38	42	17
26	44	476	9	12	13	15	37	38	27	536	7	8	18	32	37	43	12	596	3	4	12	14	25	43	17	656	3	7	14	16	31	40	39	716	2	6	13	16	29	30	21	776	8	9	18	21	28	40	20
43	44	477	14	25	29	32	33	45	37	537	12	23	26	30	36	43	11	597	8	10	23	24	35	43	37	657	10	14	19	39	40	43	23	717	2	11	19	25	28	32	44	777	6	12	17	21	34	37	18
34	31	478	18	29	30	37	39	43	8	538	6	10	18	31	32	34	11	598	4	12	24	33	38	45	22	658	8	19	25	28	32	36	37	718	4	11	20	23	32	39	40	778	6	21	35	36	37	41	11
30	7	479	8	23	25	27	35	44	24	539	3	19	22	31	42	43	26	599	5	12	17	29	34	35	27	659	7	18	19	27	29	42	45	719	4	8	13	19	20	43	26	779	6	12	19	24	34	41	4
34	27	480	3	5	10	17	30	31	16	540	3	12	13	15	34	36	14	600	5	11	14	27	29	36	44	660	4	9	23	33	39	44	14	720	1	12	29	34	36	37	41	780	15	17	19	21	27	45	16

6

첫머리 두 수 혼합의 동행 규칙성 I(16, 23)

6.1. 역대 로또 당첨번호(61~360/481~540)에 나타나는 16, 23의 동행 규칙성

★ 첫머리 수 16, 23과 연속된 32

〈표 4-6-1〉의 '가', '나', '다'에서 공통적으로 발견되는 현상은 16과 23이 첫머리에 연달아 등장하는 것이다. 그런데 여기서 적색으로 표시된 16과 23 주변에 녹색으로 표시된 32가 연속적으로 등장하고 있다. '가'의 경우에는 16과 23이 등장하기 5주 전에 32가 2주 간격으로 등장했음을 알 수 있다.

다음으로 '나'의 경우에는 16과 23을 사이에 두고 32가 등장했으며, 그 이전에 한 번 더 32가 등장하고 있음을 알 수 있다. 즉, 여기서도 2주 간격으로 반복해서 등장한 것이다.

그리고 532회차에 가서 16과 32가 한 번 더 등장하는데, 이로부터 2주 후에 32가 등장한다. 동일하게 2주 간격으로 32가 등장하고 있다.

결론적으로 조합(16, 23)이 첫머리에 나올 때, 2주 간격으로 세 번 등장하는 32를 끌어당기고 있음을 확인할 수 있다.

〈표 4-6-1〉

61~360

61	14	15	19	30	38	43	8
62	3	8	15	27	29	35	21
63	3	20	23	36	38	40	5
64	14	15	18	21	26	36	39
65	4	25	33	36	40	43	39
66	2	3	7	17	22	24	45
67	3	7	10	15	36	38	33
68	10	12	15	16	26	39	38
69	5	8	14	15	19	39	35
70	5	19	22	25	28	43	26
71	5	9	12	16	29	41	21
72	2	4	11	17	26	27	1
73	3	12	18	32	40	43	38
74	6	15	17	18	35	40	23
75	2	5	24	32	34	44	28
76	1	3	15	22	25	37	43
77	2	18	29	32	43	44	37
78	10	13	25	29	33	35	38
79	3	12	24	27	30	32	14
80	17	18	24	25	26	30	1
81	5	7	11	13	20	33	6
82	1	2	3	14	27	42	39
83	6	10	15	17	19	34	14
84	16	23	27	34	42	45	11
85	6	8	13	23	31	36	21
86	2	12	37	39	41	45	33
87	4	12	16	23	34	43	26
88	1	17	20	24	30	41	27
89	4	26	28	29	33	40	37
90	17	20	29	35	38	44	10
91	1	21	24	26	29	42	27
92	3	14	24	33	35	36	17
93	6	22	24	36	38	44	19
94	5	32	34	40	41	45	6
95	8	17	27	31	34	43	14
96	1	3	8	21	22	31	20
97	6	7	14	15	20	36	3
98	6	9	16	23	24	32	43
99	1	3	10	27	29	37	11
100	1	7	11	23	37	42	6
101	1	3	17	32	35	45	8
102	17	22	24	26	35	40	42
103	5	14	15	27	30	45	10
104	17	32	33	34	42	44	35
105	8	10	20	34	41	45	28
106	4	10	12	22	24	33	29
107	1	4	5	6	9	31	17
108	7	18	22	23	29	44	12
109	1	5	34	36	42	44	33
110	7	20	22	23	29	43	1
111	7	18	31	33	36	40	27
112	26	29	30	33	41	42	43
113	4	9	28	33	36	45	26
114	11	14	19	26	28	41	2
115	1	2	6	9	25	28	31
116	2	4	25	31	34	37	17
117	5	10	22	34	36	44	35
118	3	4	10	17	19	22	38
119	3	11	13	14	17	21	38
120	4	6	10	11	32	37	30

121	12	28	30	34	38	43	9
122	1	11	16	17	36	40	8
123	7	17	18	28	30	45	27
124	4	16	23	25	29	42	1
125	2	8	32	33	35	36	18
126	7	20	22	27	40	43	1
127	3	5	10	29	32	43	35
128	12	30	34	36	37	45	39
129	19	23	25	28	38	42	17
130	7	19	24	27	42	45	31
131	8	10	11	14	15	21	37
132	3	17	23	34	41	45	43
133	4	7	15	18	23	26	13
134	3	12	20	23	31	35	43
135	6	14	22	28	35	39	16
136	2	16	30	36	41	42	11
137	7	9	20	25	36	39	15
138	10	[illegible]	27	28	37	39	19
139	9	[illegible]	15	20	28	43	13
140	3	13	17	18	19	28	8
141	8	12	29	31	42	43	2
142	12	16	30	34	40	44	19
143	26	27	28	42	43	45	8
144	4	15	17	26	36	37	43
145	2	3	13	20	27	44	9
146	2	19	27	35	41	42	25
147	4	6	13	21	40	42	36
148	21	25	33	34	35	36	17
149	2	11	21	34	41	42	27
150	2	18	25	28	37	39	16
151	1	2	10	13	18	19	15
152	1	5	13	26	29	34	43
153	3	8	11	12	13	36	33
154	6	19	21	35	40	45	20
155	16	19	20	32	33	41	4
156	5	18	28	30	42	45	2
157	19	26	30	33	35	39	37
158	4	9	13	18	21	34	7
159	1	18	30	41	42	43	32
160	3	7	8	34	39	41	1
161	22	34	36	40	42	45	44
162	1	5	21	25	38	41	24
163	7	11	26	28	29	44	16
164	6	9	10	11	39	41	27
165	5	13	18	19	22	42	31
166	9	12	27	36	39	45	14
167	24	27	28	30	36	39	4
168	3	10	31	40	42	43	30
169	16	27	35	37	43	45	19
170	2	11	13	15	31	42	10
171	4	16	25	29	34	35	1
172	4	19	21	24	26	41	35
173	3	9	24	30	33	34	18
174	13	14	18	22	35	39	16
175	19	26	28	31	33	36	17
176	4	17	30	32	33	34	15
177	1	10	13	16	37	43	6
178	1	5	11	12	18	23	9
179	5	9	17	25	39	43	32
180	2	15	20	21	29	34	22

181	14	21	23	32	40	45	44
182	13	15	27	29	34	40	35
183	2	18	24	34	40	42	5
184	1	2	6	16	20	33	41
185	1	2	4	8	19	38	14
186	4	10	14	19	21	45	9
187	1	2	8	18	29	38	42
188	19	24	27	30	31	34	36
189	8	14	32	35	37	45	28
190	8	14	18	30	31	44	15
191	5	6	24	25	32	37	8
192	4	8	11	18	37	45	33
193	6	14	18	26	36	39	13
194	15	20	23	26	39	44	28
195	7	10	19	22	35	40	31
196	35	36	37	41	44	45	30
197	7	12	16	34	42	45	4
198	12	19	20	25	41	45	2
199	14	21	22	25	30	36	43
200	5	6	13	14	17	20	7
201	3	11	24	38	39	44	26
202	12	24	27	33	39	44	17
203	1	3	11	24	30	32	7
204	3	12	14	35	40	45	5
205	1	3	21	29	35	37	30
206	1	2	3	15	20	25	43
207	3	11	14	31	32	37	38
208	14	25	31	34	40	44	24
209	2	7	18	20	24	33	37
210	10	19	22	23	25	37	39
211	12	13	17	20	33	41	8
212	11	12	18	21	31	38	8
213	2	3	4	5	20	24	42
214	5	7	20	25	28	37	32
215	2	3	7	15	43	44	4
216	7	16	17	33	36	40	1
217	16	20	27	33	35	39	38
218	1	8	14	18	29	44	20
219	4	11	20	26	35	37	16
220	5	11	19	21	34	43	31
221	2	20	33	35	37	40	10
222	5	7	28	29	39	43	44
223	1	3	18	20	26	27	38
224	4	19	26	27	30	42	7
225	5	11	13	19	31	36	7
226	2	6	8	14	21	22	34
227	4	5	15	16	22	42	2
228	17	25	35	36	39	44	23
229	4	5	9	11	23	38	35
230	5	11	14	29	32	33	12
231	5	10	19	31	44	45	27
232	8	9	10	12	24	44	35
233	4	6	13	17	28	40	39
234	13	21	22	24	26	37	4
235	21	22	26	27	31	37	8
236	1	4	8	13	37	39	7
237	1	11	17	21	24	44	33
238	2	4	15	28	31	34	35
239	11	15	24	39	41	44	7
240	6	10	16	40	41	43	21

241	2	16	24	27	28	35	21
242	4	19	20	21	32	34	43
243	2	12	17	19	28	42	34
244	13	16	25	36	37	38	19
245	9	11	27	31	32	38	22
246	13	18	21	23	26	39	15
247	12	15	28	36	39	40	13
248	3	8	17	23	38	45	13
249	3	8	27	31	41	44	11
250	19	23	30	37	43	45	38
251	6	7	19	25	28	38	45
252	14	23	26	31	39	45	28
253	8	19	25	31	34	36	33
254	1	5	19	20	24	30	27
255	1	5	6	24	27	42	32
256	4	11	14	21	23	43	32
257	6	13	27	31	32	37	4
258	14	27	30	31	38	40	17
259	4	5	14	35	42	45	34
260	7	12	15	24	37	40	43
261	6	11	16	18	31	43	2
262	9	12	24	25	29	31	36
263	1	27	28	32	37	40	18
264	9	16	27	36	41	44	5
265	5	9	34	[illegible]	38	39	12
266	3	4	9	11	22	42	37
267	7	8	24	34	36	41	[illegible]
268	3	10	19	24	32	45	12
269	5	18	20	36	42	43	32
270	5	9	12	20	21	26	27
271	3	8	9	27	29	40	36
272	7	9	12	27	39	43	28
273	1	8	24	31	34	44	6
274	13	14	15	26	35	39	25
275	14	19	20	35	38	40	26
276	4	15	21	33	39	41	25
277	10	12	13	15	25	29	20
278	3	11	37	39	41	43	13
279	7	16	31	36	37	38	11
280	10	11	23	24	36	37	35
281	1	3	4	6	14	41	12
282	2	5	10	18	31	32	30
283	6	8	18	31	38	45	42
284	2	7	15	24	30	45	28
285	13	33	37	40	41	45	2
286	1	15	19	40	42	44	17
287	6	12	24	27	35	37	41
288	1	12	17	28	35	41	10
289	3	14	33	37	38	42	10
290	8	13	18	32	39	45	7
291	3	7	8	18	20	42	45
292	17	18	31	32	33	34	10
293	1	9	17	21	29	33	24
294	6	10	17	30	37	38	40
295	1	4	12	16	18	38	8
296	3	8	15	27	30	45	44
297	6	11	19	20	28	32	34
298	5	9	27	29	37	40	19
299	1	3	20	25	36	45	24
300	7	9	10	12	26	38	39

301	7	11	13	33	37	43	26
302	13	19	20	32	38	42	4
303	2	14	17	30	38	45	43
304	4	10	16	26	33	41	38
305	7	8	18	21	23	39	9
306	4	18	23	30	34	41	19
307	5	15	21	23	25	45	12
308	14	15	17	19	37	45	40
309	1	2	5	11	18	36	22
310	1	5	19	28	34	41	16
311	4	12	24	27	28	32	10
312	2	3	5	6	12	20	25
313	9	17	34	35	43	45	2
314	15	17	19	34	38	41	2
315	1	13	33	35	43	45	23
316	10	11	21	27	31	39	43
317	3	10	11	22	36	39	8
318	2	17	19	20	34	45	21
319	5	8	22	28	33	42	37
320	16	19	23	25	41	45	3
321	12	18	20	21	25	34	42
322	9	18	29	32	38	43	20
323	10	14	15	32	36	42	3
324	2	4	21	25	33	36	17
325	7	17	20	32	44	45	33
326	16	23	25	33	36	39	40
327	6	12	13	17	32	44	24
328	1	6	9	16	17	28	24
329	9	17	19	30	35	42	4
330	3	4	16	17	19	20	23
331	4	9	14	26	31	44	39
332	16	17	34	36	42	45	3
333	5	14	27	30	39	43	35
334	13	15	21	29	39	43	33
335	5	9	16	23	26	45	21
336	3	5	20	34	35	44	16
337	1	5	14	18	32	37	4
338	2	13	34	38	42	45	16
339	6	8	14	21	30	37	45
340	18	24	26	29	34	38	32
341	1	8	19	34	39	43	41
342	1	13	14	33	34	43	25
343	1	10	17	29	31	43	15
344	1	2	15	28	34	45	38
345	15	20	23	29	39	42	2
346	5	13	14	22	44	45	33
347	3	8	13	27	32	42	10
348	3	14	17	20	24	31	34
349	5	13	14	20	24	25	36
350	1	8	18	24	29	33	35
351	5	25	27	29	34	36	38
352	5	16	17	20	26	41	24
353	11	16	19	22	[illegible]	36	26
354	14	19	36	43	44	45	1
355	5	8	29	30	35	44	38
356	2	8	14	25	29	45	24
357	10	14	18	21	36	37	5
358	1	9	10	12	21	40	37
359	1	10	19	20	24	40	23
360	4	16	23	25	35	40	27

481~540

481	3	4	23	29	40	41	20
482	1	10	16	24	25	35	43
483	12	15	19	22	28	34	5
484	1	3	27	28	32	45	11
485	17	22	26	27	36	39	20
486	1	2	23	25	38	40	43
487	4	8	25	27	37	41	21
488	2	8	17	30	31	38	25
489	2	4	8	15	20	27	11
490	2	7	26	29	40	43	42
491	8	17	35	36	39	42	4
492	22	27	31	35	37	40	42
493	20	22	26	33	36	37	25
494	5	7	8	15	30	43	22
495	4	13	22	27	34	44	6
496	4	13	20	29	36	41	39
497	19	20	23	24	43	44	13
498	13	14	24	32	39	41	3
499	5	20	23	27	35	40	43
500	3	4	12	20	24	34	41
501	1	4	10	17	31	42	2
502	6	22	28	32	34	40	26
503	1	5	27	30	34	36	40
504	6	14	22	26	43	44	31
505	7	20	22	25	38	40	44
506	6	9	11	22	24	30	31
507	12	13	32	33	40	41	4
508	5	27	31	34	35	43	37
509	12	25	29	35	42	43	24
510	12	29	32	33	39	40	42
511	3	7	14	23	26	42	24
512	4	5	9	13	26	27	1
513	5	8	21	23	27	33	12
514	1	15	20	26	35	42	9
515	2	11	12	15	23	37	8
516	2	8	23	41	43	44	30
517	1	9	12	28	36	41	10
518	14	23	30	32	34	38	6
519	6	8	13	16	30	43	3
520	4	22	27	28	38	40	1
521	3	7	18	29	32	36	19
522	4	5	13	14	37	41	11
523	1	4	37	38	40	45	7
524	10	11	29	38	41	45	21
525	11	23	26	29	39	44	22
526	7	14	17	20	35	39	31
527	1	12	22	32	33	42	38
528	5	17	25	31	39	40	10
529	18	20	24	27	31	42	39
530	16	23	27	29	33	41	22
531	1	5	9	21	27	35	45
532	16	17	23	24	29	44	3
533	9	14	15	17	31	33	23
534	10	24	26	29	37	38	32
535	11	12	14	15	18	39	34
536	7	8	18	32	37	43	12
537	12	23	26	30	36	43	11
538	6	10	18	31	32	34	11
539	3	19	22	31	42	43	26
540	3	12	13	15	34	36	14

6.2. 결론 - 로또에의 적용

첫머리에 16과 23이 등장할 때,

 2주 간격으로 32가 연속해서 나오는 현상을 불러오게 된다.

이때, 다음과 같은 적용을 해 볼 수 있다.

1단계 – 16과 23이 첫머리에 등장했을 때

그 근방에 32가 뜬 적이 있다면 앞으로도 2주 간격으로 32가 나올 수 있다. 만약 이번에 32가 떴다면 앞으로 두 번, 2주 간격으로 뜰 수 있다.

↓

2단계 – 16과 23이 첫머리에 등장했을 때

그 근방에 32가 두 번 떴다면(2주 간격으로), 앞으로도 2주 간격으로 한 번 더 뜰 수 있다.

NOTE

7

첫머리 두 수 혼합의 동행 규칙성 II(19, 23)

7.1. 역대 로또 당첨번호(121~480)에 나타나는 19, 23의 동행 규칙성

★ 첫머리 수 19, 23과 연속된 28

〈표 4-7-1〉의 '가', '나', '다'에서 공통적으로 발견되는 현상은 첫머리에 19와 23이 등장하는 것이다. 여기서는 '가', '나', '다' 모두에서 19와 23이 첫째 자리, 둘째 자리에 연달아 나오고 있다.

그런데 여기서 적색으로 표시된 19와 23 주변에 녹색으로 표시된 28이 연속적으로 등장하고 있다. '가'의 경우에는 19와 23이 등장한 후 28이 4주 간격으로 반복적으로 등장하고 있다.

다음으로 '나'의 경우에는 28이 4주 간격으로 연속적으로 나타나는데, 그 도중에 19와 23이 첫머리에 나란히 등장하게 된다.

'다'의 경우에는 19와 23이 등장하기 전에 28이 등장하고 마찬가지로 4주 간격으로 28이 두 번 더 등장했음을 확인할 수 있다.

참고로 표에는 나타나지 않지만 747회, 751회, 755회에도 28이 나타났다. 그러나 첫 수 19, 23이 따라오지는 않았다. 여기에도 나름의 이유가 있으리라고 본다. **(불가 현상)**

종합적으로 볼 때, 19와 23이 4주 간격으로 세 번 등장하는 28을 끌어당기고 있음을 확인할 수 있다.

〈표 4-7-1〉

121	12	28	30	34	38	43	9
122	1	11	16	17	36	40	8
123	7	17	18	28	30	45	27
124	4	16	23	25	29	42	1
125	2	8	32	33	35	36	18
126	7	20	22	27	40	43	1
127	3	5	10	29	32	43	35
128	12	30	34	36	37	45	39
129	19	23	25	28	38	42	17
130	7	19	24	27	42	45	31
131	8	10	11	14	15	21	37
132	3	17	23	34	41	45	43
133	4	7	15	18	23	26	13
134	3	12	20	23	31	35	43
135	6	14	22	28	35	39	16
136	2	16	30	36	41	42	11
137	7	9	20	25	36	39	15
138	10	11	27	28	37	39	19
139	9	11	15	20	28	43	13
140	3	13	17	18	19	28	8
141	8	12	29	31	42	43	2
142	12	16	30	34	40	44	19
143	26	27	28	42	43	45	8
144	4	15	17	26	36	37	43
145	2	3	13	20	27	44	9
146	2	19	27	35	41	42	25
147	4	6	13	21	40	42	36
148	21	25	33	34	35	36	17
149	2	11	21	34	41	42	27
150	2	18	25	28	37	39	16
151	1	2	10	13	18	19	15
152	1	5	13	26	29	34	43
153	3	8	11	12	13	36	33
154	6	19	21	35	40	45	20
155	16	19	20	32	33	41	4
156	5	18	28	30	42	45	2
157	19	26	30	33	35	39	37
158	4	9	13	18	21	34	7
159	1	18	30	41	42	43	32
160	3	7	8	34	39	41	1
161	22	34	36	40	42	45	44
162	1	5	21	25	38	41	24
163	7	11	26	28	29	44	16
164	6	9	10	11	39	41	27
165	5	13	18	19	22	42	31
166	9	12	27	36	39	45	14
167	24	27	28	30	36	39	4
168	3	10	31	40	42	43	30
169	16	27	35	37	43	45	19
170	2	11	13	15	31	42	10
171	4	16	25	29	34	35	1
172	4	19	21	24	26	41	35
173	3	9	24	30	33	34	18
174	13	14	18	22	35	39	16
175	19	26	28	31	33	36	17
176	4	17	30	32	33	34	15
177	1	10	13	16	37	43	6
178	1	5	11	12	18	23	9
179	5	9	17	25	39	43	32
180	2	15	20	21	29	34	22

가

181	14	21	23	32	40	45	44
182	13	15	27	29	34	40	35
183	2	18	24	34	40	42	5
184	1	2	6	16	20	33	41
185	1	2	4	8	19	38	14
186	4	10	14	19	21	45	9
187	1	2	8	18	29	38	42
188	19	24	27	30	31	34	36
189	8	14	32	35	37	45	28
190	8	14	18	30	31	44	15
191	5	6	24	25	32	37	8
192	4	8	11	18	37	45	33
193	6	14	18	26	36	39	13
194	15	20	23	26	39	44	28
195	7	10	19	22	35	40	31
196	35	36	37	41	44	45	30
197	7	12	16	34	42	45	4
198	12	19	20	25	41	45	2
199	14	21	22	25	30	36	43
200	5	6	13	14	17	20	7
201	3	11	24	38	39	44	26
202	12	24	27	33	39	44	17
203	1	3	11	24	30	32	7
204	3	12	14	35	40	45	5
205	1	3	21	29	35	37	30
206	1	2	3	15	20	25	43
207	3	11	14	31	32	37	38
208	14	25	31	34	40	44	24
209	2	7	18	20	24	33	37
210	10	19	22	23	25	37	39
211	12	13	17	20	33	41	8
212	11	12	18	21	31	38	8
213	2	3	4	5	20	24	42
214	5	7	20	25	28	37	32
215	2	3	7	15	43	44	4
216	7	16	17	33	36	40	1
217	16	20	27	33	35	39	38
218	1	8	14	18	29	44	20
219	4	11	20	26	35	37	16
220	5	11	19	21	34	43	31
221	2	20	33	35	37	40	10
222	5	7	28	29	39	43	44
223	1	3	18	20	26	27	38
224	4	19	26	27	30	42	7
225	5	11	13	19	31	36	7
226	2	6	8	14	21	22	34
227	4	5	15	16	22	42	2
228	17	25	35	36	39	44	23
229	4	5	9	11	23	38	35
230	5	11	14	29	32	33	12
231	5	10	19	31	44	45	27
232	8	9	10	12	24	44	35
233	4	6	13	17	28	40	39
234	13	21	22	24	26	37	4
235	21	22	26	27	31	37	8
236	1	4	8	13	37	39	7
237	1	11	17	21	24	44	33
238	2	4	15	28	31	34	35
239	11	15	24	39	41	44	7
240	6	10	16	40	41	43	21

241	2	16	24	27	28	35	21
242	4	19	20	21	32	34	43
243	2	12	17	19	28	42	34
244	13	16	25	36	37	38	19
245	9	11	27	31	32	38	22
246	13	18	21	23	26	39	15
247	12	15	28	36	39	40	13
248	3	8	17	23	38	45	13
249	3	8	27	31	41	44	11
250	19	23	30	37	43	45	38
251	6	7	19	25	28	38	45
252	14	23	26	31	39	45	28
253	8	19	25	31	34	36	33
254	1	5	19	20	24	30	27
255	1	5	6	24	27	42	32
256	4	11	14	21	23	43	32
257	6	13	27	31	32	37	4
258	14	27	30	31	38	40	17
259	4	5	14	35	42	45	34
260	7	12	15	24	37	40	43
261	6	11	16	18	31	43	2
262	9	12	24	25	29	31	36
263	1	27	28	32	37	40	18
264	9	16	27	36	41	44	5
265	5	9	34	37	38	39	12
266	3	4	9	11	22	42	37
267	7	8	24	34	36	41	1
268	3	10	19	24	32	45	12
269	5	18	20	36	42	43	32
270	5	9	12	20	21	26	27
271	3	8	9	27	29	40	36
272	7	9	12	27	39	43	28
273	1	8	24	31	34	44	6
274	13	14	15	26	35	39	25
275	14	19	20	35	38	40	26
276	4	15	21	33	39	41	25
277	10	12	13	15	25	29	20
278	3	11	37	39	41	43	13
279	7	16	31	36	37	38	11
280	10	11	23	24	36	37	35
281	1	3	4	6	14	41	12
282	2	5	10	18	31	32	30
283	6	8	18	31	38	45	42
284	2	7	15	24	30	45	28
285	13	33	37	40	41	45	2
286	1	15	19	40	42	44	17
287	6	12	24	27	35	37	41
288	1	12	17	28	35	41	10
289	3	14	33	37	38	42	10
290	8	13	18	32	39	45	7
291	3	7	8	18	20	42	45
292	17	18	31	32	33	34	10
293	1	9	17	21	29	33	24
294	6	10	17	30	37	38	40
295	1	4	12	16	18	38	8
296	3	8	15	27	30	45	44
297	6	11	19	20	28	32	34
298	5	9	27	29	37	40	19
299	1	3	20	25	36	45	24
300	7	9	10	12	26	38	39

나

301	7	11	13	33	37	43	26
302	13	19	20	32	38	42	4
303	2	14	17	30	38	45	43
304	4	10	16	26	33	41	38
305	7	8	18	21	23	39	9
306	4	18	23	30	34	41	19
307	5	15	21	23	25	45	12
308	14	15	17	19	37	45	40
309	1	2	5	11	18	36	22
310	1	5	19	28	34	41	16
311	4	12	24	27	28	32	10
312	2	3	5	6	12	20	25
313	9	17	34	35	43	45	2
314	15	17	19	34	38	41	2
315	1	13	33	35	43	45	23
316	10	11	21	27	31	39	43
317	3	10	11	22	36	39	8
318	2	17	19	20	34	45	21
319	5	8	22	28	33	42	37
320	16	19	23	25	41	45	3
321	12	18	20	21	25	34	42
322	9	18	29	32	38	43	20
323	10	14	15	32	36	42	3
324	2	4	21	25	33	36	17
325	7	17	20	32	44	45	33
326	16	23	25	33	36	39	40
327	6	12	13	17	32	44	24
328	1	6	9	16	17	28	24
329	9	17	19	30	35	42	4
330	3	4	16	17	19	20	23
331	4	9	14	26	31	44	39
332	16	17	34	36	42	45	3
333	5	14	27	30	39	43	35
334	13	15	21	29	39	43	33
335	5	9	16	23	26	45	21
336	3	5	20	34	35	44	16
337	1	5	14	18	32	37	4
338	2	13	34	38	42	45	16
339	6	8	14	21	30	37	45
340	18	24	26	29	34	38	32
341	1	8	19	34	39	43	41
342	1	13	14	33	34	43	25
343	1	10	17	29	31	43	15
344	1	2	15	28	34	45	38
345	15	20	23	29	39	42	2
346	5	13	14	22	44	45	33
347	3	8	13	27	32	42	10
348	3	14	17	20	24	31	34
349	5	13	14	20	24	25	36
350	1	8	18	24	29	33	35
351	5	25	27	29	34	36	33
352	5	16	17	20	26	41	24
353	11	16	19	22	29	36	26
354	14	19	36	43	44	45	1
355	5	8	29	30	35	44	38
356	2	8	14	25	29	45	24
357	10	14	18	21	36	37	5
358	1	9	10	12	21	40	37
359	1	10	19	20	24	40	23
360	4	16	23	25	35	40	27

다

361	5	10	16	24	27	35	33
362	2	3	22	27	30	40	29
363	11	12	14	21	32	38	6
364	2	5	7	14	16	40	4
365	5	15	21	25	26	30	31
366	5	12	19	26	27	44	38
367	3	22	25	29	32	44	19
368	11	21	24	30	39	[illegible]	26
369	17	20	35	36	41	[illegible]	21
370	16	18	24	42	44	45	17
371	7	9	15	26	27	42	18
372	8	11	14	16	18	21	13
373	15	26	37	42	43	45	9
374	11	13	15	17	25	34	26
375	4	8	19	25	27	45	7
376	1	11	13	24	28	40	7
377	6	22	29	37	43	45	23
378	5	22	29	31	34	39	43
379	6	10	22	31	35	40	19
380	1	2	8	17	26	37	27
381	1	5	10	12	16	20	11
382	10	15	22	24	27	42	19
383	4	15	28	33	37	40	25
384	11	22	24	32	36	38	7
385	7	12	19	21	29	32	9
386	4	7	10	19	31	40	26
387	1	26	31	34	40	43	20
388	1	8	9	17	29	32	45
389	7	16	18	20	23	26	3
390	16	17	28	37	39	40	15
391	10	11	18	22	28	39	30
392	1	3	7	8	24	42	43
393	9	16	28	40	41	43	21
394	1	13	20	22	25	28	15
395	11	15	20	26	31	35	7
396	18	20	31	34	40	45	30
397	12	13	17	22	25	33	8
398	10	15	20	23	42	44	7
399	1	2	9	17	19	42	20
400	9	21	27	34	41	43	2
401	6	12	18	31	38	43	9
402	5	9	15	19	22	36	32
403	10	14	22	24	28	37	26
404	5	20	21	24	33	40	36
405	1	2	10	25	26	44	4
406	7	12	21	24	27	36	45
407	6	7	13	16	24	25	1
408	9	20	21	22	30	37	16
409	6	9	21	31	32	40	38
410	1	3	18	32	40	41	16
411	11	14	22	35	37	39	5
412	4	7	39	41	42	45	40
413	2	9	15	23	34	40	3
414	2	14	15	22	23	44	43
415	7	17	20	26	30	40	24
416	5	6	8	11	22	26	44
417	4	5	14	20	22	43	44
418	11	13	15	26	28	34	31
419	2	11	13	14	28	30	7
420	4	9	10	29	31	34	27

421	6	11	26	27	28	44	30
422	8	15	19	21	34	44	12
423	1	17	27	28	29	40	5
424	10	11	26	31	34	44	30
425	8	10	14	27	33	38	3
426	4	17	18	27	39	43	19
427	6	7	15	24	28	30	21
428	12	16	19	22	37	40	8
429	3	23	28	34	39	42	16
430	1	3	16	18	30	34	44
431	18	22	25	31	38	45	6
432	2	3	5	11	27	39	33
433	19	23	29	33	35	43	27
434	3	13	20	24	33	37	35
435	8	16	26	30	38	45	42
436	9	14	20	22	33	34	28
437	11	16	29	38	41	44	21
438	6	12	20	26	29	38	45
439	17	20	30	31	37	40	25
440	10	22	28	34	36	44	2
441	1	23	28	30	34	35	9
442	25	27	29	36	38	40	41
443	4	6	10	19	20	44	14
444	11	13	23	35	43	45	17
445	13	20	21	30	39	45	32
446	1	11	12	14	26	35	6
447	2	7	8	9	17	33	34
448	3	7	13	27	40	41	36
449	3	10	20	26	35	43	36
450	6	14	19	21	23	31	13
451	12	15	20	24	30	38	29
452	8	10	18	30	32	34	27
453	12	24	33	38	40	42	30
454	13	25	27	34	38	41	10
455	4	19	20	26	30	35	24
456	1	7	12	18	23	27	44
457	8	10	18	23	27	40	33
458	4	9	10	32	36	40	18
459	4	6	10	14	25	40	12
460	8	11	28	30	43	45	41
461	11	18	26	31	37	40	43
462	3	20	24	32	37	45	4
463	23	29	31	33	34	44	40
464	6	12	15	34	42	44	4
465	1	8	11	13	22	38	31
466	4	10	13	23	32	44	20
467	2	12	14	17	24	40	39
468	8	13	15	28	37	43	17
469	4	21	22	34	37	38	33
470	10	16	20	39	41	42	27
471	6	13	29	37	39	41	43
472	16	25	26	31	36	43	44
473	8	13	20	22	23	36	34
474	4	13	18	31	33	45	43
475	1	9	14	16	21	29	3
476	9	12	13	15	37	38	27
477	14	25	29	32	33	45	37
478	18	29	30	37	39	43	8
479	8	23	25	27	35	44	24
480	3	5	10	17	30	31	16

7.2. 결론 - 로또에의 적용

첫머리에 19와 23이 등장할 때,

4주 간격으로 28이 연속해서 세 번 나오는 현상을 불러오게 된다.

이때, 다음과 같은 적용을 해 볼 수 있다.

19와 23이 첫머리에 등장했을 때
그 근방에 28이 두 번 떴다면(4주 간격으로), 앞으로도 4주 간격으로 한 번 더 뜰 수 있다.

NOTE

8

첫머리 두 수 혼합의 동행 규칙성 III(14, 23)

8.1. 역대 로또 당첨번호(241~600)에 나타나는 14, 23의 동행 규칙성

★ 첫머리 수 14, 23과 연속된 23

〈표 4-8-1〉의 '가', '나'에서 공통적으로 발견되는 현상은 14와 23이 첫머리에 등장하는 것이다. 두 경우 모두 첫째 자리, 둘째 자리에 14, 23이 연달아 나오고 있다.

그런데 여기서 적색으로 표시된 14와 23이 등장하기 이전에, 23이 연속으로 세 번 등장한다. 간격 역시 2주 간격이다. 결국, 23이 총 3회, 2주 간격으로 등장하게 되는 것이다. '가'와 '나', 두 경우에서 모두 이 현상이 나타나는 것은 주목해 볼만 한다.

★ 첫머리 수 14, 23과 동행하는 13, 18

그런데 여기서 그치지 않고 13과 18이 동반하고 있다. '가'의 경우에는 14와 23이 첫머리에 등장하기 전에 13과 18이 나타나고 있고, '나'에서는 한참 후에 13과 18이 등장하고 있다.

결론적으로 14와 23이 2주 간격으로 세 번 등장하는 23을 끌어당기고 있고 이와 더불어 13과 18도 불러내고 있음을 확인할 수 있다.

참고로, 이 현상은 아직 2회밖에 나타나지 않았지만 첫 수로 14, 23이 함께 등장하는 현상을 확인한다는 점에서 의의가 있다고 본다. 또한, 앞으로도 이런 현상이 더 나타날 것을 고려하여 유념해 보면 좋을 듯하다.

〈표 4-8-1〉

241~420

241	2	16	24	27	28	35	21	301	7	11	13	33	37	43	26	361	5	10	16	24	27	35	33
242	4	19	20	21	32	34	43	302	13	19	20	32	38	42	4	362	2	3	22	27	30	40	29
243	2	12	17	19	28	42	34	303	2	14	17	30	38	45	43	363	11	12	14	21	32	38	6
244	13	16	25	36	37	38	19	304	4	10	16	26	33	41	38	364	2	5	7	14	16	40	4
245	9	11	27	31	32	38	22	305	7	8	18	21	23	39	9	365	5	15	21	25	26	30	31
246	13	18	21	23	26	39	15	306	4	18	23	30	34	41	19	366	5	12	19	26	27	44	38
247	12	15	28	36	39	40	13	307	5	15	21	23	25	45	12	367	3	22	25	29	32	44	19
248	3	8	17	23	38	45	13	308	14	15	17	19	37	45	40	368	11	21	24	30	39	45	26
249	3	8	27	31	41	44	11	309	1	2	5	11	18	36	22	369	17	20	35	36	41	43	21
250	19	23	30	37	43	45	38	310	1	5	19	28	34	41	16	370	16	18	24	42	44	45	17
251	6	7	19	25	28	38	45	311	4	12	24	27	28	32	10	371	7	9	15	26	27	42	18
252	14	23	26	31	39	45	28	312	2	3	5	6	12	20	25	372	8	11	14	16	18	21	13
253	8	19	25	31	34	36	33	313	9	17	34	35	43	45	2	373	15	26	37	42	43	45	9
254	1	5	19	20	24	30	27	314	15	17	19	34	38	41	2	374	11	13	15	17	25	34	26
255	1	5	6	24	27	42	32	315	1	13	33	35	43	45	23	375	4	8	19	25	27	45	7
256	4	11	14	21	23	43	32	316	10	11	21	27	31	39	43	376	1	11	13	24	28	40	7
257	6	13	27	31	32	37	4	317	3	10	11	22	36	39	8	377	6	22	29	37	43	45	23
258	14	27	30	31	38	40	17	318	2	17	19	20	34	45	21	378	5	22	29	31	34	39	43
259	4	5	14	35	42	45	34	319	5	8	22	28	33	42	37	379	6	10	22	31	35	40	19
260	7	12	15	24	37	40	43	320	16	19	23	25	41	45	3	380	1	2	8	17	26	37	27
261	6	11	16	18	31	43	2	321	12	18	20	21	25	34	42	381	1	5	10	12	16	20	11
262	9	12	24	25	29	31	36	322	9	18	29	32	38	43	20	382	10	15	22	24	27	42	19
263	1	27	28	32	37	40	18	323	10	14	15	32	36	42	3	383	4	15	28	33	37	40	25
264	9	16	27	36	41	44	5	324	2	4	21	25	33	36	17	384	11	22	24	32	36	38	7
265	5	9	34	37	38	39	12	325	7	17	20	32	44	45	33	385	7	12	19	21	29	32	9
266	3	4	9	11	22	42	37	326	16	23	25	33	36	39	40	386	4	7	10	19	31	40	26
267	7	8	24	34	36	41	1	327	6	12	13	17	32	44	24	387	1	26	31	34	40	43	20
268	3	10	19	24	32	45	12	328	1	6	9	16	17	28	24	388	1	8	9	17	29	32	45
269	5	18	20	36	42	43	32	329	9	17	19	30	35	42	4	389	7	16	18	20	23	26	3
270	5	9	12	20	21	26	27	330	3	4	16	17	19	20	23	390	16	17	28	37	39	40	15
271	3	8	9	27	29	40	36	331	4	9	14	26	31	44	39	391	10	11	18	22	28	39	30
272	7	9	12	27	39	43	28	332	16	17	34	36	42	45	3	392	1	3	7	8	24	42	43
273	1	8	24	31	34	44	6	333	5	14	27	30	39	43	35	393	9	16	28	40	41	43	21
274	13	14	15	26	35	39	25	334	13	15	21	29	39	43	33	394	1	13	20	22	25	28	15
275	14	19	20	35	38	40	26	335	5	9	16	23	26	45	21	395	11	15	20	26	31	35	7
276	4	15	21	33	39	41	25	336	3	5	20	34	35	44	16	396	18	20	31	34	40	45	30
277	10	12	13	15	25	29	20	337	1	5	14	18	32	37	4	397	12	13	17	22	25	33	8
278	3	11	37	39	41	43	13	338	2	13	34	38	42	45	16	398	10	15	20	23	42	44	7
279	7	16	31	36	37	38	11	339	6	8	14	21	30	37	45	399	1	2	9	17	19	42	20
280	10	11	23	24	36	37	35	340	18	24	26	29	34	38	32	400	9	21	27	34	41	43	2
281	1	3	4	6	14	41	12	341	1	8	19	34	39	43	41	401	6	12	18	31	38	43	9
282	2	5	10	18	31	32	30	342	1	13	14	33	34	43	25	402	5	9	15	19	22	36	32
283	6	8	18	31	38	45	42	343	1	10	17	29	31	43	15	403	10	14	22	24	28	37	26
284	2	7	15	24	30	45	28	344	1	2	15	28	34	45	38	404	5	20	21	24	33	40	36
285	13	33	37	40	41	45	2	345	15	20	23	29	39	42	2	405	1	2	10	25	26	44	4
286	1	15	19	40	42	44	17	346	5	13	14	22	44	45	33	406	7	12	21	24	27	36	45
287	6	12	24	27	35	37	41	347	3	8	13	27	32	42	10	407	6	7	13	16	24	25	1
288	1	12	17	28	35	41	10	348	3	14	17	20	24	31	34	408	9	20	21	22	30	37	16
289	3	14	33	37	38	42	10	349	5	13	14	20	24	25	36	409	6	9	21	31	32	40	38
290	8	13	18	32	39	45	7	350	1	8	18	24	29	33	35	410	1	3	18	32	40	41	16
291	3	7	8	18	20	42	45	351	5	25	27	29	34	36	33	411	11	14	22	35	37	39	5
292	17	18	31	32	33	34	10	352	5	16	17	20	26	41	24	412	4	7	39	41	42	45	40
293	1	9	17	21	29	33	24	353	11	16	19	22	29	36	26	413	2	9	15	23	34	40	3
294	6	10	17	30	37	38	40	354	14	19	36	43	44	45	1	414	2	14	15	22	23	44	43
295	1	4	12	16	18	38	8	355	5	8	29	30	35	44	38	415	7	17	20	26	30	40	24
296	3	8	15	27	30	45	44	356	2	8	14	25	29	45	24	416	5	6	8	11	22	26	44
297	6	11	19	20	28	32	34	357	10	14	18	21	36	37	5	417	4	5	14	20	22	43	44
298	5	9	27	29	37	40	19	358	1	9	10	12	21	40	37	418	11	13	15	26	28	34	31
299	1	3	20	25	36	45	24	359	1	10	19	20	24	40	23	419	2	11	13	14	28	30	7
300	7	9	10	12	26	38	39	360	4	16	23	25	35	40	27	420	4	9	10	29	31	34	27

가

421~600

421	6	11	26	27	28	44	30	481	3	4	23	29	40	41	20	541	8	13	26	28	32	34	43
422	8	15	19	21	34	44	12	482	1	10	16	24	25	35	43	542	5	6	19	26	41	45	34
423	1	17	27	28	29	40	5	483	12	15	19	22	28	34	5	543	13	18	26	31	34	44	12
424	10	11	26	31	34	44	30	484	1	3	27	28	32	45	11	544	5	17	21	25	36	44	10
425	8	10	14	27	33	38	3	485	17	22	26	27	36	39	20	545	4	24	25	27	34	35	2
426	4	17	18	27	39	43	19	486	1	2	23	25	38	40	43	546	8	17	20	27	37	43	6
427	6	7	15	24	28	30	21	487	4	8	25	27	37	41	21	547	6	7	15	22	34	39	28
428	12	16	19	22	37	40	8	488	2	8	17	30	31	38	25	548	1	12	13	21	32	45	14
429	3	23	28	34	39	42	16	489	2	4	8	15	20	27	11	549	29	31	35	38	40	44	17
430	1	3	16	18	30	34	44	490	2	7	26	29	40	43	42	550	1	7	14	20	34	37	41
431	18	22	25	31	38	45	6	491	8	17	35	36	39	42	4	551	3	6	20	24	27	44	25
432	2	3	5	11	27	39	33	492	22	27	31	35	37	40	42	552	1	10	20	32	35	40	43
433	19	23	29	33	35	43	27	493	20	22	26	33	36	37	25	553	2	7	17	28	29	39	37
434	3	13	20	24	33	37	35	494	5	7	8	15	30	43	22	554	13	14	17	32	41	42	6
435	8	16	26	30	38	45	42	495	4	13	22	27	34	44	6	555	11	17	21	24	26	36	12
436	9	14	20	22	33	34	28	496	4	18	20	29	36	41	39	556	12	20	23	28	30	44	43
437	11	16	29	38	41	44	21	497	19	20	23	24	43	44	13	557	4	20	26	28	35	40	31
438	6	12	20	26	29	38	45	498	13	14	24	32	39	41	3	558	12	15	19	26	40	43	29
439	17	20	30	31	37	40	25	499	5	20	23	27	35	40	43	559	11	12	25	32	44	45	23
440	10	22	28	34	36	44	2	500	3	4	12	20	24	34	41	560	1	4	20	23	29	45	28
441	1	23	28	30	34	35	9	501	1	4	10	17	31	42	2	561	5	7	18	37	42	45	20
442	25	27	29	36	38	40	41	502	6	22	28	32	34	40	26	562	4	11	13	17	20	31	33
443	4	6	10	19	20	44	14	503	1	5	27	30	34	36	40	563	5	10	16	17	31	32	21
444	11	13	23	35	43	45	17	504	6	14	22	26	43	44	31	564	14	19	25	26	27	34	2
445	13	20	21	30	39	45	32	505	7	20	22	25	38	40	44	565	4	10	18	27	40	45	38
446	1	11	12	14	26	35	6	506	6	9	11	22	24	30	31	566	4	5	6	25	26	43	41
447	2	7	8	9	17	33	34	507	12	13	32	33	40	41	4	567	1	10	15	16	32	41	28
448	3	7	13	27	40	41	36	508	5	27	31	34	35	43	37	568	1	3	17	20	31	44	40
449	3	10	20	26	35	43	36	509	12	25	29	35	42	43	24	569	3	6	13	23	24	35	1
450	6	14	19	21	23	31	13	510	12	29	32	33	39	40	42	570	1	12	26	27	29	33	42
451	12	15	20	24	30	38	29	511	3	7	14	23	26	42	24	571	11	18	21	26	38	43	29
452	8	10	18	30	32	34	27	512	4	5	9	13	26	27	1	572	3	13	18	33	37	45	1
453	12	24	33	38	40	42	30	513	5	8	21	23	27	33	12	573	2	4	20	34	35	43	14
454	13	25	27	34	38	41	10	514	1	15	20	26	35	42	9	574	14	15	16	19	25	43	2
455	4	19	20	26	30	35	24	515	2	11	12	15	23	37	8	575	2	8	20	30	33	34	6
456	1	7	12	18	23	27	44	516	2	8	23	41	43	44	30	576	10	11	15	25	35	41	13
457	8	10	18	23	27	40	33	517	1	9	12	28	36	41	10	577	16	17	22	31	34	37	33
458	4	9	10	32	36	40	18	518	14	23	30	32	34	38	6	578	5	12	14	32	34	42	16
459	4	6	10	14	25	40	12	519	6	8	13	16	30	43	3	579	5	7	20	22	37	42	39
460	8	11	28	30	43	45	41	520	4	22	27	28	38	40	1	580	5	7	9	11	32	35	33
461	11	18	26	31	37	40	43	521	3	7	18	29	32	36	19	581	3	5	14	20	42	44	33
462	3	20	24	32	37	45	4	522	4	5	13	14	37	41	11	582	2	12	14	33	40	41	25
463	23	29	31	33	34	44	40	523	1	4	37	38	40	45	7	583	8	17	27	33	40	44	24
464	6	12	15	34	42	44	4	524	10	11	29	38	41	45	21	584	7	18	30	39	40	41	36
465	1	8	11	13	22	38	31	525	11	23	26	29	39	44	22	585	6	7	10	16	38	41	4
466	4	10	13	23	32	44	20	526	7	14	17	20	35	39	31	586	2	7	12	15	21	34	5
467	2	12	14	17	24	40	39	527	1	12	22	32	33	42	38	587	14	21	29	31	32	37	17
468	8	13	15	28	37	43	17	528	5	17	25	31	39	40	10	588	2	8	15	22	25	41	30
469	4	21	22	34	37	38	33	529	18	20	24	27	31	42	39	589	6	8	28	33	38	39	22
470	10	16	20	39	41	42	27	530	16	23	27	29	33	41	22	590	20	30	36	38	41	45	23
471	6	13	29	37	39	41	43	531	1	5	9	21	27	35	45	591	8	13	14	30	38	39	5
472	16	25	26	31	36	43	44	532	16	17	23	24	29	44	3	592	2	5	6	13	28	44	43
473	8	13	20	22	23	36	34	533	9	14	15	17	31	33	23	593	9	10	13	24	33	38	28
474	4	13	18	31	33	45	43	534	10	24	26	29	37	38	32	594	2	8	13	25	28	37	3
475	1	9	14	16	21	29	3	535	11	12	14	15	18	39	34	595	8	24	28	35	38	40	5
476	9	12	13	15	37	38	27	536	7	8	18	32	37	43	12	596	3	4	12	14	25	43	17
477	14	25	29	32	33	45	37	537	12	23	26	30	36	43	11	597	8	10	23	24	35	43	37
478	18	29	30	37	39	43	8	538	6	10	18	31	32	34	11	598	4	12	24	33	38	45	22
479	8	23	25	27	35	44	24	539	3	19	22	31	42	43	26	599	5	12	17	29	34	35	27
480	3	5	10	17	30	31	16	540	3	12	13	15	34	36	14	600	5	11	14	27	29	36	44

나

8.2. 결론- 로또에의 적용

첫머리에 14와 23이 등장할 때,

- 13과 18을 불러오고
- 2주 간격으로 23이 연속해서 세 번 나오는 현상을 불러오게 된다.

이때, 다음과 같은 적용을 해 볼 수 있다.

1단계- 23이 2주 간격으로 세 번 등장했다면

세 번째 23이 등장한 지 2주 후에 14와 23이 뜰 가능성이 있다.

또한, 23이 두 번 등장했다면, 2주 후에 23이 한 번 더 등장하고 2주 후에 14와 23이 뜰 수 있다.

2단계- 14와 23이 첫머리에 등장했을 때

14와 23이 첫머리에 등장하고 그 전에 2주 간격으로 23이 세 번 등장했다면 13과 18이 앞으로 함께 등장할 수 있다.

첫머리 14, 23의 규칙성

1	10	23	29	33	37	40	16
2	9	13	21	25	32	42	2
3	11	16	19	21	27	31	30
4	14	27	30	31	40	42	2
5	16	24	29	40	41	42	3
6	14	15	26	27	40	42	34
7	2	9	16	25	26	40	42
8	8	19	25	34	37	39	9
9	2	4	16	17	36	39	14
10	9	25	30	33	41	44	6
11	1	7	36	37	41	42	14
12	2	11	21	25	39	45	44
13	22	23	25	37	38	42	26
14	2	6	12	31	33	40	15
15	3	4	16	30	31	37	13
16	6	7	24	37	38	40	33
17	3	4	9	17	32	37	1
18	3	12	13	19	32	35	29
19	6	30	38	39	40	43	26
20	10	14	18	20	23	30	41
21	6	12	17	18	31	32	21
22	4	5	6	8	17	39	25
23	5	13	17	18	33	42	44
24	7	8	27	29	36	43	6
25	2	4	21	26	43	44	16
26	4	5	7	18	20	25	31
27	1	20	26	28	37	43	27
28	9	18	23	25	35	37	1
29	1	5	13	34	39	40	11
30	8	17	20	35	36	44	4
31	7	9	18	23	28	35	32
32	6	14	19	25	34	44	11
33	4	7	32	33	40	41	9
34	9	26	35	37	40	42	2
35	2	3	11	26	37	43	39
36	1	10	23	26	28	40	31
37	7	27	30	33	35	37	42
38	16	17	22	30	37	43	36
39	6	7	13	15	21	43	8
40	7	13	18	19	25	26	6
41	13	20	23	35	38	43	34
42	17	18	19	21	23	32	1
43	6	31	35	38	39	44	1
44	3	11	21	30	38	45	39
45	1	10	20	27	33	35	17
46	8	13	15	23	31	38	39
47	14	17	26	31	36	45	27
48	6	10	18	26	37	38	3
49	4	7	16	19	33	40	30
50	2	10	12	15	22	44	1
51	2	3	11	16	26	44	35
52	2	4	15	16	20	29	1
53	7	8	14	32	33	39	42
54	1	8	21	27	36	39	37
55	17	21	31	37	40	44	7
56	10	14	30	31	33	37	19
57	7	10	16	25	29	44	6
58	10	24	25	33	40	44	1
59	6	29	36	39	41	45	13
60	2	8	25	36	39	42	11

61	14	15	19	30	38	43	8
62	3	8	15	27	29	35	21
63	3	20	23	36	38	40	5
64	14	15	18	21	26	36	39
65	4	25	33	36	40	43	39
66	2	3	7	17	22	24	45
67	3	7	10	15	36	38	33
68	10	12	15	16	26	39	38
69	5	8	14	15	19	39	35
70	5	19	22	25	28	43	26
71	5	9	12	16	29	41	21
72	2	4	11	17	26	27	1
73	3	12	18	32	40	43	38
74	6	15	17	18	35	40	23
75	2	5	24	32	34	44	28
76	1	3	15	22	25	37	43
77	2	18	29	32	43	44	37
78	10	13	25	29	33	35	38
79	3	12	24	27	30	32	14
80	17	18	24	25	26	30	1
81	5	7	11	13	20	33	6
82	1	2	3	14	27	42	39
83	6	10	15	17	19	34	14
84	16	23	27	34	42	45	11
85	6	8	13	23	31	36	21
86	2	12	37	39	41	45	33
87	4	12	16	23	34	43	26
88	1	17	20	24	30	41	27
89	4	26	28	29	33	40	37
90	17	20	29	35	38	44	10
91	1	21	24	26	29	42	27
92	3	14	24	33	35	36	17
93	6	22	24	36	38	44	19
94	5	32	34	40	41	45	6
95	8	17	27	31	34	43	14
96	1	3	8	21	22	31	20
97	6	7	14	15	20	36	3
98	6	9	16	23	24	32	43
99	1	3	10	27	29	37	11
100	1	7	11	23	37	42	6
101	1	3	17	32	35	45	8
102	17	22	24	26	35	40	42
103	5	14	15	27	30	45	10
104	17	32	33	34	42	44	35
105	8	10	20	34	41	45	28
106	4	10	12	22	24	33	29
107	1	4	5	6	9	31	17
108	7	18	22	23	29	44	12
109	1	5	34	36	42	44	33
110	7	20	22	23	29	43	1
111	7	18	31	33	36	40	27
112	26	29	30	33	41	42	43
113	4	9	28	33	36	45	26
114	11	14	19	26	28	41	2
115	1	2	6	9	25	28	31
116	2	4	25	31	34	37	17
117	5	10	22	34	36	44	35
118	3	4	10	17	19	22	38
119	3	11	13	14	17	21	38
120	4	6	10	11	32	37	30

121	12	28	30	34	38	43	9
122	1	11	16	17	36	40	8
123	7	17	18	28	30	45	27
124	4	16	23	25	29	42	1
125	2	8	32	33	35	36	18
126	7	20	22	27	40	43	1
127	3	5	10	29	32	43	35
128	12	30	34	36	37	45	39
129	19	23	25	28	38	42	17
130	7	19	24	27	42	45	31
131	8	10	11	14	15	21	37
132	3	17	23	34	41	45	43
133	4	7	15	18	23	26	13
134	3	12	20	23	31	35	43
135	6	14	22	28	35	39	16
136	2	16	30	36	41	42	11
137	7	9	20	25	36	39	15
138	10	11	27	28	37	39	19
139	9	11	15	20	28	43	13
140	3	13	17	18	19	28	8
141	8	12	29	31	42	43	2
142	12	16	30	34	40	44	19
143	26	27	28	42	43	45	8
144	4	15	17	26	36	37	43
145	2	3	13	20	27	44	9
146	2	19	27	35	41	42	25
147	4	6	13	21	40	42	36
148	21	25	33	34	35	36	17
149	2	11	21	34	41	42	27
150	2	18	25	28	37	39	16
151	1	2	10	13	18	19	15
152	1	5	13	26	29	34	43
153	3	8	11	12	13	36	33
154	6	19	21	35	40	45	20
155	16	19	20	32	33	41	4
156	5	18	28	30	42	45	2
157	19	26	30	33	35	39	37
158	4	9	13	18	21	34	7
159	1	18	30	41	42	43	32
160	3	7	8	34	39	41	1
161	22	34	36	40	42	45	44
162	1	5	21	25	38	41	24
163	7	11	26	28	29	44	16
164	6	9	10	11	39	41	27
165	5	13	18	19	22	42	31
166	9	12	27	36	39	45	14
167	24	27	28	30	36	39	4
168	3	10	31	40	42	43	30
169	16	27	35	37	43	45	19
170	2	11	13	15	31	42	10
171	4	16	25	29	34	35	1
172	4	19	21	24	26	41	35
173	3	9	24	30	33	34	18
174	13	14	18	22	35	39	16
175	19	26	28	31	33	36	17
176	4	17	30	32	33	34	15
177	1	10	13	16	37	43	6
178	1	5	11	12	18	23	9
179	5	9	17	25	39	43	32
180	2	15	20	21	29	34	22

181	14	21	23	32	40	45	44
182	13	15	27	29	34	40	35
183	2	18	24	34	40	42	5
184	1	2	6	16	20	33	41
185	1	2	4	8	19	38	14
186	4	10	14	19	21	45	9
187	1	2	8	18	29	38	42
188	19	24	27	30	31	34	36
189	8	14	32	35	37	45	28
190	8	14	18	30	31	44	15
191	5	6	24	25	32	37	8
192	4	8	11	18	37	45	33
193	6	14	18	26	36	39	13
194	15	20	23	26	39	44	28
195	7	10	19	22	35	40	31
196	35	36	37	41	44	45	30
197	7	12	16	34	42	45	4
198	12	19	20	25	41	45	2
199	14	21	22	25	30	36	43
200	5	6	13	14	17	20	7
201	3	11	24	38	39	44	26
202	12	24	27	33	39	44	17
203	1	3	11	24	30	32	7
204	3	12	14	35	40	45	5
205	1	3	21	29	35	37	30
206	1	2	3	15	20	25	43
207	3	11	14	31	32	37	38
208	14	25	31	34	40	44	24
209	2	7	18	20	24	33	37
210	10	19	22	23	25	37	39
211	12	13	17	20	33	41	8
212	11	12	18	21	31	38	8
213	2	3	4	5	20	24	42
214	5	7	20	25	28	37	32
215	2	3	7	15	43	44	4
216	7	16	17	33	36	40	1
217	16	20	27	33	35	39	38
218	1	8	14	18	29	44	20
219	4	11	20	26	35	37	16
220	5	11	19	21	34	43	31
221	2	20	33	35	37	40	10
222	5	7	28	29	39	43	44
223	1	3	18	20	26	27	38
224	4	19	26	27	30	42	7
225	5	11	13	19	31	36	7
226	2	6	8	14	21	22	34
227	4	5	15	16	22	42	2
228	17	25	35	36	39	44	23
229	4	5	9	11	23	38	35
230	5	11	14	29	32	33	12
231	5	10	19	31	44	45	27
232	8	9	10	12	24	44	35
233	4	6	13	17	28	40	39
234	13	21	22	24	26	37	4
235	21	22	26	27	31	37	8
236	1	4	8	13	37	39	7
237	1	11	17	21	24	44	33
238	2	4	15	28	31	34	35
239	11	15	24	39	41	44	7
240	6	10	16	40	41	43	21

241	2	16	24	27	28	35	21
242	4	19	20	21	32	34	43
243	2	12	17	19	28	42	34
244	13	16	25	36	37	38	19
245	9	11	27	31	32	38	22
246	13	18	21	23	26	39	15
247	12	15	28	36	39	40	13
248	3	8	17	23	38	45	13
249	3	8	27	31	41	44	11
250	19	23	30	37	43	45	38
251	6	7	19	25	28	38	45
252	14	23	26	31	39	45	28
253	8	19	25	31	34	36	33
254	1	5	19	20	24	30	27
255	1	5	6	24	27	42	32
256	4	11	14	21	23	43	32
257	6	13	27	31	32	37	4
258	14	27	30	31	38	40	17
259	4	5	14	35	42	45	34
260	7	12	15	24	37	40	43
261	6	11	16	18	31	43	2
262	9	12	24	25	29	31	36
263	1	27	28	32	37	40	18
264	9	16	27	36	41	44	5
265	5	9	34	37	38	39	12
266	3	4	9	11	22	42	37
267	7	8	24	34	36	41	1
268	3	10	19	24	32	45	12
269	5	18	20	36	42	43	32
270	5	9	12	20	21	26	27
271	3	8	9	27	29	40	36
272	7	9	12	27	39	43	28
273	1	8	24	31	34	44	6
274	13	14	15	26	35	39	25
275	14	19	20	35	38	40	26
276	4	15	21	33	39	41	25
277	10	12	13	15	25	29	20
278	3	11	37	39	41	43	13
279	7	16	31	36	37	38	11
280	10	11	23	24	36	37	35
281	1	3	4	6	14	41	12
282	2	5	10	18	31	32	30
283	6	8	18	31	38	45	42
284	2	7	15	24	30	45	28
285	13	33	37	40	41	45	2
286	1	15	19	40	42	44	17
287	6	12	24	27	35	37	41
288	1	12	17	28	35	41	10
289	3	14	33	37	38	42	10
290	8	13	18	32	39	45	7
291	3	7	8	18	20	42	45
292	17	18	31	32	33	34	10
293	1	9	17	21	29	33	24
294	6	10	17	30	37	38	40
295	1	4	12	16	18	38	8
296	3	8	15	27	30	45	44
297	6	11	19	20	28	32	34
298	5	9	27	29	37	40	19
299	1	3	20	25	36	45	24
300	7	9	10	12	26	38	39

301	7	11	13	33	37	43	26	361	
302	13	19	20	32	38	42	4	362	
303	2	14	17	30	38	45	43	363	
304	4	10	16	26	33	41	38	364	
305	7	8	18	21	23	39	9	365	
306	4	18	23	30	34	41	19	366	
307	5	15	21	23	25	45	12	367	
308	14	15	17	19	37	45	40	368	
309	1	2	5	11	18	36	22	369	
310	1	5	19	28	34	41	16	370	
311	4	12	24	27	28	32	10	371	
312	2	3	5	6	12	20	25	372	
313	9	17	34	35	43	45	2	373	
314	15	17	19	34	38	41	2	374	
315	1	13	33	35	43	45	23	375	
316	10	11	21	27	31	39	43	376	
317	3	10	11	22	36	39	8	377	
318	2	17	19	20	34	45	21	378	
319	5	8	22	28	33	42	37	379	
320	16	19	23	25	41	45	3	380	
321	12	18	20	21	25	34	42	381	
322	9	18	29	32	38	43	20	382	
323	10	14	15	32	36	42	3	383	
324	2	4	21	25	33	36	17	384	
325	7	17	20	32	44	45	33	385	
326	16	23	25	33	36	39	40	386	
327	6	12	13	17	32	44	24	387	
328	1	6	9	16	17	28	24	388	
329	9	17	19	30	35	42	4	389	
330	3	4	16	17	19	20	23	390	
331	4	9	14	26	31	44	39	391	
332	16	17	34	36	42	45	3	392	
333	5	14	27	30	39	43	35	393	
334	13	15	21	29	39	43	33	394	
335	5	9	16	23	26	45	21	395	
336	3	5	20	34	35	44	16	396	
337	1	5	14	18	32	37	4	397	
338	2	13	34	38	42	45	16	398	
339	6	8	14	21	30	37	45	399	
340	18	24	26	29	34	38	32	400	
341	1	8	19	34	39	43	41	401	
342	1	13	14	33	34	43	25	402	
343	1	10	17	29	31	43	15	403	
344	1	2	15	28	34	45	38	404	
345	15	20	23	29	39	42	2	405	
346	5	13	14	22	44	45	33	406	
347	3	8	13	27	32	42	10	407	
348	3	14	17	20	24	31	34	408	
349	5	13	14	20	24	25	36	409	
350	1	8	18	24	29	33	35	410	
351	5	25	27	29	34	36	33	411	
352	5	16	17	20	26	41	24	412	
353	11	16	19	22	29	36	26	413	
354	14	19	36	43	44	45	1	414	
355	5	8	29	30	35	44	38	415	
356	2	8	14	25	29	45	24	416	
357	10	14	18	21	36	37	5	417	
358	1	9	10	12	21	40	37	418	
359	1	10	19	20	24	40	23	419	
360	4	16	23	25	35	40	27	420	

35	33	421	6	11	26	27	28	44	30	481	3	4	23	29	40	41	20	541	8	13	26	28	32	34	43	601	2	16	19	31	34	35	37	661	2	3	12	20	27	38	40	721	1	28	35	41	43	44	31
40	29	422	8	15	19	21	34	44	12	482	1	10	16	24	25	35	43	542	5	6	19	26	41	45	34	602	13	14	22	27	30	38	2	662	5	6	9	11	15	37	26	722	12	14	21	30	39	43	45
38	6	423	1	17	27	28	29	40	5	483	12	15	19	22	28	34	5	543	13	18	26	31	34	44	12	603	2	19	25	26	27	43	28	663	3	5	8	19	38	42	20	723	20	30	33	35	36	44	22
40	4	424	10	11	26	31	34	44	30	484	1	3	27	28	32	45	11	544	5	17	21	25	36	44	10	604	2	6	18	21	33	34	30	664	10	20	33	36	41	44	5	724	2	8	33	35	37	41	14
30	31	425	8	10	14	27	33	38	3	485	17	22	26	27	36	39	20	545	4	24	25	27	34	35	2	605	1	2	7	9	10	38	42	665	5	6	11	17	38	44	13	725	6	7	19	21	41	43	38
44	38	426	4	17	18	27	39	43	19	486	1	2	23	25	38	40	43	546	8	17	20	27	37	43	6	606	1	5	6	14	20	39	22	666	2	4	6	11	17	28	16	726	1	11	21	23	34	44	24
44	19	427	6	7	15	24	28	30	21	487	4	8	25	27	37	41	21	547	6	7	15	22	34	39	28	607	8	14	23	36	38	39	13	667	15	17	25	37	42	43	13	727	7	8	10	19	21	31	20
45	26	428	12	16	19	22	37	40	8	488	2	8	17	30	31	38	25	548	1	12	13	21	32	45	14	608	4	8	18	19	39	44	41	668	12	14	15	24	27	32	3	728	3	6	10	30	34	37	36
43	21	429	3	23	28	34	39	42	16	489	2	4	8	15	20	27	11	549	29	31	35	38	40	44	17	609	4	8	27	34	39	40	13	669	7	8	20	29	33	38	9	729	11	17	21	26	36	45	16
45	17	430	1	3	16	18	30	34	44	490	2	7	26	29	40	43	42	550	1	7	14	20	34	37	41	610	14	18	20	23	28	36	33	670	11	18	26	27	40	41	25	730	4	10	14	15	18	22	39
42	18	431	18	22	25	31	38	45	6	491	8	17	35	36	39	42	4	551	3	6	20	24	27	44	25	611	2	22	27	33	36	37	14	671	7	9	10	13	31	35	24	731	2	7	13	25	42	45	39
21	13	432	2	3	5	11	27	39	33	492	22	27	31	35	37	40	42	552	1	10	20	32	35	40	43	612	6	9	18	19	25	33	40	672	8	21	28	31	36	45	43	732	2	4	5	17	27	32	43
45	9	433	19	23	29	33	35	43	27	493	20	22	26	33	36	37	25	553	2	7	17	28	29	39	37	613	7	8	11	16	41	44	35	673	7	10	17	29	33	44	5	733	11	24	32	33	35	40	13
34	26	434	3	13	20	24	33	37	35	494	5	7	8	15	30	43	22	554	13	14	17	32	41	42	6	614	8	21	25	39	40	44	18	674	9	10	14	25	27	31	11	734	6	16	37	38	41	45	18
45	7	435	8	16	26	30	38	45	42	495	4	13	22	27	34	44	6	555	11	17	21	24	26	36	12	615	10	17	18	19	23	27	35	675	1	8	11	15	18	45	7	735	5	10	13	27	37	41	44
40	7	436	9	14	20	22	33	34	28	496	4	13	20	29	36	41	39	556	12	20	23	28	30	44	43	616	5	13	18	23	40	45	3	676	1	8	17	34	39	45	27	736	2	11	17	18	21	27	6
45	23	437	11	16	29	38	41	44	21	497	19	20	23	24	43	44	13	557	4	20	26	28	35	40	31	617	4	5	11	12	24	27	28	677	12	15	24	36	41	44	42	737	13	15	18	24	27	41	11
39	43	438	6	12	20	26	29	38	45	498	13	14	24	32	39	41	3	558	12	15	19	26	40	43	29	618	8	16	25	30	42	43	15	678	4	5	6	12	25	37	45	738	23	27	28	38	42	43	36
40	19	439	17	20	30	31	37	40	25	499	5	20	23	27	35	40	43	559	11	12	25	32	44	45	23	619	6	8	13	30	35	40	21	679	3	5	7	14	26	34	35	739	7	22	29	33	34	35	30
37	27	440	10	22	28	34	36	44	2	500	3	4	12	20	24	34	41	560	1	4	20	23	29	45	28	620	2	16	17	32	39	45	40	680	4	10	19	29	32	42	30	740	4	8	9	16	17	19	31
20	11	441	1	23	28	30	34	35	9	501	1	4	10	17	31	42	2	561	5	7	18	37	42	45	20	621	1	2	6	16	19	42	9	681	21	24	27	29	43	44	7	741	5	21	27	34	44	45	16
42	19	442	25	27	29	36	38	40	41	502	6	22	28	32	34	40	26	562	4	11	13	17	20	31	33	622	9	15	16	21	28	34	24	682	17	23	27	35	38	43	2	742	8	10	13	36	37	40	6
40	25	443	4	6	10	19	20	44	14	503	1	5	27	30	34	36	40	563	5	10	16	17	31	32	21	623	7	13	30	39	41	45	25	683	6	13	20	27	28	40	15	743	15	19	21	34	41	44	10
38	7	444	11	13	23	35	43	45	17	504	6	14	22	26	43	44	31	564	14	19	25	26	27	34	2	624	1	7	19	26	27	35	16	684	1	11	15	17	25	39	40	744	10	15	18	21	34	41	43
32	9	445	13	20	21	30	39	45	32	505	7	20	22	25	38	40	44	565	4	10	18	27	40	45	38	625	3	6	7	20	21	39	13	685	6	7	12	28	38	40	18	745	1	2	3	9	12	23	10
40	26	446	1	11	12	14	26	35	6	506	6	9	11	22	24	30	31	566	4	5	6	25	26	43	41	626	13	14	26	33	40	43	15	686	7	12	15	24	25	43	13	746	3	12	33	36	42	45	25
43	20	447	2	7	8	9	17	33	34	507	12	13	32	33	40	41	4	567	1	10	15	16	32	41	28	627	2	9	22	25	31	45	12	687	1	8	10	13	28	42	45	747	7	9	12	14	23	28	17
32	45	448	3	7	13	27	40	41	36	508	5	27	31	34	35	43	37	568	1	3	17	20	31	44	40	628	1	7	12	15	23	42	11	688	5	15	22	23	34	35	2	748	3	10	13	22	31	32	29
26	3	449	3	10	20	26	35	43	36	509	12	25	29	35	42	43	24	569	3	6	13	23	24	35	1	629	19	28	31	38	43	44	1	689	7	17	19	30	36	38	34	749	12	14	24	26	34	45	41
40	15	450	6	14	19	21	23	31	13	510	12	29	32	33	39	40	42	570	1	12	26	27	29	33	42	630	8	17	21	24	27	31	15	690	24	25	33	34	38	39	43	750	1	2	15	19	24	36	12
39	30	451	12	15	20	24	30	38	29	511	3	7	14	23	26	42	24	571	11	18	21	26	38	43	29	631	1	2	4	23	31	34	8	691	15	27	33	35	43	45	16	751	3	4	16	20	28	44	17
42	43	452	8	10	18	30	32	34	27	512	4	5	9	13	26	27	1	572	3	13	18	33	37	45	1	632	15	18	21	32	35	44	6	692	3	11	14	15	32	36	44	752	4	16	20	33	40	43	7
43	21	453	12	24	33	38	40	42	30	513	5	8	21	23	27	33	12	573	2	4	20	34	35	43	14	633	9	12	19	20	39	41	13	693	1	6	11	28	34	42	30	753	2	17	19	24	37	41	3
28	15	454	13	25	27	34	38	41	10	514	1	15	20	26	35	42	9	574	14	15	16	19	25	43	2	634	4	10	11	12	20	27	38	694	7	15	20	25	33	43	12	754	2	8	17	24	29	31	32
35	7	455	4	19	20	26	30	35	24	515	2	11	12	15	23	37	8	575	2	8	20	30	33	34	6	635	11	13	25	26	29	33	32	695	4	18	26	33	34	38	14	755	13	14	26	28	30	36	37
45	30	456	1	7	12	18	23	27	44	516	2	8	23	41	43	44	30	576	10	11	15	25	35	41	13	636	6	7	15	16	20	31	26	696	1	7	16	18	34	38	21	756	10	14	16	18	27	28	4
33	8	457	8	10	18	23	27	40	33	517	1	9	12	28	36	41	10	577	16	17	22	31	34	37	33	637	3	16	22	37	38	44	23	697	2	5	8	11	33	39	31	757	6	7	11	17	33	44	1
44	7	458	4	9	10	32	36	40	18	518	14	23	30	32	34	38	6	578	5	12	14	32	34	42	16	638	7	18	22	24	31	34	6	698	3	11	13	21	33	37	18	758	5	9	12	30	39	43	24
42	20	459	4	6	10	14	25	40	12	519	6	8	13	16	30	43	3	579	5	7	20	22	37	42	39	639	6	15	22	23	25	32	40	699	4	5	8	16	21	29	3	759	9	33	36	40	42	43	32
43	2	460	8	11	28	30	43	45	41	520	4	22	27	28	38	40	1	580	5	7	9	11	32	35	33	640	14	15	18	21	26	35	23	700	11	23	28	29	30	44	13	760	10	22	27	31	42	43	12
43	9	461	11	18	26	31	37	40	43	521	3	7	18	29	32	36	19	581	3	5	14	20	42	44	33	641	11	18	21	36	37	43	12	701	3	10	14	16	36	38	35	761	4	7	11	24	42	45	30
36	32	462	3	20	24	32	37	45	4	522	4	5	13	14	37	41	11	582	2	12	14	33	40	41	25	642	8	17	18	24	39	45	32	702	3	13	16	24	26	29	9	762	1	3	12	21	26	41	16
37	26	463	23	29	31	33	34	44	40	523	1	4	37	38	40	45	7	583	8	17	27	33	40	44	24	643	15	24	31	32	33	40	13	703	10	28	31	33	41	44	21	763	3	8	16	32	34	43	10
40	36	464	6	12	15	34	42	44	4	524	10	11	29	38	41	45	21	584	7	18	30	39	40	41	36	644	5	13	17	23	28	36	8	704	1	4	8	23	33	42	45	764	7	22	24	31	34	36	15
44	4	465	1	8	11	13	22	38	31	525	11	23	26	29	39	44	22	585	6	7	10	16	38	41	4	645	1	4	16	26	40	41	31	705	1	6	17	22	28	45	23	765	1	3	8	12	42	43	33
36	45	466	4	10	13	23	32	44	20	526	7	14	17	20	35	39	31	586	2	7	12	15	21	34	5	646	2	9	24	41	43	45	30	706	3	4	6	10	28	30	37	766	9	30	34	35	39	41	21
25	1	467	2	12	14	17	24	40	39	527	1	12	22	32	33	42	38	587	14	21	29	31	32	37	17	647	5	16	21	23	24	30	29	707	2	12	19	24	39	44	35	767	5	15	20	31	34	42	22
37	16	468	8	13	15	28	37	43	17	528	5	17	25	31	39	40	10	588	2	8	15	22	25	41	30	648	13	19	28	37	38	43	4	708	2	10	16	19	34	45	1	768	7	27	29	30	38	44	4
40	38	469	4	21	22	34	37	38	33	529	18	20	24	27	31	42	39	589	6	8	28	33	38	39	22	649	3	21	22	33	41	42	20	709	10	18	30	36	39	44	32	769	5	7	11	16	41	45	4
41	16	470	10	16	20	39	41	42	27	530	16	23	27	29	33	41	22	590	20	30	36	38	41	45	23	650	3	4	7	11	31	41	35	710	3	4	6	24	25	33	10	770	1	9	12	23	39	43	34
39	5	471	6	13	29	37	39	41	43	531	1	5	9	21	27	35	45	591	8	13	14	30	38	39	5	651	11	12	16	26	29	44	18	711	11	15	24	35	37	45	42	771	6	10	17	18	21	29	30
45	40	472	16	25	26	31	36	43	44	532	16	17	23	24	29	44	3	592	2	5	6	13	28	44	43	652	3	13	15	40	41	44	20	712	17	20	30	31	33	45	19	772	5	6	11	14	21	41	32
40	3	473	8	13	20	22	23	36	34	533	9	14	15	17	31	33	23	593	9	10	13	24	33	38	28	653	5	6	26	27	38	39	1	713	2	5	15	18	19	23	44	773	8	12	19	21	31	35	44
44	43	474	4	13	18	31	33	45	43	534	10	24	26	29	37	38	32	594	2	8	13	25	28	37	3	654	16	21	26	31	36	43	6	714	1	7	22	33	37	40	20	774	12	15	18	28	34	42	9
40	24	475	1	9	14	16	21	29	3	535	11	12	14	15	18	39	34	595	8	24	28	35	38	40	5	655	7	37	38	39	40	44	18	715	2	7	27	33	41	44	10	775	11	12	29	33	38	42	17
26	44	476	9	12	13	15	37	38	27	536	7	8	18	32	37	43	12	596	3	4	12	14	25	43	17	656	3	7	14	16	31	40	39	716	2	6	13	16	29	30	21	776	8	9	18	21	28	40	20
43	44	477	14	25	29	32	33	45	37	537	12	23	26	30	36	43	11	597	8	10	23	24	35	43	37	657	10	14	19	39	40	43	23	717	2	11	19	25	28	32	44	777	6	12	17	21	34	37	18
34	31	478	18	29	30	37	39	43	8	538	6	10	18	31	32	34	11	598	4	12	24	33	38	45	22	658	8	19	25	28	32	36	37	718	4	11	20	23	32	39	40	778	6	21	35	36	37	41	11
30	7	479	8	23	25	27	35	44	24	539	3	19	22	31	42	43	26	599	5	12	17	29	34	35	27	659	7	18	19	27	29	42	45	719	4	8	13	19	20	43	26	779	6	12	19	24	34	41	4
34	27	480	3	5	10	17	30	31	16	540	3	12	13	15	34	36	14	600	5	11	14	27	29	36	44	660	4	9	23	33	39	44	14	720	1	12	29	34	36	37	41	780	15	17	19	21	27	45	16

9

조합(3, 13, 39)와 두 수의 연속 3회 출현의 규칙성

9.1. 역대 로또 당첨번호(1~360)에 나타나는 조합(3, 13, 39)와 두 수의 연속 3회 출현

★ 조합(3, 13, 39)와 연속으로 등장하는 두 수

옆의 표에서는 적색으로 표시된 조합(3, 13, 39)가 총 4번 등장한다('나', '다', '마', '바'에서 나타난다). 참고로 여기에서 어느 정도 이해가 되었다는 가정하에 묶어서 '가', '나', '다'로 표기하도록 하겠다.

그런데, 바로 조합(3, 13, 39)가 두 수가 연속으로 세 번 등장하는 현상을 불러오고 있다. 먼저 '가'와 '나'를 보면, '가'의 조합(3, 13, 39)이 '가'에서 40과 42가 연속으로 등장하는 현상과 연결되고 있다.

그리고 '다'의 조합(3, 13, 39) 역시 '라'에서 9와 27이 세 번 연속 등장하는 현상을 불러오고 있고 '마'에서도 11과 37이 연속 세 번 등장하는 현상을 불러오고 있다.

'바'에서 역시 조합(3, 13, 39)이 1과 43을 연속으로 세 번 등장하는 현상을 불러오고 있다.

〈표 4-9-1〉

1	10	23	29	33	37	40	16
2	9	13	21	25	32	42	2
3	11	16	19	21	27	31	30
4	14	27	30	31	40	42	2
5	16	24	29	40	41	42	3
6	14	15	26	27	40	42	34
7	2	9	16	25	26	40	42
8	8	19	25	34	37	39	9
9	2	4	16	17	36	39	14
10	9	25	30	33	41	44	6
11	1	7	36	37	41	42	14
12	2	11	21	25	39	45	44
13	22	23	25	37	38	42	26
14	2	6	12	31	33	40	15
15	3	4	16	30	31	37	13
16	6	7	24	37	38	40	33
17	3	4	9	17	32	37	1
18	3	12	13	19	32	35	29
19	6	30	38	39	40	43	26
20	10	14	18	20	23	30	41
21	6	12	17	18	31	32	21
22	4	5	6	8	17	39	25
23	5	13	17	18	33	42	44
24	7	8	27	29	36	43	6
25	2	4	21	26	43	44	16
26	4	5	7	18	20	25	31
27	1	20	26	28	37	43	27
28	9	18	23	25	35	37	1
29	1	5	13	34	39	40	11
30	8	17	20	35	36	44	4
31	7	9	18	23	28	35	32
32	6	14	19	25	34	44	11
33	4	7	32	33	40	41	9
34	9	26	35	37	40	42	2
35	2	3	11	26	37	43	39
36	1	10	23	26	28	40	31
37	7	27	30	33	35	37	42
38	16	17	22	30	37	43	36
39	6	7	13	15	21	43	8
40	7	13	18	19	25	26	6
41	13	20	23	35	38	43	34
42	17	18	19	21	23	32	1
43	6	31	35	38	39	44	1
44	3	11	21	30	38	45	39
45	1	10	20	27	33	35	17
46	8	13	15	23	31	38	39
47	14	17	26	31	36	45	27
48	6	10	18	26	37	38	3
49	4	7	16	19	33	40	30
50	2	10	12	15	22	44	1
51	2	3	11	16	26	44	35
52	2	4	15	16	20	29	1
53	7	8	14	32	33	39	42
54	1	8	21	27	36	39	37
55	17	21	31	37	40	44	7
56	10	14	30	31	33	37	19
57	7	10	16	25	29	44	6
58	10	24	25	33	40	44	1
59	6	29	36	39	41	45	13
60	2	8	25	36	39	42	11

61	14	15	19	30	38	43	8
62	3	8	15	27	29	35	21
63	3	20	23	36	38	40	5
64	14	15	18	21	26	36	39
65	4	25	33	36	40	43	39
66	2	3	7	17	22	24	45
67	3	7	10	15	36	38	33
68	10	12	15	16	26	39	38
69	5	8	14	15	19	39	35
70	5	19	22	25	28	43	26
71	5	9	12	16	29	41	21
72	2	4	11	17	26	27	1
73	3	12	18	32	40	43	38
74	6	15	17	18	35	40	23
75	2	5	24	32	34	44	28
76	1	3	15	22	25	37	43
77	2	18	29	32	43	44	37
78	10	13	25	29	33	35	38
79	3	12	24	27	30	32	14
80	17	18	24	25	26	30	1
81	5	7	11	13	20	33	6
82	1	2	3	14	27	42	39
83	6	10	15	17	19	34	14
84	16	23	27	34	42	45	11
85	6	8	13	23	31	36	21
86	2	12	37	39	41	45	33
87	4	12	16	23	34	43	26
88	1	17	20	24	30	41	27
89	4	26	28	29	33	40	37
90	17	20	29	35	38	44	10
91	1	21	24	26	29	42	27
92	3	14	24	33	35	36	17
93	6	22	24	36	38	44	19
94	5	32	34	40	41	45	6
95	8	17	27	31	34	43	14
96	1	3	8	21	22	31	20
97	6	7	14	15	20	36	3
98	6	9	16	23	24	32	43
99	1	3	10	27	29	37	11
100	1	7	11	23	37	42	6
101	1	3	17	32	35	45	8
102	17	22	24	26	35	40	42
103	5	14	15	27	30	45	10
104	17	32	33	34	42	44	35
105	8	10	20	34	41	45	28
106	4	10	12	22	24	33	29
107	1	4	5	6	9	31	17
108	7	18	22	23	29	44	12
109	1	5	34	36	42	44	33
110	7	20	22	23	29	43	1
111	7	18	31	33	36	40	27
112	26	29	30	33	41	42	43
113	4	9	28	33	36	45	26
114	11	14	19	26	28	41	2
115	1	2	6	9	25	28	31
116	2	4	25	31	34	37	17
117	5	10	22	34	36	44	35
118	3	4	10	17	19	22	38
119	3	11	13	14	17	21	38
120	4	6	10	11	32	37	30

121	12	28	30	34	38	43	9
122	1	11	16	17	36	40	8
123	7	17	18	28	30	45	27
124	4	16	23	25	29	42	1
125	2	8	32	33	35	36	18
126	7	20	22	27	40	43	1
127	3	5	10	29	32	43	35
128	12	30	34	36	37	45	39
129	19	23	25	28	38	42	17
130	7	19	24	27	42	45	31
131	8	10	11	14	15	21	37
132	3	17	23	34	41	45	43
133	4	7	15	18	23	26	13
134	3	12	20	23	31	35	43
135	6	14	22	28	35	39	16
136	2	16	30	36	41	42	11
137	7	9	20	25	36	39	15
138	10	11	27	28	37	39	19
139	9	11	15	20	28	43	13
140	3	13	17	18	19	28	8
141	8	12	29	31	42	43	2
142	12	16	30	34	40	44	19
143	26	27	28	42	43	45	8
144	4	15	17	26	36	37	43
145	2	3	13	20	27	44	9
146	2	19	27	35	41	42	25
147	4	6	13	21	40	42	36
148	21	25	33	34	35	36	17
149	2	11	21	34	41	42	27
150	2	18	25	28	37	39	16
151	1	2	10	13	18	19	15
152	1	5	13	26	29	34	43
153	3	8	11	12	13	36	33
154	6	19	21	35	40	45	20
155	16	19	20	32	33	41	4
156	5	18	28	30	42	45	2
157	19	26	30	33	35	39	37
158	4	9	13	18	21	34	7
159	1	18	30	41	42	43	32
160	3	7	8	34	39	41	1
161	22	34	36	40	42	45	44
162	1	5	21	25	38	41	24
163	7	11	26	28	29	44	16
164	6	9	10	11	39	41	27
165	5	13	18	19	22	42	31
166	9	12	27	36	39	45	14
167	24	27	28	30	36	39	4
168	3	10	31	40	42	43	30
169	16	27	35	37	43	45	19
170	2	11	13	15	31	42	10
171	4	16	25	29	34	35	1
172	4	19	21	24	26	41	35
173	3	9	24	30	33	34	18
174	13	14	18	22	35	39	16
175	19	26	28	31	33	36	17
176	4	17	30	32	33	34	15
177	1	10	13	16	37	43	6
178	1	5	11	12	18	23	9
179	5	9	17	25	39	43	32
180	2	15	20	21	29	34	22

181	14	21	23	32	40	45	44
182	13	15	27	29	34	40	35
183	2	18	24	34	40	42	5
184	1	2	6	16	20	33	41
185	1	2	4	8	19	38	14
186	4	10	14	19	21	45	9
187	1	2	8	18	29	38	42
188	19	24	27	30	31	34	36
189	8	14	32	35	37	45	28
190	8	14	18	30	31	44	15
191	5	6	24	25	32	37	8
192	4	8	11	18	37	45	33
193	6	14	18	26	36	39	13
194	15	20	23	26	39	44	28
195	7	10	19	22	35	40	31
196	35	36	37	41	44	45	30
197	7	12	16	34	42	45	4
198	12	19	20	25	41	45	2
199	14	21	22	25	30	36	43
200	5	6	13	14	17	20	7
201	3	11	24	38	39	44	26
202	12	24	27	33	39	44	17
203	1	3	11	24	30	32	7
204	3	12	14	35	40	45	5
205	1	3	21	29	35	37	30
206	1	2	3	15	20	25	43
207	3	11	14	31	32	37	38
208	14	25	31	34	40	44	24
209	2	7	18	20	24	33	37
210	10	19	22	23	25	37	39
211	12	13	17	20	33	41	8
212	11	12	18	21	31	38	8
213	2	3	4	5	20	24	42
214	5	7	20	25	28	37	32
215	2	3	7	15	43	44	4
216	7	16	17	33	36	40	1
217	16	20	27	33	35	39	38
218	1	8	14	18	29	44	20
219	4	11	20	26	35	37	16
220	5	11	19	21	34	43	31
221	2	20	33	35	37	40	10
222	5	7	28	29	39	43	44
223	1	3	18	20	26	27	38
224	4	19	26	27	30	42	7
225	5	11	13	19	31	36	7
226	2	6	8	14	21	22	34
227	4	5	15	16	22	42	2
228	17	25	35	36	39	44	23
229	4	5	9	11	23	38	35
230	5	11	14	29	32	33	12
231	5	10	19	31	44	45	27
232	8	9	10	12	24	44	35
233	4	6	13	17	28	40	39
234	13	21	22	24	26	37	4
235	21	22	26	27	31	37	8
236	1	4	8	13	37	39	7
237	1	11	17	21	24	44	33
238	2	4	15	28	31	34	35
239	11	15	24	39	41	44	7
240	6	10	16	40	41	43	21

241	2	16	24	27	28	35	21
242	4	19	20	21	32	34	43
243	2	12	17	19	28	42	34
244	13	16	25	36	37	38	19
245	9	11	27	31	32	38	22
246	13	18	21	23	26	39	15
247	12	15	28	36	39	40	13
248	3	8	17	23	38	45	13
249	3	8	27	31	41	44	11
250	19	23	30	37	43	45	38
251	6	7	19	25	28	38	45
252	14	23	26	31	39	45	28
253	8	19	25	31	34	36	33
254	1	5	19	20	24	30	27
255	1	5	6	24	27	42	32
256	4	11	14	21	23	43	32
257	6	13	27	31	32	37	4
258	14	27	30	31	38	40	17
259	4	5	14	35	42	45	34
260	7	12	15	24	37	40	43
261	6	11	16	18	31	43	2
262	9	12	24	25	29	31	36
263	1	27	28	32	37	40	18
264	9	16	27	36	41	44	5
265	5	9	34	37	38	39	12
266	3	4	9	11	22	42	37
267	7	8	24	34	36	41	1
268	3	10	19	24	32	45	12
269	5	18	20	36	42	43	32
270	5	9	12	20	21	26	27
271	3	8	9	27	29	40	36
272	7	9	12	27	39	43	28
273	1	8	24	31	34	44	6
274	13	14	15	26	35	39	25
275	14	19	20	35	38	40	26
276	4	15	21	33	39	41	25
277	10	12	13	15	25	29	20
278	3	11	37	39	41	43	13
279	7	16	31	36	37	38	11
280	10	11	23	24	36	37	35
281	1	3	4	6	14	41	12
282	2	5	10	18	31	32	30
283	6	8	18	31	38	45	42
284	2	7	15	24	30	45	28
285	13	33	37	40	41	45	2
286	1	15	19	40	42	44	17
287	6	12	24	27	35	37	41
288	1	12	17	28	35	41	10
289	3	14	33	37	38	42	10
290	8	13	18	32	39	45	7
291	3	7	8	18	20	42	45
292	17	18	31	32	33	34	10
293	1	9	17	21	29	33	24
294	6	10	17	30	37	38	40
295	1	4	12	16	18	38	8
296	3	8	15	27	30	45	44
297	6	11	19	20	28	32	34
298	5	9	27	29	37	40	19
299	1	3	20	25	36	45	24
300	7	9	10	12	26	38	39

301	7	11	13	33	37	43	26
302	13	19	20	32	38	42	4
303	2	14	17	30	38	45	43
304	4	10	16	26	33	41	38
305	7	8	18	21	23	39	9
306	4	18	23	30	34	41	19
307	5	15	21	23	25	45	12
308	14	15	17	19	37	45	40
309	1	2	5	11	18	36	22
310	1	5	19	28	34	41	16
311	4	12	24	27	28	32	10
312	2	3	5	6	12	20	25
313	9	17	34	35	43	45	2
314	15	17	19	34	38	41	2
315	1	13	33	35	43	45	23
316	10	11	21	27	31	39	43
317	3	10	11	22	36	39	8
318	2	17	19	20	34	45	21
319	5	8	22	28	33	42	37
320	16	19	23	25	41	45	3
321	12	18	20	21	25	34	42
322	9	18	29	32	38	43	20
323	10	14	15	32	36	42	3
324	2	4	21	25	33	36	17
325	7	17	20	32	44	45	33
326	16	23	25	33	36	39	40
327	6	12	13	17	32	44	24
328	1	6	9	16	17	28	24
329	9	17	19	30	35	42	4
330	3	4	16	17	19	20	23
331	4	9	14	26	31	44	39
332	16	17	34	36	42	45	3
333	5	14	27	30	39	43	35
334	13	15	21	29	39	43	33
335	5	9	16	23	26	45	21
336	3	5	20	34	35	44	16
337	1	5	14	18	32	37	4
338	2	13	34	38	42	45	16
339	6	8	14	21	30	37	45
340	18	24	26	29	34	38	32
341	1	8	19	34	39	43	41
342	1	13	14	33	34	43	25
343	1	10	17	29	31	43	15
344	1	2	15	28	34	45	38
345	15	20	23	29	39	42	2
346	5	13	14	22	44	45	33
347	3	8	13	27	32	42	10
348	3	14	17	20	24	31	34
349	5	13	14	20	24	25	36
350	1	8	18	24	29	33	35
351	5	25	27	29	34	36	33
352	5	16	17	20	26	41	24
353	11	16	19	22	29	36	26
354	14	19	36	43	44	45	1
355	5	8	29	30	35	44	38
356	2	8	14	25	29	45	24
357	10	14	18	21	36	37	5
358	1	9	10	12	21	40	37
359	1	10	19	20	24	40	23
360	4	16	23	25	35	40	27

9.2. 역대 로또 당첨번호(1~360)에 나타나는 조합(3, 13, 39)와 두 수의 연속 3회 출현

★ 조합(3, 13, 39)와 연속으로 등장하는 두 수

〈표 4-9-2〉에서도 앞에서 설명한 현상이 총 다섯 번이나 나타나고 있다. 마찬가지로, '가', '나', '다', '라', '마'로 표시된 곳을 중심으로 보면, '가'에는 조합(3, 13, 39)이 나타난다. 그리고 한참 내려오면 10과 40이 연속해서 세 번 나타나는 것을 알 수 있다.

'나'의 경우에는 498회차에서 조합(3, 13, 39)가 나타난 후 나중에 26과 34가 세 번 연속으로 나타난다.

'다'에서는 조합(3, 13, 39)가 형성되는데, 그 사이에 녹색으로 표시된 13과 28이 연속으로 3회 등장하고 있다. **(적색과 녹색이 중첩되어 있는 것을 확인하라.)**

'라'에서도 조합(3, 13, 39)이 나타나는데 이 조합 위에 8과 39가 연속으로 세 번 나타나고 있다.

마지막으로 '바'에서도 조합(3, 13, 39)이 나타나고, 이 조합 아래 39와 40이 연속으로 세 번 등장하고 있다.

이처럼 조합(3, 13, 39)는 두 수가 연속으로 세 번 등장하는 현상을 불러온다고 볼 수 있다.

한편, '마'의 경우는 조합(3, 13, 39)가 나타나지만, 연속으로 세 번 등장하는 현상을 수반하고 있지 않아 불가 현상이라고 보아야 한다.

〈표 4-9-2〉

421	6	11	26	27	28	44	30
422	8	15	19	21	34	44	12
423	1	17	27	28	29	40	5
424	10	11	26	31	34	44	30
425	8	10	14	27	33	38	3
426	4	17	18	27	39	43	19
427	6	7	15	24	28	30	21
428	12	16	19	22	37	40	8
429	3	23	28	34	39	42	16
430	1	3	16	18	30	34	44
431	18	22	25	31	38	45	6
432	2	3	5	11	27	39	33
433	19	23	29	33	35	43	27
434	3	13	20	24	33	37	35
435	8	16	26	30	38	45	42
436	9	14	20	22	33	34	28
437	11	16	29	38	41	44	21
438	6	12	20	26	29	38	45
439	17	20	30	31	37	40	25
440	10	22	28	34	36	44	2
441	1	23	28	30	34	35	9
442	25	27	29	36	38	40	41
443	4	6	10	19	20	44	14
444	11	13	23	35	43	45	17
445	13	20	21	30	39	45	42
446	1	11	12	14	26	35	[illegible]
447	2	7	8	9	17	33	34
448	3	7	13	27	40	41	36
449	3	10	20	26	35	43	36
450	6	14	19	21	23	31	13
451	12	15	20	24	30	38	29
452	8	10	18	30	32	34	27
453	12	24	33	38	40	42	30
454	13	25	27	34	38	41	10
455	4	19	20	26	30	35	24
456	1	7	12	18	23	27	44
457	8	10	18	23	27	40	33
458	4	9	10	32	36	40	18
459	4	6	10	14	25	40	12
460	8	11	28	30	43	45	41
461	11	18	26	31	37	40	43
462	3	20	24	32	37	45	4
463	23	29	31	33	34	44	40
464	6	12	15	34	42	44	4
465	1	8	11	13	22	38	31
466	4	10	13	23	32	44	20
467	2	12	14	17	24	40	39
468	8	13	15	28	37	43	17
469	4	21	22	34	37	38	33
470	10	16	20	39	41	42	27
471	6	13	29	37	39	41	43
472	16	25	26	31	36	43	44
473	8	13	20	22	23	36	34
474	4	13	18	31	33	45	43
475	1	9	14	16	21	29	3
476	9	12	13	15	37	38	27
477	14	25	29	32	33	45	37
478	18	29	30	37	39	43	8
479	8	23	25	27	35	44	24
480	3	5	10	17	30	31	16

481	3	4	23	29	40	41	20
482	1	10	16	24	25	35	43
483	12	15	19	22	28	34	5
484	1	3	27	28	32	45	11
485	17	22	26	27	36	39	20
486	1	2	23	25	38	40	43
487	4	8	25	27	37	41	21
488	2	8	17	30	31	38	25
489	2	4	8	15	20	27	11
490	2	7	26	29	40	43	42
491	8	17	35	36	39	42	4
492	22	27	31	35	37	40	42
493	20	22	26	33	36	37	25
494	5	7	8	15	30	43	22
495	4	13	22	27	34	44	6
496	4	13	20	29	36	41	39
497	19	20	23	24	43	44	13
498	13	14	24	32	39	41	3
499	5	20	23	27	35	40	43
500	3	4	12	20	24	34	41
501	1	4	10	17	31	42	2
502	6	22	28	32	34	40	26
503	1	5	27	30	34	36	40
504	6	14	22	26	43	44	31
505	7	20	22	25	38	40	44
506	6	9	11	22	24	30	31
507	12	13	32	33	40	41	4
508	5	27	31	34	35	43	37
509	12	25	29	35	42	43	24
510	12	29	32	33	39	40	42
511	3	7	14	23	26	42	24
512	4	5	9	13	26	27	1
513	5	8	21	23	27	33	12
514	1	15	20	26	35	42	9
515	2	11	12	15	23	37	8
516	2	8	23	41	43	44	30
517	1	9	12	28	36	41	10
518	14	23	30	32	34	38	6
519	6	8	13	16	30	43	3
520	4	22	27	28	38	40	1
521	3	7	18	29	32	36	19
522	4	5	13	14	37	41	11
523	1	4	37	38	40	45	7
524	10	11	29	38	41	45	21
525	11	23	26	29	39	44	22
526	7	14	17	20	35	39	31
527	1	12	22	32	33	42	38
528	5	17	25	31	39	40	10
529	18	20	24	27	31	42	39
530	16	23	27	29	33	41	22
531	1	5	9	21	27	35	45
532	16	17	23	24	29	44	3
533	9	14	15	17	31	[illegible]	23
534	10	24	26	29	37	38	32
535	11	12	14	15	18	39	34
536	7	8	18	32	37	43	12
537	12	23	26	30	36	43	11
538	6	10	18	31	32	34	11
539	3	19	22	31	42	43	26
540	3	12	13	15	34	36	14

541	8	13	26	28	32	34	43
542	5	6	19	26	41	45	34
543	13	18	26	31	34	44	12
544	5	17	21	25	36	44	10
545	4	24	25	27	34	35	2
546	8	17	20	27	37	43	6
547	6	7	15	22	34	39	28
548	1	12	13	21	32	45	14
549	29	31	35	38	40	44	17
550	1	7	14	20	34	37	41
551	3	6	20	24	27	44	25
552	1	10	20	[illegible]	[illegible]	40	43
553	2	7	17	28	29	39	37
554	13	14	17	32	41	42	6
555	11	17	21	24	26	36	12
556	12	20	23	28	30	44	43
557	4	20	26	28	35	40	31
558	12	15	19	26	40	43	29
559	11	12	25	32	44	45	23
560	1	4	20	23	29	45	28
561	5	7	18	37	42	45	20
562	4	11	13	17	20	31	33
563	5	10	16	17	31	32	21
564	14	19	25	26	27	34	2
565	4	10	18	27	40	45	38
566	4	5	6	25	26	43	41
567	1	10	15	16	32	41	28
568	1	3	17	20	31	44	40
569	3	6	13	23	24	35	1
570	1	12	26	27	29	33	42
571	11	18	21	26	38	43	29
572	3	13	18	33	37	45	1
573	2	4	20	34	35	43	14
574	14	15	16	19	25	43	2
575	2	8	20	30	33	34	6
576	10	11	15	25	35	41	13
577	16	17	22	31	34	37	33
578	5	12	14	32	34	42	16
579	5	7	20	22	37	42	39
580	5	7	9	11	32	35	33
581	3	5	14	20	42	44	33
582	2	12	14	33	40	41	25
583	8	17	27	33	40	44	24
584	7	18	30	39	40	41	36
585	6	7	10	16	38	41	4
586	2	7	12	15	21	34	5
587	14	21	29	31	32	37	17
588	2	8	15	22	25	41	30
589	6	8	28	33	38	39	22
590	20	30	36	38	41	45	23
591	8	13	14	30	38	39	5
592	2	5	6	13	28	44	43
593	9	10	13	24	33	38	28
594	2	8	13	25	28	37	3
595	8	24	28	35	38	40	5
596	3	4	12	14	25	43	17
597	8	10	23	24	35	43	37
598	4	12	24	33	38	45	22
599	5	12	17	29	34	35	27
600	5	11	14	27	29	36	44

601	2	16	19	31	34	35	37
602	13	14	22	27	30	38	2
603	2	19	25	26	27	43	28
604	2	6	18	21	33	34	30
605	1	2	7	9	10	38	42
606	1	5	6	14	20	39	22
607	8	14	23	36	38	39	13
608	4	8	18	19	39	44	41
609	4	8	27	34	39	40	13
610	14	18	20	23	28	36	33
611	2	22	27	33	36	37	14
612	6	9	18	19	25	33	40
613	7	8	11	16	41	44	35
614	8	21	25	39	40	44	18
615	10	17	18	19	23	27	35
616	5	13	18	23	40	45	3
617	4	5	11	12	24	27	28
618	8	16	25	30	42	43	15
619	6	8	13	30	35	40	21
620	2	16	17	32	39	45	40
621	1	2	6	16	19	42	9
622	9	15	16	21	28	34	24
623	7	13	30	39	41	45	25
624	1	7	19	26	27	35	16
625	3	6	7	20	21	39	13
626	13	14	26	33	40	43	15
627	2	9	22	25	31	45	12
628	1	7	12	15	23	42	11
629	19	28	31	38	43	44	1
630	8	17	21	24	27	31	15
631	1	2	4	23	31	34	8
632	15	18	21	32	35	44	6
633	9	12	19	20	39	41	13
634	4	10	11	12	20	27	38
635	11	13	25	26	29	33	32
636	6	7	15	16	20	31	26
637	3	16	22	37	38	44	23
638	7	18	22	24	31	34	6
639	6	15	22	23	25	32	40
640	14	15	18	21	26	35	23
641	11	18	21	36	37	43	12
642	8	17	18	24	39	45	32
643	15	24	31	32	33	40	13
644	5	13	17	23	28	36	8
645	1	4	16	26	40	41	31
646	2	9	24	41	43	45	30
647	5	16	21	23	24	30	29
648	13	19	28	37	38	43	4
649	3	21	22	33	41	42	20
650	3	4	7	11	31	41	35
651	11	12	16	26	29	44	18
652	3	13	15	40	41	44	20
653	5	6	26	27	38	39	1
654	16	21	26	31	36	43	6
655	7	37	38	39	40	44	18
656	3	7	14	16	31	40	39
657	10	14	19	39	40	43	23
658	8	19	25	28	32	36	37
659	7	18	19	27	29	42	45
660	4	9	23	33	39	44	14

661	2	3	12	20	27	38	40
662	5	6	9	11	15	37	26
663	3	5	8	19	38	42	20
664	10	20	33	36	41	44	5
665	5	6	11	17	38	44	13
666	2	4	6	11	17	28	16
667	15	17	25	37	42	43	13
668	12	14	15	24	27	32	3
669	7	8	20	29	33	38	9
670	11	18	26	27	40	41	25
671	7	9	10	13	31	35	24
672	8	21	28	31	36	45	43
673	7	10	17	29	33	44	5
674	9	10	14	25	27	31	11
675	1	8	11	15	18	45	7
676	1	8	17	34	39	45	27
677	12	15	24	36	41	44	42
678	4	5	6	12	25	37	45
679	3	5	7	14	26	34	35
680	4	10	19	29	32	42	30
681	21	24	27	29	43	44	7
682	17	23	27	35	38	43	2
683	6	13	20	27	28	40	15
684	1	11	15	17	25	39	40
685	6	[illegible]	12	28	38	40	18
686	7	12	15	24	25	43	13
687	1	8	10	13	28	42	45
688	5	15	22	23	34	35	2
689	7	17	19	30	36	38	34
690	24	25	33	34	38	39	43
691	15	27	33	35	43	45	16
692	3	11	14	15	32	36	44
693	1	6	11	28	34	42	30
694	7	15	20	25	33	43	12
695	4	18	26	33	34	38	14
696	1	7	16	18	34	38	21
697	2	5	8	11	33	39	31
698	3	11	13	21	33	37	18
699	4	5	8	16	21	29	3
700	11	23	28	29	30	44	13
701	3	10	14	16	36	38	35
702	3	13	16	24	26	29	9
703	10	28	31	33	41	44	21
704	1	4	8	23	33	42	45
705	1	6	17	22	28	45	23
706	3	4	6	10	28	30	37
707	2	12	19	24	39	44	35
708	2	10	16	19	34	45	1
709	10	18	30	36	39	44	32
710	3	4	6	24	25	33	10
711	11	15	24	35	37	45	42
712	17	20	30	31	33	45	19
713	2	5	15	18	19	23	44
714	1	7	22	33	37	40	20
715	2	7	[illegible]	33	41	44	10
716	2	6	13	16	29	30	21
717	2	11	19	25	28	32	44
718	4	11	20	23	32	39	40
719	4	8	13	19	20	43	26
720	1	12	29	34	36	37	41

721	1	28	35	41	43	44	31
722	12	14	21	30	39	43	45
723	20	30	33	35	36	44	22
724	2	8	33	35	37	41	14
725	6	7	19	21	41	43	38
726	1	11	21	23	34	44	24
727	7	8	10	19	21	31	20
728	3	6	10	30	34	37	36
729	11	17	21	26	36	45	16
730	4	10	14	15	18	22	39
731	2	7	13	25	42	45	39
732	2	4	5	17	27	32	43
733	11	24	32	33	35	40	13
734	6	16	37	38	41	45	18
735	5	10	13	27	37	41	44
736	2	11	17	18	21	27	6
737	13	15	18	24	27	41	11
738	23	27	28	38	42	43	36
739	7	22	29	33	34	35	30
740	4	8	9	16	17	19	31
741	5	21	27	34	44	45	16
742	8	10	13	36	37	40	6
743	15	19	21	34	41	44	10
744	10	15	18	21	34	41	43
745	1	2	3	9	12	23	10
746	3	12	33	36	42	45	25
747	7	9	12	14	23	28	17
748	3	10	13	22	31	32	29
749	12	14	24	26	34	45	41
750	1	2	15	19	24	36	12
751	3	4	16	20	28	44	17
752	4	16	20	33	40	43	7
753	2	17	19	24	37	41	3
754	2	8	17	24	29	31	32
755	13	14	26	28	30	36	37
756	10	14	16	18	27	28	4
757	6	7	11	17	33	44	1
758	5	9	12	30	39	43	24
759	9	33	36	40	42	43	32
760	10	22	27	31	42	43	12
761	4	7	11	24	42	45	30
762	1	3	12	21	26	41	16
763	3	8	16	32	34	43	10
764	7	22	24	31	34	36	15
765	1	3	8	12	42	43	33
766	9	30	34	35	39	41	21
767	5	15	20	31	34	42	22
768	7	27	29	30	38	44	4
769	5	7	11	16	41	45	4
770	1	9	12	23	39	43	34
771	6	10	17	18	21	29	30
772	5	6	11	14	21	41	32
773	8	12	19	21	31	35	44
774	12	15	18	28	34	42	9
775	11	12	29	33	38	42	17
776	8	9	18	21	28	40	20
777	6	12	17	21	34	37	18
778	6	21	35	36	37	41	11
779	6	12	19	24	34	41	4
780	15	17	19	21	27	45	16

9.3. 결론- 로또에의 적용

조합(3, 13, 39)가 등장할 때,

두 수가 연속으로 세 번 나오는 현상을 불러오게 된다.

이때, 다음과 같은 적용을 해 볼 수 있다.

조합(3, 13, 39)가 등장했을 때
그 근방에 동일한 두 수가 연속으로 두 번 등장했다면, 돌아오는 주에도 그 두 수가 동일하게 등장할 수 있다.

NOTE

조합 3, 13, 39와 두 수의 연속 3회 출현의 규칙성

회차							보너스
1	10	23	29	33	37	40	16
2	9	13	21	25	32	42	2
3	11	16	19	21	27	31	30
4	14	27	30	31	40	42	2
5	16	24	29	40	41	42	3
6	14	15	26	27	40	42	34
7	2	9	16	25	26	40	42
8	8	19	25	34	37	39	9
9	2	4	16	17	36	39	14
10	9	25	30	33	41	44	6
11	1	7	36	37	41	42	14
12	2	11	21	25	39	45	44
13	22	23	25	37	38	42	26
14	2	6	12	31	33	40	15
15	3	4	16	30	31	37	13
16	6	7	24	37	38	40	33
17	3	4	9	17	32	37	1
18	3	12	13	19	32	35	29
19	6	30	38	39	40	43	26
20	10	14	18	20	23	30	41
21	6	12	17	18	31	32	21
22	4	5	6	8	17	39	25
23	5	13	17	18	33	42	44
24	7	8	27	29	36	43	6
25	2	4	21	26	43	44	16
26	4	5	7	18	20	25	31
27	1	20	26	28	37	43	27
28	9	18	23	25	35	37	1
29	1	5	13	34	39	40	11
30	8	17	20	35	36	44	4
31	7	9	18	23	28	35	32
32	6	14	19	25	34	44	11
33	4	7	32	33	40	41	9
34	9	26	35	37	40	42	2
35	2	3	11	26	37	43	39
36	1	10	23	26	28	40	31
37	7	27	30	33	35	37	42
38	16	17	22	30	37	43	36
39	6	7	13	15	21	43	8
40	7	13	18	19	25	26	6
41	13	20	23	35	38	43	34
42	17	18	19	21	23	32	1
43	6	31	35	38	39	44	1
44	3	11	21	30	38	45	39
45	1	10	20	27	33	35	17
46	8	13	15	23	31	38	39
47	14	17	26	31	36	45	27
48	6	10	18	26	37	38	3
49	4	7	16	19	33	40	30
50	2	10	12	15	22	44	1
51	2	3	11	16	26	44	35
52	2	4	15	16	20	29	1
53	7	8	14	32	33	39	42
54	1	8	21	27	36	39	37
55	17	21	31	37	40	44	7
56	10	14	30	31	33	37	19
57	7	10	16	25	29	44	6
58	10	24	25	33	40	44	1
59	6	29	36	39	41	45	13
60	2	8	25	36	39	42	11

회차							보너스
61	14	15	19	30	38	43	8
62	3	8	15	27	29	35	21
63	3	20	23	36	38	40	5
64	14	15	18	21	26	36	39
65	4	25	33	36	40	43	39
66	2	3	7	17	22	24	45
67	3	7	10	15	36	38	33
68	10	12	15	16	26	39	38
69	5	8	14	15	19	39	35
70	5	19	22	25	28	43	26
71	5	9	12	16	29	41	21
72	2	4	11	17	26	27	1
73	3	12	18	32	40	43	38
74	6	15	17	18	35	40	23
75	2	5	24	32	34	44	28
76	1	3	15	22	25	37	43
77	2	18	29	32	43	44	37
78	10	13	25	29	33	35	38
79	3	12	24	27	30	32	14
80	17	18	24	25	26	30	1
81	5	7	11	13	20	33	6
82	1	2	3	14	27	42	39
83	6	10	15	17	19	34	14
84	16	23	27	34	42	45	11
85	6	8	13	23	31	36	21
86	2	12	37	39	41	45	33
87	4	12	16	23	34	43	26
88	1	17	20	24	30	41	27
89	4	26	28	29	33	40	37
90	17	20	29	35	38	44	10
91	1	21	24	26	29	42	27
92	3	14	24	33	35	36	17
93	6	22	24	36	38	44	19
94	5	32	34	40	41	45	6
95	8	17	27	31	34	43	14
96	1	3	8	21	22	31	20
97	5	7	14	15	20	36	3
98	6	9	16	23	24	32	43
99	1	3	10	27	29	37	11
100	1	7	11	23	37	42	6
101	1	3	17	32	35	45	8
102	17	22	24	26	35	40	42
103	5	14	15	27	30	45	10
104	17	32	33	34	42	44	35
105	8	10	20	34	41	45	28
106	4	10	12	22	24	33	29
107	1	4	5	6	9	31	17
108	7	18	22	23	29	44	12
109	1	5	34	36	42	44	33
110	7	20	22	23	29	43	1
111	7	18	31	33	36	40	27
112	26	29	30	33	41	42	43
113	4	9	28	33	36	45	26
114	11	14	19	26	28	41	2
115	1	2	6	9	25	28	31
116	2	4	25	31	34	37	17
117	5	10	22	34	36	44	35
118	3	4	10	17	19	22	38
119	3	11	13	14	17	21	38
120	4	6	10	11	32	37	30

회차							보너스
121	12	28	30	34	38	43	9
122	1	11	16	17	36	40	8
123	7	17	18	28	30	45	27
124	4	16	23	25	29	42	1
125	2	8	32	33	35	36	18
126	7	20	22	27	40	43	1
127	3	5	10	29	32	43	35
128	12	30	34	36	37	45	39
129	19	23	25	28	38	42	17
130	7	19	24	27	42	45	31
131	8	10	11	14	15	21	37
132	3	17	23	34	41	45	43
133	4	7	15	18	23	26	13
134	3	12	20	23	31	35	43
135	6	14	22	28	35	39	16
136	2	16	30	36	41	42	11
137	7	9	20	25	36	39	15
138	10	11	27	28	37	39	19
139	9	11	15	20	28	43	13
140	3	13	17	18	19	28	8
141	8	12	29	31	42	43	2
142	12	16	30	34	40	44	19
143	26	27	28	42	43	45	8
144	4	15	17	26	36	37	43
145	2	3	13	20	27	44	9
146	2	19	27	35	41	42	25
147	4	6	13	21	40	42	36
148	21	25	33	34	35	36	17
149	2	11	21	34	41	42	27
150	2	18	25	28	37	39	16
151	1	2	10	13	18	19	15
152	1	5	13	26	29	34	43
153	3	8	11	12	13	36	33
154	6	19	21	35	40	45	20
155	16	19	20	32	33	41	4
156	5	18	28	30	42	45	2
157	19	26	30	33	35	39	37
158	4	9	13	18	21	34	7
159	1	18	30	41	42	43	32
160	3	7	8	34	39	41	1
161	22	34	36	40	42	45	44
162	1	5	21	25	38	41	24
163	7	11	26	28	29	44	16
164	6	9	10	11	39	41	27
165	5	13	18	19	22	42	31
166	9	12	27	36	39	45	14
167	24	27	28	30	36	39	4
168	3	10	31	40	42	43	30
169	16	27	35	37	43	45	19
170	2	11	13	15	31	42	10
171	4	16	25	29	34	35	1
172	4	19	21	24	26	41	35
173	3	9	24	30	33	34	18
174	13	14	18	22	35	39	16
175	19	26	28	31	33	36	17
176	4	17	30	32	33	34	15
177	1	10	13	16	37	43	6
178	1	5	11	12	18	23	9
179	5	9	17	25	39	43	32
180	2	15	20	21	29	34	22

회차							보너스
181	14	21	23	32	40	45	44
182	13	15	27	29	34	40	35
183	2	18	24	34	40	42	5
184	1	2	6	16	20	33	41
185	1	2	4	8	19	38	14
186	4	10	14	19	21	45	9
187	1	2	8	18	29	38	42
188	19	24	27	30	31	34	36
189	8	14	32	35	37	45	28
190	8	14	18	30	31	44	15
191	5	6	24	25	32	37	8
192	4	8	11	18	37	45	33
193	6	14	18	26	36	39	13
194	15	20	23	26	39	44	28
195	7	10	19	22	35	40	31
196	35	36	37	41	44	45	30
197	7	12	16	34	42	45	4
198	12	19	20	25	41	45	2
199	14	21	22	25	30	36	43
200	5	6	13	14	17	20	7
201	3	11	24	38	39	44	26
202	12	24	27	33	39	44	17
203	1	3	11	24	30	32	7
204	3	12	14	35	40	45	5
205	1	3	21	29	35	37	30
206	1	2	3	15	20	25	43
207	3	11	14	31	32	37	38
208	14	25	31	34	40	44	24
209	2	7	18	20	24	33	37
210	10	19	22	23	25	37	39
211	12	13	17	20	33	41	8
212	11	12	18	21	31	38	8
213	2	3	4	5	20	24	42
214	5	7	20	25	28	37	32
215	2	3	7	15	43	44	4
216	7	16	17	33	36	40	1
217	16	20	27	33	35	39	38
218	1	8	14	18	29	44	20
219	4	11	20	26	35	37	16
220	5	11	19	21	34	43	31
221	2	20	33	35	37	40	10
222	5	7	28	29	39	43	44
223	1	3	18	20	26	27	38
224	4	19	26	27	30	42	7
225	5	11	13	19	31	36	7
226	2	6	8	14	21	22	34
227	4	5	15	16	22	42	2
228	17	25	35	36	39	44	23
229	4	5	9	11	23	38	35
230	5	11	14	29	32	33	12
231	5	10	19	31	44	45	27
232	8	9	10	12	24	44	35
233	4	6	13	17	28	40	39
234	13	21	22	24	26	37	4
235	21	22	26	27	31	37	8
236	1	4	8	13	37	39	7
237	1	11	17	21	24	44	33
238	2	4	15	28	31	34	35
239	11	15	24	39	41	44	7
240	6	10	16	40	41	43	21

회차							보너스
241	2	16	24	27	28	35	21
242	4	19	20	21	32	34	43
243	2	12	17	19	28	42	34
244	13	16	25	36	37	38	19
245	9	11	27	31	32	38	22
246	13	18	21	23	26	39	15
247	12	15	28	36	39	40	13
248	3	8	17	23	38	45	13
249	3	8	27	31	41	44	11
250	19	23	30	37	43	45	38
251	6	7	19	25	28	38	45
252	14	23	26	31	39	45	28
253	8	19	25	31	34	36	33
254	1	5	19	20	24	30	27
255	1	5	6	24	27	42	32
256	4	11	14	21	23	43	32
257	6	13	27	31	32	37	4
258	14	27	30	31	38	40	17
259	4	5	14	35	42	45	34
260	7	12	15	24	37	40	43
261	6	11	16	18	31	43	2
262	9	12	24	25	29	31	36
263	1	27	28	32	37	40	18
264	9	16	27	36	41	44	5
265	5	9	34	37	38	39	12
266	3	4	9	11	22	42	37
267	7	8	24	34	36	41	1
268	3	10	19	24	32	45	12
269	5	18	20	36	42	43	32
270	5	9	12	20	21	26	27
271	3	8	9	27	29	40	36
272	7	9	12	27	39	43	28
273	1	8	24	31	34	44	6
274	13	14	15	26	35	39	25
275	14	19	20	35	38	40	26
276	4	15	21	33	39	41	25
277	10	12	13	15	25	29	20
278	3	11	37	39	41	43	13
279	7	16	31	36	37	38	11
280	10	11	23	24	36	37	35
281	1	3	4	6	14	41	12
282	2	5	10	18	31	32	30
283	6	8	18	31	38	45	42
284	2	7	15	24	30	45	28
285	13	33	37	40	41	45	2
286	1	15	19	40	42	44	17
287	6	12	24	27	35	37	41
288	1	12	17	28	35	41	10
289	3	14	33	37	38	42	10
290	8	13	18	32	39	45	7
291	3	7	8	18	20	42	45
292	17	18	31	32	33	34	10
293	1	9	17	21	29	33	24
294	6	10	17	30	37	38	40
295	1	4	12	16	18	38	8
296	3	8	15	27	30	45	44
297	6	11	19	20	28	32	34
298	5	9	27	29	37	40	19
299	1	3	20	25	36	45	24
300	7	9	10	12	26	38	39

회차							보너스
301	7	11	13	33	37	43	26
302	13	19	20	32	38	42	4
303	2	14	17	30	38	45	43
304	4	10	16	26	33	41	38
305	7	8	18	21	23	39	9
306	4	18	23	30	34	41	19
307	5	15	21	23	25	45	12
308	14	15	17	19	37	45	40
309	1	2	5	11	18	36	22
310	1	5	19	28	34	41	16
311	4	12	24	27	28	32	10
312	2	3	5	6	12	20	25
313	9	17	34	35	43	45	2
314	15	17	19	34	38	41	2
315	1	13	33	35	43	45	23
316	10	11	21	27	31	39	43
317	3	10	11	22	36	39	8
318	2	17	19	20	34	45	21
319	5	8	22	28	33	42	37
320	16	19	23	25	41	45	3
321	12	18	20	21	25	34	42
322	9	18	29	32	38	43	20
323	10	14	15	32	36	42	3
324	2	4	21	25	33	36	17
325	7	17	20	32	44	45	33
326	16	23	25	33	36	39	40
327	6	12	13	17	32	44	24
328	1	6	9	16	17	28	24
329	9	17	19	30	35	42	4
330	3	4	16	17	19	20	23
331	4	9	14	26	31	44	39
332	16	17	34	36	42	45	3
333	5	14	27	30	39	43	35
334	13	15	21	29	39	43	33
335	5	9	16	23	26	45	21
336	3	5	20	34	35	44	16
337	1	5	14	18	32	37	4
338	2	13	34	38	42	45	16
339	6	8	14	21	30	37	45
340	18	24	26	29	34	38	32
341	1	8	19	34	39	43	41
342	1	13	14	33	34	43	25
343	1	10	17	29	31	43	15
344	1	2	15	28	34	45	38
345	15	20	23	29	39	42	2
346	5	13	14	22	44	45	33
347	3	8	13	27	32	42	10
348	3	14	17	20	24	31	34
349	5	13	14	20	24	25	36
350	1	8	18	24	29	33	35
351	5	25	27	29	34	36	33
352	5	16	17	20	26	41	24
353	11	16	19	22	29	36	26
354	14	19	36	43	44	45	1
355	5	8	29	30	35	44	38
356	2	8	14	25	29	45	24
357	10	14	18	21	36	37	5
358	1	9	10	12	21	40	37
359	1	10	19	20	24	40	23
360	4	16	23	25	35	40	27

회차	
361	5
362	2
363	1
364	2
365	5
366	5
367	3
368	1
369	1
370	1
371	7
372	8
373	1
374	1
375	4
376	1
377	6
378	5
379	6
380	1
381	1
382	1
383	4
384	1
385	7
386	4
387	1
388	1
389	7
390	1
391	1
392	1
393	9
394	1
395	1
396	1
397	1
398	1
399	1
400	9
401	6
402	5
403	1
404	5
405	1
406	7
407	6
408	9
409	6
410	1
411	1
412	4
413	2
414	2
415	7
416	5
417	4
418	1
419	2
420	4

35	33	421	6	11	26	27	28	44	30	481	3	4	23	29	40	41	20	541	8	13	26	28	32	34	43	601	2	16	19	31	34	35	37	661	2	3	12	20	27	38	40	721	1	28	35	41	43	44	31
40	29	422	8	15	19	21	34	44	12	482	1	10	16	24	25	35	43	542	5	6	19	26	41	45	34	602	13	14	22	27	30	38	2	662	5	6	9	11	15	37	26	722	12	14	21	30	39	43	45
38	6	423	1	17	27	28	29	40	5	483	12	15	19	22	28	34	5	543	13	18	26	31	34	44	12	603	2	19	25	26	27	43	28	663	3	5	8	19	38	42	20	723	20	30	33	35	36	44	22
40	4	424	10	11	26	31	34	44	30	484	1	3	27	28	32	45	11	544	5	17	21	25	36	44	10	604	2	6	18	21	33	34	30	664	10	20	33	36	41	44	5	724	2	8	33	35	37	41	14
30	31	425	8	10	14	27	33	38	3	485	17	22	26	27	36	39	20	545	4	24	25	27	34	35	2	605	1	2	7	9	10	38	42	665	5	6	11	17	38	44	13	725	6	7	19	21	41	43	38
44	38	426	4	17	18	27	39	43	19	486	1	2	23	25	38	40	43	546	8	17	20	27	37	43	6	606	1	5	6	14	20	39	22	666	2	4	6	11	17	28	16	726	1	11	21	23	34	44	24
44	19	427	6	7	15	24	28	30	21	487	4	8	25	27	37	41	21	547	6	7	15	22	34	39	28	607	8	14	23	36	38	39	13	667	15	17	25	37	42	43	13	727	7	8	10	19	21	31	20
45	26	428	12	16	19	22	37	40	8	488	2	8	17	30	31	38	25	548	1	12	13	21	32	45	14	608	4	8	18	19	39	44	41	668	12	14	15	24	27	32	3	728	3	6	10	30	34	37	36
43	21	429	3	23	28	34	39	42	16	489	2	4	8	15	20	27	11	549	29	31	35	38	40	44	17	609	4	8	27	34	39	40	13	669	7	8	20	29	33	38	9	729	11	17	21	26	36	45	16
45	17	430	1	3	16	18	30	34	44	490	2	7	26	29	40	43	42	550	1	7	14	20	34	37	41	610	14	18	20	23	28	36	33	670	11	18	26	27	40	41	25	730	4	10	14	15	18	22	39
42	18	431	18	22	25	31	38	45	6	491	8	17	35	36	39	42	4	551	3	6	20	24	27	44	25	611	2	22	27	33	36	37	14	671	7	9	10	13	31	35	24	731	2	7	13	25	42	45	39
21	13	432	2	3	5	11	27	39	33	492	22	27	31	35	37	40	42	552	1	10	20	32	35	40	43	612	6	9	18	19	25	33	40	672	8	21	28	31	36	45	43	732	2	4	5	17	27	32	43
45	9	433	19	23	29	33	35	43	27	493	20	22	26	33	36	37	25	553	2	7	17	28	29	39	37	613	7	8	11	16	41	44	35	673	7	10	17	29	33	44	5	733	11	24	32	33	35	40	13
34	26	434	3	13	20	24	33	37	35	494	5	7	8	15	30	43	22	554	13	14	17	32	41	42	6	614	8	21	25	39	40	44	18	674	9	10	14	25	27	31	11	734	6	16	37	38	41	45	18
45	7	435	8	16	26	30	38	45	42	495	4	13	22	27	34	44	6	555	11	17	21	24	26	36	12	615	10	17	18	19	23	27	35	675	1	8	11	15	18	45	7	735	5	10	13	27	37	41	44
40	7	436	9	14	20	22	33	34	28	496	4	13	20	29	36	41	39	556	12	20	23	28	30	44	43	616	5	13	18	23	40	45	3	676	1	8	17	34	39	45	27	736	2	11	17	18	21	27	6
45	23	437	11	16	29	38	41	44	21	497	19	20	23	24	43	44	18	557	4	20	26	28	35	40	31	617	4	5	11	12	24	27	28	677	12	15	24	36	41	44	42	737	13	15	18	24	27	41	11
39	43	438	6	12	20	26	29	38	45	498	13	14	24	32	39	41	3	558	12	15	19	26	40	43	29	618	8	16	25	30	42	43	15	678	4	5	6	12	25	37	45	738	23	27	28	38	42	43	36
40	19	439	17	20	30	31	37	40	25	499	5	20	23	27	35	40	43	559	11	12	25	32	44	45	23	619	6	8	13	30	35	40	21	679	3	5	7	14	26	34	35	739	7	22	29	33	34	35	30
37	27	440	10	22	28	34	36	44	2	500	3	4	12	20	24	34	41	560	1	4	20	23	29	45	28	620	2	16	17	32	39	45	40	680	4	10	19	29	32	42	30	740	4	8	9	16	17	19	31
20	11	441	1	23	28	30	34	35	9	501	1	4	10	17	31	42	2	561	5	7	18	37	42	45	20	621	1	2	6	16	19	42	9	681	21	24	27	29	43	44	7	741	5	21	27	34	44	45	16
42	19	442	25	27	29	36	38	40	41	502	6	22	28	32	34	40	26	562	4	11	13	17	20	31	33	622	9	15	16	21	28	34	24	682	17	23	27	35	38	43	2	742	8	10	13	36	37	40	6
40	25	443	4	6	10	19	20	44	14	503	1	5	27	30	34	36	40	563	5	10	16	17	31	32	21	623	7	13	30	39	41	45	25	683	6	13	20	27	28	40	15	743	15	19	21	34	41	44	10
38	7	444	11	13	23	35	43	45	17	504	6	14	22	26	43	44	31	564	14	19	25	26	27	34	2	624	1	7	19	26	27	35	16	684	1	11	15	17	25	39	40	744	10	15	18	21	34	41	43
32	9	445	13	20	21	30	39	45	32	505	7	20	22	25	38	40	44	565	4	10	18	27	40	45	38	625	3	6	7.	20	21	39	13	685	6	7	12	28	38	40	18	745	1	2	3	9	12	23	10
40	26	446	1	11	12	14	26	35	6	506	6	9	11	22	24	30	31	566	4	5	6	25	26	43	41	626	13	14	26	33	40	43	15	686	7	12	15	24	25	43	13	746	3	12	33	36	42	45	25
43	20	447	2	7	8	9	17	33	34	507	12	13	32	33	40	41	4	567	1	10	15	16	32	41	28	627	2	9	22	25	31	45	12	687	1	8	10	13	28	42	45	747	7	9	12	14	23	28	17
32	45	448	3	7	13	27	40	41	36	508	5	27	31	34	35	43	37	568	1	3	17	20	31	44	40	628	1	7	12	15	23	42	11	688	5	15	22	23	34	35	2	748	3	10	13	22	31	32	29
26	3	449	3	10	20	26	35	43	36	509	12	25	29	35	42	43	24	569	3	6	13	23	24	35	1	629	19	28	31	38	43	44	1	689	7	17	19	30	36	38	34	749	12	14	24	26	34	45	41
40	15	450	6	14	19	21	23	31	13	510	12	29	32	33	39	40	42	570	1	12	26	27	29	33	42	630	8	17	21	24	27	31	15	690	24	25	33	34	38	39	43	750	1	2	15	19	24	36	12
39	30	451	12	15	20	24	30	38	29	511	3	7	14	23	26	42	24	571	11	18	21	26	38	43	29	631	1	2	4	23	31	34	8	691	15	27	33	35	43	45	16	751	3	4	16	20	28	44	17
42	43	452	8	10	18	30	32	34	27	512	4	5	9	13	26	27	1	572	3	13	18	33	37	45	1	632	15	18	21	32	35	44	6	692	3	11	14	15	32	36	44	752	4	16	20	33	40	43	7
43	21	453	12	24	33	38	40	42	30	513	5	8	21	23	27	33	12	573	2	4	20	34	35	43	14	633	9	12	19	20	39	41	13	693	1	6	11	28	34	42	30	753	2	17	19	24	37	41	3
28	15	454	13	25	27	34	38	41	10	514	1	15	20	26	35	42	9	574	14	15	16	19	25	43	2	634	4	10	11	12	20	27	38	694	7	15	20	25	33	43	12	754	2	8	17	24	29	31	32
35	7	455	4	19	20	26	30	35	24	515	2	11	12	15	23	37	8	575	2	8	20	30	33	34	6	635	11	13	25	26	29	33	32	695	4	18	26	33	34	38	14	755	13	14	26	28	30	36	37
45	30	456	1	7	12	18	23	27	44	516	2	8	23	41	43	44	30	576	10	11	15	25	35	41	13	636	6	7	15	16	20	31	26	696	1	7	16	18	34	38	21	756	10	14	16	18	27	28	4
33	8	457	8	10	18	23	27	40	33	517	1	9	12	28	36	41	10	577	16	17	22	31	34	37	33	637	3	16	22	37	38	44	23	697	2	5	8	11	33	39	31	757	6	7	11	17	33	44	1
44	7	458	4	9	10	32	36	40	18	518	14	23	30	32	34	38	6	578	5	12	14	32	34	42	16	638	7	18	22	24	31	34	6	698	3	11	13	21	33	37	18	758	5	9	12	30	39	43	24
42	20	459	4	6	10	14	25	40	12	519	6	8	13	16	30	43	3	579	5	7	20	22	37	42	39	639	6	15	22	23	25	32	40	699	4	5	8	16	21	29	3	759	9	33	36	40	42	43	32
43	2	460	8	11	28	30	43	45	41	520	4	22	27	28	38	40	1	580	5	7	9	11	32	35	33	640	14	15	18	21	26	35	23	700	11	23	28	29	30	44	13	760	10	22	27	31	42	43	12
43	9	461	11	18	26	31	37	40	43	521	3	7	18	29	32	36	19	581	3	5	14	20	42	44	33	641	11	18	21	36	37	43	12	701	3	10	14	16	36	38	35	761	4	7	11	24	42	45	30
36	32	462	3	20	24	32	37	45	4	522	4	5	13	14	37	41	11	582	2	12	14	33	40	41	25	642	8	17	18	24	39	45	32	702	3	13	16	24	26	29	9	762	1	3	12	21	26	41	16
37	26	463	23	29	31	33	34	44	40	523	1	4	37	38	40	45	7	583	8	17	27	33	40	44	24	643	15	24	31	32	33	40	13	703	10	28	31	33	41	44	21	763	3	8	16	32	34	43	10
40	36	464	6	12	15	34	42	44	4	524	10	11	29	38	41	45	21	584	7	18	30	39	40	41	36	644	5	13	17	23	28	36	8	704	1	4	8	23	33	42	45	764	7	22	24	31	34	36	15
44	4	465	1	8	11	13	22	38	31	525	11	23	26	29	39	44	22	585	6	7	10	16	38	41	4	645	1	4	16	26	40	41	31	705	1	6	17	22	28	45	23	765	1	3	8	12	42	43	33
36	45	466	4	10	13	23	32	44	20	526	7	14	17	20	35	39	31	586	2	7	12	15	21	34	5	646	2	9	24	41	43	45	30	706	3	4	6	10	28	30	37	766	9	30	34	35	39	41	21
25	1	467	2	12	14	17	24	40	39	527	1	12	22	32	33	42	38	587	14	21	29	31	32	37	17	647	5	16	21	23	24	30	29	707	2	12	19	24	39	44	35	767	5	15	20	31	34	42	22
37	16	468	8	13	15	28	37	43	17	528	5	17	25	31	39	40	10	588	2	8	15	22	25	41	30	648	13	19	28	37	38	43	4	708	2	10	16	19	34	45	1	768	7	27	29	30	38	44	4
40	38	469	4	21	22	34	37	38	33	529	18	20	24	27	31	42	39	589	6	8	28	33	38	39	22	649	3	21	22	33	41	42	20	709	10	18	30	36	39	44	32	769	5	7	11	16	41	45	4
41	16	470	10	16	20	39	41	42	27	530	16	23	27	29	33	41	22	590	20	30	36	38	41	45	23	650	3	4	7	11	31	41	35	710	3	4	6	24	25	33	10	770	1	9	12	23	39	43	34
39	5	471	6	13	29	37	39	41	43	531	1	5	9	21	27	35	45	591	8	13	14	30	38	39	5	651	11	12	16	26	29	44	18	711	11	15	24	35	37	45	42	771	6	10	17	18	21	29	30
45	40	472	16	25	26	31	36	43	44	532	16	17	23	24	29	44	3	592	2	5	6	13	28	44	43	652	3	13	15	40	41	44	20	712	17	20	30	31	33	45	19	772	5	6	11	14	21	41	32
40	3	473	8	13	20	22	23	36	34	533	9	14	15	17	31	33	23	593	9	10	13	24	33	38	28	653	5	6	26	27	38	39	1	713	2	5	15	18	19	23	44	773	8	12	19	21	31	35	44
44	43	474	4	13	18	31	33	45	43	534	10	24	26	29	37	38	32	594	2	8	13	25	28	37	3	654	16	21	26	31	36	43	6	714	1	7	22	33	37	40	20	774	12	15	18	28	34	42	9
40	24	475	1	9	14	16	21	29	3	535	11	12	14	15	18	39	34	595	8	24	28	35	38	40	5	655	7	37	38	39	40	44	18	715	2	7	27	33	41	44	10	775	11	12	29	33	38	42	17
26	44	476	9	12	13	15	37	38	27	536	7	8	18	32	37	43	12	596	3	4	12	14	25	43	17	656	3	7	14	16	31	40	39	716	2	6	13	16	29	30	21	776	8	9	18	21	28	40	20
43	44	477	14	25	29	32	33	45	37	537	12	23	26	30	36	43	11	597	8	10	23	24	35	43	37	657	10	14	19	39	40	43	23	717	2	11	19	25	28	32	44	777	6	12	17	21	34	37	18
34	31	478	18	29	30	37	39	43	8	538	6	10	18	31	32	34	11	598	4	12	24	33	38	45	22	658	8	19	25	28	32	36	37	718	4	11	20	23	32	39	40	778	6	21	35	36	37	41	11
30	7	479	8	23	25	27	35	44	24	539	3	19	22	31	42	43	26	599	5	12	17	29	34	35	27	659	7	18	19	27	29	42	45	719	4	8	13	19	20	43	26	779	6	12	19	24	34	41	4
34	27	480	3	5	10	17	30	31	16	540	3	12	13	15	34	36	14	600	5	11	14	27	29	36	44	660	4	9	23	33	39	44	14	720	1	12	29	34	36	37	41	780	15	17	19	21	27	45	16

10

첫머리 두 수 조합(7, 16/6, 11)의 규칙성

10.1. 역대 로또 당첨번호(1~360)에 나타나는 첫머리 조합(7, 16), (6, 11)의 규칙

★ 조합(7, 16)과 조합(6, 11)이 불러오는 연속된 9

〈표 4-10-1〉에서 우리가 먼저 주목할 것은 녹색으로 표시된 조합(7, 16)과 적색으로 표시된 조합(6, 11)이다. 이것은 각각 A와 B, E와 F, G와 I에 나타나고 있다. 그리고 앞으로는 어떤 형태로 뜰지 모르겠지만, 녹색인 조합(7, 16)이 먼저 뜨고 적색인 조합(6, 11)이 나중에 뜨고 있다.

그런데 이런 현상이 9를 불러오고 있다. 그것도 3회 연속으로 9가 등장하는 현상을 불러오고 있다. 청색으로 표시된 C와 D와 H를 보면 알 수 있는데 여기서는 9가 3주 연속으로 등장하고 있다.

이런 현상들을 종합할 때 첫머리에 등장하는 조합 (7, 16)과 조합(6, 11)은 연속된 9를 불러옴을 짐작할 수 있다. 그런데 조합 (7, 16)과 조합(6, 11)이 등장하는 경우가 있는가 하면, 연속된 9가 먼저 등장하는 경우도 있다.

〈표 4-10-1〉

121	12	28	30	34	38	43	9
122	1	11	16	17	36	40	8
123	7	17	18	28	30	45	27
124	4	16	23	25	29	42	1
125	2	8	32	33	35	36	18
126	7	20	22	27	40	43	1
127	3	5	10	29	32	43	35
128	12	30	34	36	37	45	39
129	19	23	25	28	38	42	17
130	7	19	24	27	42	45	31
131	8	10	11	14	15	21	37
132	3	17	23	34	41	45	43
133	4	7	15	18	23	26	13
134	3	12	20	23	31	35	43
135	6	14	22	28	35	39	16
136	2	16	30	36	41	42	11
137	7	9	20	25	36	39	15
138	10	11	27	28	37	39	19
139	9	11	15	20	28	43	13
140	3	13	17	18	19	28	8
141	8	12	29	31	42	43	2
142	12	16	30	34	40	44	19
143	26	27	28	42	43	45	8
144	4	15	17	26	36	37	43
145	2	3	13	20	27	44	9
146	2	19	27	35	41	42	25
147	4	6	13	21	40	42	36
148	21	25	33	34	35	36	17
149	2	11	21	34	41	42	27
150	2	18	25	28	37	39	16
151	1	2	10	13	18	19	15
152	1	5	13	26	29	34	43
153	3	8	11	12	13	36	33
154	6	19	21	35	40	45	20
155	16	19	20	32	33	41	4
156	5	18	28	30	42	45	[illegible] A
157	19	26	30	33	35	39	37
158	4	9	13	18	21	34	7
159	1	18	30	41	42	43	32
160	3	7	8	34	39	41	1
161	22	34	36	40	42	45	44
162	1	5	21	25	38	41	24
163	7	11	26	28	29	44	16
164	6	9	10	11	39	41	27
165	5	13	18	19	22	42	31
166	9	12	27	36	39	45	14
167	24	27	28	30	36	39	4
168	3	10	31	40	42	43	30
169	16	27	35	37	43	45	19
170	2	11	13	15	31	42	10
171	4	16	25	29	34	35	1
172	4	19	21	24	26	41	35
173	3	9	24	30	33	34	18
174	13	14	18	22	35	39	16
175	19	26	28	31	33	36	17
176	4	17	30	32	33	34	15
177	1	10	13	16	37	43	6
178	1	5	11	12	18	23	9
179	5	9	17	25	39	43	32
180	2	15	20	21	29	34	22

181	14	21	23	32	40	45	44
182	13	15	27	29	34	40	35
183	2	18	24	34	40	42	5
184	1	2	6	16	20	33	41
185	1	2	4	8	19	38	14
186	4	10	14	19	21	45	9
187	1	2	8	18	29	38	42
188	19	24	27	30	31	34	36
189	8	14	32	35	37	45	28
190	8	14	18	30	31	44	15
191	5	6	24	25	32	37	8
192	4	8	11	18	37	45	33
193	6	14	18	26	36	39	13
194	15	20	23	26	39	44	28
195	7	10	19	22	35	40	31
196	35	36	37	41	44	45	30
197	7	12	16	34	42	45	4
198	12	19	20	25	41	45	2
199	14	21	22	25	30	36	43
200	5	6	13	14	17	20	7
201	3	11	24	38	39	44	26 B
202	12	24	27	33	39	44	17
203	1	3	11	24	30	32	7
204	3	12	14	35	40	45	5
205	1	3	21	29	35	[illegible] C	30
206	1	2	3	15	20	25	43
207	3	11	14	31	32	37	38
208	14	25	31	34	40	44	24
209	2	7	18	20	24	33	37
210	10	19	22	23	25	37	39
211	12	13	17	20	33	41	8 D
212	11	12	18	21	31	38	8
213	2	3	4	5	20	24	42
214	5	7	20	25	28	37	32
215	2	3	7	15	43	44	4
216	7	16	17	33	36	40	1
217	16	20	27	33	35	39	38
218	1	8	14	18	29	44	20
219	4	11	20	26	35	37	16 E
220	5	11	19	21	34	43	31
221	2	20	33	35	37	40	10
222	5	7	28	29	39	43	44
223	1	3	18	20	26	27	38
224	4	19	26	27	30	42	7
225	5	11	13	19	31	36	7
226	2	6	8	14	21	22	34
227	4	5	15	16	22	42	2
228	17	25	35	36	39	44	23
229	4	5	9	11	23	38	35
230	5	11	14	29	32	33	12
231	5	10	19	31	44	45	27
232	8	9	10	12	24	44	35
233	4	6	13	17	28	40	39
234	13	21	22	24	26	37	4
235	21	22	26	27	31	37	8
236	1	4	8	13	37	39	7
237	1	11	17	21	24	44	38 F
238	2	4	15	28	31	34	35
239	11	15	24	39	41	44	7
240	6	10	16	40	41	43	21

241	2	16	24	27	28	35	21
242	4	19	20	21	32	34	43
243	2	12	17	19	28	42	34
244	13	16	25	36	37	38	19
245	9	11	27	31	32	38	22
246	13	18	21	23	26	39	15
247	12	15	28	36	39	40	13
248	3	8	17	23	38	45	13
249	3	8	27	31	41	44	11
250	19	23	30	37	43	45	38
251	6	7	19	25	28	38	45
252	14	23	26	31	39	45	28
253	8	19	25	31	34	36	33
254	1	5	19	20	24	30	27
255	1	5	6	24	27	42	32
256	4	11	14	21	23	43	32
257	6	13	27	31	32	37	4
258	14	27	30	31	38	40	17
259	4	5	14	35	42	45	34
260	7	12	15	24	37	40	43
261	6	11	16	18	31	43	2
262	9	12	24	25	29	31	36
263	1	27	28	32	37	40	18
264	9	16	27	36	41	44	5
265	5	9	34	37	38	39	12
266	3	4	9	11	22	42	37
267	7	8	24	34	36	41	1
268	3	10	19	24	32	45	12
269	5	18	20	36	42	43	32
270	5	9	12	20	21	26	27
271	3	8	9	27	29	40	36
272	7	9	12	27	39	43	28
273	1	8	24	31	34	44	6
274	13	14	15	26	35	39	25
275	14	19	20	35	38	40	26
276	4	15	21	33	39	41	25
277	10	12	13	15	25	29	20
278	3	11	37	39	41	43	13
279	7	16	31	36	37	38	11
280	10	11	23	24	36	37	35
281	1	3	4	6	14	41	12
282	2	5	10	18	31	32	30
283	6	8	18	31	38	45	42
284	2	7	15	24	30	45	28
285	13	33	37	40	41	45	2
286	1	15	19	40	42	44	17
287	6	12	24	27	35	37	41
288	1	12	17	28	35	41	10
289	3	14	33	37	38	42	10
290	8	13	18	32	39	45	7
291	3	7	8	18	20	42	45
292	17	18	31	32	33	34	10
293	1	9	17	21	29	33	24
294	6	10	17	30	37	38	40
295	1	4	12	16	18	38	8
296	3	8	15	27	30	45	44
297	6	11	19	20	28	32	34
298	5	9	27	29	37	40	19
299	1	3	20	25	36	45	24
300	7	9	10	12	26	38	39

301	7	11	13	33	37	43	26
302	13	19	20	32	38	42	4
303	2	14	17	30	38	45	43
304	4	10	16	26	33	41	38
305	7	8	18	21	23	39	9
306	4	18	23	30	34	41	19
307	5	15	21	23	25	45	12
308	14	15	17	19	37	45	40
309	1	2	5	11	18	36	22
310	1	5	19	28	34	41	16
311	4	12	24	27	28	32	10
312	2	3	5	6	12	20	25
313	9	17	34	35	43	45	2
314	15	17	19	34	38	41	2
315	1	13	33	35	43	45	23
316	10	11	21	27	31	39	43
317	3	10	11	22	36	39	8
318	2	17	19	20	34	45	21
319	5	8	22	28	33	42	37
320	16	19	23	25	41	45	3
321	12	18	20	21	25	34	42
322	9	18	29	32	38	43	20
323	10	14	15	32	36	42	3
324	2	4	21	25	33	36	17
325	7	17	20	32	44	45	33
326	16	23	25	33	36	39	40
327	6	12	13	17	32	44	24
328	1	6	9	16	17	28	24
329	9	17	19	30	35	42	4 G
330	3	4	16	17	19	20	23
331	4	9	14	26	31	44	39
332	16	17	34	36	42	45	3
333	5	14	27	30	39	43	35
334	13	15	21	29	39	43	33
335	5	9	16	23	26	45	21
336	3	5	20	34	35	44	16
337	1	5	14	18	32	37	4
338	2	13	34	38	42	45	16
339	6	8	14	21	30	37	45
340	18	24	26	29	34	38	32
341	1	8	19	34	39	43	41 H
342	1	13	14	33	34	43	25
343	1	10	17	29	31	43	15
344	1	2	15	28	34	45	38
345	15	20	23	29	39	42	2
346	5	13	14	22	44	45	33
347	3	8	13	27	32	42	10
348	3	14	17	20	24	31	34
349	5	13	14	20	24	25	36
350	1	8	18	24	29	33	35
351	5	25	27	29	34	36	33
352	5	16	17	20	26	41	24
353	11	16	19	22	29	36	26
354	14	19	36	43	44	45	1
355	5	8	29	30	35	44	38
356	2	8	14	25	29	45	24
357	10	14	18	21	36	37	5
358	1	9	10	12	21	40	37
359	1	10	19	20	24	40	23
360	4	16	23	25	35	40	27

361	5	10	16	24	27	35	33 I
362	2	3	22	27	30	40	29
363	11	12	14	21	32	38	6
364	2	5	7	14	16	40	4
365	5	15	21	25	26	30	31
366	5	12	19	26	27	44	38
367	3	22	25	29	32	44	19
368	11	21	24	30	39	45	26
369	17	20	35	36	41	43	21
370	16	18	24	42	44	45	17
371	7	9	15	26	27	42	18
372	8	11	14	16	18	21	13
373	15	26	37	42	43	45	9
374	11	13	15	17	25	34	26
375	4	8	19	25	27	45	7
376	1	11	13	24	28	40	7
377	6	22	29	37	43	45	23
378	5	22	29	31	34	39	43
379	6	10	22	31	35	40	19
380	1	2	8	17	26	37	27
381	1	5	10	12	16	20	11
382	10	15	22	24	27	42	19
383	4	15	28	33	37	40	25
384	11	22	24	32	36	38	7
385	7	12	19	21	29	32	9
386	4	7	10	19	31	40	26
387	1	26	31	34	40	43	20
388	1	8	9	17	29	32	45
389	7	16	18	20	23	26	3
390	16	17	28	37	39	40	15
391	10	11	18	22	28	39	30
392	1	3	7	8	24	42	43
393	9	16	28	40	41	43	21
394	1	13	20	22	25	28	15
395	11	15	20	26	31	35	7
396	18	20	31	34	40	45	30
397	12	13	17	22	25	33	8
398	10	15	20	23	42	44	7
399	1	2	9	17	19	42	20
400	9	21	27	34	41	43	2
401	6	12	18	31	38	43	9
402	5	9	15	19	22	36	32
403	10	14	22	24	28	37	26
404	5	20	21	24	33	40	36
405	1	2	10	25	26	44	4
406	7	12	21	24	27	36	45
407	6	7	13	16	24	25	1
408	9	20	21	22	30	37	16
409	6	9	21	31	32	40	38
410	1	3	18	32	40	41	16
411	11	14	22	35	37	39	5
412	4	7	39	41	42	45	40
413	2	9	15	23	34	40	3
414	2	14	15	22	23	44	43
415	7	17	20	26	30	40	24
416	5	6	8	11	22	26	44
417	4	5	14	20	22	43	44
418	11	13	15	26	28	34	31
419	2	11	13	14	28	30	7
420	4	9	10	29	31	34	27

421	6	11	26	27	28	44	30
422	8	15	19	21	34	44	12
423	1	17	27	28	29	40	5
424	10	11	26	31	34	44	30
425	8	10	14	27	33	38	3
426	4	17	18	27	39	43	19
427	6	7	15	24	28	30	21
428	12	16	19	22	37	40	8
429	3	23	28	34	39	42	16
430	1	3	16	18	30	34	44
431	18	22	25	31	38	45	6
432	2	3	5	11	27	39	33
433	19	23	29	33	35	43	27
434	3	13	20	24	33	37	35
435	8	16	26	30	38	45	42
436	9	14	20	22	33	34	28
437	11	16	29	38	41	44	21
438	6	12	20	26	29	38	45
439	17	20	30	31	37	40	25
440	10	22	28	34	36	44	2
441	1	23	28	30	34	35	9
442	25	27	29	36	38	40	41
443	4	6	10	19	20	44	14
444	11	13	23	35	43	45	17
445	13	20	21	30	39	45	32
446	1	11	12	14	26	35	6
447	2	7	8	9	17	33	34
448	3	7	13	27	40	41	36
449	3	10	20	26	35	43	36
450	6	14	19	21	23	31	13
451	12	15	20	24	30	38	29
452	8	10	18	30	32	34	27
453	12	24	33	38	40	42	30
454	13	25	27	34	38	41	10
455	4	19	20	26	30	35	24
456	1	7	12	18	23	27	44
457	8	10	18	23	27	40	33
458	4	9	10	32	36	40	18
459	4	6	10	14	25	40	12
460	8	11	28	30	43	45	41
461	11	18	26	31	37	40	43
462	3	20	24	32	37	45	4
463	23	29	31	33	34	44	40
464	6	12	15	34	42	44	4
465	1	8	11	13	22	38	31
466	4	10	13	23	32	44	20
467	2	12	14	17	24	40	39
468	8	13	15	28	37	43	17
469	4	21	22	34	37	38	33
470	10	16	20	39	41	42	27
471	6	13	29	37	39	41	43
472	16	25	26	31	36	43	44
473	8	13	20	22	23	36	34
474	4	13	18	31	33	45	43
475	1	9	14	16	21	29	3
476	9	12	13	15	37	38	27
477	14	25	29	32	33	45	37
478	18	29	30	37	39	43	8
479	8	23	25	27	35	44	24
480	3	5	10	17	30	31	16

10.2. 결론- 로또에의 적용

첫머리에 두 수 조합(7, 16/6, 11)이 나오면

연속 3주 이상 9를 불러올 수 있다.

이때, 다음과 같은 적용을 해 볼 수 있다.

첫머리에 조합(7, 16)과 조합(6, 11)가 나타났을 경우

이 현상이 나타나기 이전에 9가 연속 3회 나타나지 않았다면 앞으로 나올 가능성이 있다. 특히, 9가 나오면 앞으로 2주 동안 더 나올 수 있다. 또한, 두 번 나왔으면 앞으로 한 번 더 나올 가능성이 커지게 된다.

NOTE

11

조합(24, 36)의 규칙성

11.1. 역대 로또 당첨번호(61~420)에 나타나는 조합(24, 36)의 규칙

★ 조합(24, 36)이 불러오는 연속하는 수들의 형태

〈표 4-11-1〉에서 우리가 먼저 주목할 것은 적색으로 표시된 조합(24, 36)이다. 이 조합은 B, C, F, G, J, K, M, O, P, R, T, U, 총 12군데이다.

그런데 이 조합이 불러오고 있는 현상이 바로 녹색과 황색으로 표시한 것이다. 녹색은 두 수가 연속되어 나타나는 것이고 노란색은 세 수가 연속되어 나타나는 것인데, 가령 A를 보면 17, 18이 연속으로 나타나 있고(녹색), 23, 25, 26이 연속으로 나타나 있다(노란색). 마찬가지로 D에서도 29, 30이 연속으로 나타나고(녹색), 41, 42, 43이 연속으로 나타난다(노란색).

이 현상을 중심으로 짝을 맞추어보면, A는 B, C는 D, E는 F, G는 H, I는 J, K는 L과 연결 지을 수 있다.

그리고 M에는 한 회차에 모든 현상이 나타난다. 즉, 적색으로 표시된 조합(24, 36)이 있고 앞에 녹색으로 표시된 10, 11이 있다. 여기에 노란색으로 표시된 35, 36, 37이 있는데 36은 조합(24, 36)과 겹치게 된다.

그다음으로도, N와 O, Q와 R, S와 T가 연결되고 있으며 U는 다음에 등장할 페이지와 연결되기 때문에 여기서는 짝이 나타나지 않는다.

단, 유일하게 짝이 없는 것이 P이다(불가 현상). P의 조합(24, 36)만 지금까지 다른 형태로 짝이 나타나지 않는데 이것에도 분명한 이유가 있으리라고 본다.

〈표 4-11-1〉

61	14	15	19	30	38	43	8
62	3	8	15	27	29	35	21
63	3	20	23	36	38	40	5
64	14	15	18	21	26	36	39
65	4	25	33	36	40	43	39
66	2	3	7	17	22	24	45
67	3	7	10	15	36	38	33
68	10	12	15	16	26	39	38
69	5	8	14	15	19	39	35
70	5	19	22	25	28	43	26
71	5	9	12	16	29	41	21
72	2	4	11	17	26	27	1
73	3	12	18	32	40	43	38
74	6	15	17	18	35	40	23
75	2	5	24	32	34	44	28
76	1	3	15	22	25	37	43
77	2	18	29	32	43	44	37
78	10	13	25	29	33	35	38
79	3	12	24	27	30	32	14
80	17	18	24	25	26	30	1
81	5	7	11	13	20	33	6
82	1	2	3	14	27	42	39
83	6	10	15	17	19	34	14
84	16	23	27	34	42	45	11
85	6	8	13	23	31	36	21
86	2	12	37	39	41	45	33
87	4	12	16	23	34	43	26
88	1	17	20	24	30	41	27
89	4	26	28	29	33	40	37
90	17	20	29	35	38	44	10
91	1	21	24	26	29	42	27
92	3	14	24	33	35	36	17
93	6	22	24	36	38	44	19
94	5	32	34	40	41	45	6
95	8	17	27	31	34	43	14
96	1	3	8	21	22	31	20
97	6	7	14	15	20	36	3
98	6	9	16	23	24	32	43
99	1	3	10	27	29	37	11
100	1	7	11	23	37	42	6
101	1	3	17	32	35	45	8
102	17	22	24	26	35	40	42
103	5	14	15	27	30	45	10
104	17	32	33	34	42	44	35
105	8	10	20	34	41	45	28
106	4	10	12	22	24	33	29
107	1	4	5	6	9	31	17
108	7	18	22	23	29	44	12
109	1	5	34	36	42	44	33
110	7	20	22	23	29	43	1
111	7	18	31	33	36	40	27
112	[illegible]	29	30	33	41	42	43
113	4	9	28	33	36	45	26
114	11	14	19	26	28	41	2
115	1	2	6	9	25	28	31
116	2	4	25	31	34	37	17
117	5	10	22	34	36	44	35
118	3	4	10	17	19	22	38
119	3	11	13	14	17	21	38
120	4	6	10	11	32	37	30

121	12	28	30	34	38	43	9
122	1	11	16	17	36	40	8
123	7	17	18	28	30	45	27
124	4	16	23	25	29	42	1
125	2	8	32	33	35	36	18
126	7	20	22	27	40	43	1
127	3	5	10	29	32	43	35
128	12	30	34	36	37	45	39
129	19	23	25	28	38	42	17
130	7	19	24	27	42	45	31
131	8	10	11	14	15	21	37
132	3	17	23	34	41	45	43
133	4	7	15	18	23	26	13
134	3	12	20	23	31	35	43
135	6	14	22	28	35	39	16
136	2	16	30	36	41	42	11
137	7	9	20	25	36	39	15
138	10	11	27	28	37	39	19
139	9	11	15	20	28	43	13
140	3	13	17	18	19	28	8
141	8	12	29	31	42	43	2
142	12	16	30	34	40	44	19
143	26	27	28	42	43	45	8
144	4	15	17	26	36	37	43
145	2	3	13	20	27	44	9
146	2	19	27	35	41	42	25
147	4	6	13	21	40	42	36
148	21	25	33	34	35	36	17
149	2	11	21	34	41	42	27
150	2	18	25	28	37	39	16
151	1	2	10	13	18	19	15
152	1	5	13	26	29	34	43
153	3	8	11	12	13	36	33
154	6	19	21	35	40	45	20
155	16	19	20	32	33	41	4
156	5	18	28	30	42	45	2
157	19	26	30	33	35	39	37
158	4	9	13	18	21	34	7
159	1	18	30	41	42	43	32
160	3	7	8	34	39	41	1
161	22	34	36	40	42	45	44
162	1	5	21	25	38	41	24
163	7	11	26	28	29	44	16
164	6	9	10	11	39	41	27
165	5	13	18	19	22	42	31
166	9	12	27	36	39	45	14
167	24	27	28	30	36	39	4
168	3	10	31	40	42	43	30
169	16	27	35	37	43	45	19
170	2	11	13	15	31	42	10
171	4	16	25	29	34	35	1
172	4	19	21	24	26	41	35
173	3	9	24	30	33	34	18
174	13	14	18	22	35	39	16
175	19	26	28	31	33	36	17
176	4	17	30	32	33	34	15
177	1	10	13	16	37	43	6
178	1	5	11	12	18	23	9
179	5	9	17	25	39	43	32
180	2	15	20	21	29	34	22

181	14	21	23	32	40	45	44
182	13	15	27	29	34	40	35
183	2	18	24	34	40	42	5
184	1	2	6	16	20	33	41
185	1	2	4	8	19	38	14
186	4	10	14	19	21	45	9
187	1	2	8	18	29	38	42
188	19	24	27	30	31	34	36
189	8	14	32	35	37	45	28
190	8	14	18	30	31	44	15
191	5	6	24	25	32	37	8
192	4	8	11	18	37	45	33
193	6	14	18	26	36	39	13
194	15	20	23	26	39	44	28
195	7	10	19	22	35	40	31
196	35	36	37	41	44	45	30
197	7	12	16	34	42	45	4
198	12	19	20	25	41	45	2
199	14	21	22	25	30	36	43
200	5	6	13	14	17	20	7
201	3	11	24	38	39	44	26
202	12	24	27	33	39	44	17
203	1	3	11	24	30	32	7
204	3	12	14	35	40	45	5
205	1	3	21	29	35	37	30
206	1	2	3	15	20	25	43
207	3	11	14	31	32	37	38
208	14	25	31	34	40	44	24
209	2	7	18	20	24	33	37
210	10	19	22	23	25	37	39
211	12	13	17	20	33	41	8
212	11	12	18	21	31	38	8
213	2	3	4	5	20	24	42
214	5	7	20	25	28	37	32
215	2	3	7	15	43	44	4
216	7	16	17	33	36	40	1
217	16	20	27	33	35	39	38
218	1	8	14	18	29	44	20
219	4	11	20	26	35	37	16
220	5	11	19	21	34	43	[illegible]
221	2	20	33	35	37	40	10
222	5	7	28	29	39	43	44
223	1	3	18	20	26	27	38
224	4	19	26	27	30	42	7
225	5	11	13	19	31	36	7
226	2	6	8	14	21	22	34
227	4	5	15	16	22	42	2
228	17	25	35	36	39	44	23
229	4	5	9	11	23	38	35
230	5	11	14	29	32	33	12
231	5	10	19	31	44	45	27
232	8	9	10	12	24	44	35
233	4	6	13	17	28	40	39
234	13	21	22	24	26	37	4
235	21	22	26	27	31	37	8
236	1	4	8	13	37	39	7
237	1	11	17	21	24	44	33
238	2	4	15	28	31	34	35
239	11	15	24	39	41	44	7
240	6	10	16	40	41	43	21

241	2	16	24	27	28	35	21
242	4	19	20	21	32	34	43
243	2	12	17	19	28	42	34
244	13	16	25	36	37	38	19
245	9	11	27	31	32	38	22
246	13	18	21	23	26	39	15
247	12	15	28	36	39	40	13
248	3	8	17	23	38	45	13
249	3	8	27	31	41	44	11
250	19	23	30	37	43	45	38
251	6	7	19	25	28	38	45
252	14	23	26	31	39	45	28
253	8	19	25	31	34	36	33
254	1	5	19	20	24	30	27
255	1	5	6	24	27	42	32
256	4	11	14	21	23	43	32
257	6	13	27	31	32	37	4
258	14	27	30	31	38	40	17
259	4	5	14	35	42	45	34
260	7	12	15	24	37	40	43
261	6	11	16	18	31	43	2
262	9	12	24	25	29	31	36
263	1	27	28	32	37	40	18
264	9	16	27	36	41	44	5
265	5	9	34	37	38	39	12
266	3	4	9	11	22	42	37
267	[illegible]	8	24	34	36	41	1
268	3	10	19	24	32	45	12
269	5	18	20	36	42	43	32
270	5	9	12	20	21	26	27
271	3	8	9	27	29	40	36
272	7	9	12	27	39	43	28
273	1	8	24	31	34	44	6
274	13	14	15	26	35	39	25
275	14	19	20	35	38	40	26
276	4	15	21	33	39	41	25
277	10	12	13	15	25	29	20
278	3	11	37	39	41	43	13
279	7	16	31	36	37	38	11
280	10	11	23	24	36	37	35
281	1	3	4	6	14	41	12
282	2	5	10	18	31	32	30
283	6	8	18	31	38	45	42
284	2	7	15	24	30	45	28
285	13	33	37	40	41	45	2
286	1	15	19	40	42	44	17
287	6	12	24	27	35	37	41
288	1	12	17	28	35	41	10
289	3	14	33	37	38	42	10
290	8	13	18	32	39	45	7
291	3	7	8	18	20	42	45
292	17	18	31	32	33	34	10
293	1	9	17	21	29	33	24
294	6	10	17	30	37	38	40
295	1	4	12	16	18	38	8
296	3	8	15	27	30	45	44
297	6	11	19	20	28	32	34
298	5	9	27	29	37	40	19
299	1	3	20	25	36	45	24
300	7	9	10	12	26	38	39

301	7	11	13	33	37	43	26
302	13	19	20	32	38	42	4
303	2	14	17	30	38	45	43
304	4	10	16	26	33	41	38
305	7	8	18	21	23	39	9
306	4	18	23	30	34	41	19
307	5	15	21	23	25	45	12
308	14	15	17	19	37	45	40
309	1	2	5	11	18	36	22
310	1	5	19	28	34	41	16
311	4	12	24	27	28	32	10
312	2	3	5	6	12	20	25
313	9	17	34	35	43	45	2
314	15	17	19	34	38	41	2
315	1	13	33	35	43	45	23
316	10	11	21	27	31	39	43
317	3	10	11	22	36	39	8
318	2	17	19	20	34	45	21
319	5	8	22	28	33	42	37
320	16	19	23	25	41	45	3
321	12	18	20	21	25	34	42
322	9	18	29	32	38	43	20
323	10	14	15	32	36	42	3
324	2	4	21	25	33	36	17
325	7	17	20	32	44	45	33
326	16	23	25	33	36	39	40
327	6	12	13	17	32	44	24
328	1	6	9	16	17	28	24
329	9	17	19	30	35	42	4
330	3	4	16	17	19	20	23
331	4	9	14	26	31	44	39
332	16	17	34	36	42	45	3
333	5	14	27	30	39	43	35
334	13	15	21	29	39	43	33
335	5	9	16	23	26	45	21
336	3	5	20	34	35	44	16
337	1	5	14	18	32	37	4
338	2	13	34	38	42	45	16
339	6	8	14	21	30	37	45
340	18	24	26	29	34	38	32
341	1	8	19	34	39	43	41
342	1	13	14	33	34	43	25
343	1	10	17	29	31	43	15
344	1	2	15	28	34	45	38
345	15	20	23	29	39	42	2
346	5	13	14	22	44	45	33
347	3	8	13	27	32	42	10
348	3	14	17	20	24	31	34
349	5	13	14	20	24	25	36
350	1	8	18	24	29	33	35
351	5	25	27	29	34	36	33
352	5	16	17	20	26	41	24
353	11	16	19	22	29	36	26
354	14	19	36	43	44	45	1
355	5	8	29	30	35	44	38
356	2	8	14	25	29	45	24
357	10	14	18	21	36	37	5
358	1	9	10	12	21	40	37
359	1	10	19	20	24	40	23
360	4	16	23	25	35	40	27

361	5	10	16	24	27	35	33
362	2	3	22	27	30	40	29
363	11	12	14	21	32	38	6
364	2	5	7	14	16	40	4
365	5	15	21	25	26	30	31
366	5	12	19	26	27	44	38
367	3	22	25	29	32	44	19
368	11	21	24	30	39	45	26
369	17	20	35	36	41	43	21
370	16	18	24	42	44	45	17
371	7	9	15	26	27	42	18
372	8	11	14	16	18	21	13
373	15	26	37	42	43	45	9
374	11	13	15	17	25	34	26
375	4	8	19	25	27	45	7
376	1	11	13	24	28	40	7
377	6	22	29	37	43	45	23
378	5	22	29	31	34	39	43
379	6	10	22	31	35	40	19
380	1	2	8	17	26	37	27
381	1	5	10	12	16	20	11
382	10	15	22	24	27	42	19
383	4	15	28	33	37	40	25
384	[illegible]	22	24	32	36	38	7
385	7	12	19	21	29	32	9
386	4	7	10	19	31	40	26
387	1	26	31	34	40	43	20
388	1	8	9	17	29	32	45
389	7	16	18	20	23	26	3
390	16	17	28	37	39	40	15
391	10	11	18	22	28	39	30
392	1	3	7	8	24	42	43
393	9	16	28	40	41	43	21
394	1	13	20	22	25	28	15
395	11	15	20	26	31	35	7
396	18	20	31	34	40	45	30
397	12	13	17	22	25	33	8
398	10	15	20	23	42	44	7
399	1	2	9	17	19	42	20
400	9	21	27	34	41	43	2
401	6	12	18	31	38	43	9
402	5	9	15	19	22	36	32
403	10	14	22	24	28	37	26
404	5	20	21	24	33	40	36
405	1	2	10	25	26	44	4
406	7	12	21	24	27	36	45
407	6	7	13	16	24	25	1
408	9	20	21	22	30	37	16
409	6	9	21	31	32	40	38
410	1	3	18	32	40	41	16
411	11	14	22	35	37	39	5
412	4	7	39	41	42	45	40
413	2	9	15	23	34	40	3
414	2	14	15	22	23	44	43
415	7	17	20	26	30	40	24
416	5	6	8	11	22	26	44
417	4	5	14	20	22	43	44
418	11	13	15	26	28	34	31
419	2	11	13	14	28	30	7
420	4	9	10	29	31	34	27

11.2. 역대 로또 당첨번호(421~780)에 나타나는 조합(24, 36)의 규칙

★ 조합(24, 36)이 불러오는 연속하는 수들의 형태

〈표 4-11-2〉에서도 마찬가지로 적색으로 표시된 조합(24, 36)이 곳곳에 등장한다. 구체적으로 B, E, G, H, 총 네 군데에 등장하고 있다. 그리고 이것이 두 수가 연속되어 나타난 것을 표시한 녹색 및 세 수가 연속되어 나타난 것을 표시한 노란색과 연결된다.

먼저 〈표 4-11-1〉에서 U의 조합(24, 36)은 이 페이지의 A와 연관된다.

그리고 나머지를 중심으로 살펴보면, B는 C와 연결되고 D는 E와, F는 G와 연결되고 있다.

★ H의 조합(24, 36)

H는 아직 짝이 나타나지 않는데 나중에 위와 같은 현상을 불러오게 될 것이다.

정리하자면, 조합(24, 36)이 두 수가 연속된 형태, 세 수가 연속된 형태를 동시에 불러오는 것이 총 16번이나 등장하고 있다**(지금까지 모든 회차를 통틀어 살펴보았을 때)**. 그러므로 앞으로도 H 역시 두 수가 연속된 형태, 세 수가 연속된 형태를 동시에 불러오게 될 것이다.

〈표 4-11-2〉

421	6	11	26	27	28	44	30
422	8	15	19	21	34	44	12
423	1	17	27	28	29	40	5
424	10	11	26	31	34	44	30
425	8	10	14	27	33	38	3
426	4	17	18	27	39	43	19
427	6	7	15	24	28	30	21
428	12	16	19	22	37	40	8
429	3	23	28	34	39	42	16
430	1	3	16	18	30	34	44
431	18	22	25	31	38	45	6
432	2	3	5	11	27	39	33
433	19	23	29	33	35	43	27
434	3	13	20	24	33	37	35
435	8	16	26	30	38	45	42
436	9	14	20	22	33	34	28
437	11	16	29	38	41	44	21
438	6	12	20	26	29	38	45
439	17	20	30	31	37	40	25
440	10	22	28	34	36	44	2
441	1	23	28	30	34	35	9
442	25	27	29	36	38	40	41
443	4	6	10	19	20	44	14
444	11	13	23	35	43	45	17
445	13	20	21	30	39	45	32
446	1	11	12	14	26	35	6
447	2	7	8	9	17	33	34
448	3	7	13	27	40	41	36
449	3	10	20	26	35	43	36
450	6	14	19	21	23	31	13
451	12	15	20	24	30	38	29
452	8	10	18	30	32	34	27
453	12	24	33	38	40	42	30
454	13	25	27	34	38	41	10
455	4	19	20	26	30	35	24
456	1	7	12	18	23	27	44
457	8	10	18	23	27	40	33
458	4	9	10	32	36	40	18
459	4	6	10	14	25	40	12
460	8	11	28	30	43	45	41
461	11	18	26	31	37	40	43
462	3	20	24	32	37	45	4
463	23	29	31	33	34	44	40
464	6	12	15	34	42	44	4
465	1	8	11	13	22	38	31
466	4	10	13	23	32	44	20
467	2	12	14	17	24	40	39
468	8	13	15	28	37	43	17
469	4	21	22	34	37	38	33
470	10	16	20	39	41	42	27
471	6	13	29	37	39	41	43
472	16	25	26	31	36	43	44
473	8	13	20	22	23	36	34
474	4	13	18	31	33	45	43
475	1	9	14	16	21	29	3
476	9	12	13	15	37	38	27
477	14	25	29	32	33	45	37
478	18	29	30	37	39	43	8
479	8	23	25	27	35	44	24
480	3	5	10	17	30	31	16

481	3	4	23	29	40	41	20
482	1	10	16	24	25	35	43
483	12	15	19	22	28	34	5
484	1	3	27	28	32	45	11
485	17	22	26	27	36	39	20
486	1	2	23	25	38	40	43
487	4	8	25	27	37	41	21
488	2	8	17	30	31	38	25
489	2	4	8	15	20	27	11
490	2	7	26	29	40	43	42
491	8	17	35	36	39	42	4
492	22	27	31	35	37	40	42
493	20	22	26	33	36	37	25
494	5	7	8	15	30	43	22
495	4	13	22	27	34	44	6
496	4	13	20	29	36	41	39
497	19	20	23	24	43	44	13
498	13	14	24	32	39	41	3
499	5	20	23	27	35	40	43
500	3	4	12	20	24	34	41
501	1	4	10	17	31	42	2
502	6	22	28	32	34	40	26
503	1	5	27	30	34	36	40
504	6	14	22	26	43	44	31
505	7	20	22	25	38	40	44
506	6	9	11	22	24	30	31
507	12	13	32	33	40	41	4
508	5	27	31	34	35	43	37
509	12	25	29	35	42	43	24
510	12	29	32	33	39	40	42
511	3	7	14	23	26	42	24
512	4	5	9	13	26	27	1
513	5	8	21	23	27	33	12
514	1	15	20	26	35	42	9
515	2	11	12	15	23	37	8
516	2	8	23	41	43	44	30
517	1	9	12	28	36	41	10
518	14	23	30	32	34	38	6
519	6	8	13	16	30	43	3
520	4	22	27	28	38	40	1
521	3	7	18	29	32	36	19
522	4	5	13	14	37	41	11
523	1	4	37	38	40	45	7
524	10	11	29	38	41	45	21
525	11	23	26	29	39	44	22
526	7	14	17	20	35	39	31
527	1	12	22	32	33	42	38
528	5	17	25	31	39	40	10
529	18	20	24	27	31	42	39
530	16	23	27	29	33	41	22
531	1	5	9	21	27	35	45
532	16	17	23	24	29	44	3
533	9	14	15	17	31	33	23
534	10	24	26	29	37	38	32
535	11	12	14	15	18	39	34
536	7	8	18	32	37	43	12
537	12	23	26	30	36	43	11
538	6	10	18	31	32	34	11
539	3	19	22	31	42	43	26
540	3	12	13	15	34	36	14

541	8	13	26	28	32	34	43
542	5	6	19	26	41	45	34
543	13	18	26	31	34	44	12
544	5	17	21	25	36	44	10
545	4	24	25	27	34	35	2
546	8	17	20	27	37	43	6
547	6	7	15	22	34	39	28
548	1	12	13	21	32	45	14
549	29	31	35	38	40	44	17
550	1	7	14	20	34	37	41
551	3	6	20	24	27	44	25
552	1	10	20	32	35	40	43
553	2	7	17	28	29	39	37
554	13	14	17	32	41	42	6
555	11	17	21	24	26	36	12
556	12	20	23	28	30	44	43
557	4	20	26	28	35	40	31
558	12	15	19	26	40	43	29
559	11	12	25	32	44	45	23
560	1	4	20	23	29	45	28
561	5	7	18	37	42	45	20
562	4	11	13	17	20	31	33
563	5	10	16	17	31	32	21
564	14	19	25	26	27	34	2
565	4	10	18	27	40	45	38
566	4	5	6	25	26	43	41
567	1	10	15	16	32	41	28
568	1	3	17	20	31	44	40
569	3	6	13	23	24	35	1
570	1	12	26	27	29	33	42
571	11	18	21	26	38	43	29
572	3	13	18	33	37	45	1
573	2	4	20	34	35	43	14
574	14	15	16	19	25	43	2
575	2	8	20	30	33	34	6
576	10	11	15	25	35	41	13
577	16	17	22	31	34	37	33
578	5	12	14	32	34	42	16
579	5	7	20	22	37	42	39
580	5	7	9	11	32	35	33
581	3	5	14	20	42	44	33
582	2	12	14	33	40	41	25
583	8	17	27	33	40	44	24
584	7	18	30	39	40	41	36
585	6	7	10	16	38	41	4
586	2	7	12	15	21	34	5
587	14	21	29	31	32	37	17
588	2	8	15	22	25	41	30
589	6	8	28	33	38	39	22
590	20	30	36	38	41	45	23
591	8	13	14	30	38	39	5
592	2	5	6	13	28	44	43
593	9	10	13	24	33	38	28
594	2	8	13	25	28	37	3
595	8	24	28	35	38	40	5
596	3	4	12	14	25	43	17
597	8	10	23	24	35	43	37
598	4	12	24	33	38	45	22
599	5	12	17	29	34	35	27
600	5	11	14	27	29	36	44

601	2	16	19	31	34	35	37
602	13	14	22	27	30	38	2
603	2	19	25	26	27	43	28
604	2	6	18	21	33	34	30
605	1	2	7	9	10	38	42
606	1	5	6	14	20	39	22
607	8	14	23	36	38	39	13
608	4	8	18	19	39	44	41
609	4	8	27	34	39	40	13
610	14	18	20	23	28	36	33
611	2	22	27	33	36	37	14
612	6	9	18	19	25	33	40
613	7	8	11	16	41	44	35
614	8	21	25	39	40	44	18
615	10	17	18	19	23	27	35
616	5	13	18	23	40	45	3
617	4	5	11	12	24	27	28
618	8	16	25	30	42	43	15
619	6	8	13	30	35	40	21
620	2	16	17	32	39	45	40
621	1	2	6	16	19	42	9
622	9	15	16	21	28	34	24
623	7	13	30	39	41	45	25
624	1	7	19	26	27	35	16
625	3	6	7	20	21	39	13
626	13	14	26	33	40	43	15
627	2	9	22	25	31	45	12
628	1	7	12	15	23	42	11
629	19	28	31	38	43	44	1
630	8	17	21	24	27	31	15
631	1	2	4	23	31	34	8
632	15	18	21	32	35	44	6
633	9	12	19	20	39	41	13
634	4	10	11	12	20	27	38
635	11	13	25	26	29	33	32
636	6	7	15	16	20	31	26
637	3	16	22	37	38	44	23
638	7	18	22	24	31	34	6
639	6	15	22	23	25	32	40
640	14	15	18	21	26	35	23
641	11	18	21	36	37	43	12
642	8	17	18	24	39	45	32
643	15	24	31	32	33	40	13
644	5	13	17	23	28	36	8
645	1	4	16	26	40	41	31
646	2	9	24	41	43	45	30
647	5	16	21	23	24	30	29
648	13	19	28	37	38	43	4
649	3	21	22	33	41	42	20
650	3	4	7	11	31	41	35
651	11	12	16	26	29	44	18
652	3	13	15	40	41	44	20
653	5	6	26	27	38	39	1
654	16	21	26	31	36	43	6
655	7	37	38	39	40	44	18
656	3	7	14	16	31	40	39
657	10	14	19	39	40	43	23
658	8	19	25	28	32	36	37
659	7	18	19	27	29	42	45
660	4	9	23	33	39	44	14

661	2	3	12	20	27	38	40
662	5	6	9	11	15	37	26
663	3	5	8	19	38	42	20
664	10	20	33	36	41	44	5
665	5	6	11	17	38	44	13
666	2	4	6	11	17	28	16
667	15	17	25	37	42	43	13
668	12	14	15	24	27	32	3
669	7	8	20	29	33	38	9
670	11	18	26	27	40	41	25
671	7	9	10	13	31	35	24
672	8	21	28	31	36	45	43
673	7	10	17	29	33	44	5
674	9	10	14	25	27	31	11
675	1	8	11	15	18	45	7
676	1	8	17	34	39	45	27
677	12	15	24	36	41	44	42
678	4	5	6	12	25	37	45
679	3	5	7	14	26	34	35
680	4	10	19	29	32	42	30
681	21	24	27	29	43	44	7
682	17	23	27	35	38	43	2
683	6	13	20	27	28	40	15
684	1	11	15	17	25	39	40
685	6	7	12	28	38	40	18
686	7	12	15	24	25	43	13
687	1	8	10	13	28	42	45
688	5	15	22	23	34	35	2
689	7	17	19	30	36	38	34
690	24	25	33	34	38	39	43
691	15	27	33	35	43	45	16
692	3	11	14	15	32	36	44
693	1	6	11	28	34	42	30
694	7	15	20	25	33	43	12
695	4	18	26	33	34	38	14
696	1	7	16	18	34	38	21
697	2	5	8	11	33	39	31
698	3	11	13	21	33	37	18
699	4	5	8	16	21	29	3
700	11	23	28	29	30	44	13
701	3	10	14	16	36	38	35
702	3	13	16	24	26	29	9
703	10	28	31	33	41	44	21
704	1	4	8	23	33	42	45
705	1	6	17	22	28	45	23
706	3	4	6	10	28	30	37
707	2	12	19	24	39	44	35
708	2	10	16	19	34	45	1
709	10	18	30	36	39	44	32
710	3	4	6	24	25	33	10
711	11	15	24	35	37	45	42
712	17	20	30	31	33	45	19
713	2	5	15	18	19	23	44
714	1	7	22	33	37	40	20
715	2	7	27	33	41	44	10
716	2	6	13	16	29	30	21
717	2	11	19	25	28	32	44
718	4	11	20	23	32	39	40
719	4	8	13	19	20	43	26
720	1	12	29	34	36	37	41

721	1	28	35	41	43	44	31
722	12	14	21	30	39	43	45
723	20	30	33	35	36	44	22
724	2	8	33	35	37	41	14
725	6	7	19	21	41	43	38
726	1	11	21	23	34	44	24
727	7	8	10	19	21	31	20
728	3	6	10	30	34	37	36
729	11	17	21	26	36	45	16
730	4	10	14	15	18	22	39
731	2	7	13	25	42	45	39
732	2	4	5	17	27	32	43
733	11	24	32	33	35	40	13
734	6	16	37	38	41	45	18
735	5	10	13	27	37	41	44
736	2	11	17	18	21	27	6
737	13	15	18	24	27	41	11
738	23	27	28	38	42	43	36
739	7	22	29	33	34	35	30
740	4	8	9	16	17	19	31
741	5	21	27	34	44	45	16
742	8	10	13	36	37	40	6
743	15	19	21	34	41	44	10
744	10	15	18	21	34	41	43
745	1	2	3	9	12	23	10
746	3	12	33	36	42	45	25
747	7	9	12	14	23	28	17
748	3	10	13	22	31	32	29
749	12	14	24	26	34	45	41
750	1	2	15	19	24	36	12
751	3	4	16	20	28	44	17
752	4	16	20	33	40	43	7
753	2	17	19	24	37	41	3
754	2	8	17	24	29	31	32
755	13	14	26	28	30	36	37
756	10	14	16	18	27	28	4
757	6	7	11	17	33	44	1
758	5	9	12	30	39	43	24
759	9	33	36	40	42	43	32
760	10	22	27	31	42	43	12
761	4	7	11	24	42	45	30
762	1	3	12	21	26	41	16
763	3	8	16	32	34	43	10
764	7	22	24	31	34	36	15
765	1	3	8	12	42	43	33
766	9	30	34	35	39	41	21
767	5	15	20	31	34	42	22
768	7	27	29	30	38	44	4
769	5	7	11	16	41	45	4
770	1	9	12	23	39	43	34
771	6	10	17	18	21	29	30
772	5	6	11	14	21	41	32
773	8	12	19	21	31	35	44
774	12	15	18	28	34	42	9
775	11	12	29	33	38	42	17
776	8	9	18	21	28	40	20
777	6	12	17	21	34	37	18
778	6	21	35	36	37	41	11
779	6	12	19	24	34	41	4
780	15	17	19	21	27	45	16

11.3. 결론- 로또에의 적용

조합(24, 36)이 나오면

두 수가 연속된 형태, 세 수가 연속된 형태를 동시에 불러올 수 있다.

이때, 다음과 같은 적용을 해 볼 수 있다.

1단계– 조합(24, 36)이 나올 경우

두 수가 연속된 형태, 세 수가 연속된 형태가 동시에 나타나는 현상을 예측할 수 있다(시기는 알 수 없다).

2단계– 두 수가 연속된 형태, 세 수가 연속된 형태가 동시에 나올 경우

조합(24, 36)을 움직임을 예측할 수 있다(시기는 알 수 없다).

NOTE

조합 24, 36의 규칙성

1	10	23	29	33	37	40	16
2	9	13	21	25	32	42	2
3	11	16	19	21	27	31	30
4	14	27	30	31	40	42	2
5	16	24	29	40	41	42	3
6	14	15	26	27	40	42	34
7	2	9	16	25	26	40	42
8	8	19	25	34	37	39	9
9	2	4	16	17	36	39	14
10	9	25	30	33	41	44	6
11	1	7	36	37	41	42	14
12	2	11	21	25	39	45	44
13	22	23	25	37	38	42	26
14	2	6	12	31	33	40	15
15	3	4	16	30	31	37	13
16	6	7	24	37	38	40	33
17	3	4	9	17	32	37	1
18	3	12	13	19	32	35	29
19	6	30	38	39	40	43	26
20	10	14	18	20	23	30	41
21	6	12	17	18	31	32	21
22	4	5	6	8	17	39	25
23	5	13	17	18	33	42	44
24	7	8	27	29	36	43	6
25	2	4	21	26	43	44	16
26	4	5	7	18	20	25	31
27	1	20	26	28	37	43	27
28	9	18	23	25	35	37	1
29	1	5	13	34	39	40	11
30	8	17	20	35	36	44	4
31	7	9	18	23	28	35	32
32	6	14	19	25	34	44	11
33	4	7	32	33	40	41	9
34	9	26	35	37	40	42	2
35	2	3	11	26	37	43	39
36	1	10	23	26	28	40	31
37	7	27	30	33	35	37	42
38	16	17	22	30	37	43	36
39	6	7	13	15	21	43	8
40	7	13	18	19	25	26	6
41	13	20	23	35	38	43	34
42	17	18	19	21	23	32	1
43	6	31	35	38	39	44	1
44	3	11	21	30	38	45	39
45	1	10	20	27	33	35	17
46	8	13	15	23	31	38	39
47	14	17	26	31	36	45	27
48	6	10	18	26	37	38	3
49	4	7	16	19	33	40	30
50	2	10	12	15	22	44	1
51	2	3	11	16	26	44	35
52	2	4	15	16	20	29	1
53	7	8	14	32	33	39	42
54	1	8	21	27	36	39	37
55	17	21	31	37	40	44	7
56	10	14	30	31	33	37	19
57	7	10	16	25	29	44	6
58	10	24	25	33	40	44	1
59	6	29	36	39	41	45	13
60	2	8	25	36	39	42	11

61	14	15	19	30	38	43	8
62	3	8	15	27	29	35	21
63	3	20	23	36	38	40	5
64	14	15	18	21	26	36	39
65	4	25	33	36	40	43	39
66	2	3	7	17	22	24	45
67	3	7	10	15	36	38	33
68	10	12	15	16	26	39	38
69	5	8	14	15	19	39	35
70	5	19	22	25	28	43	26
71	5	9	12	16	29	41	21
72	2	4	11	17	26	27	1
73	3	12	18	32	40	43	38
74	6	15	17	18	35	40	23
75	2	5	24	32	34	44	28
76	1	3	15	22	25	37	43
77	2	18	29	32	43	44	37
78	10	13	25	29	33	35	38
79	3	12	24	27	30	32	14
80	17	18	24	25	26	30	1
81	5	7	11	13	20	33	6
82	1	2	3	14	27	42	39
83	6	10	15	17	19	34	14
84	16	23	27	34	42	45	11
85	6	8	13	23	31	36	21
86	2	12	37	39	41	45	33
87	4	12	16	23	34	43	26
88	1	17	20	24	30	41	27
89	4	26	28	29	33	40	37
90	17	20	29	35	38	44	10
91	1	21	24	26	29	42	27
92	3	14	24	33	35	36	17
93	6	22	24	36	38	44	19
94	5	32	34	40	41	45	6
95	8	17	27	31	34	43	14
96	1	3	8	21	22	31	20
97	6	7	14	15	20	36	3
98	6	9	16	23	24	32	43
99	1	3	10	27	29	37	11
100	1	7	11	23	37	42	6
101	1	3	17	32	35	45	8
102	17	22	24	26	35	40	42
103	5	14	15	27	30	45	10
104	17	32	33	34	42	44	35
105	8	10	20	34	41	45	28
106	4	10	12	22	24	33	29
107	1	4	5	6	9	31	17
108	7	18	22	23	29	44	12
109	1	5	34	36	42	44	33
110	7	20	22	23	29	43	1
111	7	18	31	33	36	40	27
112	26	29	30	33	41	42	43
113	4	9	28	33	36	45	26
114	11	14	19	26	28	41	2
115	1	2	6	9	25	28	31
116	2	4	25	31	34	37	17
117	5	10	22	34	36	44	35
118	3	4	10	17	19	22	38
119	3	11	13	14	17	21	38
120	4	6	10	11	32	37	30

121	12	28	30	34	38	43	9
122	1	11	16	17	36	40	8
123	7	17	18	28	30	45	27
124	4	16	23	25	29	42	1
125	2	8	32	33	35	36	18
126	7	20	22	27	40	43	1
127	3	5	10	29	32	43	35
128	12	30	34	36	37	45	39
129	19	23	25	28	38	42	17
130	7	19	24	27	42	45	31
131	8	10	11	14	15	21	37
132	3	17	23	34	41	45	43
133	4	7	15	18	23	26	13
134	3	12	20	23	31	35	43
135	6	14	22	28	35	39	16
136	2	16	30	36	41	42	11
137	7	9	20	25	36	39	15
138	10	11	27	28	37	39	19
139	9	11	15	20	28	43	13
140	3	13	17	18	19	28	8
141	8	12	29	31	42	43	2
142	12	16	30	34	40	44	19
143	26	27	28	42	43	45	8
144	4	15	17	26	36	37	43
145	2	3	13	20	27	44	9
146	2	19	27	35	41	42	25
147	4	6	13	21	40	42	36
148	21	25	33	34	35	36	17
149	2	11	21	34	41	42	27
150	2	18	25	28	37	39	16
151	1	2	10	13	18	19	15
152	1	5	13	26	29	34	43
153	3	8	11	12	13	36	33
154	6	19	21	35	40	45	20
155	16	19	20	32	33	41	4
156	5	18	28	30	42	45	2
157	19	26	30	33	35	39	37
158	4	9	13	18	21	34	7
159	1	18	30	41	42	43	32
160	3	7	8	34	39	41	1
161	22	34	36	40	42	45	44
162	1	5	21	25	38	41	24
163	7	11	26	28	29	44	16
164	6	9	10	11	39	41	27
165	5	13	18	19	22	42	31
166	9	12	27	36	39	45	14
167	24	27	28	30	36	39	4
168	3	10	31	40	42	43	30
169	16	27	35	37	43	45	19
170	2	11	13	15	31	42	10
171	4	16	25	29	34	35	1
172	4	19	21	24	26	41	35
173	3	9	24	30	33	34	18
174	13	14	18	22	35	39	16
175	19	26	28	31	33	36	17
176	4	17	30	32	33	34	15
177	1	10	13	16	37	43	6
178	1	5	11	12	18	23	9
179	5	9	17	25	39	43	32
180	2	15	20	21	29	34	22

181	14	21	23	32	40	45	44
182	13	15	27	29	34	40	35
183	2	18	24	34	40	42	5
184	1	2	6	16	20	33	41
185	1	2	4	8	19	38	14
186	4	10	14	19	21	45	9
187	1	2	8	18	29	38	42
188	19	24	27	30	31	34	36
189	8	14	32	35	37	45	28
190	8	14	18	30	31	44	15
191	5	6	24	25	32	37	8
192	4	8	11	18	37	45	33
193	6	14	18	26	36	39	13
194	15	20	23	26	39	44	28
195	7	10	19	22	35	40	31
196	35	36	37	41	44	45	30
197	7	12	16	34	42	45	4
198	12	19	20	25	41	45	2
199	14	21	22	25	30	36	43
200	5	6	13	14	17	20	7
201	3	11	24	38	39	44	26
202	12	24	27	33	39	44	17
203	1	3	11	24	30	32	7
204	3	12	14	35	40	45	5
205	1	3	21	29	35	37	30
206	1	2	3	15	20	25	43
207	3	11	14	31	32	37	38
208	14	25	31	34	40	44	24
209	2	7	18	20	24	33	37
210	10	19	22	23	25	37	39
211	12	13	17	20	33	41	8
212	11	12	18	21	31	38	8
213	2	3	4	5	20	24	42
214	5	7	20	25	28	37	32
215	2	3	7	15	43	44	4
216	7	16	17	33	36	40	1
217	16	20	27	33	35	39	38
218	1	8	14	18	29	44	20
219	4	11	20	26	35	37	16
220	5	11	19	21	34	43	31
221	2	20	33	35	37	40	10
222	5	7	28	29	39	43	44
223	1	3	18	20	26	27	38
224	4	19	26	27	30	42	7
225	5	11	13	19	31	36	7
226	2	6	8	14	21	22	34
227	4	5	15	16	22	42	2
228	17	25	35	36	39	44	23
229	4	5	9	11	23	38	35
230	5	11	14	29	32	33	12
231	5	10	19	31	44	45	27
232	8	9	10	12	24	44	35
233	4	6	13	17	28	40	39
234	13	21	22	24	26	37	4
235	21	22	26	27	31	37	8
236	1	4	8	13	37	39	7
237	1	11	17	21	24	44	33
238	2	4	15	28	31	34	35
239	11	15	24	39	41	44	7
240	6	10	16	40	41	43	21

241	2	16	24	27	28	35	21
242	4	19	20	21	32	34	43
243	2	12	17	19	28	42	34
244	13	16	25	36	37	38	19
245	9	11	27	31	32	38	22
246	13	18	21	23	26	39	15
247	12	15	28	36	39	40	13
248	3	8	17	23	38	45	13
249	3	8	27	31	41	44	11
250	19	23	30	37	43	45	38
251	6	7	19	25	28	38	45
252	14	23	26	31	39	45	28
253	8	19	25	31	34	36	33
254	1	5	19	20	24	30	27
255	1	5	6	24	27	42	32
256	4	11	14	21	23	43	32
257	6	13	27	31	32	37	4
258	14	27	30	31	38	40	17
259	4	5	14	35	42	45	34
260	7	12	15	24	37	40	43
261	6	11	16	18	31	43	2
262	9	12	24	25	29	31	36
263	1	27	28	32	37	40	18
264	9	16	27	36	41	44	5
265	5	9	34	37	38	39	12
266	3	4	9	11	22	42	37
267	7	8	24	34	36	41	1
268	3	10	19	24	32	45	12
269	5	18	20	36	42	43	32
270	5	9	12	20	21	26	27
271	3	8	9	27	29	40	36
272	7	9	12	27	39	43	28
273	1	8	24	31	34	44	6
274	13	14	15	26	35	39	25
275	14	19	20	35	38	40	26
276	4	15	21	33	39	41	25
277	10	12	13	15	25	29	20
278	3	11	37	39	41	43	13
279	7	16	31	36	37	38	11
280	10	11	23	24	36	37	35
281	1	3	4	6	14	41	12
282	2	5	10	18	31	32	30
283	6	8	18	31	38	45	42
284	2	7	15	24	30	45	28
285	13	33	37	40	41	45	2
286	1	15	19	40	42	44	17
287	6	12	24	27	35	37	41
288	1	12	17	28	35	41	10
289	3	14	33	37	38	42	10
290	8	13	18	32	39	45	7
291	3	7	8	18	20	42	45
292	17	18	31	32	33	34	10
293	1	9	17	21	29	33	24
294	6	10	17	30	37	38	40
295	1	4	12	16	18	38	8
296	3	8	15	27	30	45	44
297	6	11	19	20	28	32	34
298	5	9	27	29	37	40	19
299	1	3	20	25	36	45	24
300	7	9	10	12	26	38	39

301	7	11	13	33	37	43	26
302	13	19	20	32	38	42	4
303	2	14	17	30	38	45	43
304	4	10	16	26	33	41	38
305	7	8	18	21	23	39	9
306	4	18	23	30	34	41	19
307	5	15	21	23	25	45	12
308	14	15	17	19	37	45	40
309	1	2	5	11	18	36	22
310	1	5	19	28	34	41	16
311	4	12	24	27	28	32	10
312	2	3	5	6	12	20	25
313	9	17	34	35	43	45	2
314	15	17	19	34	38	41	2
315	1	13	33	35	43	45	23
316	10	11	21	27	31	39	43
317	3	10	11	22	36	39	8
318	2	17	19	20	34	45	21
319	5	8	22	28	33	42	37
320	16	19	23	25	41	45	3
321	12	18	20	21	25	34	42
322	9	18	29	32	38	43	20
323	10	14	15	32	36	42	3
324	2	4	21	25	33	36	17
325	7	17	20	32	44	45	33
326	16	23	25	33	36	39	40
327	6	12	13	17	32	44	24
328	1	6	9	16	17	28	24
329	9	17	19	30	35	42	4
330	3	4	16	17	19	20	23
331	4	9	14	26	31	44	39
332	16	17	34	36	42	45	3
333	5	14	27	30	39	43	35
334	13	15	21	29	39	43	33
335	5	9	16	23	26	45	21
336	3	5	20	34	35	44	16
337	1	5	14	18	32	37	4
338	2	13	34	38	42	45	16
339	6	8	14	21	30	37	45
340	18	24	26	29	34	38	32
341	1	8	19	34	39	43	41
342	1	13	14	33	34	43	25
343	1	10	17	29	31	43	15
344	1	2	15	28	34	45	38
345	15	20	23	29	39	42	2
346	5	13	14	22	44	45	33
347	3	8	13	27	32	42	10
348	3	14	17	20	24	31	34
349	5	13	14	20	24	25	36
350	1	8	18	24	29	33	35
351	5	25	27	29	34	36	33
352	5	16	17	20	26	41	24
353	11	16	19	22	29	36	26
354	14	19	36	43	44	45	1
355	5	8	29	30	35	44	38
356	2	8	14	25	29	45	24
357	10	14	18	21	36	37	5
358	1	9	10	12	21	40	37
359	1	10	19	20	24	40	23
360	4	16	23	25	35	40	27

361	5
362	2
363	11
364	2
365	5
366	5
367	3
368	11
369	17
370	16
371	7
372	8
373	15
374	11
375	4
376	1
377	6
378	5
379	6
380	1
381	1
382	10
383	4
384	11
385	7
386	4
387	1
388	1
389	7
390	16
391	10
392	1
393	9
394	1
395	11
396	18
397	12
398	10
399	1
400	9
401	6
402	5
403	10
404	5
405	1
406	7
407	6
408	9
409	6
410	1
411	11
412	4
413	2
414	2
415	7
416	5
417	4
418	1
419	2
420	4

35	33	421	6	11	26	27	28	44	30	481	3	4	23	29	40	41	20	541	8	13	26	28	32	34	43	601	2	16	19	31	34	35	37	661	2	3	12	20	27	38	40	721	1	28	35	41	43	44	31
40	29	422	8	15	19	21	34	44	12	482	1	10	16	24	25	35	43	542	5	6	19	26	41	45	34	602	13	14	22	27	30	38	2	662	5	6	9	11	15	37	26	722	12	14	21	30	39	43	45
38	6	423	1	17	27	28	29	40	5	483	12	15	19	22	28	34	5	543	13	18	26	31	34	44	12	603	2	19	25	26	27	43	28	663	3	5	8	19	38	42	20	723	20	30	33	35	36	44	22
40	4	424	10	11	26	31	34	44	30	484	1	3	27	28	32	45	11	544	5	17	21	25	36	44	10	604	2	6	18	21	33	34	30	664	10	20	33	36	41	44	5	724	2	8	33	35	37	41	14
30	31	425	8	10	14	27	33	38	3	485	17	22	26	27	36	39	20	545	4	24	25	27	34	35	2	605	1	2	7	9	10	38	42	665	5	6	11	17	38	44	13	725	6	7	19	21	41	43	38
44	38	426	4	17	18	27	39	43	19	486	1	2	23	25	38	40	43	546	8	17	20	27	37	43	6	606	1	5	6	14	20	39	22	666	2	4	6	11	17	28	16	726	1	11	21	23	34	44	24
44	19	427	6	7	15	24	28	30	21	487	4	8	25	27	37	41	21	547	6	7	15	22	34	39	28	607	8	14	23	36	38	39	13	667	15	17	25	37	42	43	13	727	7	8	10	19	21	31	20
45	26	428	12	16	19	22	37	40	8	488	2	8	17	30	31	38	25	548	1	12	13	21	32	45	14	608	4	8	18	19	39	44	41	668	12	14	15	24	27	32	3	728	3	6	10	30	34	37	36
43	21	429	3	23	28	34	39	42	16	489	2	4	8	15	20	27	11	549	29	31	35	38	40	44	17	609	4	8	27	34	39	40	13	669	7	8	20	29	33	38	9	729	11	17	21	26	36	45	16
45	17	430	1	3	16	18	30	34	44	490	2	7	26	29	40	43	42	550	1	7	14	20	34	37	41	610	14	18	20	23	28	36	33	670	11	18	26	27	40	41	25	730	4	10	14	15	18	22	39
42	18	431	18	22	25	31	38	45	6	491	8	17	35	36	39	42	4	551	3	6	20	24	27	44	25	611	2	22	27	33	36	37	14	671	7	9	10	13	31	35	24	731	2	7	13	25	42	45	39
21	13	432	2	3	5	11	27	39	33	492	22	27	31	35	37	40	42	552	1	10	20	32	35	40	43	612	6	9	18	19	25	33	40	672	8	21	28	31	36	45	43	732	2	4	5	17	27	32	43
45	9	433	19	23	29	33	35	43	27	493	20	22	26	33	36	37	25	553	2	7	17	28	29	39	37	613	7	8	11	16	41	44	35	673	7	10	17	29	33	44	5	733	11	24	32	33	35	40	13
34	26	434	3	13	20	24	33	37	35	494	5	7	8	15	30	43	22	554	13	14	17	32	41	42	6	614	8	21	25	39	40	44	18	674	9	10	14	25	27	31	11	734	6	16	37	38	41	45	18
45	7	435	8	16	26	30	38	45	42	495	4	13	22	27	34	44	6	555	11	17	21	24	26	36	12	615	10	17	18	19	23	27	35	675	1	8	11	15	18	45	7	735	5	10	13	27	37	41	44
40	7	436	9	14	20	22	33	34	28	496	4	13	20	29	36	41	39	556	12	20	23	28	30	44	43	616	5	13	18	23	40	45	3	676	1	8	17	34	39	45	27	736	2	11	17	18	21	27	6
45	23	437	11	16	29	38	41	44	21	497	19	20	23	24	43	44	13	557	4	20	26	28	35	40	31	617	4	5	11	12	24	27	28	677	12	15	24	36	41	44	42	737	13	15	18	24	27	41	11
39	43	438	6	12	20	26	29	38	45	498	13	14	24	32	39	41	3	558	12	15	19	26	40	43	29	618	8	16	25	30	42	43	15	678	4	5	6	12	25	37	45	738	23	27	28	38	42	43	36
40	19	439	17	20	30	31	37	40	25	499	5	20	23	27	35	40	43	559	11	12	25	32	44	45	23	619	6	8	13	30	35	40	21	679	3	5	7	14	26	34	35	739	7	22	29	33	34	35	30
37	27	440	10	22	28	34	36	44	2	500	3	4	12	20	24	34	41	560	1	4	20	23	29	45	28	620	2	16	17	32	39	45	40	680	4	10	19	29	32	42	30	740	4	8	9	16	17	19	31
20	11	441	1	23	28	30	34	35	9	501	1	4	10	17	31	42	2	561	5	7	18	37	42	45	20	621	1	2	6	16	19	42	9	681	21	24	27	29	43	44	7	741	5	21	27	34	44	45	16
42	19	442	25	27	29	36	38	40	41	502	6	22	28	32	34	40	26	562	4	11	13	17	20	31	33	622	9	15	16	21	28	34	24	682	17	23	27	35	38	43	2	742	8	10	13	36	37	40	6
40	25	443	4	6	10	19	20	44	14	503	1	5	27	30	34	36	40	563	5	10	16	17	31	32	21	623	7	13	30	39	41	45	25	683	6	13	20	27	28	40	15	743	15	19	21	34	41	44	10
38	7	444	11	13	23	35	43	45	17	504	6	14	22	26	43	44	31	564	14	19	25	26	27	34	2	624	1	7	19	26	27	35	16	684	1	11	15	17	25	39	40	744	10	15	18	21	34	41	43
32	9	445	13	20	21	30	39	45	32	505	7	20	22	25	38	40	44	565	4	10	18	27	40	45	38	625	3	6	7	20	21	39	13	685	6	7	12	28	38	40	18	745	1	2	3	9	12	23	10
40	26	446	1	11	12	14	26	35	6	506	6	9	11	22	24	30	31	566	4	5	6	25	26	43	41	626	13	14	26	33	40	43	15	686	7	12	15	24	25	43	13	746	3	12	33	36	42	45	25
43	20	447	2	7	8	9	17	33	34	507	12	13	32	33	40	41	4	567	1	10	15	16	32	41	28	627	2	9	22	25	31	45	12	687	1	8	10	13	28	42	45	747	7	9	12	14	23	28	17
32	45	448	3	7	13	27	40	41	36	508	5	27	31	34	35	43	37	568	1	3	17	20	31	44	40	628	1	7	12	15	23	42	11	688	5	15	22	23	34	35	2	748	3	10	13	22	31	32	29
26	3	449	3	10	20	26	35	43	36	509	12	25	29	35	42	43	24	569	3	6	13	23	24	35	1	629	19	28	31	38	43	44	1	689	7	17	19	30	36	38	34	749	12	14	24	26	34	45	41
40	15	450	6	14	19	21	23	31	13	510	12	29	32	33	39	40	42	570	1	12	26	27	29	33	42	630	8	17	21	24	27	31	15	690	24	25	33	34	38	39	43	750	1	2	15	19	24	36	12
39	30	451	12	15	20	24	30	38	29	511	3	7	14	23	26	42	24	571	11	18	21	26	38	43	29	631	1	2	4	23	31	34	8	691	15	27	33	35	43	45	16	751	3	4	16	20	28	44	17
42	43	452	8	10	18	30	32	34	27	512	4	5	9	13	26	27	1	572	3	13	18	33	37	45	1	632	15	18	21	32	35	44	6	692	3	11	14	15	32	36	44	752	4	16	20	33	40	43	7
43	21	453	12	24	33	38	40	42	30	513	5	8	21	23	27	33	12	573	2	4	20	34	35	43	14	633	9	12	19	20	39	41	13	693	1	6	11	28	34	42	30	753	2	17	19	24	37	41	3
28	15	454	13	25	27	34	38	41	10	514	1	15	20	26	35	42	9	574	14	15	16	19	25	43	2	634	4	10	11	12	20	27	38	694	7	15	20	25	33	43	12	754	2	8	17	24	29	31	32
35	7	455	4	19	20	26	30	35	24	515	2	11	12	15	23	37	8	575	2	8	20	30	33	34	6	635	11	13	25	26	29	33	32	695	4	18	26	33	34	38	14	755	13	14	26	28	30	36	37
45	30	456	1	7	12	18	23	27	44	516	2	8	23	41	43	44	30	576	10	11	15	25	35	41	13	636	6	7	15	16	20	31	26	696	1	7	16	18	34	38	21	756	10	14	16	18	27	28	4
33	8	457	8	10	18	23	27	40	33	517	1	9	12	28	36	41	10	577	16	17	22	31	34	37	33	637	3	16	22	37	38	44	23	697	2	5	8	11	33	39	31	757	6	7	11	17	33	44	1
44	7	458	4	9	10	32	36	40	18	518	14	23	30	32	34	38	6	578	5	12	14	32	34	42	16	638	7	18	22	24	31	34	6	698	3	11	13	21	33	37	18	758	5	9	12	30	39	43	24
42	20	459	4	6	10	14	25	40	12	519	6	8	13	16	30	43	3	579	5	7	20	22	37	42	39	639	6	15	22	23	25	32	40	699	4	5	8	16	21	29	3	759	9	33	36	40	42	43	32
43	2	460	8	11	28	30	43	45	41	520	4	22	27	28	38	40	1	580	5	7	9	11	32	35	33	640	14	15	18	21	26	35	23	700	11	23	28	29	30	44	13	760	10	22	27	31	42	43	12
43	9	461	11	18	26	31	37	40	43	521	3	7	18	29	32	36	19	581	3	5	14	20	42	44	33	641	11	18	21	36	37	43	12	701	3	10	14	16	36	38	35	761	4	7	11	24	42	45	30
36	32	462	3	10	24	32	37	45	4	522	4	5	13	14	37	41	11	582	2	12	14	33	40	41	25	642	8	17	18	24	39	45	32	702	3	13	16	24	26	29	9	762	1	3	12	21	26	41	16
37	26	463	23	29	31	33	34	44	40	523	1	4	37	38	40	45	7	583	8	17	27	33	40	44	24	643	15	24	31	32	33	40	13	703	10	28	31	33	41	44	21	763	3	8	16	32	34	43	10
40	36	464	6	12	15	34	42	44	4	524	10	11	29	38	41	45	21	584	7	18	30	39	40	41	36	644	5	13	17	23	28	36	8	704	1	4	8	23	33	42	45	764	7	22	24	31	34	36	15
44	4	465	1	8	11	13	22	38	31	525	11	23	26	29	39	44	22	585	6	7	10	16	38	41	4	645	1	4	16	26	40	41	31	705	1	6	17	22	28	45	23	765	1	3	8	12	42	43	33
36	45	466	4	10	13	23	32	44	20	526	7	14	17	20	35	39	31	586	2	7	12	15	21	34	5	646	2	9	24	41	43	45	30	706	3	4	6	10	28	30	37	766	9	30	34	35	39	41	21
25	1	467	2	12	14	17	24	40	39	527	1	12	22	32	33	42	38	587	14	21	29	31	32	37	17	647	5	16	21	23	24	30	29	707	2	12	19	24	39	44	35	767	5	15	20	31	34	42	22
37	16	468	8	13	15	28	37	43	17	528	5	17	25	31	39	40	10	588	2	8	15	22	25	41	30	648	13	19	28	37	38	43	4	708	2	10	16	19	34	45	1	768	7	27	29	30	38	44	4
40	38	469	4	21	22	34	37	38	33	529	18	20	24	27	31	42	39	589	6	8	28	33	38	39	22	649	3	21	22	33	41	42	20	709	10	18	30	36	39	44	32	769	5	7	11	16	41	45	4
41	16	470	10	16	20	39	41	42	27	530	16	23	27	29	33	41	22	590	20	30	36	38	41	45	23	650	3	4	7	11	31	41	35	710	3	4	6	24	25	33	10	770	1	9	12	23	39	43	34
39	5	471	6	13	29	37	39	41	43	531	1	5	9	21	27	35	45	591	8	13	14	30	38	39	5	651	11	12	16	26	29	44	18	711	11	15	24	35	37	45	42	771	6	10	17	18	21	29	30
45	40	472	16	25	26	31	36	43	44	532	16	17	23	24	29	44	3	592	2	5	6	13	28	44	43	652	3	13	15	40	41	44	20	712	17	20	30	31	33	45	19	772	5	6	11	14	21	41	32
40	3	473	8	13	20	22	23	36	34	533	9	14	15	17	31	33	23	593	9	10	13	24	33	38	28	653	5	6	26	27	38	39	1	713	2	5	15	18	19	23	44	773	8	12	19	21	31	35	44
44	43	474	4	13	18	31	33	45	43	534	10	24	26	29	37	38	32	594	2	8	13	25	28	37	3	654	16	21	26	31	36	43	6	714	1	7	22	33	37	40	20	774	12	15	18	28	34	42	9
40	24	475	1	9	14	16	21	29	3	535	11	12	14	15	18	39	34	595	8	24	28	35	38	40	5	655	7	37	38	39	40	44	18	715	2	7	27	33	41	44	10	775	11	12	29	33	38	42	17
26	44	476	9	12	13	15	37	38	27	536	7	8	18	32	37	43	12	596	3	4	12	14	25	43	17	656	3	7	14	16	31	40	39	716	2	6	13	16	29	30	21	776	8	9	18	21	28	40	20
43	44	477	14	25	29	32	33	45	37	537	12	23	26	30	36	43	11	597	8	10	23	24	35	43	37	657	10	14	19	39	40	43	23	717	2	11	19	25	28	32	44	777	6	12	17	21	34	37	18
34	31	478	18	29	30	37	39	43	8	538	6	10	18	31	32	34	11	598	4	12	24	33	38	45	22	658	8	19	25	28	32	36	37	718	4	11	20	23	32	39	40	778	6	21	35	36	37	41	11
30	7	479	8	23	25	27	35	44	24	539	3	19	22	31	42	43	26	599	5	12	17	29	34	35	27	659	7	18	19	27	29	42	45	719	4	8	13	19	20	43	26	779	6	12	19	24	34	41	4
34	27	480	3	5	10	17	30	31	16	540	3	12	13	15	34	36	14	600	5	11	14	27	29	36	44	660	4	9	23	33	39	44	14	720	1	12	29	34	36	37	41	780	15	17	19	21	27	45	16

12

조합(10, 14)의 규칙성

12.1. 역대 로또 당첨번호(1~120/181~420)에 나타나는 조합(10, 14)의 규칙

★ 조합(10, 14)가 불러오는 연속된 11과 두 수 조합

〈표 4-12-1〉에서 먼저 적색으로 표시된 조합(10, 14)를 주목해 보자. 총 다섯 개가 등장하는데(A, B, F, G, H) 이 중 A는 초반에 나온 현상이므로 여기서 설명하고자 하는 현상을 불러오지 않는다. **(이전에 나타난 현상과 연관이 있을 것이다.)**

그렇다면 B, F, G, H를 중심으로 살펴보자. 먼저 B의 조합(10, 14)는 C와 연결되는데 C에서는 11이 연속적으로 두 번 등장하고 있다. 그리고 이와 더불어 1과 37이 함께 연속으로 뜨고 있다. 즉, 조합(1, 37)이 11과 함께 뜨는 것이다.

그런데 이 현상이 나머지 조합(10, 14)에서도 동일하게 나타난다. 물론 순서는 바뀔 수 있는데 F의 조합(10, 14)는 D에서 나타난 연속된 11 및 두 수 조합(36, 37)과 연관되고, G의 조합(10, 14)는 E에서 나타난 연속된 11과 두 수 조합(10, 39)와 연관된다.

또한, H의 조합(10, 14) 역시 I에 나타난 연속된 11과 조합(13, 28)과 연관된다.

〈표 4-12-1〉

1~120

1	10	23	29	33	37	40	16	61	14	15	19	30	38	43	8
2	9	13	21	25	32	42	2	62	3	8	15	27	29	35	21
3	11	16	19	21	27	31	30	63	3	20	23	36	38	40	5
4	14	27	30	31	40	42	2	64	14	15	18	21	26	36	39
5	16	24	29	40	41	42	3	65	4	25	33	36	40	43	39
6	14	15	26	27	40	42	34	66	2	3	7	17	22	24	45
7	2	9	16	25	26	40	42	67	3	7	10	15	36	38	33
8	8	19	25	34	37	39	9	68	10	12	15	16	26	39	38
9	2	4	16	17	36	39	14	69	5	8	14	15	19	39	35
10	9	25	30	33	41	44	6	70	5	19	22	25	28	43	26
11	1	7	36	37	41	42	14	71	5	9	12	16	29	41	21
12	2	11	21	25	39	45	44	72	2	4	11	17	26	27	1
13	22	23	25	37	38	42	26	73	3	12	18	32	40	43	38
14	2	6	12	31	33	40	15	74	6	15	17	18	35	40	23
15	3	4	16	30	31	37	13	75	2	5	24	32	34	44	28
16	6	7	24	37	38	40	33	76	1	3	15	22	25	37	43
17	3	4	9	17	32	37	1	77	2	18	29	32	43	44	37
18	3	12	13	19	32	35	29	78	10	13	25	29	33	35	38
19	6	30	38	39	40	43	26	79	3	12	24	27	30	32	14
20	10	14	18	[illegible]	23	30	41	80	17	18	24	25	26	30	1
21	6	12	17	18	31	32	21	81	5	7	11	13	20	33	6
22	4	5	6	8	17	39	25	82	1	2	3	14	27	42	39
23	5	13	17	18	33	42	44	83	6	10	15	17	19	34	14
24	7	8	27	29	36	43	6	84	16	23	27	34	42	45	11
25	2	4	21	26	43	44	16	85	6	8	13	23	31	36	21
26	4	5	7	18	20	25	31	86	2	12	37	39	41	45	33
27	1	20	26	28	37	43	27	87	4	12	16	23	34	43	26
28	9	18	23	25	35	37	1	88	1	17	20	24	30	41	27
29	1	5	13	34	39	40	11	89	4	26	28	29	33	40	37
30	8	17	20	35	36	44	4	90	17	20	29	35	38	44	10
31	7	9	18	23	28	35	32	91	1	21	24	26	29	42	27
32	6	14	19	25	34	44	11	92	3	14	24	33	35	36	17
33	4	7	32	33	40	41	9	93	6	22	24	36	38	44	19
34	9	26	35	37	40	42	2	94	5	32	34	40	41	45	6
35	2	3	11	26	37	43	39	95	8	17	27	31	34	43	14
36	1	10	23	26	28	40	31	96	1	3	8	21	22	31	20
37	7	27	30	33	35	37	42	97	6	7	14	15	20	36	3
38	16	17	22	30	37	43	36	98	6	9	16	23	24	32	43
39	6	7	13	15	21	42	[illegible]	99	1	3	10	27	29	37	11
40	7	13	18	19	25	[illegible]	6	100	1	7	11	23	37	42	6
41	13	20	23	35	38	43	34	101	1	3	17	32	35	45	8
42	17	18	19	21	28	32	1	102	17	22	24	26	35	40	42
43	6	31	35	38	39	44	1	103	5	14	15	27	30	45	10
44	3	11	21	30	38	45	39	104	17	32	33	34	42	44	35
45	1	10	20	27	33	35	17	105	8	10	20	34	41	45	28
46	8	13	15	23	31	38	39	106	4	10	12	22	24	33	29
47	14	17	26	31	36	45	27	107	1	4	5	6	9	31	17
48	6	10	18	26	37	38	3	108	7	18	22	23	29	44	12
49	4	7	16	19	33	40	30	109	1	5	34	36	42	44	33
50	2	10	12	15	22	44	1	110	7	20	22	23	29	43	1
51	2	3	11	16	26	44	35	111	7	18	31	33	36	40	27
52	2	4	15	16	20	29	1	112	26	29	30	33	41	42	43
53	7	8	14	32	33	39	42	113	4	9	28	33	36	45	26
54	1	8	21	27	36	39	37	114	11	14	19	26	28	41	2
55	17	21	31	37	40	44	7	115	1	2	6	9	25	28	31
56	10	14	30	[illegible]	33	37	19	116	2	4	25	31	34	37	17
57	7	10	16	25	29	44	6	117	5	10	22	34	36	44	35
58	10	24	25	33	40	44	1	118	3	4	10	17	19	22	38
59	6	29	36	39	41	45	13	119	3	11	13	14	17	21	38
60	2	8	25	36	39	42	11	120	4	6	10	11	32	37	30

181~420

181	14	21	23	32	40	45	44	241	2	16	24	27	28	35	21	301	7	11	13	33	37	43	26	361	5	10	16	24	27	35	33
182	13	15	27	29	34	40	35	242	4	19	20	21	32	34	43	302	13	19	20	32	38	42	4	362	2	3	22	27	30	40	29
183	2	18	24	34	40	42	5	243	2	12	17	19	28	42	34	303	2	14	17	30	38	45	43	363	11	12	14	21	32	38	6
184	1	2	6	16	20	33	41	244	13	16	25	36	37	38	19	304	4	10	16	26	33	41	38	364	2	5	7	14	16	40	4
185	1	2	4	8	19	38	14	245	9	11	27	31	32	38	22	305	7	8	18	21	23	39	9	365	5	15	21	25	26	30	31
186	4	10	14	19	21	45	9	246	13	18	21	23	26	39	15	306	4	18	23	30	34	41	19	366	5	12	19	26	27	44	38
187	1	2	8	18	29	38	42	247	12	15	28	36	39	40	13	307	5	15	21	23	25	45	12	367	3	22	25	29	32	44	19
188	19	24	27	30	31	34	36	248	3	8	17	23	38	45	13	308	14	15	17	19	37	45	40	368	11	21	24	30	39	45	26
189	8	14	32	35	37	45	28	249	3	8	27	31	41	44	11	309	1	2	5	11	18	36	22	369	17	20	35	36	41	43	21
190	8	14	18	30	31	44	15	250	19	23	30	37	43	45	38	310	1	5	19	28	34	41	16	370	16	18	24	42	44	45	17
191	5	6	24	25	32	37	8	251	6	7	19	25	28	38	45	311	4	12	24	27	28	32	10	371	7	9	15	26	27	42	18
192	4	8	11	18	37	45	33	252	14	23	26	31	39	45	28	312	2	3	5	6	12	20	25	372	8	11	14	16	18	21	13
193	6	14	18	26	36	39	13	253	8	19	25	31	34	36	33	313	9	17	34	35	43	45	2	373	15	26	37	42	43	45	9
194	15	20	23	26	39	44	28	254	1	5	19	20	24	30	27	314	15	17	19	34	38	41	2	374	11	13	15	17	25	34	26
195	7	10	19	22	35	40	31	255	1	5	6	24	27	42	32	315	1	13	33	35	43	45	23	375	4	8	19	25	27	45	7
196	35	36	37	41	44	45	30	256	4	11	14	21	23	43	32	316	10	11	21	27	31	39	43	376	1	11	13	24	28	40	7
197	7	12	16	34	42	45	4	257	6	13	27	31	32	37	4	317	3	10	11	22	36	39	8	377	6	22	29	37	43	45	23
198	12	19	20	25	41	45	2	258	14	27	30	31	38	40	17	318	2	17	19	20	34	45	21	378	5	22	29	31	34	39	43
199	14	21	22	25	30	36	43	259	4	5	14	35	42	45	34	319	5	8	22	28	33	42	37	379	6	10	22	31	35	40	19
200	5	6	13	14	17	20	7	260	7	12	15	24	37	40	43	320	16	19	23	25	41	45	3	380	1	2	8	17	26	37	27
201	3	11	24	38	39	44	26	261	6	11	16	18	31	43	2	321	12	18	20	21	25	34	42	381	1	5	10	12	16	20	11
202	12	24	27	33	39	44	17	262	9	12	24	25	29	31	36	322	9	18	29	32	38	43	20	382	10	15	22	24	27	42	19
203	1	3	11	24	30	32	7	263	1	27	28	32	37	40	[illegible]	323	10	14	15	32	36	42	3	383	4	15	28	33	37	40	25
204	3	12	14	35	40	45	5	264	9	16	27	36	41	44	5	324	2	4	21	25	33	36	17	384	11	22	24	32	36	38	7
205	1	3	21	29	35	37	30	265	5	9	34	37	38	39	12	325	7	17	20	32	44	45	33	385	7	12	19	21	29	32	9
206	1	2	3	15	20	25	43	266	3	4	9	11	22	42	37	326	16	23	25	33	36	39	40	386	4	7	10	19	31	40	26
207	3	11	14	31	32	37	38	267	7	8	24	34	36	41	1	327	6	12	13	17	32	44	24	387	1	26	31	34	40	43	20
208	14	25	31	34	40	44	24	268	3	10	19	24	32	45	12	328	1	6	9	16	17	28	24	388	1	8	9	17	29	32	45
209	2	7	18	20	24	33	37	269	5	18	20	[illegible]	42	43	32	329	9	17	19	30	35	42	4	389	7	16	18	20	23	26	3
210	10	19	22	23	25	37	39	270	5	9	12	20	21	26	27	330	3	4	16	17	19	20	23	390	16	17	28	37	39	40	15
211	12	13	17	20	33	41	8	271	3	8	9	27	29	40	36	331	4	9	14	26	31	44	39	391	10	11	18	22	28	39	30
212	11	12	18	21	31	38	8	272	7	9	12	27	39	43	28	332	16	17	34	36	42	45	3	392	1	3	7	8	24	42	43
213	2	3	4	5	20	24	42	273	1	8	24	31	34	44	6	333	5	14	27	30	39	43	35	393	9	16	28	40	41	43	21
214	5	7	20	25	28	37	32	274	13	14	15	26	35	39	25	334	13	15	21	29	39	43	33	394	1	13	20	22	25	28	15
215	2	3	7	15	43	44	4	275	14	19	20	35	38	40	26	335	5	9	16	23	26	45	21	395	11	15	20	26	31	35	7
216	7	16	17	33	36	40	1	276	4	15	21	33	39	41	25	336	3	5	20	34	35	44	16	396	18	20	31	34	40	45	30
217	16	20	27	33	35	39	38	277	10	12	13	15	25	29	20	337	1	5	14	18	32	37	4	397	12	13	17	22	25	33	8
218	1	8	14	18	29	44	20	278	3	11	37	39	41	43	13	338	2	13	34	38	42	45	16	398	10	15	20	23	42	44	7
219	4	11	20	26	35	37	[illegible]	279	7	16	31	36	37	38	11	339	6	8	14	21	30	37	45	399	1	2	9	17	19	42	20
220	5	11	19	21	34	43	[illegible]	280	10	11	23	24	36	37	35	340	18	24	26	29	34	38	32	400	9	21	27	34	41	43	2
221	2	20	33	35	37	40	10	281	1	3	4	6	14	41	12	341	1	8	19	34	39	43	41	401	6	12	18	31	38	43	9
222	5	7	28	29	39	43	44	282	2	5	10	18	31	32	30	342	1	13	14	33	34	43	25	402	5	9	15	19	22	36	32
223	1	3	18	20	26	27	38	283	6	8	18	31	38	45	42	343	1	10	17	29	31	43	[illegible]	403	10	14	22	24	28	37	26
224	4	19	26	27	30	42	7	284	2	7	15	24	30	45	28	344	1	2	15	28	34	45	38	404	5	20	21	24	33	40	36
225	5	11	13	19	31	36	7	285	13	33	37	40	41	45	2	345	15	20	23	29	39	42	2	405	1	2	10	25	26	44	4
226	2	6	8	14	21	22	34	286	1	15	19	40	42	44	17	346	5	13	14	22	44	45	33	406	7	12	21	24	27	36	45
227	4	5	15	16	22	42	2	287	6	12	24	27	35	37	41	347	3	8	13	27	32	42	10	407	6	7	13	16	24	25	1
228	17	25	35	36	39	44	23	288	1	12	17	28	35	41	10	348	3	14	17	20	24	31	34	408	9	20	21	22	30	37	16
229	4	5	9	11	23	38	35	289	3	14	33	37	38	42	10	349	5	13	14	20	24	25	36	409	6	9	21	31	32	40	38
230	5	11	14	29	32	33	12	290	8	13	18	32	39	45	7	350	1	8	18	24	29	33	35	410	1	3	18	32	40	41	16
231	5	10	19	31	44	45	27	291	3	7	8	18	20	42	45	351	5	25	27	29	34	36	33	411	11	14	22	35	37	39	5
232	8	9	10	12	24	44	35	292	17	18	31	32	33	34	10	352	5	16	17	20	26	41	24	412	4	7	39	41	42	45	40
233	4	6	13	17	28	40	39	293	1	9	17	21	29	33	24	353	11	16	19	22	29	36	26	413	2	9	15	23	34	40	3
234	13	21	22	24	26	37	4	294	6	10	17	30	37	38	40	354	14	19	36	43	44	45	1	414	2	14	15	22	23	44	43
235	21	22	26	27	31	37	8	295	1	4	12	16	18	38	8	355	5	8	29	30	35	44	38	415	7	17	20	26	30	40	24
236	1	4	8	13	37	39	7	296	3	8	15	27	30	45	44	356	2	8	14	25	29	45	24	416	5	6	8	11	22	26	44
237	1	11	17	21	24	44	33	297	6	11	19	20	28	[illegible]	34	357	10	14	18	21	36	37	5	417	4	5	14	20	22	43	44
238	2	4	15	28	31	34	35	298	5	9	27	29	37	40	19	358	1	9	10	12	21	40	[illegible]	418	11	13	15	26	28	34	31
239	11	15	24	39	41	44	7	299	1	3	20	25	36	45	24	359	1	10	19	20	24	40	28	419	2	11	13	14	28	30	7
240	6	10	16	40	41	43	21	300	7	9	10	12	26	38	39	360	4	16	23	25	35	40	27	420	4	9	10	29	31	34	27

12.2. 역대 로또 당첨번호(421~780)에 나타나는 조합(10, 14)의 규칙

★ 조합(10, 14)가 불러오는 연속된 11과 두 수 조합

〈표 4-12-2〉에서도 앞서 살펴본 현상이 나타나고 있다.

여기서도 먼저 적색으로 표시된 조합(10, 14)를 주목해 보자. 총 두 개가 등장하는데(A, D) 이 중 A는 B에 나타난 연속된 11과 조합(6, 17)과 연관된다.

또한, D의 조합(10, 14) 역시 C에서 나타난 연속된 11과 조합(18, 27)과 나타난다.

이러한 현상들을 보았을 때, 조합(10, 14)는 11과 두 수 조합이 두 주 연속으로 등장하는 현상을 불러옴을 확인할 수 있다.

〈표 4-12-2〉

421	6	11	26	27	28	44	30	481	3	4	23	29	40	41	20
422	8	15	19	21	34	44	12	482	1	10	16	24	25	35	43
423	1	17	27	28	29	40	5	483	12	15	19	22	28	34	5
424	10	11	26	31	34	44	30	484	1	3	27	28	32	45	11
425	8	10	14	27	33	38	3	485	17	22	26	27	36	39	20
426	4	17	18	27	39	43	19	486	1	2	23	25	38	40	43
427	6	7	15	24	28	30	21	487	4	8	25	27	37	41	21
428	12	16	19	22	37	40	8	488	2	8	17	30	31	38	25
429	3	23	28	34	39	42	16	489	2	4	8	15	20	27	11
430	1	3	16	18	30	34	44	490	2	7	26	29	40	43	42
431	18	22	25	31	38	45	6	491	8	17	35	36	39	42	4
432	2	3	5	11	27	39	33	492	22	27	31	35	37	40	42
433	19	23	29	33	35	43	27	493	20	22	26	33	36	37	25
434	3	13	20	24	33	37	35	494	5	7	8	15	30	43	22
435	8	16	26	30	38	45	42	495	4	13	22	27	34	44	6
436	9	14	20	22	33	34	28	496	4	13	20	29	36	41	39
437	11	16	29	38	41	44	21	497	19	20	23	24	43	44	13
438	6	12	20	26	29	38	45	498	13	14	24	32	39	41	3
439	17	20	30	31	37	40	25	499	5	20	23	27	35	40	43
440	10	22	28	34	36	44	2	500	3	4	12	20	24	34	41
441	1	23	28	30	34	35	9	501	1	4	10	17	31	42	2
442	25	27	29	36	38	40	41	502	6	22	28	32	34	40	26
443	4	6	10	19	20	44	14	503	1	5	27	30	34	36	40
444	11	13	23	35	43	45	17	504	6	14	22	26	43	44	31
445	13	20	21	30	39	45	32	505	7	20	22	25	38	40	44
446	1	11	12	14	26	35	6	506	6	9	11	22	24	30	31
447	2	7	8	9	17	33	34	507	12	13	32	33	40	41	4
448	3	7	13	27	40	41	36	508	5	27	31	34	35	43	37
449	3	10	20	26	35	43	36	509	12	25	29	35	42	43	24
450	6	14	19	21	23	31	13	510	12	29	32	33	39	40	42
451	12	15	20	24	30	38	29	511	3	7	14	23	26	42	24
452	8	10	18	30	32	34	27	512	4	5	9	13	26	27	1
453	12	24	33	38	40	42	30	513	5	8	21	23	27	33	12
454	13	25	27	34	38	41	10	514	1	15	20	26	35	42	9
455	4	19	20	26	30	35	24	515	2	11	12	15	23	37	8
456	1	7	12	18	23	27	44	516	2	8	23	41	43	44	30
457	8	10	18	23	27	40	33	517	1	9	12	28	36	41	10
458	4	9	10	32	36	40	18	518	14	23	30	32	34	38	6
459	4	6	10	14	25	40	12	519	6	8	13	16	30	43	3
460	8	11	28	30	43	45	41	520	4	22	27	28	38	40	1
461	11	18	26	31	37	40	43	521	3	7	18	29	32	36	19
462	3	20	24	32	37	45	4	522	4	5	13	14	37	41	11
463	23	29	31	33	34	44	40	523	1	4	37	38	40	45	7
464	6	12	15	34	42	44	4	524	10	11	29	38	41	45	21
465	1	8	11	13	22	38	31	525	11	23	26	29	39	44	22
466	4	10	13	23	32	44	20	526	7	14	17	20	35	39	31
467	2	12	14	17	24	40	39	527	1	12	22	32	33	42	38
468	8	13	15	28	37	43	17	528	5	17	25	31	39	40	10
469	4	21	22	34	37	38	33	529	18	20	24	27	31	42	39
470	10	16	20	39	41	42	27	530	16	23	27	29	33	41	22
471	6	13	29	37	39	41	43	531	1	5	9	21	27	35	45
472	16	25	26	31	36	43	44	532	16	17	23	24	29	44	3
473	8	13	20	22	23	36	34	533	9	14	15	17	31	33	23
474	4	13	18	31	33	45	43	534	10	24	26	29	37	38	32
475	1	9	14	16	21	29	3	535	11	12	14	15	18	39	34
476	9	12	13	15	37	38	27	536	7	8	18	32	37	43	12
477	14	25	29	32	33	45	37	537	12	23	26	30	36	43	11
478	18	29	30	37	39	43	8	538	6	10	18	31	32	34	11
479	8	23	25	27	35	44	24	539	3	19	22	31	42	43	26
480	3	5	10	17	30	31	16	540	3	12	13	15	34	36	14

541	8	13	26	28	32	34	43	601	2	16	19	31	34	35	37
542	5	6	19	26	41	45	34	602	13	14	22	27	30	38	2
543	13	18	26	31	34	44	12	603	2	19	25	26	27	43	28
544	5	17	21	25	36	44	10	604	2	6	18	21	33	34	30
545	4	24	25	27	34	35	2	605	1	2	7	9	10	38	42
546	8	17	20	27	37	43	6	606	1	5	6	14	20	39	22
547	6	7	15	22	34	39	28	607	8	14	23	36	38	39	13
548	1	12	13	21	32	45	14	608	4	8	18	19	39	44	41
549	29	31	35	38	40	44	17	609	4	8	27	34	39	40	13
550	1	7	14	20	34	37	41	610	14	18	20	23	28	36	33
551	3	6	20	24	27	44	25	611	2	22	27	33	36	37	14
552	1	10	20	32	35	40	43	612	6	9	18	19	25	33	40
553	2	7	17	28	29	39	37	613	7	8	11	16	41	44	35
554	13	14	17	32	41	42	6	614	8	21	25	39	40	44	18
555	11	17	21	24	26	36	12	615	10	17	18	19	23	27	35
556	12	20	23	28	30	44	43	616	5	13	18	23	40	45	3
557	4	20	26	28	35	40	31	617	4	5	11	12	24	27	28
558	12	15	19	26	40	43	29	618	8	16	25	30	42	43	15
559	11	12	25	32	44	45	23	619	6	8	13	30	35	40	21
560	1	4	20	23	29	45	28	620	2	16	17	32	39	45	40
561	5	7	18	37	42	45	20	621	1	2	6	16	19	42	9
562	4	11	13	17	20	31	33	622	9	15	16	21	28	34	24
563	5	10	16	17	31	32	21	623	7	18	30	39	41	45	25
564	14	19	25	26	27	34	2	624	1	7	19	26	27	35	16
565	4	10	18	27	40	45	38	625	3	6	7	20	21	39	13
566	4	5	6	25	26	43	41	626	13	14	26	33	40	43	15
567	1	10	15	16	32	41	28	627	2	9	22	25	31	45	12
568	1	3	17	20	31	44	40	628	1	7	12	15	23	42	11
569	3	6	13	23	24	35	1	629	19	28	31	38	43	44	1
570	1	12	26	27	29	33	42	630	8	17	21	24	27	31	15
571	11	18	21	26	38	43	29	631	1	2	4	23	31	34	8
572	3	13	18	33	37	45	1	632	15	18	21	32	35	44	6
573	2	4	20	34	35	43	14	633	9	12	19	20	39	41	13
574	14	15	16	19	25	43	2	634	4	10	11	12	20	27	38
575	2	8	20	30	33	34	6	635	11	13	25	26	29	33	32
576	10	11	15	25	35	41	13	636	6	7	15	16	20	31	26
577	16	17	22	31	34	37	33	637	3	16	22	37	38	44	23
578	5	12	14	32	34	42	16	638	7	18	22	24	31	34	6
579	5	7	20	22	37	42	39	639	6	15	22	23	25	32	40
580	5	7	9	11	32	35	33	640	14	15	18	21	26	35	23
581	3	5	14	20	42	44	33	641	11	18	21	36	37	43	12
582	2	12	14	33	40	41	25	642	8	17	18	24	39	45	32
583	8	17	27	33	40	44	24	643	15	24	31	32	33	40	13
584	7	18	30	39	40	41	36	644	5	13	17	23	28	36	8
585	6	7	10	16	38	41	4	645	1	4	16	26	40	41	31
586	2	7	12	15	21	34	5	646	2	9	24	41	43	45	30
587	14	21	29	31	32	37	17	647	5	16	21	23	24	30	29
588	2	8	15	22	25	41	30	648	13	19	28	37	38	43	4
589	6	8	28	33	38	39	22	649	3	21	22	33	41	42	20
590	20	30	36	38	41	45	23	650	3	4	7	11	31	41	35
591	8	13	14	30	38	39	5	651	11	12	16	26	29	44	18
592	2	5	6	13	28	44	43	652	3	13	15	40	41	44	20
593	9	10	13	24	33	38	28	653	5	6	26	27	38	39	1
594	2	8	13	25	28	37	3	654	16	21	26	31	36	43	6
595	8	24	28	35	38	40	5	655	7	37	38	39	40	44	18
596	3	4	12	14	25	43	17	656	3	7	14	16	31	40	39
597	8	10	23	24	35	43	37	657	10	14	19	29	40	43	23
598	4	12	24	33	38	45	22	658	8	19	25	28	32	36	37
599	5	12	17	29	34	35	27	659	7	18	19	27	29	42	45
600	5	11	14	27	29	36	44	660	4	9	23	33	39	44	14

661	2	3	12	20	27	38	40	721	1	28	35	41	43	44	31
662	5	6	9	11	15	37	26	722	12	14	21	30	39	43	45
663	3	5	8	19	38	42	20	723	20	30	33	35	36	44	22
664	10	20	33	36	41	44	5	724	2	8	33	35	37	41	14
665	5	6	11	17	38	44	13	725	6	7	19	21	41	43	38
666	2	4	6	11	17	28	16	726	1	11	21	23	34	44	24
667	15	17	25	37	42	43	13	727	7	8	10	19	21	31	20
668	12	14	15	24	27	32	3	728	3	6	10	30	34	37	36
669	7	8	20	29	33	38	9	729	11	17	21	26	36	45	16
670	11	18	26	27	40	41	25	730	4	10	14	15	18	22	39
671	7	9	10	13	31	35	24	731	2	7	13	25	42	45	39
672	8	21	28	31	36	45	43	732	2	4	5	17	27	32	43
673	7	10	17	29	33	44	5	733	11	24	32	33	35	40	13
674	9	10	14	25	27	31	11	734	6	16	37	38	41	45	18
675	1	8	11	15	18	45	7	735	5	10	13	27	37	41	44
676	1	8	17	34	39	45	21	736	2	11	17	18	21	27	6
677	12	15	24	36	41	44	42	737	13	15	18	24	27	41	11
678	4	5	6	12	25	37	45	738	23	27	28	38	42	43	36
679	3	5	7	14	26	34	35	739	7	22	29	33	34	35	30
680	4	10	19	29	32	42	30	740	4	8	9	16	17	19	31
681	21	24	27	29	43	44	7	741	5	21	27	34	44	45	16
682	17	23	27	35	38	43	2	742	8	10	13	36	37	40	6
683	6	13	20	27	28	40	15	743	15	19	21	34	41	44	10
684	1	11	15	17	25	39	40	744	10	15	18	21	34	41	43
685	6	7	12	28	38	40	18	745	1	2	3	9	12	23	10
686	7	12	15	24	25	43	13	746	3	12	33	36	42	45	25
687	1	8	10	13	28	42	45	747	7	9	12	14	23	28	17
688	5	15	22	23	34	35	2	748	3	10	13	22	31	32	29
689	7	17	19	30	36	38	34	749	12	14	24	26	34	45	41
690	24	25	33	34	38	39	43	750	1	2	15	19	24	36	12
691	15	27	33	35	43	45	16	751	3	4	16	20	28	44	17
692	3	11	14	15	32	36	44	752	4	16	20	33	40	43	7
693	1	6	11	28	34	42	30	753	2	17	19	24	37	41	3
694	7	15	20	25	33	43	12	754	2	8	17	24	29	31	32
695	4	18	26	33	34	38	14	755	13	14	26	28	30	36	37
696	1	7	16	18	34	38	21	756	10	14	16	18	27	28	4
697	2	5	8	11	33	39	31	757	6	7	11	17	33	44	1
698	3	11	13	21	33	37	18	758	5	9	12	30	39	43	24
699	4	5	8	16	21	29	3	759	9	33	36	40	42	43	32
700	11	23	28	29	30	44	13	760	10	22	27	31	42	43	12
701	3	10	14	16	36	38	35	761	4	7	11	24	42	45	30
702	3	13	16	24	26	29	9	762	1	3	12	21	26	41	16
703	10	28	31	33	41	44	21	763	3	8	16	32	34	43	10
704	1	4	8	23	33	42	45	764	7	22	24	31	34	36	15
705	1	6	17	22	28	45	23	765	1	3	8	12	42	43	33
706	3	4	6	10	28	30	37	766	9	30	34	35	39	41	21
707	2	12	19	24	39	44	35	767	5	15	20	31	34	42	22
708	2	10	16	19	34	45	1	768	7	27	29	30	38	44	4
709	10	18	30	36	39	44	32	769	5	7	11	16	41	45	4
710	3	4	6	24	25	33	10	770	1	9	12	23	39	43	34
711	11	15	24	35	37	45	42	771	6	10	17	18	21	29	30
712	17	20	30	31	33	45	19	772	5	6	11	14	21	41	32
713	2	5	15	18	19	23	44	773	8	12	19	21	31	35	44
714	1	7	22	33	37	40	20	774	12	15	18	28	34	42	9
715	2	7	27	33	41	44	10	775	11	12	29	33	38	42	17
716	2	6	13	16	29	30	21	776	8	9	18	21	28	40	20
717	2	11	19	25	28	32	44	777	6	12	17	21	34	37	18
718	4	11	20	23	32	39	40	778	6	21	35	36	37	41	11
719	4	8	13	19	20	43	26	779	6	12	19	24	34	41	4
720	1	12	29	34	36	37	41	780	15	17	19	21	27	45	16

12.3. 결론- 로또에의 적용

조합(10, 14)가 첫머리에 나왔을 때,

- 11과 다른 두 수 조합이 연속으로 두 주 등장하는 현상을 불러오게 된다.

이때, 다음과 같은 적용을 해 볼 수 있다.

조합(10, 14)가 첫머리에 나왔을 때
이후로 11이 떴다면, 그다음 주에도 11이 뜰 가능성이 있다. 또한, 그 주에 뜬 수 중 두 수가 다음에도 동시에 뜰 가능성이 있다.

NOTE

첫머리 10, 14의 규칙성

1	10	23	29	33	37	40	16	61	14	15	19	30	38	43	8	121	12	28	30	34	38	43	9	181	14	21	23	32	40	45	44	241	2	16	24	27	28	35	21	301	7	11	13	33	37	43	26	361	5
2	9	13	21	25	32	42	2	62	3	8	15	27	29	35	21	122	1	11	16	17	36	40	8	182	13	15	27	29	34	40	35	242	4	19	20	21	32	34	43	302	13	19	20	32	38	42	4	362	2
3	11	16	19	21	27	31	30	63	3	20	23	36	38	40	5	123	7	17	18	28	30	45	27	183	2	18	24	34	40	42	5	243	2	12	17	19	28	42	34	303	2	14	17	30	38	45	43	363	1
4	14	27	30	31	40	42	2	64	14	15	18	21	26	36	39	124	4	16	23	25	29	42	1	184	1	2	6	16	20	33	41	244	13	16	25	36	37	38	19	304	4	10	16	26	33	41	38	364	2
5	16	24	29	40	41	42	3	65	4	25	33	36	40	43	39	125	2	8	32	33	35	36	18	185	1	2	4	8	19	38	14	245	9	11	27	31	32	38	22	305	7	8	18	21	23	39	9	365	5
6	14	15	26	27	40	42	34	66	2	3	7	17	22	24	45	126	7	20	22	27	40	43	1	186	4	10	14	19	21	45	9	246	13	18	21	23	26	39	15	306	4	18	23	30	34	41	19	366	5
7	2	9	16	25	26	40	42	67	3	7	10	15	36	38	33	127	3	5	10	29	32	43	35	187	1	2	8	18	29	38	42	247	12	15	28	36	39	40	13	307	5	15	21	23	25	45	12	367	3
8	8	19	25	34	37	39	9	68	10	12	15	16	26	39	38	128	12	30	34	36	37	45	39	188	19	24	27	30	31	34	36	248	3	8	17	23	38	45	13	308	14	15	17	19	37	45	40	368	1
9	2	4	16	17	36	39	14	69	5	8	14	15	19	39	35	129	19	23	25	28	38	42	17	189	8	14	32	35	37	45	28	249	3	8	27	31	41	44	11	309	1	2	5	11	18	36	22	369	1
10	9	25	30	33	41	44	6	70	5	19	22	25	28	43	26	130	7	19	24	27	42	45	31	190	8	14	18	30	31	44	15	250	19	23	30	37	43	45	38	310	1	5	19	28	34	41	16	370	1
11	1	7	36	37	41	42	14	71	5	9	12	16	29	41	21	131	8	10	11	14	15	21	37	191	5	6	24	25	32	37	8	251	6	7	19	25	28	38	45	311	4	12	24	27	28	32	10	371	7
12	2	11	21	25	39	45	44	72	2	4	11	17	26	27	1	132	3	17	23	34	41	45	43	192	4	8	11	18	37	45	33	252	14	23	26	31	39	45	28	312	2	3	5	6	12	20	25	372	8
13	22	23	25	37	38	42	26	73	3	12	18	32	40	43	38	133	4	7	15	18	23	26	13	193	6	14	18	26	36	39	13	253	8	19	25	31	34	36	33	313	9	17	34	35	43	45	2	373	1
14	2	6	12	31	33	40	15	74	6	15	17	18	35	40	23	134	3	12	20	23	31	35	43	194	15	20	23	26	39	44	28	254	1	5	19	20	24	30	27	314	15	17	19	34	38	41	2	374	1
15	3	4	16	30	31	37	13	75	2	5	24	32	34	44	28	135	6	14	22	28	35	39	16	195	7	10	19	22	35	40	31	255	1	5	6	24	27	42	32	315	1	13	33	35	43	45	23	375	4
16	6	7	24	37	38	40	33	76	1	3	15	22	25	37	43	136	2	16	30	36	41	42	11	196	35	36	37	41	44	45	30	256	4	11	14	21	23	43	32	316	10	11	21	27	31	39	43	376	1
17	3	4	9	17	32	37	1	77	2	18	29	32	43	44	37	137	7	9	20	25	36	39	15	197	7	12	16	34	42	45	4	257	6	13	27	31	32	37	4	317	3	10	11	22	36	39	8	377	6
18	3	12	13	19	32	35	29	78	10	13	25	29	33	35	38	138	10	11	27	28	37	39	19	198	12	19	20	25	41	45	2	258	14	27	30	31	38	40	17	318	2	17	19	20	34	45	21	378	5
19	6	30	38	39	40	43	26	79	3	12	24	27	30	32	14	139	9	11	15	20	28	43	13	199	14	21	22	25	30	36	43	259	4	5	14	35	42	45	34	319	5	8	22	28	33	42	37	379	6
20	10	14	18	20	23	30	41	80	17	18	24	25	26	30	1	140	3	13	17	18	19	28	8	200	5	6	13	14	17	20	7	260	7	12	15	24	37	40	43	320	16	19	23	25	41	45	3	380	1
21	6	12	17	18	31	32	21	81	5	7	11	13	20	33	6	141	8	12	29	31	42	43	2	201	3	11	24	38	39	44	26	261	6	11	16	18	31	43	2	321	12	18	20	21	25	34	42	381	1
22	4	5	6	8	17	39	25	82	1	2	3	14	27	42	39	142	12	16	30	34	40	44	19	202	12	24	27	33	39	44	17	262	9	12	24	25	29	31	36	322	9	18	29	32	38	43	20	382	1
23	5	13	17	18	33	42	44	83	6	10	15	17	19	34	14	143	26	27	28	42	43	45	8	203	1	3	11	24	30	32	7	263	1	27	28	32	37	40	18	323	10	14	15	32	36	42	3	383	4
24	7	8	27	29	36	43	6	84	16	23	27	34	42	45	11	144	4	15	17	26	36	37	43	204	3	12	14	35	40	45	5	264	9	16	27	36	41	44	5	324	2	4	21	25	33	36	17	384	1
25	2	4	21	26	43	44	16	85	6	8	13	23	31	36	21	145	2	3	13	20	27	44	9	205	1	3	21	29	35	37	30	265	5	9	34	37	38	39	12	325	7	17	20	32	44	45	33	385	7
26	4	5	7	18	20	25	31	86	2	12	37	39	41	45	33	146	2	19	27	35	41	42	25	206	1	2	3	15	20	25	43	266	3	4	9	11	22	42	37	326	16	23	25	33	36	39	40	386	4
27	1	20	26	28	37	43	27	87	4	12	16	23	34	43	26	147	4	6	13	21	40	42	36	207	3	11	14	31	32	37	38	267	7	8	24	34	36	41	1	327	6	12	13	17	32	44	24	387	1
28	9	18	23	25	35	37	1	88	1	17	20	24	30	41	27	148	21	25	33	34	35	36	17	208	14	25	31	34	40	44	24	268	3	10	19	24	32	45	12	328	1	6	9	16	17	28	24	388	1
29	1	5	13	34	39	40	11	89	4	26	28	29	33	40	37	149	2	11	21	34	41	42	27	209	2	7	18	20	24	33	37	269	5	18	20	36	42	43	32	329	9	17	19	30	35	42	4	389	7
30	8	17	20	35	36	44	4	90	17	20	29	35	38	44	10	150	2	18	25	28	37	39	16	210	10	19	22	23	25	37	39	270	5	9	12	20	21	26	27	330	3	4	16	17	19	20	23	390	1
31	7	9	18	23	28	35	32	91	1	21	24	26	29	42	27	151	1	2	10	13	18	19	15	211	12	13	17	20	33	41	8	271	3	8	9	27	29	40	36	331	4	9	14	26	31	44	39	391	1
32	6	14	19	25	34	44	11	92	3	14	24	33	35	36	17	152	1	5	13	26	29	34	43	212	11	12	18	21	31	38	8	272	7	9	12	27	39	43	28	332	16	17	34	36	42	45	3	392	1
33	4	7	32	33	40	41	9	93	6	22	24	36	38	44	19	153	3	8	11	12	13	36	33	213	2	3	4	5	20	24	42	273	1	8	24	31	34	44	6	333	5	14	27	30	39	43	35	393	9
34	9	26	35	37	40	42	2	94	5	32	34	40	41	45	6	154	6	19	21	35	40	45	20	214	5	7	20	25	28	37	32	274	13	14	15	26	35	39	25	334	13	15	21	29	39	43	33	394	1
35	2	3	11	26	37	43	39	95	8	17	27	31	34	43	14	155	16	19	20	32	33	41	4	215	2	3	7	15	43	44	4	275	14	19	20	35	38	40	26	335	5	9	16	23	26	45	21	395	1
36	1	10	23	26	28	40	31	96	1	3	8	21	22	31	20	156	5	18	28	30	42	45	2	216	7	16	17	33	36	40	1	276	4	15	21	33	39	41	25	336	3	5	20	34	35	44	16	396	1
37	7	27	30	33	35	37	42	97	6	7	14	15	20	36	3	157	19	26	30	33	35	39	37	217	16	20	27	33	35	39	38	277	10	12	13	15	25	29	20	337	1	5	14	18	32	37	4	397	1
38	16	17	22	30	37	43	36	98	6	9	16	23	24	32	43	158	4	9	13	18	21	34	7	218	1	8	14	18	29	44	20	278	3	11	37	39	41	43	13	338	2	13	34	38	42	45	16	398	1
39	6	7	13	15	21	43	8	99	1	3	10	27	29	37	11	159	1	18	30	41	42	43	32	219	4	11	20	26	35	37	16	279	7	16	31	36	37	38	11	339	6	8	14	21	30	37	45	399	1
40	7	13	18	19	25	26	6	100	1	7	11	23	37	42	6	160	3	7	8	34	39	41	1	220	5	11	19	21	34	43	31	280	10	11	23	24	36	37	35	340	18	24	26	29	34	38	32	400	9
41	13	20	23	35	38	43	34	101	1	3	17	32	35	45	8	161	22	34	36	40	42	45	44	221	2	20	33	35	37	40	10	281	1	3	4	6	14	41	12	341	1	8	19	34	39	43	41	401	6
42	17	18	19	21	23	32	1	102	17	22	24	26	35	40	42	162	1	5	21	25	38	41	24	222	5	7	28	29	39	43	44	282	2	5	10	18	31	32	30	342	1	13	14	33	34	43	25	402	5
43	6	31	35	38	39	44	1	103	5	14	15	27	30	45	10	163	7	11	26	28	29	44	16	223	1	3	18	20	26	27	38	283	6	8	18	31	38	45	42	343	1	10	17	29	31	43	15	403	1
44	3	11	21	30	38	45	39	104	17	32	33	34	42	44	35	164	6	9	10	11	39	41	27	224	4	19	26	27	30	42	7	284	2	7	15	24	30	45	28	344	1	2	15	28	34	45	38	404	5
45	1	10	20	27	33	35	17	105	8	10	20	34	41	45	28	165	5	13	18	19	22	42	31	225	5	11	13	19	31	36	7	285	13	33	37	40	41	45	2	345	15	20	23	29	39	42	2	405	1
46	8	13	15	23	31	38	39	106	4	10	12	22	24	33	29	166	9	12	27	36	39	45	14	226	2	6	8	14	21	22	34	286	1	15	19	40	42	44	17	346	5	13	14	22	44	45	33	406	7
47	14	17	26	31	36	45	27	107	1	4	5	6	9	31	17	167	24	27	28	30	36	39	4	227	4	5	15	16	22	42	2	287	6	12	24	27	35	37	41	347	3	8	13	27	32	42	10	407	6
48	6	10	18	26	37	38	3	108	7	18	22	23	29	44	12	168	3	10	31	40	42	43	30	228	17	25	35	36	39	44	23	288	1	12	17	28	35	41	10	348	3	14	17	20	24	31	34	408	9
49	4	7	16	19	33	40	30	109	1	5	34	36	42	44	33	169	16	27	35	37	43	45	19	229	4	5	9	11	23	38	35	289	3	14	33	37	38	42	10	349	5	13	14	20	24	25	36	409	6
50	2	10	12	15	22	44	1	110	7	20	22	23	29	43	1	170	2	11	13	15	31	42	10	230	5	11	14	29	32	33	12	290	8	13	18	32	39	45	7	350	1	8	18	24	29	33	35	410	1
51	2	3	11	16	26	44	35	111	7	18	31	33	36	40	27	171	4	16	25	29	34	35	1	231	5	10	19	31	44	45	27	291	3	7	8	18	20	42	45	351	5	25	27	29	34	36	33	411	1
52	2	4	15	16	20	29	1	112	26	29	30	33	41	42	43	172	4	19	21	24	26	41	35	232	8	9	10	12	24	44	35	292	17	18	31	32	33	34	10	352	5	16	17	20	26	41	24	412	4
53	7	8	14	32	33	39	42	113	4	9	28	33	36	45	26	173	3	9	24	30	33	34	18	233	4	6	13	17	28	40	39	293	1	9	17	21	29	33	24	353	11	16	19	22	29	36	26	413	2
54	1	8	21	27	36	39	37	114	11	14	19	26	28	41	2	174	13	14	18	22	35	39	16	234	13	21	22	24	26	37	4	294	6	10	17	30	37	38	40	354	14	19	36	43	44	45	1	414	2
55	17	21	31	37	40	44	7	115	1	2	6	9	25	28	31	175	19	26	28	31	33	36	17	235	21	22	26	27	31	37	8	295	1	4	12	16	18	38	8	355	5	8	29	30	35	44	38	415	7
56	10	14	30	31	33	37	19	116	2	4	25	31	34	37	17	176	4	17	30	32	33	34	15	236	1	4	8	13	37	39	7	296	3	8	15	27	30	45	44	356	2	8	14	25	29	45	24	416	5
57	7	10	16	25	29	44	6	117	5	10	22	34	36	44	35	177	1	10	13	16	37	43	6	237	1	11	17	21	24	44	33	297	6	11	19	20	28	32	34	357	10	14	18	21	36	37	5	417	4
58	10	24	25	33	40	44	1	118	3	4	10	17	19	22	38	178	1	5	11	12	18	23	9	238	2	4	15	28	31	34	35	298	5	9	27	29	37	40	19	358	1	9	10	12	21	40	37	418	1
59	6	29	36	39	41	45	13	119	3	11	13	14	17	21	38	179	5	9	17	25	39	43	32	239	11	15	24	39	41	44	7	299	1	3	20	25	36	45	24	359	1	10	19	20	24	40	23	419	2
60	2	8	25	36	39	42	11	120	4	6	10	11	32	37	30	180	2	15	20	21	29	34	22	240	6	10	16	40	41	43	21	300	7	9	10	12	26	38	39	360	4	16	23	25	35	40	27	420	4

35	33	421	6	11	26	27	28	44	30	481	3	4	23	29	40	41	20	541	8	13	26	28	32	34	43	601	2	16	19	31	34	35	37	661	2	3	12	20	27	38	40	721	1	28	35	41	43	44	31
40	29	422	8	15	19	21	34	44	12	482	1	10	16	24	25	35	43	542	5	6	19	26	41	45	34	602	13	14	22	27	30	38	2	662	5	6	9	11	15	37	26	722	12	14	21	30	39	43	45
38	6	423	1	17	27	28	29	40	5	483	12	15	19	22	28	34	5	543	13	18	26	31	34	44	12	603	2	19	25	26	27	43	28	663	3	5	8	19	38	42	20	723	20	30	33	35	36	44	22
40	4	424	10	11	26	31	34	44	30	484	1	3	27	28	32	45	11	544	5	17	21	25	36	44	10	604	2	6	18	21	33	34	30	664	10	20	33	36	41	44	5	724	2	8	33	35	37	41	14
30	31	425	8	10	14	27	33	38	3	485	17	22	26	27	36	39	20	545	4	24	25	27	34	35	2	605	1	2	7	9	10	38	42	665	5	6	11	17	38	44	13	725	6	7	19	21	41	43	38
44	38	426	4	17	18	27	39	43	19	486	1	2	23	25	38	40	43	546	8	17	20	27	37	43	6	606	1	5	6	14	20	39	22	666	2	4	6	11	17	28	16	726	1	11	21	23	34	44	24
44	19	427	6	7	15	24	28	30	21	487	4	8	25	27	37	41	21	547	6	7	15	22	34	39	28	607	8	14	23	36	38	39	13	667	15	17	25	37	42	43	13	727	7	8	10	19	21	31	20
45	26	428	12	16	19	22	37	40	8	488	2	8	17	30	31	38	25	548	1	12	13	21	32	45	14	608	4	8	18	19	39	44	41	668	12	14	15	24	27	32	3	728	3	6	10	30	34	37	36
43	21	429	3	23	28	34	39	42	16	489	2	4	8	15	20	27	11	549	29	31	35	38	40	44	17	609	4	8	27	34	39	40	13	669	7	8	20	29	33	38	9	729	11	17	21	26	36	45	16
45	17	430	1	3	16	18	30	34	44	490	2	7	26	29	40	43	42	550	1	7	14	20	34	37	41	610	14	18	20	23	28	36	33	670	11	18	26	27	40	41	25	730	4	10	14	15	18	22	39
42	18	431	18	22	25	31	38	45	6	491	8	17	35	36	39	42	4	551	3	6	20	24	27	44	25	611	2	22	27	33	36	37	14	671	7	9	10	13	31	35	24	731	2	7	13	25	42	45	39
21	13	432	2	3	5	11	27	39	33	492	22	27	31	35	37	40	42	552	1	10	20	32	35	40	43	612	6	9	18	19	25	33	40	672	8	21	28	31	36	45	43	732	2	4	5	17	27	32	43
45	9	433	19	23	29	33	35	43	27	493	20	22	26	33	36	37	25	553	2	7	17	28	29	39	37	613	7	8	11	16	41	44	35	673	7	10	17	29	33	44	5	733	11	24	32	33	35	40	13
34	26	434	3	13	20	24	33	37	35	494	5	7	8	15	30	43	22	554	13	14	17	32	41	42	6	614	8	21	25	39	40	44	18	674	9	10	14	25	27	31	11	734	6	16	37	38	41	45	18
45	7	435	8	16	26	30	38	45	42	495	4	13	22	27	34	44	6	555	11	17	21	24	26	36	12	615	10	17	18	19	23	27	35	675	1	8	11	15	18	45	7	735	5	10	13	27	37	41	44
40	7	436	9	14	20	22	33	34	28	496	4	13	20	29	36	41	39	556	12	20	23	28	30	44	43	616	5	13	18	23	40	45	3	676	1	8	17	34	39	45	27	736	2	11	17	18	21	27	6
45	23	437	11	16	29	38	41	44	21	497	19	20	23	24	43	44	13	557	4	20	26	28	35	40	31	617	4	5	11	12	24	27	28	677	12	15	24	36	41	44	42	737	13	15	18	24	27	41	11
39	43	438	6	12	20	26	29	38	45	498	13	14	24	32	39	41	3	558	12	15	19	26	40	43	29	618	8	16	25	30	42	43	15	678	4	5	6	12	25	37	45	738	23	27	28	38	42	43	36
40	19	439	17	20	30	31	37	40	25	499	5	20	23	27	35	40	43	559	11	12	25	32	44	45	23	619	6	8	13	30	35	40	21	679	3	5	7	14	26	34	35	739	7	22	29	33	34	35	30
37	27	440	10	22	28	34	36	44	2	500	3	4	12	20	24	34	41	560	1	4	20	23	29	45	28	620	2	16	17	32	39	45	40	680	4	10	19	29	32	42	30	740	4	8	9	16	17	19	31
20	11	441	1	23	28	30	34	35	9	501	1	4	10	17	31	42	2	561	5	7	18	37	42	45	20	621	1	2	6	16	19	42	9	681	21	24	27	29	43	44	7	741	5	21	27	34	44	45	16
42	19	442	25	27	29	36	38	40	41	502	6	22	28	32	34	40	26	562	4	11	13	17	20	31	33	622	9	15	16	21	28	34	24	682	17	23	27	35	38	43	2	742	8	10	13	36	37	40	6
40	25	443	4	6	10	19	20	44	14	503	1	5	27	30	34	36	40	563	5	10	16	17	31	32	21	623	7	13	30	39	41	45	25	683	6	13	20	27	28	40	15	743	15	19	21	34	41	44	10
38	7	444	11	13	23	35	43	45	17	504	6	14	22	26	43	44	31	564	14	19	25	26	27	34	2	624	1	7	19	26	27	35	16	684	1	11	15	17	25	39	40	744	10	15	18	21	34	41	43
32	9	445	13	20	21	30	39	45	32	505	7	20	22	25	38	40	44	565	4	10	18	27	40	45	38	625	3	6	7	20	21	39	13	685	6	7	12	28	38	40	18	745	1	2	3	9	12	23	10
40	26	446	1	11	12	14	26	35	6	506	6	9	11	22	24	30	31	566	4	5	6	25	26	43	41	626	13	14	26	33	40	43	15	686	7	12	15	24	25	43	13	746	3	12	33	36	42	45	25
43	20	447	2	7	8	9	17	33	34	507	12	13	32	33	40	41	4	567	1	10	15	16	32	41	28	627	2	9	22	25	31	45	12	687	1	8	10	13	28	42	45	747	7	9	12	14	23	28	17
32	45	448	3	7	13	27	40	41	36	508	5	27	31	34	35	43	37	568	1	3	17	20	31	44	40	628	1	7	12	15	23	42	11	688	5	15	22	23	34	35	2	748	3	10	13	22	31	32	29
26	3	449	3	10	20	26	35	43	36	509	12	25	29	35	42	43	24	569	3	6	13	23	24	35	1	629	19	28	31	38	43	44	1	689	7	17	19	30	36	38	34	749	12	14	24	26	34	45	41
40	15	450	6	14	19	21	23	31	13	510	12	29	32	33	39	40	42	570	1	12	26	27	29	33	42	630	8	17	21	24	27	31	15	690	24	25	33	34	38	39	43	750	1	2	15	19	24	36	12
39	30	451	12	15	20	24	30	38	29	511	3	7	14	23	26	42	24	571	11	18	21	26	38	43	29	631	1	2	4	23	31	34	8	691	15	27	33	35	43	45	16	751	3	4	16	20	28	44	17
42	43	452	8	10	18	30	32	34	27	512	4	5	9	13	26	27	1	572	3	13	18	33	37	45	1	632	15	18	21	32	35	44	6	692	3	11	14	15	32	36	44	752	4	16	20	33	40	43	7
43	21	453	12	24	33	38	40	42	30	513	5	8	21	23	27	33	12	573	2	4	20	34	35	43	14	633	9	12	19	20	39	41	13	693	1	6	11	28	34	42	30	753	2	17	19	24	37	41	3
28	15	454	13	25	27	34	38	41	10	514	1	15	20	26	35	42	9	574	14	15	16	19	25	43	2	634	4	10	11	12	20	27	38	694	7	15	20	25	33	43	12	754	2	8	17	24	29	31	32
35	7	455	4	19	20	26	30	35	24	515	2	11	12	15	23	37	8	575	2	8	20	30	33	34	6	635	11	13	25	26	29	33	32	695	4	18	26	33	34	38	14	755	13	14	26	28	30	36	37
45	30	456	1	7	12	18	23	27	44	516	2	8	23	41	43	44	30	576	10	11	15	25	35	41	13	636	6	7	15	16	20	31	26	696	1	7	16	18	34	38	21	756	10	14	16	18	27	28	4
33	8	457	8	10	18	23	27	40	33	517	1	9	12	28	36	41	10	577	16	17	22	31	34	37	33	637	3	16	22	37	38	44	23	697	2	5	8	11	33	39	31	757	6	7	11	17	33	44	1
44	7	458	4	9	10	32	36	40	18	518	14	23	30	32	34	38	6	578	5	12	14	32	34	42	16	638	7	18	22	24	31	34	6	698	3	11	13	21	33	37	18	758	5	9	12	30	39	43	24
42	20	459	4	6	10	14	25	40	12	519	6	8	13	16	30	43	3	579	5	7	20	22	37	42	39	639	6	15	22	23	25	32	40	699	4	5	8	16	21	29	3	759	9	33	36	40	42	43	32
43	2	460	8	11	28	30	43	45	41	520	4	22	27	28	38	40	1	580	5	7	9	11	32	35	33	640	14	15	18	21	26	35	23	700	11	23	28	29	30	44	13	760	10	22	27	31	42	43	12
43	9	461	11	18	26	31	37	40	43	521	3	7	18	29	32	36	19	581	3	5	14	20	42	44	33	641	11	18	21	36	37	43	12	701	3	10	14	16	36	38	35	761	4	7	11	24	42	45	30
36	32	462	3	20	24	32	37	45	4	522	4	5	13	14	37	41	11	582	2	12	14	33	40	41	25	642	8	17	18	24	39	45	32	702	3	13	16	24	26	29	9	762	1	3	12	21	26	41	16
37	26	463	23	29	31	33	34	44	40	523	1	4	37	38	40	45	7	583	8	17	27	33	40	44	24	643	15	24	31	32	33	40	13	703	10	28	31	33	41	44	21	763	3	8	16	32	34	43	10
40	36	464	6	12	15	34	42	44	4	524	10	11	29	38	41	45	21	584	7	18	30	39	40	41	36	644	5	13	17	23	28	36	8	704	1	4	8	23	33	42	45	764	7	22	24	31	34	36	15
44	4	465	1	8	11	13	22	38	31	525	11	23	26	29	39	44	22	585	6	7	10	16	38	41	4	645	1	4	16	26	40	41	31	705	1	6	17	22	28	45	23	765	1	3	8	12	42	43	33
36	45	466	4	10	13	23	32	44	20	526	7	14	17	20	35	39	31	586	2	7	12	15	21	34	5	646	2	9	24	41	43	45	30	706	3	4	6	10	28	30	37	766	9	30	34	35	39	41	21
25	1	467	2	12	14	17	24	40	39	527	1	12	22	32	33	42	38	587	14	21	29	31	32	37	17	647	5	16	21	23	24	30	29	707	2	12	19	24	39	44	35	767	5	15	20	31	34	42	22
37	16	468	8	13	15	28	37	43	17	528	5	17	25	31	39	40	10	588	2	8	15	22	25	41	30	648	13	19	28	37	38	43	4	708	2	10	16	19	34	45	1	768	7	27	29	30	38	44	4
40	38	469	4	21	22	34	37	38	33	529	18	20	24	27	31	42	39	589	6	8	28	33	38	39	22	649	3	21	22	33	41	42	20	709	10	18	30	36	39	44	32	769	5	7	11	16	41	45	4
41	16	470	10	16	20	39	41	42	27	530	16	23	27	29	33	41	22	590	20	30	36	38	41	45	23	650	3	4	7	11	31	41	35	710	3	4	6	24	25	33	10	770	1	9	12	23	39	43	34
39	5	471	6	13	29	37	39	41	43	531	1	5	9	21	27	35	45	591	8	13	14	30	38	39	5	651	11	12	16	26	29	44	18	711	11	15	24	35	37	45	42	771	6	10	17	18	21	29	30
45	40	472	16	25	26	31	36	43	44	532	16	17	23	24	29	44	3	592	2	5	6	13	28	44	43	652	3	13	15	40	41	44	20	712	17	20	30	31	33	45	19	772	5	6	11	14	21	41	32
40	3	473	8	13	20	22	23	36	34	533	9	14	15	17	31	33	23	593	9	10	13	24	33	38	28	653	5	6	26	27	38	39	1	713	2	5	15	18	19	23	44	773	8	12	19	21	31	35	44
44	43	474	4	13	18	31	33	45	43	534	10	24	26	29	37	38	32	594	2	8	13	25	28	37	3	654	16	21	26	31	36	43	6	714	1	7	22	33	37	40	20	774	12	15	18	28	34	42	9
40	24	475	1	9	14	16	21	29	3	535	11	12	14	15	18	39	34	595	8	24	28	35	38	40	5	655	7	37	38	39	40	44	18	715	2	7	27	33	41	44	10	775	11	12	29	33	38	42	17
26	44	476	9	12	13	15	37	38	27	536	7	8	18	32	37	43	12	596	3	4	12	14	25	43	17	656	3	7	14	16	31	40	39	716	2	6	13	16	29	30	21	776	8	9	18	21	28	40	20
43	44	477	14	25	29	32	33	45	37	537	12	23	26	30	36	43	11	597	8	10	23	24	35	43	37	657	10	14	19	39	40	43	23	717	2	11	19	25	28	32	44	777	6	12	17	21	34	37	18
34	31	478	18	29	30	37	39	43	8	538	6	10	18	31	32	34	11	598	4	12	24	33	38	45	22	658	8	19	25	28	32	36	37	718	4	11	20	23	32	39	40	778	6	21	35	36	37	41	11
30	7	479	8	23	25	27	35	44	24	539	3	19	22	31	42	43	26	599	5	12	17	29	34	35	27	659	7	18	19	27	29	42	45	719	4	8	13	19	20	43	26	779	6	12	19	24	34	41	4
34	27	480	3	5	10	17	30	31	16	540	3	12	13	15	34	36	14	600	5	11	14	27	29	36	44	660	4	9	23	33	39	44	14	720	1	12	29	34	36	37	41	780	15	17	19	21	27	45	16

13

5의 4회 출연 시 규칙성

13.1. 역대 로또 당첨번호(421~780)에 나타나는 5의 4회 연속 출연 시 규칙성

★ 연속된 5에 따르는 9와 10

〈표 4-13-1〉에서는 '가', '나', '다'가 하나의 현상을 드러내고 있고 나머지 '라', '마', '바'가 또 다른 현상을 드러내고 있다.

먼저 '가'를 보면 적색으로 표시된 5가 연속으로 네 번 나오고 있고 이후에 녹색으로 표시된 9와 10이 함께 등장한다.

마찬가지로 '마'에서도 5가 네 번 연속으로 나오고 있는데, 이후에 9와 10이 동시에 등장한다. 사실상 5가 연속으로 4번 등장하는 것도 특별한 상황인데 이 현상이 나타난 후 9와 10의 동시 출연이 똑같이 일어난다는 것은 주목할 만한 일이다.

★ 연속된 5에 두 수의 쌍

'다'와 '라'를 살펴보면 청색과 노란색으로 표시된 수들이 연속으로 등장하는데 '다'의 경우에는 8과 39가 연속으로 3주 등장한다. 그리고 '라'의 경우에도 39와 40이 연속으로 3주 등장한다.

이렇게 어떤 두 수가 동시에 세 번 등장하는데 이것이 연속으로 등장하는 5 및 그에 따라붙는 9, 10과 연관이 있을 수 있다고 본다. 물론, 그 위치는 다를 수 있다. '다'처럼 나중에 등장할 수 있고 '라'처럼 먼저 등장할 수도 있다.

〈표 4-13-1〉

421	6	11	26	27	28	44	30
422	8	15	19	21	34	44	12
423	1	17	27	28	29	40	5
424	10	11	26	31	34	44	30
425	8	10	14	27	33	38	3
426	4	17	18	27	39	43	19
427	6	7	15	24	28	30	21
428	12	16	19	22	37	40	8
429	3	23	28	34	39	42	16
430	1	3	16	18	30	34	44
431	18	22	25	31	38	45	6
432	2	3	5	11	27	39	33
433	19	23	29	33	35	43	27
434	3	13	20	24	33	37	35
435	8	16	26	30	38	45	42
436	9	14	20	22	33	34	28
437	11	16	29	38	41	44	21
438	6	12	20	26	29	38	45
439	17	20	30	31	37	40	25
440	10	22	28	34	36	44	2
441	1	23	28	30	34	35	9
442	25	27	29	36	38	40	41
443	4	6	10	19	20	44	14
444	11	13	23	35	43	45	17
445	13	20	21	30	39	45	32
446	1	11	12	14	26	35	6
447	2	7	8	9	17	33	34
448	3	7	13	27	40	41	36
449	3	10	20	26	35	43	36
450	6	14	19	21	23	31	13
451	12	15	20	24	30	38	29
452	8	10	18	30	32	34	27
453	12	24	33	38	40	42	30
454	13	25	27	34	38	41	10
455	4	19	20	26	30	35	24
456	1	7	12	18	23	27	44
457	8	10	18	23	27	40	33
458	4	9	10	32	36	40	18
459	4	6	10	14	25	40	12
460	8	11	28	30	43	45	41
461	11	18	26	31	37	40	43
462	3	20	24	32	37	45	4
463	23	29	31	33	34	44	40
464	6	12	15	34	42	44	4
465	1	8	11	13	22	38	31
466	4	10	13	23	32	44	20
467	2	12	14	17	24	40	39
468	8	13	15	28	37	43	17
469	4	21	22	34	37	38	33
470	10	16	20	39	41	42	27
471	6	13	29	37	39	41	43
472	16	25	26	31	36	43	44
473	8	13	20	22	23	36	34
474	4	13	18	31	33	45	43
475	1	9	14	16	21	29	3
476	9	12	13	15	37	38	27
477	14	25	29	32	33	45	37
478	18	29	30	37	39	43	8
479	8	23	25	27	35	44	24
480	3	5	10	17	30	31	16

481	3	4	23	29	40	41	20
482	1	10	16	24	25	35	43
483	12	15	19	22	28	34	5
484	1	3	27	28	32	45	11
485	17	22	26	27	36	39	20
486	1	2	23	25	38	40	43
487	4	8	25	27	37	41	21
488	2	8	17	30	31	38	25
489	2	4	8	15	20	27	11
490	2	7	26	29	40	43	42
491	8	17	35	36	39	42	4
492	22	27	31	35	37	40	42
493	20	22	26	33	36	37	25
494	5	7	8	15	30	43	22
495	4	13	22	27	34	44	6
496	4	13	20	29	36	41	39
497	19	20	23	24	43	44	13
498	13	14	24	32	39	41	3
499	5	20	23	27	35	40	43
500	3	4	12	20	24	34	41
501	1	4	10	17	31	42	2
502	6	22	28	32	34	40	26
503	1	5	27	30	34	36	40
504	6	14	22	26	43	44	31
505	7	20	22	25	38	40	44
506	6	9	11	22	24	30	31
507	12	13	32	33	40	41	4
508	5	27	31	34	35	43	37
509	12	25	29	35	42	43	24
510	12	29	32	33	39	40	42
511	3	7	14	23	26	42	24
512	4	5	9	13	26	27	1
513	5	8	21	23	27	33	12
514	1	15	20	26	35	42	9
515	2	11	12	15	23	37	8
516	2	8	23	41	43	44	30
517	1	9	12	28	36	41	10
518	14	23	30	32	34	38	6
519	6	8	13	16	30	[illegible]	3
520	4	22	27	28	38	40	[illegible]
521	3	7	18	29	32	36	19
522	4	5	13	14	37	41	11
523	1	4	37	38	40	45	7
524	10	11	29	38	41	45	21
525	11	23	26	29	39	44	22
526	7	14	17	20	35	39	31
527	1	12	22	32	33	42	38
528	5	17	25	31	39	40	10
529	18	20	24	27	31	42	39
530	16	23	27	29	33	41	22
531	1	5	9	21	27	35	45
532	16	17	23	24	29	44	3
533	9	14	15	17	31	[illegible]	[illegible]
534	10	24	26	29	37	38	32
535	11	12	14	15	18	39	34
536	7	8	18	32	37	43	12
537	12	23	26	30	36	43	11
538	6	10	18	31	32	34	11
539	3	19	22	31	42	43	26
540	3	12	13	15	34	36	14

541	8	13	26	28	32	34	43
542	5	6	19	26	41	45	34
543	13	18	26	31	34	44	12
544	5	17	21	25	36	44	10
545	4	24	25	27	34	35	2
546	8	17	20	27	37	43	6
547	6	7	15	22	34	39	28
548	1	12	13	21	32	45	[illegible]
549	29	31	35	38	40	44	17
550	1	7	14	20	34	37	41
551	3	6	20	24	27	44	25
552	1	10	20	32	35	40	43
553	2	7	17	28	29	39	37
554	13	14	17	32	41	42	6
555	11	17	21	24	26	36	12
556	12	20	23	28	30	44	43
557	4	20	26	28	35	40	31
558	12	15	19	26	40	43	29
559	11	12	25	32	44	45	23
560	1	4	20	23	29	45	28
561	5	7	18	37	42	45	20
562	4	11	13	17	20	31	33
563	5	10	16	17	31	32	21
564	14	19	25	26	27	34	2
565	4	10	18	27	40	45	38
566	4	5	6	25	26	43	41
567	1	10	15	16	32	41	28
568	1	3	17	20	31	44	40
569	3	6	13	23	24	35	1
570	1	12	26	27	29	33	42
571	11	18	21	26	38	43	29
572	3	13	18	33	37	45	1
573	2	4	20	34	35	43	14
574	14	15	16	19	25	43	2
575	2	8	20	30	33	34	6
576	10	11	15	25	35	41	13
577	16	17	22	31	34	37	33
578	5	12	14	32	34	42	16
579	5	7	20	22	37	42	39
580	5	7	9	11	32	35	33
581	3	5	14	20	42	44	33
582	2	12	14	33	40	41	25
583	8	17	27	33	40	44	24
584	7	18	30	39	40	41	36
585	6	7	10	16	38	41	4
586	2	7	12	15	21	34	5
587	14	21	29	31	32	37	17
588	2	8	15	22	25	41	30
589	6	8	28	33	38	39	22
590	20	30	36	38	41	45	23
591	8	13	14	30	38	39	5
592	2	5	6	13	28	44	43
593	9	10	13	24	33	38	28
594	2	8	13	25	28	37	3
595	8	24	28	35	38	40	5
596	3	4	12	14	25	43	17
597	8	10	23	24	35	43	37
598	4	12	24	33	38	45	22
599	5	12	17	29	34	35	27
600	5	11	14	27	29	36	44

601	2	16	19	31	34	35	37
602	13	14	22	27	30	38	2
603	2	19	25	26	27	[illegible]	28
604	2	6	18	21	33	[illegible]	30
605	1	2	7	9	10	38	42
606	1	5	6	14	20	39	22
607	8	14	23	36	38	39	13
608	4	8	18	19	39	44	41
609	4	8	27	34	39	40	13
610	14	18	20	23	28	36	33
611	2	22	27	33	36	37	14
612	6	9	18	19	25	33	40
613	7	8	11	16	41	44	35
614	8	21	25	39	40	[illegible]	[illegible]
615	10	17	18	19	23	27	35
616	5	13	18	23	40	45	3
617	4	5	11	12	24	27	28
618	8	16	25	30	42	43	15
619	6	8	13	30	35	40	21
620	2	16	17	32	39	45	40
621	1	2	6	16	19	42	9
622	9	15	16	21	28	34	24
623	7	13	30	39	41	45	25
624	1	7	19	26	27	35	16
625	3	6	7	20	21	39	13
626	13	14	26	33	40	43	15
627	2	9	22	25	31	45	12
628	1	7	12	15	23	42	11
629	19	28	31	38	43	44	1
630	8	17	21	24	27	31	15
631	1	2	4	23	31	34	8
632	15	18	21	32	35	44	6
633	9	12	19	20	39	41	13
634	4	10	11	12	20	27	38
635	11	13	25	26	29	33	32
636	6	7	15	16	20	31	26
637	3	16	22	37	38	44	23
638	7	18	22	24	31	34	6
639	6	15	22	23	25	32	40
640	14	15	18	21	26	35	23
641	11	18	21	36	37	43	12
642	8	17	18	24	39	45	32
643	15	24	31	32	33	40	13
644	5	13	17	23	28	36	8
645	1	4	16	26	40	41	31
646	2	9	24	41	43	45	30
647	5	16	21	23	24	30	29
648	13	19	28	37	38	43	4
649	3	21	22	33	41	42	20
650	3	4	7	11	31	41	35
651	11	12	16	26	29	44	18
652	3	13	15	40	41	44	20
653	5	6	26	27	38	39	1
654	16	21	26	31	36	43	6
655	7	37	38	39	40	44	18
656	[illegible]	[illegible]	14	16	31	40	39
657	10	14	19	39	40	43	23
658	8	19	25	28	32	36	37
659	7	18	19	27	29	42	45
660	4	9	23	33	39	44	14

661	2	3	12	20	27	38	40
662	5	6	9	11	15	37	26
663	3	5	8	19	38	42	20
664	10	20	33	36	41	44	5
665	5	6	11	17	38	44	13
666	2	4	6	11	17	28	16
667	15	17	25	37	42	43	13
668	12	14	15	24	27	32	3
669	7	8	20	29	33	38	9
670	11	18	26	27	40	41	25
671	7	9	10	13	31	35	24
672	8	21	28	31	36	45	43
673	7	10	17	29	33	44	5
674	9	10	14	25	27	31	11
675	1	8	11	15	18	45	7
676	1	8	17	34	39	45	27
677	12	15	24	36	41	44	42
678	4	5	6	12	25	37	45
679	3	5	7	14	26	34	35
680	4	10	19	29	32	42	30
681	21	24	27	29	43	44	7
682	17	23	27	35	38	43	2
683	6	13	20	27	28	40	15
684	1	11	15	17	25	39	40
685	6	7	12	28	38	40	18
686	7	12	15	24	25	43	13
687	1	8	10	13	28	42	45
688	5	15	22	23	34	35	2
689	7	17	19	30	36	38	34
690	24	25	33	34	38	39	43
691	15	27	33	35	43	45	16
692	3	11	14	15	32	36	44
693	1	6	11	28	34	42	30
694	7	15	20	25	33	43	12
695	4	18	26	33	34	38	14
696	1	7	16	18	34	38	21
697	2	5	8	11	33	39	31
698	3	11	13	21	33	37	18
699	4	5	8	16	21	29	3
700	11	23	28	29	30	44	13
701	3	10	14	16	36	38	35
702	3	13	16	24	26	29	9
703	10	28	31	33	41	44	21
704	1	4	8	23	33	42	45
705	1	6	17	22	28	45	23
706	3	4	6	10	28	30	37
707	2	12	19	24	39	44	35
708	2	10	16	19	34	45	1
709	10	18	30	36	39	44	32
710	3	4	6	24	25	33	10
711	11	15	24	35	37	45	42
712	17	20	30	31	33	45	19
713	2	5	15	18	19	23	44
714	1	7	22	33	37	40	20
715	2	7	27	33	41	44	10
716	2	6	13	16	29	30	21
717	2	11	19	25	28	32	44
718	4	11	20	23	32	39	40
719	4	8	13	19	20	43	26
720	1	12	29	34	36	37	41

721	1	28	35	41	43	44	31
722	12	14	21	30	39	43	45
723	20	30	33	35	36	44	22
724	2	8	33	35	37	41	14
725	6	7	19	21	41	43	38
726	1	11	21	23	34	44	24
727	7	8	10	19	21	31	20
728	3	6	10	30	34	37	36
729	11	17	21	26	36	45	16
730	4	10	14	15	18	22	39
731	2	7	13	25	42	45	39
732	2	4	5	17	27	32	43
733	11	24	32	33	35	40	13
734	6	16	37	38	41	45	18
735	5	10	13	27	37	41	44
736	2	11	17	18	21	27	6
737	13	15	18	24	27	41	11
738	23	27	28	38	42	43	36
739	7	22	29	33	34	35	30
740	4	8	9	16	17	19	31
741	5	21	27	34	44	45	16
742	8	10	13	36	37	40	6
743	15	19	21	34	41	44	10
744	10	15	18	21	34	41	43
745	1	2	3	9	12	23	10
746	3	12	33	36	42	45	25
747	7	9	12	14	23	28	17
748	3	10	13	22	31	32	29
749	12	14	24	26	34	45	41
750	1	2	15	19	24	36	12
751	3	4	16	20	28	44	17
752	4	16	20	33	40	43	7
753	2	17	19	24	37	41	3
754	2	8	17	24	29	31	32
755	13	14	26	28	30	36	37
756	10	14	16	18	27	28	4
757	6	7	11	17	33	44	1
758	5	9	12	30	39	43	24
759	9	33	36	40	42	43	32
760	10	22	27	31	42	43	12
761	4	7	11	24	42	45	30
762	1	3	12	21	26	41	16
763	3	8	16	32	34	43	10
764	7	22	24	31	34	36	15
765	1	3	8	12	42	43	33
766	9	30	34	35	39	41	21
767	5	15	20	31	34	42	22
768	7	27	29	30	38	44	4
769	5	7	11	16	41	45	4
770	1	9	12	23	39	43	34
771	6	10	17	18	21	29	30
772	5	6	11	14	21	41	32
773	8	12	19	21	31	35	44
774	12	15	18	28	34	42	9
775	11	12	29	33	38	42	17
776	8	9	18	21	28	40	20
777	6	12	17	21	34	37	18
778	6	21	35	36	37	41	11
779	6	12	19	24	34	41	4
780	15	17	19	21	27	45	16

13.2. 결론- 로또에의 적용

5가 연속으로 4주 등장할 때,

- 9와 10의 조합이 첫머리에 나오는 현상과
- 39와 또 다른 수가 세 번 연속으로 나오는 현상을 불러오게 된다.

이때, 다음과 같은 적용을 해 볼 수 있다.

1단계– 5가 연속으로 4주 등장했을 때

그 이전에 첫머리에 9와 10이 함께 뜬 적이 없다면, 앞으로 첫머리에 9와 10이 뜰 가능성이 있다.

2단계– 5가 연속으로 4주 뜨고 그 근방에 9, 10이 떴다면

만약 그 이전에 39와 또 다른 한 수가 동일하게 세 번 연속으로 나온 적이 없다면 앞으로 그 현상이 나타날 수 있다. 그러므로 위의 현상이 있은 후, 만약 두 수가 동일하게 나왔다면 그 두 수가 한 번 더 나올 수 있다.

NOTE

14

일의 자릿수 2, 3, 5, 6의 규칙성

14.1. 역대 로또 당첨번호(1~360)에 나타나는 일의 자릿수 2, 3, 5, 6의 규칙

★ 한 회차에 나타나는 일의 자릿수 2, 3, 5, 6

녹색으로 표시된 '가', '나', '마'에는 독특한 현상이 나타난다. 그냥 숫자들만 보면 공통성이 없어 보이지만, 일의 자릿수를 중심으로 보면 2, 3, 5, 6이 나열되어 있는 것을 알 수 있다.

22, 23, 25, 26
32, 33, 35, 35
2, 3, 5, 6

물론 '가'의 경우에는 22, 23, 25와 26이 한 회차에 나오되 서로 떨어져 있지만, '나'와 '마'의 경우에는 연달아 붙어 있다.

★ 위의 현상이 불러오는 23

그런데 위의 현상이 불러오는 현상이 있다. 바로 23이 연속으로 3회 등장한다는 것인데 적색으로 표시된 '다'와 '라'를 보면 잘 알 수 있다. 지금 표를 중심으로 보면 '나'는 '다'를 불러오고 '라'는 '마'를 불러온다고 할 수 있다. '가'는 짝이 없지만, 초창기에 나왔기 때문에 그런 것으로 이해할 수 있겠다.

〈표 4-14-1〉

1	10	23	29	33	37	40	16
2	9	13	21	25	32	42	2
3	11	16	19	21	27	31	30
4	14	27	30	31	40	42	2
5	16	24	29	40	41	42	3
6	14	15	26	27	40	42	34
7	2	9	16	25	26	40	42
8	8	19	25	34	37	39	9
9	2	4	16	17	36	39	14
10	9	25	30	33	41	44	6
11	1	7	36	37	41	42	14
12	2	11	21	25	39	45	44
13	22	23	25	37	38	42	26
14	2	6	12	31	33	40	15
15	3	4	16	30	31	37	13
16	6	7	24	37	38	40	33
17	3	4	9	17	32	37	1
18	3	12	13	19	32	35	29
19	6	30	38	39	40	43	26
20	10	14	18	20	23	30	41
21	6	12	17	18	31	32	21
22	4	5	6	8	17	39	25
23	5	13	17	18	33	42	44
24	7	8	27	29	36	43	6
25	2	4	21	26	43	44	16
26	4	5	7	18	20	25	31
27	1	20	26	28	37	43	27
28	9	18	23	25	35	37	1
29	1	5	13	34	39	40	11
30	8	17	20	35	36	44	4
31	7	9	18	23	28	35	32
32	6	14	19	25	34	44	11
33	4	7	32	33	40	41	9
34	9	26	35	37	40	42	2
35	2	3	11	26	37	43	39
36	1	10	23	26	28	40	31
37	7	27	30	33	35	37	42
38	16	17	22	30	37	43	36
39	6	7	13	15	21	43	8
40	7	13	18	19	25	26	6
41	13	20	23	35	38	43	34
42	17	18	19	21	23	32	1
43	6	31	35	38	39	44	1
44	3	11	21	30	38	45	39
45	1	10	20	27	33	35	17
46	8	13	15	23	31	38	39
47	14	17	26	31	36	45	27
48	6	10	18	26	37	38	3
49	4	7	16	19	33	40	30
50	2	10	12	15	22	44	1
51	2	3	11	16	26	44	35
52	2	4	15	16	20	29	1
53	7	8	14	32	33	39	42
54	1	8	21	27	36	39	37
55	17	21	31	37	40	44	7
56	10	14	30	31	33	37	19
57	7	10	16	25	29	44	6
58	10	24	25	33	40	44	1
59	6	29	36	39	41	45	13
60	2	8	25	36	39	42	11

61	14	15	19	30	38	43	8
62	3	8	15	27	29	35	21
63	3	20	23	36	38	40	5
64	14	15	18	21	26	36	39
65	4	25	33	36	40	43	39
66	2	3	7	17	22	24	45
67	3	7	10	15	36	38	33
68	10	12	15	16	26	39	38
69	5	8	14	15	19	39	35
70	5	19	22	25	28	43	26
71	5	9	12	16	29	41	21
72	2	4	11	17	26	27	1
73	3	4	18	32	40	43	38
74	6	15	17	18	35	40	23
75	2	5	24	32	34	44	28
76	1	3	15	22	25	37	43
77	2	18	29	32	43	44	37
78	10	13	25	29	33	35	38
79	3	12	24	27	30	32	14
80	17	18	24	25	26	30	1
81	5	7	11	13	20	33	6
82	1	2	3	14	27	42	39
83	6	10	15	17	19	34	14
84	16	23	27	34	42	45	11
85	6	8	13	23	31	36	21
86	2	12	37	39	41	45	33
87	4	12	16	23	34	43	26
88	1	17	20	24	30	41	27
89	4	26	28	29	33	40	37
90	17	20	29	35	38	44	10
91	1	21	24	26	29	42	27
92	3	14	24	33	35	36	17
93	6	22	24	36	38	44	19
94	5	32	34	40	41	45	6
95	8	17	27	31	34	43	14
96	1	3	8	21	22	31	20
97	6	7	14	15	20	36	3
98	6	9	16	23	24	32	43
99	1	3	10	27	29	37	11
100	1	7	11	23	37	42	6
101	1	3	17	32	35	45	8
102	17	22	24	26	35	40	42
103	5	14	15	27	30	45	10
104	17	32	33	34	42	44	35
105	8	10	20	34	41	45	28
106	4	10	12	22	24	33	29
107	1	4	5	6	9	31	17
108	7	18	22	23	29	44	12
109	1	5	34	36	42	44	33
110	7	20	22	23	29	43	1
111	7	18	31	33	36	40	27
112	26	29	30	33	41	42	43
113	4	9	28	33	36	45	26
114	11	14	19	26	28	41	2
115	1	2	6	9	25	28	31
116	2	4	25	31	34	37	17
117	5	10	22	34	36	44	35
118	3	4	10	17	19	22	38
119	3	11	13	14	17	21	38
120	4	6	10	11	32	37	30

121	12	28	30	34	38	43	9
122	1	11	16	17	36	40	8
123	7	17	18	28	30	45	27
124	4	16	23	25	29	42	1
125	2	3	32	33	35	36	18
126	7	20	22	27	40	43	1
127	3	5	10	29	32	43	35
128	12	30	34	36	37	45	39
129	19	23	25	28	38	42	17
130	7	19	24	27	42	45	31
131	8	10	11	14	15	21	37
132	3	17	23	34	41	45	43
133	4	7	15	18	23	26	13
134	3	12	20	23	31	35	43
135	6	14	22	28	35	39	16
136	2	16	30	36	41	42	11
137	7	9	20	25	36	39	15
138	10	11	27	28	37	39	19
139	9	11	15	20	28	43	13
140	3	13	17	18	19	28	8
141	8	12	29	31	42	43	2
142	12	16	30	34	40	44	19
143	26	27	28	42	43	45	8
144	4	15	17	26	36	37	43
145	2	3	13	20	27	44	9
146	2	19	27	35	41	42	25
147	4	6	13	21	40	42	36
148	21	25	33	34	35	36	17
149	2	11	21	34	41	42	27
150	2	18	25	28	37	39	16
151	1	2	10	13	18	19	15
152	1	5	13	26	29	34	43
153	3	8	11	12	13	36	33
154	6	19	21	35	40	45	20
155	16	19	20	32	33	41	4
156	5	18	28	30	42	45	2
157	19	26	30	33	35	39	37
158	4	9	13	18	21	34	7
159	1	18	30	41	42	43	32
160	3	7	8	34	39	41	1
161	22	34	36	40	42	45	44
162	1	5	21	25	38	41	24
163	7	11	26	28	29	44	16
164	6	9	10	11	39	41	27
165	5	13	18	19	22	42	31
166	9	12	27	36	39	45	14
167	24	27	28	30	36	39	4
168	3	10	31	40	42	43	30
169	16	27	35	37	43	45	19
170	2	11	13	15	31	42	10
171	4	16	25	29	34	35	1
172	4	19	21	24	26	41	35
173	3	9	24	30	33	34	18
174	13	14	18	22	35	39	16
175	19	26	28	31	33	36	17
176	4	17	30	32	33	34	15
177	1	10	13	16	37	43	6
178	1	5	11	12	18	23	9
179	5	9	17	25	39	43	32
180	2	15	20	21	29	34	22

181	14	21	23	32	40	45	44
182	13	15	27	29	34	40	35
183	2	18	24	34	40	42	5
184	1	2	6	16	20	33	41
185	1	2	4	8	19	38	14
186	4	10	14	19	21	45	9
187	1	2	8	18	29	38	42
188	19	24	27	30	31	34	36
189	8	14	32	35	37	45	28
190	8	14	18	30	31	44	15
191	5	6	24	25	32	37	8
192	4	8	11	18	37	45	33
193	6	14	18	26	36	39	13
194	15	20	23	26	39	44	28
195	7	10	19	22	35	40	31
196	35	36	37	41	44	45	30
197	7	12	16	34	42	45	4
198	12	19	20	25	41	45	2
199	14	21	22	25	30	36	43
200	5	6	13	14	17	20	7
201	3	11	24	38	39	44	26
202	12	24	27	33	39	44	17
203	1	3	11	24	30	32	7
204	3	12	14	35	40	45	5
205	1	3	21	29	35	37	30
206	1	2	3	15	20	25	43
207	3	11	14	31	32	37	38
208	14	25	31	34	40	44	24
209	2	7	18	20	24	33	37
210	10	19	22	23	25	37	39
211	12	13	17	20	33	41	8
212	11	12	18	21	31	38	8
213	2	3	4	5	20	24	42
214	5	7	20	25	28	37	32
215	2	3	7	15	43	44	4
216	7	16	17	33	36	40	1
217	16	20	27	33	35	39	38
218	1	8	14	18	29	44	20
219	4	11	20	26	35	37	16
220	5	11	19	21	34	43	31
221	2	20	33	35	37	40	10
222	5	7	28	29	39	43	44
223	1	3	18	20	26	27	38
224	4	19	26	27	30	42	7
225	5	11	13	19	31	36	7
226	2	6	8	14	21	22	34
227	4	5	15	16	22	42	2
228	17	25	35	36	39	44	23
229	4	5	9	11	23	38	35
230	5	11	14	29	32	33	12
231	5	10	19	31	44	45	27
232	8	9	10	12	24	44	35
233	4	6	13	17	28	40	39
234	13	21	22	24	26	37	4
235	21	22	26	27	31	37	8
236	1	4	8	13	37	39	7
237	1	11	17	21	24	44	33
238	2	4	15	28	31	34	35
239	11	15	24	39	41	44	7
240	6	10	16	40	41	43	21

241	2	16	24	27	28	35	21
242	4	19	20	21	32	34	43
243	2	12	17	19	28	42	34
244	13	16	25	36	37	38	19
245	9	11	27	31	32	38	22
246	13	18	21	23	26	39	15
247	12	15	28	36	39	40	13
248	3	8	17	23	38	45	13
249	3	8	27	31	41	44	11
250	19	23	30	37	43	45	38
251	6	7	19	25	28	38	45
252	14	23	26	31	39	45	23
253	8	19	25	31	34	36	33
254	1	5	19	20	24	30	27
255	1	5	6	24	27	42	32
256	4	11	14	21	23	43	32
257	6	13	27	31	32	37	4
258	14	27	30	31	38	40	17
259	4	5	14	35	42	45	34
260	7	12	15	24	37	40	43
261	6	11	16	18	31	43	2
262	9	12	24	25	29	31	36
263	1	27	28	32	37	40	18
264	9	16	27	36	41	44	5
265	5	9	34	37	38	39	12
266	3	4	9	11	22	42	37
267	7	8	24	34	36	41	1
268	3	10	19	24	32	45	12
269	5	18	20	36	42	43	32
270	5	9	12	20	21	26	27
271	3	8	9	27	29	40	36
272	7	9	12	27	39	43	28
273	1	8	24	31	34	44	6
274	13	14	15	26	35	39	25
275	14	19	20	35	38	40	26
276	4	15	21	33	39	41	25
277	10	12	13	15	25	29	20
278	3	11	37	39	41	43	13
279	7	16	31	36	37	38	11
280	10	11	23	24	36	37	35
281	1	3	4	6	14	41	12
282	2	5	10	18	31	32	30
283	6	8	18	31	38	45	42
284	2	7	15	24	30	45	28
285	13	33	37	40	41	45	2
286	1	15	19	40	42	44	17
287	6	12	24	27	35	37	41
288	1	12	17	28	35	41	10
289	3	14	33	37	38	42	10
290	8	13	18	32	39	45	7
291	3	7	8	18	20	42	45
292	17	18	31	32	33	34	10
293	1	9	17	21	29	33	24
294	6	10	17	30	37	38	40
295	1	4	12	16	18	38	8
296	3	8	15	27	30	45	44
297	6	11	19	20	28	32	34
298	5	9	27	29	37	40	19
299	1	3	20	25	36	45	24
300	7	9	10	12	26	38	39

301	7	11	13	33	37	43	26
302	13	19	20	32	38	42	4
303	2	14	17	30	38	45	43
304	4	10	16	26	33	41	38
305	7	8	18	21	23	39	9
306	4	18	23	30	34	41	19
307	5	15	21	23	25	45	12
308	14	15	17	19	37	45	40
309	1	2	5	11	18	36	22
310	1	5	19	28	34	41	16
311	4	12	24	27	28	32	10
312	2	3	5	6	12	20	25
313	9	17	34	35	43	45	2
314	15	17	19	34	38	41	2
315	1	13	33	35	43	45	23
316	10	11	21	27	31	39	43
317	3	10	11	22	36	39	8
318	2	17	19	20	34	45	21
319	5	8	22	28	33	42	37
320	16	19	23	25	41	45	3
321	12	18	20	21	25	34	42
322	9	18	29	32	38	43	20
323	10	14	15	32	36	42	3
324	2	4	21	25	33	36	17
325	7	17	20	32	44	45	33
326	16	23	25	33	36	39	40
327	6	12	13	17	32	44	24
328	1	6	9	16	17	28	24
329	9	17	19	30	35	42	4
330	3	4	16	17	19	20	23
331	4	9	14	26	31	44	39
332	16	17	34	36	42	45	3
333	5	14	27	30	39	43	35
334	13	15	21	29	39	43	33
335	5	9	16	23	26	45	21
336	3	5	20	34	35	44	16
337	1	5	14	18	32	37	4
338	2	13	34	38	42	45	16
339	6	8	14	21	30	37	45
340	18	24	26	29	34	38	32
341	1	8	19	34	39	43	41
342	1	13	14	33	34	43	25
343	1	10	17	29	31	43	15
344	1	2	15	28	34	45	38
345	15	20	23	29	39	42	2
346	5	13	14	22	44	45	33
347	3	8	13	27	32	42	10
348	3	14	17	20	24	31	34
349	5	13	14	20	24	25	36
350	1	8	18	24	29	33	35
351	5	25	27	29	34	36	33
352	5	16	17	20	26	41	24
353	11	16	19	22	29	36	26
354	14	19	36	43	44	45	1
355	5	8	29	30	35	44	38
356	2	8	14	25	29	45	24
357	10	14	18	21	36	37	5
358	1	9	10	12	21	40	37
359	1	10	19	20	24	40	23
360	4	16	23	25	35	40	27

14.2. 결론- 로또에의 적용

일의 자리에 2, 3, 5, 6이 한 회차에 연달아 나오면,

23이 세 번 연속 등장하는 현상을 불러오게 된다.

이때, 다음과 같은 적용을 해 볼 수 있다.

일의 자리에 2, 3, 5, 6이 한 회차에 연달아 나오면

얼마 후에 23이 세 번 연속 나올 수 있다. 만약 23이 등장했다면, 그다음 주나 그 다다음주에도 23이 뜰 가능성이 있다.

숫자는 살아있다

펴 낸 날 2018년 3월 30일

지 은 이 유기정
펴 낸 이 최지숙
편집주간 이기성
편집팀장 이윤숙
기획편집 최유윤, 이민선
표지디자인 이윤숙
책임마케팅 임용섭
펴 낸 곳 도서출판 생각나눔
출판등록 제 2008-000008호
주 소 서울 마포구 동교로 18길 41, 한경빌딩 2층
전 화 02-325-5100
팩 스 02-325-5101
홈페이지 www.생각나눔.kr
이 메 일 bookmain@think-book.com

• 책값은 표지 뒷면에 표기되어 있습니다.
ISBN 978-89-6489-836-9 13310

• 이 도서의 국립중앙도서관 출판 시 도서목록(CIP)은 서지정보유통지원시스템 홈페이지(http://seoji.nl.go.kr)와 국가자료공동목록시스템(http://www.nl.go.kr/kolisnet)에서 이용하실 수 있습니다(CIP제어번호: CIP2018008734).